Günter Schiepek
Wolfgang Tschacher
(Hrsg.)

Selbstorganisation in Psychologie und Psychiatrie

Wissenschaftstheorie
Wissenschaft und Philosophie

Gegründet von Prof. Dr. Simon Moser, Karlsruhe

Herausgegeben von Prof. Dr. Siegfried J. Schmidt, Siegen

Günter Schiepek
Wolfgang Tschacher
(Hrsg.)

Selbstorganisation in Psychologie und Psychiatrie

Die Deutsche Bibliothek – CIP-Einheitsaufnahme

Selbstorganisation in Psychologie und Psychiatrie /
Günter Schiepek; Wolfgang Tschacher (Hrsg.). –
Braunschweig; Wiesbaden: Vieweg, 1997
    (Wissenschaftstheorie, Wissenschaft und Philosophie; 43)
      ISBN 978-3-322-91597-9   ISBN 978-3-322-91596-2 (eBook)
      DOI 10.1007/978-3-322-91596-2
NE: Schiepek, Günter [Hrsg.]; GT

Alle Rechte vorbehalten
© Friedr. Vieweg & Sohn Verlagsgesellschaft mbH, Braunschweig/Wiesbaden, 1997
Softcover reprint of the hardcover 1st edition 1997
Der Verlag Vieweg ist ein Unternehmen der Bertelsmann Fachinformation GmbH.

Das Werk einschließlich aller seiner Teile ist urheberrechtlich geschützt. Jede Verwertung außerhalb der engen Grenzen des Urheberrechtsgesetzes ist ohne Zustimmung des Verlags unzulässig und strafbar. Das gilt insbesondere für Vervielfältigungen, Übersetzungen, Mikroverfilmungen und die Einspeicherung und Verarbeitung in elektronischen Systemen.

Gedruckt auf säurefreiem Papier

ISSN 0939-6268

ISBN 978-3-322-91597-9

Inhalt

Vorwort

Der vorliegende Band gibt einen Überblick über aktuelle Entwicklungen der Selbstorganisationsforschung in verschiedenen Arbeitsfeldern der Psychologie und der Psychiatrie. Es wird deutlich, daß diese Entwicklungen sehr stark empirisch geprägt sind. In der Tat hat die Selbstorganisations- und Chaosforschung die konzeptionelle Phase vorwiegend analogisierender Theoriebildung verlassen und ist zu einer großen Vielfalt empirischer Projekte gelangt. Es spricht unseres Erachtens für die interdisziplinäre Fruchtbarkeit von Synergetik und Chaostheorie, daß neben den sicher weiterhin sinnvollen Metaphoriken und theoretischen Konzeptualisierungen diese empirische Konkretheit auch in der Psychologie sehr schnell möglich wurde.

Die Beiträge dieses Bandes machen zudem deutlich, daß sich das Paradigma der Selbstorganisation im Bereich psychologischer und psychiatrischer Fragestellungen sehr gegenstandsangemessen erweist. Es müssen also keine Analogiebildungen erzwungen oder gar Physikalismen inszeniert werden. Dies erstaunt nicht, denn Qualitäten wie Komplexität, Strukturiertheit und Prozeßhaftigkeit haben für psychische wie für soziale Phänomene geradezu Evidenzcharakter - was sich denn auch in unterschiedlichsten wissenschaftlichen, literarischen und alltagssprachlichen Beschreibungen dieser Phänomene widerspiegelt.

Eine der wesentlichsten Traditionen wissenschaftlicher Beschreibung psychischer und sozialer Prozesse liegt in der Gestaltpsychologie. Insofern sie sich mit der Entstehung und Veränderung von Prozeßgestalten beschäftigen, befinden sich Synergetik und Chaostheorie ganz in ihrer Tradition. Gleichzeitig tragen sie zu einer Wiederbelebung der Gestaltpsychologie bei, indem sie neue theoretische Konzepte sowie innovative Modellierungs- und Analyseverfahren zur Verfügung stellen. Daß es aber auch bezüglich anderer Forschungstraditionen der empirischen Psychologie und Psychiatrie nicht um Bruch und Neubeginn, sondern um Anschluß und Integration geht, mag aus der Lektüre des vorliegenden Bandes deutlich werden.

In noch einer weiteren Hinsicht fügt sich der vorliegende Band in Traditionen ein. Was die Themen und Autoren angeht, schließt er an die Tagungsreihe der Herbstakademien „Selbstorganisation in Psychologie und Psychiatrie" an (ohne jedoch ein Proceedings-Band einer Tagung zu sein). Bisher fanden Herbstakademien in Bamberg (1990 und 1991), Bern (1993), Münster (1994) und Jena (1995) statt, demnächst in Gstaad im Berner Oberland (1997).

Es handelt sich um ein eigenständig konzipiertes Herausgeberbuch, das bisherige Herausgeberaktivitäten fortsetzt (z.B. Tschacher, Schiepek und Brunner (1992): „Self-Organization and Clinical Psychology", Band 58 der Springer Series in Synergetics, oder Langthaler und Schiepek (1995): „Selbstorganisation und Dynamik in Gruppen", LIT - Verlag, Münster). Im Gegensatz zu ersterem kann der vorliegende Band aber auf mehr und reichere empirische Erträge zugreifen, im Gegensatz zum zweiten konzentriert er sich nicht primär auf sozial- und gruppenpsychologische Themen, sondern schlägt einen weiten Bogen: von „Methoden und Modellen psychischer Grundfunktionen" über „Neurowissenschaften und Psychiatrie" zu „Sozialer Interaktion, Psychotherapie und

Management" - so die Abschnittsbezeichnungen. Die Produktivität der Selbstorganisationsforschung in Psychologie und Psychiatrie ist übrigens so gewachsen (z.B. im Bereich der Psychotherapie-Prozeßforschung), daß der vorliegende Band nur eine Auswahl interessanter Ansätze und Ergebnisse beinhalten kann. Wir hoffen, daß uns eine Auswahl gelungen ist, die Sie, liebe Leserin und lieber Leser, zu einer anregenden und gewinnbringenden Lektüre beflügelt.

Wir bedanken uns ganz herzlich bei Frau Holle Kirchner, Frau Inken Schröder und Herrn Hans Menning (Universität Münster) für die arbeitsaufwendige und gelungene Herstellung des Camera-ready-Typoskripts, bei Herrn Albrecht Weis vom Vieweg-Verlag für die bewährte produktive Zusammenarbeit und natürlich bei unseren Autoren für ihre Kooperationsbereitschaft und Geduld.

München
und Bern,
im Oktober 1996

Günter Schiepek
Wolfgang Tschacher

Methoden
und Modelle
psychischer Grundfunktionen

Eine methodenorientierte Einführung in die synergetische Psychologie

Wolfgang Tschacher und Günter Schiepek

1 Konzepte dynamischer Systeme

Die systemorientierte oder „systemische" Perspektive hat in der Psychologie bereits eine lange Geschichte (Hall & Fagen, 1968; vgl. auch die Gestaltpsychologie der ersten Hälfte dieses Jahrhundert, z.B. Köhler, 1920). In Teildisziplinen der Psychologie, besonders in der Klinischen Psychologie, haben sich mehrere Schulen gebildet, die als kennzeichnendes Merkmal die Systemsicht anführen (von Schlippe & Schweitzer, 1996). Was meint nun dieses Attribut der Systemhaftigkeit, und was macht den spezifischen Unterschied systemorientierten Forschens aus?

Folgende Aussagen werden bei der Bestimmung von Systemen in der Psychologie häufig gemacht (vgl. Bunge, 1979; Brunner, 1986):
- Ein System ist ein Sachverhalt, der aus Komponenten aufgebaut ist;
- die Komponenten stehen miteinander in Wechselwirkung;
- ein System ist abgegrenzt von einer Umwelt;
- die Grenze kann aus Komponenten bestehen;
- ein System wird durch einen Beobachter aufgrund von Kriterien festgelegt;
- die Stellung des Beobachters zum System kann problematisiert werden (als Exo- und Endo-Perspektive: Rössler, 1992; Atmanspacher & Dalenoort, 1994; in Begriffen des Konstruktivismus: Schiepek, 1991).

Bevor wir zu einer für die Psychologie sinnvollen Konzeptualisierung eines *komplexen* Systems kommen (Schiepek & Tschacher, 1992), wollen wir uns die Begriffsgeschichte der dynamischen Systeme kurz vor Augen führen: In der Theorie dynamischer Systeme und in den Naturwissenschaften (Rosen, 1970; Hirsch & Smale, 1974; Thompson & Stewart, 1986; 1993) ist der Begriffsgebrauch in der Regel noch allgemeiner als eben skizziert. Ein „System" ist einfach jedes Objekt, jeder Gegenstand einer Untersuchung, dessen Verhalten in Frage steht. Dieses Objekt muß intern nicht differenziert sein: auch ein als Massepunkt gedachter Körper ist ein „System" in diesem Sinne. Der Beobachter ist systemextern.

Der Zusatz „dynamisch" geht auf das griechische Wort für „Kraft, Vermögen" zurück und entstammt der klassischen Dynamik Newtons: die (Orts-)Veränderung des Systems wird zurückgeführt auf das Wirken einer (äußeren) Kraft. Diese Dynamik gilt in einer idealisierten Welt, in der keine Reibung den Energiegehalt des Systems dissipiert und Körper als immaterielle Massepunkte gedacht werden. Wegen der Annahme, daß die sich bewegenden und elastisch kollidierenden Massen keine Energie verlieren, spricht man hier von *konservativen* Prozessen bzw. Systemen. Die sog. Hamilton-Funktion ist dabei die Summe aus kinetischer und potentieller Energie eines Systems. In einem konservativen System können diese Energieformen zwar fortwährend ineinander überführt werden (z.B. beim Pendel), bleiben in ihrer Summe jedoch konstant. Charakteristisch für Hamiltonische Systeme ist weiterhin, daß sie invariant gegenüber Zeitumkehr sind: in den Gleichungen taucht die Zeit in quadrierter Form auf, so daß sich für t und $-t$ dieselben Lösungen ergeben. Die Hamiltonische Welt ist damit *reversibel*; einem Hamiltonischen Film sieht man sozusagen nicht an, ob er vorwärts oder rückwärts läuft. Es herrscht „das gute alte mechanische Billard-Universum aus dem letzten Jahrhundert" (Rössler, 1992).

Diese Weltsicht ist anschaulich in der *reduktionistischen* Vorstellung eines „Laplace'schen Dämons" enthalten: Würde dieser Dämon Ort und Impuls jedes Teilchens im Universum bestimmen, könnte er jedes beliebige Ereignis in der Zukunft vorhersagen und hätte zudem genaue Kenntnis über jedes vergangene Ereignis. Zu den Eigenschaften der Konservativität und Reversibilität kommt also noch die strikte *Determiniertheit* jeder Dynamik, sowie die Reduzierbarkeit der Wirklichkeit, auf eine Summe vieler mikroskopischer Wirklichkeiten.

Das auf diesen Grundannahmen basierende Wissenschaftsprogramm war sehr erfolgreich. Es wurde im Laufe der Entwicklung der Physik über die Mechanik hinaus sukzessive auf weitere Problemfelder angewandt, z.B. auf die Optik und die Elektrizitätslehre. Die klassische Dynamik steht - man denke an Galileo, Leibniz und Newton - am Beginn der modernen Wissenschaft.

Die weitere Entwicklung der klassischen Dynamik erbrachte weitgehende Erneuerungen und zugleich einen Rückzug in verschiedener Hinsicht. Es kamen gewissermaßen die Antithesen (im Sinne Hegels) zur rationalen und überschaubaren Ordnung der klassischen Dynamik zum Tragen. Die Kritik betraf nach und nach alle oben genannten Attribute der „klassischen" Auffassung der Dynamik:

1.) Die Thermodynamik vertrat eine makroskopische und statistische Herangehensweise, mit der sie die fundamentale Irreversibilität der Entwicklung von Populationen von Teilchen postulierte. Pioniere dieses Ansatzes waren Boltzmann und Maxwell. Der bekannte zweite Hauptsatz der Thermodynamik betrifft die irreversible Zunahme der Entropie (Unordnung) in abgeschlossenen Viel-Teilchen-Systemen.

2.) Mit diesem makroskopischen Gesetz wird dem Reduktionismus eine Grenze gesetzt: die Eigenschaften makroskopischer Systeme sind nicht direkt aus den (noch klassisch gedachten) Eigenschaften der atomaren Teilchen ableitbar. Makroskopische Variablen wie Volumen, Temperatur oder Druck spielen nun eine Rolle; sie stehen nur statistisch in Beziehung zu den Newton'schen Größen „Kraft", „Beschleunigung" und „Masse".

3.) Poincaré (1899) zeigte anhand des „Drei-Körper-Problems", daß auch eine beliebig genaue Messung der Anfangsbedingungen nicht genügt, um die zukünftige Entwicklung eines aus drei oder mehr Körpern bestehenden Systems vorherzusagen. Das System ist nicht integrabel. Das gleiche Prinzip liegt auch der viel jüngeren Chaostheorie zugrunde: die sensible Abhängigkeit von den Anfangsbedingungen führt zu einem endlichen Vorhersagehorizont. Die „starke" Version des Determinismus wird damit fragwürdig (Schiepek & Tschacher, 1992).

4.) Mit der Selbstorganisationstheorie und der Theorie nichtlinearer dynamischer Systeme beginnt sich allmählich ein integratives und umfassendes Bild der dynamischen Wissenschaft herauszuformen (Haken & Wunderlin, 1991; Nicolis & Prigogine, 1987). Die produktiven Folgen der gegenüber der Newton'schen Dynamik zu erhebenden Vorbehalte werden (als Hegel'sche „Synthese") sichtbar: Die Irreversibilität zieht ein Verständnis von Gleichgewichten nach sich; das Studium von Gleichgewichten wird schließlich zu einem Hauptthema der Kybernetik und der Systemtheorie allgemein. Die Erweiterung auf nicht-konservative Systeme ermöglicht Ordnungszunahme trotz des global gültigen Entropiesatzes der Thermodynamik. Die Untersuchung spontaner Ordnungsbildung bleibt damit nicht länger der Metaphysik vorbehalten. Der Verzicht auf die starke Formulierung des Kausalitätsprinzips eröffnet die Welt des deterministischen Chaos und der Fraktale (Peitgen & Richter, 1986; Kriz, 1992).

Wir plädieren dafür, an diese Entwicklungen der Dynamik und der Systemtheorie in den Naturwissenschaften anzuknüpfen, wenn es um einen „systemischen" Ansatz in der Psychologie geht. Diese Sichtweise ist klarer definiert als die metaphorische Rede von Systemen, wie sie häufig in der angewandten Psychologie verwendet wird.

Der Kern dieser Konzeptualisierung liegt in einem Phänomen, das auch den Kern der Synergetik (Haken, 1990) ausmacht, nämlich dem der *Selbstorganisation*. Selbstorganisation meint die spontane Emergenz von Ordnungszuständen in gewissen Systemen. Dieser Vorgang ist in den unterschiedlichsten Systemen der belebten und unbelebten Natur zu finden (Jantsch, 1979; Tschacher, 1990; Schiepek & Strunk, 1994). Um nur einige Beispiele zu nennen, die in der Literatur paradigmatischen Charakter haben: Der Laser beruht auf der Selbstorganisation der Lichtemissionen vieler Atome oder Moleküle, die bei angelegter Spannung beginnen, kohärent Licht auszusenden. Als Bénard-Instabilität bezeichnet man ein Flüssigkeitssystem, das, einer Temperaturdifferenz unterworfen, geordnete Konvektionsmuster ausformt. In chemischen Systemen wie der Belousov-Zhabotinski-Reaktion treten räumliche oder zeitliche Muster auf, wenn energiereiche Reaktanten zugeführt werden.

Es gibt eine Reihe von Voraussetzungen, die an ein System gestellt werden müssen, um Selbstorganisation möglich zu machen:

Dynamik: Selbstorganisation ergibt sich nur in Systemen, die sich verändern können, etwa indem ihre Komponenten beweglich, variabel sind. Systeme mit fester, statischer Struktur (ein Kristall, eine rigide Gesellschaft) erlauben keine ausreichende Dynamik, so daß sich auch keine (neuen) dynamischen Muster etablieren können.

Offenheit: das System muß in eine Umwelt eingebettet sein, die es antreibt und das System in „thermodynamischem Ungleichgewicht" (far from equilibrium) hält. Dieses Ungleichgewicht wird durch einen Flux von Energie, Materie oder Information durch das System erreicht.

Komplexität: Das System muß aus vielen Komponenten bestehen bzw. viele Freiheitsgrade aufweisen, denn, wo keine Komplexität vorab besteht, kann auch keine Musterbildung in Sinne einer Reduktion von Freiheitsgraden bzw. von Komplexität stattfinden.

Auf der Basis des Gesagten können wir nun die Bestandteile eines komplexen Systems benennen. Wir halten uns dabei an die Begrifflichkeit der Theorie dynamischer Systeme und der Synergetik (Kaplan & Glass, 1995; Haken & Wunderlin, 1991; Schiepek & Strunk, 1994; Tschacher, im Druck).

In Abbildung 1 ist ein solches System schematisch dargestellt. Auf das komplexe System der vielen Komponenten bzw. Freiheitsgrade wirkt eine Umwelt - hier als Kontrollparameter bezeichnet - ein. Dies führt zur Ordnungsbildung im Sinne der Selbstorganisation. Die entstehenden emergenten Muster werden in der Synergetik als Ordner oder Ordnungsparameter bezeichnet. Im Gegenzug werden die Komponenten des Systems durch die Ordner versklavt (synchronisiert, kohärent gemacht). Dieses Konzept eines Systems wird auch als Mikro-Makro-System bezeichnet, wobei die emergenten Ordner die Makroebene darstellen (Troitzsch, 1990).

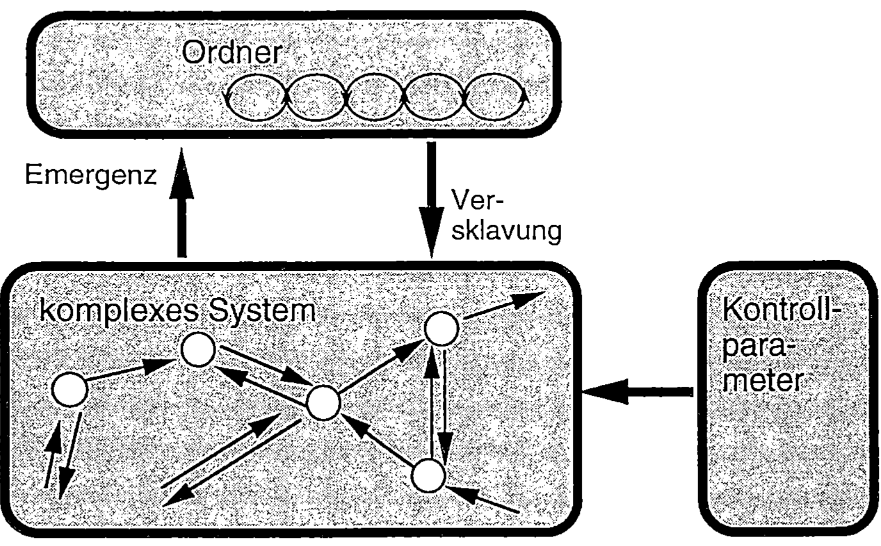

Abb.1: Schematische Darstellung eines selbstorganisierten Systems (aus Tschacher, im Druck).

Wir können in unserer methodenorientierten Einführung leider nur kurz umreißen, wie das Systemkonzept von Abbildung 1 in die Psychologie umgesetzt werden kann. Die Arbeiten hierzu sind bei weitem nicht abgeschlossen (Kriz, 1990; Tschacher, 1990; Schiepek & Tschacher, 1992; Schiepek, 1994; Schiepek & Strunk, 1994). Neben den theoretischen Überlegungen gibt es eine zunehmende Zahl empirischer Befunde, auf die wir in den folgenden Abschnitten verweisen werden. Den Stand der Dinge reflektieren auch einige einschlägige Sammelbände (Haken & Stadler, 1990; Tschacher et al., 1992; Schiepek & Spörkel, 1993; Vallacher & Nowak, 1994; Abraham & Gilgen, 1995; Langthaler & Schiepek, 1995; Sulis & Combs, 1996; Reiter et al., im Druck).

Eine Möglichkeit zur „Übersetzung" in psychologische Begriffe besteht darin, auf der Mikroebene von einem komplexen psychologischen System auszugehen, dessen

Bestandteile rudimentäre Kognitionen und Handlungsmöglichkeiten sind. Diese hypothetischen unbewußten psychologischen Bausteine können als *Verhaltenskerne* bezeichnet werden. Durch Selbstorganisation emergieren Muster dieser Komponenten, die bewußtseinsfähig sind: Handlungen, Gedanken, Absichten. Diese sehen wir als Ordner oder Gestalten, die aus der Dynamik der vielen Verhaltenskerne evolvieren und diese rekursiv zugleich auch versklaven (daher *Prozeßgestalten*). Die wirksame Umwelt (die Kontrollparameter) dieses psychologischen Systems ist eine Motivationsquelle; die Kontrollparameter bezeichnen wir in Anlehnung an die Lewin'sche Psychologie (Lewin, 1936) und die neuere Volitionspsychologie (Heckhausen & Kuhl, 1985) deshalb als *Valenzen*. Diese Konzeptualisierung ist in Tschacher (im Druck) ausführlich beschrieben.

In einem methodischen Überblick werden wir im Rest dieses Kapitels eine anschauliche Einführung in die Theorie dynamischer Systeme geben. Wir werden exemplarisch darstellen, wie Konzepte zustande kommen und mit welchen Verfahren sie bearbeitet werden können. Hierzu sind Methoden notwendig, die teilweise noch nicht in den üblichen Methodenkanon der wissenschaftlichen Psychologie aufgenommen sind.

Wir verstehen unsere Ausführungen als ein Plädoyer: von Selbstorganisation und allgemein, von einer Systemperspektive in der Psychologie zu reden bedeutet, die Dynamik konkreter Realisationen von psychologischen Systemen empirisch zu untersuchen.

2 Modellierung dynamischer Systeme

Zwei Zugangsweisen zur dynamischen Modellierung sind möglich: die *induktive* dynamische Modellierung oder Zeitreihenanalyse geht von Beobachtungen eines Sachverhalts in der Zeit aus (also von einer oder von mehreren „parallel" erhobenen Zeitreihen). Ziel ist es dabei, die Eigenschaften eines Verlaufs darzustellen und zu charakterisieren und/oder Eigenschaften des generierenden Systems zu induzieren. Modellierung heißt hier also, sich ein Bild von der Gestalt eines Prozesses und des zugrunde liegenden Systems aufgrund empirischer Daten zu machen.

Die *deduktive* Modellierung beschreitet den umgekehrten Weg. Aus „first principles", theoretischen Grundannahmen und - in der Psychologie in der Regel - Plausibilitätsgründen kann man zu Evolutionsgleichungen oder Simulationssystemen gelangen, die ein dynamisches System definieren. Die solcherart theoriegeleitet gefundenen Eigenschaften (bzw. untersuchbare Folgerungen aus ihnen) können anschließend im Experiment überprüft werden.

2.1 Lineare induktive Modellierung

Jede induktive Modellierung beginnt mit einer Messung oder Datenerhebung. Da wir uns für die Modellierung von Prozeßgestalten interessieren, werden wir versuchen, ein und dieselbe(n) Variable(n) in der Zeit wiederholt zu erheben. Das Resultat einer solchen Erhebung ist eine (multiple) Zeitreihe, die die Dynamik eines bestimmten Systems in einem bestimmten Kontext abbildet.

In unserem Beispiel steht die Befindlichkeit einer Patientin im Zentrum, die sich nach einer Krise im Rahmen einer psychotherapeutischen Kriseninteraktion in stationärer Behandlung befand (Tschacher, 1996). Das Meßinstrument ist eine Analogskala mit 16 Abstufungen zur Selbsteinschätzung der „Stimmung", mit den Extrema „äußerst stark gut" bzw. „äußerst stark schlecht". Diese Bewertung sollte dreimal am Tag (zu festen Zeitpunkten morgens, mittags und abends) durchgeführt werden. Die Zeitreihendarstellung in Abbildung 2 umfaßt 79 Meßpunkte.

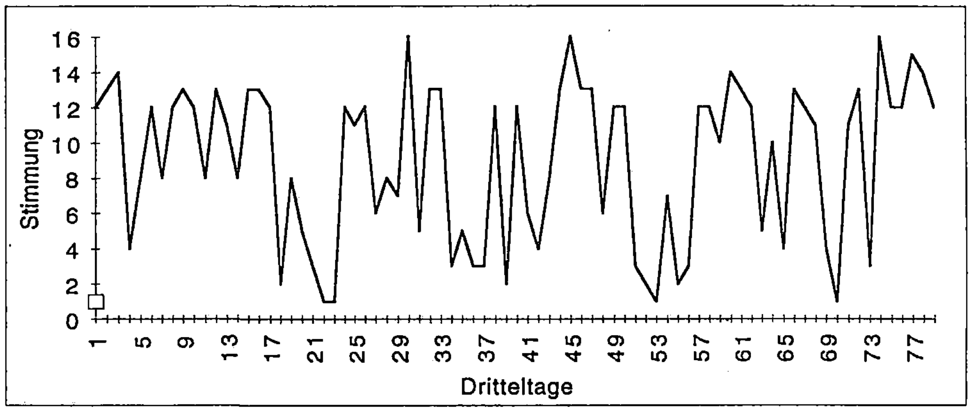

Abb. 2: *Stimmungszeitreihe einer Patientin während eines krisenhaften Lebensabschnitts.*

Autokorrelation: Welche „dynamische Information" ist in dieser Zeitreihe enthalten? Man kann diese Frage so auffassen, daß man untersucht, wie die Zeitreihe mit sich selbst korreliert ist. Die herkömmliche, lineare Herangehensweise untersucht denn auch zunächst die korrelativen Zusammenhänge der Zeitreihe mit der um τ Schritte („lags") verschobenen identischen Zeitreihe. Man erhält dadurch die Autokorrelationsfunktion (ACF) und die partielle Autokorrelationsfunktion (PACF); in der PACF sind die Einflüsse der zwischenliegenden lags herauspartialisiert.

Es zeigt sich eine signifikante Autokorrelation der Zeitreihendaten nur für lag 1. Die Werte der ACF schwanken innerhalb eines Bereichs mit der Amplitude des Standardfehlers in der Art einer gedämpften Oszillation. Die PACF bricht nach lag 1 ebenfalls ab; sie zeigt eine weitere Signifikanz bei lag 14 (also nach etwa 5 Tagen).

ARMA-Modellierung: Innerhalb der linearen Zeitreihenanalyse werden nun die Informationen über die serielle Abhängigkeit, die in der ACF und PACF repräsentiert sind, in ein Modell umgesetzt (Box & Jenkins, 1976; Schmitz, 1989). Zwei Möglichkeiten der Modellierung bestehen prinzipiell: die serielle Abhängigkeit wird entweder als Autoregression dargestellt, d.h. ein Wert ist ein mit einem Regressionsfaktor ϕ gewichteter vergangener Wert plus eine aktuelle Zufallsgröße; oder es wird der jeweilige Wert der Zeitreihe verstanden über die mit einem Faktor θ multiplizierten vergangenen Zufallseinwirkungen (moving average-Prozeß). In jeder Zeitreihenanalyse ist gesondert zu entscheiden, wieviele Zeitschritte zurückgegangen werden muß, um ein hinreichend gutes, aber auch möglichst sparsames Modell anzupassen. Ein allgemeines ARMA(p,q)-Modell (*auto*regressive *m*oving *a*verage) ist zusammengesetzt aus einem AR-Modell p-ter Ordnung und einem MA-Modell q-ter Ordnung:

$$z_t = \phi_1 z_{t-1} + \phi_2 z_{t-2} + ... + \phi_p z_{t-p} + a_t - \theta_1 a_{t-1} - \theta_2 a_{t-2} - ... - \theta_q a_{t-q} \tag{1}$$

Diese Form der Modellierung stellt den seit einigen Jahrzehnten eingeführten Kern der linearen Zeitreihenanalyse dar. Die ARMA-Methodik und verwandte Methoden (z.B. Markov-Modelle) fanden zunächst vor allem in der Ökonomie und in naturwissenschaftlichen Anwendungen Verwendung, seit einiger Zeit auch in der (v.a. Klinischen) Psychologie (Gottman et al., 1969; Petermann, 1989; Aebi et al., 1993).

Auf die verschiedenen Test und Kriterien, die die Güte einer ARMA-Modellierung betreffen und eine sukzessive Modellschätzung ermöglichen, soll hier nicht eingegangen werden. Im oben genannten Beispiel ergibt ein solches Verfahren, daß ein AR(1)-Modell den besten Kompromiß zwischen Erklärungsstärke und Sparsamkeit darstellt. Das Modell für die Patientin lautet:

$$z_t = 6.729 + 0.253 z_{t-1} + a_t \tag{2}$$

Nimmt man die Signifikanz der PACF bei lag14 in das Modell auf (wofür Kriterien wie das AIC-Informationskriterium und der White-noise-Test der Residuen sprechen), erweitert sich das Modell um die gelagte (zeitverzögerte) Variable:

$$z_t = 4.061 + 0.233 z_{t-1} + 0.339 z_{t-14} + a_t \tag{3}$$

Fourieranalyse: Eine weitere „traditionelle" Möglichkeit der Modellierung von Zeitreihen ist die Spektralanalyse, die in der Psychologie außerhalb psychophysiologischer Anwendungen bisher selten verwendet wurde. Die Fourier-Transformation zerlegt die Zeitreihe in zyklische Muster, d.h. sie wird aufgefaßt als Summe von Sinus- und Cosinuswellen verschiedener Frequenz und Amplitude. Die Fourier-Transformation ist insofern ebenso wie die ARMA-Modellierung eine lineare Abbildung: sie geht von der Summativität der (zyklischen) Komponenten aus. Analog dazu sind die ARMA-Modelle als Summen von AR- und MA-Prozessen verschiedener lags zu verstehen. Die Modellierung einer Zeitreihe mittels der Fourier-Transformation und die Modellierung mittels der oben beschriebenen ARMA-Methode, welche die ACF der Zeitreihe ausschöpft, sind ineinander überführbar. Prozesse mit identischem Powerspektrum besitzen auch dieselbe Autokorrelationsfunktion: sie sind also bezüglich ihrer linearstochastischen Serialität gleichwertige Prozesse. Dies wird bei der Methode der sog. phasenrandomisierten Surrogate (Kennel & Isabelle, 1992) ausgenutzt (s.u., Surrogatdatenmethoden).

Das Ergebnis der Fourier-Transformation einer Zeitreihe aus n Beobachtungen ist von der Form:

$$z_t = \sum_{k=1}^{m} (A_k \cos(\omega_k t) + B_k \sin(\omega_k t)) + a_t \qquad \text{mit } m = n/2 \qquad (4)$$

Eine anschauliche Darstellung der Spektralanalyse bietet das Periodogramm, in dem die Quadratsumme der Amplituden gegen die Frequenzen abgetragen wird. Die Ordinaten bieten damit ein Maß für den Beitrag jeder Frequenz zur gesamten Variation in der Zeitreihe. Das Periodogramm der obigen Stimmungszeitreihe ist in Abbildung 3 dargestellt.

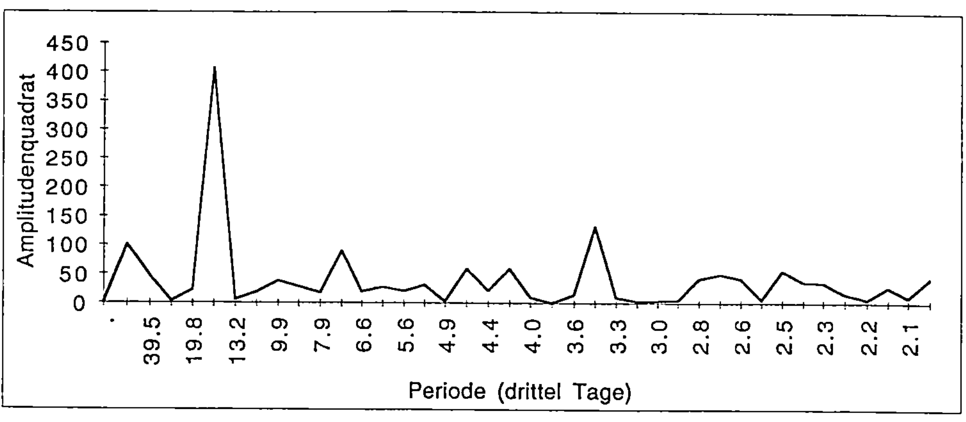

Abb. 3: Periodogramm der Stimmungszeitreihe in Abb. 2.

Die Spitze („Peak") im ansonsten „flachen" Spektrum hebt eine einzelne Frequenz hervor, die einer Periode von ca. 5 Tagen im Stimmungsverlauf der Patientin entspricht. Die Autokorrelation in der Gegend von lag 14 bis lag 16 deutete bereits auf diese Auffälligkeit hin. Man kann nun auf der Basis der Spektralzerlegung ebenfalls ein Modell der Zeitreihe aufschreiben. Dieses lautet im Beispiel der Stimmungsdynamik bei Berücksichtigung nur der 5-Tages-Periodik:

$$z_t = 0.93\cos(0.4t) - 3.06\sin(0.4t) + a_t \qquad (5)$$

Multivariate lineare Modellierung: Wenn mehrere Observablen eines Systems beobachtet werden können, ist neben der Information aus den Autokorrelationen der Einzelzeitreihen natürlich zusätzlich die der Crosskorrelationen vorhanden. Es kann daher nicht nur modelliert werden, wie ein Zustand der Variable mit einem Zustand dieser selben Variable zu einem folgenden Zeitpunkt zusammenhängt, sondern zusätzlich eine Aussage über die wechselseitigen zeitverschobenen Wirkungen zwischen verschiedenen Variablen gemacht werden. Solche zeitverschobenen Einflüsse geben Hinweise auf kausale Relationen.

In empirischen Studien (Tschacher, 1996; Brunner et al., in diesem Band) wird als Methode häufig die sog. Zustandsraummodellierung angewendet, die im SAS-Statistikpaket als Prozedur STATESPACE vorliegt. STATESPACE führt eine kanonische Korrelationsanalyse durch, um das Zustandsraummodell einer multiplen Zeitreihe zu bestimmen; dabei werden die zeitverschobenen Crosskorrelationen zwischen Variablen bestimmt, wobei der Beitrag der jeweiligen Autokorrelationen herauspartialisiert wird. Die Anzahl lags, die in das Modell aufgenommen werden müssen, können durch verschiedene Kriterien bestimmt werden. Wie bei den univariaten ARMA-Modellen können Signifikanzen für die einzelnen Koeffizienten angegeben werden. Der Modellierungsansatz für ein System mit Mittelwert $= 0$ lautet $z_t = Fz_{t-1} + Ga_t$, wobei F die Übergangsmatrix (deren Komponenten den Zustandsvektor z_t gewichten) und G die Inputmatrix (Gewichte der Zufallsvektoren a_t) genannt werden.

Für den bereits modellierten Stimmungsverlauf der Patientin liegen nun insgesamt Erhebungen von drei Observablen vor: neben der „Stimmung" wurden gleichzeitig noch die „Spannung" und die „Aktivität" geratet. Die Reihenfolge der Variablen in der unten dargestellten F-Matrix lautet „Spannung"-„Aktivität"-„Stimmung".

$$
z_{t+1} = \begin{bmatrix} .29 & .18 & -.26 \\ .25 & .01 & .17 \\ .09 & .12 & .16 \end{bmatrix} z_t + \begin{bmatrix} 1 & 0 & 0 \\ 0 & 1 & 0 \\ 0 & 0 & 1 \end{bmatrix} a_t \tag{6}
$$

Die Werte der Zellen F(1,1), F(2,1) und F(1,3) sind signifikant. Sie können folgendermaßen interpretiert werden: die Stimmung erniedrigt die Spannung (-.26), nicht aber umgekehrt (.09). Spannung erhöht die Aktivität (.25). Die Spannung ist autoregressiv stabil (.29).

Es wird an unserem Beispiel ersichtlich, daß diese Methode eine sehr praktikable Modellierung des Gefüges der Wechselwirkungen in einem System erlaubt. Rechnungen mit nichtlinear-chaotischen Zeitreihen zeigen darüber hinaus, daß STATESPACE auch hier die linearen Zusammenhänge korrekt herausfiltert und keine falsch-positiven Signifikanzen anzeigt.

2.2 Nichtlineare induktive Modellierung

2.2.1 Einbettung einer Zeitreihe

Bislang wurden einfache Möglichkeiten einer stochastischen linearen Modellierung von Zeitreihen besprochen, die in der Psychologie und den Sozialwissenschaften seit Jahrzehnten eingeführt sind. Die Querschnittsorientierung in der psychologischen Methodenlehre hat allerdings bedauerlicherweise verhindert, daß selbst einfache zeitreihenanalytische Methoden in größerem Ausmaß eingesetzt wurden. Die Theorie dynamischer Systeme entspringt - wie einführend erwähnt - einer physikalisch-mathematischen Tradition; die Theorie gründet sich mathematisch auf Gleichungen, welche die (meist zeitliche) Evolution einer Variablen bestimmen, also auf Differentialrechnung.

Die Konzepte und Methoden der Theorie dynamischer Systeme lassen sich am besten einführen und begründen, wenn man den Weg der geometrischen Veranschaulichung wählt. Der anschauliche Zugang geht vom Konzept des Zustandsraums (synonym: Phasenraum) aus. Ein Zustand eines dynamischen Systems zu einem Zeitpunkt t_0 ist dann genau spezifiziert, wenn die Ausprägungen aller m relevanten Variablen des Systems zu diesem Zeitpunkt bekannt sind. Man kann dies durch einen Vektor darstellen, dessen Komponenten diese Variablenausprägungen sind: $z_0 = (x_1, x_2, ..., x_m)$. Ein einfaches Beispiel aus der Mechanik wäre ein Pendel: dessen Zustand ist zu jedem Zeitpunkt durch den Ort und den Impuls (jeweils gemessen am Pendelkörper) gegeben. Der Zustandsraum des Pendels ist damit eine Ebene, die durch ein Koordinatensystem mit den Achsen Ort und Impuls aufgespannt wird. Der Zustand des Pendels ist ein Punkt in dieser Ort-Impulsebene.

In Abbildung 4 ist entsprechend der „psychologische Zustandsraum" der oben angeführten Patientin dargestellt. Wie bereits erwähnt, wurde nicht nur die in Abbildung 1 gezeigte Stimmungsvariable erhoben, sondern simultan auch die subjektiv wahrgenommene bzw. beobachtete „Spannung" und die „Aktivität". Diese drei Observablen können natürlich nicht beanspruchen, den psychologischen Zustand eines Individuums vollständig zu charakterisieren; immerhin steht hinter der Auswahl der Versuch, einen repräsentativen Ausschnitt der psychologischen Mannigfaltigkeit global zu erfassen (vgl. die Osgood'schen Dimensionen „evaluation", „potency" und „activity"; Osgood et al., 1957). Wenn wir also davon ausgehen, daß der im Sinne einer bestimmten Fragestellung relevante Zustandsraum eines komplexen psychologischen Systems durch die „Spannung", „Aktivität" und „Stimmung" hinreichend bestimmt wäre, käme einem einzelnen Zustand genau ein Punkt in diesem dreidimensionalen Raum zu. Auch die Dynamik des Systems läßt sich dann leicht geometrisch veranschaulichen: sie ist repräsentiert durch eine Linie (in der Theorie dynamischer Systeme „Trajektorie" genannt), die einer kontinuierlichen Abfolge von Punkten entspricht. Durch die Sukzession der Zeitpunkte, zu denen die Zustände gehören, ist die Trajektorie in unserem Beispiel mit einer Richtung ausgestattet.

Wir wollen diese grundlegenden Definitionen mit einem Blick auf das Konzept des Systemgleichgewichts (Stabilität eines Systems) abrunden. Ein Gleichgewicht kann ebenso wie ein beliebiger Systemzustand durch einen bestimmten ausgezeichneten Punkt im Zustandsraum markiert sein. Am Beispiel des gedämpften Pendels läßt sich dies leicht zeigen: Wenn das Pendel, durch Reibungskräfte gebremst, schließlich zur Ruhe kommt, sind sein Impuls und sein Ort (bei geeigneter Wahl der Koordinaten) gleich Null geworden. Der Punkt $z(0,0)$ wird Attraktor des Systems genannt. Alle Trajektorien eines gewissen Bereiches im Phasenraum (dem Bassin oder Einzugsbereich) enden im Attraktor, der in diesem Fall ein sog. Fixpunkt ist. Attraktoren brauchen jedoch nicht konstante Zustände (also Fixpunkte) sein. So können auch periodische Veränderungen (konstante Oszillationen) attrahierenden Charakter haben. Ein einleuchtendes Beispiel ist die Pendeluhr, die so konstruiert ist, daß ihr Pendel eine konstante Bewegung beschreibt. Störungen durch Anstoßen oder Festhalten des Pendels werden durch den Mechanismus kompensiert. Im Phasenraum ist dieser Attraktor eine

geschlossene Trajektorie: es werden stets dieselben Zustände wieder und wieder durchlaufen. Solche periodischen Attraktoren heißen „Grenzzyklen". Treten solche attrahierenden Oszillationen in mehr als einer Phasenraumrichtung auf, resultieren zwei- und
höherdimensionale Attraktoren („Tori").

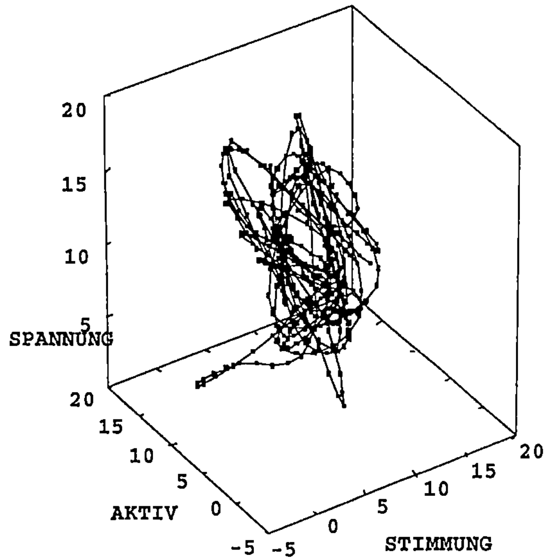

*Abb. 4: Trajektorie der Dynamik einer Patientin im Phasenraum (Achsen des Raums: Spannung,
Aktivität, Stimmung). Rohdaten sind 79 Meßzeitpunkte (entsprechend ca. 26 Tagen). Die Trajektorie wurde mit einem spline-Verfahren interpoliert und geglättet.*

In vielen Anwendungen ist es nicht möglich, mehr als eine Observable des Systems in
der Zeit zu erheben. Wie wäre es dann möglich, etwa einen Grenzzyklus darzustellen,
der wenigstens eine zweidimensionale Repräsentation erfordert? Es ist durch einen
„Kunstgriff" dennoch möglich, eine Zustandsraumdarstellung des Systems zu rekonstruieren, wenn nur die Zeitreihe einer einzelnen generellen Observablen vorliegt. In
dieser Observablen sind die relevanten Zustandsvariablen des Systems in unbekannter
Kombination versteckt. Dafür wird nun die Autokorrelation der einzelnen Zeitreihe
ausgenutzt: statt der Komponenten $x_1, x_2, ..., x_m$ des „wahren" Zustandsvektors werden
zeitverschobene Werte der einen erhobenen Variablen x verwendet. Bei einer Zeitver-
schiebung　　τ　　ergibt　　sich　　ein　　rekonstruierter　　Zustandsvektor
$z_{t_0} = (x_{t_0}, x_{t_0+\tau}, x_{t_0+2\tau}, ..., x_{t_0+(m-1)\tau})$, wobei m die Dimension des Zustandsraums (die Anzahl
der „Einbettungsdimensionen") bezeichnet. Takens (1981) bewies, daß „typische" Ei-
genschaften des Systems im Phasenraum (s.u.) bei der Rekonstruktion durch die zeit-
verzögerten Koordinaten erhalten bleiben. Das Einbettungstheorem wurde zu einem
wichtigen (wenngleich gelegentlich überstrapazierten) Hilfsmittel in der dynamischen
Forschung.

Bei der Einbettung einer Zeitreihe stellt sich sofort die Frage, wie die Parameter τ
und m zu wählen sind. Die Größe der Zeitverzögerung sollte gewährleisten, daß die

gelagten Komponenten des Zustandsvektors weder völlig unabhängig noch völlig abhängig voneinander sind. Der Grund hierfür ist folgender: Sind die Komponenten zu wenig voneinander getrennt (τ ist zu klein), wird der Attraktor schlecht aufgefaltet, denn die Achsen des Phasenraums geben dieselbe Information wieder; ist dagegen τ so groß, daß die Komponenten völlig unkorreliert sind, wird der Attraktor in ganz unabhängige Richtungen des Phasenraums projiziert, und seine Gestalt ginge wiederum verloren. Also ist ein Rezept für einen Mittelweg zu suchen (Abarbanel et al., 1993). Als Faustregel für die Wahl von τ wird generell der lag des ersten Minimums der ACF verwendet. Das Problem hierbei kann sein, daß die Autokorrelation als lineares Maß die nichtlineare Abhängigkeit der Komponenten des Zustandsvektors unzureichend erfaßt. Mayer-Kress und Layne (1987) schlagen deshalb vor, die mutual information als besseren Indikator heranzuziehen. Die mutual information ist gewissermaßen die nichtparametrische Version der ACF. Als Wert für τ wird analog der lag des ersten Minimums der mutual information gewählt.

Die zweite Frage bei der Rekonstruktion des Phasenraums aus einer einzelnen Observablen betrifft die Einbettungsdimension m, und damit die zentrale Frage nach der Anzahl der Freiheitsgrade (der Dimensionalität) des Systems. Für manche Systeme, für die multiple Zeitreihen vorliegen, kann die Dimensionalität aus der Kovarianzmatrix linear geschätzt werden, indem man ein etwa faktorenanalytisches Verfahren über die Zeit verwendet (Tschacher & Grawe, 1996). Wie soll man aber vorgehen, wenn der Phasenraum selbst aus einer einzelnen Zeitreihenrealisation des Systems rekonstruiert werden soll? Roux et al. (1983) führen an der Belousov-Zhabotinski-Reaktion vor, daß ein rekursives trial-and-error-Verfahren möglich ist (vgl. Tschacher, 1990). Weiterhin kann man im Prinzip die im folgenden aufgeführten „typischen" Eigenschaften des Systems für wachsende Einbettungsdimensionen jeweils berechnen, und somit die Abhängigkeit der Eigenschaften von m bestimmen (die Frage lautet also: Wie skaliert eine Eigenschaft mit der Einbettungsdimension?). Die kleinste Einbettungsdimension, ab der eine Berechnung konstant bleibt, ist dann eine Schätzung der geeigneten Einbettungsdimension, die allein schon aus datenökonomischen Gründen zu bevorzugen ist.

Wenn keine solche „Saturation" oder Sättigung auftritt, so ist dies selbst ein wichtiges Ergebnis der Zeitreihenanalyse: nur von Prozessen mit serieller Struktur ist ja zu erwarten, daß sie sich finitdimensional repräsentieren lassen. Ein reiner Zufallsprozeß füllt jeden rekonstruierten Phasenraum aus; seine Komplexität ist prinzipiell nicht reduzierbar auf eine „typische" Eigenschaft. In der Praxis der linearen und nichtlinearen Zeitreihenanalyse ist es denn auch die Kardinalaufgabe, die Gestalt einer Zeitreihe (möge sie aus einem autoregressiven Prozeß oder auch aus niedrigdimensionalem Chaos hervorgegangen sein) von bloßem Zufall zu unterscheiden. Eine Sättigung kann bei Schätzprozeduren der dimensionalen Komplexität allerdings auch dann ausbleiben, wenn die innere Struktur der Zeitreihe *nichtstationärer* Art ist, d.h. wenn sich die Prozeßgestalt des Signals selbst verändert. Topologisch würde dies bedeuten, daß sich Attraktoren mit unterschiedlichen Eigenschaften gewissermaßen überlagern und damit die Identifikation klarer Strukturen erschwert oder verunmöglicht. Dies ist gerade für psychologische und biologische Prozesse ein sehr relevanter Fall, denn für diese ist die Eigenschaft der Nichtstationarität geradezu eine Funktionsvoraussetzung. Auch Psychotherapien setzen nichtstationäre Prozesse des Erlebens und der Interaktion voraus und zielen auf solche ab (Schiepek et al., im Druck; Kowalik et al., im Druck). Nichtlineare Maße für nichtstationäre Zeitreihen werden im Anhang des Beitrags von Kowalik und Schiepek (in diesem Band) vorgestellt.

Eine weitere Methode zur Bestimmung der Einbettungsdimension m ist die Methode der „falschen nächsten Nachbarn" (false nearest neighbors, Kennel et al., 1992). Nächste Nachbarn (NN) sind die Zustände eines Systems (also Punkte im Phasenraum), die den geringsten Abstand zu einem Referenzpunkt haben. Falsche NN sind solche Punkte in einem rekonstruierten Phasenraum, die nur deshalb einem Referenzpunkt benachbart sind, weil der noch nicht genügend aufgefaltete Phasenraum sie in eine solche Nachbarschaft projiziert (analog wie etwa der Schatten eines über mir fliegenden Flugzeugs direkt neben meinem eigenen Schatten auf die Erde geworfen sein kann, ohne daß das Flugzeug und ich im „wirklichen" dreidimensionalen Raum benachbart sind). Im richtig dimensionierten Phasenraum sollten solche irreführenden Nachbarschaften nicht mehr vorkommen; die gewählte Einbettung entfaltet dann die Zustände des Systems topologisch zutreffend. Falsche NN sind also Indikatoren für die Wahl von m. Das Verfahren funktioniert folgendermaßen: Man berechnet die Abstände l zwischen benachbarten Punkten im Phasenraum, zunächst für eine Einbettungsdimension m, dann für die nächstgrößere Einbettung $m+1$. Das Auftreten von sprunghaft größer werdenden Abständen $l_{m+1} \gg l_m$ deutet auf das Vorhandensein von falschen NN hin, denn wirkliche Nachbarn werden auch in höheren Dimensionen wieder als Nachbarn abgebildet. Diejenige Einbettung, bei der im Idealfall keine falschen NN mehr auftreten, ist die zu wählende Dimension des Phasenraums. Die falsche NN-Methode ist die beste derzeitig verfügbare Methode zur Bestimmung der Dimension des Phasenraums (Stewart, 1995). Wir haben ein analoges Verfahren bei verschiedenen Anwendungen (Scheier & Tschacher, 1996) benutzt, indem diejenige Einbettung gewählt wurde, bei der die Vorhersagbarkeit des Systems aufgrund der NN ein Optimum aufweist (s. unter Forecasting in diesem Beitrag).

2.2.2 „Typische" Eigenschaften eines Systems im Phasenraum

Im folgenden wollen wir einige Maße besprechen, die es erlauben, ein dynamisches System im Zustandsraum zu charakterisieren: die „ergodischen Maße" der Informationsdimension, Entropie und Lyapunov-Exponenten. Die ergodische Theorie (Eckmann & Ruelle, 1985) liefert den mathematischen Ausgangspunkt für eine Diskussion solcher *zeitinvarianter* Maße von dynamischen Systemen.

Dem Aufsuchen von Invarianten kommt bei der nichtlinearen Modellierung (sowohl der induktiven wie der deduktiven Variante) eine zentrale Rolle zu. Invarianten sind solche Maße, die bei einer Reihe von Transformationen des untersuchten Systems konstant bleiben: etwa bei einer Veränderung der Anfangsbedingungen, während verschiedener Zeitabschnitte des Systems, oder bei einer Veränderung des Koordinatensystems. Invariante Maße können quantitative Maße sein; es existieren aber auch qualitative Eigenschaften, die etwa topologische Attribute von Attraktoren im Phasenraum ansprechen, um ein System klassifizieren zu helfen. Erstere Invarianten werden auch

als „continuous invariants", letztere topologische Invarianten als „discrete invariants"
bezeichnet (Thompson & Stewart, 1993). Abarbanel et al. (1993) vermuten, daß quantitative Invarianten, wie die im folgenden zu besprechenden Lyapunov-Exponenten oder
die Dimensionalität eines Attraktors, allein nicht genügen, um Systeme erschöpfend zu
charakterisieren.

Dimensionalitäten: Die Bestimmung der fraktalen Dimension als eine Methode zur
Quantifizierung chaotischer Dynamik erhielt in den vergangenen Jahren viel Popularität - vielleicht zu viel, was den Bereich der Psychologie und der Sozialwissenschaften anbelangt. Der Begriff des Attraktors wurde bereits erwähnt; nun hat die dynamische Forschung mit Lorenz' (1963) und Rösslers (1976) Beschreibungen nichtpe-
riodischer Flüsse eine weitere Klasse von Attraktoren entdeckt, die weder zu den Fix-
punkten noch zu den periodischen Attraktoren zu rechnen sind: die chaotischen Attraktoren. Trajektorien, die auf solchen Attraktoren verlaufen, zeigen viele Eigenschaften
von rein zufälligen Entwicklungen: sie sind (zumindest auf Dauer) nicht vorhersagbar
und zeigen u.U. ein flaches Periodogramm. Chaotische Dynamik läßt sich aber (im
Idealfall) von stochastischer Dynamik durch ihre finite fraktale Dimension trennen.
Stochastisch erscheinende Verläufe, die aus Systemen mit wenigen Freiheitsgraden
herrühren, gehören also zu einer speziellen, diagnostizierbaren Klasse von Dynamiken.
    Damit stehen wir wieder vor dem oben gestellten Problem, wie die beste Einbet-
tungsdimension *m* eines nur in *einer* Zeitreihe vorliegenden empirischen Systems zu
bestimmen sei. Die Lösung besteht darin zu untersuchen, wie die Verteilung der Punkte
im Phasenraum (d.h. der Systemzustände) mit dem Phasenraum skaliert. Für beliebige
Längenskalen *r* im Phasenraum beobachten wir das Verhalten der Punkteverteilung
$p(r)$. Ein Beispiel für $p(r)$ könnte etwa die Anzahl der Punkte in einem Volumenele-
ment des Radius *r* sein. Für den Grenzwert $r \rightarrow 0$ gilt nun die Beziehung

$$p(r) \propto r^{d} \tag{7}$$

wobei *d* die Dimension bezeichnet. Zur Plausibilisierung dieser Proportionalität: Man
sieht unmittelbar, daß die Anzahl von *in der Ebene* gleichverteilten Punkten mit dem
Quadrat von *r* skaliert; im (dreidimensionalen) *Raum* ist der Skalierungswert $d = 3$,
usw. Zugleich wird etwa eine (zweidimensionale) Fläche mit dem Quadrat eines Beob-
achtungsausschnitts *r* skalieren, auch wenn diese Fläche in beliebig hochdimensionalen
Phasenräumen eingebettet wird. Der Skalierungswert *d* wird also bei wachsenden
$m > d$ saturieren. Dieser Wert, die *Dimensionalität d* muß keine ganze Zahl sein; chaotische Attraktoren weisen meist ein gebrochenzahliges (fraktales) *d* auf (Abraham &
Shaw, 1984).
    Wenn man (7) beidseitig logarithmiert

$$\log p(r) \propto d \log r \tag{8}$$

wird deutlich, daß die Dimensionalität *d* als Steigung in einem log-log-Diagramm abgelesen werden kann (Mayer-Kress, 1986).

Es gibt mehrere Möglichkeiten, $p(r)$ zu berechnen. Eine detaillierte Diskussion findet man z.B. in Farmer et al. (1983), Mayer-Kress (1986) und in Theiler (1990). Der in den Anwendungen am weitaus häufigsten verwendete Algorithmus stammt von Grassberger und Procaccia (1983). Zur Bestimmung des Skalierungsverhaltens eines Systems wird das „Korrelationsintegral" $C(r)$ herangezogen, das als die durchschnittliche Anzahl von Punktepaaren mit einem Abstand kleiner als r definiert ist. Die Korrelationsdimension d_2 ergibt sich damit als

$$d_2 = \lim_{r \to 0} \log \frac{C(r)}{\log r} . \tag{9}$$

Die Korrelationsdimension gilt im Bereich bis zur Einbettungsdimension $m = 10$ als relativ zuverlässig, falls die Meßqualität der Rohdaten genügend ist (fast kein Rauschen), und mindestens $N = 10^{m/2}$ Datenpunkte zur Verfügung stehen (Ruelle, 1990).

Entropie: Ein chaotisches System kann, wie auch eine stochastische Zeitreihe, als Informationsquelle betrachtet werden (Shaw, 1981). Zwei minimal unterschiedliche Anfangswerte führen bei chaotischer Dynamik nach einer finiten Zeit zu deutlich unterschiedlichen Zuständen, d.h. benachbarte Trajektorien divergieren. Diese Informations- bzw. Entropieproduktion läßt sich für jedes differenzierbare System quantifizieren; sie ist eine dynamische Invariante des Systems. Es läßt sich wiederum ein ergodisches Maß finden, das die mittlere Rate der Informationsgenerierung (Kolmogorov-Sinai-Entropie K) beschreibt (Eckmann & Ruelle, 1985; Abarbanel et al., 1993). Ist $K > 0$, kann man von einer Entropie- oder Informationsproduktion des Systems sprechen. K ist damit ein Indikator von Chaos wie auch von Stochastizität.

Operationale Methoden zur Abschätzung von Entropie und Komplexität in Zeitreihen sind für psychologische Anwendungen von großer Bedeutung. Zur Prüfung der Hypothese, daß in Therapiesystemen entsprechend der Selbstorganisationstheorie die Komplexität der therapeutischen Dyade im Verlauf der Therapie abnimmt, wurde eine lineares Maß für die Komplexität in einer multiplen Zeitreihe (die Variablen von Therapeuten- und Patientenstundenbögen enthält) benutzt. Das Maß bestimmt die Ordnung mit Hilfe der Determinante der Kovariationsmatrix. Es zeigt sich in einer Stichprobe von 22 Psychotherapieverläufen, daß die Ordnung zum Ende der Therapien hin sehr signifikant zunimmt (Tschacher & Grawe, 1996).

Lyapunov-Exponenten: Der Charakter eines Flusses im Phasenraum kann dadurch eingeschätzt werden, daß das Schicksal eines kleinen Phasenraumvolumens, das der Systemdynamik ausgesetzt ist, untersucht wird. Man kann sich folgendes vorstellen: Man markiert eine kleine Stelle eines Teiges mit Farbe und beobachtet, wie sich die farbige Stelle beim Kneten, Auswalzen und Zurückfalten des Teiges verändert: Beim Auswalzen werden farbige Stellen auseinandergezogen (divergiert), während beim Zusammenklappen bereits voneinander entfernte farbige Punkte wieder nahe beieinander zu liegen kommen (konvergieren). Das markierte Volumen ist also dauernden Veränderungen unterworfen, die offensichtlich von der Dynamik des Systems abhängen. Die Beschreibung der Raten, mit der die Markierung in alle Raumrichtungen gedehnt oder gestaucht wird, ist offensichtlich ein Charakteristikum dieser Dynamik.

Formal kann man im Phasenraum eines zu untersuchenden Systems entsprechend vorgehen. Man wählt eine m-dimensionale Kugel zu einer Zeit $t = 0$ als Ausgangspunkt, und kann dann den i-ten Lyapunov-Exponenten folgendermaßen definieren (Wolf et al., 1985):

$$\lambda_i = \lim_{t \to \infty} \frac{1}{t} \log_2 \frac{p_i(t)}{p_i(0)} \, . \tag{10}$$

Dabei bezeichnet $p_i(t)$ eine Hauptachse des aus der Kugel in der Zeit t entstandenen Ellipsoids (vorausgesetzt ist eine differenzierbare Zeitevolution des Systems sowie die Existenz eines Grenzwerts). Die Exponenten λ_i konstituieren das Lyapunov-Spektrum, da in jeder Phasenraumrichtung eine Ellipsoidachse und ihre Länge p_i definiert ist; divergierende bzw. expandierende Richtungen haben positive Exponenten. Die Summe $\sum_{i=1}^{m} \lambda_i$ gibt an, ob das Phasenraumvolumen durch den Fluß insgesamt kontrahiert oder expandiert. Ist diese Summe negativ, spricht man von einem dissipativen System (einem in toto homöostatischen System); für ein konservatives System im Sinne von Hamilton gilt $\sum_{i=1}^{m} \lambda_i = 0$; ein stochastisches System ist durch $\sum_{i=1}^{m} \lambda_i > 0$ gegeben. Ein dissipatives System mit mindestens einem positiven Exponenten definiert Chaos. Die experimentelle Bestimmung der Lyapunov-Exponenten ist also wichtig für die Charakterisierung einer gegebenen Dynamik. In der Regel können experimentell nur die positiven λ_i berechnet werden (Eckmann & Ruelle, 1985). Ein Beispiel für die Berechnung des jeweils größten Lyapunov-Eyponenten (LLE) aus sieben Verhaltenszeitreihen von Therapeut und Klientin (erhoben mit der Methode der „Sequentiellen Plananalyse") findet sich in Schiepek und Kowalik (1994) sowie in Schiepek et al. (im Druck). Das interaktionelle Verhalten bzw. die Selbstdarstellung der Klientin erwies sich in dieser Einzelfallstudie als „chaotischer", d.h. weniger vorhersagbar als das des Therapeuten.

Topologische Invarianten: Ein idealer seltsamer Attraktor hat in sich eine Menge instabiler periodischer Orbits (vgl. Droste & Schiepek, in diesem Band). Die topologischen Eigenschaften der Verknüpfungen zwischen diesen instabilen Orbits charakterisieren verschiedene Klassen der Dynamik, und diese topologische Klassifikation bleibt auch dann erhalten, wenn die Parameter des Systems sich ändern, also das System etwa von oszillativem Verhalten über Periodenverdopplungen zu chaotischem Verhalten evolviert. Dies steht offenbar in direktem Kontrast zu den bisher besprochenen quantitativen Invarianten, die mit den Kontrollparameteränderungen gekoppelt sind (Abarbanel et al., 1993).

Eine topologische Invariante kann etwa darin bestehen, daß ein Attraktor im Phasenraum unter der Dynamik verdreht wird. Die Orbits auf dem Rössler-Attraktor z.B. werden bei jedem Umlauf wie ein Möbiusband einmal gedreht (Abraham & Shaw, 1983; Tschacher, 1990). Andere seltsame Attraktoren können andere solche Verwindungszahlen aufweisen. Ein anderes Beispiel einer topologischen Invariante kann am Lorenz-Attraktor plausibel gemacht werden, dessen Trajektorien auf zwei „Flügeln" verlaufen können. Weiterhin können Attraktoren mit einem Loch in der Mitte (wie der Ueda-Attraktor, Stewart, 1995) von anderen Attraktoren unterschieden werden, deren Mitte zum Einzugsbereich des Attraktors gehört. Die Klassifizierung anhand diskreter Invarianten hat sich allerdings bislang erst für Attraktoren in dreidimensionaler Einbettung als praktikabel erwiesen.

Im Hintergrund dieser Charakterisierung von Dynamiken steht die Idee, eine Bibliothek von Attraktorschablonen aufzubauen: eine neue Dynamik kann dann anhand mehrerer qualitativer Eigenschaften einer Attraktorklasse zugeordnet werden. Eine solche Zuordnung könnte eine sozusagen „natürliche" Diagnostik von Dynamiken eröffnen, ganz im Sinne der Hoffnungen, die Lewin (1936) in die topologische Psychologie setzte.

Solche qualitativen Klassifikationen könnten eines Tages im Bereich der Psychologie und Psychiatrie eingesetzt werden, um chaosverdächtige Verläufe gruppieren zu können, auch wenn aufgrund der Datenqualität oder Skalendignität die Bestimmung kontinuierlicher Invarianten schwierig ist. Bislang ist uns jedoch keine Anwendung außerhalb der Physik bekannt.

Forecasting: Ein wesentliches Ziel jeder Modellierung ist es, ein besseres Verständnis dynamischer Systeme zu erlangen, d.h. Anhaltspunkte für die Vorhersage und Kontrolle von Entwicklungen zu gewinnen. In der Psychologie stellen sich der dynamischen Forschung letztlich Fragen der Anwendung: Welche Entwicklung in einem System kann ich erwarten? sowie: Wie kann ich intervenieren?

Man sieht sofort, daß die oben erörterten Modelle (z.B. Gl. 3) eine Prognose (einen „Forecast") liefern, wenn man einen beliebigen Anfangswert z_{t-1} einsetzt, um einen Forecast z_t zu berechnen. Selbstverständlich ist das Zutreffen der Prognosen ein Gütekriterium der gewonnenen Modelle. Man kann etwa durch Forecasting ein bereits erhaltenes Modell schrittweise optimieren.

Es besteht nun auch die Möglichkeit, durch wiederholtes Forecasting innerhalb einer empirischen Zeitreihe Informationen zur Modellierung der Dynamik selbst zu gewinnen. Ein Verfahren, das (anders als ARMA- oder Fourier-Modelle) auf lineare Parameterschätzungen verzichtet, wurde von Sugihara und May (1990) vorgestellt. Diese Methode kann mit statistischen Hypothesenprüfungen kombiniert werden (Scheier & Tschacher, 1994; 1996) und soll nun vorgestellt werden.

Die Diskussion im Bereich dynamischer Systeme hat sich bisher vorwiegend mit strukturellen Eigenschaften nichtlinearer Systeme in einer geeigneten Einbettung befaßt, nämlich mit der Dimensionalität. Unterschiedliche dynamische Systeme zeichnen sich jedoch vor allem selbstverständlich durch spezifische *dynamische* Merkmale aus: Deterministisches Chaos etwa bedeutet langfristige Unvorhersagbarkeit bei kurzfristiger Vorhersagbarkeit (Drazin, 1992). Mit anderen Worten, eine wesentliche Eigenschaft dieser Systeme ist, daß sie aufgrund ihres Determinismus über kurze Zeit gut vorhersagbar sind, diese Vorhersagbarkeit jedoch mit anwachsender Zeitspanne exponentiell abnimmt. Das Ausmaß dieser Unvorhersagbarkeit drücken die Entropie K und die Lyapunov-Exponenten aus. Genau diese Information nutzt nun auch der *nichtlineare Vorhersagealgorithmus* (Sugihara & May, 1990; Casdagli, 1992).

Dieser Algorithmus benutzt die erste Hälfte einer Zeitreihe als „Bibliothek", um den zukünftigen Verlauf für alle Punkte der zweiten Zeitreihenhälfte (bei variabler Zahl von Vorhersagezeitschritten) vorherzusagen. Zunächst wird wiederum der m-dimensionale Phasenraum mittels der Zeitverzögerungskoordinaten rekonstruiert. Jeder Zustandsvektor ist durch m Komponenten festgelegt. Dann wird jeder Zustandsvektor durch seine nächsten Nachbarn (NN) „eingekreist": hierzu verwendet man einen sog. Simplex, der einem Punkt umschrieben wird. In der Phasenebene ($m = 2$) beispielsweise besteht ein Simplex aus $m + 1$ dreiecksförmig angeordneten NN. Die Evolution der NN dient nun zur Schätzung der Evolution des Indexvektors.

Die Vorhersagequalität wird schließlich als Korrelation zwischen vorhergesagten und tatsächlichen Datenpunkten quantifiziert. Wie man in Computersimualtionen (Scheier & Tschacher, 1996) klar erkennt, fällt die Vorhersagequalität für chaotische Prozesse mit zunehmenden Vorhersagezeitschritten signifikant ab. Dagegen bleibt die Vorhersagbarkeit für die linearen Prozesse über alle Vorhersagespannen konstant. Für einen rein stochastischen Zufallsprozeß kann überhaupt keine Vorhersagbarkeit erreicht werden. Mit anderen Worten, der Vorhersagealgorithmus ist in der Lage, drei zentrale Prozeßklassen (stochastische, lineare und chaotische) zu differenzieren.

Es ist im übrigen deutlich, daß ein enger Zusammenhang zwischen der Abnahme der Vorhersagegüte und der Entropie wie auch den charakteristischen Exponenten besteht. Alle diese Methoden quantifizieren die Dissipativität eines Systems, also das Ausmaß, in welchem es Komplexität erzeugt. Auf die Verbindungen zur Dimensionsanalyse wurde bereits hingewiesen: man kann die Einbettungsdimension dadurch schätzen, indem man das Maximum der Vorhersagekorrelation sucht (entsprechend dem Verfahren der false nearest neighbors).

Surrogatdatenmethode: Theiler et al. (1992) haben eine Surrogatdatenmethode vorgestellt, die eine statistische Absicherung dieser Resultate ermöglicht. Dieser statistische Bootstrap-Ansatz scheint sehr geeignet, die Reliabilität von Ergebnissen einzustufen, wenn nur einzelne Zeitreihen vorliegen. Letzteres ist in dynamischen Untersuchungen nicht nur in der Psychologie die Regel.

Es wird jeweils eine Nullhypothese der Art „Die Zeitreihe ist vom Typ X" aufgestellt, wobei X einen Zeitreihentypus quantifiziert, von dem man zeigen möchte, daß die empirische Zeitreihe ihm nicht zugehört (z.B. X ist ein Zufallsprozeß, oder: X ist ein autoregressiver Prozeß). Als Prüfstatistik, die einen relevanten dynamischen Aspekt der Daten beschreibt, kann man im Prinzip jede quantitative Invariante wählen (also etwa die Korrelationsdimension, den größten Lyapunov-Exponenten oder die Vorhersagegüte).

Der nächste Schritt besteht dann darin, Surrogatdatensätze zu erstellen, die bezüglich Länge, Mittelwert und Varianz mit der Originalzeitreihe identisch sind, ansonsten jedoch z.B. verrauscht sind. Für jeden Surrogatdatensatz berechnet man die gewählte Prüfstatistik und erhält so eine Verteilung dieser Prüfgröße. In einem letzten Schritt prüft man, wo sich der für die empirische Zeitreihe berechnete Wert innerhalb dieser Verteilung befindet. Dies geschieht praktischerweise durch die Berechnung eines Effektmaßes E, das analog den in der Psychotherapieforschung oft verwendeten Effektstärken definiert ist. Wenn die Prüfgrößen für die Surrogatdaten normalverteilt sind, läßt sich der p-Wert (Wahrscheinlichkeit eines Wertes in der Verteilung) für das Effektmaß der getesteten Originalzeitreihe aus den Tabellen für die Standardnormalverteilung entnehmen.

Noise-versus-Chaos (NVC): NVC ist eine weitere Methode, die Forecasting und Bootstrap-Tests miteinander verbindet. Der NVC-Algorithmus prüft, ob eine einzelne univariate Zeitreihe eine serielle Struktur besitzt, die von der eines linear-stochastischen Prozesses statistisch unterschieden werden kann. Die zu testende Nullhypothese besagt also: Die Indexzeitreihe ist ein linear korrelierter Prozeß (ARMA-Prozeß), der ein Powerspektrum besitzt, das Nichtlinearität oder Chaos vortäuscht. Diese Problematik entstand im Zusammenhang mit der Tatsache, daß weißes Rauschen und besonders „farbiges Rauschen" (das durch autokorreliertes Rauschen entsteht) finite Dimensionalitäten fingiert (Osborne & Provenzale, 1989; Theiler, 1991).

Der NVC-Algorithmus geht zunächst wieder davon aus, daß eine univariate Zeitreihe nach der bereits beschriebenen Methode der Zeitverzögerungskoordinaten von Takens m-dimensional eingebettet wird. Als Prüfstatistik wird wie bei der oben dargestellten Forecasting-Methode von Sugihara und May (1990) die Vorhersagbarkeit verwendet. Dies ist eine Eigenschaft von zentraler Bedeutung für sich in der Zeit erstreckende Prozesse, die den Determinismus, der in einem Prozeß „enthalten" ist, anspricht. Zur Schätzung der Vorhersagbarkeit wird für jeden Referenzpunkt $\bar{x}$ des eingebetteten Systems der geometrisch nächstgelegene Nachbar gesucht. Die zeitliche Evolution dieses Nachbars wird mit der Evolution des Referenzpunktes verglichen, indem zwischen beiden die euklidische Differenz gebildet wird. Um künstlich hohe Vorhersagegüten zu vermeiden, werden solche nächsten Nachbarn ausgespart, die in zeitlicher Nachbarschaft des Referenzpunktes liegen. Eine Zeitreihe aus N skalaren Werten liefert $N-(m-1)\tau-T$ solcher Differenzen, wobei τ die für die Einbettung benutzte Zeitverzögerung und T die Anzahl der Zeitschritte in der Zukunft ist, für die die Vorhersage getroffen wird. Man erhält eine Verteilung von Differenzen, die den Vorhersagefehler quantifiziert, der der Zeitreihe inhärent ist (Kennel & Isabelle, 1993).

Dasselbe Verfahren wird nun für Surrogatzeitreihen durchgeführt, die dasselbe Powerspektrum haben wie die Indexzeitreihe, d.h. deren Autokorrelation identisch zu der der Indexzeitreihe ist (phasenrandomisierte Surrogate nach Theiler et al., 1992). Diese Surrogate simulieren damit eine Vorhersagbarkeit, die nur auf der Korrelation zwischen aufeinander folgenden Zuständen des sonst stochastischen Systems basiert. Die Surrogate sind also ARMA-Modelle der Indexzeitreihe.

Schließlich werden die Vorhersagefehler von Indexzeitreihe und Surrogaten darauf geprüft, ob sie derselben Population entstammen. Kennel und Isabelle (1993) schlagen hierfür eine Mann-Whitney Rangsummenstatistik vor, die negative Werte von $z < -2.33$ dann ergibt, wenn die Vorhersagbarkeit der Indexzeitreihe 1%-signifikant besser ist als die der Surrogate. In unserer Implementation (Tschacher et al., submitted) werden diese z-Werte berechnet.

Eine Reihe von 14 über lange Zeit täglich beobachteter Schizophrenieverläufe wurde mit mit den beiden beschriebenen Forecastingmethoden klassifiziert, indem jeder der Verläufe mit dem Bootstrapverfahren nach Theiler et al. (1992) und dem NVC getestet wurde. Zusammenfassend wurden dadurch folgende drei Nullhypothesen geprüft:

1.) Die Zeitreihe ist eine rein stochastische Zeitreihe ohne deterministische Struktur.
2.) Die Zeitreihe ist ein linearer autoregressiver Prozeß.
3.) NVC: Die Zeitreihe ist ein linear-stochastischer Prozeß mit einem Powerspektrum, das nichtlinearen Determinismus (Chaos) vortäuscht.

Die Ergebnisse der Tests an den 14 Psychoseverläufen sind in Tabelle 1 zusammengefaßt. Sie lassen es plausibel erscheinen, daß ein beträchtlicher Anteil von Schizophrenien einen wohl teilweise stochastischen, insbesondere aber auch nichtlinear-deterministischen Charakter aufweist (Tschacher et al., 1996). Diese Ergebnisse sind kompatibel mit Auffassungen von der Chaotizität der Schizophreniedynamik (Ciompi et al., 1992).

Patient	Vorhersag-barkeit	Zufalls-test	Linearitäts-test	NVC	Modell
53	0.757	4.59**	3.42**	−5.12**	nonlinear
56	0.578	9.26**	6.66**	−8.32**	nonlinear
47	0.698	15.27**	2.18*	−12.55**	nonlinear
58	0.358	2.72**	8.16**	−7.12**	nonlinear
51	0.92	11.28**	1.9	−2.9**	nonlinear
19	0.671	5.13**	2.33*	−3.45**	nonlinear
34	0.479	11.64**	2.28*	−1.88	nonlinear
48	0.472	4.70**	2.18*	−3.16**	nonlinear
54	0.696	17.13**	1.23	0.47	AR
13	0.661	10.84**	1.72	0.66	AR
24	0.852	11.97**	0.87	1.09	AR
62	0.79	12.22**	0.98	−0.23	AR
57	0.174	0.8	(5.26**)	0.77	Zufall
41	0.477	1.66	(4.91**)	2.33*	Zufall

Tab. 1: Ergebnisse der Surrogatdatenmethode bei 14 Schizophrenieverläufen.

In den bisherigen Ausführungen zur induktiven Modellierung wurden Begriffe und Konzepte der Theorie dynamischer Systeme eingeführt, wobei wir davon ausgingen, daß vom System jeweils lediglich Realisationen in der Zeit bekannt sind. Man kann diese induktive Form der Modellierung als „behavioristisch" bezeichnen: das System wurde als black box behandelt, über die nichts als ihr Verhalten bekannt ist. Allein der Output des Systems, sein Verhalten in der Zeit, sowie gegebenenfalls seine Input-Output-Relationen wurden herangezogen, um Binnenstrukturen der black box zu erhellen.

Häufig aber scheint ein rein induktives Vorgehen anhand der Messung an einem oder wenigen empirischen Systemen unnötig asketisch. Oft ist ja das Fachwissen zum Gegenstand weit umfangreicher, ja unüberschaubar. Ist es also nicht der angemessenere Weg, aus bereits bekanntem und repliziertem Zusammenhangswissen eine Theorie oder ein Simulationssystem zusammenzustellen und deren dynamische Folgerungen zu studieren? Dies soll unter dem Begriff „deduktiver Modellierung" diskutiert werden.

3 Deduktive Modellierung und Simulationsverfahren

In diesem Abschnitt wollen wir eine knappe Übersicht zu verschiedenen Simulationsansätzen geben, die im Bereich der Psychologie verwendet wurden. Es wird deutlich, daß heute eine überaus breite Palette von computergestützten Verfahren für Simulationen zur Verfügung steht und in der Psychologie auch eingesetzt wird. Es besteht eine Spannbreite zwischen vom Anwender selbst programmierten Simulationssystemen und Software, die die Eingabe von Gleichungen erlaubt, bis hin zu Programmen, die es ermöglichen, Simulationssysteme schrittweise grafisch am Bildschirm zu entwickeln. Schließlich müssen wir auf Simulationen als der zentralen Methode im Feld der Künstlichen Intelligenz-Forschung zu sprechen kommen, die für die Fragestellungen auch der synergetischen Psychologie von wachsender Bedeutung sind.

Simulation durch Gleichungssysteme: In verschiedenen Arbeiten wurde versucht, psychologische Systeme durch Differential- und Differenzengleichungssysteme zu modellieren. Kriz (1990) entwickelte ein siebendimensionales Gleichungssystem zur Modellierung familiendynamischer Prozesse auf der Basis der Populationsdynamik (Verhulst-Gleichungen). Eine ähnliche Methode verwandten Schiepek und Schoppek (1991) im Rahmen einer Simulation schizophrener Verläufe als dynamischer Krankheit. Fünf Konstrukte (Kognitive Störungen, Stress, Rückzug, Expressed Emotions und Wahn) wurden auf der Grundlage nichtlinearer Differenzengleichungen abgebildet. Es läßt sich in beiden Simulationsansätzen zeigen, daß die entwickelten Modelle je nach Parametereinstellung in der Lage sind, in der Realität vorfindliche Verlaufsmuster zu erzeugen (entsprechend unter Verwendung der graphischen Simulationssoftware STELLA: Kupper & Hoffmann, 1995). Saam (1996) implementierte in der für Mikro-Makro-Modelle entwickelten Simulationssprache MIMOSE ein Modell des politischen Systems Thailands und seiner wechselnden Regierungssysteme.

Simulation mit logischen und propositionalen Systemen: Die Wechselwirkungen zwischen psychologischen Variablen können auch in mehr qualitativer, symbolischer Weise dargestellt werden, nämlich durch Propositionen (Wenn-Dann-Aussagen). Die-

sen Weg beschritten Schiepek und Schaub (1990), die im Rahmen einer Einzelfallstudie die persönliche Biografie eines Klienten mit einer depressiven Symptomatik
simulierten (vgl. Schiepek, 1991). Kupper und Hoffmann (1996) und Lemay et al.
(1996) benutzen Boole'sche Gleichungen zur Darstellung von Dynamik im Bereich der
psychiatrischen Rehabilitationsforschung und dem Studium der Lebensqualität. Boole-
Modelle (auch Karnaugh maps) gehen zumeist von lediglich binären Aussagen über
Variablen aus (also dem Nominalskalenniveau: vorhanden/nicht vorhanden), was die
Modellierung auch schwer zugänglicher Gegenstandsbereiche ermöglicht. Die durch
die „klassische" Künstliche Intelligenz-Forschung präferierten propositionalen Systeme
und semantischen Netzwerke fallen ebenfalls in diese Kategorie. Sie spielen ein große
Rolle bei der Modellierung deklarativen Wissens.

Konnektionistische Simulationen: Konnektionistische Systeme bzw. neuronale
Netzwerke haben einen besonders engen Bezug zur synergetischen Psychologie, da sie
eine Alternative zum Ansatz der symbolischen Informationsverarbeitung versprechen.
Neuronale Netze können kognitive Eigenschaften wie Mustererkennung (als Umkehrung des synergetischen Vorgangs der Musterbildung) realisieren (Rumelhart &
McClelland, 1986; Haken, 1987; 1996). Netzwerke weisen bei nichtsupervidiertem
Lernen die Fähigkeit zur Selbstorganisation auf, was sie für psychologische Model-
lierungen sowie für Anwendungen im Bereich autonomer Agenten (Pfeifer & Scheier,
im Druck) prädestiniert (Schaub, in diesem Band; Vanger et al., in diesem Band). Die
konnektionistische Simulation im Bereich der Klinischen Psychologie wird in Znoj
(1992) und in Caspar et al. (1992) diskutiert. In ihrem Verhalten sind neuronale
Netzwerke den zellulären Automaten ähnlich: eine Simulation der Regulierung sozialer
Nähe und Distanz durch eine Abart eines zellulären Automaten ist in Brunner und
Tschacher (1991) beschrieben.

Systemspiele: Neben dem Einsatz von Computerszenarien als Versuchssituation in der
kognitiven Psychologie (Schaub, 1993) nehmen die in der Art eines komplexen Rollen-
spiels inszenierten Plan- bzw. Systemspiele eine besondere Stellung ein. Die sich
selbstorganisierende Beziehungsdynamik eines Sozialsystems läßt sich im Rahmen von
Systemspielen anregen (experimentell variieren) und untersuchen (Schiepek &
Reicherts, 1992; Schiepek et al., 1995). Die Psychologie komplexer Sozialsysteme
erhält damit ein realitätsnahes Forschungs- und Ausbildungsparadigma (vgl. das
Konzept der Systemkompetenz, Manteufel & Schiepek, 1993).

Künstliche Intelligenz-Forschung und Robotik: Die Psychologie ist Grundlagenwissen-
schaft in einem sehr simulationsorientierten interdisziplinären Feld, der Forschung zur
Künstlichen Intelligenz und der Cognitive Science. Interessanterweise hat sich hier
eine Entwicklung ergeben, die einen Weg zu brauchbaren Simulationsmethoden zeigen
kann. Der ursprüngliche Versuch, psychologische kognitive Theorien direkt in Com-
putermodelle umzusetzen (z.B. die ACT-Modellierung nach Anderson, 1983), hat sich
nicht durchgängig bewährt; man schuf im wesentlichen ausgefeilte Deskriptionen von
kognitiven Vorgängen, die sich angesichts neuer Kontexte und Problemstellungen völ-

lig „unintelligent" verhielten. Die logische Entwicklung in der Cognitive Science war daher zunächst die Wiederentdeckung des Konnektionismus, der von einfachen, lernfähigen neuronalen Netzwerken ausgeht, um kognitive Teilprozesse auf der Basis subsymbolischer Komponenten realistischer zu modellieren. In neuerer Zeit zeichnet sich eine weitere Wandlung der künstlichen Intelligenz-Forschung ab („new AI"): in der Robotik (Pfeifer & Scheier, im Druck) werden einfache Maschinen (autonomous agents, „kybernetische Vehikel", Braitenberg, 1986) mit rudimentärem Sensorium und Motorik eingesetzt, um in einer realen Umwelt autonom Aufgaben zu erledigen, sowie implizites Weltwissen im Sinne der Situated Cognition zu erwerben (Scheier & Lambrinos, 1996). Ähnliche Zielsetzungen verfolgt auch die Forschung zu Artificial Life. Eine Verbindung der synergetischen Psychologie und der „new AI" ist in Tschacher & Scheier (im Druck) skizziert.

Man kann die Entwicklung der Cognitive Science also gewissermaßen als eine Bewegung weg von der deduktiven Modellierung aufgrund theoretischer Annahmen und aufgrund von vorgegebenen symbolischen Algorithmen verstehen. Die Vorgabe fester kognitiver Struktur- und Regelhierarchien erwies sich für die Begründung einer „Maschinenintelligenz" als nicht adaptiv genug. Im Kontext und im Hinblick auf die Zielsetzungen von Künstlicher Intelligenz und Robotik erfolgte eine Eingrenzung des Modellierungszieles bei zunehmender Bedeutung realer empirischer Kontexte, an denen die Modellierung in Form eines nicht a-priori vorgegebenen Lernens stattfindet. Ein Trend geht in die Richtung, Intelligenz sich in Auseinandersetzung mit einer realen Umwelt selbstorganisatorisch entwickeln zu lassen. Vorgegeben sind nicht Inhalte und Strukturen, sondern nur Randbedingungen. Eine „Methode" der Wahl in der neuen Cognitive Science heißt also Selbstorganisation.

4 Diskussion

Methodenkritik und Methodenindikation: An verschiedenen Stellen unserer Darstellung von Möglichkeiten induktiver Modellierung wurde deutlich, daß Probleme entstehen können, sobald man die genannten ergodischen und invarianten Maße in empirischen Daten evaluieren will. Viele Voraussetzungen, unter denen Konzepte und Koeffizienten definiert sind, sind angesichts im Feld oder Experiment erhobener psychologischer Daten nur teilweise oder näherungsweise erfüllt (vgl. Kowalik & Schiepek, in diesem Band). Es ist deshalb in jeder empirischen Anwendung ein methodenkritisches Vorgehen erforderlich.

Insbesondere Verfahren zur Charakterisierung chaotischer Dynamik waren bislang mit Datenanforderungen verbunden, die in psychologischen Datensätzen selten verwirklicht werden konnten. In einem Aufsatz (Steitz et al., 1992) untersuchten wir die Anwendbarkeit der am häufigsten in der Literatur anzutreffenden Technik der Dimensionsanalyse (nach Grassberger & Procaccia, 1983). Die Länge der erhobenen Zeitreihe, die Auflösung der Meßwerte und der Meßfehler, sowie das Ausmaß der Zufallsfluktuationen des Systems erweisen sich dabei als stark limitierende Faktoren. Diesen Einwänden können neuere methodische Ansätze in der Zeitreihenanalyse gerecht werden, die statistische Verfahren in die Analyse nichtlinearer Dynamik integrieren (s.o. Surrogatdatenmethode und Noise-versus-Chaos) und den nichtstationären Charakter psychologischer Zeitreihen berücksichtigen (Kowalik & Schiepek, in diesem Band).

Integration der beiden Modellierungs-„Richtungen": Abarbanel et al. (1993) stellen in ihrem Review-Artikel fest, das die Aufgaben, die die Analyse beobachteter und deduzierter Signale von Systemen zu bewältigen hat, ziemlich die gleichen sind, die Methoden für die Analyse dagegen substantiell voneinander abweichen. Kann man also beide Modellierungsrichtungen integrieren?

Es wäre eine Idealform dynamischer Forschung, sich einem Problem von beiden Seiten - deduktiv und induktiv - anzunähern: Zeitreihenanalysen gäben die Zwangsbedingungen vor, innerhalb derer ein tentatives Modell formuliert werden könnte. Die Eigenschaften des Modells könnten wiederum rekursiv Hypothesen für weitere empirische Beobachtungen liefern, die rückwirkend das Modell weiter verfeinern helfen, etc. (Schaub & Schiepek, 1992). Als Grenzwert einer solchen Einkreisung eines Sachverhalts entstünde eine hypothetiko-deduktive Modellierung eines dynamischen Systems, schließlich eine Theorie über einen Prozeß. Die Probleme der Induktion (fragliche Verallgemeinerbarkeit) und der Deduktion (fragliche Realitätsnähe) könnten sich gewissermaßen wechselseitig im Rahmen halten und so die beste (nützlichste, viabelste) Theorie iterativ lokalisieren helfen.

Dieser Idealfall der Theoriebildung durch dynamische Forschung ist aber mit einer Reihe von Problemen konfrontiert. Verschiedene Gründe sprechen dafür, daß sich die „Grenzwerte" induktiver und deduktiver Modellierung nicht immer so annähern, daß sie in einem *beidseitig* gesicherten Modell resultieren:

- Die Grenzen der starken Kausalität: Wie oben ausgeführt, sind komplexe Systeme häufig Informationsquellen (sie haben positive Lyapunov-Exponenten). Dies führt dazu, daß auch im unwahrscheinlichen Fall eines strikten Determinismus' ein Prozeß nach individuell variabler Zeit zu unvorhersagbaren Resultaten führen muß.

- Nicht-Stationarität: Psychologische und soziale Prozesse sind in der Regel nichtstationär und nichtwiederholbar. Es kann nicht sichergestellt werden, daß ein komplexes soziales oder kognitiv-emotionales System sich auch nur zweimal im gleichen dynamischen Zustand befindet.

- Was bei linearen Modellen nach Kriterien und Tests (Methode kleinster Quadrate, Likelihood) festgelegt werden kann, ist bei nichtlinearen Modellen uferlos: die Zahl infragekommender Modellformen. Es gibt keine Methode, welche die exakte Form (die Gleichungen) eines nichtlinearen Zusammenhangs aus einer noch so idealen zeitlichen Realisation des Systems heraus bestimmen könnte. Hier bleibt das Experiment unverzichtbar.

- Es ist schwierig, eine Intuition für komplizierte Differentialgleichungen oder Differenzengleichungen zu entwickeln. Dies gilt gerade auch für Systeme aus gekoppelten Gleichungen. Das Verhalten des Systems bei nichtlinearer Kopplung ist gewissermaßen übersummativ.

• Frühe Simulationen im Bereich der Psychologie und Psychiatrie verwendeten oft Gleichungen als Schablone, von denen von vornherein bekannt war, welches Verhalten sie produzieren (z.B. das Lorenz-System (Troitzsch, 1990); die logistische Map (Simon, 1989; Höger, 1991); gekoppelte van der Pol-Systeme (Warner, 1992)). Es besteht daher eine gewisse Gefahr, die simulierten Ostereier zu entdecken, die man selbst versteckt hat.

• Ein weiteres Problem besteht in der reinen Anzahl von Konstanten, Parametern und Variablen des Simulationssystems. Ist diese nur hinreichend groß, so läßt sich *jedes* Verhalten eines zu modellierenden Sachverhalts repräsentieren. Ob daraus noch Erkenntnisse über den Sachverhalt zwingend resultieren, erscheint unsicher.

Welche Konsequenzen haben diese Punkte für die Modellierung? Zunächst sollte man sich vergegenwärtigen, daß die Suche nach dem jeweils einen „richtigen" Modell wahrscheinlich ohnehin zum Scheitern verurteilt ist. Auch elaborierte Methoden kommen an einer „Mehr-Mehrdeutigkeit" zwischen Phänomenen bzw. Empirie und Modellen bzw. Theorien nicht vorbei. Modellierungen machen für ein vertieftes Verständnis dynamischer Phänomenenbereiche dennoch Sinn, wenn man ihren erkenntnistheoretischen Stellenwert, ihre Möglichkeiten und Grenzen realistisch einschätzt (s. Schiepek & Strunk, 1994).

Zum anderen sollten (nichtlineare) Simulationsmodelle natürlich systematisch getestet werden (z.B. durch Parameter- und Inputvariation), um ihren Mehrwert, ihre emergenten Möglichkeiten über die hineingesteckten Annahmen hinaus zu prüfen. Hier setzt eine Kombination aus Simulations- und Realexperimenten an.

Wir würden weiter dafür plädieren, methodologisch sorgfältig vorzugehen: Der Versuchung, die Strenge des wenn auch linearen, so doch hypothesentestenden experimentellen Vorgehens mit der Beliebigkeit einer irgendwie nichtlinearen Methodik einzutauscht, sollte widerstanden werden. Es ist nicht so, daß „nichtlinear" gut ist, und „linear" schlecht. Vielmehr weisen nach unserer Erfahrung hybride Untersuchungsdesigns (etwa eine Stichprobe aus Einzelfalldynamiken, deren Invarianten im Querschnitt statistisch getestet werden) weiter, indem sie die „methodologischen Welten" sinnvoll miteinander verbinden.

Das oben gegebene Beispiel der Entwicklung in der Kognitionswissenschaft ist sicher ebenfalls lehrreich; insgesamt liefert es nach unserer Einschätzung Argumente für eine evolutionäre Erkenntnistheorie, in der Selbstorganisation eine zentrale Rolle spielt. Im Kontext der in diesem Beitrag behandelten Frage der Modellierung von psychologischen Sachverhalten weist das Beispiel darauf hin, daß zunächst eine induktive Erkundung von empirischer Dynamik erfolgen muß. Aufbauend auf den so gewonnenen Erfahrungen können die vielfältigen heute zur Verfügung stehenden Methoden zur Simulation psychologischer Systeme fruchtbar werden.

Literatur

Abarbanel, H. D. I., Brown, R., Sidorowich, J. J. & Tsimring, LS. (1993). The Analysis of Observed Chaotic Data in Physical Systems. *Reviews of Modern Physics, 65,* 1331-1392.

Abraham, F. D. & Gilgen, A. R. (Eds.) (1995). *Chaos Theory in Psychology.* Westport: Praeger.

Abraham, R. H. & Shaw, C. D. (1984). *Chaotic Behavior .* Santa Cruz: Aerial Press.

Aebi, E., Ackermann, K. & Revenstorf, D. (1993). Ein Konzept der sozialen Unterstützung für akut Schizophrene. *Zeitschrift für Klinische Psychologie, Psychopathologie und Psychotherapie, 41,* 18-30.

Anderson, J. R. (1983). *The Architecture of Cognition.* Cambridge: Harvard University Press.

Atmanspacher, H. & Dalenoort, G. J. (Eds.) (1994). *Inside Versus Outside.* Berlin: Springer.

Box, G. E. P. & Jenkins, G. (1976). *Time Series Analysis: Forecasting and Control.* San Francisco: Holden-Day.

Braitenberg, V. (1986). *Künstliche Wesen: Verhalten kybernetischer Vehikel.* Braunschweig: Vieweg.

Brunner, E. J. (1986). *Grundfragen der Familientherapie.* Berlin: Springer.

Brunner, E. J. & Tschacher, W. (1991). Distanzregulierung und Gruppenstruktur beim Prozeß der Gruppenentwicklung. *Zeitschrift für Sozialpsychologie, 22,* 87-101.

Bunge, M. (1979). *Treatise on Basic Philosophy. Vol. 4, Ontology II: A World of Systems.* Dordrecht: Reidel.

Casdagli, M. (1992). Chaos and Deterministic Versus Nonlinear Modelling. *Journal of the Royal Statistical Society, 2,* 2-29.

Caspar, F., Rothenfluh, T. & Segal, Z. (1992). The Appeal of Connectionism for Clinical Psychology. *Clinical Psychology Review, 12,* 719-762.

Ciompi, L., Ambühl, B. & Dünki, R. (1992). Schizophrenie und Chaostheorie. *System Familie, 5,* 133-147.

Drazin, K. (1992). *Nonlinear Systems.* Berlin: Springer.

Eckmann, J.-P. & Ruelle, D. (1985). Ergodic Theory of Chaos and Strange Attractors. *Reviews of Modern Physics, 57,* 617-656.

Farmer, J. D., Ott, E. & Yorke, J. A. (1983). The Dimension of Chaotic Attractors. *Physica D, 7,* 153-180.

Gottman, J. M., McFall, R. M. & Barnett, J. T. (1969). Design and Analysis of Research Using Time Series. *Psychological Bulletin, 72,* 299-306.

Grassberger, P. & Procaccia, I. (1983). Measuring the Strangeness of Strange Attractors. *Physica D, 9,* 189-208.

Haken, H. (1990). *Synergetik. Eine Einführung.* Berlin: Springer.

Haken, H. (Ed.) (1987). *Computational Systems - Natural and Artificial.* Berlin: Springer.

Haken, H. (1996). *Principles of Brain Functioning: A Synergetic Approach to Brain Activity, Behavior, and Cognition.* Berlin: Springer.

Haken, H. & Stadler, M. (Eds.) (1990). *Synergetics of Cognition.* Berlin: Springer.

Haken, H. & Wunderlin, A. (1991). *Die Selbststrukturierung der Materie.* Braunschweig: Vieweg.

Hall, A. D. & Fagen, R. E. (1968). Definition of System. In W. Buckley (Ed.), *Modern Systems Research for the Behavioral Scientist* (pp. 81-92). Chicago: Aldine.

Heckhausen, H. & Kuhl, J. (1985). From Wishes to Action: The Dead Ends and Short Cuts on the Long Way to Action. In M. Frese & J. Sabini (Eds.), *Goal Directed Behavior: The Concept of Action in Psychology* (pp. 134-160). Hillsdale: Erlbaum.

Hirsch, M. W. & Smale, S. (1974). *Differential Equations, Dynamical Systems, and Linear Algebra.* New York: Academic Press.

Höger, R. (1991). Chaos-Forschung und ihre Bedeutung für die Psychologie. *Psychologische Rundschau, 43,* 223-231.

Jantsch, E. (1979). *Die Selbstorganisation des Universums*. München: Hanser.

Kaplan, D. & Glass, L. (1995). *Understanding Nonlinear Dynamics*. New York: Springer.

Kennel, M. B., Brown, R. & Abarbanel, H. D. I. (1992). Determining Embedding Dimension for Phase-Space Reconstruction Using a Geometrical Construction. *Physical Review A, 45*, 3403-3411.

Kennel, M. B. & Isabelle, S. (1992). Method to Distinguish Chaos from Colored Noise and to Determine Embedding Parameters. *Physical Review A, 46*, 3111-3118.

Köhler, W. (1920). *Die physischen Gestalten in Ruhe und in stationärem Zustand*. Braunschweig: Vieweg.

Kowalik, Z. J., Schiepek, G., Kumpf, K., Roberts, L. E. & Elbert, T. (in press). Psychotherapy as a Chaotic Process II: The Application of Nonlinear Analysis Methods on Quasi Time Series of the Client-Therapist Interaction. A Nonstationary Approach. *Psychotherapy Research, 7(3)*.

Kriz, J. (1990). Synergetics in Clinical Psychology. In H. Haken & M. Stadler (Eds.), *Synergetics of Cognition* (pp. 393-404). Berlin: Springer.

Kriz, J. (1992). *Chaos und Struktur*. München: Quintessenz.

Kupper, Z. & Hoffmann, H. (1995). The 3 Months' Crisis: Empirical Investigation and Simulation of the Rehabilitation Dynamics in Chronic Mental Disorders. *Swiss Journal of Psychology, 54*, 211-224.

Kupper, Z. & Hoffmann, H. (1996). Logical Attractors: A Boolean Approach to the Dynamics of Psychosis. In W. Sulis & A. Combs (Eds.), *Nonlinear Dynamics in Human Behavior* (pp.211-224). Singapore: World Scientific.

Langthaler, W. & Schiepek, G. (Hrsg.) (1995). *Selbstorganisation und Dynamik in Gruppen*. Münster: LIT-Verlag.

Lemay, P., Vuadens, P. & Dauwalder, J.-P. (1996). Quality of Life - A Dynamic Perspective. In W. Sulis & A. Combs (Eds.), *Nonlinear Dynamics in Human Behavior*. Singapore: World Scientific.

Lewin, K. (1936). *Principles of Topological Psychology*. New York: McGraw-Hill. (deutsche Ausgabe: Grundzüge der topologischen Psychologie. Bern: Huber, 1969).

Lorenz, E. N. (1963). Deterministic Non-Periodic Flow. *Journal of Atmosphere Sciences, 20*, 130-141.

Manteufel, A. & Schiepek, G. (1993). Systemspiele und Systemkompetenz. *Systhema, 7*, 19-27.

Mayer-Kress, G. (Ed.) (1986). *Dimensions and Entropies in Chaotic Systems*. Berlin: Springer.

Mayer-Kress, G. & Layne, S. P. (1987). Dimensionality of the Human Electroencephalogram. *Annals of the NY Acadamy of Sciences, 504*, 62-87.

Nicolis, G. & Prigogine, I. (1987). *Die Erforschung des Komplexen*. München: Piper.

Osborne, A. R. & Provenzale, A. (1989). Finite Correlation Dimension for Stochastic Systems with Power Law Spectra. *Physica D, 35*, 357-379.

Osgood, C. E., Suci, G. J. & Tannenbaum, P. H. (1957). *The Measurement of Meaning*. Urbana: University of Illinois Press.

Peitgen, H.-O. & Richter, P. H. (1986). *The Beauty of Fractals*. Berlin: Springer.

Petermann, F. (Hrsg.) (1989). *Einzelfallanalyse*. München: Urban & Schwarzenberg.

Pfeifer, R. & Scheier, C. (in press). *Introduction to „New Artificial Intelligence"*. Cambridge: MIT Press.

Poincaré, H. (1899). *Les methodes nouvelles de la mécanique celeste*. Paris: Gauthier-Villars.

Reiter, L., Brunner, E. J. & Reiter-Theil, S. (Hrsg.) (im Druck). *Von der Familientherapie zur systemischen Perspektive* (2. Auflage). Berlin: Springer.

Rosen, R. (1970). *Dynamical System Theory in Biology*. New York: Wiley.

Rössler, O. (1992). *Endophysik. Die Welt des inneren Beobachters*. Berlin: Merve.

Rössler, O. (1976). An Equation for Continuous Chaos. *Physics Letters, 57A*, 397-398.

Roux, J.-C., Simoyi, R. H. & Swinney, H. L. (1983). Observation of a Strange Attractor. *Physica D, 8*, 257-266.

Ruelle, D. (1990). Deterministic Chaos: The Science and the Fiction. *Proceedings of the Royal Society London, 427A*, 241-248.

Rumelhart, D. E. & McClelland, J. L. (1986). *Parallel Distributed Processing: Explorations in the Microstructure of Cognition*. Cambridge: MIT Press.

Saam, N. (1996). Multilevel Modelling with MIMOSE: Experience from a Social Science Application. In J. Doran, G. N. Gilbert, U. Mueller & K. G. Troitzsch (Eds.), *Social Science Microsimulation*. Berlin: Springer.

Schaub, H. (1993). Computersimulation als Forschungsinstrument in der Psychologie. In F. Tretter & F. Goldhorn (Hrsg.), *Computer in der Psychiatrie. Diagnostik, Therapie, Rehabilitation* (S. 393-423). Heidelberg: Asanger.

Schaub, H. & Schiepek, G. (1992). Simulation of Psychological Processes: Basic Issues and an Illustration Within the Etiology of a Depressive Disorder. In W. Tschacher, G. Schiepek & E. J. Brunner (Eds.), *Self-Organization and Clinical Psychology* (pp. 121-149). Berlin: Springer.

Scheier, C. & Lambrinos, D. (1996). Categorization in a Real-world Agent Using Haptic Exploration and Active Perception. In P. Maes, M. Mataric, J.-A. Meyer, J. Pollack & S. Wilson (Eds.), *From Animals to Animats*. Cambridge: MIT Press.

Scheier, C. & Tschacher, W. (1996). Appropriate Algorithms for Nonlinear Time Series Analysis in Psychology. In W. Sulis & A. Combs (Eds.), *Nonlinear Dynamics in Human Behavior* (pp. 27-43). Singapore: World Scientific.

Scheier, C. & Tschacher, W. (1994). Gestaltmerkmale in psychologischen Zeitreihen. *Gestalt-Theory, 16*, 151-171.

Schiepek, G. (1991). *Systemtheorie der Klinischen Psychologie*. Braunschweig: Vieweg.

Schiepek, G. (1994). Der systemwissenschaftliche Ansatz in der Klinischen Psychologie. *Zeitschrift für Klinische Psychologie, 23*, 77-92.

Schiepek, G. & Schaub, H. (1990). Als die Theorien laufen lernten. Anmerkungen zur Computersimulation einer Depressionsentwicklung. *System Familie, 3*, 49-60.

Schiepek, G. & Schoppek, W. (1991). Synergetik in der Psychiatrie: Simulation schizophrener Verläufe auf der Grundlage nichtlinearer Differenzengleichungen. In U. Niedersen & L. Pohlmann (Hrsg.), *Der Mensch in Ordnung und Chaos* (Vol. 2, S. 69-102). Berlin: Duncker & Humblot.

Schiepek, G. & Reicherts, M. (1992). The System Game as a Research Paradigm for Self-Organization Processes in Complex Social Systems. In W. Tschacher, G. Schiepek & E. J. Brunner (Eds.), *Self-Organization and Clinical Psychology* (pp. 385-415). Berlin: Springer.

Schiepek, G. & Tschacher, W. (1992). Application of Synergetics to Clinical Psycho-logy. In W. Tschacher, G. Schiepek & E. J. Brunner (Eds.), *Self-Organization and Clinical Psychology* (pp. 3-31). Berlin: Springer.

Schiepek, G. & Spörkel, H. (Hrsg.) (1993). *Verhaltensmedizin als angewandte Systemwissenschaft*. Bergheim bei Salzburg: Mackinger Verlag.

Schiepek, G. & Kowalik, Z. J. (1994). Dynamik und Chaos in der psychotherapeutischen Interaktion. *Verhaltenstherapie und psychosoziale Praxis, 26*, 503-527.

Schiepek, G. & Strunk, G. (1994). *Dynamische Systeme. Grundlagen und Analysemethoden für Psychologen und Psychiater*. Heidelberg: Asanger.

Schiepek, G., Manteufel, A., Strunk, G. & Reicherts, M. (1995). Kooperationsdynamik in Systemspielen. Ein empirischer Ansatz zur Analyse selbstorganisierter Ordnungsbildung in komplexen Sozialsystemen. In W. Langthaler & G. Schiepek (Hrsg.), *Selbstorganisation und Dynamik in Gruppen* (S. 123-160). Münster: LIT-Verlag.

Schiepek, G., Kowalik, Z. J., Schütz, A., Köhler, M., Richter, K., Strunk, G., Mühlnickel, W. & Elbert, T. (in press). Psychotherapy as a Chaotic Process I: Coding the Client-Therapist Interaction by means of Sequential Plan Analysis and the Search for Chaos. A Stationary Approach. *Psychotherapy Research, 7(2)*.

Schlippe, A. v. & Schweitzer, J. (1996). *Lehrbuch der systemischen Therapie und Beratung*.

Göttingen: Vandenhoeck & Ruprecht.

Schmitz, B. (1989). *Einführung in die Zeitreihenanalyse*. Bern: Huber.

Shaw, R. (1981). Strange Attractors, Chaotic Behavior, and Information Flow. *Zeitschrift für Naturforschung A, 36*, 80-112.

Simon, F. B. (1989). Das deterministische Chaos schizophrenen Denkens. *Familiendynamik, 14*, 236-258.

Steitz, A., Tschacher, W., Ackermann, K. & Revenstorf, D. (1992). Applicability of Dimension Analysis to Data in Psychology. In W. Tschacher, G. Schiepek & E. J. Brunner (Eds.), *Self-Organization and Clinical Psychology* (pp. 367-384). Berlin: Springer.

Stewart, H. B. (1995). *Recent Trends in Dynamical Systems Theory*. Adelphi University NY: Lecture given at the Annual Conference of the Society for Chaos Theory in Psychology and the Life Sciences.

Sugihara, G. & May, R. (1990). Nonlinear Forecasting as a Way of Distinguishing Chaos from Measurement Error in Time Series. *Nature, 344*, 734-741.

Sulis, W. & Combs, A. (Eds.) (1996). *Nonlinear Dynamics in Human Behavior*. Singapore: World Scientific.

Takens, F. (1981). Detecting Strange Attractors in Turbulence. In D. A. Rand & L. S. Young (Eds.), *Lecture Notes in Mathematics* (pp. 366-381). Berlin: Springer.

Theiler, J. (1991). Some Comments on the Correlation Dimension of 1/f Noise. *Physics Letters A, 155*, 480-493.

Theiler, J. (1990). Statistical Precision of Dimension Estimators. *Physical Review A, 41*, 3038-3051.

Theiler, J., Galdrakian, B., Longtin, A., Eubank, S. & Farmer, J. D. (1992). Using Surrogate Data to Detect Nonlinearity in Time Series. In M. Casdagli & S. Eubank (Eds.), *Nonlinear Modeling and Forecasting* (pp. 163-188). Reading: Addison-Wesley.

Thompson, J. M. T. & Stewart, H. B. (1986). *Nonlinear Dynamics and Chaos*. Chichester: Wiley.

Thompson, J. M. T. & Stewart, H. B. (1993). A Tutorial Glossary of Geometrical Dynamics. *International Journal of Bifurcation and Chaos, 3*, 223-239.

Troitzsch, K. G. (1990). *Modellbildung und Simulation in den Sozialwissenschaften*. Wiesbaden: Westdeutscher Verlag.

Tschacher, W. (1990). *Interaktion in selbstorganisierten Systemen*. Heidelberg: Asanger.

Tschacher, W. (1996). The Dynamics of Psychosocial Crises. Time Courses and Causal Models. *Journal of Nervous and Mental Disease, 184*, 172-179.

Tschacher, W. (im Druck). *Prozessgestalten. Modellierung der Zeitlichkeit psychologischer Systeme*. Göttingen: Hogrefe.

Tschacher, W. & Grawe, K. (1996). Selbstorganisation in Therapieprozessen. Die Hypothese und empirische Prüfung der „Reduktion von Freiheitsgraden" bei der Entstehung von Therapiesystemen. *Zeitschrift für Klinische Psychologie, 25*, 55-60.

Tschacher, W., Scheier, C. & Aebi, E. (1996). Nichtlinearität und Chaos in Psychoseverläufen - eine Klassifikation der Dynamik auf empirischer Basis. In W. Böker & H. D. Brenner (Hrsg.), *Integrative Therapie der Schizophrenie* (S. 48-65). Göttingen: Hogrefe.

Tschacher, W., Schiepek, G. & Brunner, E. J. (Eds.) (1992). *Self-Organization and Clinical Psychology. Empirical Approaches to Synergetics in Psychology*. Berlin: Springer.

Tschacher, W. & Scheier, C. (in press). Toward a New Action Psychology: The Perspective of Situated and Self-Organizing Cognition. *CCAI*.

Vallacher, R. R. & Nowak, A. (Eds.) (1994). *Dynamical Systems in Social Psychology*. San Diego: Academic Press.

Warner, R. M. (1992). Cyclicity of Vocal Activity During Conversation: Support for a Nonlinear Systems Model of Dyadic Social Interaction. *Behavioral Science, 37*, 128-138.

Wolf, A., Swift, J. B., Swinney, H. L. & Vastano, J. (1985). Determining Lyapunov Exponents from a Time Series. *Physica D, 16*, 285-317.

Struktur und Bedeutung in kognitiven Systemen

Michael Stadler, Peter Kruse und Daniel Strüber

1 Gestalttheorie und Synergetik

Es ist eine Grunderkenntnis der klassischen Gestalttheorie, daß Wahrnehmung als dynamischer Ordnungsbildungsprozeß zu verstehen ist. Wahrnehmung bedeutet also nicht die Abbildung extern existierender Strukturen im kognitiven System, sondern die äußeren Reize bilden lediglich das Ausgangsmaterial für die Eigenaktivität des Systems. Dabei spielt der jeweils aktuelle Systemzustand und die Systemgeschichte (das „Gedächtnis") eine große Rolle. Ein Muster, bei dem wir die Eigenaktivität des kognitiven Systems unmittelbar beobachten können, zeigt die Abbildung 1.

Abb. 1: *Multistabiles Muster.*

Obwohl es sich um ein statisches Reizmuster handelt, entfaltet sich in der Betrachtung dieses Musters die Aktivität des kognitiven Systems. Es bilden sich immer neue Anordnungen von Ringen und Rosetten, die kurz danach wieder zerfallen und anderen Anordnungen Platz machen. Das System ist gewissermaßen auf der Suche nach einem stabilen Ordnungszustand in diesem Muster und durchläuft dabei verschiedene (in diesem Fall prinzipiell unzählbar viele verschiedene) Zustände, ohne Stabilität zu erreichen. Bei den Gestalttheoretikern wurde diese Tendenz zu stabilen Ordnungszuständen als *Prägnanztendenz* bezeichnet (Köhler, 1920; Rausch, 1966; Kanizsa & Luccio, 1990). Die Prägnanztendenz gibt der kognitiven Dynamik gewissermaßen Antrieb und Richtung vor. Der stabile Endzustand ist immer auch ein möglichst einfacher, geordneter und wenig informationshaltiger, d.h. redundanter Endzustand (Attneave, 1965; Arnheim, 1979; Stadler et al., 1979).

Es stellt sich in diesem Zusammenhang die Frage, welche Rolle Reize überhaupt für das kognitive System spielen. Für die Gestalttheoretiker war klar, daß jeder Einzelreiz nicht nur eine lokale Wirkung auf eine Stelle des kognitiven Systems hat, sondern immer auch gleichzeitig das gesamte System mehr oder weniger verändert („Jeder Reiz ist Systemreiz", Metzger, 1975a). Daß unter diesen Voraussetzungen Reize keine eindeutig strukturdeterminierende Wirkung haben können, zeigt schon die Tatsache der sog. einseitigen Grenzfunktion von Konturen (Metzger, 1975b). Jede Diskontinuität im Sehfeld kann prinzipiell zur einen oder anderen Seite hin eine Figur oder ein Objekt begrenzen, wie in der Karikatur von Saul Steinberg in Abbildung 2 verdeutlicht wird.

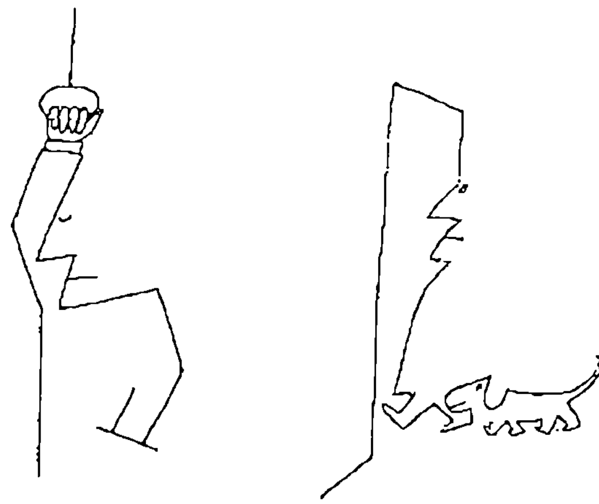

Abb. 2: *Einseitige Grenzfunktion von Linien (nach Saul Steinberg).*

Die Entscheidung, nach welcher Seite hin die Konturen Objekte begrenzen, wird in der Regel im visuellen System dadurch getroffen, nach welcher Seite es Sinn macht, d.h. sich ein bedeutungsvolles Objekt identifizieren läßt. Dabei kann, wie in dem gezeigten Fall, die Richtung der Grenzfunktion ein- oder mehrmals wechseln. Ergeben sich nach beiden Seiten einer Kontur Möglichkeiten sinnvoller Objektkonstitution, so kommt es wie etwa bei Edgar Rubins Profil-Vase-Muster zu einer stetig wechselnden Figur-Grund-Verteilung. Die Tatsache der Multistabilität der Figur-Grund-Organisation ist das überzeugendste Argument gegen die Reizdetermination der Objektwahrnehmung.

Noch deutlicher als in der Gestalttheorie wurde die Irrelevanz der Reizverteilung für die figurale Organisation und Objektkonstitution in der Wahrnehmung durch die konstruktivistische Philosophie formuliert: Das kognitive System wird darin als energetisch offenes System und semantisch geschlossenes System betrachtet (Maturana, 1982; Stadler & Kruse, 1992a). Reize sind demnach nicht Informationsträger aus der physikalischen Umwelt der Organismen, sondern lediglich Anregungsbedingungen für die Eigenaktivität kognitiver Systeme. Von daher ergibt sich, daß identische Randbedingungen (Reize) auf verschiedene Ordnungszustände im kognitiven System konvergieren können (vgl. Abb. 3).

Andererseits können auch zwei völlig unterschiedliche Reizbedingungen auf ein und das selbe Objekt verweisen, d.h. die gleiche Bedeutung haben (vgl. Abb. 4).

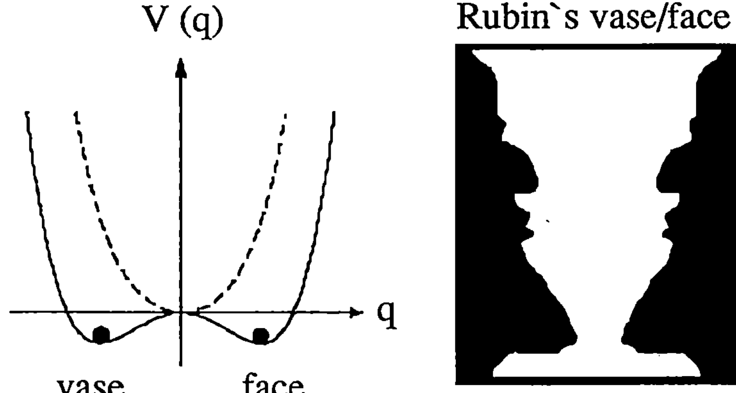

Abb. 3: *Reizmuster, aus dem zwei alternative kognitive Ordnungszustände entstehen (nach Rubin, 1921).*

4711

siebenundvierzigelf

Abb. 4: *Zwei verschiedene Reizmuster, die auf den gleichen kognitiven Ordnungszustand konvergieren.*

Viele Neurobiologen sehen heute das Gehirn nicht mehr als ein informationsverarbeitendes System, sondern als ein selbstorganisierendes, informationserzeugendes System an. Kognition ist dabei als ein makroskopischer Ordnungsbildungsprozeß auf der Grundlage elementarer neuronaler Aktivität anzusehen. Will man das Verhältnis der externen Reize zur kognitiven Organisation von bedeutungsvollen Objekten untersuchen, so muß die kognitive Dynamik näher analysiert werden. Insbesondere kommt es darauf an, die Reizbedingungen so zu gestalten, daß kognitive Selbstorganisation nicht nur möglich, sondern auch erkennbar wird (Stadler & Kruse, 1992b).

Für die Untersuchung sich selbst organisierender dynamischer Systeme hat sich in den letzten zwei Jahrzehnten ein interdisziplinärer Forschungszweig entwickelt, der das Zusammenwirken vieler einzelner Elemente oder Komponenten eines Systems und daraus entstehende neue Organisationsstrukturen speziell in Situationen qualitativer Änderungen des Systemverhaltens (sog. Phasenübergänge) thematisiert. Diese von Hermann Haken (1977) entwickelte Synergetik wurde bereits mehrfach als Weiterentwicklung der Gestalttheorie bezeichnet (Haken & Stadler, 1990; Haken, 1991). In der synergetischen Theorie wurden spontane Ordnungsbildungsvorgänge auf verschiedenen Elementarebenen der Natur untersucht. Es zeigte sich, daß sich spontane (Re-) Organisationen durch eine nichtlineare Dynamik auszeichnen. Vor nichtlinearen Phasenübergängen wurde regelmäßig das Auftreten kritischer Fluktuationen beobachtet. Außerdem trat ein kritisches Langsamerwerden des Prozesses auf. Diese beiden Kriterien können auch auf die spontane Organisation und Reorganisation figuraler Gegebenheiten im Wahrnehmungsbereich angewandt werden. Allerdings bestehen große methodische Schwierigkeiten darin, daß nichtlineare Phasenübergänge in der Wahrnehmung, wie überall, sehr schnell vonstatten gehen und jeder messende Eingriff die Dynamik selbst beeinflussen würde. Bisher wurden drei Methoden zur Untersuchung der nichtlinearen Dynamik in kognitiven Systemen angewandt:

1.) Die Untersuchung der Dynamik spontaner Reorganisationen bei multistabilen visuellen Mustern. Hierzu eignet sich insbesondere die Variation struktureller und semantischer Kontexte und die Messung ihres Einflusses auf die Reversionsrate (Kruse et al., 1991).

2.) Die intra- oder interpersonelle „Streckung" des dynamischen Prozesses durch die Methode der seriellen Reproduktion (Bartlett, 1932). Hierbei werden bestimmte Muster in regelmäßigen Abständen reproduziert, wobei die Reproduktionen jeweils das vorangehende Reizmuster ersetzen. Dadurch werden minimale Ordnungstendenzen im Laufe der Zeit aufsummiert und verstärkt und es wird früher oder später ein stabiler Endzustand erreicht, bei dem die einzelnen Reproduktionen nicht mehr voneinander abweichen.

3.) Eine Feinanalyse der nichtlinearen Dynamik ist auch durch das Anlegen einer differenzierteren Zeitskala möglich. Bei den den kognitiven Prozessen unmittelbar zugrunde liegenden Gehirnprozessen laufen die Elementarereignisse mit erheblich größerer Geschwindigkeit als im Erleben ab. Das EEG ist ein guter Indikator der summativen Wirkung aller Elementarereignisse eines bestimmten Rindenbereichs. Nichtlineare Phasenübergänge müssen sich auch im EEG nachweisen lassen.

Den folgenden Untersuchungen liegt die Hypothese zugrunde, daß stabile Ordnungszustände im kognitiven System Attraktoren sind, die bevorzugt aufgesucht bzw. erreicht werden. Attraktoren sind Träger von Bedeutungen bzw. besitzen Bedeutung innerhalb bestimmter Kontexte des jeweiligen Systems. Bedeutungen beeinflussen ihrerseits die basale Figuralorganisation, d.h. es liegt eine Wechselwirkung zwischen bottom-up und top-down-Prozessen vor.

2 Was sind Bedeutungen? - Attraktoren

Die Theorie synergetischer Phasenübergänge geht davon aus, daß die Ausbildung neuer Ordnungszustände an Phasen der Instabilität gebunden ist, d.h., daß diese neuen Ordnungsstrukturen vorausgehen. Im Erleben ist solche Instabilität jedoch begrenzt auf ganz bestimmte Ausnahmesituationen. Die Dynamik kognitiver Systeme konvergiert, vom Standpunkt des Erlebens aus gesehen, außerordentlich schnell auf stabile Ordnungszustände. Hierzu hat die Gestaltpsychologie ein reiches Repertoire an Demonstrationen und Gesetzmäßigkeiten zusammengestellt (Metzger, 1975b). Im Erleben, d.h. im Bereich der phänomenalen Welt, lassen sich Instabilitäten besonders gut im Zusammenhang mit multistabilen Mustern, die in allen Sinnesgebieten auftreten, aufzeigen. Das Umkippen von einer Konfiguration in eine andere kann als Phasenübergang von einem stabilen Attraktor in einen anderen stabilen Attraktor angesehen werden, bei dem eine Phase der Instabilität durchlaufen wird (vgl. Abb. 5).

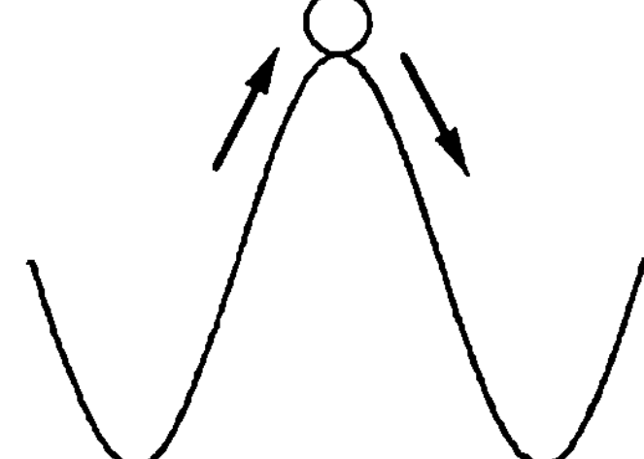

Abb. 5: *Bistabiler Umschlagprozeß mit Durchlaufen einer instabilen Phase.*

In der Mathematik führen bestimmte wiederholte Operationen häufig zu immer den gleichen Eigenwerten. Diese werden als Attraktoren bezeichnet. Es gibt Punktattraktoren, periodische und quasi-periodische Attraktoren (Grenzzyklen) sowie chaotische Attraktoren. In der Psychophysik werden häufig Punktattraktoren und periodische oder quasi-periodische Attraktoren aufgefunden, in der Neurophysiologie sind es überwiegend periodische, quasi-periodische und chaotische Attraktoren (z.B. im EEG). Neuere Ergebnisse aus der experimentiellen Neurophysiologie legen die Vermutung nahe, daß Attraktoren die Träger von Bedeutungen sind (Skarda & Freeman, 1987; Freeman, 1990). Auch bei vielen bistabilen Konfigurationen beobachten wir einen Übergang von einer Bedeutung zu einer anderen (vgl. Abb. 6).

Abb. 6: *Hase oder Ente.*

In der folgenden Abbildung 7 ist ein Muster von Fisher (1967) dargestellt, bei dem der Übergang von dem Bedeutungsattraktor Männerkopf zu dem Bedeutungsattraktor kniende Frau systematisch gedehnt wurde. Die ersten beiden Bilder von links stellen eindeutig einen Männerkopf dar. Die folgenden drei Bilder sind instabil, d.h. die Bilder können sowohl die eine wie auch die andere Bedeutung haben. Die letzten beiden Bilder (rechte Seite) zeigen dagegen eindeutig eine kniende Frau.

Abb. 7: Männergesicht oder kniende Frau (nach Fisher, 1967).

Geht man nun die Bilderserie langsam von links nach rechts durch, so wird man vielleicht beim fünften oder sechsten Bild den Bedeutungsübergang vom Männergesicht zur knienden Frau wahrnehmen. Kommt man von der anderen Seite (von rechts), so wird man dagegen erst beim dritten Bild von links das Männergesicht sehen. Dieser *Stabilitätsüberhang* des jeweiligen Attraktors wird als *Hysterese* bezeichnet und ist ein typisches Charakteristikum nichtlinearer Phasenübergänge.

Auch mit der Methode der seriellen Reproduktion (Bartlett, 1932) lassen sich nichtlineare Bedeutungswechsel darstellen. Die Bilderserie der Abbildung 8 kam dadurch zustande, daß die erste Versuchsperson das linke Bild, das eine Eule darstellt, vorgelegt bekam und die Aufgabe erhielt, dieses Bild zu reproduzieren. Dabei kam das zweite Bild heraus, das ebenfalls noch eine Eule darstellt. Diese wurde der nächsten Versuchsperson vorgelegt, die das dritte Bild malte, auf dem noch mit einigem guten Willen ebenfalls eine Eule erkennbar ist. Die dritte Versuchsperson reproduzierte dann das vierte Bild, bei dem die Phase der Instabilität beginnt: Es ist nicht mehr klar, worum es sich hier handeln könnte.

Das gleiche gilt für die Reproduktion der vierten und fünften Versuchsperson (fünftes und sechstes Bild). Im nächsten Bild (7) könnte man noch einmal Anklänge einer Eule sehen. Bei der nächsten Reproduktion scheint es sich um irgendein Tier zu handeln, unklar um welches. Erst das neunte Bild zeigt so etwas ähnliches wie eine Katze. Nummer zehn könnte auch eine Katze sein oder ein Sack? Die letzten vier Reproduktionen zeigen auf jeden Fall eindeutig eine Katze. Der Bedeutungswechsel vom Attraktor Eule zum Attraktor Katze ist auch hier langsam, unter Durchlaufen einer Phase der Instabilität, erfolgt. Die Methode der seriellen Reproduktion erlaubt eine Serie von quasi-Momentaufnahmen dieses Prozesses.

Veränderungen der Stabilität von kognitiven Zuständen lassen sich sogar, wie kürzlich gezeigt werden konnte, in Veränderungen der globalen Hirnaktivität deutlich nachweisen (Basar-Eroglu et al., 1993; 1995). Vergleicht man etwa die Hirnaktivität in der instabilen Phase kurz vor dem Umschlag eines multistabilen Musters (hier der stroboskopischen Alternativbewegung) mit der stabilen Phase unmittelbar nach diesem Umschlag (Abb. 9), so zeigt sich eine deutliche Zunahme der Hirnaktivität in der instabilen Phase. Genauer betrachtet findet man diese Zunahme der Hirnaktivität in der instabilen Phase besonders im sog. Gammaband (40 Hz), eben in dem Frequenzbereich, der sich auch in verschiedenen anderen neurobiologischen Untersuchungen als für die Attraktorenbildung im visuellen Bereich besonders relevant erwiesen hat (Gray et al., 1990; Eckhorn & Reitboeck, 1990). Die 40 Hz-Frequenzanteile im EEG werden häufig als Aufmerksamkeitsparameter interpretiert (Sheer, 1988).

Abb. 8: *Bedeutungswechsel durch serielle Reproduktion (nach Bartlett, 1932).*

3 Wie entstehen Bedeutungen? - Kontexte

Die Bedeutung des Begriffes „Bedeutung" wurde in dem klassischen Werk von Ogden und Richards (1923) analysiert. Die Autoren unterschieden sechzehn verschiedene Bedeutungsbegriffe. Einer dieser Begriffe ist in unserem Zusammenhang besonders relevant. Odgen und Richards definieren nämlich Bedeutung als „den Ort von irgendetwas in einem System" („The place of anything in a system"). Sie explizieren diesen Begriff dann weiter: „The meaning of anything has been grasped, if it has been understood as related to other things or as having its place in some system as a whole" (Ogden & Richards, 1923, S. 196). Bedeutung in diesem Sinne bezieht sich auf keinerlei Objekte oder Tatsachen außerhalb eines Systems (hier des kognitiven Systems). Der sog. relationale Bedeutungsbegriff ist im konstruktivistischen Sinne selbstreferentiell insofern, als das kognitive System Bedeutungen erzeugt, indem unterschiedliche Relationen innerhalb des Systems hergestellt werden. Dementsprechend werden in der konstruktivistischen Theorie kognitive Systeme als geschlossene Systeme hinsichtlich ihrer

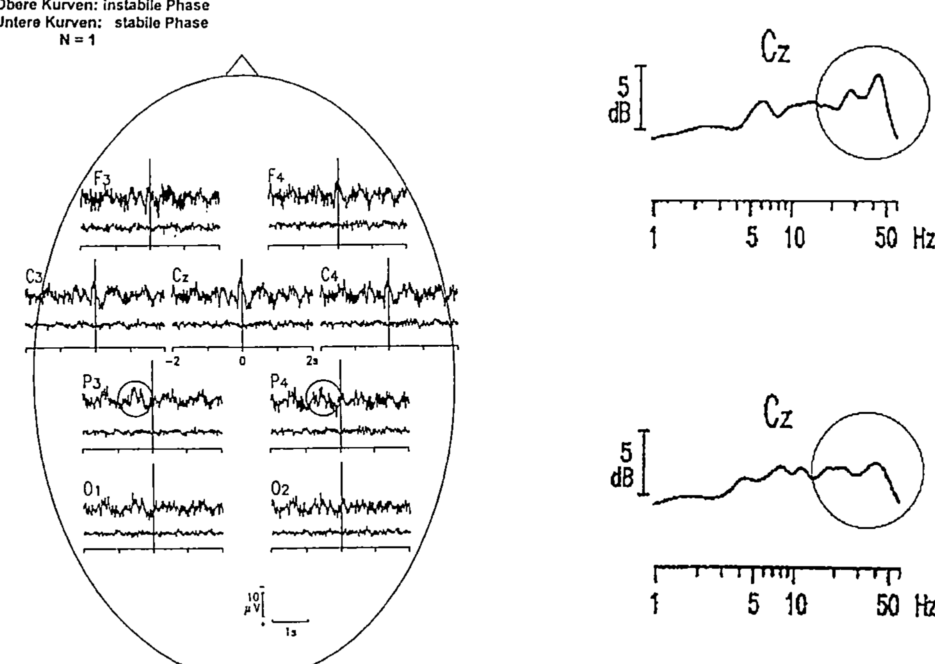

Abb. 9: *Globale Hirnaktivität (EEG) in der stabilen Phase (unten) und in der instabilen Phase (oben) in verschiedenen Hirnlokalisationen (linke Seite) bei der Wahrnehmung multistabiler Muster. Rechte Seite: Zunahme der 40 Hz-Frequenzanteile im zentralen Bereich (Cz) bei multistabiler Wahrnehmung (nach Basar-Eroglu et al., 1993; 1995).*

Semantik und als offene Systeme hinsichtlich des Energieflusses aufgefaßt (Schmidt, 1992; Krohn & Küppers, 1992). Das bedeutet, daß aus der sog. Außenwelt lediglich Reize und Reizmuster auf die Sinnesorgane treffen und damit das System energetisch anregen, ohne aber selbst semantische Information in das System hineinzutragen. Die semantische Information, d.h. die Bedeutung der Muster, wird im System selbst festgelegt. Dabei ist jeder Reiz im Sinne der Gestalttheorie ein Systemreiz, was bedeutet, daß sich jede lokale Veränderung auf das Gesamtsystem auswirkt. Kognitive Systeme sind damit evolvierende dynamische Systeme (Zaus, 1992). Sie bestehen aus Netzwerken von Attraktoren und Repellern und sind somit als Potentiallandschaften darstellbar (vgl. Abb. 5).

Wie werden nun Bedeutungen den Attraktoren zugeordnet? Hierzu werden drei Möglichkeiten diskutiert: (a) Bedeutungen werden den Attraktoren durch assoziatives Lernen zugeordnet; (b) Bedeutungen sind von vornherein mit bestimmten Attraktoren verbunden und (c) Bedeutungen werden im Attraktornetzwerk generiert.

a) *Bedeutungsattribution:* Hier besteht die Vorstellung, die etwa von Amit (1989) und Freeman (1995) vertreten wird, daß jeder sensorische Input in das Attraktornetzwerk innerhalb einer biologisch vertretbaren kurzen Zeit in eines der Attraktorbassins des Netzwerks „fällt". Wenn dies nicht geschieht, würde der entsprechende Input als bedeutungslos klassifiziert und vom System ignoriert werden. Wenn ein bisher unbekanntes sensorisches Muster wiederholt in das Attraktornetzwerk eingegeben wird, dann kann es gelernt werden. Lernen ist in diesem Sinn als Ausbildung neuer Attraktoren zu verstehen. Diese von Amit vorgetragene Theorie der Attraktornetzwerke impliziert, daß Bedeutungen nicht nur durch assoziatives Lernen attribuiert werden können, sondern daß sie auch von den entsprechenden Attraktoren wieder abgelöst werden können. Dies entspräche dem bekannten Phänomen des Bedeutungsverlustes („lapse of meaning"), welches bei der wiederholten Darbietung sprachlicher Sequenzen auftritt. Als dem Bedeutungsverlust zugrunde liegender Prozeß wird in der Regel „semantische Sättigung" angenommen (Wertheimer & Gillis, 1958). Der Sättigungsprozeß ist hier, wie übrigens auch bei den visuellen Multistabilitätsphänomenen (vgl. Kruse et al., 1991), als ein systematisches Abflachen eines Attraktorbassins zu verstehen. Der gleiche Prozeß erzeugt nämlich auch bei sprachlichen Sequenzen eine Bedeutungsbistabilität, wie sie etwa in der bekannten Barbara-Rhabarber-Bistabilität auftritt. Ein weiterer Beleg für die Bedeutungsablösung ist die neurologische Störung der Seelenblindhheit („Blindsight"). Patienten mit dieser Störung können ein Muster sehen und sogar eine graphische Beschreibung dieses Musters geben, sind aber nicht in der Lage, das entsprechende Objekt zu benennen und zu erkennen. Es fehlt die Assoziation des Perzeptes mit früherer Erfahrung, d.h., seine Bedeutung kann nicht attribuiert werden.

b) *Bedeutungsrelation*: Es wird auch die Ansicht vertreten, daß Bedeutungen apriori mit bestimmten Attraktoren verbunden sind. Nach dieser Vorstellung werden der neurophysiologische Attraktor und die Bedeutung als identisch angesehen. Auch die gestalttheoretische Vorstellung einer isomorphen Relation gehört in dieses Umfeld. Was damit gemeint ist, zeigt die bekannte Maluma-Takete-Demonstration von Köhler (1929, vgl. Abb. 10). Die beiden Begriffe „Maluma" und „Takete" können den entsprechenden Figuren von allen Versuchspersonen eindeutig zugeordnet werden, auch wenn die Figuren nie vorher gesehen wurden und die Begriffe (unbeschadet ihres hohen Assoziationsgrades) nie vorher gehört wurden. Zaus (1992) bezeichnet diese Apriori-Re-

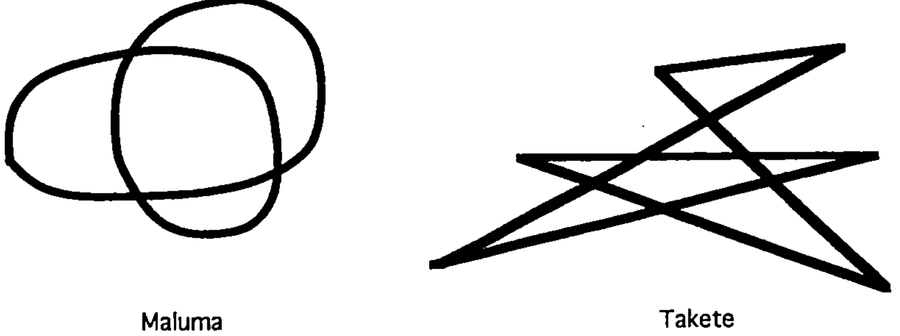

Abb. 10: Maluma und Takete-Figurrelationen (nach Köhler, 1929).

lationen als Prärepräsentationen. In der Gestalttheorie wird die Prärepräsentation als „natürlicher Sinn" aufgefaßt. Es gehört zusammen, was eine natürliche Beziehung besitzt (Metzger, 1975a). Besonders beim sog. einsichtigen Lernen und Denken spielen solche Prärepräsentationen eine Rolle. Der Denkprozeß folgt dabei in einem plötzlichen Phasenübergang den natürlichen Beziehungen. Ein Muster, das eine bestimmte Lücke aufweist, fordert die Ausfüllung durch ein ganz bestimmtes, genau hineinpassendes Teilstück („Gefordertheit", Köhler, 1938). Auch die expressive Lautsymbolik (Ertel, 1965) erlaubt die Zuordnung gegensätzlicher fremdsprachlicher Begriffe zu entsprechenden deutschen, ohne daß diese fremde Sprache gelernt wurde.

c) *Bedeutungsgenerierung*: Bedeutungen werden im Attraktornetzwerk erzeugt, d.h. sie emergieren aus den Relationen zwischen den Attraktoren. Bedeutungen werden hier also zu einer Funktion des Attraktornetzwerkes selbst. Schwegler (1992) beschreibt nicht-substantialistische Netzwerke, bei denen nicht die Knoten, sondern die Verbindungen zwischen diesen - die Relatoren - zu Bedeutungsträgern werden. Eine ähnliche Idee war schon in der Geburtsstunde der Gestalttheorie von v. Ehrenfels (1890) entwikkelt worden, der Gestaltqualitäten als ganzheitlichen Ausdruck von Relationsstrukturen auffaßte. Melodien werden demnach nicht durch ihre Töne oder Intervalle gekennzeichnet, sondern durch die Relationen zwischen den Intervallen. Die Grundidee der prinzipiellen Transponierbarkeit aller Sinnesdaten führte in der Gestaltpsychologie zu der Auffassung, daß alle Wahrnehmungen letztlich Relationswahrnehmungen sind und daß absolute Urteile über Wahrnehmungsgegebenheiten ihrerseits erklärungsbedürftig sind. Hier nahm die Bezugssystemforschung ihren Ausgang, die zum ersten mal konsequent den Systembegriff in der Gestaltpsychologie verwendete (Witte, 1966; 1975).

Auch durch neurophysiologische Befunde wird die Theorie der Bedeutungsemergenz in Attraktornetzwerken gestützt. Freeman konnte zeigen, daß in der regia olfactoria von Kaninchen Geruchsreize durch räumlich verteilte Attraktoren (hier: synchronisierte Oszillationen im Gammaband des EEG) repräsentiert werden. Kommt ein neuer Geruchsreiz hinzu, so wird nach einer Phase der aktiven Chaotisierung eine veränderte Attraktorenstruktur generiert, in der die Bedeutung des neuen Geruches durch die Relationen des ihm entsprechenden Attraktors zu den übrigen Attraktoren repräsentiert ist (Skarda & Freeman, 1987; Freeman, 1990; 1991; 1995). Entfällt der neue Geruchsreiz wieder, so bleibt die Attraktorenstruktur entsprechend verändert: Eine neue Erfahrung ist geboren. Wahrnehmung hängt nach Freeman dementsprechend primär von Erwartungen ab und nur marginal vom sensorischen Input. Im Wahrnehmungsprozeß werden dem Gehirn nur „Kenntnisse" über seine eigenen Erfahrungen mit einem Objekt erlaubt und nicht über die „Realität". Damit belegen auch neurophysiologische Befunde unmittelbar die radikalkonstruktivistische Wirklichkeitstheorie (Stadler & Kruse, 1992b).

4 Welche Funktion haben Bedeutungen? - Ordnungsparameter

Im letzten Abschnitt wurde ausgeführt, daß jeder stabile makroskopische Ordnungszustand im Gehirn in eine funktional wechselwirkende Attraktorlandschaft eingebettet ist. Die Attraktoren wurden als Träger von Bedeutungen identifiziert und als jeweils abhängig von dem gesamten neuronalen Attraktornetz bestimmt. Kognitive Ordnungsstrukturen müssen demnach als räumlich und zeitlich kontextabhängig angesehen werden. Jede Veränderung der Struktur impliziert eine mehr oder weniger große Änderung der Bedeutungsextension. Jede neu entstandene Bedeutungsintension verändert die Struktur des Attraktorennetzes. Die damit postulierte Wirkung von kognitiven Bedeutungsinhalten auf neuronale Attraktoren soll Gegenstand dieses Abschnittes sein. Es soll ein in der Synergetik entwickeltes Modell expliziert werden, welches top-down-Wirkungen im Zusammenhang mit bottom-up Organisationsprozessen ermöglicht, ohne daß prinzipielle Einwände gegen Prozesse solcher Art geltend gemacht werden können.

In der Synergetik wird unterschieden zwischen mikroskopischen und makroskopischen Systemzuständen. Auf der mikroskopischen Ebene können beispielsweise Moleküle nach Größe und Richtung ihrer Bewegung als Bestandteile eines idealen Gases beschrieben werden. Gleichzeitig gibt es aber die makroskopische Sichtweise mit den Zustandsgrößen Temperatur und Druck des Gases, die einerseits Funktionen der einzelnen Molekülbewegungen sind, gleichzeitig aber völlig neue Qualitäten darstellen, die in keinem ihrer Elemente vorhanden sind. Dies ist ein einfaches Beispiel für die Emergenz neuer Qualitäten durch einen Skalenübergang. Hermann Haken und andere Forscher haben dieses Konzept der Emergenz auf kognitive Prozesse angewandt. So meint beispielsweise Paul Smolensky von der PDP-Konnektivistischen Gruppe, daß sich geistige Leistungen als emergente Eigenschaften aus der Synergie subkognitiver Elementarprozesse in den Neuronen entwickeln (Smolensky, 1988). Haken beschreibt den Prozeß der Wechselwirkung zwischen der mikroskopischen und der makroskopischen Ebene mit den gleichen Begriffen, die er bereits zur Erklärung des Laserlichtes angewandt hatte: Stimuliert durch eine kontinuierliche Verstärkung des Energiezuflusses von den Sinnesorganen (dem sog. *Kontrollparameter*) beginnen die neuronalen Elemente des Gehirnsystems miteinander auf nichtlineare Weise zu interagieren, indem verschiedene mögliche kollektive Verhaltensweisen miteinander in Konkurrenz treten. Bei einer bestimmten Stärke des Kontrollparameters gerät das System in einen Zustand hoher Instabilität und geringste Fluktuationen genügen jetzt, um einen Phasenübergang zu einem kollektiven, d.h. hochsynchronisierten Verhalten zu bewirken. Dieses kollektive Verhalten wird als *Ordnungsparameter* bezeichnet. Der Ordnungsparameter hat nun seinerseits einen rückwirkenden Effekt auf die Aktivität aller Elemente, aus der er emergiert ist. Dies wird als *Versklavungs-Prozeß* bezeichnet (Abb. 11).

Das kollektive Verhalten ist nach dem Phasenübergang zu einem hochstabilen Attraktor geworden, der dementsprechend einen Stabilitätsüberhang gegenüber jeder Veränderung zeigt (Hysterese). Haken identifizierte nun die Ordnungsparameter als die phänomenalen Zustände des Gehirns: „Verhaltensmuster, Perzepte, Gedanken und andere geistige Prozesse können durch Ordnungsparameter (oder Folgen von diesen) repräsentiert werden. Sie beschreiben das System auf der makroskopischen Ebene und sie sind das Medium, durch das wir beispielsweise miteinander kommunizieren. Zur gleichen Zeit bestimmen sie die Ordnung im Mikro-System, d.h. den Neuronen, die ihrerseits die makroskopischen Ordnungsparameter determinieren. Wie ich immer wieder betont habe, existiert eine Kreiskausalität, bei der die Ordnungsparameter das

Verhalten der individuellen Subsysteme vorschreiben, die widerum ihrerseits die Ordnungsparameter determinieren. Die Ordnungsparameter haben Merkmale, wie sie durch die Gestalttheorie gefordert wurden. Sie sind invariant gegen Deformation und Beschädigung..." (Haken, 1990, S. 11, Übersetzung durch die Autoren).

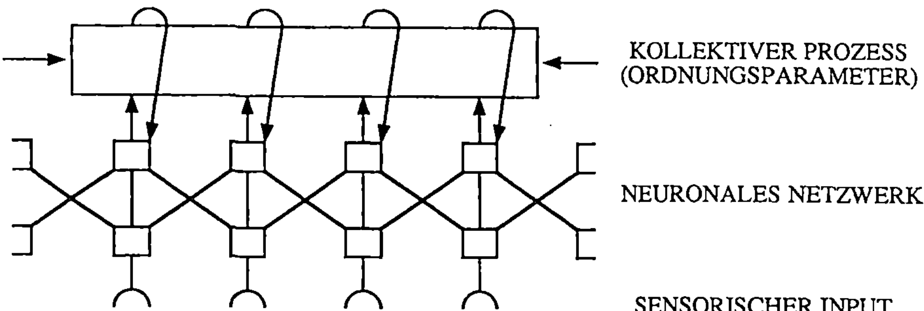

Abb. 11: *Schematische Darstellung des synergetischen Phasenüberganges von neuronalen Elementarprozessen zum kollektiven Verhalten (Ordnungsparameter) mit Rückwirkung auf die Elementaraktivität.*

Kollektive Gehirnprozesse wurden im letzten Jahrzehnt von verschiedenen neurobiologischen Arbeitsgruppen als lokal verteilte, synchronisierte Oszillationen im EEG beschrieben (Freeman, Singer et al., Eckhorn & Reitboeck, alle in Haken & Stadler, 1990).

Die Identifikation geistiger Zustände mit hochorganisierten makroskopischen Mustern der Gehirnaktivität hat einige philosophische und theoretische Konsequenzen:

- Wenn es eine zirkuläre Mikro-Makro-Interaktion in kognitiven Systemen gibt, wie sie Haken beschreibt, in der nur ein Sektor (der makroskopische Ordnungsparameter) der subjektiven Erfahrung zugänglich ist, wird es evident, warum Subjekte den Eindruck haben, ihr eigenes Verhalten steuern zu können, während ihre geistigen Prozesse zur gleichen Zeit durch die elementaren Gehirnprozesse kontrolliert werden. Unter diesen Bedingungen einer zirkulären Kausalität scheint der sog. „freie Wille" kein Rätsel mehr zu sein und er widerspricht möglicherweise nicht einmal mehr den Erhaltungssätzen der Energie.

- Wenn Bedeutungen stabilen kortikalen Attraktoren (den Ordnungsparametern) attribuiert werden, gibt es keinen hinreichenden Grund, warum semantische Information durch die Reize und Sinnesorgane in den Kortex hineingebracht werden müßte. Semantische Bedeutung könnte demnach im Gehirn selbst generiert werden (vgl. Roth, 1992).

- Eine isomorphe Beziehung würde demnach zwischen den neurophysiologischen Aspekten und den semantischen Aspekten der makroskopischen Prozesse im kognitiven System bestehen, wie dies von Köhler (1938) angenommen wurde. Kein Isomorphismus besteht jedoch zwischen den neuronalen Elementarprozessen und den makroskopischen Ordnungsparametern.

- Bischof (1989) hat die synergetische Interaktion zwischen mikroskopischen und makroskopischen Gehirnprozessen als holistischen Emergentismus bezeichnet. Während die Prozesse auf der neuronalen Mikroebene als Energieaustausch interpretiert werden können, werden die makroskopischen Prozesse durch ihre Semantik interpretiert. Holistischer Emergentismus muß allerdings vom metaphysischen Emergentismus unterschieden werden, der weder die Interaktionen zwischen den Neuronen noch die Qualitäten, die von diesen emergieren, näher bestimmen kann. In der synergetischen Sichtweise dagegen entsteht der kollektive Prozeß aus der Aktivität der Neuronen und wirkt koordinierend auf diese zurück. Diese Kreiskausalität beinhaltet zwei verschiedene Beschreibungsebenen: Die neurophysiologische Beschreibung des neuronalen Netzes und die semantische Beschreibung des Ordnungsparameters. Es ist möglich, daß die semantische Beschreibung orthogonal zur neurophysiologischen Beschreibung steht. Ebenso können die Gesetze, welche die Beziehungen zwischen den Ordnungsparametern definieren, völlig verschieden von den Gesetzen sein, denen die neurophysiologischen Prozesse gehorchen (Bischof, 1981). Dies bedeutet, daß es Einflüsse von der makroskopischen Ebene des kognitiven Systems, die von psychologischen Gesetzmässigkeiten mitbestimmt wird, auf die mikroskopische Ebene, die in Übereinstimmung mit Naturgesetzen arbeitet, geben kann. Aus dieser Perspektive besteht die Möglichkeit einer psychosomatischen Interaktion in kognitiven Systemen, ohne daß Naturgesetze verletzt werden (Kruse & Stadler, 1990). Bischof (1981) argumentierte, daß die formale Interpretation geistiger Prozesse als die Bedeutung neurophysiologischer Signale für den Organismus einen Rahmen abgibt, in dem die strukturelle Unabhängigkeit des Bewußtseins von der Gehirnphysiologie genauso konzipierbar ist wie die Isomorphie zwischen beiden Aspekten.

Empirische Zugänge zu der hier entwickelten Theorie der Gehirn-Geist-Beziehungen sollten top-down-Einflüsse von der Bedeutung auf die Struktur von Wahrnehmungsmustern demonstrieren, wie sie in der synergetischen Interpretation der Mikro-

stabiler Zustand A   stabiler Zustand B

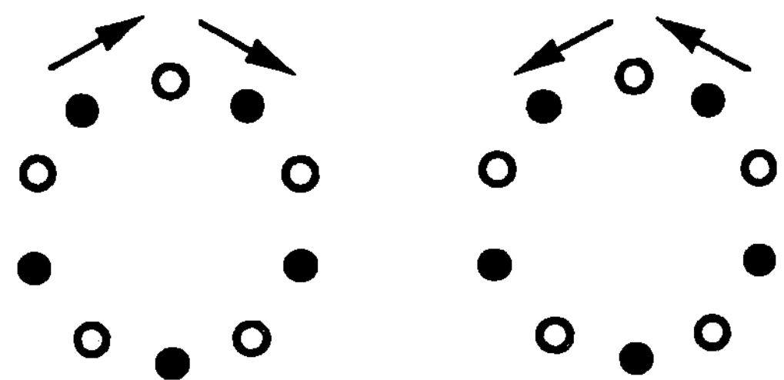

Abb. 12: Schematische Darstellung der Zirkularscheinbewegung. Anstelle der weißen bzw. schwarzen Punkte erscheinen abwechselnd Lichtreize.

Makro-Wechselwirkung vorhergesagt werden. Besonders das Multistabilitäts-Paradigma scheint sich für diesbezügliche Experimente zu eignen, da diese so angelegt werden können, daß der semantische Einfluß in der Phase höchster Instabilität (genau zwischen zwei stabilen Attraktoren) wirkt.

Ein Beispiel hierfür ist die Zirkularscheinbewegung (circular alternative movement, CAM, Kruse et al., 1991). Wie in Abbildung 12 schematisch dargestellt, führt die Anordnung (neben einigen anderen möglichen Bewegungsorganisationen) zumeist zu einer rechtsumlaufenden oder linksumlaufenden Scheinbewegung.

Ersetzt man nun, wie in Abbildung 13 dargestellt, die Punkte durch Pfeile, die eine Linksrichtung symbolisieren, so sieht die Mehrzahl der Versuchspersonen zunächst eine Linksbewegung, bis auch hier das ständige Fluktuieren zwischen Links- und Rechtsbewegung im Sinne der beiden Hauptattraktoren einsetzt. Bei der Punkteanordnung der Abbildung 12 ist übrigens der erste Eindruck in der Regel gemäß dem Uhrzeigersinn rechtsherum.

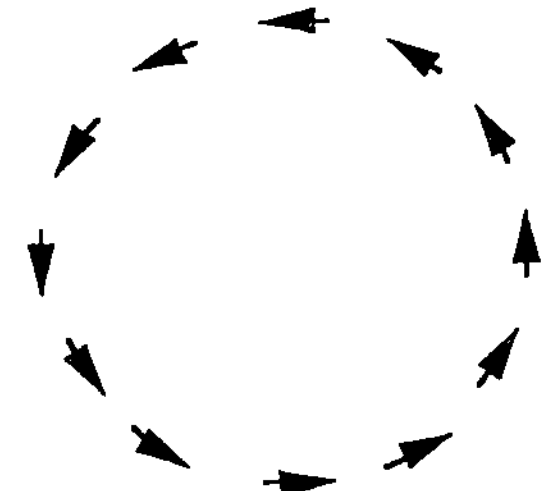

Abb. 13: Zirkularscheinbewegung, mit semantischer Tendenz nach links.

Bei semantisch bistabilen Mustern, wie dem Hase- oder Entemuster der Abbildung 6 lassen sich auch metrische Veränderungen der Position des „Auge"-Punktes nachweisen, je nachdem, welche der beiden Bedeutungen dem Muster gerade zugewiesen wird. Abbildung 14 zeigt nach der psychophysischen Konstanzmethode gemessene Positionsunterschiede der horizontalen Lokalisation des Auges, die allerdings in diesem ersten Versuch bei wenigen Versuchspersonen aufgrund der großen Streuung der Werte noch knapp unterhalb der Signifikanzgrenze liegen.

Signifikante Unterschiede ergeben sich dagegen bei der bistabilen stroboskopischen Alternativbewegung. Bei diesem Muster, das erstmals von v. Schiller (1933) untersucht wurde, ergeben sich in stetem Wechsel vertikale und horizontale Scheinbewegungen. Gibt man den Versuchspersonen allerdings unterschwellige verbale Suggestionen vom Typ „Auf und Ab, wie springende Bälle", so erhöht sich die relative Dauer der Vertikalbewegung entsprechend. Die Versuchspersonen sind sich bei diesem Experiment nicht darüber bewußt, ob sie verbale Suggestionen erhalten oder nicht (vgl. Abb. 15).

Der Einfluß der Bedeutung bzw. der impliziten Semantik von Wahrnehmungsmustern auf deren Struktur, läßt sich auch auf andere Weise nachweisen. Betrachtet man eine homogene Fläche, etwa ein weißes DIN A 4 Blatt, so lassen sich bei dem Versuch der Lokalisation einzelner kurzzeitig dargebotener Punkte auf dieser Fläche systematische Verzerrungen nachweisen (vgl. Stadler et al., 1991). Abbildung 16 zeigt die aus dieser Differenz bestimmten Verzerrungsvektoren einer Versuchsperson und daneben die Mittelwerte von zehn Versuchspersonen. Die nächste Abbildung 17 zeigt das hieraus berechnete Potentialfeld mit instabilen Repellorbereichen in der Mitte und vier stabilen Attraktoren in der Nähe der Ecken.

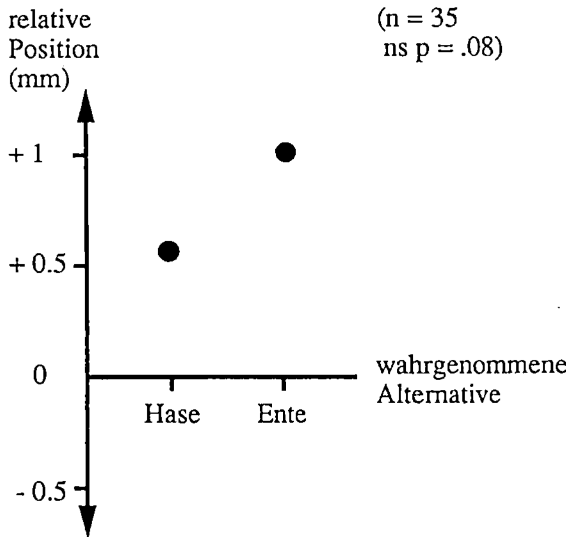

Abb. 14: Horizontale Veränderungen der scheinbaren Lokalisation des Auges im Hase/Ente-Muster.

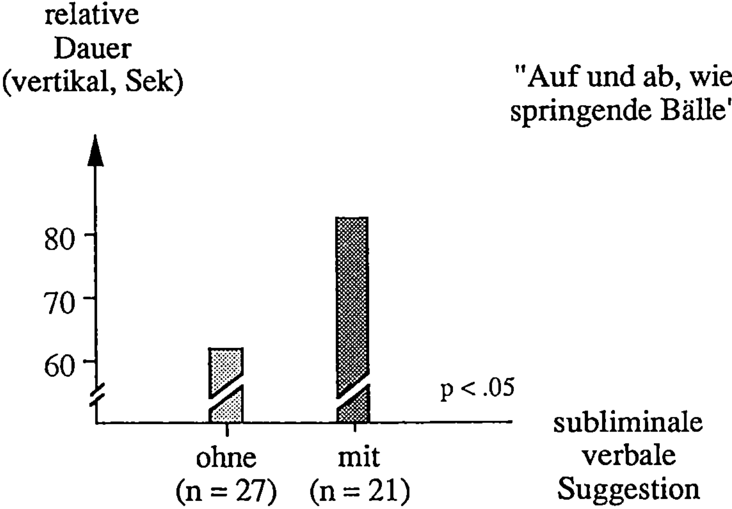

Abb. 15: Veränderung der relativen Dauer der Vertikalbewegung bei stroboskopischen Alternativbewegungen, verursacht durch unterschwellige akustische Suggestionen.

1 Vp   # 10 Vpn

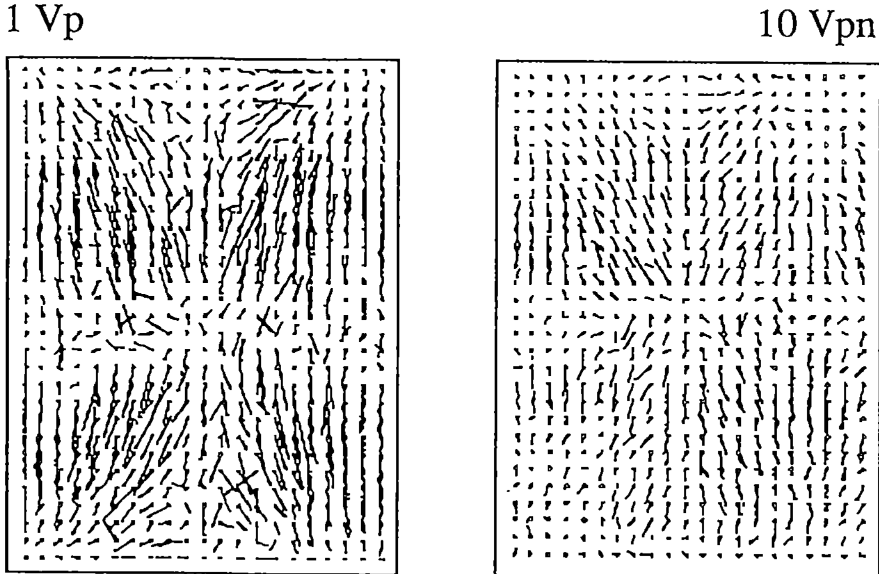

Abb. 16: *Verzerrungsvektoren für die Lokalisation einzelner Punkte auf einer leeren Fläche.*

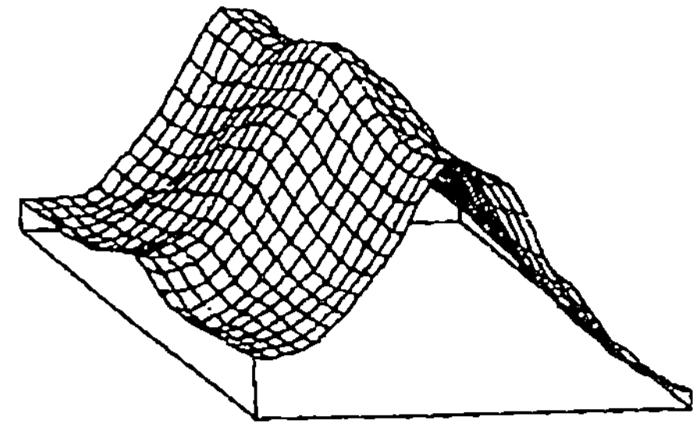

Abb. 17: *Aus den Verzerrungsvektoren berechnetes Potentialfeld einer leeren DIN A 4 Fläche (vgl. Stadler et al., 1991).*

in Attraktorrichtung   gegen Attraktorrichtung

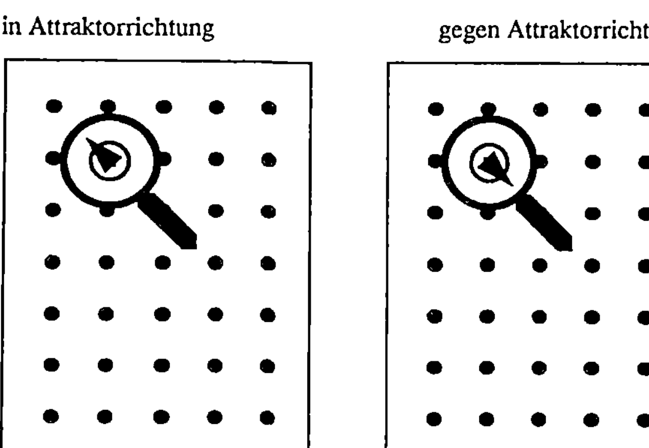

Abb. 18: *Beeinflussung des Potentialfeldes durch die Bedeutung von Pfeilen.*

Dieses Potentialfeld läßt sich nun im Experiment widerum durch semantische Beeinflussung verändern. Bietet man nämlich den Versuchspersonen statt neutraler Punkte Pfeile dar, die in Richtung des Attraktors weisen oder gegen diese Richtung, so verändert sich nach der Reproduktion der Lage dieser Pfeile das Potentialfeld systematisch (vgl. Abb. 18, 19).

in Attraktorrichtung

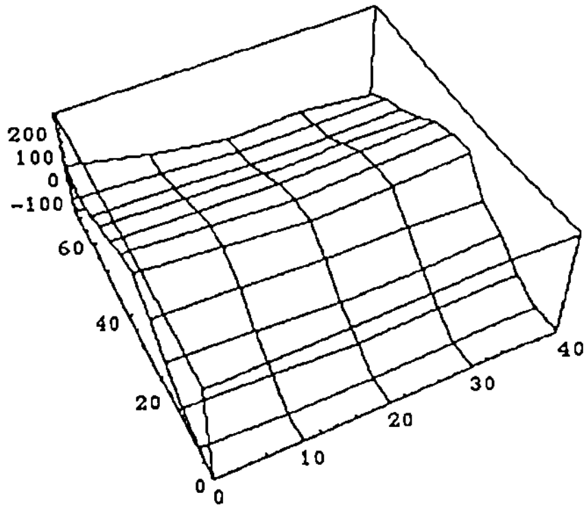

gegen Attraktorrichtung

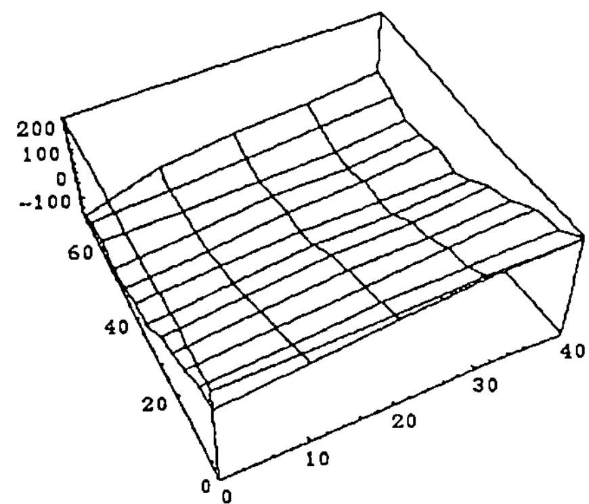

Abb. 19: Durch die Pfeilrichtung veränderte Potentialfelder.

Liegen die Pfeile in Attraktorrichtung, so erhalten wir ein der Abbildung 17 entsprechendes Gradientenpotential (links). Weisen die Pfeile aber gegen die Attraktorrichtung, so stülpt sich das Potentialfeld entsprechend um, so daß der stabile Attraktor in der Mitte des Feldes zu liegen kommt (rechts).

Auch durch unterschwellige semantische Suggestionen läßt sich das Potentialfeld verändern. Wie Abbildung 20 zeigt, wird der vertikale Anteil der Vektoren durch die akustischen Suggestionen „Aufwärts" bzw. „Abwärts" entsprechend verlängert bzw. verkürzt.

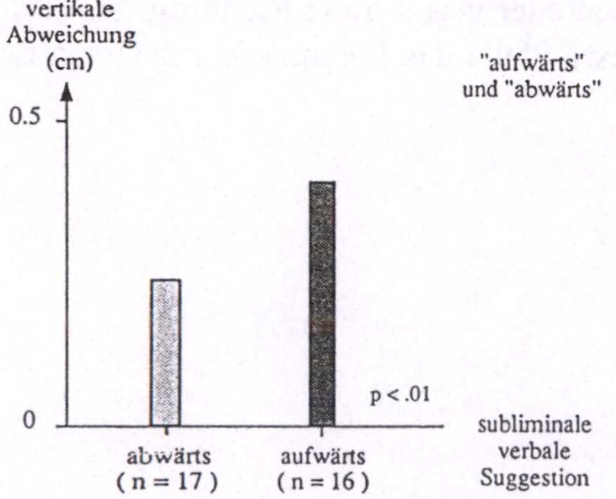

Abb. 20: *Der Einfluß unterschwelliger akustischer Suggestionen auf die Verzerrungsvektoren in der instabilen Region des homogenen Feldes.*

Durch Wahrnehmungsexperimente dieser Art kann gezeigt werden, daß ein top-down-Einfluß der Bedeutung auf Wahrnehmungsstrukturen vorhanden ist (vgl. auch Davis et al., 1990). Welche Funktionen Bedeutungen in kognitiven Prozessen tatsächlich haben, zeigt sich allerdings erst bei der reinterpretierenden Betrachtung einiger klassischer Ergebnisse der kognitiven Lernpsychologie. Beispielsweise ließen Cieutat et al. (1958) verschiedene Paarassoziationslisten mit je zehn Itempaaren lernen. Die Listen unterschieden sich hinsichtlich des Bedeutungsgehaltes der Reiz- und der Antwortserie. Abbildung 21 zeigt, daß bei niedrigem Bedeutungsgehalt der Reiz- und der Antwortserie (N-N) eine relativ flache Lernkurve entsteht, bei der nach zwölf Durchgängen gerade einmal 50 Prozent der Paarassoziationen korrekt sind. Dagegen steigt die Lernkurve erheblich steiler an, wenn entweder die Reiz- oder die Antwort-Items einen hohen Bedeutungsgehalt besitzen (H-N, N-H). Am effektivsten wird gelernt, wenn beide Listen einen hohen Bedeutungsgehalt haben (H-H).

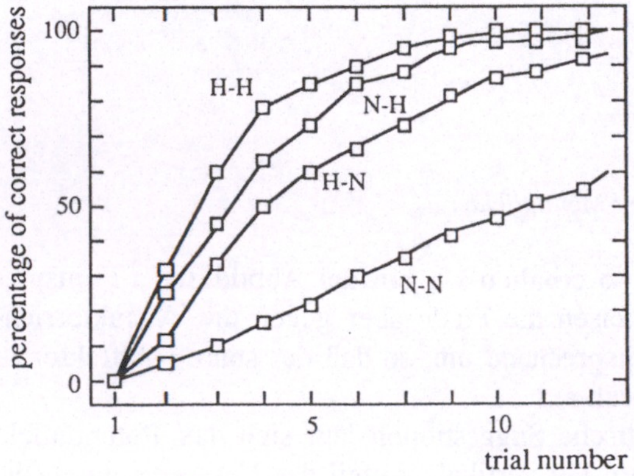

Abb. 21: *Bedeutung als Ordnungsparameter beim Lernen, s. Text (nach Cieutat et al., 1958).*

Es zeigt sich also bei diesen Ergebnissen, daß unter sonst gleichen Bedingungen die Bedeutungshaltigkeit von Lernelementen den Lernprozeß ganz erheblich effektiviert. Anders ausgedrückt: Bedeutung wird zum Ordnungsparameter im Lernprozeß, durch den eine Organisationsstruktur des Lernstoffes (in Begriffen des Gehirns: Eine Attraktorenstruktur des neuronalen Netzes) erheblich schneller und effektiver hergestellt werden kann.

Ganz ähnliche Verhältnisse finden wir beim Vergessen. In einem Paradigma der Vergessenspsychologie von Peterson und Peterson (1959) wird nach der Darbietung einer Buchstabenreihe eine dreistellige Zahl als Störreiz gegeben. Nach einem variablen Behaltensintervall von 0 bis 18 Sekunden muß dann die Buchstabenfolge reproduziert werden. In Abbildung 22 sind die Ergebnisse von Peterson und Peterson (1959) und Murdock (1961) zusammengefaßt. Es zeigt sich, daß drei Buchstaben ebenso schnell wie drei Worte vergessen werden. Ein Wort wird dagegen im gleichen Behaltensintervall praktisch nicht vergessen. Auch hier zeigt sich, daß Buchstabenfolgen mit Bedeutung erheblich leichter im Gedächtnis behalten werden als ohne Bedeutung. In Begriffen des Gehirns: Attraktoren, denen Bedeutung zugewiesen wurde, besitzen einen Stabilitätsüberhang (Hysterese) gegenüber solchen ohne Bedeutung.

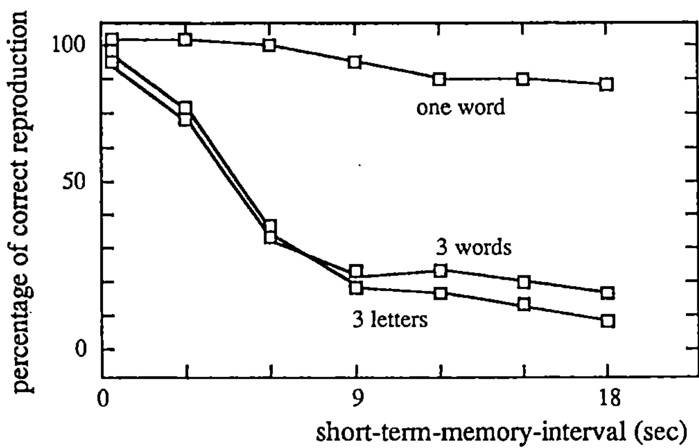

Abb. 22: Das Vergessen von Buchstabenfolgen mit und ohne Bedeutung, s. Text (nach Peterson & Peterson, 1959 und Murdock, 1961).

Die These, daß Bedeutung ein Ordnungsparameter für Gehirnprozesse ist, wird besonders eindrucksvoll durch die fast 100 Jahre alten Ergebnisse von Bryan und Harter (1897; 1899) belegt. Bryan und Harter untersuchten angehende Telegraphie-Funker, die den Morsecode zu lernen hatten. Bei regelmäßigen Leistungsmessungen über 40 Wochen zeigte sich, daß die Geschwindigkeit des aktiven Sendens einer normalen Lernkurve entsprach (s. Abb. 23). Beim Empfangen dagegen zeigte sich eine viel flachere Lernkurve, die nach einem Plateau in der 12. bis 24. Woche einen erneuten Aufschwung nahm. Diese zweite Lernkurve setzte genau dann ein, wenn die Telegraphie-Schüler nicht mehr einzelne Buchstaben, sondern ganze Worte und Wortfolgen entzifferten. In der Lernkurve von Bryan und Harter haben wir einen regelrechten Phasenübergang von dem geringeren Organisationsgrad der Dekodierung nach Buchstaben zum höheren Organisationsgrad der Dekodierung nach Wortbedeutungen vor uns.

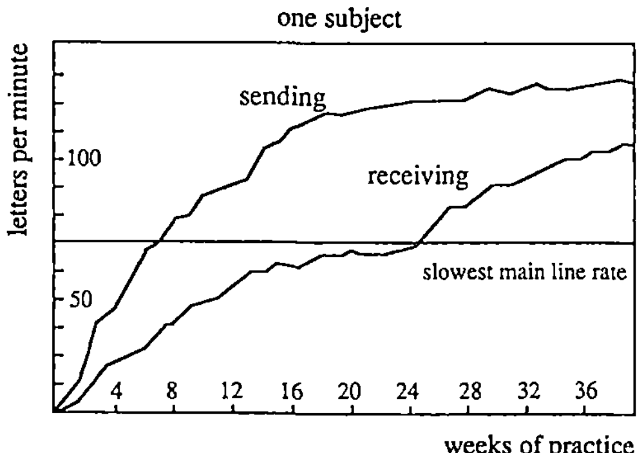

Abb. 23: Plateau beim Erlernen des Morsecodes (nach Bryan & Harter, 1899).

Bryan und Harter untersuchten den Einfluß der Bedeutung in einem zusätzlichen Experiment, indem sie ihren Schülern regelmäßig jede Woche eine Zeichenfolge zum Empfangen darboten. Diese Zeichenfolge bestand einmal aus Buchstaben, die keine Worte ergaben, einmal aus einer Folge von Buchstaben, die Worte, aber keinen Satz ergaben und schließlich aus Buchstaben, die Sätze ergaben. Wie in Abbildung 24 abzulesen ist, folgte die bedeutungslose Buchstabenkurve der Form einer normalen (logarithmisch) linearen Lernkurve. Die „Wort"-Kurve zeigt einen leichten Phasensprung, der bei der „Satz"-Kurve sehr deutlich wird.

Auch in diesem Experiment wurde gezeigt, daß in komplexen Lernprozessen die Bedeutung zum Organisator des Lernstoffes wird und zu erheblich höherem Lernerfolg führt. Die Funktion der Bedeutung besteht also bei komplexen kognitiven Prozessen darin, die Komplexität zu reduzieren, d.h. die statistische Information zu komprimieren und dadurch Strukturen zu schaffen.

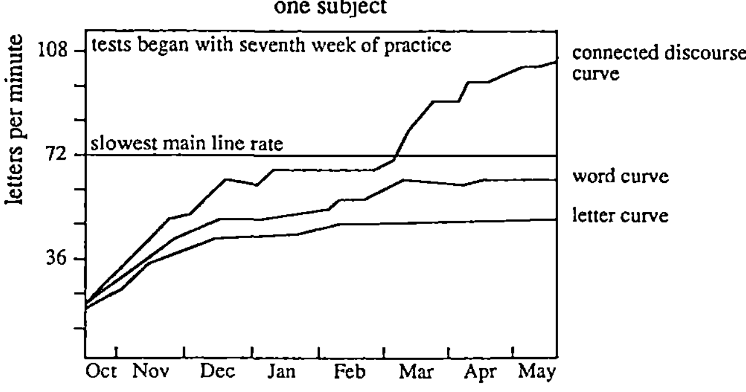

Abb. 24: Der Einfluß der Bedeutung in komplexen Lernprozessen, s. Text (nach Bryan & Harter, 1899).

Gegen die Annahme von top-down-Wirkungen in kognitiven Systemen wird häufig das alte Argument von Höffding (1887) angeführt (z.B. Kanizsa & Luccio, 1987). Höffding nahm an, daß die Assoziation eines Elementes b zu einem Element a nicht stattfinden kann, ohne daß b erst einmal als ähnlich zu a erkannt worden ist. Das bedeutet, daß jede Identifikation oder Interpretation von Wahrnehmungsdaten notwendigerweise an eine primäre Objektwahrnehmung gebunden ist. Wenn sich nun zeigen läßt, wie es in diesem Abschnitt getan wurde, daß grundlegende Wahrnehmungseigenschaften wie Figur-Grund-Unterscheidung oder Bewegungsrichtung in multistabilen Situationen durch Bedeutung beeinflußt werden können, dann entsteht ein Paradox: Die Identifikation und die kognitive Verarbeitung eines Perzeptes scheint primär gegenüber der präkategorialen Ordnungsbildung zu sein. Dies bedeutet, daß die Interpretation eines Perzeptes bereits in dem Prozeß der Attraktorbildung enthalten sein muß. Dieses Paradox (das übrigens demjenigen von Zenon durchaus ähnlich ist) resultiert aus der impliziten Annahme, daß Wahrnehmungsprozesse in diskreten Schritten von Ursache und Wirkung stattfinden. Demgegenüber scheint es uns naheliegender zu sein anzunehmen, daß man aus der Perspektive selbstorganisierender neuronaler Netzwerke nicht mehr zwischen linearen kausalen Schritten unterscheiden kann, weil eine Kreiskausalität zwischen mikroskopischen Elementarprozessen und makroskopischen (mentalen) Prozessen vorliegt, die im Zusammenhang der globalen Systemdynamik stehen.

5 Zusammenfassung

Unsere Argumentation läßt sich in vier Thesen zusammenfassen:
1.) Bedeutungen sind stabile Ordnungsbildungen (Attraktoren) im Prozeß kognitiver Selbstorganisation.
2.) Kognitive Um- und Neuordnung ist gebunden an Phasen von Instabilität.
3.) Bedeutungen werden durch Kontexte definiert und stabilisiert.
4.) Bedeutungen sind Ordnungsparameter von Elementaraktivität. Sie reduzieren die kognitive Komplexität.

Literatur

Amit, D. J. (1989). *Modelling Brain Function: The World of Attractor Neural Networks*. Cambridge: Cambridge University Press.
Arnheim, R. (1979). *Entropie und Kunst*. Köln: DuMont.
Attneave, F. (1965). *Informationstheorie in der Psychologie*. Bern: Huber.
Bartlett, F. C. (1932). *Remembering*. Cambridge: Cambridge University Press.
Basar-Eroglu, C., Strüber, D., Stadler, M., Kruse, P. & Basar, E. (1993). Multistable Visual Perception Induces a Slow Positive EEG Wave. *International Journal of Neuroscience, 73*, 139-151.
Basar-Eroglu, C., Strüber, D., Stadler, M., Kruse, P. & Greitschuß, F. (1995). Slow Positive Potentials in the EEG during Multistable Perception. In P. Kruse & M. Stadler (Eds.), *Ambiguity in Mind and Nature* (pp. 389-405). Berlin: Springer.

Bischof, N. (1981). Aristoteles, Galilei, Kurt Lewin - und die Folgen. In W. Michaelis (Hrsg.), *Bericht über den 32. Kongreß der Deutschen Gesellschaft für Psychologie in Zürich 1980, Bd. I,* 17-39. Göttingen: Hogrefe.

Bischof, N. (1989). Enthymene, Definitionen und Semantik - eine Replik. *Psychologische Rundschau, 40,* 222-225.

Bryan, W. L. & Harter, N. (1897). Studies in the Physiology and Psychology of the Telegraphic Language. *Psychological Review, 4,* 27-53.

Bryan, W. L. & Harter, N. (1899). Studies on the Telegraphic Language. The Acquisition of a Hierarchy of Habits. *Psychological Review, 6,* 345-375.

Cieutat, V. J., Stockwell, F. E. & Nobel, C. E. (1958). The Interaction of Ability and Amout of Practice with Stimulus and Response Meaningfulness (m, m') in Unpaired-Associate Learning. *Journal of Experimental Psychology, 56,* 193-202.

Davis, J., Schiffman, H. R. & Greist-Bousquet, S. (1990). Semantic Context and Figure-Ground Organization. *Psychological Research, 52,* 306-309.

Eckhorn, R. & Reitboeck, H. J. (1990). Stimulus-Specific Synchronization in Cat Visual Cortex and its Possible Role in Visual Pattern Recognition. In H. Haken & M. Stadler (Eds.), *Synergetics of Cognition* (pp. 99-111). Berlin: Springer.

Ehrenfels, C. von (1890). Über Gestaltqualitäten. *Vierteljahresschrift für wissenschaftliche Philosophie, 14,* 249-292.

Ertel, S. (1965). Expressive Lautsymbolik. *Zeitschrift für experimentelle und angewandte Psychologie, Bd. 12,* 557-569.

Fisher, G. H. (1967). Measuring Ambiguity. *American Journal of Psychology, 80,* 541-547.

Freeman, W. J. (1990). On the Problem of Anomous Dispersion in Chaoto-Chaotic Phase Transitions of Neural Masses, and its Significance for the Management of Perceptual Information in Brains. In H. Haken & M. Stadler (Eds.), *Synergetics of Cognition* (pp. 126-143). Berlin: Springer.

Freeman, W. J. (1991). The Physiology of Perception. *Scientific American, 264,* 78-87.

Freeman, W. J. (1995). The Creation of Perceptual Meanings in Cortex through Chaotic Itinerancy and Sequential State Transitions Induced by Sensory Stimuli. In P. Kruse & M. Stadler (Eds.), *Ambiguity in Mind and Nature* (pp. 421-437). Berlin: Springer.

Gray, C. M., König, P., Engel, A. K. & Singer, W. (1990). Synchronization of Oscillatory Responses in Visual Cortex: A Plausible Mechanism for Scene Segmentation. In: H. Haken & M. Stadler (Eds.), *Synergetics of Cognition* (pp. 82-98). Berlin: Springer.

Haken, H. (1977). Synergetics - An Introduction. Berlin: Springer.

Haken, H. (1990). Synergetics as a Tool for the Conceptualization and Mathematization of Cognition and Behavior - How Far Can We Go? In H. Haken & M. Stadler (Eds.), Synergetics of Cognition (pp. 2-31). Berlin: Springer.

Haken, H. (1991). *Synergetic Computers and Cognition.* Berlin: Springer.

Haken, H. & Stadler, M. (Eds.) (1990). *Synergetics of Cognition.* Berlin: Springer.

Höffding, H. (1887). *Psychologie in Umrissen auf der Grundlage der Erfahrung.* Leipzig: Fues Verlag.

Kanizsa, G. & Luccio, R. (1987). Formation and Categorization of Visual Objects: Höffding's never Refuted but always Forgotten Argument. *Gestalt Theory, 9,* 111-127.

Kanizsa, G. & Luccio, R. (1990). The Phenomenology of Autonomous Order Formation in Perception. In H. Haken & M. Stadler (Eds.), *Synergetics of Cognition* (pp. 186-200). Berlin: Springer.

Köhler, W. (1920). *Die physischen Gestalten in Ruhe und im stationären Zustand.* Braunschweig: Vieweg.

Köhler, W. (1929). *Gestalt Psychology.* New York: Liveright.

Köhler, W. (1938). *The Place of Value in a World of Facts.* New York: Liveright.

Krohn, W. & Küppers, G. (Hrsg.) (1992). *Emergenz: Die Entstehung von Ordnung, Organisation und Bedeutung*. Frankfurt am Main: Suhrkamp.

Kruse, P. & Stadler, M. (1990). Stability and Instabilty in Cognitive Systems: Multistability, Suggestion and Psychosomatic Interaction. In H. Haken & M. Stadler (Eds.), *Synergetics of Cognition* (pp. 201-215). Berlin: Springer.

Kruse, P., Stadler, M. & Strüber, D. (1991). Psychological Modification and Synergetic Modelling of Perceptual Oscillations. In H. Haken & H. P. Koepchen (Eds.), *Rhythms in Physiological Systems* (pp. 299-311). Berlin: Springer.

Maturana, H. R. (1982). *Erkennen: Die Organisation und Verkörperung von Wirklichkeit*. Braunschweig: Vieweg.

Metzger, W. (1975a). *Psychologie*. Darmstadt: Steinkopff.

Metzger, W. (1975b). *Gesetze des Sehens*. Frankfurt am Main: Kramer.

Murdock, B. B. jr. (1961). The Retention of Individual Items. *Journal of Experimental Psychology, 62*, 618-625.

Ogden, C. K. & Richards, I. A. (1923). *The Meaning of Meaning*. London: Routledge & Kegan Paul.

Peterson, L. R. & Peterson, M. J. (1959). Short-term Retention of Individual Items. *Journal of Experimental Psychology, 58*, 193-198.

Rausch, E. (1966). Das Eigenschaftsproblem in der Gestalttheorie der Wahrnehmung. In W. Metzger (Hrsg.), *Wahrnehmung und Bewußtsein. Handbuch der Psychologie, Bd. 1/1* (S. 866-953). Götingen: Hogrefe.

Roth, G. (1992). Kognition: Die Entstehung von Bedeutung im Gehirn. In W. Krohn & G. Küppers (Hrsg.), *Emergenz: Die Entstehung von Ordnung, Organisation und Bedeutung* (S. 104-133). Frankfurt am Main: Suhrkamp.

Rubin, E. (1921). *Visuell wahrgenommene Figuren*. Kopenhagen: Gyldendal.

Schiller, P. von (1933). Stroboskopische Alternativversuche. *Psychologische Forschung, 17*, 179-214.

Schmidt, S. J. (Hrsg.) (1992). *Kognition und Gesellschaft*. Frankfurt am Main: Suhrkamp.

Schwegler, H. (1992). Systemtheorie als Weg zur Vereinheitlichung der Wissenschaften? In W. Krohn & G. Küppers (Hrsg.), *Emergenz: Die Entstehung von Ordnung, Organisation und Bedeutung* (S. 27-56). Frankfurt am Main: Suhrkamp.

Sheer, D. E. (1988). A Working Cognitive Model of Attention - to Fit in The Brain and in the Clinic. In D. E. Sheer & K. H. Pribram (Eds.), *Attention: Cognition, Brain Function and Clinical Application* (pp. 54-115). New York: Academic Press.

Skarda, C. A. & Freeman, W. J. (1987). How Brains Make Chaos to Make Sense of the World. *Behavioral and Brain Sciences, 10*, 161-195.

Smolensky, P. (1988). On the Proper Treatment of Connectionism. *Behavioral and Brain Sciences, 11*, 1-74.

Stadler, M. & Kruse, P. (1992a). Zur Emergenz psychischer Qualitäten: Das psychophysische Problem im Lichte der Selbstorganisationstheorie. In W. Krohn & G. Küppers (Hrsg.), *Emergenz: Die Entstehung von Ordnung, Organisation und Bedeutung* (S. 134-160). Frankfurt am Main: Suhrkamp.

Stadler, M. & Kruse, P. (1992b). Konstruktivismus und Selbstorganisation: Methodologische Überlegungen zur Heuristik psychologischer Experimente. In S. J. Schmidt (Hrsg.), *Kognition und Gesellschaft* (S. 146-166). Frankfurt am Main: Suhrkamp.

Stadler, M., Richter, P. H., Pfaff, S. & Kruse, P. (1991). Attractors and Perceptual Field Dynamics of Homogeneous Stimulus Areas. *Psychological Research, 53*, 102-112.

Stadler, M., Stegagno, L. & Trombini, G. (1979). Quantitative Analyse der Rausch'schen Prägnanzaspekte. *Gestalt Theory, 1*, 39-51.

Wertheimer, M. & Gillis, W. M. (1958). Satiation and the Rate of Lapse of Verbal Meaning. *The Journal of General Psychology, 59*, 79-85.

Witte, W. (1966). Das Problem der Bezugssysteme. In W. Metzger (Hrsg.), *Wahrnehmung und Bewußtsein. Handbuch der Psychologie, Bd. 1/1* (S. 1003-1027). Göttingen: Hogrefe.

Witte, W. (1975). Zum Gestalt- und Systemcharakter psychischer Bezugssysteme. In S. Ertel, L. Kemmler & M. Stadler (Hrsg.), *Gestalttheorie in der modernen Psychologie* (S. 76-93). Darmstadt: Steinkopff.

Zaus, M. (1992). *Kritische Thesen zur Bedeutungsentstehung*. Berichte aus dem Institut für Kognitionsforschung, Universität Oldenburg.

Attraktoren bei kognitiven und sozialen Prozessen. Kritische Analyse eines Mode-Konzepts

Jürgen Kriz

1 Zum Konzept des Attraktors

Synergetik in der Klinischen Psychologie und Psychiatrie ist ein wissenschaftliches Feld, das sich in den letzten Jahren rasch entwickelt hat, wie Reiter in einer kürzlich erschienen Literatur-Analyse feststellt (Reiter & Steiner, 1994). Neben einer engeren in-group-spezifischen Diskussion „klinischer Synergetiker" in Form von bisher fünf Herbstakademien wird dieser Arbeitsbereich auch in der weiteren Fachdiskussion zunehmend präsent, z.B. auf Kongressen der Deutschen Gesellschaft für Psychologie (vgl. Kriz, 1991, Kriz & Stadler, 1993, Stadler & Kriz, 1993) oder z.B. im Dialog mit der Verhaltensmedizin (vgl. Schiepek & Spörkel, 1993).

Einer der zentralen Begriffe dieser neuen Diskussion und Sichtweise ist der des „Attraktors" (wie auch die Analyse von Reiter & Steiner, 1994 belegt): Damit ist eine Struktur (auch: „Muster", „Regel", „Ordnung") gemeint, auf die hin sich eine System-dynamik entwickelt und - zumindest über einen gewissen Zeitraum während unveränderter Randbedingungen - dann stabil bleibt bzw. sich sogar gegenüber mäßigen Störungen wieder durchsetzt (genauer z.B. in Kriz, 1992). Ein einfaches Beispiel ist das über eine Unruh getriebene Pendel einer Uhr, dessen rhythmische Struktur sich nach mäßigen Eingriffen wieder herstellt. Näher an biomedizinischen Phänomenen orientierte Beispiele sind die stabilen Prozeßdynamiken des Herzschlags, der Atemfrequenz oder bestimmter neuronaler Aktivitäten, aber auch komplexerer Dynamiken, wie sie der Leukozyten-Rate im Blut, den hormonellen Interaktionssystemen oder den Prozessen zur Aufrechterhaltung der Körpertemperatur zugrunde liegen.

Solche Phänomene dynamischer Stabilität wurden zwar auch schon im Rahmen der inzwischen klassischen Kybernetik thematisiert, doch mußte die Terminologie des sogenannten Regelkreises und die damit verbundene Orientierung an technischen Homöostaten (z.B. Heizung mit Thermostat und Regler) zunehmend als eher irreführende Metapher zurückgewiesen werden. Die Problematik dieser Modelle entfaltet sich anhand der Frage: „Wer regelt den Regler?", die aufgrund der Verflechtung unterschiedlicher Systemebenen bei biologischen Systemen in einen infiniten Regreß führt, der über Hormone und Transmitter, „Regelmoleküle" und den Genen schnell bei der Evolution, dem Weltgeist und letztlich dem „Schöpfer" landet, während für soziale Interaktions-Stabilitäten - wie z.B. kollusive Paardynamiken (vgl. Willi, 1975) - von vornherein jede „Regler"-Analogie zum Scheitern verurteilt ist (eine gute Kritik der Homöostase-Ontik findet sich bereits in Brunner, 1986). Daher wurden die naturwissenschaftlich fundierten Selbstorganisationstheorien, die per se ohne „Regler" auskommen, schnell und dankbar von anderen Disziplinen aufgegriffen, da sie auch für biologische, psychische und soziale Phänomenbereiche bessere Metaphern zu bieten schienen.

Statt des „Reglers" rücken nun Konzepte der Emergenz und des Phasenüberganges ins Zentrum: Mit „Emergenz" ist die (selbstorganisierte) Entstehung von makroskopischen Strukturen in der Dynamik von (vergleichsweise) mikroskopischen Systemelementen gemeint. Man braucht für die Betrachtung also grundsätzlich mindestens zwei Systemebenen, nämlich eine Mikro- und eine Makroebene. Unter einem „Phasenübergang" (von *„phasis"* = Erscheinungsform) versteht man den Übergang zwischen einer bereits emergent gewordenen Struktur über eine Phase der Instabilität zu einer neuen, veränderten Struktur der Systemdynamik. Da sowohl bei Auftreten von Emergenz als auch eines Phasenübergangs am Ende des betrachteten Zeitfensters stabile Strukturen stehen, ist klar, daß es sich um attrahierende Dynamiken handeln muß (auf den bedeutungsvollen Sonderbereich der chaotischen Attraktoren [vgl. Kriz, 1992] kann und muß im Zusammenhang des vorliegenden Beitrages nicht eingegangen werden).

Typische naturwissenschaftliche Beispiele für emergente Strukturen sind das kohärente Licht eines Lasers, räumlich-zeitlich zyklische Reaktionsmuster bei den sogenannten „chemischen Uhren" oder die Bénard-Instabilität, bei der unter bestimmten Temperaturbedingungen makroskopische, bienenwabenförmige Konvektionsrollen entstehen, an denen jeweils Myriaden von Molekülen in hochgeordneter Form kooperativ beteiligt sind. Mäßige Veränderungen der Umgebungsbedingungen bei diesen emergierten Strukturen führen zu keiner Änderung der dynamischen Ordnung, sondern werden vom System kompensiert (attrahierende Eigenschaft der Systemdynamik); hingegen werden jenseits kritischer Grenzen dieser Umgebungsveränderungen neue Attraktoren wirksam, d.h. das System verläßt seine dynamische Ordnung und sucht (nach einer Phase der Instabilität) in einem qualitativen Sprung eine neue, den Bedingungen besser entsprechende Systemdynamik auf (Phasenübergang) - beim Laser z.B. stroboskopartige Lichtblitze, bei der Bénard-Instabilität z.B. das ständige Umschlagen in den Bewegungsrichtungen der Rollen.

Es liegt nun nahe, diese naturwissenschaftlich gut studierten und beschriebenen Vorgänge selbstorganisierter Strukturbildung und -veränderung als Modelle auch für Phänomene im weiteren Bereich der Psychologie zu verwenden. Repräsentieren doch Konzepte wie z.B. „Gestalt" (in der von Wertheimer, Koffka und Köhler begründeten Gestaltpsychologie - vgl. Metzger, 1986) „Schema" (vgl. Piaget, 1975) oder „persönliche Konstrukte" (Kelly, 1986) seit langem Forschungsbereiche, die sich mit der Strukturbildung in kognitiven Prozessen befassen. Darüber hinaus ist gerade in den letzten Jahren im Rahmen systemischer Ansätze in Psychologie und Psychiatrie die Aufmerksamkeit für Fragen von Familienstrukturen und deren Veränderung stark gestiegen (von Schlippe, 1984; Brunner, 1986; Reiter et al., 1988; Schiepek, 1991). Für therapeutisch induzierte Veränderungen, bei denen eine bestimmte zunächst stabile Interaktionsdynamik (in der familientherapeutischen Literatur meist „Regeln" genannt) überwunden und dann - oft ebenfalls nach einer beobachtbaren Phase der Instabilität - eine neue, angemessenere (symptomreduzierte) Familiendynamik erreicht wird, bietet sich die Metapher des Phasenübergangs offenbar geradezu an (Kriz, 1989; Schiepek et al., 1992), zumal gezeigt werden konnte, daß sich die naturwissenschaftlichen Vorstellungen von Phasenübergängen präzise in Computersimulationen von familiären Interaktionen und deren Veränderung übersetzen lassen (Kriz, 1990).

Infolge dessen ist „Emergenz" eine gern verwendete Mataphter, der erst kürzlich ein ganzes Buch gewidmet wurde (Krohn & Küppers, 1992) und „Attraktor" ist auch in der systemischen Psychologie und Psychiatrie geradezu zu einem Modebegriff geworden. In der o.a. Analyse von Reiter und Steiner (1994) taucht er z.B. bei Tschacher (1990) und Tschacher et al. (1992) bereits unter den zehn häufigst genannten Begriffen im Register auf. Er steht oft synonym für etwas, das sonst mit Begriffen wie „Regel", „Ordnung", „Struktur", „Interaktionsmuster", „Gestalt", „Schema" etc. gekennzeichnet wird. Ein so inflationär gebrauchter Begriff läuft freilich nicht selten Gefahr, daß mit ihm eher vernebelt als präzisiert wird, welche Phänomene eigentlich genau bezeichnet werden sollen.

Im folgenden Abschnitt werden daher einige grundsätzliche Probleme aufgezeigt, die mit Phänomenen der Ordnung und Ordnungsbildung verbunden sind. Im dritten Abschnitt wird dann zwischen Phänomenen, die in der psychologischen Diskussion mittels des Attraktor-Konzeptes häufig zusammengemengt werden, wieder differenziert.

2 Probleme der Konzeption von Ordnung

Ein zentrales Problem abendländischen Denkens und der damit verbundenen Weltanschauung ist die Reifikation (bzw. Verdinglichung), deren Kern darin besteht, daß vom Menschen geschaffene theoretische Begriffe und Konzepte als „Dinge" einer realen Außenwelt angesehen und erlebt werden. So sprechen wir im Bereich der Psychologie und Psychiatrie z.B. von „Persönlichkeit", „Schizophrenie", „familiären Interaktionsmustern" (z.B. „Triangulation") usw. meistens in der gleichen Art, mit der wir uns auch auf Gegenstände wie Tische, Stühle oder Körperteile beziehen. Diese Dinghaftigkeit der von uns so erlebten und beschriebenen Welt ist dabei in doppelter Weise problematisch:

Zum einen treten wir den erzeugten „Dingen" gegenüber, als ob sie auch außerhalb unserer Erkenntnis und Sprache eine selbständige Existenz hätten - und wir entledigen uns damit (zumindest teilweise) der Verantwortung für diese von uns geschaffenen Produkte, indem sie ja nun als „von außen" bzw. „so gegeben" erscheinen. Es fällt dann leicht, z.B. Fragen nach den Ursachen „der Schizophrenie", oder gar die Suche nach „deren" genetischer Bedingung zu untersuchen, ohne gleichzeitig zu fragen, *warum wir* bestimmte Erfahrungen mit bestimmten Menschen zu Konzepten wie „Schizophrenie" ordnen, was *wir* damit bezwecken und welche Vor- und Nachteile diese kognitiven Handlungen haben (sowie die darauf „als Konsequenz" aufbauenden *faktischen* Handlungen diagnostischer, (sozial)psychiatrischer, pharmakologischer oder juristischer Art).

Zum anderen haftet „Dingen" unreflektiert die Vorstellung von etwas Statischem an, dessen Unveränderlichkeit das Gegebene und dessen Veränderung das zu Erklärende sei. So scheint es näherliegend zu sein, sich über die Möglichkeiten einer Persönlichkeitsveränderung - etwa im Rahmen einer Therapie - Gedanken zu machen, als der Frage nachzugehen, wieso aus einem ständigen Fluß im einzelnen sehr kurz dauernder Wahrnehmungen, Gedanken- und Gefühlsbruchstücke, Handlungen, Ausdrucks- und Verhaltensweisen dann erlebensmäßig und beobachtbar überhaupt so etwas wie ein hinreichend stabiles Konzept „Persönlichkeit" Bedeutung gewinnen kann. Dasselbe gilt für Konzepte wie beispielsweise „Schizophrenie", für das notwendig ist, daß Erlebnisse und Verhaltensweisen, die z.B. mit „Plus-" oder „Minussymtomatik" beschrieben werden, sich in einer fortlaufenden Sequenz wiederholen - ansonsten wäre ja „die Schizophrenie" ganz plötzlich verschwunden.

Ebenso setzt die Bezugnahme auf etwas wie „familiäre Interaktionsmuster" voraus, daß beobachtbare Kategorien von Kommunikationen mit bestimmten Redundanzen immer wieder aufeinander folgen - z.B.: „Immer wenn die Frau von familiären Pflichten redet, wendet sich der Mann ab" - ansonsten wäre nur ein undifferenziert-komplexer Interaktionsstrom erfahrbar, der eben gerade nichts Regel- und Musterhaftes an sich hätte. Dabei sind die hierzu verwendeten Kommunikations-Kategorien natürlich ebenfalls keine „Dinge", von außen gegeben, sondern setzen wieder hinreichende Stabilität in der Bedeutungszuordnung von Beobachtern (einschließlich der Selbst- und Fremdbeobachtung der Familienmitglieder) voraus.

Die moderne naturwissenschaftlich fundierte Systemtheorie, z.B. die Synergetik (Haken, 1981), hat nun den Aspekt des Dynamischen, der vielen Phänomenen als adäquatere Beschreibung zugrundegelegt werden kann, wieder in den Fokus der wissenschaftlichen Debatte gerückt. Zwar wurde diese Prozeßhaftigkeit „der Welt" schon zuvor nicht nur in vielen anderen Kulturen und Weisheitslehren betont, sondern auch in wissenschaftlichen Programmen, wie z.B. der Gestalttheorie (besonders zwischen 1910 und 1930), elaboriert. Jedoch haben solche Strömungen in der abendländischen Wissenschaft eher eine Nebenrolle gespielt, weil bis vor kurzem im Rahmen dieser Wissenschaft präzise Konzepte fehlten, um die selbstorganisierte Bildung solcher dynamischer Muster zu erfassen. Die Stabilität einmal gegebener Ordnung (z.B. des Planetensystems) bzw. deren Transformation in „Unordnung" (z.B. im Rahmen der Thermodynamik) war bis weit über die Mitte dieses Jahrhunderts hinaus die einzige Basis, auf der formal-exakte Naturbeschreibungen möglich schienen und die daher das wissenschaftliche Weltbild bestimmten. Erst durch die bahnbrechenden Leistungen von Wissenschaftlern wie Manfred Eigen („Hyperzyklen"), Ilya Prigogine („dissipative Strukturen") oder Hermann Haken („Synergetik") wurden Phänomene der Selbstorganisation und die Konzeption von Ordnung als dynamische Struktur mit derselben Präzision und formalen Exaktheit beschreibbar, im Labor nachvollziehbar und voraussagbar und somit für die breite scientific community akzeptierbar.

Mit dieser Standortverschiebung veränderte sich auch die Blickrichtung auf viele Phänomene. Inzwischen wird uns zunehmend bewußt, daß auf der Basis einer prozeßhaft verstanden Welt nicht so sehr Veränderung (etwa als „Psychopathologie" oder „Psychotherapie" thematisierbar), sondern vielmehr Konstanz und Stabilität erklärungsbedürftig sind. Dies erscheint freilich nur deshalb neu und überraschend, weil die phylogenetische, soziogenetische und ontogenetische Evolution dafür gesorgt haben,

Regelmäßigkeit, Ordnung und Stabilität als Hintergrundsphänomene zugunsten von Veränderung aus dem Fokus der Aufmerksamkeit auszublenden.

So hat die physiologische, neurologische und psychologische Forschung in faktisch allen Bereichen und auf allen Ebenen menschlicher (und weitgehend auch tierischer) Erkenntnisfähigkeit belegt, daß nur *Reizveränderungen* als Basis für kognitive und reaktive Prozesse dienen, während gleichbleibende Reizmuster und -intensitäten bereits auf der Ebene der Rezeptoren und basaler neuronaler Prozesse schon nach sehr kurzer Zeit keine Information mehr zu liefern vermögen. Ein fixiertes Netzhautbild „verschwindet" beispielsweise in Sekundenschnelle nicht nur phänomenal aus dem Wahrnehmungsstrom (oder gar dem Aufmerksamkeits- und Erfahrungsstrom), sondern bereits aus den Reaktionsmustern und -aktivitäten der zugrundeliegenden Neuronen. Töne gleicher Amplitude und Frequenz werden ebenfalls nach kurzer Zeit nicht mehr wahrgenommen, und selbst relativ komplexe Reize, die aber (allzu) regelmäßig erfolgen und erwartet werden können, werden mit der Zeit nicht mehr registriert (wie das Schlagen einer Turmuhr - sogar bei längeren Tonfolgen, wie der Melodie des „Big Ben").

Aus diesem Grunde liegt phänomenal erfahrbarer Konstanz gerade *keine* sensorische Konstanz zugrunde. Vielmehr gilt - wie etwa bei der visuellen Wahrnehmung - eher das Gegenteil, daß nämlich aktiv Veränderungs-Dynamik erzeugt wird, um Konstanz zu erleben: Die längerdauernde Wahrnehmung eines gemalten, statisch dargebotenen Bildes - dem daher physikalisch („transphänomenal") wie phänomenal erfahrbar eine hinreichend konstante Existenz zugeordnet wird - basiert darauf, daß die visuelle Reizaufnahme sprunghaft in Form diskreter Fixationen von 0,1-0,3 sec. Dauer stattfindet, unterbrochen von Augenbewegungen unterschiedlicher Art (Driftbewegungen, Fixationstremor und Mikrosaccaden - als Arten der Mikrobewegungen - sowie Blickfolgebewegungen, Divergenz- und Konvergenzbewegungen und Makrosaccaden - als Arten der Makrobewegungen). Der üblichen phänomenalen „Objektkonstanz" bei Eigen- und Fremdbewegung im Raum, der „Raumkonstanz" selbst, sowie anderen, von der Psychologie (besonders der Gestaltpsychologie) herausgearbeiteten „Konstanz-Phänomenen" liegen sogar noch weit kompliziertere transphänomenale Gegebenheiten zugrunde. Aus diesem - notfalls eben sogar aktiv dynamisierten - komplexen Reizgeschehen wird dann weitgehend unbewußt und unbeeinflußbar die erfahrungsmäßige „Stabilität" konstruiert.

Es ist daher auch nicht verwunderlich, daß selbst in experimentellen Bedingungen, unter denen künstlich Zufallsprozesse als Reizstrom erzeugt werden, „Regelmäßigkeiten" erfahren werden. Dies belegt u.a. ein altes Experiment aus der Wahrnehmungspsychologie (Scheffler, 1959), bei dem in einer Matrix mit, sagen wir, 10x10 Lampen jede einzelne Lampe, über einen Zufallsgenerator gesteuert, völlig regellos aufleuchtet. Der Betrachter aber ist weit davon entfernt, zufällig aufblitzende Lichter zu sehen: Was er stattdessen sieht, sind bewegte Gebilde (bzw. Gestalten) - auch dann, wenn er um die künstlich hergestellte Zufälligkeit weiß. Solche Befunde gibt es in zahlreichen Varianten. Als komplexere Fähigkeiten, nach Stabilität und Mustern zu suchen, sei an Experimente über „soziale Gradienten" von Heider (1944) oder über „Kausalitätswahrnehmung" von Michotte (1954) erinnert, bei denen bewegte geometrische Figuren den zwingenden Eindruck von bestimmten „sozialen Beziehungen" bzw. „kausalen Verursachungen" hervorrufen.

Ebenso kann operantes Konditionieren - das von Behavioristen intensiv untersuchte Lernen von Verhaltensweisen durch sog. Verstärkung (z.B. Belohnung) - als organismische Fähigkeit zur Regelsuche verstanden werden. So haben Experimente gezeigt, daß ganz zufällig (von einem Automaten) verabreichte Futterpillen, bestimmte Verhaltensweisen „formen", indem z.B. einzelne Bewegungen, die rein zufällig vor der Gabe einer Futterpille erfolgten, mit höherer Wahrscheinlichkeit wiederholt wurden und dann auch eine höhere Wahrscheinlichkeit hatten, erneut mit einer Futterpille „belohnt" zu werden, woraus sich aus Wiederholung und Modifikation ein oft bizarres Verhalten aufbaute (das wiederum eine höhere Wahrscheinlichkeit zur Verstärkung hatte) - ein Phänomen, das „Shaping" genannt wird.

Als eine wesentliche Eigenschaft von „Leben" kann daher *Regelsuche* bzw. gar *Regelkonstruktion* angesehen werden. Schon beim Kleinstkind ist bekanntlich die Fähigkeit vorhanden, gehörte Sprache in Phoneme zu zerlegen und daraus die grammatikalischen „Regeln" der jeweiligen Sprachgemeinschaft zu erwerben.

Diese Art der „Entdeckung" von „Ordnung" und „Regelmäßigkeit" ist höchst bemerkenswert. Denn wenn wir nochmals die Übereinstimmung von Weisheitslehren und moderner Naturwissenschaft hinsichtlich der Prozeßhaftigkeit von „Welt" betonen, so „gibt" es keine Wiederholungen „Desselben": „Man kann nicht zweimal in denselben Fluß steigen" heißt es, und die Raum-Zeit-Konstellationen im unendlichen Phasenraum (das Beschreibungssystem aller Variablen) zwischen Urknall und Apokalypse bzw. Wärmetod wiederholen sich exakt nie. Doch obwohl (oder: weil?) unter diesem Blickwinkel das Basisphänomen, das der Welt-Erfahrung transphänomenal zugrundeliegt, als ein unfaßbar komplexer dynamischer Gesamtprozeß angesehen werden kann, beruht das Programm des Lebens darauf, diese Komplexität zu reduzieren bzw. bestimmte Aspekte aus der Komplexität heraus zu abstrahieren und damit „Regelmäßigkeit" zu schaffen. So war kein „Abend" in der Geschichte des Universums einem anderen „Abend" völlig gleich, kein „Morgen" war mit einem anderen wirklich identisch. Und dennoch macht es nicht nur Sinn, von „Abenden" und „Morgenden" zu reden, sondern durch diese Kategorisierung nun auch eine Abfolge dieser Konstrukte zu beschreiben und diese als „Regel(mäßigkeit)" auszumachen.

Es sei betont, daß diese Reduktion und Abstraktion keineswegs an menschliche Erfahrungswelten oder an Begrifflichkeit und Sprache gebunden ist. Vielmehr ist diese konstruktiv-reduktionistische Art der Erkenntnis offenbar so grundlegend und wichtig für Leben überhaupt, daß es sich schon in „niederster" Form an diese (fiktive und abstrahierte) Abfolge von z.B. „Morgen"den und „Abend"en evolutionär angepaßt hat: Dort, wo Leben aus dem unendlich komplexen Prozeß ein Phänomen wie „Licht" als zentrale Basisgröße abstrahiert hat, wird die Unvergleichbarkeit der „Morgen"de auf „Wiedererscheinen von Licht" reduziert - und hinsichtlich dieses Aspektes sind eben alle Morgende einander äquivalent (was uns als sprechenden Beobachtern überhaupt erst die Möglichkeit gibt, die so geschaffene Klasse von - nun „gleichen" - Phänomenen unter einem Begriff, nämlich „Morgen", zusammenzufassen).

Neben diesen phylogenetisch erworbenen Fähigkeiten zur Regelsuche bzw. -Konstruktion stellt beim Menschen die Soziogenese mit dem, was unter „Kultur" zusammengefaßt thematisiert wird, eine zweite bedeutsame Ebene dar, auf der Strukturierungsprozesse von Wirklichkeitsverarbeitung und kommunikativen Handlungen als „Gesellschaftliche Konstruktion der Wirklichkeit" (Berger & Luckmann, 1970) interindividuell organisiert werden. Hier spielen auch jene Prozesse hinein, die von Foerster (1988) so treffend mit „Trivialisierung" beschrieben hat: Der kleine Peter kommt in die Schule, und auf die Frage, was den 3x3 sei, antwortet er vielleicht zunächst - kreativ, unberechen- und unvorhersagbar - „grün!". Nun ist aber die Aufgabe von Sozialisation in Elternhaus, Schule und anderen „Tivialisierungs-Institutionen" (von Foerster), den Menschen an die Regeln der Gesellschaft anzupassen, und vieles vorhersagbar zu machen. Peter wird also nicht nur lernen, auf die o.a. Frage „neun!" zu sagen, sondern auch viele andere Regeln der Gesellschaft in sein Verhalten und in sein Denken zu übernehmen; angefangen von dem Gebrauch der Werkzeuge - als materiell manifestierter Sinn - über Umgangsformen und Sitten, die Beachtung von Gesetzen und Verordnungen, bis hin zu einer spezifischen Sprache und Semiotik (als Strukturierung von Zeichen- und letztlich phänomenalen Lebensprozessen schlechthin).

Damit findet nun relativ zu den phylogenetischen und soziogenetischen Bedingungen für strukturierende Dynamiken auch individuell, also ontogenetisch, die Ausdifferenzierung von Strukturierungsprinzipien statt. Denn das, was der einzelne Mensch an allgemeinen „Regeln" herausbildet, nach denen sich dann in hohem Maße der Strom seiner Wahrnehmungen, der seiner Emotionen und Gedanken sowie der seiner Handlungs- und Verhaltensweisen strukturiert, ist weder biologisch noch gesellschaftlich voll determiniert (wenn auch keineswegs, wie bereits betont wurde, unabhängig von diesen Bedingungen). Diese ontogenetischen Strukturierungsprinzipien bei der Konstitution und Verarbeitung von „Wirklichkeit" werden beispielsweise im Rahmen von klinischen Theorien und Psychotherapien thematisiert. Denn ein Konzept wie z.B. das der „Abwehrmechanismen" von Anna Freud beschreibt unter dieser Perspektive die Erfahrung von Beobachtern (ggf. auch „Selbst"-Beobachtern), daß in auffälliger Weise bestimmte Aspekte aus dem Reizstrom, den andere (sog. „normale") Beobachter für die Strukturierung ihrer Wirklichkeit nach bestimmten Prinzipien und mit bestimmten Ergebnis verwerten, bei einzelnen anderen (sog. „neurotischen") Menschen offenbar nicht oder anders verwertet werden.

Wie vorsichtig hier formuliert werden muß, um nicht den Konstruktionsprinzipien „normaler" Wirklichkeiten eine unhinterfragte Ontik zuzuschreiben, hat z.B. Emrich gezeigt, indem er der klassischen Auffassung einer „Filterhypothese" der Wahrnehmung bzw. psychotischer Wahrnehmungsstörung (Broadbent, 1958) seine „Drei-Komponenten-Hypothese der Psychose" (Emrich, 1989) entgegenstellt: Demnach muß zwischen einer „sensualistischen Komponente" eingehender Sinnesdaten und einer „konstruktivistischen Komponente" interner Konzeptualisierungen ständig ein realitätsangepaßtes Gleichgewicht aufrecht erhalten werden (was dann im psychotischen Fall nicht mehr möglich ist). Dies geschieht mittels einer „Zensor-Komponente" derart, daß die internen Hypothesen auf der Basis von externen Datensets ggf. aktiv korrigiert werden (bzw. diese Korrektur teilweise versagt und „sinnlose Hypothesen" bewußt wahrgenommen werden). Diese Sichtweise wird durch Experimente von Emrich gestützt, in denen Hohlmasken (d.h. Gesichtsmasken, in die von hinten hineingeblickt wird) von „üblichen" Gesichtsmasken bzw. jeweils stereoskopische Bilder solcher Masken zu unterscheiden waren. Während „normale" Personen auch Hohlmasken bzw. Invertbilder als „normale", dreidimensionale Gesichter wahrnahmen, nahmen „schizophrene" Personen zumindest teilweise Hohlgesichtspartien wahr. In dieser speziellen experimentellen Situation führen die Konstruktionsprinzipien von „Normalen" somit zu einer der objektiven Reizvorlage weniger gerecht werdenden phänomenalen Realität als die der „Kranken". Der Vorteil solcher „falschen" Konstruktionen durch die „Normalen" ist natürlich eine relativ stabile Alltagsrealität. Das Beispiel zeigt aber, daß wir vorsichtig sein müssen, z.B. von „verzerrten" Wahrnehmungskategorisierungen (etwa bei „Abwehrmechanismen") zu reden, weil wir nur die Konstruktionen bzw. Konstruktionsprinzipien unterschiedlicher Menschengruppen miteinander vergleichen können (deren Mehrheit sich als „normal" definiert).

Diese Strukturierungsprinzipien der phänomenalen Welt - bis hin zur oben erwähnten Wahrnehmung von Gestalten bei experimentell erzeugten Zufallssequenzen - wirft nun erhebliche methodologische Probleme auf, wenn über Muster und Musterbildung gesprochen wird. Nehmen wir beispielsweise ein einfaches, aber zentrales Konzept wie das der „Triangulation" im Rahmen der Familientherapie: Gemeint ist damit, grob gesagt, daß ein verdeckter Konflikt zwischen Eltern über deren Kind „umgeleitet" wird - z.B. in dem das Kind bestimmte Symptome entwickelt, die besonders dann virulent werden, wenn der Konflikt droht, offen auszubrechen. Die Eltern kümmern sich in dieser Situation dann meist weniger um eine weitere Eskalierung des Konfliktes, sondern schaffen eher Gemeinsamkeit durch ein „Kümmern" um das Kind und dessen Symptome.

Auf welcher Ebene werden hier nun aber „Muster" beschrieben? Die gewählten Formulierungen legen es nahe - was in der Familientherapie meist stillschweigend und unreflektiert unterstellt wird - , daß hier ein „Muster" der Familieninteraktion beschrieben wird, d.h. daß es Redundanzen in der Dynamik der Interaktionssequenzen zwischen den Familienmitgliedern „gibt". Rückt man andererseits die gerade nochmals betonte Konstruktivität beim Wahrnehmungs- bzw. Beobachtungsprozeß in den Fokus, so muß beim Beobachter, der eine „Triangulation" beschreibt, unzweifelhaft in dessen kognitiver Dynamik diese Gestalt prägnant geworden sein. Daß diese kognitiven Strukturierungsmuster zudem wesentlich über Lernprozesse erworben werden, zeigt z.B. die Ausbildung von Familientherapeuten: Unerfahrene Anfänger sehen bei einem Familien-Video sehr wenig von jenen Strukturen (inklusive „Triangulationen"), die sie nach einiger Schulung schnell und sicher „entdecken und identifizieren" können.

Wenn man diese Perspektive auf den Erkenntnisprozeß ernst nimmt, müßte neben Fragen danach, was z.B. zu einer Triangulation in der Familie führt, welchen Stellenwert diese für spezifische Symptomatiken hat etc., auch die Frage erörtert werden, welche Erkenntnisinteressen und spezifischen Umstände dazu führen, daß in den kognitiven Systemen von Beobachtern die Figur „Triangulation" aus einem interaktiven Hintergrund prägnant wird oder, um es noch schärfer zu sagen: diese Figur konstruiert wird - wobei sich solche Fragen natürlich noch radikaler bei „Mustern" stellen lassen, die z.B. als „Schizophrenie", „Depression" oder „Sucht" thematisiert werden.

Diese Blickrichtung auf die Strukturen des Erkenntnisprozesses ist keineswegs so ungewöhnlich, wie es zunächst scheint. So hat beispielsweise selbst die moderne Physik in der Relativitäts- und besonders der Quantentheorie den Beobachter explizit wieder eingeführt. Und einer der Jahrzehnte lang führenden Quantenphysiker, Wolfgang Pauli, hat sich viele Jahre intensiv mit dem Problem der sog. „Hintergrundsphysik" beschäftigt, d.h. mit der Frage, woher eigentlich die Struktur der physikalischen Begriffssysteme in den kognitiven Systemen der Physiker stammt, bzw. wie weit die physikalischen Begriffswelten psychische Strukturierungsprinzipien spiegeln und, darüber hinausgehend, wie weit beiden eine gemeinsame latente Dynamik zugrunde liegt (vgl. Pauli, 1948).

Doch auch wenn man dieses Problem des Verhältnisses der Strukturierung in der kognitiven Dynamik von Beobachtern und der Strukturierung in der Dynamik des Beobachteten außen vor läßt, gibt es weitere Probleme und Unklarheiten bei der Beschreibung von Strukturen - und insbesondere deren undifferenzierte Subsummierung unter das gemeinsame Konzept „Attraktor" - , die im folgenden diskutiert werden sollen.

3 Zur Unterscheidung zwischen Emergenz und Repräsentanz von Strukturen

Im ersten Abschnitt wurde als ein einfaches naturwissenschaftliches Beispiel für die Emergenz von Strukturen die makroskopische Rollenbildung im Zusammenhang mit der Bénard-Instabilität genannt. Auf den ersten Blick scheint diese attrahierende Dynamik ein Modell zu sein für Phänomene der folgenden Art:

a) Ein Neugeborenes bildet im Laufe der Zeit erste kognitive Schemata, mit denen es seine Wahrnehmung der Welt strukturiert und

b) es bildet u.a. auch die Grammatik seiner Sprache aus dem Lautstrom, der es zunächst umgibt.

c) Eine Frau und ein Mann begegnen sich zum ersten mal, treffen sich öfter, bleiben zusammen und entwickeln z.B. ein kollusives Muster der Interaktion, wie es von Willi (1975) beschrieben wurde: So zeigt beispielsweise der Mann in hohem Maße „pflegebedürftiges" Verhalten, die Partnerin gibt sich fast ständig „fürsorglich", und jeder begründet sein Verhalten mit dem des anderen (orale Kollusion).

d) In einer Therapie-Situation zeigt der Klient ein Verhaltensmuster, das klar als Re-Inszenierung von früherem Verhalten gedeutet und verstanden werden kann.

e) Eine Versuchsperson (Vp.) versucht eine kurz dargebotene (zufällige) Punkte-Verteilung zu reproduzieren. Diese Reproduktion wird einer weiteren Vp. kurz ge-zeigt, die es ebenfalls reproduzieren soll, und so fort, mit weiteren Vpn. Die dabei reproduzierten Punkteverteilungen tendieren zu einer „prägnanten Figur", z.B. einem Quadrat, wie in Abbildung 1 dargestellt. Dieses Vorgehen der fortgesetzten Reproduktion einer Reproduktion wird Bartlett-Design genannt, da es bereits in den dreißiger Jahren von Bartlett verwendet wurde (vgl. Stadler & Kruse, 1990). Dies entspricht genau dem, was man heute in der Chaos-Forschung und im Zusammenhang mit Fraktalen eine Rückkopplung oder Iteration nennt (vgl. Kriz, 1992).

f) Eine Vp erhält eine komplexe aber wenig aussagekräftige Persönlichkeits-Beschreibung einer fiktiven Person „Herr P aus X". Im folgenden soll sie raten, wie wohl „Herr P aus X" weitere vorgegebene Statements beantworten würde. Obwohl keinerlei neue Information über „P" gegeben wird, zeigen „normale" Vpn (im Gegensatz zu als „psychotisch" diagnostizierten Vpn) spezifische Ratemuster, die sich zu einem zunehmend klareren Persönlichkeitsbild über „Herrn P aus X" stabilisieren (Kriz, Kessler & Runde, 1992, sowie ähnliche Experimente in Runde, Kessler & Kriz, 1992; Kriz & Kriz, 1992).

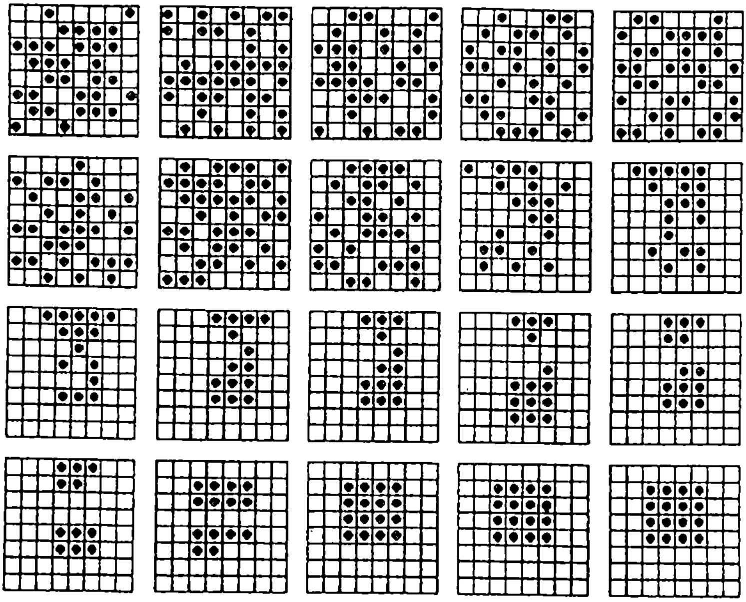

Abb. 1: Serielle Reproduktionen eines komplexen Punktmusters bei 19 aufeinanderfolgenden Versuchspersonen (aus Stadler & Kruse, 1990).

Obwohl alle gewählten Beispiele in dem Aspekt zunächst ähnlich erscheinen, daß eine dynamische Struktur zunehmend sichtbar wird, sollten m.E. doch zumindest folgende drei Klassen unterschieden werden:

1.) Struktur-Emergenz bzw. Attraktor-Bildung

Dies betrifft jene Phänomene, bei denen - wie bei der Bénard-Instabilität - zunächst im dynamischen System (auf der betrachteten Systemebene) keine Struktur vorhanden ist, sondern diese erst entsteht. Dies gilt bei den o.a. Beispielen sicher für (c): Das Paar fand erst zusammen, die betreffende Interaktionsdynamik konnte es also per definitionem vorher nicht geben. Natürlich brachte jeder Partner seine bisherige Lebenserfahrung als Muster der Wirklichkeitsstrukturierung und entsprechende Verhaltensweisen mit - Analytiker würden hier z.B. von einer oralen Thematik sprechen. Doch sind die interaktiven beobachtbaren Muster eben eine andere Ebene als Wünsche, Wahrnehmungen und individuelle Verhaltensweisen. Letztere bilden quasi die (z.B. kognitive) Umgebung für die Interaktionen. Das gleiche gilt für die Emergenz von typischen Mustern der Gruppendynamik bei neu zusammengesetzten Gruppen.

Auch Beispiel (a) würden wir in diese Klasse emergenter Muster einordnen, sofern wir nicht annehmen, daß die Schemata bereits pränatal erworben oder gar aufgrund genetischer Ausdifferenzierung. entstanden sind und nun nur an neuem „Material" sichtbar werden (s.u.). Theoretische Konzepte und Forschungen (u.a. von Piaget, 1975) sprechen tatsächlich eher für Emergenz.

Ganz im Gegensatz dazu haben sich bei den folgenden beiden Phänomenklassen die Strukturen bereits früher gebildet und werden nun aktuell sichtbar. Dabei ist aber noch zu unterscheiden:

2.) Struktur-Repräsentanz durch Dynamisierung

Dies betrifft jene Phänomene, bei denen die Strukturierungsprinzipien nur durch eine künstlich eingeführte Dynamisierung beobachtbar werden. Ein naturwissenschaftliches Modell hierfür wäre ein Permanent-Magnet, dessen „Feldlinien" natürlich nicht sichtbar sind; indem man aber Eisenspäne z.B. auf ein darüberliegendes Blatt Papier herunterrieseln läßt, werden in dieser „Riesel"-Dynamik die strukturierenden Kräfte sichtbar gemacht. (Daß die Späne liegen bleiben und ein statisches Bild der Feldlinien formen, soll hier eher außenvor bleiben).

Diesem Modell entspricht das Beispiel (d) sowie typische „Muster", wie wir sie z.B. in der Gestalttherapie im Dialog mit dem leeren Stuhl oder in der Familientherapie beim Stellen einer Skulptur (vgl. v. Schlippe & Kriz, 1993) beobachten, wobei die Skulptur selbst sogar dem statischen Bild der auf dem Papier angeordneten Eisenspäne vergleichbar wäre. Es wird also eine künstliche Dynamisierung eingeführt, bei der latente Tendenzen als Ordnungskräfte das Geschehen gestalten und das Ergebnis beobachtbar machen.

3.) Struktur-Reräsentanz durch Sichtbarmachung

Dieser dritten Klasse sollen jene Phänomene zugeordnet werden, die dem Modell einer bereits bestehenden dynamischen Struktur entsprechen - z.B. makroskopische Bewegungsrollen im Beispiel der Bénard-Instabilität - , wobei aber die Struktur erst noch (besser) beobachtbar gemacht werden muß, z.B. indem man Farbspritzer einführt, oder, wie z.B. bei den o.a. „Chemischen Uhren", die Reaktionszyklen mit farbigen Reagenzien sichtbar macht.

In den Beispielen (e) und (f) kann davon ausgegangen werden, daß solche dynamischen Strukturen bestehen. Der Mensch kann nicht anders, als ständig wahrzunehmen und dabei im Sinne der Gestaltpsychologie Figur-Grund-Unterscheidungen zu treffen und den Reizstrom z.B. im Sinne der Prägnanz zu ordnen. Ebenso wirken die ständig ablaufenden Prozesse des Bewußtseins, einschließlich der Gedächtnis- und Entscheidungsprozesse (Beispiel f), ständig selektiv und strukturierend. Die Attraktoren dürften bereits in früheren Lebensspannen weitgehend emergiert sein, hier werden sie im aktuellen Geschehen als „Ordner" (bzw. in der Terminologie der Synergetik: als „Ordnungsparameter") wirksam und damit beobachtbar.

Es wird dem aufmerksamen Leser nicht entgangen sein, daß bisher Beispiel (b) in den Erörterungen ausgelassen wurde. Die Schwierigkeit liegt bei diesem Beispiel in der Wahl der Ebene, auf der wir das Phänomen „Sprache" bzw. „Grammatik" ansiedeln. Insgesamt gesehen ist der Lautstrom ja hochgeordnet; er repräsentiert die Ordner der Grammatik, und das Kind wird somit bei seinem eigenen Spracherwerb von den vorhandenen Ordnern „versklavt" (ein Ausdruck der Synergetik); d.h. ein bestimmtes Kind macht, aus dieser Perspektive betrachtet, die vorhanden Ordner einer Sprachgemeinschaft in seiner Sprache beobachtbar. Andererseits muß aus der Sicht des einzelnen Kindes der Lautstrom aber zunächst so zerlegt werden (in Phoneme), daß überhaupt „Teile", aus denen eine grammatikalische Struktur aufgebaut werden kann, ausgesondert und erfahrbar werden. Bekanntlich gibt es hier unterschiedliche Konzepte über das Zusammenspiel zwischen „angeborenen" (was immer das genau heißen mag) allgemeinen Strukturierungsprinzipien - etwa der „Universalgrammatik" mit ihrem „Language Acquisition Device" nach Chomsky (1968) - und dem Einfluß der Umwelt in einer sensiblen Phase. Die Annahme angeborener Strukturierungsprinzipien, die nur noch „parametrisiert" werden, würde eher mit der Vorstellung einhergehen, daß die Attraktorenlandschaft prinzipiell bereits beim Spracherwerb vorhanden ist und die spezifischen Muster einer Sprachgemeinschaft quasi „erkannt" werden (nach dem Prinzip der Synergetik, daß Musterbildung und Mustererkennung zwei Seiten derselben Medaille sind, vgl. Haken & Haken-Krell, 1992). Andere Vorstellungen über den Spracherwerb lassen hingegen durchaus Grammatik als Emergenz von Strukturen (relativ zur Umwelt) im Sinne der Selbstorganisiation möglich erscheinen. Es kann hier nicht der Ort sein, die eine oder andere Theorie des Sprach- und Grammatik-Erwerbs zu diskutieren; vielmehr ging es darum zu verdeutlichen, wie sorgfältig die Betrachtungsebenen auseinandergehalten werden müssen, und welche Konsequenzen unterschiedliche Annahmen auf das spezifische Konzept dessen haben, was eigentlich genau unter dem Attraktor (bzw. der Attraktorenlandschaft) zu verstehen ist.

Denn es ist offenbar sinnvoll zu unterscheiden, ob sich ein Attraktor in der beschriebenen Situation erst bildet (Emergenz), ob ein bereits gebildeter Attraktor einer Systemdynamik nur beobachtbar gemacht wird, oder ob bereits vorhandene Kräfte erst in einer künstlich eingeführten Dynamik ihre attrahierende Wirkung entfalten.

Insgesamt wird deutlich, daß eine Beschreibung dynamischer Strukturen mit Hilfe des Attraktorenkonzeptes zwar interessante Analogien zu naturwissenschaftlichen Modellen zuläßt, daß dieses Konzept aber gerade im Bereich des Psychischen und Interaktiven hohe Anforderungen an die Präzisierung jener Systemebenen und Dynamiken stellt, auf die sich die Begriffe genau beziehen, wenn nicht statt einer Klärung eine Vernebelung riskiert werden soll.

Literatur

Bartlett, F. C. (1932). *Remembering*. Cambridge: Cambridge Univ. Press.

Berger, P. L. & Luckmann, T. (1970). *Die gesellschaftliche Konstruktion der Wirklichkeit. Eine Theorie der Wissenssoziologie*. Frankfurt am Main: Fischer.

Broadbent, D. (1958). *Perception and Communication*. New York: Pergamon Press.

Brunner, E. J. (1986). *Grundfragen der Familientherapie*. Berlin: Springer.

Chomsky, N. (1968). *Language and Mind*. New York: Harcourt.

Emrich, H. M. (1989). Drei-Komponenten-Modell einer Systemtheorie der Psychose: Störung der Wahrnehmung stereoskopischer Invertbilder als Indikator einer funktionellen Gleichgewichtsstörung. In W. Böker & H. D. Brenner (Hrsg.), *Schizophrenie als systemische Störung* (S. 75-80). Bern: Hans Huber.

Foerster, v. H. (1988). Abbau und Aufbau. In F. Simon (Hrsg.), *Lebende Systeme. Wirklichkeitskonstruktionen in der systemischen Therapie* (S. 19-33). Berlin: Springer.

Haken, H. (1981). *Synergetics. An Introducion*. Berlin: Springer.

Haken, H. & Haken-Krell, M. (1992). *Erfolgsgeheimnisse der Wahrnehmung. Synergetik als Schlüssel zum Gehirn*. Stuttgart: DVA.

Heider, F. (1944). Social Perception and Phenomenal Causality. *Psychological Review, 51*, 358-410.

Kelly, G. A. (1986). *Die Psychologie persönlicher Konstrukte*. Paderborn: Junfermann.

Kriz, J. (1989). *Synergetik in der Klinischen Psychologie*. Forschungsbericht Nr 73, FB Psychologie, Osnabrück.

Kriz, J. (1990). Synergetics in Clinical Psychology. In H. Haken & M. Stadler (Hrsg.), *Synergetics of Cognition* (pp. 393-404). Berlin: Springer.

Kriz, J. (1991). Synergetische Modellierung klinischer Prozesse. In D. Frey (Hrsg.), *Ber. 37. Kongr. DGfP, Kiel 1990* (Bd. 2: Langfassungen, S. 309-315). Göttingen: Hogrefe.

Kriz, J. (1992). *Chaos und Struktur*. München: Quintessenz.

Kriz, W. C. & Kriz, J. (1992). *Attrahierende Prozesse bei der Personen-Wahrnehmung*. Forschungsbericht Nr. 88, FB Psychologie, Osnabrück.

Kriz, J., Kessler, T. & Runde, B. (1992). *Dynamische Muster in der Fremdwahrnehmung*. Forschungsbericht Nr. 87, FB Psychologie, Osnabrück.

Kriz, J. & Stadler, M. (1993). Synergetik in der Psychologie. Teil II: Klinische Psychologie. In L. Montada (Hrsg.), *Ber. 38. Kongr. DGfP, Trier 1992* (Bd. 2, 910-912). Göttingen: Hogrefe.

Krohn, W. & Küppers, G. (Hrsg.) (1992). *Emergenz: Die Entstehung von Ordnung, Organisation und Bedeutung*. Frankfurt am Main: Suhrkamp.

Metzger, W. (1986). *Gestaltpsychologie. Ausgewählte Werke aus den Jahren 1950-1982*. In: M. Stadler & Crabus, H. (Hrsg.). Frankfurt am Main: Kramer.

Michotte, A. (1954). *La perception de la causalité*. Luvain: Studia Psychologica.

Pauli, W. (1948/1992). Moderne Beispiele zur „Hintergrundsphysik" In C. A. Meier (Hrsg.), *Wolfgang Pauli und C.G. Jung. Ein Briefwechsel*. Berlin: Springer.

Piaget, J. (1975). *Der Aufbau der Wirklichkeit beim Kinde*. Stuttgart: Klett.

Reiter, L. & Steiner, E. (1994). Kinische Synergetik und Selbstorganisation: Ein wissenschaftliches Feld formiert sich. *Systeme, 1*, 52-66.

Reiter, L., Brunner, E. J. & Reiter-Theil, S. (1988). *Von der Familientherapie zur systemischen Perspektive*. Berlin: Springer.

Runde, B., Kessler, T. & Kriz, J. (1992). *Serielle Assoziation - ein synergetischer Prozeß*. Forschungsbericht Nr. 86, FB Pychologie, Osnabrück.

Scheffler, P. (1959). Ordnung ist unvermeidlich. *Die Pyramide, 7*, 105-110.

Schiepek, G. (1991). *Systemtheorie der Klinischen Psychologie*. Braunschweig: Vieweg.

Schiepek, G., Fricke, B. & Kaimer, P. (1992). Synergetics of Psychotherapy. In W. Tschacher, G. Schiepek & E. J. Brunner (Eds.), *Self-Organization and Clinical Psychology* (pp. 239-267).

Berlin: Springer.

Schiepek, G. & Spörkel, H. (Hrsg.) (1993). *Verhaltensmedizin als angewandte Systemwissenschaft*. Bergheim bei Salzburg: Mackinger Verlag.

Schlippe, v. A. (1984). *Familientherapie im Überblick*. Paderborn: Junfermann.

Schlippe, v. A. & Kriz, J. (1993). Skulpturarbeit und zirkuläres Fragen. Eine integrative Perspektive auf zwei systemtherapeutische Techniken aus der Sicht der personenzentrierten Systemtheorie. *Integrative Therapie, 19*, 222-241.

Stadler, M. & H. Crabus (Hrsg.). (1986). *Gestaltpsychologie. Ausgewählte Werke von W. Metzger aus den Jahren 1950-1982*. Frankfurt am Main: Kramer.

Stadler, M. & Kriz, J. (1993). Synergetik in der Psychologie. Teil I. In L. Montada (Hrsg.), *Ber. 38. Kongr. DGfP, Trier 1992* (Bd. 2, S. 970-972). Göttingen: Hogrefe.

Stadler, M. & Kruse, P. (1990). The Self-Organization Perspective in Cognition Research: Historical Remarks and New Experimental Approaches. In H. Haken & M. Stadler (Eds.), *Synergetics of Cognition* (pp. 32-52). Berlin: Springer.

Tschacher, W. (1990). *Interaktion in selbstorganisierenden Systemen*. Heidelberg: Asanger.

Tschacher, W., Schiepek, G. & Brunner, E. J. (Eds.) (1992). *Self-Organization and Clinical Psychology*. Berlin: Springer.

Willi, J. (1975). *Die Zweierbeziehung*. Reinbek: Rowohlt.

Wenn etwas ins Auge springt ...
Signalentdeckung synergetisch gesehen

Christof Nachtigall und Uwe Mortensen

Im visuellen System des Menschen sind Phänomene der Strukturbildung und Selbstorganisation häufig zu beobachten. Bei einer Spezialaufgabe des Sehsystems, der Signalentdeckung, sprechen empirische Daten für die Existenz eines sich speziell anpassenden Entdeckungssystems, eines sogenannten Matched-Filters. Ein solcher Filter entsteht in selbstorganisierter Weise und sorgt für optimales Entdecken. Diesem Vorgang wird nun auf synergetischem Wege nachgegangen. Dazu werden die wichtigsten Konzepte der Synergetik eingeführt und verwendet. Auf der Mikroebene werden Bewegungsgleichungen aufgestellt, aus denen sich dann auf der Makroebene der Matched-Filter als Ordnungsparameter herausbildet.

1 Strukturbildung und visuelles System

Wir Menschen sind Augentiere. Wir nehmen den Großteil der Informationen über unsere Umwelt durch die Augen auf. Dabei handelt es sich nicht bloß um ein direktes Abbilden der Helligkeit auf der Netzhaut hin zu den Nervenzellen des visuellen Cortex (Abb. 1). Vielmehr ist das visuelle System aktiv und gestaltend tätig, es verändert und formt den visuellen Input. So sehen wir trotz ständiger kleiner Augenbewegungen unsere Umwelt als fest und beständig. Optische Täuschungen wie etwa das Hermann'sche Phänomen (Abb. 2) und Gestaltwahrnehmungen (Abb. 3) sind hierfür weitere Beispiele. Es bilden sich, abhängig vom Eingangsreiz, Strukturen heraus.

Abb. 1: Der Weg visueller Information: Ein Eingangsreiz (hier als Input X bezeichnet) wird über das Auge aufgenommen und nach mehreren Schaltstationen im visuellen Cortex (dunkel) verarbeitet.

Dieser Aspekt der Strukturbildung ist auch der zentrale Aspekt der Synergetik (Haken, 1983). Die Synergetik betrachtet komplexe Systeme, in denen durch Interagieren der Elemente (auf der Mikroebene) Strukturen entstehen, die das Gesamtsystem prägen (auf der Makroebene). Diese Strukturen sind allerdings nicht von außen vorgegeben, sondern entwickeln sich innerhalb des Systems durch Selbstorganisation. Von außen erfolgt zumeist nur eine unspezifische Anregung. Zunehmend werden auch Aufgaben des visuellen Systems wie etwa Mustererkennung und Aufmerksamkeit aus diesem Blickwinkel betrachtet (Stadler & Kruse, 1990).

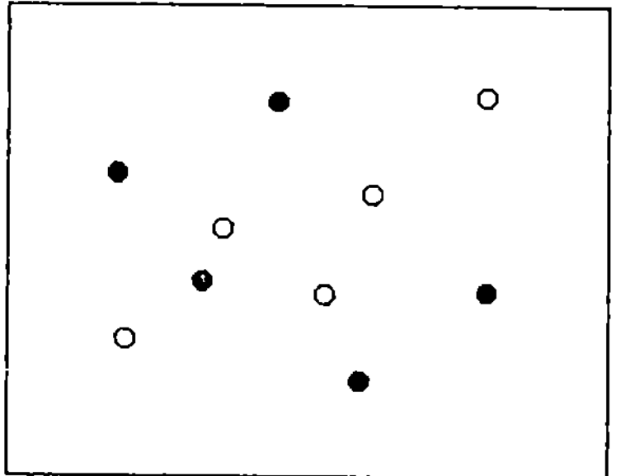

Abb. 2: Das Hermann'sche Phänomen (Herings Kontrastgitter): Die dunklen Stellen auf den Kreuzungen der weißen Linien entstehen durch wechselseitige Einflüsse von Neuronen der Netzhaut (nach Ehrenstein, 1941).

Abb 3: Strukturbildung durch das visuelle System. Die hellen und dunklen Punkte werden zu Gruppen zusammengefaßt (Gesetz der Gleichartigkeit: Metzger, 1953).

1.1 Signalentdeckung durch das visuelle System

In diesem Artikel betrachten wir eine Teilaufgabe des visuellen Systems: Das Entdecken von Signalen, also die Frage, ob ein visueller Reiz wahrgenommen wird oder nicht. Diese Aufgabe stellt sich z.B. einem Wanderer, der in dunkler Nacht durch den Wald geht. Sein visuelles System muß versuchen, Hindernisse aus dem wahrgenommenen Dunkel herauszufiltern. Dabei kommt es zunächst nicht darauf an, *welche* Art von Bäumen im Weg steht, *wie* tief der Graben ist, der sich vor ihm auftut, oder *welche* Zweige ihm ins Gesicht zu schlagen drohen. Entscheidend ist zunächst nur das *Entdekken* von Hindernissen, um sich vor Schaden zu bewahren.

Die experimentelle Wahrnehmungspsychologie kennt zwei Haupttheorien für solche Entdeckungsvorgänge. Die eine nimmt verschiedene, für unterschiedliche Aspekte eines Eingangssignals empfindliche *Kanäle* der Signalübertragung an. Solche Kanäle werden auch *Filter* genannt. Der Output dieser Kanäle wird durch sogenannte Wahrscheinlichkeits-Summation verrechnet und bestimmt, ob etwas gesehen wurde oder nicht (Sachs et al., 1972; Graham, 1977; Wilson & Bergen, 1979). Es handelt sich also um einen festen Verarbeitungsmechanismus, der alle Signale in gleicher Weise behandelt. Anders ist es bei der zweiten Theorie: Hier betrachten wir einen variablen Kanal. Dieser Kanal paßt sich dem jeweiligen Eingangsreiz an. Ein Kanal bzw. Filter, der speziell auf ein bestimmtes Eingangssignal zugeschnitten ist, wird angepaßter oder

Matched-Filter genannt (Whalen, 1971). Gemäß der zweiten Theorie passen sich nun die Übertragungseigenschaften des visuellen Systems einem Eingangsreiz exakt an, es bildet sich ein Matched-Filter als Übertragungskanal heraus. Ein visueller Reiz springt, bildlich gesprochen, ins Auge.

Nun gibt es allerdings keine übergeordneten steuernden Instanzen, die dem visuellen System sagen, wie es sich einzustellen hat, denn der Reiz ist ja noch nicht entdeckt. Daher muß sich der Matched-Filter sozusagen von selbst, also in selbstorganisierter Weise bilden. Wir haben es also mit einem Phänomen von Selbstorganisation und Strukturbildung in einem komplexen System zu tun. Solchen Phänomenen widmet sich gerade die Synergetik. Daher bietet sich für die zweite Theorie eine synergetische Betrachtung an.

Ziel soll es nun sein, ein Modell zu entwickeln, das diese selbstorganisierten Vorgänge verständlich und erklärbar macht. Gleichzeitig werden einige Grundkonzepte der Synergetik deutlich. Hierzu müssen wir uns allerdings genauer mit diesem Phänomen beschäftigen und ein wenig auf den in der Forschung benutzten mathematischen Formalismus eingehen.

1.2 Der Matched-Filter

Um zu verstehen, was ein Matched-Filter eigentlich ist, müssen wir uns mit den üblichen Modellen der Signalübertragung vertraut machen. Es wird angenommen, daß der Zusammenhang zwischen einem Eingangssignal X (einer Helligkeitsverteilung auf der Netzhaut) und dem Ausgangssignal Y (dem, was man sieht) im Schwellenbereich angenähert linear ist. Ein Signal wird genau dann entdeckt, wenn der Output Y einen Schwellwert überschreitet. Man kann den funktionalen Zusammenhang von Input X und Output Y durch ein sogenanntes *Faltungsintegral*

$$X(s) \rightarrow \int X(\sigma)g(s-\sigma)d\sigma = Y(s) \tag{1}$$

darstellen. Die eingehende Helligkeit wird über die Netzhaut integriert und dabei mit einer Funktion g gewichtet. g heißt *Gewichtsfunktion*. Ein solcher funktionaler Zusammenhang wird als Filterung bezeichnet. Der Filter wird dabei durch die Gewichtsfunktion g vollständig festgelegt. Wesentlich an einem selbstorganisierten Matched-Filter ist nun, daß die Gewichtsfunktion g nicht fest steht, sondern sich für jedes Inputsignal X neu anpaßt. Zur Bestimmung des Zusammenhangs von Input und Output braucht also 'nur' die Gewichtsfunktion g bestimmt zu werden. Genau da liegt aber das Problem. Der Output Y und die Funktion g sind nicht direkt meßbar. Sie können nur indirekt, etwa durch Messungen der Wahrnehmungsschwelle bei geschickter Auswahl und Kombination der Eingangsreize erschlossen werden. Hauske et al. (1976) konnten auf diesem Wege gewonnene Daten vorlegen, die die Existenz eines Matched-Filters nahelegen. Im Wesentlichen handelt es sich dabei um den durch

$$g(\sigma) = X(-\sigma) \tag{2}$$

festgelegten Matched-Filter. Man sieht, daß sich der Filter dem Eingangsreiz anpaßt. Die den Filter bestimmende Gewichtsfunktion g nimmt gerade die Werte des Eingangsreizes an. Das visuelle System bildet also eine Übertragungscharakteristik heraus, die genau dem Eingangsreiz entspricht. Weitere Befunde (Deters-Brüggemann, 1991; Meinhardt & Mortensen, 1993) stützen den Matched-Filter-Ansatz.

Es stellen sich zwei Fragen: *Warum* arbeitet das visuelle System überhaupt so kompliziert und *wie* kann dieser Filter sich ständig neu und selbstorganisiert herausbilden?

Die Antwort auf die erste Frage ist einfacher. Betrachten wir das visuelle System als ein durch die Evolution hoch angepaßtes Organ, dann stellt Signalentdeckung im evolutionären Wettbewerb eine wichtige Fähigkeit dar. Gute Anpassung bedeutet hierbei das Entdecken auch sehr schwacher Signale, das Herausfiltern von visueller Information vor dunklem (oder verrauschtem) Hintergrund. Genau dies leistet ein Matched-Filter. Er kann unter allen vergleichbaren Filtern[1] das schwächste Signal 'herausfiltern' (d.h., der Output Y übersteigt einen festen Schwellenwert). Bei verrauschtem Eingangssignal vermag er das Verhältnis von Signalintensität zu Rauschen maximieren. So gesehen stellt ein Matched-Filter die optimale Lösung für die gestellte Aufgabe dar. Ein nach dem Matched-Filter-Prinzip arbeitendes Signalentdeckungssystem arbeitet einfach optimal.

Die zweite Frage bezieht sich auf das „wie", auf den Prozeß der Strukturbildung und lautet allgemeiner formuliert: Wie kommt dieses Phänomen der Selbstorganisation zustande?

Zu ihrer Beantwortung wird im folgenden Abschnitt ein Modell entworfen. Dieses beschreibt zunächst den bereits herausgebildeten Filter. Anschließend wird auf den Prozeß der Selbstorganisation und seine Dynamik eingegangen. Dabei werden für die Synergetik typische Konzepte wie Unterscheidung von Mikro- und Makroebene, Beschreibung der Dynamik in Differentialgleichungen, Versklavungsprinzip und Ordnungsparameter verwendet und anschaulich gemacht.

2 Der bereits herausgebildete Filter

Wie wir gesehen haben, stellt der Matched-Filter eine Struktur dar, die sich passend zu einem Eingangsreiz durch Selbstorganisation herausbildet. Dieser Prozeß soll nun beschrieben werden. Zunächst wenden wir uns nur einem Teilproblem zu, nämlich: wir bilden ein einfaches Modell für einen bereits installierten Matched-Filter. Es wird also erst einmal vorausgesetzt, daß sich das visuelle System einem Eingangsreiz X vollständig angepaßt, der Filter sich also bereits herausgebildet hat.

Für ein solches Modell werden folgende Komponenten als minimale Bestandteile benötigt:

- eine Eingangsschicht von Rezeptoren, welche das Eingangssignal aufnehmen und

---

[1] Vergleichbare Filter g sind solche mit gleicher Energie $\int |g'|^2 d\sigma = \int |g|^2 d\sigma$, die Maximalität des Output ergibt sich aus der Cauchy-Schwarz'schen Ungleichung und Gleichung (1).

zur Verarbeitung weiterleiten;
- ein Entdeckungs-Neuron, dessen Outputsignal darüber entscheidet, ob etwas gesehen wurde oder nicht;
- veränderliche Verknüpfungen zwischen Input und Output, welche durch die „richtige" Einstellung gerade den Filter liefern.

Für das Modell benutzen wir stark vereinfachte Versionen von Neuronen, wie sie seit McCulloch und Pitts (1943) sehr häufig verwendet werden. Solche formalen Neurone bilden die Bausteine von neuronalen Netzen. Ein formales Neuron berechnet dabei aus einer Vielzahl von Eingangskomponenten x_i einen skalaren Output Y. Dies geschieht zumeist in einfachster Art und Weise, nämlich als Linearkombination $\sum_i g_i x_i$. Die g_i heißen synaptische Gewichte, sie „gewichten" die Inputkomponenten X_i. Physiologisch entsprechen ihnen die Verbindungsstellen zwischen Nervenzellen, die Synapsen Deren Änderungsfähigkeit bildet wiederum die Grundlage der adaptiven und dynamischen Fähigkeiten des Gehirns.

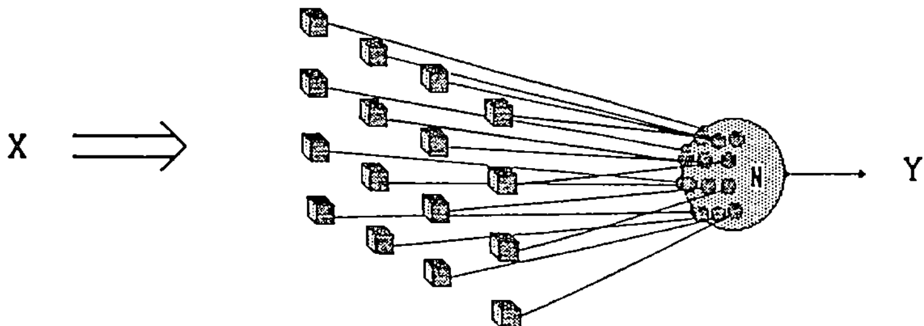

Abb. 4: Modell zur Realisierung des Matched-Filters. Helligkeit fällt als zweidimensionaler Input X auf eine Schicht von Rezeptoren (▇), diese leiten jeweils eine Komponente X_{ij} des Signals über synaptische Gewichte g_{ij} (●) zu dem Neuron N. Überschreitet dessen Output $Y = \sum_{i,j} g_{ij} X_{ij}$ die Wahrnehmungsschwelle, so wird das Signal entdeckt.

Abbildung 4 zeigt ein solches Modell. Zentral ist hierbei das formale Neuron N, welches das (hier zweidimensionale) Inputsignal X von der Rezeptorenschicht R aufnimmt und zum Output Y weiterverarbeitet. Die synaptischen Gewichte g_{ij} sind variabel.

Vorläufiges Ziel ist ein Modell für einen bereits gebildeten Matched-Filter. Nach Abschnitt 1.2 ist der Filter genau dadurch vollständig beschrieben, daß sich der Zusammenhang zwischen Input X und Output Y des Systems als

$$Y = \sum_{i,j} g_{ij} X_{ij} \tag{3}$$

ergibt, wobei die synaptischen Gewichte jeweils den Wert

$$g_{ij} = X_{ij} \tag{4}$$

annehmen. Das Modell aus Abbildung 4 liefert also bereits das Gewünschte: Es stellt genau dann einen Matched-Filter dar, wenn die Gewichte g_{ij} den Wert X_{ij} annehmen. Ein einziges Neuron arbeitet also bei „richtig" eingestellten synaptischen Gewichten als optimal angepaßter Filter zur Signalentdeckung.

Das visuelle System selber kann nicht „wissen", welches die „richtigen" Werte sind. Es handelt sich also um ein Phänomen der Selbstorganisation. Die zentrale Frage ist nun, wie sich die „richtigen" Gewichte als Ergebnis von Selbstorganisation herausbilden können.

3 Emergenz des Filters durch Selbstorganisation

3.1 Synergetische Modellbildung

Gemäß den Grundkonzepten der Synergetik haben wir bisher folgendes erreicht: Wir haben auf der Makroebene, hier also auf der Ebene des gesamten visuellen Apparates, das Auftauchen einer Struktur, einer Ordnung beobachtet. Ein Matched-Filter bildet sich durch Selbstorganisation, wir haben es mit einem Emergenzphänomen zu tun.

Nun ist die Dynamik auf der Mikroebene zu untersuchen und zu formalisieren. Es ist zu hoffen, daß sich das beobachtete Phänomen daraus ableiten läßt. Der Gewinn wäre, zu verstehen, wie das System arbeitet, wie innerhalb des Systems Prozesse ablaufen, warum gerade diese Struktur sich bildet und nicht irgendetwas anderes (etwa ein völlig zufälliger Zustand). Es könnte weiter geschlossen werden, wie das System unter Störungsbedingungen arbeitet, wie es um die Stabilität dieser Struktur bestellt ist und unter welchen Bedingungen sich womöglich etwas ganz anderes ergibt. Darüber hinaus können einmal gefundene Mechanismen der Selbstorganisation und Strukturbildung sich auch in anderen Forschungsfeldern als erfolgreich erweisen, entweder streng formalisiert wie in den naturwissenschaftlichen Anwendungen der Synergetik oder als Perspektive und Heuristik, wie bisher noch zumeist in den Human- und Sozialwissenschaften (für die Psychologie beispielsweise Tschacher, 1990; Schiepek & Tschacher, 1992).

3.2 Dynamik auf der Mikroebene

In dem oben entwickelten Modell (vgl. Abb. 4) wurde der Matched-Filter durch die „richtige" Einstellung der synaptischen Gewichte g_{ij} gebildet. Die Dynamik des Systems ergibt sich nun aus der Änderung dieser Gewichte. Unter dem Einfluß eines Eingangsreizes X verändern sich die g_{ij} über die Zeit hinweg. Allerdings muß die genaue Art der Änderung beschrieben werden. In echten biologischen Synapsen sind solche Änderungsprozesse sehr komplex und keineswegs vollständig bekannt.

Immer mehr Daten (Miller, 1990) sprechen jedoch dafür, daß diese Änderung bei einer großen Klasse von Neuronen und deren Synapsen einem korrelativem Mechanismus folgen. Der Psychologe Donald Hebb postulierte dies bereits 1943 folgendermaßen: „When an axon of a cell A is near enough to excite cell B and repeatedly or persistently takes part in firing it, some growth process or metabolic change takes place in one or both cells such that A's efficiency, as one of the cells firing B, is increased" (Hebb,

1943). Dies kann man zu einer mathematischen Gleichung der Form

$$\dot{g}_{ij} = X_{ij} \cdot Y \tag{5}$$

präzisieren, wobei g_{ij} die Änderung der synaptischen Gewichte (Ableitung nach der Zeit), X_{ij} die auf die Synapse einwirkende Inputkomponente und Y das Ausgangssignal des Neurons N bezeichnet. Solche als *Hebb-Regeln* bekannten Gleichungen für die Änderung synaptischer Gewichte stellen beim Arbeiten mit neuronalen Netzen den am weitesten verbreiteten und akzeptierten Ansatz dar (Kosco, 1986). Allerdings haben Lösungen von Gleichung (5) die Eigenschaft, über alle Grenzen zu wachsen. Um also ein „Durchbrennen" der synaptischen Gewichte zu verhindern, wird (5) zu

$$\dot{g}_{ij} = X_{ij} \cdot Y - Y^k \cdot g_{ij}, \qquad k = 1,2,3,\dots \tag{6}$$

präzisiert[2]. Bei großem Y (und damit großen Potenzen von Y) oder großem g_{ij} wird die Änderung der Gewichte negativ. Die Größen X_{ij} als Eingangshelligkeit und Y als Aktivität eines Neurons können als positiv angenommen werden. Damit ist die Stabilität von (6) sichergestellt.

Die Gleichungen (6) werden fortan als *Gewichtegleichungen* bezeichnet. Dieses hochdimensionale Differentialgleichungssystem beschreibt die Dynamik des Systems auf der Mikroebene. Wie ist nun die Entstehung einer Makro-Struktur (des Matched-Filters) daraus ableitbar?

3.3 Strukturbildung aus den Gewichtegleichungen

Zu untersuchen ist die zeitliche Veränderung der synaptischen Gewichte g_{ij}. Dies sind gerade die Lösungen der Gewichtegleichungen. In der Synergetik wird nun versucht, solche hochdimensionalen Differentialgleichungssysteme auf eine oder wenige bestimmende Gleichungen zu reduzieren, deren Lösungen das Verhalten des Gesamtsystems bestimmen. Solche bestimmenden Gleichungen heißen *Ordnungsparameter*, sie bestimmen die entstehende Ordnung des Gesamtsystems. Dies soll nun mit den Gewichtegleichungen geschehen. Dazu benutzen wir einen mathematischen Trick: Wir schreiben die zweidimensionalen Größen X und g als eindimensionale Vektoren und wählen ein neues Koordinatensystem, indem sich der Input X als der Vektor $(1,0,0,\dots,0)$ schreiben läßt. Dies bedeutet eine Variablentransformation

$$X \rightarrow \overline{X} = (1,0,0,\dots,0)$$
also $\overline{X}_1 = 1$ und $\overline{X}_i = 0$ für $i \neq 1$ und

$$g_i \rightarrow \overline{g}_i$$

---

[2] Dieser spezielle Ausdruck wurde nur gewählt, weil dadurch die nachfolgenden Rechnungen einfacher und anschaulicher werden. Man kann aber zeigen, daß die gleichen Aussagen für eine viel größere Klasse von Gewichtegleichungen gelten.

Nun untersuchen wir die so erhaltenen Größen $\overline{X}$, $\overline{g}$ und $\overline{Y} = \sum \overline{X}_i g_i$. Für den Output $\overline{Y}$ ergibt sich nun

$$\overline{Y} = \overline{g}_1 \tag{7}$$

Damit kann man die (transformierten) Gewichtegleichungen schreiben als

$$\dot{\overline{g}}_1 = \overline{g}_1 - \overline{g}_1^{\,k+1} \tag{8}$$

$$\dot{\overline{g}}_1 = -\overline{g}_1^{\,k} \cdot \overline{g}_i \qquad \text{für } i \neq 1. \tag{9}$$

Jetzt ist die erste Gleichung von allen übrigen unabhängig und kann für sich alleine gelöst werden. Die Lösungen der anderen Gleichungen richten sich vollständig nach $\overline{g}_1$. Sollte $\overline{g}_1$ mit der Zeit sich auf einen positiven Wert einpendeln, so gehen alle anderen $\overline{g}_1$ gegen 0. In der Sprache der Synergetik versklavt (bzw. dominiert) $\overline{g}_1$ alle übrigen Komponenten und ist damit ein Ordnungsparameter. Wie wir gleich sehen, bedeutet dies auf der Makroebene die Herausbildung eines Matched-Filters. Denn für die Lösung der Gleichung (8) gilt:

$$\overline{g}_1 \rightarrow 1 \tag{10}$$

und damit für die anderen Gleichungen

$$\overline{g}_i \rightarrow 0 \qquad \text{für } i \neq 1. \tag{11}$$

Für den gesamten (transformierten) Gewichtevektor $\overline{g}$ folgt

$$\overline{g} \rightarrow \overline{X} \tag{12}$$

Durch Rücktransformation wissen wir nun über die Lösungen der Gewichtegleichungen (6) Bescheid. Es gilt:

$$g \rightarrow X. \tag{13}$$

Die synaptischen Gewichte g_{ij} konvergieren gegen die Werte X_{ij}. Dies ist gerade gleichbedeutend damit, daß sich der Matched-Filter herausbildet. Wir haben also das Ziel erreicht: Unser einfaches Modell aus Abbildung 4 kann nicht nur einen bereits installierten Filter darstellen, sondern darüber hinaus die Entstehung und Aufrechterhaltung des Filters zeigen.

Zusammengefaßt läßt sich sagen: Wir haben gemäß den Konzepten der Synergetik die Mikroebene betrachtet und dort Bewegungsgleichungen aufgestellt. In unserem Fall sind das die Hebb-artigen Änderungsgleichungen für die synaptischen Gewichte, die Gewichtegleichungen (6). Durch Analyse dieser Gewichtegleichungen wird ein Ordnungsparameter ermittelt, der das Gesamtsystem (die Makroebene) steuert und gerade den Matched-Filter liefert.

3.4 Darstellung der Ergebnisse: Selbstorganisation sichtbar gemacht

Wenn man Vorgänge im visuellen System des Menschen behandelt, ist es naheliegend, diese auch sichtbar zu machen. Das ist besonders bei dynamischen Prozessen und Strukturbildung reizvoll, wenn man zusehen kann, wie etwas entsteht. Daher werden jetzt graphische Lösungen der Gewichtegleichungen präsentiert. Um mit dreidimensionalen Graphiken auszukommen, beschränken wir uns auf die zeitliche Entwicklung eines eindimensionalen Gewichtsvektors g unter dem Einfluß eines eindimensionalen Inputvektors X. Dies entspricht einem horizontalen Schnitt durch das menschliche Sehfeld bzw. einem horizontalen Schnitt durch das Modell aus Abbildung 4.

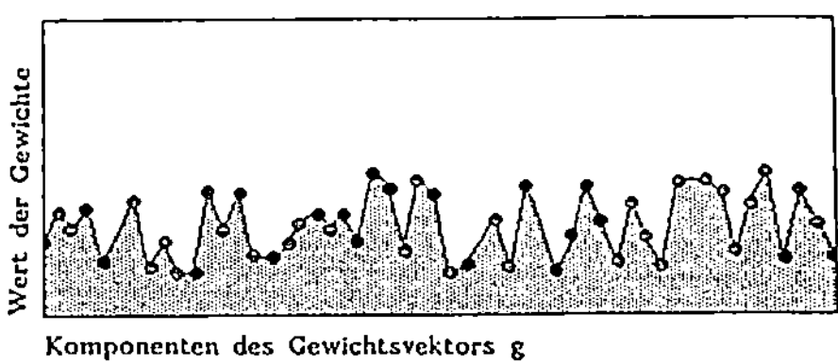

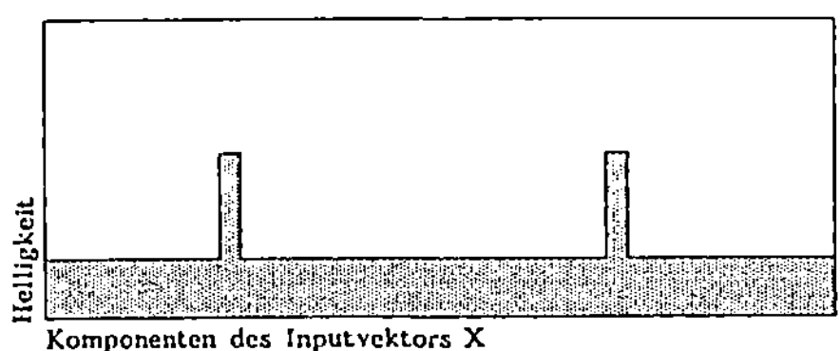

Abb. 5: Der Anfangswert des Gewichtsvektors g. Dargestellt sind die Komponenten g_i, deren Werte zufällig sind.

Abb. 6: Eindimensionales Helligkeitsprofil eines Eingangsreizes X, welcher aus zwei hellen senkrechten Linien besteht.

Abbildung 7 zeigt nun von links nach rechts eine solche zeitliche Entwicklung. Zu Beginn, also zur Zeit t_0, haben die synaptischen Gewichte g_i zufällige Werte (Abbildung 5). Ein Reiz X fällt ins Auge und liefert einen Input ins visuelle System. Im Modellwirken die Komponenten X_i des Input auf die synaptischen Gewichte g_i und verändern diese gemäß den Gewichtegleichungen (6). Konkret wurde der in Abbildung 6 dargestellte Inputvektor gewählt. Er entspricht zwei hellen Linien vor homogenem Hintergrund.

Abbildung 9 zeigt die Wirkung von nacheinander dargebotenen Reizen. Das visuelle System hat bezüglich der zwei hellen Linien einen Matched-Filter gebildet. Als neuer Eingangsreiz erscheint eine zentrale Lichtsäule, überlagert von sinusförmigen Helligkeitsmustern, sogenannten Sinusgittern. Diese Art von Input stellt ein sehr brauchbares und beliebtes Werkzeug in der experimentellen Wahrnehmungsforschung dar (Cornsweet, 1970). Ein horizontaler Schnitt durch dieses spezielle Helligkeitsmuster liefert den in Abbildung 8 dargestellten neuen Inputvektor X'. In Abbildung 9 starten die synaptischen Gewichte zur Zeit t_0 mit dem Anfangswert g = X und es bildet sich über die Zeit der Matched-Filter g = X' heraus.

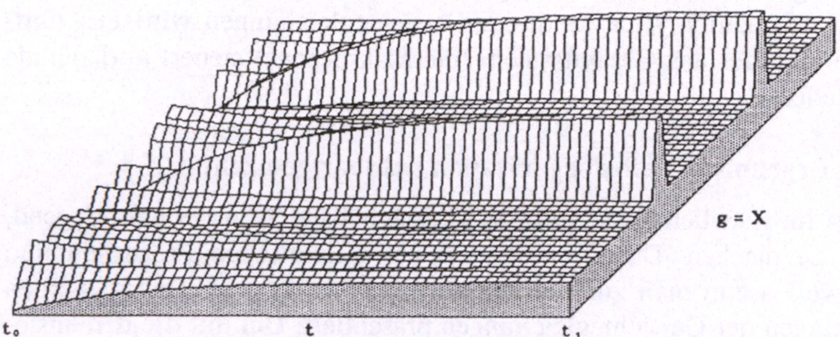

Abb. 7*: Die synaptischen Gewichte g_i verändern sich entlang der Zeitachse t (horizontal) gemäß dem Input X. Vertikal ist der Wert der Gewichte abgetragen. Die Anfangswerte zur Zeit t_0 waren zufällig gewählt. Zum Zeitpunkt t_1 haben sich die synaptischen Gewichte vollständig angepaßt, der Matched-Filter g = X hat sich herausgebildet.*

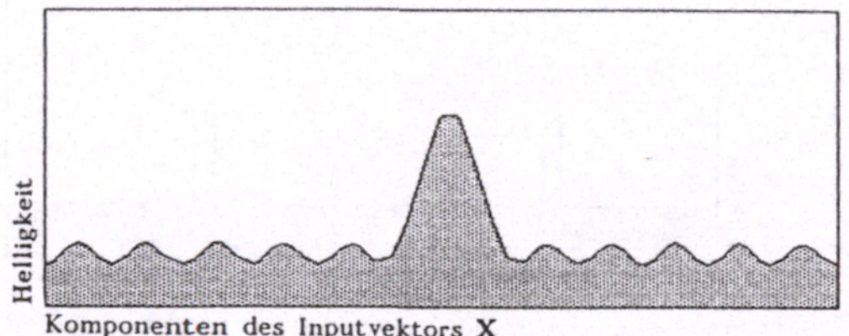

Abb. 8*: Helligkeitsprofil einer hellen Lichtsäule, die mit einem Sinusgitter überlagert ist. Diese Superposition ergibt den Inputvektor X'.*

4 Diskussion

Ziel dieses Beitrags ist es einerseits, ein empirisch belegtes Phänomen der Selbstorganisation darzustellen und durch ein Modell erklärbar zu machen, andererseits sollen wichtige Konzepte der Synergetik anhand einer konkreten Anwendung verständlich werden. Was hier nicht erfolgen kann, ist eine vollständige Darstellung der Theorien der Signalentdeckung und ihrer empirischen Verankerung.

Zur Auseinandersetzung zwischen den beiden Haupttheorien (Wahrscheinlich-keitssummation vs. Matched-Filter) sei aber folgendes bemerkt: Es ist bekanntlich möglich, daß experimentelle Daten einer Hypothese zwar nicht widersprechen, die Hypothese aber gleichwohl nicht korrekt ist. So ist es denkbar, daß die Daten von Hauske et al. (1976), Deters-Brüggemann (1991) und Meinhardt und Mortensen (1993) gleichgut durch ein Wahrscheinlichkeitssummationsmodell erklärt werden können. Dies ist aber nicht der Fall. Denn die genannten Experimente sind allesamt *Superpositionsexperimente*. Hierbei wird das zu entdeckende Muster mit einem Sinusgitter (vgl. Abb. 8) oder, wie in Deters-Brüggemann (1991), mit einer Bessel-Funktion 0-ter Ordnung überlagert und der Schwellenkontrast für das Muster wird in Abhängigkeit vom Kontrast des Gitters oder der Bessel-Funktion bestimmt. Es ergibt sich eine *Kontrastinterre-lationsfunktion* (KIF). Es läßt sich nun zeigen, daß Entdecken durch Wahrscheinlich-keitssummation ausgeschlossen werden kann, wenn erstens die KIFs für verschiedene Muster linear sind und zweitens die psychometrischen Funktionen P(m|m₀), d.h. die Wahrscheinlichkeiten p des Entdeckens bei gegebenem Musterkontrast m und Kontrast des Hintergrundmusters m_0 für die verschiedenen Muster parallel auf der log-m Achse sind (Mortensen, 1988). Diese Bedingungen sind bei den genannten Experimenten stets erfüllt, so daß die Daten in der Tat gegen die Wahrscheinlichkeitssummationsmodelle sprechen (Hauske et al., 1976 haben die Parallelität von psychometrischen Funktionen allerdings nicht getestet; seine KIFs waren allerdings linear (Hauske, 1988; pers. Mit-teilung)).

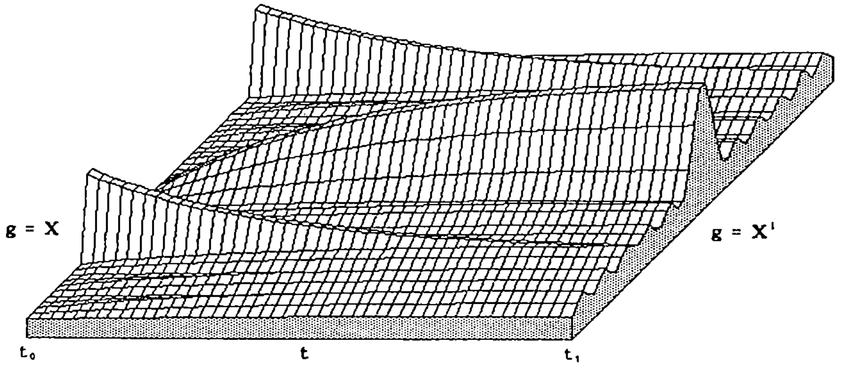

Abb. 9: *Die synaptischen Gewichte starten hier mit dem Anfangswert g = X. Es wirkt der Input-reiz X' (Abb. 8). Der Matched-Filter g = X' bildet sich entlang der Zeitachse t.*

Caelli et al. (1987) schließlich legen Daten vor, die die Hypothese der Bildung von Matched-Filtern sogar für Prototypen, also für gewisse Abstraktionen von tatsächlich dargebotenen Mustern stützen.

Darüber hinaus ist die Signalentdeckung nur eine von vielen Aufgabe des visuellen Systems. Die Integration der verschiedenen Teilaufgaben und Teilsysteme und der diesbezüglich entwickelten Theorien ist notwendig (und wird angegangen). Von ihrer Konzeption her sind synergetische Ansätze auch hierfür eine geeignete Perspektive.

Eine weitergehende Frage betrifft die Chancen und Möglichkeiten der Synergetik in den Human- und Sozialwissenschaften allgemein. Hier vorhandenes Unbehagen und Mißtrauen bezieht sich oft auf die Übertragbarkeit der in den Naturwissenschaften be-währten Methoden und Konzepte. Ein Beispiel für einen solchen Stolperstein ist das oben erwähnte Versklavungsprinzip. Definitionsgemäß geht es dabei um Eigenschaften der das System auf der Mikroebene beschreibenden Gleichungen. Wie wir beim selbstorganisierten Matched-Filter gesehen haben, kann eine oder wenige Gleichungen das Verhalten des Gesamtsystems bestimmen. Die anderen Gleichungen werden dann durch diese wenigen Ordnungsparameter qualitativ vollständig bestimmt. Der von Haken (1983) geprägte Begriff des *Versklavungsprinzip* macht diesen Sachverhalt metaphorisch deutlich. Ein Begriff dieser provokativen Potenz, mit einer solchen Fülle von gesellschaftlich bedeutsamen Assoziationen belastet, erschwert die Akzeptanz der Synergetik bei Human- und Sozialwissenschaftlern. Die Vorstellung, daß in sozialen Systemen Menschen durch Ordnungsparameter versklavt werden, mag für manchen die strikte Ablehnung synergetischer Ansätze zur Folge haben.

Inhaltlich ist dieser Begriff jedoch nicht notwendig. Das Prinzip, daß unter bestimmten Bedingungen wenige Größen ein System dominieren, wobei diese Bedingungen selbst wieder einem Konstruktions- und Veränderungsprozeß unterworfen sind, wird sicherlich weithin als adäquat angesehen. Modelliert man Menschen oder soziale Systeme aus synergetischer Perspektive, so bieten die von Haken explizit verwendeten Zufallskomponenten in den Bewegungsgleichungen genug Raum für Konzepte wie Handeln, Entscheidung und freier Wille des Einzelnen. Die mit dem Versklavungsprinzip häufig assozierte Menschen- und Gesellschaftssicht ist keineswegs konstitutiv für die Synergetik. Es wäre aus den genannten Gründen besser, statt dessen von einem Dominanzprinzip zu sprechen, um unnötige Hindernisse zu vermeiden, die den Blick für die Möglichkeiten der Synergetik auf diesem Gebiet verstellen.

Literatur

Caelli, T., Rentschler, I. & Scheidler, W. (1987). Visual Pattern Recognition in Humans. I. Evidence for Adaptive Filtering. *Biological Cybernetics, 57,* 233-245.

Cornsweet, T. N. (1970). *Visual Perception.* New York: Academic Press.

Deters-Brüggemann, H. H. (1991). *Das visuelle System als signaladaptives Übertragungssystem.* Münster: LIT-Verlag.

Ehrenstein, W. (1941). Über Abwandlungen der L. Hermann'schen Helligkeits-erscheinung. *Zeitschrift für Psychologie, 150,* 83-91.

Graham, N. (1977). Visual Detection of Aperiodic Spatial Stimuli by Probability Summation Among Narrowband Channels. *Vision Research, 17,* 637-65

Haken, H. (1983). *Synergetik. Eine Einführung* (3. Aufl.). Berlin: Springer.

Hauske, G., Wolf, W. & Lupp, U. (1976). Matched Filters in Human Vision. *Biological Cybernetics, 22,* 181-188.

Hebb, D. O. (1943). *The Organization of Behavior.* New York: Wiley. Zitiert nach Kosco, B. (1986). Differential Hebbian Learning. In J. S. Denker (Ed.), *Neural Networks For Computing* (p. 113). New York: A.I.P.

Kosco, B. (1986). Differential Hebbian Learning. In J. S. Denker (Ed.), *Neural Networks For Computing.* New York: A.I.P.

McCulloch, W. S. & Pitts, W. (1943). A Logical Calculus of the Ideas Immanent in Nervous Activity. *Bulletin of Mathematical Biophysics, 5,* 115-133.

Meinhardt, G. & Mortensen, U. (1993). *Adaptive Filter Mechanisms at Different Retinal Eccentricities.* European Conference on Visual Perception, Edinburgh.

Metzger, W. (1953). *Gesetze des Sehens.* Frankfurt am Main: Kramer.

Miller, K. (1990). Correlation-based Models of Neuronal Development. In M. A. Gluck & D. E. Rumelhart (Eds.), *Neuroscience and Connectionist Theory* (pp. 267-353). Hillsdale: Lawrence Erlbaum Associates.

Mortensen, U. (1988). Visual Contrast Detection by a Single Channel versus Probability Summation among Channels. *Biological Cybernetics, 59,* 137-147.

Sachs, M. B., Nachmias, J. & Robson, J.G. (1972). Spatial Frequency Channels in Human Vision. *Journal of the Optical Society of America, 61*, 1176-1186.
Schiepek, G. & Tschacher, W. (1992) . Application of Synergetics to Clinical Psychology. In W. Tschacher, G. Schiepek & E. J. Brunner (Eds.), *Self-Organization and Clinical Psychology* (pp. 3-31). Berlin: Springer.
Stadler, M. & Kruse, P. (1990). The Self-Organization Perspective in Cognition Research. In H. Haken & M. Stadler (Eds.), *Synergetics of Cognition* (pp. 32-52). Berlin: Springer.
Tschacher, W. (1990). *Interaktion in selbstorganisierten Systemen.* Heidelberg: Asanger.
Whalen, A. (1971). *Detection of Signals in Noise.* New York: Academic Press.
Wilson, H. R., Bergen, J. R. (1979). A Four Mechanism Model for Threshold Spatial Vision. *Vision Research, 19*, 19-33.

Anwendung der Synergetik bei der Erkennung von Emotionen im Gesichtsausdruck

Philippos Vanger, Robert Hönlinger und Hermann Haken

Die Erkennung von Gesichtsausdrücken spielt in der Psychotherapie und Psychiatrie eine nicht zu übersehende Rolle, weil dadurch Informationen über das interaktive Verhalten und den emotionalen Zustand von Patienten gewonnen werden können. Im Rahmen der Mustererkennungsforschung haben Fuchs und Haken (1988) gezeigt, daß der synergetische Computer erfolgreich zwischen verschiedenen Gesichtsabbildungen unterscheiden kann. In dieser Arbeit wurde die synergetische Methode angewandt, um mimische Aktivität nach dem Facial Action Coding System (Ekman & Friesen, 1978) zu erkennen und zu kodieren. Die Emotionsausdruck-Prototypen von Freude, Ärger, Trauer, Überraschung, Angst und Ekel wurden hergestellt und digitalisiert. Mundpartie, Augenpartie und deren Kombination (Gesamt) wurden jeweils getrennt betrachtet und mit synergetischen Algorithmen den vorhandenen Prototypen zugeordnet. Die Erkennungserfolgsrate lag bei ungefähr 70% für die Mund- und die Augenpartie und etwas niedriger für den gesamten Ausdruck. Diese Ergebnisse zeigen, daß der synergetische Computer die Grundlagen zur Entwicklung einer automatisierten Kodierung von Gesichtsausdrücken anbietet. Folgerungen für die psychologische Forschung und die psychotherapeutische Praxis werden diskutiert.

1 Einführung

Die wichtige Rolle interpersonaler Beziehungen bei psychischen Störungen und ihre klinische Relevanz wird immer klarer (Vanger, 1986). Depressive sind mit größeren interpersonalen Problemen belastet als somatisch Kranke (Bouras et al., 1986) und erfahren erhebliche Schwierigkeiten beim Kommunizieren mit anderen (Vanger, 1987). Ein nicht zu unterschätzender Aspekt der Kommunikation sind die nonverbalen Signale, die parallel zu der verbalen Botschaft gesendet werden und wertvolle Information über den affektiven Zustand der Person geben (Vanger & Ellgring, 1986). Insbesondere in der „face to face"-Interaktion bzw. in der therapeutischen Interaktion sind nonverbale Signale für den Therapeuten eine wichtige Informationsquelle über die Emotionen des Patienten, weil sie die verbalen Äußerungen intensivieren, ergänzen oder diesen auch widersprechen (Argyle, 1967; Harrison, 1973). Andererseits nimmt der Patient den nonverbalen Ausdruck des Therapeuten als wichtige Rückmeldung wahr, oder er interpretiert ihn im Rahmen seiner Übertragung.

2 Nonverbale Kommunikation in der Psychotherapie

Die kommunikative Funktion nonverbaler Signale in der Psychotherapie wurde von Pionieren wie Freud (1904), Ferenczi (1926) oder Reich (1949) schon lange erkannt. In den letzten Jahren hat die empirische Forschung spezifische Aspekte der psychotherapeutischen Interaktion untersucht (z.B. Schiepek et al., 1995a,b). Sie weist auf die Vielfältigkeit des nonverbalen Ausdrucks, auf seinen Informationsreichtum und auf seine Indikationsfunktion im psychotherapeutischen Prozeß hin (Patterson, 1984). McLaughlin (1987) verdeutlicht, daß in der psychotherapeutischen Situation nonverbale Botschaften die verbalen Äußerungen amplifizieren und ein zusätzliches Feld für das Spiel der Übertragung schaffen. Aite (1983) diskutiert den Informationswert von Handbewegungen und Gesten in der Psychoanalyse. Weil (1984 /1985) macht deutlich, daß die gegenseitige Wahrnehmung mimischer Reaktionen und mimischen Ausdrucks zum Aufbau eines „holding environment" führt, das auch als Träger der therapeutischen Beziehung funktioniert. Searles (1984/85) sieht die Rolle des mimischen Ausdrucks des Therapeuten als Brücke, die zum Patienten hinführt und dadurch Beziehungsmöglichkeiten schafft. Das stimmt mit Ergebnissen von Evans et al. (1987) überein, die in einer Beratungssituation Korrelationen zwischen nonverbaler Sensibilität und Empathie nachweisen konnten. Es zeigt sich also, daß die Wahrnehmung nonverbaler Signale die Kommunikation erleichtert und das Verständnis des Patienten in der therapeutischen Situation amplifiziert.

Neuere Entwicklungen in der Untersuchung der therapeutischen Interaktion zeigen, daß die Mimik eine Regulierungsfunktion für die im therapeutischen Prozeß erlebten Emotionen erfüllt (Bänninger-Huber, 1992). Weiterhin sind solche mimischen Verhaltensweisen Indikatoren für grundlegende therapeutische Prozesse wie die Übertragung (Krause & Lütolf, 1989).

3 Mimischer Emotionsausdruck

Führende Emotionstheoretiker nehmen an, daß das Empfinden von Emotionen eine Aktivierung der Gesichtsmuskulatur bewirkt und dadurch spezifische Gesichtsausdrücke für jede der grundlegenden Emotionen erzeugt (Buck, 1984; Ekman, 1972; 1977; Izard, 1977; Tomkins, 1962). Ein großer Teil der Literatur über dieses Gebiet zeigt, daß Gesichtsausdrücke für die Kommunikation emotionaler Zustände bedeutsam und effektiv sind (DePaulo, 1992). Bestimmte Gesichtsausdrücke können über verschiedene Kulturen hinweg den entsprechenden Emotionen zugeordnet werden (Ekman & Oster, 1979).

Ekman (1993) weist in seiner zusammenfassenden Arbeit über den Zusammenhang zwischen mimischem Ausdruck und Emotion darauf hin, daß die Untersuchung von mimischem Verhalten unmittelbar zur Emotionsforschung beiträgt, sowohl auf der methodischen als auch auf der inhaltlichen Ebene. Zusammenhänge zwischen mimischer Aktivität und Affekt sind in der physiologischen, Entwicklungs- und anthropologischen Forschung nachgewiesen worden.

4 Das Facial Action Coding System

Das *Facial Action Coding System* oder FACS (Ekman & Friesen, 1978) basiert auf einem von Hortsjö (1970) entwickelten anatomischen Notationssystem, das die muskuläre Basis der Gesichtsausdrücke beschreibt und die im Gesicht erkennbaren Änderungen nach der Muskelaktivität klassifiziert. FACS repräsentiert alle möglichen beobachtbaren Änderungen im Gesicht. Erfahrene Beobachter können die einzelnen Elemente, aus denen komplizierte Gesichtsausdrücke aufgebaut sind, notieren, ohne diese zu interpretieren. Auf diese Weise wird ein bestimmter Ausdruck nicht als glücklich, traurig oder aggressiv beschrieben, sondern durch Angabe der spezifischen Action Units, etwa als 4 (= Augenbrauen zusammengezogen) + 15 (= Mundwinkel herabgezogen) + 17 (= Kinn angehoben). Die Interpretation einer Kombination dieser beobachtbaren Änderungen im Gesicht als aggressiv, glücklich etc. bleibt offen.

Das Facial Action Coding System ermöglicht eine hohe Genauigkeit beim Erkennen und Beschreiben von Veränderungen in der Gesichtsmuskulatur nach fotografischen oder Videoaufnahmen. Viele Bewegungen im Gesicht treten klar und deutlich hervor und erlauben dann eine zuverlässige Kodierung. Zu manchen Zeiten hingegen mögen Änderungen im Gesichtsausdruck so allmählich und subtil vonstatten gehen, daß sie während des kontinuierlichen Zeitablaufs schwierig zu erkennen sind, falls die Aufnahmen nicht unter Idealbedingungen gemacht wurden.

Einige der technischen Probleme, die bei der Anwendung von FACS auftreten, beschreiben Ekman und Oster (1979, S. 540): „Lernen und Anwenden von FACS erfolgt langsam, da Änderungen im Gesichtsausdruck wiederholt in Zeitlupe beobachtet werden müssen. FACS bietet eine hohe Differenzierung an, die aber nicht unbedingt für jede einzelne Untersuchung (was nur die Kosten und die Langwierigkeit der Messung erhöhen würde) erforderlich ist." Das Beobachtertraining ist ebenfalls eine mühevolle Arbeit, die viele Stunden Lernen und Üben erfordert. Die Entwicklung eines automatischen Kodiersystems würde diese Probleme lösen und die Erforschung von Gesichtsausdrücken in hohem Maße erleichtern.

5 Computer-Processing von Gesichtsausdrücken

In den letzten Jahren hat ein wachsendes Interesse an der automatischen Kodierung von Gesichtsausdrücken dazu geführt, daß Forschungen in Richtung auf die Entwicklung derartiger computerisierter Systeme aufgenommen wurden. Eines der Hauptprobleme, auf das man bei diesen Versuchen stößt, ist die Vorbereitung und die Eingabe des visuellen Materials (der Gesichtsausdrücke) in einer Weise, die sich für die Bearbeitung durch den Computer eignet. Eine von manchen Forschern verwendete Lösung besteht darin, Plastikpunkte am Gesicht von Versuchspersonen zu befestigen, die nach Digitalisierung die Gesichtsinformation auf eine Konstellation von Punkten in einer zweidimensionalen Ebene reduzieren. Unter Verwendung dieser Technik zeigten Kaiser und Wehrle (1992), daß es möglich ist, Gesichtsausdrücke aufgrund der zugeordneten

Punktmuster zu erkennen und zu unterscheiden, wenn ein Algorithmus zur Mustererkennung verwendet wird.

Indem sie eine ähnliche Punktierung des Gesichts benutzten, entwickelten Himer et al. (1991) ein System zur computerbasierten Analyse von Gesichtsbewegungen. Es erlaubt die Messung der gesamten Aktivität derjenigen Gesichtsbereiche, die den Punkten zugeordnet werden, aber liefert keine qualitative Kodierung von Gesichtsausdrücken. Die Punktierung des Gesichts hat Vorteile bei der Verringerung der Datenmenge des komplexen visuellen Musters eines Gesichtsausdrucks, so daß sie sich für die weitere Bearbeitung durch den Computer eignet. Andererseits wirft diese Technik zusätzliche Probleme bei der Vorbereitung der Gesichter der Versuchspersonen auf und begrenzt dadurch den Anwendungsbereich dieser automatischen Systeme.

Ein Versuch der automatischen Erkennung von Gesichtsausdrücken (Ahrens, 1992) unter Verwendung eines computerunterstützten Klassifikationssystems ermöglicht den Vergleich verschiedener Gesichtsmerkmale, wie z.B. der Öffnung der Augen, des Winkels der Augenbrauen und des Mundwinkels, um dadurch zu einer Klassifikation der emotionalen Qualität jedes eingegebenen Gesichts zu gelangen. Dies stellt die Anwendung eines Expertensystems zur Erkennung von Gesichtsausdrücken dar.

In ihrer Diskussion verschiedener Verfahren zur Erkennung von Gesichtern durch Computer vergleichen Phillips und Smith (1989) konventionelle und neuronal inspirierte Datenverarbeitung und argumentieren für letztere. Tatsächlich wurden mehrere relativ erfolgreiche Versuche unternommen, ein computerbasiertes System Gesichtserkennung zu entwickeln (Baron, 1981; Aleksander, 1983; Stonham, 1986; Kohonen, 1984). Ein Modell für ein assoziatives Gedächtnis zur Mustererkennung, das von Haken (1987) vorgeschlagen wurde, beschreibt die Aktivität von Neuronen durch kontinuierliche Variable und verwendet die Analogie zur Musterbildung in synergetischen Systemen. Fuchs und Haken (1988) haben unter Verwendung des synergetischen Computers gezeigt, daß als Prototypen gespeicherte Gesichter unterschieden werden können, wenn ein Gesicht ganz oder nur zum Teil eingegeben wird. Ein ähnliches Verfahren erwies sich als erfolgreich bei der Unterscheidung zwischen verschiedenen Mimiken desselben Gesichts (Haken et al. 1990; Haken & Haken-Krell, 1992, S. 168-172).

6 Die Identifikation von prototypischen Emotionsausdrücken

Die vorliegende Arbeit beschreibt die Entwicklung eines Verfahrens zur automatischen Kodierung von Gesichtsausdrücken nach dem FACS unter Verwendung einer Strategie zur Mustererkennung mit dem synergetischen Computer.

6.1 Material

Zehn Versuchspersonen wurden darin geschult, die zu sechs verschiedenen Emotionen passenden Gesichtsausdrücke durch Aktivieren der entsprechenden FACS Action Units zu zeigen. Diese Gesichtsausdrücke wurden nach den FACS-Tabellen von Ekman und

Friesen (1978, Tabelle 11-1) definiert. Folgende Kombinationen von Action Units entsprechen den einzelnen Emotionen:

Emotion	Kombination von Action Units
Freude	6 + 12y + 25
Trauer	1 + 4 + 15
Ekel	10 + 17
Wut	4 + 5 + 7 + 24
Überraschung	1 + 2 + 5 + 26
Angst	1 + 2 + 4 + 5 + 20 + 25

Alle Versuchspersonen wurden fotografiert, während sie diese Gesichtsausdrücke bewußt erzeugten, und zusätzlich noch mit neutralem entspanntem Gesicht. Beleuchtungsbedingungen und Hintergrund wurden konstant gehalten. Aufgenommen wurde das ganze Gesicht, und zwar von vorne, wobei der Kopf durch eine Lehne gestützt wurde. Die Abzüge hatten alle dasselbe Format (17 x 12). Jedes Foto wurde anschließend digitalisiert und gespeichert. Um den Einfluß physiognomischer Merkmale möglichst gering zu halten, wurden die digitalisierten Daten weiter bearbeitet. Der Augenteil (der Bereich unterhalb der Augenbrauen und oberhalb der Wangenknochen) und der Mundteil (der Bereich unterhalb der Nase und oberhalb des Kinns) wurden als separate digitalisierte Bilder abgespeichert. Die Augenpartien hatten das Format 35 x 90 Pixel, die Mundpartien 35 x 70 Pixel. Jedes Pixel konnte dabei eine von 256 Graustufen annehmen. Der gesamte Datensatz bestand demnach aus 7 Gesichtsausdrücken x 10 Personen x 2 Gesichtspartien.

6.2 Die Herstellung emotionsspezifischer Gesichtsausdrucks-Prototypen

Der nächste Schritt bestand darin, Prototypmuster für die den einzelnen Emotionen zugeordneten Gesichtsausdrücke zu erzeugen. Dies wurde erreicht, indem für jede Emotion über die Bilder aller Augen- und Mundpartien gemittelt wurde. Dadurch ergaben sich Prototypen sowohl für die Gesichtsausdrücke aller Emotionen als auch für das neutrale Gesicht. Die Mittelung bestand darin, den durchschnittlichen Grauwert aller Pixel mit derselben Position in allen Bildern zu berechnen. Die auf diese Weise berechneten Pixel bilden zusammen das entsprechende Prototypmuster. Für die weitere Bearbeitung mit dem synergetischen Computer wurde jedem Prototypmuster ein Vektor vom Betrag 1 zugeordnet.

Die exakte Positionierung der überlagerten Augen wurde manuell durchgeführt, allerdings unter Verwendung eines speziell für diesen Zweck entwickelten Programms (Hönlinger et al., 1992). Zunächst wurde der Mittelpunkt der Pupillen jedes Auges manuell definiert. Die Bilder der verschiedenen Augenpartien wurden vom Programm dann überlagert, wobei die Pupillenmittelpunkte als Referenzpunkte verwendet wurden. Für den Fall, daß die Verbindungslinie zwischen beiden Pupillen von der Horizontalen abwich, wurde von dem Programm eine Korrektur vorgenommen.

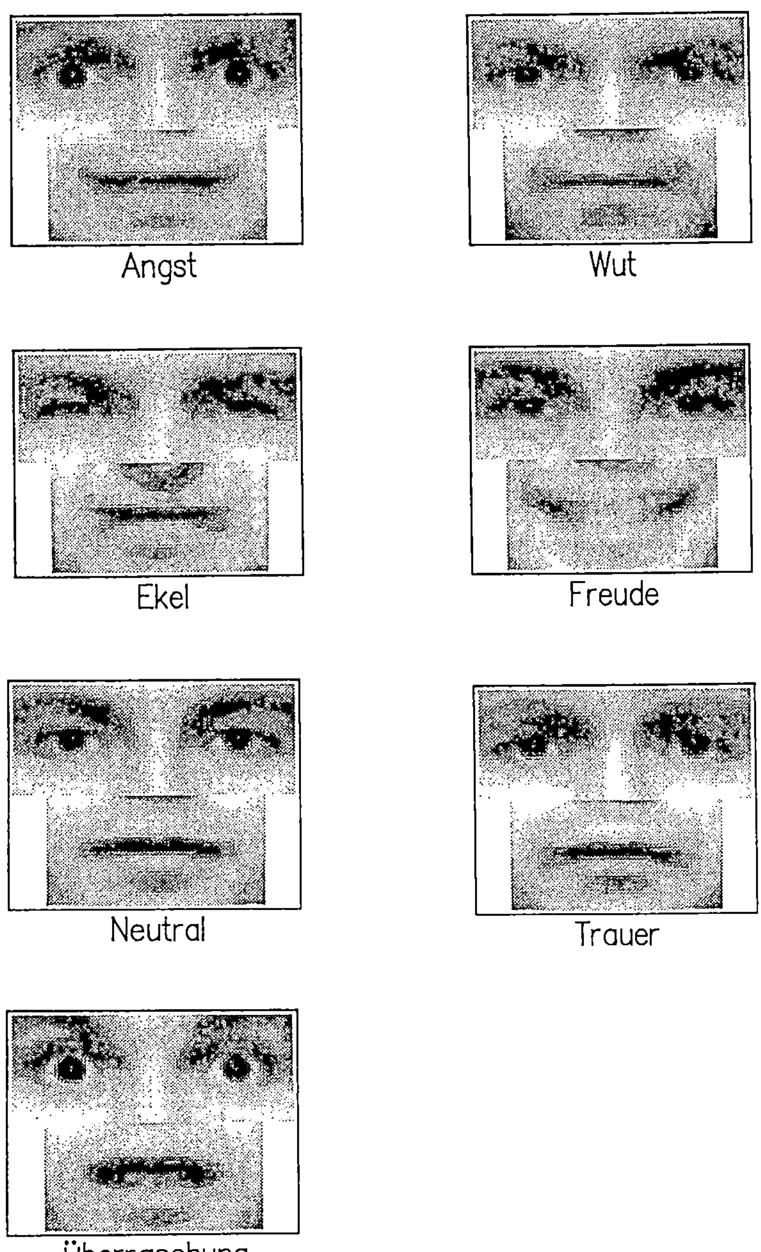

Abb. 1: *Prototypmuster von Augen- und Mundpartien bei sechs verschiedenen Emotionen plus neutralem Gesichtsausdruck.*

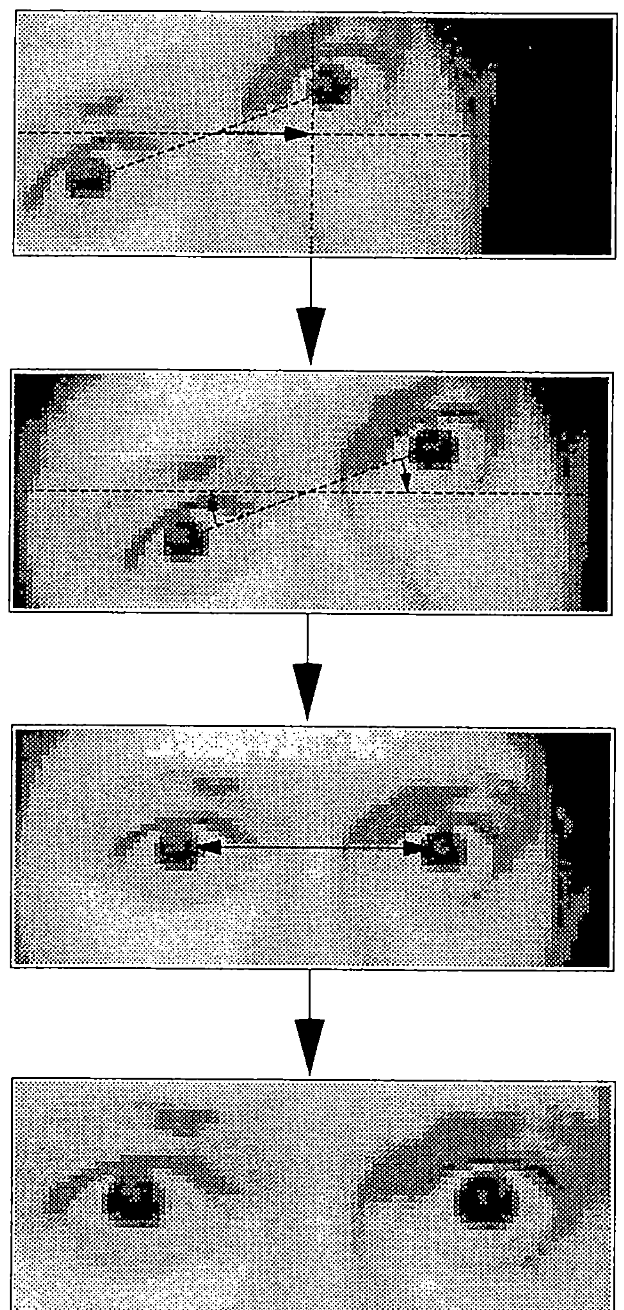

Abb. 2*: Korrektur bei der Positionierung der Augenpartien.*

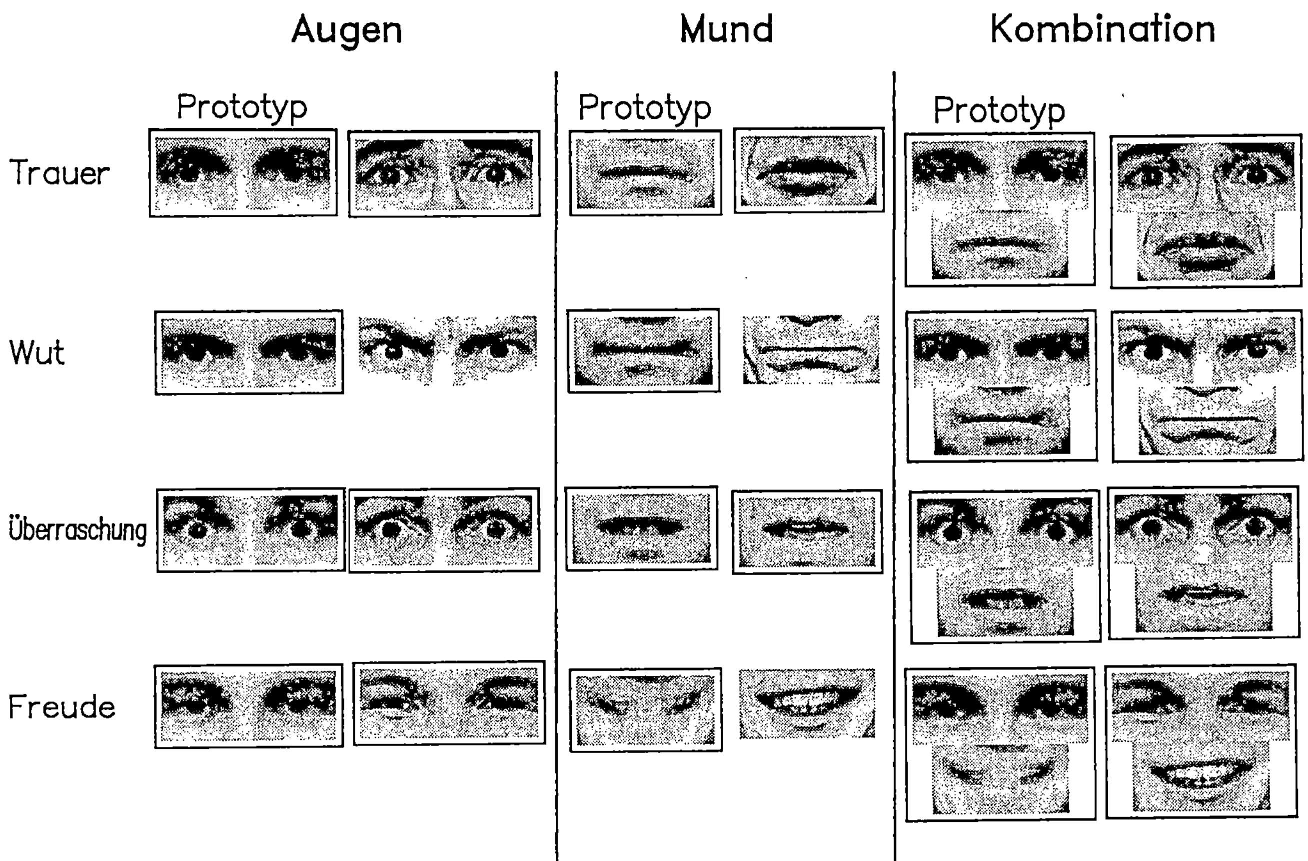

Abb. 3: *Beispiel für die Zuordnung von Eingabemustern und Prototypmustern.*

Der Erkennungsalgorithmus wurde zweimal durchgeführt, wobei verschiedene Arten von Prototypen verwendet wurden. Die erste Art von Prototypen, nennen wir sie „Gesamtprototypen", wurde durch Mittelung über alle 10 Gesichtsausdrücke erzeugt. Dies bedeutet, daß die eingegebenen Gesichtsausdrücke mit Prototypen verglichen wurden, in denen sie infolge der durchgeführten Mittelungsprozedur enthalten waren. Um einen Anthropomorphismus zu verwenden, könnte man sagen, daß die Eingabemuster dem synergetischen Computer gewissermaßen „vertraut" waren.

Die andere Art von Prototypmustern, im folgenden „Teilprototypen" genannt, wurde erzeugt, indem jeweils nur 9 der 10 vorliegenden Gesichtsausdrücke zugleich verwendet wurden. Die in dem Mittelungsverfahren nicht verwendeten Bilder wurden dann zur Erkennung vorgelegt. Dieses Verfahren wurde für alle zehn Mimiken nacheinander durchgeführt, und zwar für Augen, Mund und kombinierte Bilder. Da die eingegebenen Bilder bei dieser Methode nicht in die Mittelungsprozedur eingegangen waren, waren sie dem synergetischen Computer „fremd".

Unter Verwendung des synergetischen Verfahrens wurde jeder Gesichtsausdruck (d.h. jede Mundpartie, Augenpartie und jedes kombinierte Muster für jede Emotion) mit dem Satz von Prototypen verglichen (gesamt oder teilweise) und dem ähnlichsten zugeordnet. Auf diese Weise wurde zu jedem eingegebenen Gesichtsausdruck die entsprechende Emotion bestimmt.

6.3 Die synergetische Methode

Modelle der Mustererkennung und des assoziativen Speicherns betrachten ein einzelnes Neuron als bistabiles Element, das seinen inneren Zustand in Abhängigkeit der synaptischen Verbindungen und der Zustände anderer Neuronen im Netz ändert (McCulloch & Pitts, 1943). Haken (1979) schlug vor, Mustererkennung als dualen Prozeß zur Musterbildung in synergetischen Systemen zu betrachten. Die Dynamik im neuronalen Netz wird dadurch als Ergebnis des Wettbewerbs verschiedener makroskopischer Zustände des gesamten Netzwerks betrachtet. Der synergetische Computer realisiert ein Netzwerk mit speziellen Kombinationen von Elementen. Die Eigenschaften der Elemente werden nach den Anforderungen an das Gesamtsystem konstruiert. Die logischen Funktionen im neuronalen Netzwerk werden durch Multiplikationen und Additionen der einzelnen Elemente ersetzt.

In den digitalisierten Bildern der Gesichtsausdrücke kann jedes Pixel einen von 256 (= 8 bits) Grautönen annehmen. Auf diese Weise wird jedem Pixel ein Grauwert zugeordnet und daraus ein Zustandsvektor mit den Komponenten v_j konstruiert. Da wir mehrere Prototypvektoren verwenden, unterscheiden wir sie durch einen Index u, so daß wir

$$\underline{v}_u = (v_{u1}, v_{u2}, \ldots, v_{un}) \tag{1}$$

erhalten. Zu Gleichung 1 führen wir die sogenannten adjungierten Vektoren $\underline{v}_u^+$ ein, von denen wir fordern, daß sie zu den $\underline{v}_u$ orthogonal sein sollen:

$$(\underline{v}_u^+ \underline{v}_{u'}) = \delta_{uu'} \tag{2}$$

Ferner konstruieren wir die adjungierten Vektoren derart, daß sie sich aus den transponierten Vektoren $\underline{v}_u^T$ wie folgt zusammensetzen

$$\underline{v}_u^+ = \sum_{u'} g_{uu'} \underline{v}_{u'}^T \tag{3}$$

Danach führen wir einen dynamischen Prozeß für einen Testvektor q wie folgt ein

$$\dot{\underline{q}} = \sum_u \lambda \underline{v}_u \, (\underline{v}_u^+ \underline{q}) - \sum_{uu'} B_{uu'} \, (\underline{v}_{u'}^+ \underline{q})^2 \, (\underline{v}_u^+ \underline{q}) \bullet \underline{v}_u \tag{4}$$

$$\text{mit } B_{uu'} = B - C\delta_{uu'}, \quad \delta_{uu'} = \begin{cases} 0 \text{ falls } u \neq u' \\ 1 \text{ falls } u = u' \end{cases}$$

Wie bereits gezeigt (Fuchs & Haken, 1988), führt dieser dynamische Prozeß den Testvektor q für einen Teil eines Gesichts in den Vektor über, der das ganze Gesicht repräsentiert.

Schließlich entspricht der Testvektor demjenigen gespeicherten Gesicht mit dem kleinsten Abstand nach Gleichung 5

$$\underline{q}(0) \rightarrow \underline{q}(t) \rightarrow \underline{v}_u \tag{5}$$

Es ist möglich, die Dynamik im Raum der sogenannten Ordnungsparameter durchzuführen. Diese werden folgendermaßen definiert

$$d_u = (\underline{v}_u^+ \underline{q}) \tag{6}$$

und gehorchen Gleichung 7,

$$\dot{d}_u = d_u (\lambda - D + d_u^2) \tag{7}$$

wobei

$$D = \sum_{u'} d_{u'}^2 \,. \tag{8}$$

Die Änderungen der Parameter $\underline{d}_j$ veranschaulichen die Dynamik des Erkennungsprozesses. Der gegen 1 strebende Parameter zeigt die Erkennung des komplexen Musters an (in diesem Fall des Gesichtsausdrucks).

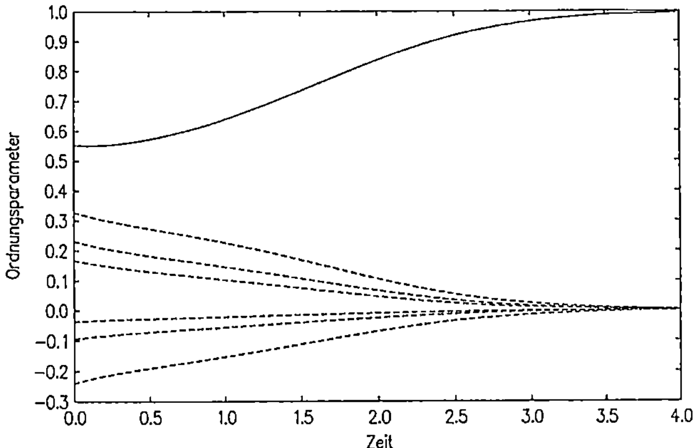

Abb. 4*: Verlauf der Ordnungsparameter bei der Erkennung eines von 7 mimischen Prototypen.*

7 Ergebnisse

Die Ergebnisse der Erkennungsrate der Gesichtsausdrücke werden in Tabelle 1 gezeigt. Das Verfahren der Gesamtprototypen lieferte höhere Erkennungsraten für Augen, Mund und Kombination von Augen und Mund. Durch das Einfügen des zu identifizierenden Musters in die Prototypen wurde die Aufgabe erleichtert, was zu einer Erkennungsrate von 80% im Fall der kombinierten Gesichtsausdrücke führte. Das Verfahren der Teilprototypen lieferte bis zu 63% korrekt erkannte Gesichtsausdrücke. In beiden Fällen waren die Mundpartien diejenigen mit der geringsten Erkennungsrate, gefolgt von den Augenpartien. Die besseren Ergebnisse für die kombinierten Teile weisen darauf hin, daß die gesamte Information von oberer und unterer Gesichtspartie die Spezifität des Ausdrucks erhöht und dadurch die Zahl konkurrierender Möglichkeiten verringert. Die Erfolgsraten variierten unter den Emotionen für jeden Mimiktyp. Wenn nur die kombinierten Teile betrachtet werden, zählen Überraschung, neutraler Ausdruck und Wut zu den am häufigsten korrekt identifizierten Gesichtsausdrücken, sowohl für die Gesamtprototypen als auch für die Teilprototypen.

Individuelle Unterschiede in der Erkennungsrate traten auch bei einigen Gesichtern auf, die öfter identifiziert wurden als andere. Bei den kombinierten Mustern variierten die Erfolgsraten für einzelne Personen zwischen 100% und 57% unter Verwendung der Gesamtprototypen und zwischen 86% und 28.5% unter Verwendung der Teilprototypen.

	Augen		Mund		Kombi		Total	
	gsm	tel	gsm	tel	gsm	tel	gsm	tel
Angst	60	20	70	20	70	30	66.6	23.3
Wut	60	50	50	20	80	70	63.3	46.6
Ekel	60	30	40	40	70	60	56.6	43.3
Freude	90	50	30	20	70	50	63.3	40.0
Neutral	80	60	70	50	100	80	83.3	63.3
Trauer	70	60	70	60	80	60	80.0	60.0
Über-raschung	70	70	70	40	90	90	76.6	66.6
Total	70	48.6	57.1	35.7	80	62.9		

Tabelle 1: *Prozente von richtig erkannten Gesichtsbildern bei Gesamt- und Teilprototypen für jede Emotion (gsm = Gesamtprototypen, tel = Teilprototypen).*

7.1 Augenpartien

Unter Verwendung der Gesamtprototypen wurden 49 Gesichtsausdrücke, das sind 70% der eingegebenen Muster, erfolgreich identifiziert. Im Mittel konnten 4.9 von 7 Gesichtsausdrücken pro Person korrekt identifiziert werden (höchste Erfolgsrate: 7, niedrigste: 2). Verglichen mit den übrigen Gesichtsausdrücken zeigte der Ausdruck von Freude die höchste Erfolgsrate von 90%.

Im Verfahren der Teilprototypen wurden 34 Gesichtsausdrücke (fast 49%) erkannt mit einem Durchschnitt von 3.4, wobei die höchste Erfolgsrate bei 5 und die niedrigste bei 1 lag. Der Ausdruck von Überraschung wurde hier am häufigsten erkannt (70%).

7.2 Mundpartien

Bei dem Verfahren der Gesamtprototypen wurden 41 Gesichtsausdrücke (nahezu 59%) korrekt identifiziert, mit einem Durchschnitt von 4 Gesichtsausdrücken pro Person, wobei die höchste Erfolgsrate bei 7 und die niedrigste bei 1 lag. Die Gesichtsausdrücke von Überraschung, Trauer, Angst und Neutral zeigten die höchste Erkennungsrate von 70%.

Im Verfahren der Teilprototypen wurden 25 Gesichtsausdrücke (nahezu 36%) korrekt erkannt, mit einem Durchschnitt von 3.6 pro Person, wobei die höchste Erfolgsrate bei 5 und die niedrigste bei 1 lag. Die höchste Erkennungsrate (60%) trat beim Ausdruck von Trauer auf.

Die niedrigere Erfolgsrate bei den Mundpartien mag dadurch begründet sein, daß zwei der männlichen Versuchspersonen einen Bart trugen. Dies ändert auf drastische Weise die in den Grauwerten dieser eingegebenen Bilder enthaltene Information. In der Tat ergaben sich für diese beiden Versuchspersonen die niedrigsten Erfolgsraten. Entfernt man die Mimiken dieser beiden Personen aus dem Satz der Prototypen, so erhöht sich die gesamte Erfolgsrate für die übrigen 8 Personen auf 71.4% bei der Methode der Gesamtprototypen und auf 41.1% bei den Teilprototypen und liegt damit in der Nähe der Ergebnisse für die Augenpartien.

7.3 Kombinierte Augen-Mundpartien

Bei der Methode der Gesamtprototypen wurden 56 Eingabemuster (80%) korrekt identifiziert mit einem Durchschnitt von 5.6 pro Person, wobei der höchste Wert 7 und der niedrigste 4 betrug. Die höchste Erfolgsrate wurde für den neutralen Ausdruck erzielt, wobei alle 10 Mimiken identifiziert wurden.

Das Verfahren der Teilprototypen zeigte korrekte Erkennung von 44 Gesichtsausdrücken (nahezu 63%) mit einem Durchschnitt von 4.4 aus 7 Mimiken pro Person mit der höchsten Erfolgsrate 6 und der niedrigsten 2. Neun von 10 kombinierten Gesichtsausdrücken, die der Emotion „Überraschung" zugeordnet waren, konnten korrekt identifiziert werden.

8 Diskussion

Die Ergebnisse der vorliegenden Untersuchung zeigen, daß die Methode der Synergetik eine Möglichkeit zur automatischen Erkennung von Gesichtsausdrücken darstellt. Dennoch treten verschiedene Fragen auf, deren Beantwortung helfen kann, die Erfolgsrate zu erhöhen. Die Fehlerquelle für diejenigen Fälle, in denen die Erkennung erfolglos war, könnte durch Betrachten der zweitbesten Wahl ermittelt werden. Durch Identifizieren der Unterschiede, die für die endgültige Zuordnung ausschlaggebend sind, könnten die Faktoren bestimmt werden, die den Grad der Ähnlichkeit des Eingabemusters mit den Prototypen definieren.

Die Verwendung von Prototypen, die das zu klassifizierende Eingabemuster bereits enthalten, führte natürlich zu einer höheren Erkennungsrate. Nun besteht die Aufgabe eines automatischen Verfahrens zur Mimikerkennung allerdings darin, unbekannte Eingabedaten, die nicht zuvor bearbeitet oder in irgendeiner Form gespeichert wurden, zu klassifizieren - wie im Fall der Teilprototypen. Für diesen Zweck erscheint uns die bisher erzielte Erfolgsrate mit den Teilprototypen relativ niedrig. Die kleine Anzahl von Gesichtern (9), die zur Erzeugung der Teilprototypen in der vorliegenden Untersuchung verwendet wurden, mag für die niedrigere Erfolgsrate verantwortlich sein. Es wird erwartet, daß die Verwendung von Prototypen, die durch Mittelung über eine grössere Zahl von individuellen Gesichtsausdrücken erhalten werden, die Genauigkeit der Erkennung erhöhen wird.

Die vorliegende Untersuchung beschreibt die ersten Schritte auf das gewünschte Ziel hin: die automatische On-line-Kodierung von Gesichtsausdrücken direkt aus Videoaufzeichnungen. Der Vorteil der hier verwendeten Methode des synergetischen Computers besteht darin, daß die natürlichen Konturen des Gesichtsausdrucks (dargestellt durch Pixel mit unterschiedlichen Grauwerten) direkt als Information zur Erkennung verwendet werden. Keine spezielle Vorbereitung der Gesichter der Versuchspersonen oder Patienten (etwa durch Punkte) ist nötig, um die visuellen Daten verarbeiten zu können. Die Beeinträchtigung der Versuchsperson oder des Patienten kann minimal gehalten werden. Dies ist wichtig für naturalistische Studien von Gesichtsausdrücken, wie z.B. in einer psychotherapeutischen Sitzung. Andererseits müssen noch einige Probleme gelöst werden, um dieses Verfahren für Echtzeit-Kodierungen anwendbar zu machen.

Als erstes sollte die Vorbereitung der Bilder vor ihrer Bearbeitung durch den synergetischen Computer automatisiert werden. Die in der vorliegenden Untersuchung beschriebene Vorverarbeitung ist relativ zeitaufwendig und kann nur durch einen Experten durchgeführt werden. Einige vorläufige Versuche haben gezeigt, daß eine Reduktion der digitalen Information der Bilder die Vorverarbeitung vereinfachen oder gar unnötig machen könnte.

Zweitens kann eine Drehung des Kopfes das zweidimensionale Bild derart stören, daß der Gesichtsausdruck nicht mehr identifizierbar ist. Es zeigte sich zwar, daß der synergetische Computer relativ robust gegenüber Verzerrungen ist (Haken et al., 1990), doch könnte in extremen Fällen, in denen der Kopf so weit gedreht ist, daß nur ein Teil des Gesichts zu sehen ist (im Profil beispielsweise), die Erkennung des Ausdrucks problematisch werden.

Zum dritten wird eine große Speicherkapazität für den synergetischen Computer benötigt, um in Echtzeit aufgenommene Videosequenzen zu bearbeiten. Eine Möglichkeit, dieses technische Problem zu umgehen, könnte darin bestehen, daß nur eine systematisch ausgewählte Zahl von Bildern bearbeitet wird. Dies würde den Zeitbedarf und die Speicherkapazität für die automatische Kodierung entscheidend verringern.

Ein weiterer Forschungsbereich, der für die zukünftige Entwicklung und Anwendung eines automatischen Kodiersystems von Gesichtsausdrücken interessant wäre, ist der Vergleich mit der menschlichen Leistungsfähigkeit bei derselben Aufgabenstellung. Erkennen menschliche Kodierer Gesichtsausdrücke ähnlich genau und schnell wie der Computer? Gibt es systematische Unterschiede bei den Fehlern? Untersuchungen in diesem Bereich würden uns wertvolle Informationen liefern bezüglich der Vergleichbarkeit menschlicher Erkennungsstrategien mit denjenigen des synergetischen Computers.

Bezogen auf die Anwendungen eines automatischen Kodiersystems für Gesichtsausdrücke von Emotionen in der psychologischen Forschung und Praxis scheint der synergetische Computer ein wertvolles Werkzeug zu sein. Die Bedeutung von nichtverbaler Kommunikation und insbesondere von Gesichtsausdrücken in der psychologischen Forschung und klinischen Praxis wurde vielfach in der Literatur bestätigt (Patterson, 1984). Der diagnostische Wert von Defiziten im nichtverbalen Kommunikationsverhalten Depressiver (Ellgring, 1989) und die daraus resultierenden interaktiven Schwierigkeiten (Vanger et al., 1991; 1992) wurden aufgezeigt.

Die letzten Jahre hat die Psychotherapie-Prozeßforschung ihre Aufmerksamkeit auf die interaktiven Ereignisse zwischen den beteiligten Partnern (Patient - Therapeut) gerichtet. Nonverbale und vor allem mimische Signale wurden dokumentiert, die von großer Bedeutung für die Beziehungsgestaltung sind (Vanger, 1993; Schiepek et al., 1995a,b; Richter et al., 1995). Die zeitaufwendigen Mikroanalysen, die für die Beforschung solcher interaktiven Sequenzen erforderlich sind, erschweren diese Arbeiten. Die Untersuchung von verbaler Kommunikation in der Psychotherapie wurde revolutioniert durch die Speicherung und Bearbeitung von Verbatimprotokollen anhand von Textverarbeitungsprogrammen im Computer. Heute gehört dieser Forschungsvorgang zu den etablierten Methoden der Psychotherapieforschung (Dahl et al., 1992). Durch eine Computer-Auswertung des mimischen Verhaltens kann nun auch die Kommunikationswelt der nonverbalen Interaktion der Forschung leichter zugänglich gemacht werden. Die zunehmend multimediale Entwicklung unserer Dokumentationsmöglichkeiten erfordert eine entsprechende Auswertungs- und Bearbeitungsmethode, die die relevante Information aus der Fülle der multimedialen Daten herausfiltern kann. Die Automatisierung der Mimikerkennung anhand der synergetischen Methodik stellt solch einen Versuch dar.

Literatur

Ahrens, B. (1992). Videodigitalisierung - Möglichkeiten und Grenzen eines computergestützten Meßverfahrens der Veränderung mimischen Verhaltens. In J. Ronge & B. Gügelchen (Hrsg.), *Perspektiven des Videos in der klinischen Psychiatrie und Psychotherapie* (S. 49-61). Berlin: Springer.

Aite, P. (1983). Al di là della parola (Beyond the Word). *Rivista di Psicologia Analitica, 44,* 44-55.

Aleksander, I. (1983). Emergent Intelligent Properties of Progressively Structured Pattern Recognition Nets. *Pattern Recognition Letters, 1,* 375-384.

Argyle, M. (1967). *The Psychology of Interpersonal Behavior.* Harmondsworth: Penguin Books.

Baron, R. J. (1981). Mechanisms of Human Facial Recognition. *International Journal of Man-Machine Studies, 15,* 137-178.

Bänninger-Huber, E. (1992). Prototypical Affective Microsequences in Psychotherapeutic Interaction. *Psychotherapy Research, 2,* 291-306.

Bouras, N., Vanger, P. & Bridges, P. K. (1986). Marital Problems in the Chronically Depressed and Physically Ill Patients and Their Spouses. *Comprehensive Psychiatry, 27,* 127-130.

Buck, R. (1984). *The Communication of Emotion.* New York: Guilford Press.

Dahl, H., Hölzer, M. & Berry, J. W. (1992). *How to Classify Emotions for Psychotherapy Research.* Ulm: Ulmer Textbank.

DePaulo, B. M. (1992). Nonverbal Behavior and Self Presentation. *Psychological Bulletin, 111,* 203-243.

Ekman, P. (1972). Universals and Cultural Differences in Facial Expressions of Emotion. In J. K. Cole (Ed.), *Nebraska Symposium on Motivation* (vol. 19, pp. 203-207). Lincoln: University of Nebraska Press.

Ekman, P. (1977), Biological and Cultural Contributions to Body and Facial Movement. In J. Blacking (Ed.), *The Anthropology of the Body* (pp. 34-84). San Diego/CA: Academic Press.

Ekman, P. (1993). Facial Expression and Emotion. *American Psychologist, 48*, 384-392.

Ekman, P. & Friesen, W. (1978). *Manual for the Facial Action Coding System (FACS)*. Palo Alto: Consulting Psychologist Press.

Ekman, P. & Oster, H. (1979). Facial Expressions of Emotion. *Annual Review of Psychology, 30*, 527-554.

Ellgring, H. (1989). *Nonverbal Communication in Depression*. Cambridge: University Press.

Evans, B. J., Stanley, R. O., Burrows, G. D. & Sweet, B. (1987). Comparison of Skills Related to Effectiveness of Consultations: An Australian Sample of Medical Students. *Psychological Reports, 61*, 419-422.

Ferenczi, S. (1926). Embarassed Hands. Thinking and Muscle Innervation. In S. Ferenczi (Ed.), *Further Contributions to the Technique and Theory of Psychoanalysis*. London: Hogarth Press.

Freud, S. (1904). *Die Psychopathologie des Alltagslebens*. London: Imago.

Fuchs, A. & Haken, H. (1988). Pattern Recognition and Associative Memory as Dynamical Processes in a Synergetic System. *Biological Cybernetics, 60*, 17-22.

Haken, H. (1979). Pattern Formation and Pattern Recognition - an Attempt at a Synthesis. In H. Haken (Ed.), *Pattern Formation by Dynamical Systems and Pattern Recognition* (pp. 2-13). Berlin: Springer.

Haken, H. (1987). *Advanced Synergetics (2nd Ed.)*. Berlin: Springer.

Haken, H., Hönlinger, R. & Vanger, P. (1990). *Die Erkennung von Gesichtsausdrücken durch den synergetischen Computer*. Universität Stuttgart: Unveröffentlichtes Manuskript.

Haken, H. & Haken-Krell, H. M. (1992). *Erfolgsgeheimnisse der Wahrnehmung: Synergetik als Schlüssel zum Gehirn*. Stuttgart: Deutsche Verlags-Anstalt.

Harrison, R. P. (1973). Nonverbal Communication. In I. de Solo Pool, W. Schraum, N. Maccoby, F. Fry, E. Parker & J. L. Fein (Eds.), *Handbook of Communication*. Chicago: Rand McNally.

Himer, W., Schneider, F., Köst, G. & Heimann, H. (1991). Computer-based Analysis of Facial Action: A New Approach. *Journal of Psychophysiology, 5*, 189-195.

Hönlinger, R., Haken, H. & Vanger, P. (1992). *Erkennen von Gesichtsausdrücken mit dem synergetischen Computer*. Universität Stuttgart: Unveröffentlichtes Manuskript.

Hortsjö, C. H. (1970). *Man's Face and Mimic Language*. Malmö: Nordens Boktrycheri.

Izard, C. E. (1977). *Human Emotions*. New York: Plenum Press.

Kaiser, S. & Wehrle, T. (1992). Automated Coding of Facial Behavior in Human-Computer Interactions with FACS. *Journal of Nonverbal Behavior, 16*, 67-84.

Krause, R. & Lütolf, P. (1989). Mimische Indikatoren von Übertragungsvorgängen. Erste Untersuchungen. *Zeitschrift für Klinische Psychologie, 18*, 55-67.

Kohonen, T. (1984). *Self-organization and Associative Memory*. Berlin: Springer.

McCulloch, W. S. & Pitts, W. (1943). A Logical Calculus of Ideas Immanent in Nervous Activity. *Bulletin of Mathematics and Biophysics, 5*, 115.

McLaughlin, J. T. (1987). The Play of Transference: Some Reflections on Enactment in the Psychoanalytic Situation. *Journal of the American Psychoanalytic Association, 35*, 557-582.

Patterson, M. L. (1984). Nonverbal Exchange: Past, Present, and Future. *Journal of Nonverbal Behavior, 8, 350-359*.

Phillips, W. A. & Smith, L. S. (1989). Conventional and Connectionist Approaches to Face Processing by Computer. In A. W. Young & H. D. Ellis (Eds.), *Handbook of Research on Face Processing* (pp. 513-518). Amsterdam: Elsevier Science Publishers.

Reich, W. (1949). *Character Analysis (3rd ed)*. New York: Farrar, Straus, Giroux.

Richter, K., Schiepek, G., Köhler, M. & Schütz, A. (1995). Von der statischen zur sequentiellen Plananalyse. *Psychotherapie, Psychosomatik und Medizinische Psychologie, 45*, 24-36.

Schiepek, G., Schütz, A., Köhler, M., Richter, K. & Strunk, G. (1995a). Die Mikroanalyse der Therapeut-Klient-Interaktion mittels Sequentieller Plananalyse. Teil I: Grundlagen, Methodenentwicklung und erste Ergebnisse. *Psychotherapie Forum, 3*, 1-17.

Schiepek, G., Strunk, G. & Kowalik, Z. J. (1995b). Die Mikroanalyse der Therapeut-Klient-Interaktion mittels Sequentieller Plananalyse. Teil II: Die Ordnung des Chaos. *Psychotherapie Forum, 3*, 87-109.

Searles, H. (1984/85). The Role of the Analyst's Facial Expressions in Psychoanalysis and Psychoanalytic Therapy. *International Journal of Psychotherapy, 10*, 47-73.

Stonham, J. (1986). Practical Face Recognition and Verification with WISARD. In H. Ellis, M. Jeeves, F. Newcombe & A. Young (Eds.), *Aspects of Face Processing*. Dordrecht: Martinus Nijhoff.

Tomkins, S. S. (1962). *Affect, Imagery, and Consciousness, Vol. 1*. New York: Springer.

Vanger, P. (1986). Diaprosopikes Diastasis tis Katathlipsis (Interpersonal Dimensions of Depression). *Syghrona Themata, 26*, 63-68.

Vanger, P. (1987). An Assessment of Social Skills Deficiencies in Depression. *Comprehensive Psychiatry, 28*, 508-512.

Vanger, P. (1993). *Nonverbal Micro-episodes as a Vehicle in Forming the Therapeutic Relationship*. Paper presented at the IVth European Meeting of the Society for Psychotherapy Research, Budapest, Sept. 29 - Oct. 2., 1993.

Vanger, P. & Ellgring, H. (1986). *Minor Nonverbal Cues in the Recognition of Affect*. Paper presented at the 5th International Conference on Human Ethology, Tutzing, July 27-31., 1986.

Vanger, P., Summerfield, A. B., Rosen, B. K. & Watson, J. P. (1991). Cross-cultural Differences in Interpersonal Responses to Depressives' Nonverbal Behavior. *International Journal of Social Psychiatry, 37*, 151-158.

Vanger, P., Summerfield, A. B., Rosen, B. K. & Watson, J. P. (1992). Effects of Communication Content on Speech Behavior of Depressives. *Comprehensive Psychiatry, 33*, 39-41.

Weil, N. H. (1984/85). The Role of Facial Expressions in the Holding Environment. *International Journal of Psychoanalytic Psychotherapy, 10*, 75-89.

Selbstorganisation
in konnektionistischen und hybriden Modellen
von Wahrnehmung und Handeln

Harald Schaub

1 Einleitung

Selbstorganisation ist ein in der Psychologie zunehmend häufiger gebrauchter Begriff.
Mit dem Ausdruck ist in der Regel die spontane Erhöhung von Ordnung in einem System gemeint (vgl. Paslack, 1991). *Spontan* wird in dem Sinne verstanden, daß zur
Erhöhung der Ordnung kein Eingriff von „Außen" stattfindet, sondern Prozesse innerhalb des Systems selbst zur Ordnungserhöhung führen.

Selbstorganisation ist ein *beschreibender* Terminus, der eine Vielzahl sehr unterschiedlicher Phänomene unter einem Überbegriff subsumiert und auf einem von den
jeweiligen inhaltlichen Besonderheiten des betrachteten Realitätsauschnitts abstrahier-
ten Niveau systemtheoretische bzw. speziell synergetische Prozeßbeschreibungen nahelegt. Unerklärt bleiben dabei jedoch die *spezifischen* Gründe für die einzelnen Phä-
nome, die in dem konkreten Realitätsbereich zu Prozessen führen, die mit dem Begriff
Selbstorganisation belegt werden: *Warum* organisieren sich die Moleküle in einem
Laser, in einem Salzkristall oder eben auch die Menschen in einer Gruppe selbst?

Prozesse der Wahrnehmung und des Handelns können in Modellen beschrieben
werden, die eine große Nähe zeigen zu Termini der Synergetik, zum Konnektionismus
bzw. zur allgemeinen Systemtheorie. Grundlage der in diesem Aufsatz vorgestellten
Ansätze ist eine *konnektionistische Betrachtungsweise psychologischer Prozesse*, wobei
die Beziehung zur Selbstorganisation und zur Synergetik sich in der Regel 'en passant'
ergibt. Bevor auf einige Modelle der Wahrnehmung und des Handelns eingegangen
wird, soll ein kurzer Überblick über den Konnektionismus gegeben werden.

2 Überblick über den Konnektionismus

Die Konzepte des Konnektionismus und neuronaler Netze werden in den letzten Jahren
verstärkt diskutiert, sind aber bei weitem nicht neu. So zeigten bereits McCulloch und
Pitts (1943), daß ein Netzwerk aus neuronenähnlichen Einheiten in der Lage ist, *Informationen* zu verarbeiten. Hebb (1949) führte vor, wie sich *Lernen* in neuronalen Netzen
vollziehen könnte. Lashley (1950) entwickelte Konzepte über die Repräsentation von
Wissen im Gedächtnis. Er propagierte die Idee der verteilten Repräsentation (distributed
representation) in neuronalen Netzen. Die erste Anwendung konnektionistischen Ge-

dankengutes war wohl das *Perceptron* von Rosenblatt (1962), welches *Wahrnehmungsprozesse* auf der Basis eines neuronalen Netzwerkes darstellte. Grossberg (1976; 1982) bzw. Marr und Poggio (1976) stellten Arbeiten und Analysen über *parallele, verteilte Informationsverarbeitung* vor. Mit den Begriffen *„Konnektionismus"* (Feldman & Ballard, 1982) bzw. *„PDP"* (*Parallel Distributed Processing*, Rumelhart & McClelland, 1986) wurden die bisherigen Ansätze und Forschungsanstrengungen zusammengefaßt[1].

Die Funktionsweise neuronaler Netze ist an der neuronalen Struktur des menschlichen Gehirns orientiert, entweder indem die Physiologie Anregungen für konnektionistische Systeme beisteuert, oder umgekehrt, indem konnektionistische Systeme Möglichkeiten aufzeigen, wie menschliche Informationsverarbeitungsprozesse aussehen könnten. Die grundlegende Struktur konnektionistischer Systeme ist ein idealisiertes Neuron (*Unit*), welches über idealisierte Axone (*Konnektionen*) zu anderen Units Verbindungen aufnehmen kann. Die Informationsverarbeitungsleistung einer einzelnen Unit ist in der Regel primitiv. Eine Unit wertet alle einkommenden Signale der mit dieser Unit verbundenen Units aufgrund einfacher Schwellenfunktionen aus und erzeugt daraus einen Aktivitätspegel, der an andere Units weitergeleitet wird[2]. Veränderungen (*Lernen*) in einem neuronalen Netz können durch Veränderung der Struktur des Netzes, z.B. Änderung der Anzahl der Units, Änderung der Verbindungsanzahl, oder durch Veränderung der Übertragungsfunktionen zwischen Units implementiert werden. Aus Analogiegründen zum menschlichen Gehirn wird in der Regel nur der letzte Weg beschritten, ein neuronales Netz wird durch Änderungen in den Übertragungsstärken zwischen Units verändert. Abbildung 1 zeigt eine einfaches neuronales Netz.

Die Basisannahmen konnektionistischer Systeme (s. Strohschneider & Schaub, 1991) haben eine Reihe von spezifischen Eigenschaften zur Folge, die aus psychologischer Sicht interessant sind.

Die herausragendste Eigenschaft ist die *Fehlertoleranz*. Die Arbeitsweise konnektionistischer Netze in Zusammenhang mit fehlerhaftem Input wird als „graceful degradation" bezeichnet. Bis zu einem gewissen Grad wird das System aus unvollständigem oder fehlerhaftem Input die einem fehlerfreien Input angemessene Antwort produzieren (s. Kap. 3 „Wahrnehmung mittels Assoziativer Speicher"). Das System bricht bei Fehlern nicht einfach ab, sondern erzeugt einen Output, der in einer sinnvollen Beziehung zum Input steht. Diese Fehlertoleranz ist das Resultat der Netzwerkeigenschaften und nicht explizit eingebaut (was natürlich auch möglich wäre, allerdings mit erheblichem Aufwand). Bei fehlerfreiem Input agiert ein konnektionistisches Netz wie ein klassisches, regelbasiertes System, es agiert, *als ob* es ein System von klar definier-

---

[1] Es werden z.T. sehr unterschiedliche Ansätze zusammengefaßt. So werden z.B. die beiden Oberbegriffe „Konnektionismus" bzw. „PDP" von manchen Autoren praktisch als Synonyma verwendet, von einigen Autoren wird dem jeweils anderem Oberbegriff die Daseinsberechtigung überhaupt abgesprochen oder es werden Ansätze darunter zusammengefaßt, die sich vor allem mit der verteilten, parallelen Verarbeitung (PDP) oder mit dem Zusammenspiel vieler einzelner Einheiten (Konnektionismus) beschäftigen.

[2] So eine Funktion könnte z.B. lauten: Wenn die Summe der einlaufenden Signale größer ist als ein bestimmter Schwellenwert, dann erzeuge das Aktivitätssignal 1, sonst 0.

ten Regeln wäre, ohne allerdings explizit gespeicherte Regeln zu enthalten.

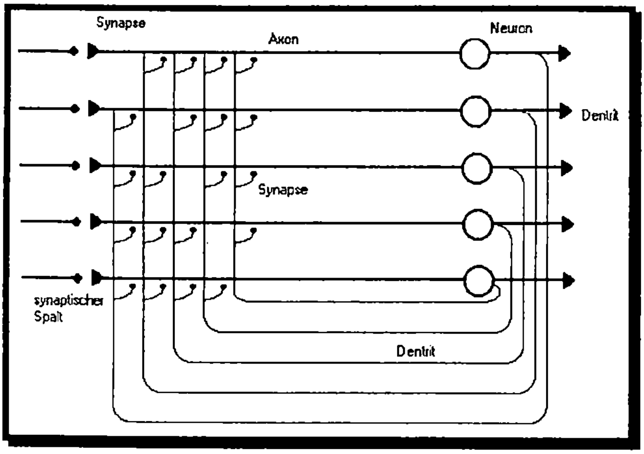

Abb. 1: Struktur eines einfachen neuronalen Netzes (nach Rumelhart & McClelland, 1986).

Die *spontane Generalisierung* und die Fähigkeit zur *Abstraktion* ergeben sich aus der Netzstruktur und werden ebenfalls nicht explizit eingebaut. Präsentiert man einem neuronalen Netzwerk eine Reihe von Inputs, die alle Varianten eines Grundtyps sind, erzeugt das System einen inneren Aktivierungszustand, der die Eigenschaften widerspiegelt, die alle Inputmuster hatten. Somit wird aber der Grundtyp erzeugt, denn dieser entspricht ja den Inputmustern ohne Varianten .

Die *Repräsentation von Wissen* ist für psychologische Modellierung ein ganz zentraler Aspekt. In klassischen Gedächtnismodellen sind sowohl die Einheiten als auch die Relationen zwischen den Einheiten *semantisch interpretierbar* (Wender, 1988). Konnektionistische Systeme speichern Information grundsätzlich anders. Einzelne Units eines neuronalen Gedächtnismodells haben keine semantisch interpretierbare Bedeutung, sie sind lediglich Träger von Aktivität. Semantisch interpretierbares Wissen steckt in den *Aktivitätsmustern* des Netzes. Information ist also nicht *lokal* gespeichert, sondern über das gesamte Netz verteilt (*distributed*). Jede Unit trägt mit ihrer Aktivität ein Stück zur Gesamtbedeutung bei.

Eng verknüpft mit der Wissensrepräsentation ist natürlich die Frage nach Gedächtnisprozessen. Dabei ist zu bemerken, daß konnektionistische Netze die übliche Unterscheidung von „Datenstrukturen" und „Prozessen", die auf deren Basis arbeiten, aufheben. Die verschiedenen Basiskonzepte neuronaler Netze lassen sich unmittelbar in Gedächtnisprozesse überführen (Smolensky, 1987). Die Aktivationsausbreitungsregeln des Systems sind die Grundlage der Inferenzregeln, denen das System bei der Verarbeitung eines Inputs folgt. Die Veränderungsfunktionen der Verbindungsstärken sind dagegen die Lern- und Gedächtnisprozesse, die die Veränderung des Systems determinieren. Diese Aspekte kognitiver Prozesse sind *impliziter* Bestandteil eines konnektionistischen Netzwerks.

Natürlich, wie könnte es anders sein, haben konnektionistische Netzwerke auch problematische Aspekte. Das Hauptproblem ist die Willkürlichkeit bei der Festlegung wichtiger Netzwerkparameter, die in der Regel keiner psychologischen Plausibilität folgen können. Übertragungsfunktionen, Schwellenwerte, Verfallsfaktoren, Veränderungsregeln u.a. haben eben keine unmittelbare psychologische Äquivalenz. Dies führt zu einer, wie Lehnert (1987) dies kennzeichnete, „TWITIT-Philosophie" (*Tweak it, till it thinks*). Es gibt für jede Input-Outputkombination sicher unendlich viele konnektionistische Architekturen. Mit diesem Problem haben alle Modellierungsansätze zu kämpfen, aber bei Modellen „klassischer" Bauart ist es möglich, Elemente des Modells auf andere Theorien zu beziehen und auf Plausibilität zu prüfen. Konnektionistische Netze lassen sich im Grunde nur als Ganzes betrachten.

3 Wahrnehmung mittels Assoziativer Speicher

In neuronalen Netzen werden Bilder als neuronale *Aktivitätsmuster* dargestellt. Jedes Bild kann man als zweidimensionale Neuronen-Matrix, bestehend aus Zeilen und Spalten, anordnen (s. Abb. 2). Diese Matrix könnte z.B. ein Ausschnitt aus den für die Netzhaut verantwortlichen Nervenzellen sein. Fällt ein Lichtpunkt auf ein solches Neuron, ist es aktiv (■), ansonsten ist es nicht aktiv. Ordnet man nun die Zellen dieser Matrix von oben links nach unten rechts in einer Reihe an und vergibt für ein aktives Neuron eine Eins, für ein nicht aktives Neuron eine Null, erhält man eine Folge aus Nullen (nicht aktiv) und Einsen (aktiv), deren Länge der Anzahl der beteiligten Neuronen entspricht.

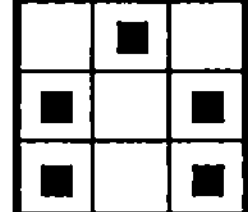

1	2	3
4	5	6
7	8	9

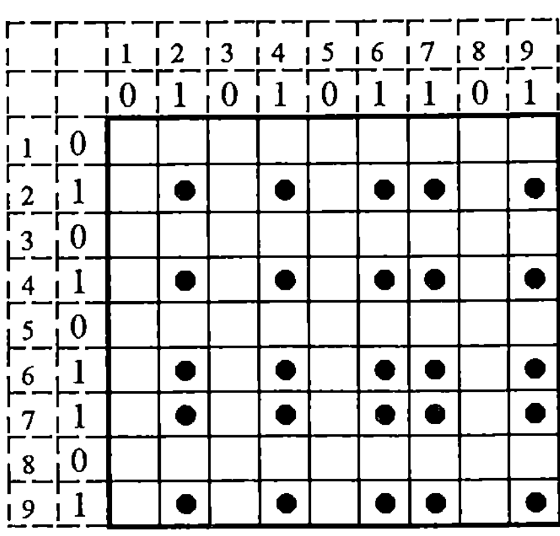

Abb. 2: Einspeicherung in einen Assoziativen Speicher.

Die Einspeicherung der Wahrnehmung des Buchstabens „A" in einen *Assoziativen Speicher* (Palm, 1988) geschieht nun dergestalt, daß das Aktivitätsmuster des aus dem Netzhautabbild des Buchstabens „A" gewonnen Vektors (Hier: 010101101) an den beiden Seiten einer Matrix (entspricht dem Assoziativen Speicher) angelegt wird und die Matrix an der Stelle, an der sich zwei Aktivitäten kreuzen, ebenfalls aktiv gesetzt wird (●). Diese zweidimensionale Speicherung des Buchstabes „A" aus nicht aktiven und aktiven Zellen stellt die Grundlage für die Wiedererkennung dar. Um es dem Assoziatven Speicher bei der Wiedererkennung nicht zu leicht zu machen, soll nicht nur der Buchstabe „A" wiedererkannt werden, er soll aus einem *unvollständigen* bzw. *fehlerhaften* Input wiedererkannt werden. Dazu präsentiert man dem Assoziativen Speicher einen degradierten Buchstaben „A", verwandelt die zweidimensionale Darstellung des Buchstabens in eine Reihe aus Nullen und Einsen (für nicht aktiv/aktiv) und legt diese an die linke Seite unserer Matrix an. Dort, wo durch den Input eine Eins in die Matrix geführt wird und die Zelle in der Matrix aktiv ist (●), führt man eine Eins nach unten. Dies wird für alle Zeilen der Matrix gemacht und aufaddiert. Man erhält das Muster 040404404. Dieses Muster wird durch eine Schwellendetektion geführt, die nur Erregungsmaxima durchläßt (in diesem Fall θ=4). Die Schwelle bestimmt sich aus der Anzahl der *aktiven* Inputzellen. Durch die Schwelle wird eine auf Null/Eins-Normierte Reihe (010101101) erzeugt, die sich in die zweidimensionale Netzhautdarstellung rückführen läßt. Dabei zeigt sich, daß das „A" korrekt rekonstruiert wurde.

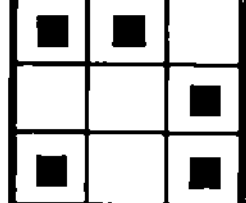

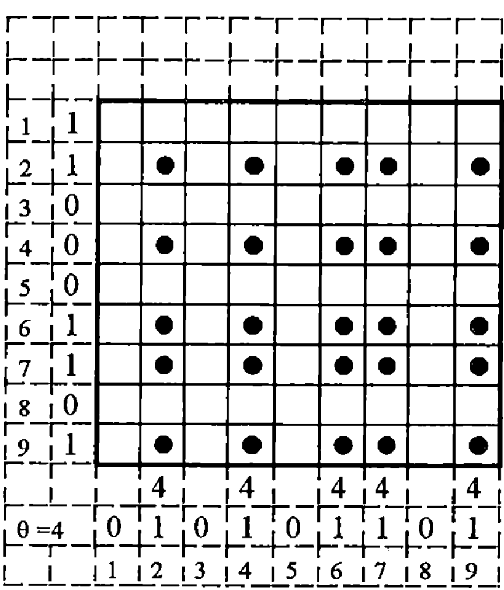

Abb. 3: Wiedererkennen des degradierten Buchstabens „A".

In den Speichern können natürlich noch mehr Buchstaben zusätzlich eingespeichert werden[3]. Die Leistung des Assoziativen Speichers ist im übrigen von der Anzahl der aktiven Zellen abhängig; wird diese zu groß, sinkt die Leistungsfähigkeit des Speichers rapide.

---

[3] Der Leser mag selbst mit dieser Matrix weiterexperimentieren. Man speichere z.B. zusätzlich die Buchstaben „I" und „C" ein. Dabei gilt folgendes: Bereits aktive Stellen im assoziativen Speicher bleiben aktiv (●), nicht aktive Stellen werden genau dann aktiv, wenn das angelegte Muster in der Zeile und in der Spalte aktiv ist (also dort jeweils eine Eins steht).

4 Wahrnehmung mittels Hypothesentestung

Der vorgeführte Assoziative Speicher stellt eine relativ tiefe Stufe der Wahrnehmung dar. Was passiert auf höheren Stufen der Wahrnehmung? Im Rahmen der PSI-Theorie (Dörner, et al., 1988; Schaub, 1993) wurde ein Prozeß beschrieben, der auf der Basis von Hypothesenprüf-Verfahren versucht, die Umwelt zu erkennen.

Hauptaufgabe dieses Prozesses ist es, ständig ein Bild der augenblicklichen Umgebungssituation zu erzeugen. Der eigentliche Kern dieses Prozeßbündels besteht darin, ausgehend von einem bestimmten Fixationspunkt die Umgebung abzutasten. Die dort entdeckten Objekte werden identifiziert und ihre Konstellation im Raum (gegebenfalls auch Raum und Zeit) festgestellt. Das Ergebnis dieses Prozesses wird als ephemere Gedächtnisstruktur, als Situations- oder Umgebungsbild, abgelegt. Die konkrete Arbeitsweise von PERCEPT (hypothesengeleitete PERCEPTion) besteht aus einer Verschachtelung von „Bottom-up-" und „Top-down-Suchprozessen". Entdeckt PERCEPT ein gespeichertes Wahrnehmungselement, so wird zunächst „bottom-up" geprüft, Teil welcher Objekte bzw. Teil welcher *übergeordneten* Schemata das entsprechende Wahrnehmungselement sein könnte. Ist die Menge dieser Schemata festgestellt, so wird in der Umwelt solange an den entsprechenden Lokationen „top-down" nach den zu erwartenden *anderen Elementen* dieser Schemata gesucht, bis eines davon erfüllt ist. PERCEPT hat damit das entsprechende Objekt erkannt. Anschließend beginnt dieser Prozeß von vorne, nur daß jetzt das erkannte Objekt die Rolle des Wahrnehmungselementes übernimmt und PERCEPT durch einen strukturgleichen Bottom-up-Top-down-Prozeß nach einer Situation fahndet, die es kennt und in der das Objekt vorkommt.

Dies soll an einem Beispiel illustriert werden (vgl. Abb. 4). Angenommen, das handelnde System hätte soeben einen unbekannten Raum betreten. Als erstes Wahrnehmungselement wird ein hölzernes Etwas erkannt, das zunächst als Bein eines Möbelstückes identifiziert werden kann. PERCEPT prüft nun in seinem sensorischen Gedächtnis, von welchem übergeordneten Schema ein Möbelbein Teil sein könnte (Bottom-up-Prozeß), und erzeugt eine Liste, die aus Tisch, Stuhl, Couch und Bett besteht. Als nächstes prüft PERCEPT der Reihe nach, zuerst für Tisch, dann für Stuhl, usw., ob die anderen Teile des entsprechenden Objektes am zu erwarteten Ort zu finden sind: Für den Stuhl sucht PERCEPT z.B. oberhalb des Beines nach einer Sitzfläche und einer Lehne, für das Bett nach einer Liegefläche etc. Gesetzt den Fall, PERCEPT gelangt zu dem Ergebnis, daß nur das Schema „Couch" durch die insgesamt vorhandenen Wahrnehmungselemente ausreichend erfüllt wird, gilt die Couch als erkannt. Nun beginnt der Prozeß von vorne, indem PERCEPT prüft, Teil welcher übergeordneten Schemata wohl eine Couch sein könnte. Es stellt fest, daß eine Couch nur in einem Wohnzimmer oder in einer Arztpraxis stehen kann[4], überprüft via Top-down-Prozeß die anderen Elemente der beiden Schemata (Fernseher, Schreibtisch, Untersuchungsinstrumente) und ist schließlich in der Lage zu erkennen, daß es wohl bei einem Psychia-

---

[4] Couchen können natürlich auch an vielen anderen Orten stehen, PERCEPT kann sich aber nur auf die im Gedächtnis des handelnden Individuums gespeicherten Informationen beziehen.

ter gelandet ist.

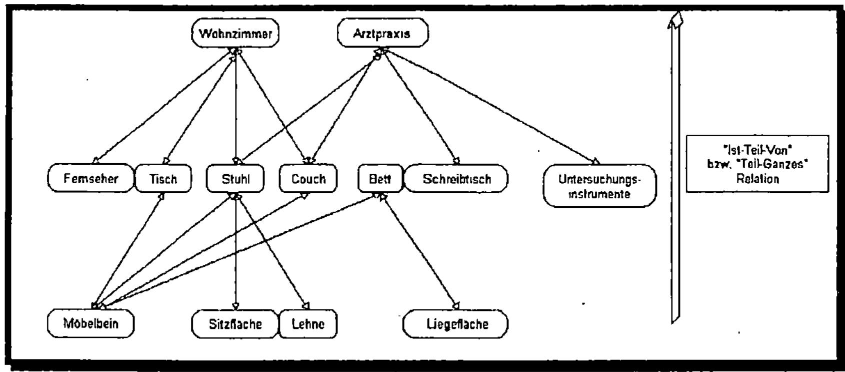

Abb. 4: *Ablauf des PERCEPT-Prozesses.*

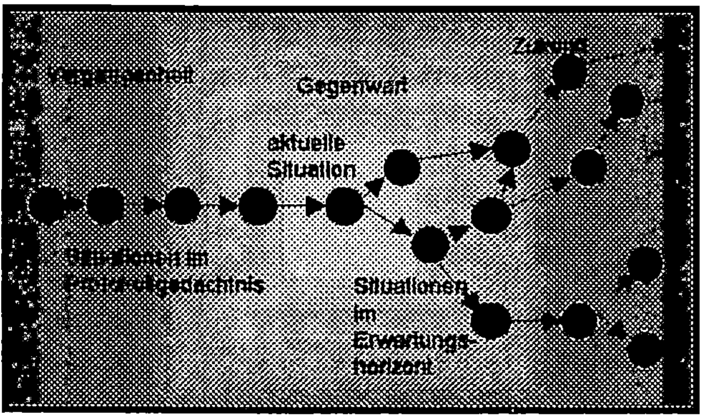

Abb. 5: *Aneinandereihung von Situationen im Gedächtnis entlang einer imaginären Zeitachse und Verzweigungen in die Zukunft.*

Sobald durch die angegebene Prozedur ein Umgebungsbild gewonnen wurde, wird dasselbe zur Vergangenheit in Bezug gesetzt und ein neues Umgebungsbild erstellt. Auf diese Art und Weise entsteht ein „Protokoll" vergangener Situationen und Tätigkeiten. Ebenfalls werden aufgrund der gefundenen Situationen Hypothesen über die Zukunft abgeleitet[5] und auf diese Art und Weise ein „Erwartungshorizont" gebildet. Dieser dient unter anderem dazu, neue „Fixationspunkte" für den PERCEPT-Prozeß zu liefern.

---

[5] PERCEPT prüft nicht nur räumliche Schemata, sondern auch zeitliche. Man stelle sich z.B. eine Verkehrsampel vor. Die Lichter zeigen ein bestimmtes zeitliches Muster. Entdeckt PERCEPT eine rote Ampel, so enthält der Erwartungshorizont für eine bestimmte Zeitspanne später eine gelbe und dann eine grüne Ampel. Eine Verkehrsampel ist somit ein Schema, welches räumliche *und* zeitliche Komponenten enthält.

5 Handlungsorganisation mittels konkurrierender Absichten

PERCEPT stellt die Eingangspforte zu einem theoretischen System dar, welches im Rahmen der PSI-Theorie entwickelt wird. Dieses System ist ein System der *Handlungs- und Absichtsregulation* (Dörner, et al., 1988; Schaub, 1993).

5.1 Absichten

Kern dieses Systems ist das Konzept der „Absicht"[6]. Eine Absicht ist ein interner psychologischer Prozeß, der als ephemere Struktur definiert ist, die aus einem Indikator für einen Mangelzustand (Hunger, Durst, etc.) und Prozessen zur Beseitigung dieses Mangelzustandes (z.B. Weg zur konsumatorischen Endhandlung) besteht.

Dies sei an einem Beispiel erläutert: Wenn die Körpertemperatur absinkt, werden verschiedene physiologische Prozesse eingeleitet (z.B. Kontraktion der peripheren Körpergefäße), um diesen Zustand zu beseitigen. Überschreitet allerdings die Differenz „aktuelle Körpertemperatur-Sollkörpertemperatur" eine bestimmte Schwelle, entsteht ein Motiv. Dieses zeigt an, daß automatische, physiologische Prozesse allein nicht ausreichen, um den Mangelzustand zu beheben, sondern der Mangelzustand auf einer psychologischen Ebene beseitigt werden muß[7]. Zu diesem Motiv werden verschiedene „Ingredienzen" hinzugefügt, z.B. Zielvorstellungen, Operatoren, Erfolgsabschätzungen. So könnte man einen Pullover anziehen (*Ziel*), den man vorher aus dem Schrank holen und dann überziehen muß (*Operatoren*), wobei man sich sicher ist, daß man sowohl den Schrank findet, als auch den Pullover anziehen kann (*Erfolgsabschätzung*).

Hinter[8] jeder Tätigkeit stehen eine oder mehrere Absichten, die diese Tätigkeit[8] initiieren und in Gang halten. Absichten sind die „innere Kontrolle" einer Handlung. Sie lenken das Handeln des Individuums in eine Richtung, die zur Beseitigung oder zur Vermeidung eines Mangelzustands führen. Absichten organisieren das Verhalten auf ein Ziel hin. Absichten können, müssen aber nicht, dem Individuum bewußt sein. Absichten haben über Motive hinaus eine Reihe von Komponenten, die sich auf die Beseitigung des Motivs, also auf die Erreichung einer, wie auch immer gearteten, befriedigenden oder konsumatorischen Situation beziehen, in der die Ist-Sollwertdifferenz

---

[6] Man beachte, daß der Begriff „Absicht" im Folgenden eine Definition erfährt, die sich nur z.T. mit der Alltagsverwendung des Begriffes deckt. So ist in der hier verwendeten Definition z.B. die Frage des Bewußtseins ausgeklammert (d.h. Absichten können sowohl bewußt als auch nicht bewußt sein), in der Alltagsverwendung ist diese jedoch zentral: „Er hat dies mit Absicht getan" soll ja heißen, er hat dies *bewußt* getan.

[7] An dieser Stelle ist eine der Schnittstellen zwischen Physiologie und Psychologie zusehen. Während die Physiologie mit *geschlossenenen* Regulationen auf Mangelzustände antwortet (d.h. mit weitgehend *festverdrahteten* Reaktionen), setzt die psychologische Ebene dort ein, wo mit *offenen* Regulationen (d.h. mit weitgehend *lernbaren* Reaktionen) auf Mangelzustände geantwortet wird.

[8] Die Begriffe Tätigkeit, Handlung, Verhalten werden von verschiedenen Autoren verschieden verwendet (vgl. z.B. Hacker, 1980; 1986; Leontjew, 1977). Wir verwenden diese Begriffe hier bedeutungsähnlich, ohne auf die Unterschiede weiter eingehen zu wollen.

ausgeglichen werden kann. Diese Komponenten sind: Zielzustand, Ausgangspunkt, Absichtsgeschichte, Plan, Erledigungstermin, Wichtigkeit, Zeitbedarf und Kompetenz.

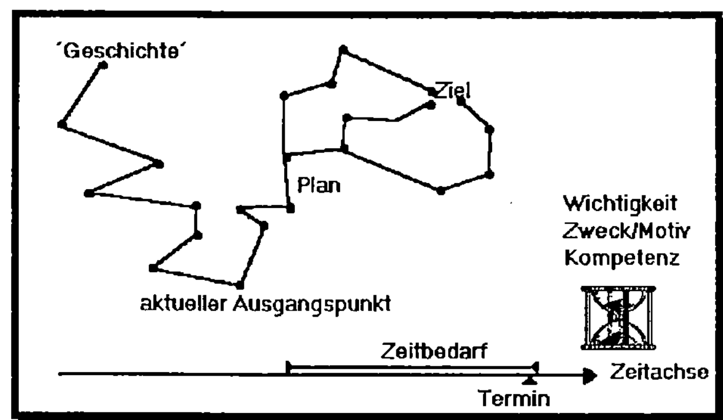

Abb. 6: *Komponenten einer Absicht.*

Eine konkrete Absicht muß nicht notwendigerweise Angaben bzgl. aller Absichtskomponenten enthalten. Manche mögen unvollständig sein, andere völlig fehlen. So ist es z.B. denkbar, daß überhaupt kein Plan existiert, daß die Kompetenz niedrig (oder nicht abschätzbar) ist, die Wichtigkeit aber einigermaßen hoch. In diesem Fall könnte man von einem *Wunsch* sprechen. Liegt das Eintreten des Mangelzustandes in weiter Ferne, wird aber aufgrund dieses antizipierten Motivs eine Absicht erzeugt, könnte man von einer *Vornahme* sprechen.

'Wichtigkeit' und 'Kompetenz' determinieren nach einem erweiterten *Erwartungs-Wert-Modell* (s. Atkinson & Birch, 1970) die *Stärke* einer Absicht. Hinzu kommen noch die Berücksichtigung der Termine, bzw. bestehender Zeitfenster und die Günstigkeit bzw. Ungünstigkeit der aktuellen Situation. So mag zwar z.B. der Hunger recht groß sein, man weiß auch wie man diesen befriedigen kann (nämlich in der Mensa), jedoch hat die Mensa nur von 11^{30} Uhr bis 14^{00} Uhr geöffnet, so daß es keinen Sinn macht, dieser Absicht vor 11^{30} Uhr die Handlungsleitung zu übertragen (es sei denn, es wird ein anderes Ziel mit anderen Zeitfenstern angesteuert). Umgekehrt könnte es sein, daß der Hunger zur Zeit gar nicht sehr groß ist und andere Absichten zur Zeit die Handlungsleitung innehaben, da man aber gerade an der Mensa vorbei kommt, ergreift man die günstige Gelegenheit, und ißt schon jetzt. Somit ergibt sich:

Absichtsstärke $\cong F$ {Wichtigkeit, Kompetenz, Zeitfenster, Umstände}

Die Stärke einer Absicht ist die Größe, die für das Ringen der Absichten um die Handlungssteuerung relevant ist, im Rahmen der PSI-Theorie wird dies als *Auswahldruck* bezeichnet. Die Absicht mit dem höchsten Auswahldruck wird handlungsleitend. Da sich sowohl alle Komponenten (Stärke des Mangelzustandes, Wichtigkeit, etc.) jeder Absicht als auch die situativen Gegebenheiten ständig ändern können und somit der Auswahldruck einer Absicht keine Konstante ist, findet ein ständiger „Kampf" um die

Handlungsleitung zwischen verschiedenen Absichten statt.

5.2 Gedächtnisstruktur

Es ist verschiedentlich angeklungen, daß sowohl der PERCEPT-Prozeß als auch Absichten auf der Basis einer bestimmten Gedächtnisstruktur arbeiten. Diese Gedächtnisstruktur ist als *hierachisches Tripel-Netzwerk* angelegt (Abb. 7). Es besteht aus der sensorischen, der motorischen und der motivatorischen Hierarchie.

Das *sensorische* Netzwerk speichert Sachverhalte, Situationen und Gegenstände in einer hierarchischen Struktur. Diese wird durch eine Reihe voneinander unabhängiger Relationen aufgespannt. Im wesentlichen spielen hierbei zwei Relationen eine Rolle: die *Teil-Ganzes*-Relation und die *Raum-Zeit*-Relation.

Die Teil-Ganzes-Relation (in der Literatur auch als 'hat'/'has'-Relation bezeichnet) stellt eine Verbindung zwischen einem Objekt und dessen Teilen her. Z.B. besteht zwischen Stuhlbein und Stuhl, zwischen Haustür und Haus, zwischen Rad und Auto eine Teil-Ganzes-Relation. Eine raum-zeitliche Relation wird dann angenommen, wenn innerhalb der räumlichen und/oder zeitlichen Dimension eine Beziehung zwischen verschiedenen Objekten hergestellt wird. So besteht zwischen den Lichtern einer Verkehrsampel sowohl eine räumliche Beziehung (rot ist oben, gelb in der Mitte und unten grün) als auch eine zeitliche Beziehung (auf das aufleuchtende rot, folgt gelb, worauf beide ausgehen und grün leuchtet).

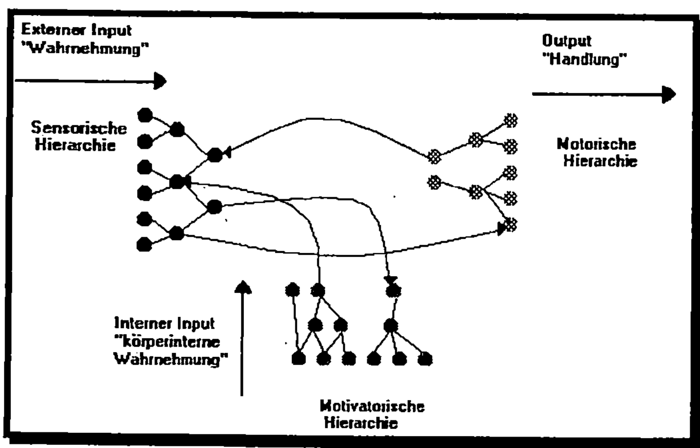

Abb. 7: Gedächtnisstruktur: 'Tripel'-Hierarchie.

Die raum-zeitlichen Informationen zwischen Objekten werden auch zur Darstellung von Ereignisfolgen eingesetzt. In diese Relationen ist eingetragen, wie ein Objekt im Verlauf eines Geschehens seine raum-zeitliche Position verändert, bzw. wie sich die raum-zeitliche Anordnung der Objekte zueinander ändert. Man denke dabei z.B. an das Ampelbeispiel. Als basale Objekte dieser Hierarchie dienen Wahrnehmungsprimitiva, die praktisch „unmittelbar" wahrgenommen werden[9]. In Abbildung 8 ist ein Ausschnitt aus einer sensorischen Hierarchie schematisch wiedergegeben.

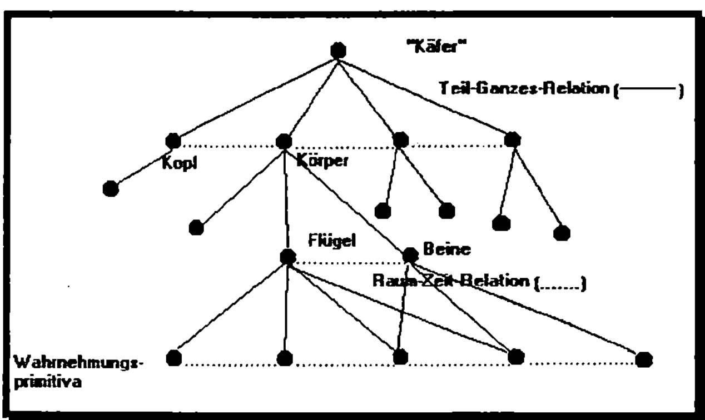

Abb. 8: *Ausschnitt aus einer sensorischen Hierarchie.*

Das *motorische* Netzwerk speichert sowohl komplexe Handlungsvollzüge als auch einfache motorische Bewegungsprimitiva, z.B. die Ansteuerung einzelner Muskelinnervationen. Die verschiedenen motorischen Programme sind ebenfalls durch verschiedene Hierarchien strukturiert. So sind bestimmte Operationen Teile größerer Handlungen, verschiedene Handlungen lassen sich unter einer abstrakten Handlung subsummieren; Teilhandlungen stehen selbstverständlich in einer bestimmten raum-zeitlichen Struktur zueinander. Einfache Muskelinnervationen stellen die unterste Ebene dieser Hierarchie dar. Allerdings sind nur sehr primitive Bewegungen ohne sensorische Rückkopplung denkbar, d.h. alle komplexeren Aktionen laufen nur in Form von Aktionsschemata ab, d.h. in einer Kopplung zwischen sensorischem und motorischem Netzwerk.

Im *motivatorischen* Netzwerk sind die aktuellen und die potentiellen Mangelzustände abgelegt sowie die Beziehungen zwischen verschiedenen Motivationen gespeichert, bzw. es werden diese Beziehungen durch einen aktuellen Mangelzustand erzeugt. So mag z.B. zwischen Hunger und Calciummangel bzw. zwischen Hunger und Fettmangel eine Teil-Ganzes-Relation bestehen. Hunger setzt sich eben aus einer Reihe von spezifischen 'Teilhungern' zusammen. Aktuell mag aber ein Zuckermangel ausreichen, das Motiv 'Hunger' zu erzeugen. Das motivatorische Netzwerk ist eine spezifische Variante des sensorischen Netzwerkes. Es bildet die Wahrnehmung interner Mangelzustände ab. Die 'Wahrnehmungsprimitiva' dieser Hierarchie sind Indikatoren für Sollwertabweichungen, z.B. ein Calciummangel-Indikator. Die obersten Knotenpunkte dieses Netzes stellen die Motivatoren für die Indikation von Mangelzuständen dar, sie sind somit die primären Auslöser für die Erzeugung von Absichten.

Zwischen diesen drei Netzwerken bestehen vielfältige Beziehungen. Das wichtigste

---

[9] Etwa im Sinne der Hubel und Wiesel (1977) Komplexneurone, also z.B. Linien-, Kanten,-Eckendetektoren u.ä.

Element hierbei ist das oben diskutierte 'Aktionsschema'. Dieses verbindet den sensorischen Teil des Netzwerkes mit dem motorischen Teil über Input/Output-Relationen. Eine bestimmte Situation im sensorischen Teil ist 'Input' für einen Knoten im motorischen Netzwerk. Eine andere Situation, das erwartete Ergebnis der Aktion, ist 'Output' der motorischen Aktion. Die Verbindungen zwischen sensorischen und motorischen Teilen dienen vorzugsweise der Steuerung von Handlungseinheiten.

Die Verbindungen zwischen sensorischem und motivatorischem Netzwerk fungieren als Initiatoren von Handlungen. So bestehen zwischen Situationen und motivatorischen Knoten verschiedene Varianten der 'Befriedigungsrelation'. Eine bestimmte Situation kann eine Befriedigungssituation für eine Motivation sein, sie kann eine Motivation auslösen, also einen Mangelzustand erzeugen, oder sie kann ankündigend für eine dieser beiden Beziehungen sein. Diese Verbindungen werden bei der Absichtserzeugung verwendet, als Zielsituationen, als Vermeidungssituationen oder als Indikatoren für Ziel- und Vermeidungssituationen.

Absichten, wie sie oben bereits diskutiert wurden, stellen eine komplexe *temporäre* Struktur dar, die die Tripel-Hierarchie verbindet. Absichten benutzen Relationen zwischen allen drei Teilnetzwerken bzw. bauen zeitlich begrenzte Relationen auf.

5.3 Absichtsverarbeitung

Drei Prozesse dienen zur Absichtsbearbeitung: GENINT zur Absichtsentstehung, SELECTINT zur Auswahl der aktuell handlungsleitenden Absicht und RUNINT zur eigentlichen Abarbeitung der Absichten. Der vierte Prozeß, der in der PSI-Theorie angenommen wird, ist der PERCEPT-Prozeß, der die anderen Prozesse mit „Umgebungsinformation" versorgt (Abb. 9).

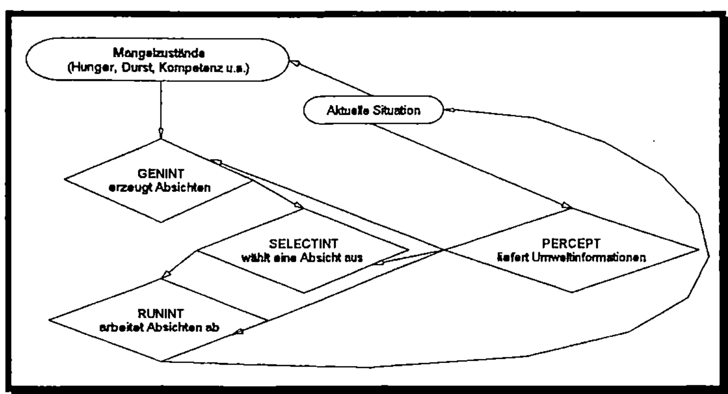

Abb. 9: Übersicht über die PSI-Prozesse.

Die Notwendigkeit zur Bildung einer Absicht ergibt sich immer aus einer aktuellen oder zu erwartenden Ist-Soll-Wertdifferenz einer organismischen Variablen. Dafür existieren im Organismus eine Reihe von Sensoren, die diese Ist-Soll-Differenzen feststellen können und somit als primäre Auslöser einer Absicht, als Motivatoren, dienen.

Diese Sensoren melden sowohl Höhe als auch Dauer der Sollwertabweichung. Hunger als Ist-Soll-Differenz verschiedener Variabler, z.B. des Glucosegehalts des Blutes, kann die Absicht erzeugen, zum Kühlschrank zu gehen und sich die Suppe von gestern aufzuwärmen. Eine Ist-Soll-Differenz bzgl. der subjektiven Kontrolle in einer bestimmten Situation mag die Absicht auslösen, diese Situation zu analysieren, usw. Die Sensoren selbst können eine komplizierte Struktur aufweisen, insbesondere wenn sie nicht basale physiologische Größen messen (z.B. der Sensor für *Kontrolle*).

Die Sensoren melden ständig die jeweiligen Ist-Sollwert-Abweichungen und damit die Motivstärken. GENINT (GENerate INTention) erstellt daraus einen Vektor der verschiedenen Mangelzustände mit ihren jeweiligen Motivstärken. Diese sind ein Maß für Dauer und Höhe der Sollwertabweichung. Sie bilden die Grundlage für die Erzeugung von Absichten durch GENINT. Sobald ein Mangel festgestellt wird, und dieser nicht durch interne, d.h. physiologische Prozesse geregelt werden kann, erzeugt GENINT eine Absicht. GENINT generiert vor allem *Zielzustände* für die Absicht. Diese können durchaus verschieden sein, je nachdem, welche Erfahrungen das Individuum bei der Reduktion dieses Mangelzustands in der Vergangenheit gemacht hat. In der Regel sind mit bestimmten Motivatoren bestimmte sensorische Schemata verknüpft, die zur Reduktion des Mangelzustands führen. GENINT baut diese Situationen in die Struktur der Absicht ein.

Weiterhin versorgt GENINT die Absicht, in Abhängigkeit von der aktuellen Gesamtsituation, mit allen genannten Absichtselementen, soweit für diese Informationen im Gedächtnis vorhanden sind (andernfalls werden Platzhalter eingefügt). Ist der Weg zur Zielsituation unklar, weiß man z.B. nicht, wie man, im Falle des Hungers, in ein bestimmtes Restaurant kommen soll, enthält die Absicht nur den Hinweis auf die Notwendigkeit, einen Weg zu finden oder zu erzeugen, der zum gewünschten Zustand führt. Die Erzeugung fehlender oder unvollständiger Elemente bleibt anderen Prozessen vorbehalten, nämlich 'SELECTINT' und 'RUNINT'.

Die Aufgabe des Prozesses SELECTINT (SELECT INTention) ist die *Auswahl* der Absicht, die als nächste handlungsleitend werden soll. Die Auswahl der handlungsleitenden Absicht ist von einer Reihe von Faktoren abhängig. Zuerst versucht das System, möglichst viele Absichten zusammenzufassen. Gelingt dies nicht, werden die Absichten hierarchisiert, so daß letztlich eine Absicht ausgewählt wird. Absichten können dann zusammengefaßt werden, wenn sie gleiche oder kompatible Zielsituationen haben. Wenn man z.B. etwas essen möchte und sich mit Freunden unterhalten will, ist eine mögliche gemeinsame Zielsituation für diese beiden Absichten der Gang in die Mensa, wo es etwas zu essen gibt und wo man mit Freunden reden kann. Sind die Zielzustände inkompatibel, gibt es die Möglichkeit, daß ein Zielzustand auf dem Weg zum zweiten Zielzustand erreicht werden kann. Andernfalls müssen die Absichten hierarchisiert werden.

Für die Behandlung der aktuellen Absicht ist RUNINT (RUN INTention) zuständig. Der Prozeß RUNINT ermöglicht es dem System, die aktuelle Situation in Richtung auf das erwünschte Ziel zu verändern. Hierzu wird entweder der in der Absicht abgelegte Plan abgearbeitet, oder es wird versucht, wenn dieser Plan nur unvollständig oder gar nicht vorhanden ist, den Plan zu elaborieren bzw. neu zu konstruieren. Dazu nutzt das System seine Informationen über die aktuelle Situation und deren Entwicklungen, und es nutzt sein Wissen.

RUNINT arbeitet in Abhängigkeit von der Elaboriertheit des mit einer Absicht verbundenen Plans in drei unterschiedlichen Verarbeitungsmodi.

Auf der ersten Stufe führt RUNINT lediglich *Automatismen* aus. Ein Automatismus ist eine Folge von Aktionsschemata, die eindeutig von einer Startsituation zu einer Zielsituation führen. Führt ein Automatismus nicht zum Erfolg, können korrigierende Prozeduren einsetzen. So kann der ganze Automatismus einfach wiederholt werden (z.B. mehrmalige Versuche, den Motor eines Autos anzulassen), oder einige Operatoren des Automatismus werden mit größerer Heftigkeit und Energie durchgeführt (z.B. Zündschlüssel „stärker" umdrehen). Schlagen diese Versuche fehl, übernimmt das Individuum die *bewußte Kontrolle* über sein Tun.

Auf der zweiten Stufe setzen externe Problemlöseversuche ein. Die einfachste Methode ist das Versuchs-Irrtum-Verhalten. (Beim Versagen des Motors tritt man z.B. das Gaspedal mehrfach durch, oder schaltet die Lüftung aus, oder rüttelt an der Batterie oder, ...). 'Hill-Climb'-Verhalten ist ein weiterer externer Problemlöseversuch. Dabei wird Schritt für Schritt die Situation so verändert, daß immer weniger Unterschiede zur Zielsituation bestehen.

Sollten diese Problemlöseversuche ebenfalls scheitern, kommen mit der dritten Stufe von RUNINT die 'höheren' kognitiven Prozesse ins Spiel. Beim *interpolativen Planen* werden bekannte Operatoren neu kombiniert und verkettet, um einen Weg zur Zielsituation zu konstruieren. Beim *synthetischen Planen* wird versucht, neue Operatoren zu konstruieren, indem z.B. Mittel und Möglichkeiten ausprobiert werden, die eigentlich gar nicht zu dem in Frage stehenden Realitätsausschnitt gehören, bzw. von denen man im Grunde annimmt, daß sie in der gegebenen Situation nicht anwendbar sind.

Bleibt RUNINT auch auf dieser letzten Arbeitsstufe erfolglos, so geschehen zwei Dinge: erstens wird die aktuelle Absicht als 'unerledigt' zurückgegeben und zweitens wird ein spezifischer *neuer Mangelzustand* erzeugt. Die Absichtsbehandlung hat sich nämlich als unzureichend erwiesen. Das System war nicht in der Lage die Situation zu bewältigen. GENINT erzeugt jetzt eine neue Absicht mit dem Ziel, die Gründe für das Scheitern zu finden. Daraus können wiederum Absichten resultieren, z.B. die Situation genauer zu explorieren oder das Denken und Handeln selbst einer genauen Analyse zu unterziehen, um eventuelle Denkfehler zu isolieren und die 'Bibliothek' an Problemlösungsmethoden zu erweitern. Diese Absicht muß mit allen anderen Absichten um die Handlungsleitung konkurrieren. Nur wenn die Absicht zur *Selbstreflexion* stärker wird als alle anderen Absichten, wird das System sein eigenes Denken und Handeln untersuchen.

6 Zusammenfassung

Ausgehend von den „konnektionistischen Units" eines neuronalen Netzwerks, über die basalen Merkmale eines Assoziativen Speichers und die komplexeren Funktionen des PERCEPT-Prozesses wurden die Ingredienzen eines Systems beschrieben, welches in der Lage ist, seine Absichten und Handlungen in einer komplexen Umgebung zu organisieren. Dazu wurden eine Reihe von Gedächtnisstrukturen, Prozeßeinheiten und basalen Datenstrukturen eingeführt.

Die Koordination der einzelnen Systemteile von PSI wird nicht durch einen „Masterprozeß" gesteuert. Vielmehr läuft die Steuerung des ganzen Systems durch direkte und indirekte *Interaktion bzw. Selbstorganisation* der Prozesse untereinander. Dazu werden zwei Möglichkeiten benutzt: Erstens die Verwendung und Modifikation gemeinsam genutzter Gedächtnisstrukturen und zweitens die Versendung spezifischer Triggersignale.

Die Verwendung gemeinsamer Gedächtnisstrukturen gestattet allen Prozessen, Informationen vor allem über die zur Bearbeitung anstehenden Absichten zu beziehen. Jedem Teilprozeß sind somit z.B. die Wichtigkeit und Dringlichkeit der aktuellen Absicht bekannt. Die Versendung von Triggersignalen erlaubt den Prozessen, ihre Arbeitsweise in Abhängigkeit von der Arbeitsweise des Gesamtsystems zu verändern. So führen die von PERCEPT erzeugten Triggersignale zu einer Bewertung der aktuellen Situation und des Erwartungshorizontes. GENINT produziert Signale, die eine Beurteilung bzgl. der zur Bearbeitung anstehenden Absichten zulassen. SELECTINT liefert Triggersignale, die sich auf Wichtigkeit und Erfolgswahrscheinlichkeit der aktuellen Absicht beziehen. Die von RUNINT bereitgestellten Triggersignale beziehen sich auf den Fortgang des Verarbeitungsprozesses der aktuellen Absicht.

So erzeugt z.B. PERCEPT die Triggersignale *Unbestimmtheit, Unerwartetheit* und *Neuartigkeit,* die unmittelbaren Einfluß auf GENINT nehmen. Diese Parameter indizieren mangelnde Kontrolle bzgl. der aktuellen Situation. Daraus kann ein spezifischer Mangelzustand des Kontroll- oder Kompetenzverlusts entstehen. Das durch GENINT erzeugte Signal *Gesamtabsichtsdruck* wirkt sich auf die Arbeit von SELECTINT aus. Je mehr Absichten mit ähnlichem Auswahldruck vorhanden sind, desto öfter wählt SELECTINT eine neue Absicht zur Behandlung aus. Eine begonnene Absicht wird nicht zu Ende geführt, da eine andere Absicht stärker geworden ist, usw. Insgesamt wird das Verhalten des Systems instabiler und sprunghafter.

Die beispielhaft ausgeführten Triggersignale geben einen Einblick in die Arbeitsweise des Systems. Die Prozesse des Systems arbeiten auf der Basis hybrider neuronaler Netze in dem Sinne, daß manche Funktionen *vollständig* als neuronales Netz ausgeführt sind (z.B. Wahrnehmung, Gedächtnis), andere Funktionen *teilweise* konnektionistische Ansätze enthalten (z.B Absichtsauswahl) und schließlich einige Funktionen (z.B. Absichtsdurchführung) als Prozeduren ausformuliert sind. *Selbstorganisation* ergibt sich in dem System an vielen Stellen unmittelbar und muß nicht explizit eingebaut werden. So organisieren sich die einzelnen Teile im Wahrnehumungsprozeß eines Assoziativen Speichers und im PERCEPT-Prozeß spontan zu komplexeren, semantisch bedeutungsvollen Einheiten, es organisieren sich die vier Teilprozesse des PSI-Systems spontan zu einer *sinnvollen* Organisation der Absichts- und Handlungsregulation.

In diesem Aufsatz konnte vieles nur angerissen werden. Es wurde die Struktur eines

Systems der Absichts- und Handlungsregulation dargestellt und an einigen Stellen ausgeführt, welche Rolle dabei konnektionistische Modelle und Vorstellungen von Selbstorganisationsprozessen spielen können. Außen vor blieben vor allem Verfahren zur empirischen Überprüfung von konnektionistischen Modellen der Selbstorganisation der menschlichen Wahrnehmung und des Handelns (siehe dazu Schaub, 1993).

Literatur

Atkinson, J. W. & Birch, D. (1970). *The Dynamics of Action*. New York: Wiley.

Dörner, D., Schaub, H., Stäudel, T. & Strohschneider, S. (1988). Ein System zur Handlungsregulation oder: Die Interaktion von Emotion, Kognition und Motivation. *Sprache & Kognition, 4*, 217-232.

Feldman, J. A. & Ballard, D. H. (1982). Connectionist Models and Their Properties. *Cognitive Science, 6*, 202-254.

Grossberg, S. (1976). Adaptive Pattern Classification and Universal Recording: Part 1. Parallel Development and Coding of Neural Feature Detectors. *Biological Cybernetics, 23*, 121-134.

Grossberg, S. (1982). *Studies of Mind and Brain*. Dordrecht: Reidel.

Hacker, W. (1980). *Allgemeine Arbeits- und Ingenieurpsychologie. Psychische Struktur und Regulation von Arbeitstätigkeiten*. Berlin: Deutscher Verlag der Wissenschaften.

Hacker, W. (1986). *Arbeitspsychologie*. Berlin: Deutscher Verlag der Wissenschaften.

Hebb, D. O. (1949). *The Organization of Behavior*. New York: Wiley.

Hubel, D. H. & Wiesel, T. N. (1977). Functional Architecture of Macaque Monkey Visual Cortex. *Proceedings Royal Society London, 198*, 1-59.

Lashley, K. (1950). In Search of the Engram. In J. R. Hillman (Ed.), *Society of Experimental Biological Symposium No.4*. New York: Cambrige University Press:

Lehnert, W. G. (1987). *Possible Implications of Connectionism. Procedures of TINLAP-3*. Las Cruces 78-83.

Leontjew, A. N. (1977). *Probleme der Entwicklung des Psychischen*. Königstein: Athäneum.

Marr, D. & Poggio, T. (1976). Cooperative Computation of Stereo Disparity. *Science, 194*, 283-287.

McCulloch, W. S. & Pitts, W. (1943). A Logical Calculus of the Ideas Immanent in Nervous Activity. *Bulletin Mathematics Biophysics, 5*, 115-133.

Palm, G. (1988). Assoziatives Gedächtnis und Gehirntheorie. *Spektrum der Wissenschaft, 6*, 54-64.

Paslack, R. (1991). *Urgeschichte der Selbstorganisation*. Braunschweig: Vieweg.

Rosenblatt, F. (1962). *Principles of Neurodynamics*. New York: Spartan.

Rumelhart, D. E., McClelland, J. L. & PDPResearchGroup (1986). *Parallel Distributed Processing: Explorations in the Microstructure of Cognition. Vol. 1 Foundations*. Cambridge: MIT Press.

Schaub, H. (1993). *Modellierung der Handlungsorganisation*. Bern: Huber.

Smolensky, P. (1987). Connectionist AI, Symbolic AI, and the Brain. *Artificial Intelligence Review, 1*, 95-109.

Strohschneider, S. & Schaub, H. (1991). Konnektionismus und kognitive Psychologie. *Systeme, 5*, 132-152.

Wender, F. W. (1988). Semantische Netze als Bestandteil gedächtnispsychologischer Theorien. In H. Mandl & H. Spada (Hrsg), *Wissenspsychologie* (S. 55-73). München: Psychologie Verlags-Union.

Neurowissenschaften
und
Psychiatrie

Die nichtlineare Dynamik des menschlichen Gehirns. Methoden und Anwendungsbeispiele.

Zbigniew J. Kowalik und Günter Schiepek

1 Einleitung

Die Aktivität des menschlichen Gehirns resultiert, grob gesagt, aus dem Zusammenwirken zweier Systeme: des autonomen Systems, das für alle lebenswichtigen Regulationsprozesse zuständig ist, und des somatischen Systems, welches durch den externen Informationsfluß bestimmt wird. Beobachtungen auf der Grundlage elektrischer oder magnetischer Reaktionen (EEG oder MEG) dürften es allerdings kaum ermöglichen, direkt zwischen diesen Formen der Gehirnaktivität zu unterscheiden. Es kann als sicher gelten, daß das Gehirn ein nichtlineares System darstellt. Als solches ist es in der Lage, neue Qualitäten zu entwickeln, d.h. es weist nur selten additive, also lineare Eigenschaften auf. Selbst klassische experimentelle Prozeduren mit einer systematischen Variation von Stimulusvorgaben erzeugen daher kaum jemals reine Anregungszustände, sondern meist nichtlineare (übersummative) Kombinationen aus Rauschen und internen Prozessen bzw. Rauschen, internen Prozessen und externer Stimulation. Da diese Zustände somit *nicht* allein von der äußeren Stimulation bestimmt werden, die Interaktion zwischen Stimulus und nichtlinearen Systemprozessen also eine dominierende Rolle spielt, fällt es schwer, über das Zutreffen bestimmter Modellvorstellungen zu entscheiden. So werden wir kaum beantworten können, ob das Gehirn ein komplexes System ist, das als *ein* Ganzes beschrieben werden kann und muß, oder ob es sich um eine Ansammlung von Mikrosystemen handelt, die ihre jeweiligen Mikrozustände realisieren (Lehmann, 1989; Lehmann et al., 1987) und zu selbstorganisierter Aktivität in der Lage sind. Mit ähnlichen Erfolgsaussichten könnte man auch fragen: Ist es eine Maschine, die von einem Konstrukteur hergestellt wurde (Gott, vor 8 Milliarden Jahren), oder ist es eine Maschine, die sich selbst konstruiert (Haken, 1983)?

Trotz der geringen Chancen, derartige Fragen im Grundsatz beantwortet zu bekommen, stellt die nichtlineare Dynamik immerhin einige sensible Instrumentarien bereit, die uns der Beantwortung dieser philosophischen Fragen etwas näher führen oder sie zumindest vereinfachen. Darüber hinaus kann der Einsatz dieser Methoden von klinischer Bedeutung sein, etwa bei der Untersuchung neurologisch-klinischer Probleme. Derartige Probleme weisen unter dynamischen Gesichtspunkten entweder oszillationsgenerierende (Epilepsie, Tinnitus) oder oszillationsreduzierende (Schlaganfall, apallisches Syndrom) Merkmale, räumliche Homogenitätsstörungen (alle der genannten) oder eine stark diskontinuierliche Dynamik (temporäre Homogenitätsstörungen) auf (Tinnitus, Epilepsie, Schizophrenie).

Die komplizierten Muster (Attraktoren) aperiodischer Bewegung lassen sich mit Worten kaum beschreiben. Um die Komplexität von Trajektorienwegen im Phasenraum für verschiedene nichtlineare Systeme und ihre dynamischen Eigenschaften zu charakterisieren, muß man statt dessen geeignete (quantitative) Kennwerte verwenden. Ihre Werte können entweder von einer Bewegungsgleichung (in der Regel numerisch) oder von einer gemessenen Zeitreihe abgeleitet werden. Im ersten Falle erhält man ein umfassendes Bild der Systemdynamik. Wenn die Kennwerte dagegen auf der Grundlage einer Phasenraumrekonstruktion geschätzt werden, hängen sie stark von den Rekonstruktionsparametern und den experimentellen Bedingungen ab. Es gibt im wesentlichen drei Ansätze zur Charakterisierung von Attraktoren: (1) Dimensionsmaße, welche die Komplexität der Bewegung beschreiben, (2) Entropiemaße, welche die Stochastizität der beobachteten dynamischen Prozesse beschreiben und (3) das Spektrum der Lyapunov-Exponenten, das den Grad der Stabilität in den verschiedenen Richtungen im Phasenraum ausdrückt. Weiterhin steht noch das sog. Determinationsmaß zur Verfügung (Kaplan & Glass, 1992), mit dessen Hilfe sich der Anteil determinierter Dynamik in einer experimentellen Zeitreihe sowie der Grad der Nichtlinearität eines untersuchten Systems bestimmen läßt (für einen Überblick s. Schuster, 1994; Elbert et al., 1994; Schiepek & Strunk, 1994; Loistl & Betz, 1994; Buzug, 1994).

Klassische nichtlineare Maße erfordern ein ergodisches Signal. Mit anderen Worten: sie setzen voraus, daß genug Zeit da ist, um die Entwicklung der Dynamik eines gegebenen Systems zu beobachten, bevor die Dynamik sich verändert. In theoretischen Idealfällen mag dies möglich sein, und selbst da ist die Bedingung einer unendlichen Zeitreihe letztlich nicht erfüllbar. Erst recht nicht unter realen empirischen Bedingungen. In numerischen Experimenten kann der Computer immerhin z.B. die ersten hunderttausend Punkte (die sog. Transiente oder Einschwingphase) wegwerfen, um dann einen Attraktor in seiner fast perfekten stabilen Form zu zeichnen. Daher kann die Rekonstruktion der korrespondierenden Attraktoren auf der Grundlage von Computersimulationen fast immer durchgeführt werden. Im Falle von biomedizinischen oder Verhaltenszeitreihen haben wir jedoch nie die Möglichkeit, einen Attraktor in seiner Reinform zu beobachten. Es reicht die Zeit nicht, um Relaxationsprozesse zu beenden. Wir beobachten eigentlich nur den Weg in einen hypothetischen Attraktor, der, wenn überhaupt, nur in einem präzise geplanten Experiment vollendet werden könnte. Wenn der Attraktor chaotisch ist, gibt es letztlich eine sich unentwegt verändernde, transiente Bewegung. Daher hat auch der Weg in einen chaotischen Attraktor chaotische Eigenschaften. Diese Feststellung ermöglicht es uns, die von der Theorie nichtlinearer Systeme zur Verfügung gestellten Maße auch zur Untersuchung nichtstationärer Systemdynamiken einzusetzen. Es gilt, Meßkonzepte zu finden, mit deren Hilfe man nicht nur die Dynamik selbst, sondern auch deren Veränderung bzw. den Weg in einen hypothetischen Attraktor untersuchen kann. Folgende Maße stehen zur Verfügung: (1) für die fraktale Dimension die punktweise D2-Dimension, wie sie von Skinner und Mitarbeitern eingeführt wurde (1990; 1992), (2) für die Entropie die Entropie-Raten (Kowalik & Kumpf, 1993; Kumpf et al., in Vorbereitung) und (3) für die Lyapunov-Exponenten die sog. Chaotizitäts-Maße (Kowalik & Elbert, 1995a,b).

Die Anzahl der Abhandlungen über nichtlineare Phänomene der Gehirndynamik ist in letzter Zeit rasant gewachsen, doch gewinnt aus dieser großen Anzahl von Untersuchungsergebnissen nur langsam ein neues Bild Gestalt. Versuche, die benutzten dynamischen Variablen nach bestimmten Merkmalen zu ordnen und die dynamischen Qualitäten z.B. verschiedener EEG-Signale in Relation zueinander zu setzen, gelingen nur in Ausnahmefällen und unter restringierten experimentellen Bedingungen. Generell sind experimentelle Ergebnisse nur innerhalb der Bedingungen eines Laboratoriums gültig und daher mit Ergebnissen anderer Forschergruppen nur schwer vergleichbar. Ein immer wieder genannter Grund hierfür besteht darin, daß in biomedizinischen und behavioralen Experimenten gemesse Zeitreihen zu kurz sind und das Gehirn als System nur in geringem Maße kontrollierbar ist, was zu nichtergodischen, nichtstationären Verhaltensmustern führt. Trotzdem: der Wunsch nach einem magischen Maß, das pathologische von normalen Zuständen einfach unterscheiden könnte, ist zwar naiv, aber doch populär. Im Folgenden versuchen wir, einer Antwort auf die Frage etwas näher zu kommen, wie realistisch der Traum von einem solchen Universalmaß ist, indem wir die Ergebnisse von Schätzungen dynamischer Maße aus einigen typischen Gehirnexperimenten darstellen. Zudem werden wir einige Anmerkungen zum Problem der Interpretierbarkeit und der generellen Anwendbarkeit nichtlinearer Methoden machen.

2 Die Darstellung von Hirnfunktionen bei Tinnitus mit Hilfe der Methode des größten Lyapunov-Exponenten

Tinnitus (Klingeln im Ohr) kann objektiver oder subjektiver Natur sein. Im ersten Fall gibt es in der Regel eine eindeutige und lokalisierbare Quelle für den aufdringlichen, dann meist als geräuschhaft erlebten Ton. Die Mechanismen des subjektiven Tinnitus (hauptsächlich tonal) sind nicht so klar, obwohl sie logischerweise auf strukturelle und/oder funktionelle Veränderungen im auditiven Kortex hindeuten. Hoke et al. (1989) entwickelten die Annahme, daß Tinnitus mit einer Hypererregbarkeit in fokalen Regionen des Temporallappens zusammenhängen könnte. Folglich müßte es im Fall von tonalem Tinnitus leicht sein, die Störung zu lokalisieren, falls sie auf eine zusätzliche oszillatorische Quelle zurückführbar ist. Ähnlich der von Iasemidis und Sackellares (1991) untersuchten iktalen Epilepsie sollte sie auch zu einer Reduktion der Dimensionalität und damit des größten Lyapunov-Exponenten (LLE) der entsprechenden Hirnaktivität führen. Für räumlich verteilte Quellen ist die Dynamik komplizierter. Aufgrund der interindividuell unterschiedlichen Topologie des Kortex ist außerdem die Anwendung statistischer Verfahren nicht so einfach. Zudem ist die Bestimmung der dimensionalen Komplexität keineswegs immer die Methode der Wahl, da die verteilten Quellen zu verschwommenen dimensionalen Bildern führen können. Maße, welche eine Veränderung der lokalen oder globalen Stabilität des Systems indizieren, wie zum Beispiel der LLE, können Hinweise auf räumlich verteilte Quellen geben.

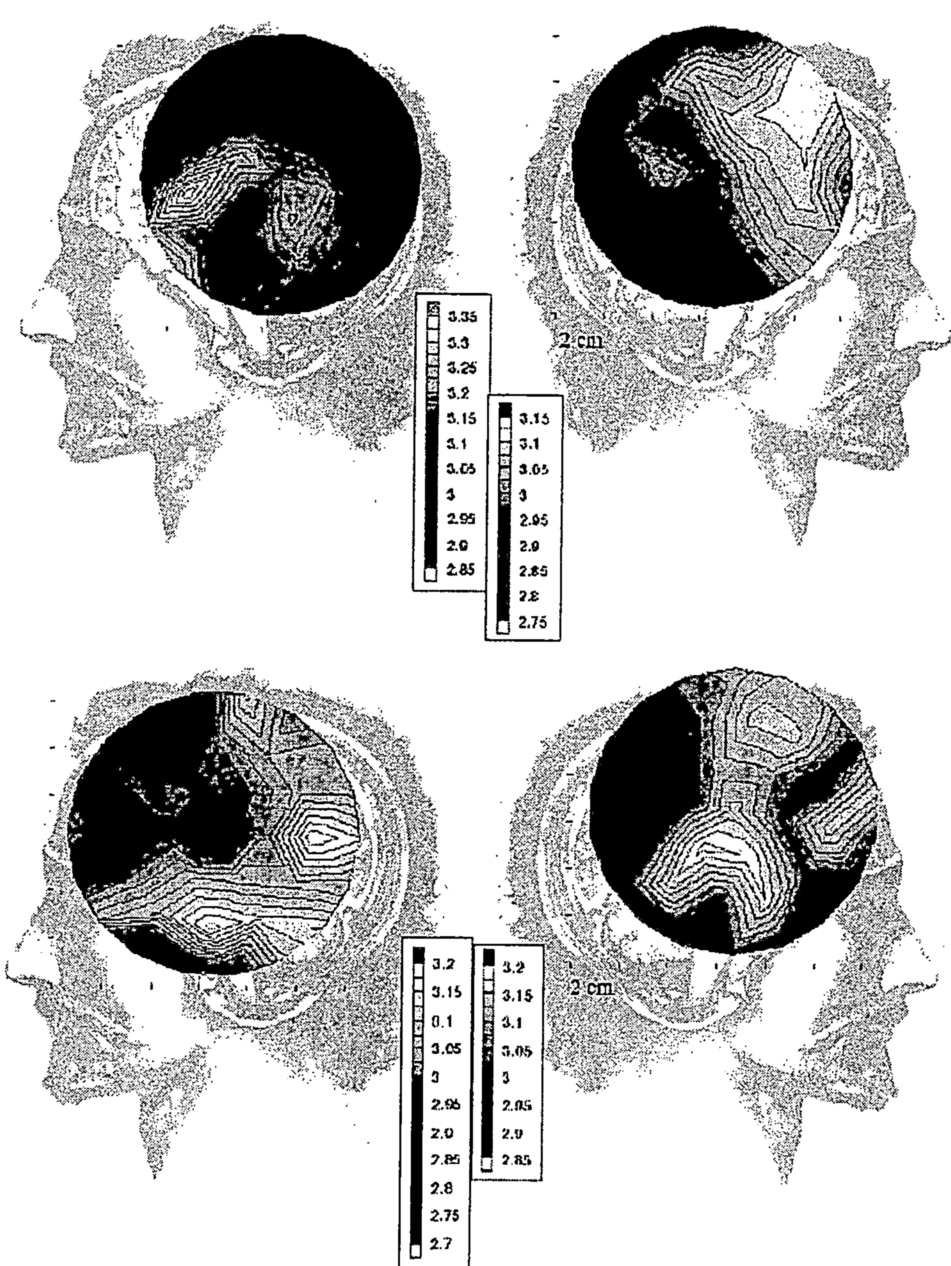

Abb. 1: Kartierung des LLE zweier Versuchspersonen mit akutem Tinnitus (Kowalik et al., 1993).

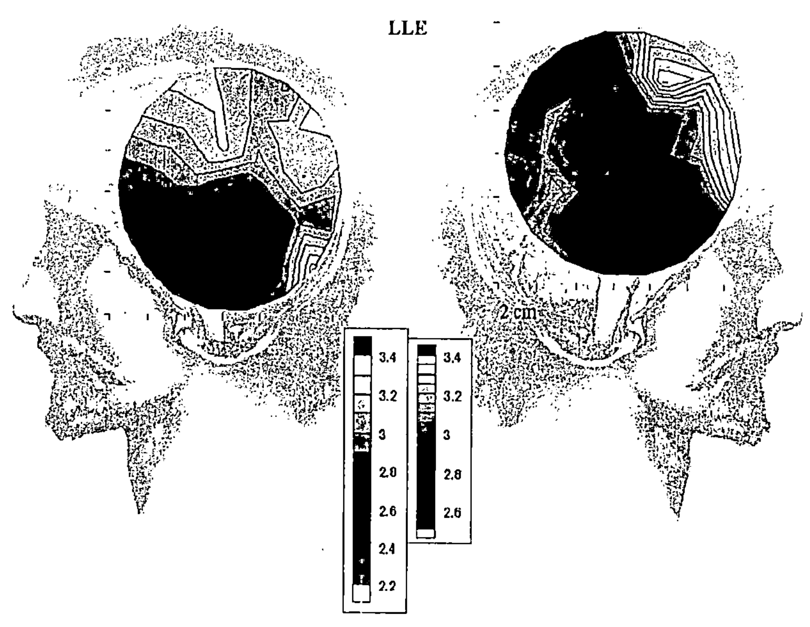

Abb. 2: LLE-Kartierung einer Kontrollperson (Kowalik et al., 1993).

Die Bestimmung dynamischer Muster muß auf der Analyse der spontanen Gehirnaktivität beruhen. Entsprechende Untersuchungen von Kowalik et al. (1993) beschäftigten sich mit MEG-Signalen von Tinnitus-Patienten, gemessen mit Hilfe eines 37-Kanal-(DC-SQUIDs)-Magnetometers. Dieses Meßgerät operiert innerhalb eines magnetisch abgeschirmten Raumes, um vor Rauschen und magnetischen Einflüssen aus der Umwelt geschützt zu sein. Die Aktivität wurde beidseitig über den Temporallappen gemessen (d.h. Zentrum in C_3 und C_4). Die größten Lyapunov-Exponenten der MEG-Zeitreihen wurden dann mit Hilfe eines Algorithmus, der auf Gleichung 10 (siehe Anhang) basiert, geschätzt. Bei allen untersuchten Vpn. (Kontrollgruppe und Tinnitusgruppe) wies der LLE einen positiven Wert auf, was die Vermutung unterstützt, daß die Gehirndynamik chaotische Züge trägt. Einige Beispiele sind in Abbildung 1 dargestellt (für Kontrollen s. Abb. 2). Die großen positiven Werte der LLE zeigen deutlich, daß bei an Tinnitus leidenden Personen die neuronale Dynamik chaotischer, weniger vorhersagbar und instabiler ist. Folglich kann sich in den betroffenen Regionen eine abnormale Aktivierung leicht verstärken. Möglicherweise entsteht Tinnitus aufgrund von Schwierigkeiten in der Regulation der neuronalen Erregbarkeit in den temporalen Regionen. Eine Veränderung dieser zentralen Strukturen könnte durch periphere Läsionen verursacht worden sein, z.B. im Hörnerv oder in der Cochlea. Die abnorme Aktivität, wie sie mit der LLE-Kartierung gemessen wurde, kann sich fortsetzen, auch wenn der Input, der ursprünglich des Problem verursacht hatte, bereits nachgelassen hat oder verschwunden ist. LLE-Kartierungen können somit zu Zwecken einer Quantifizierung

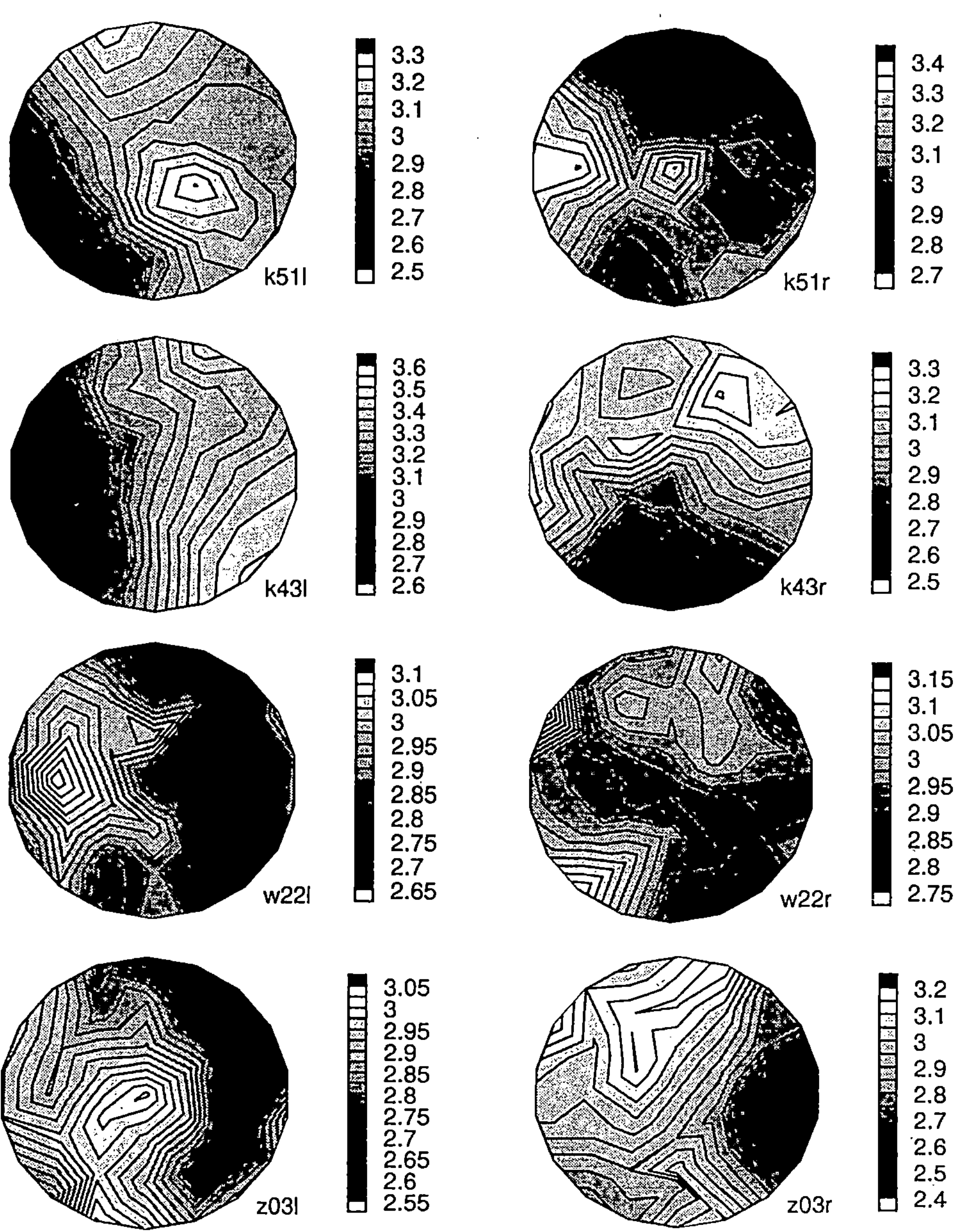

LLE distribution : left sided tinn.

Abb. 3: *LLE-Kartierung bei linksseitigem Tinnitus.*

von anhaltenden Veränderungen der den Tinnitus-Geräuschen zugrunde liegenden neuralen Regulation herangezogen werden. Die räumlich weit ausgedehnten Veränderungen deuten darauf hin, daß Tinnitus nicht auf die auditive Verarbeitung beschränkt ist, sondern Gehirnvorgänge in großem Umfang verändert. Die unterschiedliche Natur der Fehlregulation bei Epilepsie und Tinnitus, die im Rahmen dynamischer Analysen deutlich wurde, erklärt, warum frühere Versuche, Tinnitus mit antikonvulsiven Medikamenten zu behandeln, erfolglos blieben.

LLE-Kartierungen für Gruppen mit linksseitigem Tinnitus sind in Abbildung 3 dargestellt. Die über der auditiven Region gemessenen LLE-Werte zeigen hemisphärische Unterschiede: Kontrollpersonen weisen über der linken Hemisphäre größere LLE auf als über der rechten, während bei an Tinnitus leidenden Personen diese Asymmetrie kleiner oder sogar umgekehrt ist. Der durchschnittliche über der rechten Hemisphäre gemessene LLE liegt bei Tinnituspatienten über dem der Kontrollpersonen. Auch die Parameter der LLE-Verteilung, wie Variabilität oder Schiefe, zeigen bei Kontrollpersonen eine hemisphärische Asymmetrie (mit einer größeren Variation und stärkerer positiver Schiefe über der linken Hemisphäre verglichen mit der rechten), aber nur wenige hemisphärische Unterschiede bei Tinnituspatienten (für die Interaktion von Hemisphäre × Diagnose $F(1,16)=9.2$, $p< .01$). Es wurde bereits darauf hingewiesen, daß Tinnitus mit einer Übererregbarkeit in fokalen Regionen des Temporallappens in Verbindung stehen könnte. Wenn man dagegen von gewissen Ähnlichkeiten mit epileptischen Veränderungen ausgehen wollte, würde man eher eine Reduktion als eine Vergrößerung des LLE für Tinnitus voraussagen, denn oszillatorische Phänomene, die der Aktivität bei iktaler Epilepsie ähneln, reduzieren bekannterweise die Dimensionalität und damit auch den LLE (Babloyantz & Destexhe, 1986; Graf & Elbert, 1989; Elbert et al., 1992). Die vorliegenden Befunde liefern für diese Annahme aber offenbar keine Evidenz.

Fazit: Der LLE kann als geeigneter, hinreichend sensibler Kennwert zur Entdekkung von zeitlichen und räumlichen Veränderungen der Hirndynamik gelten, z.B. im Falle von Tinnitus. Darüber hinaus weisen LLE-Werte von Zeitreihen, die mit der Multikanal-MEG-Technik erhoben wurden, Unterschiede von bis zu 40% auf, auch dann, wenn die Nachbarkanäle nur gering voneinander entfernt liegen. Aufgrund dieser räumlichen Sensibilität eignen sich Multikanal-Aufzeichnungen zur räumlichen Kartierung des durchschnittlichen LLE. Die Nützlichkeit, auch zeitliche Entwicklungen des LLE zu berücksichtigen, wurde von Iasemidis und Sackellares (1991) betont. Ihnen gelang es, auf der Basis von ECoG-Zeitreihen (Electrocorticogramm) epileptischer Patienten epileptische Anfälle durch Beobachtung des LLE über die Zeit vorherzusagen.

3 Scanning der K2-Entropie macht kritische Übergänge im EEG/MEG deutlich

Eine der wichtigsten Fragen bei der Anwendung nichtlinearer Methoden in der Medizin richtet sich auf die Vorhersagbarkeit, z.B. auf die Möglichkeit, mit einer bestimmten Wahrscheinlichkeit die zukünftige Entwicklung einer Krankheit vorherzusagen. Theoretisch kann der Vorhersagezeitraum für ein deterministisches System mittels des größten Lyapunov-Exponenten (LLE) oder der Kolmogorov-Entropie (Kolmogorov, 1959) abgeschätzt werden. Beide Maße beschreiben ähnliche Eigenschaften, auch wenn sie auf verschiedenen Algorithmen beruhen. Das Spektrum der Anwendungsmöglichkeiten der Entropie und ihrer Schätzmethoden wurde in der Literatur bereits ausführlich dargestellt (Grassberger & Procaccia, 1983b; Györgyi & Szèpfalusy, 1985; Mayer-Kress, 1986). Ähnlich der fraktalen Dimension beschreibt die Entropie statische Eigenschaften eines Attraktors im Phasenraum. Der Aspekt der Dynamik kommt hinzu, wenn die Entropie mit Hilfe einer Art Beobachtungsfenster kontinuierlich über die Zeit geschätzt wird. Solche gescannten K2-Muster können benutzt werden, um Veränderungen im dynamischen Verhalten eines Systems sichtbar zu machen. Ein Beispiel für ein gescanntes K2-Muster ist in Abbildung 4 dargestellt. Sein Verlauf weist auf eine sprunghafte Veränderung der Systemdynamik hin. Derartige Phänomene treten häufig bei Schizophrenen, aber auch bei gesunden Versuchspersonen auf und sind mit einem Verlust der Stationärität des untersuchten Systems verbunden. Übergänge zwischen verschiedenen dynamischen Verhaltensweisen können allerdings noch einfacher und schneller mit Hilfe des Konzepts nichtstationärer Chaotizitätsmaße erkannt werden (Anhang A4).

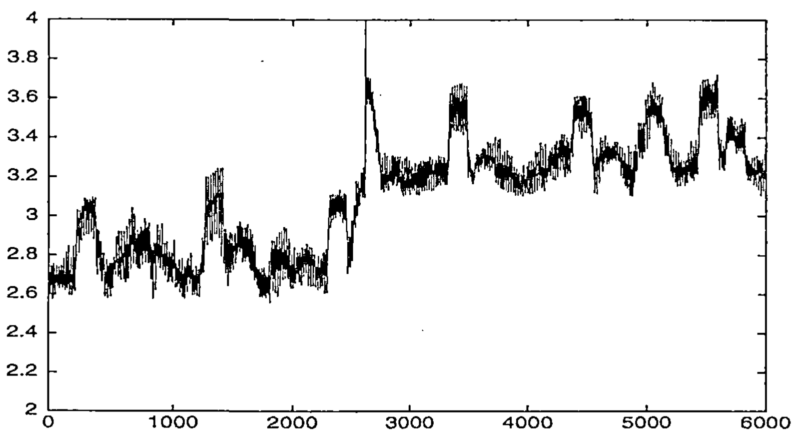

Abb. 4: Entwicklung der K2-Entropie über die Zeit, geschätzt aufgrund spontaner MEG-Aktivität (Kowalik & Elbert, 1995b).

4 Chaotizität bei Tinntitus-Experimenten mit residualer Inhibition

Kehren wir zum Problem des Tinnitus zurück, speziell zu einem Phänomen, das seit Feldmann (1971) unter der Bezeichnung *residuale Inhibition* (RI) bekannt ist: Nach Darbietung eines den Tinnitus überdeckenden Geräusches berichten einige Patienten konsistent, daß ihr Tinnitus vorübergehend zurückgeht. Eine neuere Fallstudie von Kristeva-Feige et al. (1995) widmet sich dieser Erscheinung. Der dort untersuchte Patient berichtete reproduzierbare RI-Perioden von ca. 15 Sekunden Dauer. Im Experiment läßt sich das Phänomen der residualen Inhibition durch eine angemessen regulierte Geräuschüberlagerung herstellen. In den fünf Sitzungen des Experiments (Kristeva-Feige et al.) wurde die RI wiederholt erzeugt und dabei sowohl die spontane als auch die evozierte neuromagnetische Aktivität gemessen. Verglichen mit Perioden von Tinnitus und von Geräuschüberlagerung war die RI konsistent von einer Aktivität geringer Frequenz (im Bereich von 2 bis 8 Hz) begleitet. Andere neuronale Veränderungen, über deren Auftreten bei Tinnituspatienten früher berichtet wurde - wie Abweichungen in den auditiven Erregungsfeldern oder in nichtlinearen Maßen des spontanen MEG - unterschieden nicht zwischen Tinnitus und RI. Daher ist es unwahrscheinlich, daß RI einem Zustand vorübergehender Normalisierung der Hirnfunktion bei chronischem Tinnitus entspricht.

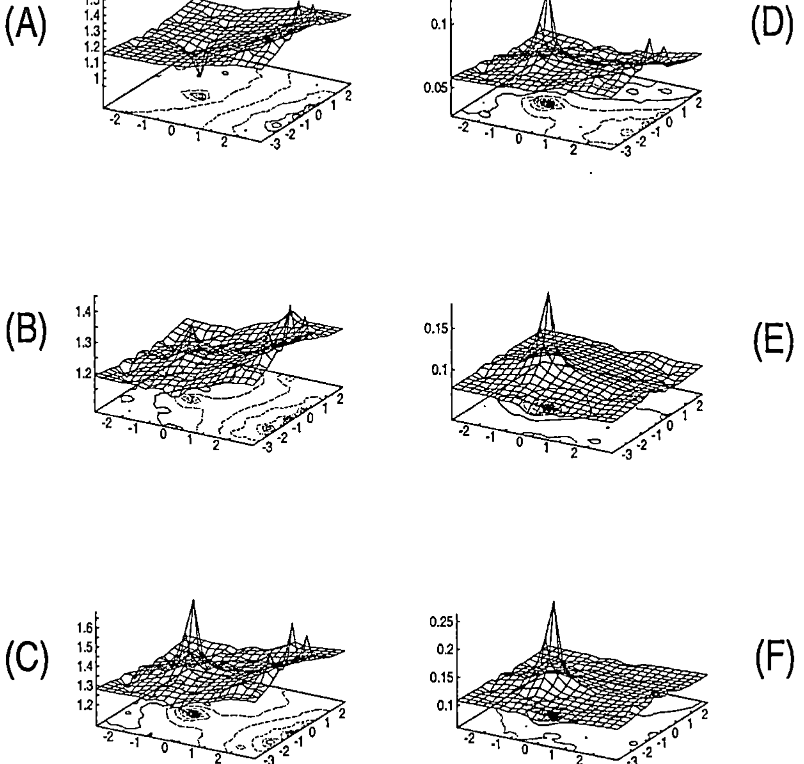

Abb. 5: Darstellung der Λ- *(A,B,C) und* σ-Chaotizität *(D,E,F). A und D sind während einer Überlagerung („masking") des Geräusches aufgenommen, B und E im Inhibitionszustand, C und F im Tinnituszustand.*

Das Phänomen der residualen Inhibition scheint zwar ebenso ein Rätsel zu sein wie der Tinnitus selbst, doch eröffnen sich über den direkten Vergleich der neuronalen Aktivität desselben Patienten während Tinnitus und während Tinnitus-Inhibition vielversprechende Forschungsperspektiven. So könnte man etwa erwarten, daß im Vergleich mit Perioden der Tinnitus-Wahrnehmung während der RI langsame Gehirnwellen vermehrt auftreten. Zur Überprüfung dieser Hypothese wurde ein Patient ausgewählt, der über genügend lange RI-Perioden berichtete, um einen Vergleich der neuronalen Aktivität während RI- und Tinnitus-Perioden vornehmen zu können. Erfaßt wurde die spontane neuromagnetische Aktivität über dem Temporalbereich. Da für die Brauchbarkeit nichtlinearer dynamischer Maße (LLE, Chaotizität) zur Unterscheidung zwischen Tinnituspatienten und Kontrollpersonen bereits positive Erfahrungen vorlagen, benutzten wir diese Maße auch in der vorliegenden Studie zur Unterscheidung zwischen Tinnitus- und RI-Phasen. Zusätzlich wurden in beiden Phasen kurze akustische Signale (Klicks) präsentiert, in der Annahme, daß sich auch in auditiv evozierten MEG-Reaktionen entsprechende Unterschiede manifestieren würden (Kristeva et al., 1992). Die Effekte in den Λ- und σ-Chaotizitäten aus einer von fünf Ableitungssitzungen sind in Abbildung 5 dargestellt. Man erkennt, daß im Plot der Λ-Chaotizität während der Darbietung des Überlagerungstons ein lokales Minimum (-0.5:-0.5) auftritt (A), das im RI-Zustand fast verschwindet (B) und nach Rückkehr zum Tinnitus in die Gegenrichtung anwächst (C).

5 Die Messung von Chaotizität und Korrelations-Dimensionen beim apallischen Syndrom

Patienten mit Dezerebration, auch apallisches Syndrom oder dauerhafter vegetativer Zustand genannt, zeigen keinen emotionalen und physischen Kontakt mit der Außenwelt mehr, obwohl sie ihre vegetativen Funktionen noch aufrechterhalten können. Das apallische Syndrom wird durch geschlossene Kopfverletzungen oder schwere ZNS-Traumen mit einer Störung des Hirnstammes verursacht, die zu einer funktionellen Unterbrechung des Informationsflusses zwischen Kortex und Hirnstamm führt. Das EEG apallischer Patienten ist weniger komplex und zeitlich stabiler als das unverletzter, gesunder Personen, da der somatische Teil quasi abgetrennt ist. Ein positiver Ver-

Gruppe Maß	Apalliker	Kontrollgruppe
D2 Dimension	2.201	2.779
Mittlere L-Chaotizität $< \Lambda >$ Mittlere s-Chaotizität $< \sigma >$	0.57 0.18	0.45 0.14

Tabelle 1: Korrelations-Dimensionen nach Grassberger und Procaccia (1983a) sowie Λ- und σ-Chaotizität, beide gemittelt über den gesamten verfügbaren Zeitabschnitt. Einbettungs-Dimension m = 15 und Verzögerungszeit τ = 5. Statistik für 13 apallische Patienten und 10 Kontrollpersonen.

lauf der Krankheit kommt vor, wenn auch selten.

Eine teilweise oder sogar vollständige Genesung, wie sie bei Kindern beobachtet wird, kündigt sich wahrscheinlich durch ein leichtes Anwachsen der dynamischen Komplexität der elektrischen Gehirnaktivität an. Falls solch eine subtile Veränderung tatsächlich stattfindet, kämen Methoden aus dem Bereich der nichtlinearen Dynamik als neues diagnostisches Instrument in Frage. Resultate eines Vergleichs zwischen Apallikern und gesunden Kontrollpersonen finden sich in Tabelle 1. Interessant ist die Tatsache, daß trotz der geringeren fraktalen Komplexität bei Apallikern die Chaotizität, in der man eine Fähigkeit zur Veränderung vermuten könnte (vgl. Schiepek et al., 1995b), größer ist als in der Kontrollgruppe. Wenn wir die EEG-Muster apallischer Patienten näher betrachten, ist der Sachverhalt leicht zu verstehen: der apallische Patient kann öfter von einer zu einer anderen Dynamik umschalten als die Kontrollperson, aber die gezeigte Dynamik hat eine primitivere Struktur (für ein Beispiel s. Abb. 6). Die zeitliche Entwicklung der Dynamik des EEG-Musters ist beim apallischen Syndrom individuell unterschiedlicher als bei Normalen. Eine graphische Darstellung aller Ergebnisse liefert Abbildung 7.

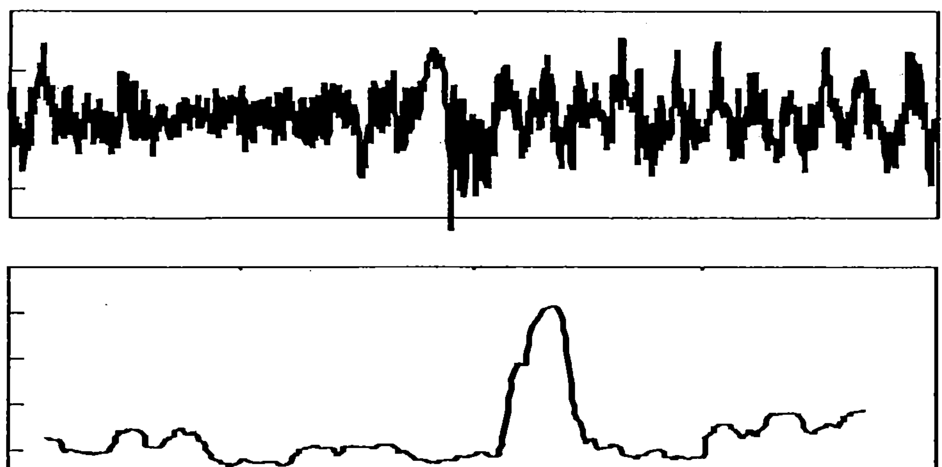

Abb. 6: *Beispiel für die zeitliche Veränderung des EEG bei Apallikern. Der Sprung in der Dynamik ist in diesem Fall auch ohne spezifische Analysemethoden gut zu erkennen. Im mittleren Bereich der Zeitreihe (oben) zeigt der ausgeprägte Peak den Übergang in eine andere Topologie an. Der gleiche Übergang zeigt sich auch in der σ-Chaotizität (unten).*

Auch die Λ-Chaotizität der EEG-Ableitungen der FZ-CZ-Kanäle (F: frontal, C: zentral; der Zusatz Z bezeichnet Ableitungen an der Mittellinie) unterscheidet sich bei Apallikern signifikant [Λ(FZ) >> Λ(CZ)], während es bei Kontrollpersonen nur unspezifische Unterschiede gibt. Dies ist ein unerwartetes Ergebnis, da in bisherigen Modellen meist angenommen wurde, daß bei Apallikern ein geringeres Ausmaß an Hirnaktivität vorliegt.

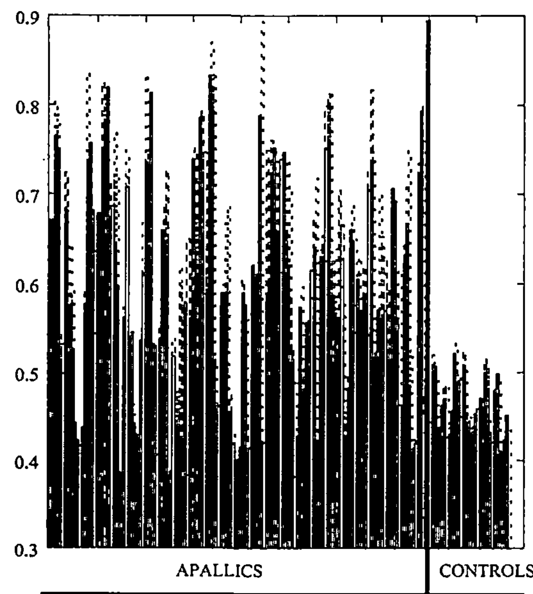

Abb. 7: *A-Chaotizität des EEG von Apallikern (links) und von Kontrollpersonen (rechts). Alle Messungen (auch Wiederholungen) sind dargestellt. Die gepunktete Linie bezeichnet Veränderungen des FZ-Kanals.*

6 Dynamische Maße des EEG bei Schizophrenen

Es gibt zahlreiche Gründe, die Theorie dynamischer Systeme für eine nähere Charakterisierung von Phänomenen heranzuziehen, die überlicherweise der Schizophrenie zugerechnet werden. Auffällig an diesen Phänomenen scheint ihr dynamischer Charakter zu sein (z.B. Schiepek & Schoppek, 1991; Ambühl et al., 1992): rasche Wechsel von Verhaltensweisen, Halluzinationen, Veränderungen bei der Fähigkeit, mentale Aufgaben zu lösen, und schließlich Störungen des Selbst, die zu den bekannten sozialen Adaptationsproblemen führen. Auch gibt es Motive für nichtlineare Analysen im Bereich der Physiologie. Als ein Beispiel von vielen sei die Feststellung von Veränderungen im Glucose-Metabolismus bei Schizophrenen erwähnt (Wiesel et al., 1987). Derartige Beobachtungen legen Parallelen (oder Wechselwirkungen, oder Identitäten, vgl. die Diskussionen zum Leib-Seele-Problem, z.B. Popper & Eccles, 1977) zwischen psychischen Prozessen und objektivierbarer physiologischer Gehirnaktivität nahe. Eine solche Korrespondenz impliziert Veränderungen in der Dynamik des Kortex, die sich auf unterschiedliche, sowohl psychologische als auch biologische Faktoren zurückführen und über Messungen des EEG oder MEG beobachten lassen. Es sollte daher möglich sein, sie unter Verwendung nichtlinearer Methoden näher zu charakterisieren. Ob sich auf diesem Weg aber anwendbare, z.B. diagnostische Verfahren entwickeln lassen werden, muß im Moment dahingestellt bleiben. Entsprechende Ergebnisse müssen sicher immer statistisch bearbeitet und interpretiert werden. Immerhin können die hier vorgestellten Methoden in der Praxis als zusätzlicher „objektiver" Test der Gehirnaktivität hilfreich sein.

Elbert et al. (1992) untersuchten die dynamischen Eigenschaften des spontanen EEG bei Schizophrenen im Vergleich mit Kontrollpersonen. Während Kontrollpersonen im zentralen und im frontalen Kortex eine fast identische dimensionale Aktivität aufwiesen, lag die fraktale Dimension der schizophrenen Patienten an der frontalen Mittellinie (FZ) niedriger als an der zentralen Mittellinie (CZ). Bei zwei Drittel der schizophrenen Untersuchungsgruppe ergaben sich Werte, die über denen der Kontrollgruppe lagen, bei der Hälfte der Patienten sogar um mehr als drei Standardabweichungen über dem Mittel der Kontrollgruppe. Die beobachteten fronto-zentralen Gradienten bei den als schizophren klassifizierten Vpn. deuten darauf hin, daß die frontale und die zentrale Dynamik sogar im entspannten Wachzustand dissoziiert sind, während die der Kontrollgruppe enger gekoppelt sind. Die Dynamik der Hirnregionen, die auf diese Ableitungsstellen projizieren, ist bei den beiden Gruppen offenbar unterschiedlich.

7 Phasenübergänge und vergleichbare Phänomene

Die Beobachtung von Phasenübergängen setzt sowohl klar definierte Ordnungsparameter als auch eine experimentelle Herangehensweise, also die Variation wenigstens eines Kontrollparameters voraus. Im Falle der Messung von Spontanaktivitäten, z.B. des MEG oder EEG, ist dies jedoch nicht möglich. Trotzdem erwarten wir schnelle Veränderungen des Signals, weil die verschiedenen Prozesse im Gehirn durch verschiedene, zeitlich begrenzte Dynamiken charakterisiert sind. Wenn wir also annehmen, daß die jeweiligen Prozesse mit spezifischen Attraktoren zusammenhängen, dann stellen die plötzlichen Sprünge zwischen diesen Attraktoren kritische Übergänge dar. Ein unter Ruhebedingungen aufgenommenes EEG- oder MEG-Signal ist somit sowohl nichtstationär als auch hochdimensional. Dies beruht unter anderem darauf, daß die Versorgung laufender Prozesse im Gehirn mit einem dazu unkorrelierten Input die Zahl der Freiheitsgrade dieser Prozesse erhöht. Man stelle sich zum Beispiel vor, daß ein externes Ereignis das System für einen kurzen Zeitraum an irgendeinen bestimmten Attraktor bindet. Dabei werden kurzlebige Trajektorien hervorgerufen, die dem entsprechenden Attraktor eine knappe Lebensspanne gewähren; zu knapp meistens, um ein klares Bild davon zu rekonstruieren. Es werden weder genügend Orbits erzeugt, um den Attraktor in einem mehr- oder gar hochdimensionalen Phasenraum zu identifizieren, noch wird es möglich sein, die üblichen chaotischen Merkmale zu schätzen. Die in Anhang A4 dieses Beitrages dargestellte Abtastprozedur bietet eine mögliche Lösung für dieses Problem.

Eine plötzliche Veränderung in der Dynamik eines Systems bedeutet nicht notwendigerweise einen Verlust seiner Determiniertheit. Eine Veränderung der Eigenschaften eines Attraktors, d.h. der Art der Bewegung, kann auch in klar definierten Systemen auftreten, etwa im Fall innerer Krisen (Grebogi et al., 1983; Franaszek & Nabaglo,

1993). Experimentell können solche Krisen zum Beispiel in der Bewegung eines auf einer schwingenden Membran springenden Balles erzeugt werden (Kowalik et al., 1988). Der beobachtete Attraktor besteht aus zwei topologisch verschiedenen Teilen, einem periodischen oder quasiperiodischen (Bereich kleiner Sprünge) und einem anderen, quasi zufällig immer wieder reanimierten „seltsamen" Teil, wobei das allgegenwärtige Rauschen entsprechende Veränderungen in der Dynamik des Systems verursacht. Die Situation beim EEG/MEG könnte vergleichbar sein, d.h. externe Information bzw. externes Rauschen könnte zu Sprüngen zwischen den Attraktoren der neuronalen Dynamik führen.

Bei der Analyse von Systemen höherer Ordnung, wie dem EEG/MEG, sind wir zusätzlich mit einer sensiblen Abhängigkeit dynamischer Eigenschaften von der Länge des Datensatzes konfrontiert. Bei kurzen Zeitreihen manifestiert sich die reale Vorhersagbarkeit mehr in der *Veränderung* der L-Chaotizät, d.h. in den σ-Werten, als im Durchschnittsmuster Λ (vgl. Anhang A4). Manche Modellsysteme weisen ein dynamisches Verhalten auf, das nicht nur aus einem, sondern aus mehreren topologisch verschiedenen Teilen besteht. In diesen Fällen, in denen die verschiedenen dynamischen Zustände nicht vom Kontrollparameter, sondern von internen strukturellen Veränderungen verursacht werden, könnte man das Durchschnittsniveau der L-Chaotizität als (Integrations-)Produkt dynamischer Veränderungen und die Spitzen der L-Verteilung als lokale Indikatoren von Übergängen ansehen. Aufgrund der Methode besteht dabei immer eine Art „Unschärferelation" zwischen der Genauigkeit, mit der ein tatsächlicher Übergang in einer Zeitreihe erkannt wird und dem relativen Niveau der L-Chaotizität vor und nach dem Übergang.

Phasenübergänge im EEG bei sensomotorischen Koordinationsaufgaben beobachteten Wimmers et al. (1992) und Fuchs et al. (1992). In ihren Experimenten wurden die Phasenübergänge durch eine Veränderung der Auftretenshäufigkeit des Stimulus bewirkt. Da es während der aufgabenfreien Bedingungen keine externalen Kontrollparametervariationen gab, sind abrupte Veränderungen in der dynamischen Komplexität des spontanen EEG nur schwer zu identifizieren.

Gelungen ist die Beobachtung kritischer Sprünge im MEG/EEG bereits bei Schizophrenen und bei Tinnituspatienten (Kowalik & Elbert, 1995b). Obwohl das Signal selbst mit bloßem Auge keine Anzeichen einer Veränderung dynamischer Eigenschaften erkennen läßt, weisen alle nichtlinearen Kennwerte auf einen kritischen Phasenübergang hin. Interessant ist auch das Auftreten einer ganzen Reihe von „Vorboten" für den Phasenübergang in der σ-Chaotizität (Kowalik & Elbert, 1994). Ein anderes Beispiel für plötzliche Veränderungen der Dynamik wurde bereits am Beispiel apallischer Patienten in Abbildung 6 gegeben.

Abbildung 8 (Rockstroh et al., im Druck) zeigt zwei Beispiele für nichtstationäre Veränderungen im EEG-Signal eines wachen schizophrenen Patienten. Die Veränderung der EEG-Dynamik steht für das beobachtete Auftreten von formalen Denkstörungen im Gespräch. Die σ-Chaotizität unterscheidet sich in den beiden Zuständen. Allerdings weist sie nicht auf eine konstante relative Differenz zwischen den beiden Zuständen hin, sondern auf eine vorübergehende Abweichung von einem gemeinsamen dynamischen Niveau, die durch plötzliche Sprünge verursacht wird.

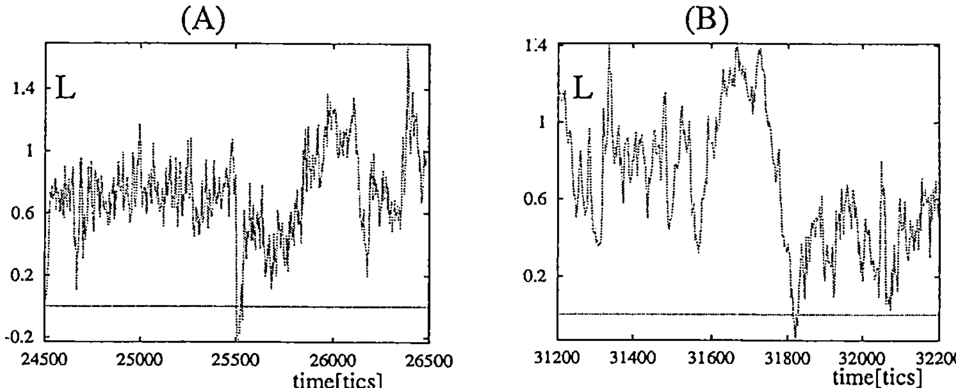

Abb. 8: Verschiedene Arten von kritischen Veränderungen der Chaotizität bei Schizophrenen.

In dieser Studie wurde das EEG während eines 20-minütigen Gesprächs zwischen schizophrenen Patienten und ihren Therapeuten aufgezeichnet (Samplingrate 100 Hz, Länge der Zeitabschnitte mind. 100s). Die ungefilterte Zeitreihe wurde auf ungefähr 10 Sekunden lange, artefaktfreie Intervalle abgesucht. Für die Berechnung der Λ-Chaotizität wurden die folgenden Parameter benutzt: Variablenauflösung 12 Bit (0...4095), Fensterbreite 512 Punkte, Scanningabstand (Schrittgröße der Fensterverschiebung) = 3; Parameter der Phasenraum-Rekonstruktion: Einbettungsdimension m = 15, Zeitverzögerung τ = 2 (arbiträr für alle Zeitreihen). Das Fenster für die LLE-Mittelung (Λ) war 64 Punkte breit. Es zeigte sich, daß schizophrene, insbesondere paranoid-halluzinatorische Patienten mehr kritische Übergänge im EEG aufwiesen als ihr Interviewer, aber auch als depressive Vergleichspatienten. Die im Gespräch durch unabhängige Rater eingeschätzten formalen Denkstörungen (Brief Psychiatric Rating Scale) wurden bereits vorher von kritischen Übergängen im EEG-Signal und damit in den Gehirnprozessen angkündigt. Bemerkenswerterweise war die σ-Chaotizität des *Interviewers* im Gespräch mit paranoid-halluzinatorischen Patienten höher als im Gespräch mit anderen Patienten. Sein Gehirn befand sich dabei offensichtlich in einem anderen dynamischen Zustand als während der Kommunikation mit anderen Patienten (hier Depressiven und desorganisierten Schizophrenen). Die neuronale Dynamik scheint also sensibel zu sein für bestimmte Merkmale der Interaktion.

8 Nichtlineare Dynamik im menschlichen Verhalten

8.1 Motorisches Verhalten bei Schizophrenen

Im letzten Abschnitt wurde gezeigt, daß dynamische Kenngrößen, die auf Messungen von hirnelektrischen Potentialen und Magnetfeldern beruhen, zwischen schizophrenen Patienten und Kontrollpersonen zu differenzieren in der Lage sind. Es ist gut möglich, daß diese Abweichungen von organischen Veränderungen in der physischen Struktur des Kortex bedingt werden, so daß auch in anderen Bereichen der Gehirnaktivität Abweichungen vorkommen könnten, z.B. im motorischen System. Eine solche Hypothese wurde von Jahn et al. (1995) formuliert, die ein Defizit in der motorischen Koordination Schizophrener vermuten und experimentell untersuchen. Fordert man schizophrene Patienten und Kontrollpersonen auf, Kreise zu zeichnen, ergeben sich Unterschiede in der Topologie der Kreise. Dies führt zu der Frage, ob sich strukturelle Veränderungen im motorischen Kortex in verändertem Verhalten widerspiegeln. Ein auf diese Fragestellung bezogenes Experiment wurde mit 24 schizophrenen Patienten durchgeführt. Die Kreise wurden auf eine digitalisierte Platte gezeichnet, wobei die Zeichengeschwindigkeit von einem externen Signalton kontrolliert wurde. Für drei verschiedene Zeichengeschwindigkeiten wurden die gebrauchte Zeit und die Raumkoordination (X und Y) festgehalten. Die Analyse beruhte auf der Winkelgeschwindigkeit, welche definiert ist als:

$$\dot{\phi} = \frac{d\phi}{dt} \approx \frac{\Delta\phi}{\Delta t} \tag{1}$$

$$\Delta\phi = \phi_{n+1} - \phi_n \tag{2}$$

$$\phi_n = \arctan(y_n/x_n) \tag{3}$$

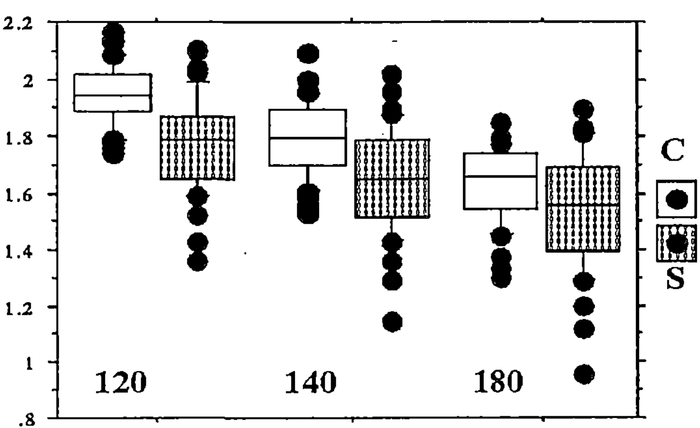

Abb. 9: *Chaotizität der Winkelgeschwindigkeits-Veränderungen beim Zeichnen von Kreisen (drei verschiedene Zeichengeschwindigkeiten). Vergleich von Schizophrenen (S) und Kontrollpersonen (C).*

Der statistische Vergleich des Chaotizitätsmaßes Λ ist für alle Versuchspersonen in Abbildung 9 dargestellt. Wie man erkennt, besteht ein statistisch signifikanter Unterschied zwischen den durchschnittlichen Λ-Chaotizitätswerten von Kontrollpersonen und Schizophrenen. Überraschenderweise gibt es hinsichtlich der Dimensionalität der gezeichneten Kreise fast keinen Unterschied. Bei der Betrachtung der dimensionalen Komplexität verlieren wir Informationen über die Zeitpunkte der Veränderungen. Es scheint unmöglich zu erkennen, ob eine Veränderung am Beginn oder am Ende eines Zeichendurchgangs stattfand. Die Zeitpunkte und die Häufigkeit des Auftretens von Veränderungen bleiben verborgen, wenn zu verschiedenen Zeitpunkten gleiche oder ähnliche Linien gezeichnet werden. Dies erklärt vielleicht das ähnliche graphische Muster der beiden Gruppen. Über die Selbstorganisation und nichtlineare Systemdynamik menschlichen Verhaltens (Motorik, Lernen, Wahrnehmung) berichtet ausführlich Kelso (1995).

8.2 Psychotherapie als chaotischer Prozeß

In zwei umfassenden Einzelfallstudien, die an den Universitäten Bamberg und Münster durchgeführt wurden, unternahmen wir den Versuch, die Interaktion zwischen Therapeut/-in und Klient/-in als nichtlineares, dynamisches System zu beschreiben. Bei den untersuchten Therapien handelte es sich um sog. lösungs- und ressourcenorientierte Kurzzeittherapien, durchgeführt von einem erfahrenen Praktiker nach dem Konzept des Brief Family Therapy Center (Steve de Shazer, Insoo Kim Berg und Mitarbeiter). Die Datenerhebung und Quantifizierung erfolgte in hochfrequenter Weise (Beobachtungsintervalle: 10 Sekunden) auf der Grundlage von Videoaufzeichnungen. Bei dem verwendeten Kodierverfahren handelte es sich um die Methode der *Sequentiellen Plananalyse*, einer prozeßorientierten Weiterentwicklung der von K. Grawe und F. Caspar vorgeschlagenen hierarchischen Plananalyse (Schiepek et al., 1995a). Die Aktivierungsmuster der interaktionellen Pläne von Therapeut/-in und Klient/-in werden mit einer Kodierfrequenz von 10 sec. in einer sog. Planpartitur eingetragen. Auf der Basis einer hierarchischen Zusammenfassung der Pläne und der diesen zugrundeliegenden beobachteten Verhaltensweisen (Operatoren) gelang darüber hinaus auch eine Quantifizierung der Aktivierungsintensität von Plänen (Auflösung: ca. 5 Bit, Länge der Zeitreihen: ca. 3500 Meßpunkte (Studie 1), ca. 2700 Meßpunkte (Studie 2)).

Verschiedene Analysen zeigten, daß die interaktionellen Verhaltensweisen von Therapeut/-in und Klient/-in zwar nicht vorhersagbar, aber dennoch auch nicht zufällig, sondern partiell determiniert (im Sinne des Determinismus-Maßes von Kaplan & Glass, 1992; Schiepek et al., 1997) und zeitlich strukturiert waren. Die Grammar-Complexity der Plan-Aktivierungsmuster erwies sich für fast alle Therapiesitzungen im Surrogatdaten-Test als signifikant (Strunk & Schiepek, 1996). Besonders interessant erscheinen die Unterschiede in der Anzahl und Richtung der kritischen Übergänge (L- und σ-Chaotizität zwischen Therapeut/-in und Klient/-in), sowie die auffällige zeitliche Inzidenz und Koordiniertheit der kritischen Λ- und σ-Übergänge der verschiedenen Verhaltenszeitreihen (sowohl verschiedener Verhaltensaspekte einer Person als auch zwischen den Interaktionspartnern). Derartige nichtstationäre Phänomene des Kommunikationssystems werden weder aufgrund einer Betrachtung der Zeitreihen mit blossem Auge noch mit Hilfe von linearen oder nichtlinearen, aber stationären Methoden deutlich (s. ausführlich Schiepek et al., 1995b; Schiepek et al., 1997; Kowalik et al., 1997).

9 Schlußfolgerungen: Der Beitrag der nichtlinearen Systemtheorie zum Verständnis der kortikalen Dynamik und des Verhaltens

Im Rahmen von EEG- und MEG-Experimenten konnte gezeigt werden, daß die dynamische Komplexität kortikaler Prozesse mit unterschiedlichen Bewußtseinszuständen oder kognitiven Vorgängen in Beziehung steht. Aktuelle Auffassungen über die kortikale Dynamik gehen dabei - etwas vereinfacht gesagt - von der Vorstellung aus, daß eng verbundene neurale Netzwerke im Kortex bei der Durchführung geistiger Aufgaben miteinander konkurrieren oder kooperieren (Braitenberg & Schüz, 1991). Die Anzahl der miteinander interagierenden - kooperierenden oder konkurrierenden - Netzwerke würde dann unter anderem von der Schwere einer Aufgabe abhängen. Veränderungen im Zusammenspiel neuronaler Zellverbände sollten im EEG oder MEG zu erkennen sein, wobei vor allem nichtlineare Analysemethoden dazu beitragen können, zwischen unterschiedlichen kortikalen Vorgängen bzw. Gehirnaktivitäten zu unterscheiden. Dies ist bereits in einer Reihe von Experimenten gezeigt worden (Babloyantz et al., 1985; Mayer-Kress & Layne, 1987; Dvorák, 1991; Elbert et al., 1992; Kowalik et al., 1993; Lutzenberger et al., 1992; Graf & Elbert, 1989). In einigen dieser Untersuchungen wurde von der Annahme ausgegangen, daß die Gehirnaktivität während des untersuchten Zeitintervalls stabil oder konstant sei. Besonders die traditionellen Methoden, wie zum Beispiel die Power-Spektralanalyse, setzen implizit voraus, daß während eines bestimmten Zeitintervalls keine dynamischen Veränderungen stattfinden. Es gibt jedoch Hinweise darauf, daß die Dynamik der Gehirnaktivität in hohem Maße veränderlich ist (Lehmann, 1989; Lehmann et al., 1987; Roeschke & Basar, 1989).

Historisch gesehen gab es zwei Auffassungen über Struktur und Funktionsweise des zerebralen Kortex. Die erste unterteilt den Kortex in verschiedene Untersysteme (Areale) und betont deren strukturelle Unterschiede, wobei Verbindungen relativ geringer Reichweite mit den jeweiligen Nachbararealen angenommen werden. Die andere Auffassung sieht das Gehirn als eine Funktionseinheit, wobei statistische Unterschiede in der Dichte der Synapsen und Dendriten, das Vorhandensein weitreichender Verbindungen sowie eine (funktionsabhängige) neuronale Plastizität betont werden. Wie so oft, dürfte auch die Lösung dieses Problems dialektischer Natur sein. In beiden Ansichten scheint einiges an Wahrheit zu stecken. Wie beim Elektron, das einmal als Welle und ein anderes Mal als Partikel erscheint, so können wir auch hier - jeweils abhängig von den experimentellen Bedingungen - den Kortex entweder als eine Funktionseinheit oder in Untersysteme unterteilt betrachten. Daten von Lutzenberger und Kollegen (1992) stützen diese Annahme. In ihrer Studie wurden unter Ruhebedingungen oder während angenehmer Imaginationen gleiche fraktale Dimensionalitäten an allen Elektrodenpunkten ermittelt, während spezielle sensorische Aufgaben an den verschiedenen Abnahmestellen auf der Kopfhaut unterschiedliche Muster der registrierten fraktalen Dimensionalität ergaben. Wenn derartige Unterschiede beobachtet werden, besteht Grund zu der Annahme, daß die zugrunde liegenden Dynamiken voneinander verschieden sind und daher von unterschiedlich arbeitenden Systemen stammen. Dies verdeutlicht, daß die neuen nichtstationären Methoden bei der Untersuchung der Gehirnaktivität möglicherweise nicht nur mehr Information als bisher extrahieren, sondern auch zu neuen Vorstellungen über die Funktionsweise des Gehirns führen. Hierfür wäre es jedoch zusätzlich notwendig, technische Verfahren zur Untersuchung der Aktivität neuronaler Zellverbände zu entwickeln.

Hauptanliegen des vorliegenden Beitrags war es, einige - zukünftig vielleicht auch praktische - Anwendungen der Theorie dynamischer Systeme aufzuzeigen. Wir haben mehrere Beispiele vorgestellt, in denen deutliche und statistisch signifikante Unterschiede zwischen normalen und pathologischen Zuständen gefunden wurden. Sicher: Nichtlineare Methoden sind neu, kompliziert und bisher außerhalb des Mainstreams; außerdem benötigen sie mehr Rechenzeit als klassische Verfahren. Beim gegenwärtigen Kenntnisstand ist es auch noch nicht möglich, einen umfassenden Vergleich linearer und nichtlinearer Methoden zu präsentieren. Dennoch sind die bisherigen Ergebnisse vielversprechend. Nichtlineare nichtstationäre Methoden bieten insbesondere dort Möglichkeiten, wo der Zugang zur Systemdynamik für andere Verfahren aussichtslos erscheint. Die Entdeckung kritischer Veränderungen in der Gehirnaktivität schizophrener Personen gehört zu diesen Fällen. Die Erfassung der Häufigkeit dieser kritischen Veränderungen kann eventuell zukünftig zur diagnostischen Differenzierung beitragen (Rockstroh et al., im Druck). Statistisch klare Ergebnisse ergab das Kreiszeichenexperiment, was den Unterschied zwischen schizophrenen und psychiatrisch unauffälligen Vpn. betraf.

Da das EEG von Apallikern sehr von dem gesunder Personen abweicht, gibt es zunächst einmal keine Notwendigkeit für die Anwendung nichtlineare Verfahren. In diesem Falle kann jedoch ein Maß, das bei der Vorhersage hilft, nützlich sein. Wie wir gesehen haben, war es möglich, auch kleine Veränderungen in der Dynamik des EEG zu erkennen. Man kann davon ausgehen, daß eine anwachsende dimensionale Komplexität und das Auftreten dynamischer Veränderungen (schnelle kritische Sprünge) auf eine Rückkehr zum Normalzustand hindeuten. Derartige Untersuchungen müssen zukünftig unter kontrollierten Bedingungen über längere Zeiträume durchgeführt und Vergleiche zwischen den Endzuständen des EEG (evtl. MEG) der Patienten und ihrer physiologischen Entwicklung angestellt werden.

Der methodische Schwerpunkt dieses Beitrags fokussierte unsere Thematik, nämlich die Anwendungen der Chaostheorie, auf die Suche nach „guten dynamischen Methoden", die - wie die Fast Fourier Transformation in der klassischen Signalanalyse - benutzt werden können, um zwischen verschiedenen Arten der Hirnaktivität zu unterscheiden. Darüber hinaus stehen in Zukunft eine Vielzahl weiterer Themen und Fragestellungen für nichtlineare Studien zur Bearbeitung an. Auf der mikroskopischen (molekularen) Ebene sind dies z.B. Modelle der genetischen Trigger oder Ordnung und Chaos in DNA-Nukleotidsequenzen (Peng et al., 1993; Goldbeter, 1996), auf der makroskopischen Ebene z.B. Modelle der biologischen Evolution, verschiedenste Aktivierungs-Hemmungs-Modelle oder die Dynamik der Ausbreitung von Epidemien. Sehr interessant erscheint auch die theoretische Betrachtung der zeitlichen Synchronisation biologischer und/oder verhaltensmäßiger Prozesse, z.B. bei der Kontrolle des biomedizinischen (Schiff et al., 1994) und behavioralen Chaos (Droste & Schiepek, in diesem

Band). Nichtlineares Feedback hat nicht nur Bedeutung für die Modellbildung, sondern auch für Lernprozesse und die Mechanismen der psychischen Selbstregulation. Es erscheint auch möglich, Methoden der nichtlinearen Chaoskontrolle zur Stabilisierung „gesunder" Zustände zu benutzen (z.B. zur Kontrolle von Epilepsie). Die Kopplung der Methoden der nichtlinearen Signalanalyse mit dem Konzept der neuralen Netzwerke könnte zu einer Erhellung kooperativer Prozesse jeder Art (im Gehirn wie in sozialen Systemen, z.B. Gruppen oder Organisationen, vgl. Gehm, 1995; Schiepek et al., 1995c) beitragen. Schließlich und endlich bringt uns die Untersuchung der *Hyperdynamik* (Veränderungen der dynamischen Eigenschaften) auch einem Verständnis der Plastizität des Gehirns näher. All diese Thematiken verlangen theoretisch fundierte Untersuchungen, die auch in Zukunft kaum anders als mit den Methoden und in der Sprache der Theorie nichtlinearer dynamischer Systeme durchgeführt werden können.

Danksagung

Wir danken Herrn Prof. Thomas Elbert, Frau Prof. Brigitte Rockstroh und Herrn Prof. Manfried Hoke für fruchtbare Diskussionen.

Literatur

Aizawa, Y. (1986). Chaos-chaos Phase Transition and Dimension Fluctuation. In G. Mayer-Kress (Ed.), *Dimensions and Entropies in Chaotic Systems* (pp. 34-41). Berlin: Springer.

Ambühl, B., Dünki, R. & Ciompi, L. (1992). Dynamical Systems and the Development of Schizophrenic Symptoms. An Approach to a Formalization. In W. Tschacher, G. Schiepek & E. J. Brunner (Eds.) *Self-Organization and Clinical Psychology* (pp. 195-204). Berlin: Springer.

Babloyantz, A. (1985). Strange Attractors in the Dynamics of Brain Activity. In H. Haken (Ed.), *Complex Systems. Operational Approaches in Neurobiology, Physics, and Computers* (pp. 116-122). Berlin: Springer.

Babloyantz, A. & Dexthese, A. (1986). Low-dimensional Chaos in an Instance of Epilepsy. *Proceedings of the Academy of Sciences USA, 83*, 3513-3517.

Badii, R. (1988). Generalized Thermodynamic Ensembles for Fractal Measures. *Il Nouvo Cimento, 10*, 819-840.

Braitenberg, V. & Schüz, A. (1991). *Anatomy of the Cortex. Statistics and Geometry*. Berlin: Springer.

Buzug, T. (1994). *Analyse chaotischer Systeme*. Mannheim: BI Wissenschaftsverlag.

Dvorák, I. (1991). Time and Space Structure of the Determinacy of Brain Electrical Phenomena. In I. Dvorák & A. V. Holden (Eds.), *Mathematical Approaches to Brain Functioning Diagnostics* (pp. 353-367). Manchester: Manchester University Press.

Elbert, T., Lutzenberger, W., Rockstroh, B., Berg, P. & Cohen, R. (1992). Physical Aspects of the EEG in Schizophrenics. *Biological Psychiatry, 32*, 595-606.

Elbert, T., Ray, W. J., Kowalik, Z. J., Skinner, J. E., Graf, K. E. & Birbaumer, N. (1994). Chaos and Physiology: Deterministic Chaos in Excitable Cell Assemblies. *Physiological Reviews, 74*, 1-47.

Elbert, T., Rockstroh, B., Kowalik, Z. J., Hoke, M., Molnar, M, Skinner, J. E. & Birbaumer, N. (1995). Chaotic Brain Activity, *EEG Suppl., 44*, 441-449.

Feldmann, H. (1971). Homolateral and Contralateral Masking of Tinnitus by Noise-bands and by Pure Tones. *Audiology, 10*, 138-144.

Franaszek, M. & Nabaglo, A. (1993). General Case of Crisis-induced Intermittency in the Duffing Equation. *Physics Letters A, 178*, 85-91.

Fuchs, A. & Kelso, J. A. S. (1992). Self-Organization in Brain and Behavior: Critical Instabilities and Dynamics of Spatial Model. In B. H. Jansen & M. E. Brandt (Eds.), *Nonlinear Dynamical Analysis of the EEG* (pp. 269-284). Singapore: World Scientific.

Gehm, T. (1995). Selbstorganisierte Untersuchungsdesigns in der Kleingruppenforschung. Oder: Warum nicht Chaos mit Chaos angehen? In W. Langthaler & G. Schiepek (Hrsg.), *Selbstorganisation und Dynamik in Gruppen* (S. 3-37). Münster: LIT-Verlag.

Goldbeter, A. (1996). *Biochemical Oscillations and Cellular Rhythms. The Molecular Bases of Periodic and Chaotic Behaviour*. New York: Cambridge University Press.

Graf, K. & Elbert, T. (1989). Dimensional Analysis of the Waking EEG. In E. Basar & T. H. Bullock (Eds.) *Brain Dynamics. Progress and Perspectives* (pp. 174-191). Berlin: Springer.

Grassberger, P. & Procaccia, I. (1983a). Measuring the Strangeness of Strange Attractors. *Physica D, 9*, 189-208.

Grassberger, P. & Procaccia, I. (1983b). Estimating the Kolmogorov Entropy from a Chaotic Signal. *Physical Review A, 28*, 2591-2593.

Grebogi, C., McDonald, S. W., Ott, E. & Yorke, J. A. (1983). Final State Sensitivity: An Obstruction to Predictability. *Physics Letters A, 99*, 415-418.

Györgyi, G. & Szépfalusy, P. (1985). Calculation of the Entropy in Chaotic Systems. *Physical Review A, 31*, 3477-3479.

Haken, H. (1983). *Advanced Synergetics*. Berlin: Springer.

Hoke, M., Feldmann, H., Pantev, C., Lütkenhöner, B. & Lehnertz, K. (1989). Objective Evidence of Tinnitus in Auditory Evoked Magnetic Fields. *Hearing Research, 37*, 281-286.

Iasemidis, L. D. & Sackellares J. C. (1991). The Evolution with Time of the Spatial Distribution of the Largest Lyapunov Exponent on the Human Epileptic Cortex. In D. Duke & W. Pritchard (Eds.), *Measuring Chaos in the Human Brain* (pp. 97-112). Singapore: World Scientific.

Jahn, T., Kohen, R., Mai, N., Ehrensperger, M., Marquardt, C., Nietsche, N. & Schrader, S. (1995). Untersuchung der fein- und grobmotorischen Dysdiadochokinese schizophrener Patienten: Methodenentwicklung und erste Ergebnisse einer computergestützten Mikroanalyse. *Zeitschrift für Klinische Psychologie, 24*, 300-315.

Kaplan, D. & Glass, L. (1992). Direct Test for Determinism in a Time Series. *Physical Review Letters, 68*, 427-430.

Kelso, J. A. S. (1995). *Dynamic Patterns. The Self-Organization of Brain and Behavior*. New York: Bradford Books.

Kolmogorov, A. N. (1959). *Dokl. Akad. Nauk USSR, 98*, 527.

Kowalik, Z. J., Franaszek, M. & Pieranski , P. (1988). Self-reanimating Chaos in the Bouncing Ball System. *Physical Review A, 37*, 4016-4023.

Kowalik, Z. J., Elbert, T. & Hoke, M. (1993). Mapping Dynamic Brain Function: The Largest Lyapunov Exponent Derived from Multichannel Magnetoencephalography. In B. H. Jansen & M. E. Brandt (Eds.), *Nonlinear Dynamical Analysis of the EEG* (pp. 156-164). Singapore: World Scientific.

Kowalik, Z. J. & Kumpf, K. (1993). *Entropy and Brain Dynamics*. 14th Annual Informal Workshop „Dynamics Days 1993", Rydzyna.

Kowalik, Z. J. & Elbert, T. (1994). Changes of Chaoticness in Spontaneous EEG/MEG. *Integrative Physiological and Behavioral Science, 29*, 268-280.

Kowalik, Z. J. & Elbert, T. (1995a). A practical Method for Measurements of Chaoticity of Electric and Magnetic Brain Activity. *International Journal of Bifurcation and Chaos, 5*, 475-490.

Kowalik, Z. J. & Elbert, T. (1995b). How Chaos Theory may be Applied to Evaluate Patterns of Brain Dynamics. In L. Deecke, C. Baumgartner, G. Stroink & S. J. Williamson (Eds.), *Biomagnetism: Fundamental Research and Clinical Applications* (pp. 398-401). Amsterdam: Elsevier.

Kowalik, Z. J., Schiepek, G., Kumpf, K., Roberts, L. E. & Elbert, T. (1997). Psychotherapy as a Chaotic Process II: The Application of Nonlinear Analysis Methods on Quasi Time Series of the Client-Therapist Interaction: A Nonstationary Approach. *Psychotherapy Research, 7(3)*, in press.

Kristeva, R., Lütkenhöner, B., Ross, B., Elbert, T., Kowalik, Z. J., Hampson, S., Hoke, M. & Feldmann, H. (1992). The Amplitude Ratio M200/M100 of the Auditory Evoked Magnetic Field in Normal Hearing Subjects and Tinnitus Patients. In J. M. Aran (Ed.) Proc IVth Int. Tinnitus Seminar, Kugler and Ghedini Publications.

Kristeva-Feige, R., Feige, B., Kowalik, Z. J., Ross, B., Elbert, T. & Hoke, M. (1995). Neuromagnetic Activity During Residual Inhibition in Tinnitus - A Case Study. *Journal of Medical Audiology, 4*, 134-145.

Kumpf, K., Kowalik, Z. J., Braun, C. & Miltner, W. (in preparation). Measuring Changes in Brain Dynamical Activity.

Lehmann, D. (1989). Microstates of the Brain in EEG and ERP Mapping Studies. In E. Basar & T. Bullock (Eds.), *Brain Dynamics* (pp. 72-83). Berlin: Springer.

Lehmann, D., Ozaki, H. & Pal, I. (1987). EEG Alpha Map Series: Brain Microstates by Space-oriented Adaptive Segmentation. *Electroencephalography and Clinical Neurophysiology, 67*, 271-288.

Loistl, O. & Betz, I. (1994). *Chaostheorie* (2. Aufl.). München: Oldenbourg.

Lutzenberger, W., Elbert, T., Birbaumer, N., Ray, W. J. & Schupp, H. (1992). The Scalp Distribution of the Fractal Dimension of the EEG and its Variation with Mental Tasks. *Brain Topography, 5*, 27-33.

Mayer-Kress, G. (Eds.) (1986) *Dimensions and Entropies in Chaotic Systems*. Berlin: Springer.

Mayer-Kress, G. & Layne, S. P. (1987). Dimensionality of the Human Electroencephalogram. In K. H. Koslov, A. J. Mandell & M. F. Schlesinger (Eds.), Perspectives in Biological Dynamics and Theoretical Medicine. *Annuals of the New York Academy of Sciences, 504*, 62-87.

McCauley, J. L. (1993). *Chaos, Dynamics, and Fractals*. New York: Cambridge University Press.

Peng, C.-K., Buldyrev, S. V., Goldberger, A. L., Havlin, S., Simons, M. & Stanley, H. E. (1993). Finite-size Effects on Long-Range Correlations: Implications for Analyzing DNA Sequences. *Physical Review E, 47*, 3730-3733.

Pesin, Y. B. (1977). Characteristic Lyapunov Exponents and Smooth Ergodic Theory. *Russian Mathematical Surveys, 32*, 55-114.

Popper, K. R. & Eccles, J. C. (1977). *The Self and its Brain*. Berlin: Springer.

Rockstroh, B., Watzl, H., Kowalik, Z. J., Cohen, R., Sterr, A. & Elbert,T. (in press). Dynamical Aspects of the EEG in Schizophrenic Patients under Real Life Conditions. Manuskript, Universität Konstanz.

Rosenstein, M. T., Collins, J. J. & De Luca C. J. (1993). A Practical Method for Calculating Largest Lyapunov Exponents from Small Data Sets. *Physica D, 65*, 117-134.

Sato, S., Sano, M. & Sawada, Y. (1987). Practical Methods of Measuring the Generalized Dimension and the Largest Lyapunov Exponent in High Dimensional Chaotic Systems. *Progress of Theoretical Physics, 77*, 1-5.

Schiepek, G. & Schoppek, W. (1991). Synergetik in der Psychiatrie: Simulation schizophrener Verläufe auf der Grundlage nichtlinearer Differenzengleichungen. In U. Niedersen & L. Pohlmann (Hrsg.), *Selbstorganisation. Jahrbuch für Komplexität in den Natur-, Sozial- und Geisteswissenschaften. Band 2* (S. 69-102). Berlin: Duncker & Humblot.

Schiepek, G. & Strunk, G. (1994). *Dynamische Systeme. Grundlagen und Analysemethoden für Psychologen und Psychiater*. Heidelberg: Asanger.

Schiepek, G., Schütz, A., Köhler, M., Richter, K. & Strunk, G. (1995a). Die Mikroanalyse der Therapeut-Klient-Interaktion mittels Sequentieller Plananalyse. Teil I: Grundlagen, Methodenentwicklung und erste Ergebnisse. *Psychotherapie Forum, 3(1),* 1-17.

Schiepek, G., Strunk, G. & Kowalik, Z. J. (1995b). Die Mikroanalyse der Therapeut-Klient-Interaktion mittels Sequentieller Plananalyse. Teil II: Die Ordnung des Chaos. *Psychotherapie Forum, 3(2),* 87-109.

Schiepek, G., Manteufel, A., Strunk, G. & Reicherts, M. (1995c). Kooperationsdynamik in Systemspielen. Ein empirischer Ansatz zur Analyse selbstorganisierter Ordnungsbildung in komplexen Sozialsystemen. In W. Langthaler & G. Schiepek (Hrsg.), *Selbstorganisation und Dynamik in Gruppen* (S. 123-160). Münster: LIT-Verlag.

Schiepek, G., Kowalik, Z. J., Schütz, A., Köhler, M., Richter, K., Strunk, G., Mühlnickel W. & Elbert, T. (1997). Psychotherapy as a Chaotic Process I: Coding the Client-Therapist Interaction by Means of Sequential Plan Analysis and the Search for Chaos: A Stationary Approach. *Psychotherapy Research, 7(2),* in press.

Schiff, S. J., Jerger, K., Duong, D. H., Chang, T., Spano, M. L. & Ditto, W. L. (1994). Controlling Chaos in the Brain. *Nature, 370,* 615-620.

Schuster, H.-G. (1989). *Deterministic Chaos. An Introduction.* Weinheim: VCH. (deutsch: (1994). *Deterministisches Chaos.* Weinheim: VCH.)

Skinner, J. E., Martin, J. L., Landisman, C. E., Mommer, M. M., K. Fulton, K., Mitra, M., Burton, W. D. & Saltzberg, B. (1990). Chaotic Attractors in a Model of Neocortex: Dimensionalities of Olfactory Bulb Surface Potentials are Spatially Uniform and Event-related. In E. Basar & T. H. Bullock (Eds.), *Brain Dynamics, Progress, and Perspectives* (pp. 119-134). Berlin: Springer.

Skinner, J. E., Molnar, M., Vybiral, T. & Mitra, M. (1992). Application of Chaos Theory to Biology and Medicine. *Integrative Physiological and Behavioral Science, 27,* 39-53.

Strunk, G. & Schiepek, G. (1996). *Qualitatives Chaos. Dynamische Muster in der Therapeut-Klient-Beziehung.* Manuskript, Universität Münster (eingereicht in: Zeitschrift für Klinische Psychologie).

Wiesel, F. A., Wik, G., Sjogren, I., Blomqvist, G. & Greitz, T. (1987). Altered Relationships between Metabolic Rates of Glucose in Brain Regions of Schizophrenic Patients. *Acta Psychiatrica Scandinavica, 76,* 642-647.

Wimmers, R. H., Beek, P. J. & van Wieringen, P. C. W. (1992). Phase Transitions in Rhythmic Tracking Movements: A Case of Unilateral Coupling. *Human Movement Science, 11,* 217-226.

Wolf, A., Swift, J. B., Swinney, H. L. & Vastano, J. A. (1985). Determining Lyapunov Exponents from a Time Series. *Physica D, 16,* 285-317.

Wolff, R. C. L. (1992). Local Lyapunov Exponents: Looking Closely at Chaos. *Journal of the Royal Statistical Society B, 54,* 353-371.

ANHANG

A1 Dimensionsmaße

A1.1 Generalisierte Dimension

Die Definition einer Dimension kann generalisiert mit der folgenden Formel ausgedrückt werden:

$$D_q = \lim_{\epsilon \to 0} \frac{1}{(q-1)\log\epsilon} \log \sum_{i=0}^{N(\epsilon)} p \tag{4}$$

wobei $p_i = \frac{N_i}{N}$ die Wahrscheinlichkeit bezeichnet, einen Punkt des Attraktors in einem bestimmten i-ten Element des Raumes zu finden. Setzt man $q = 0$, so erhält man aus Gleichung Gl. 4 den Ausdruck für die Hausdorff-Dimension

$$D = \frac{\log N}{\log(1/\epsilon)} \tag{5}$$

als $\log\epsilon = -\log\epsilon^{-1} = -\log(1/\epsilon)$ und $\sum_{i=0}^{N} p^0 = N$ als $p^0 = 1$.

A1.2 Informationsdimension D1

Wenn in Gleichung 4 $q = 1$, dann geht der Zähler gegen Null und der Ausdruck für D1 kann hergeleitet werden:

$$D_1 = \lim_{q \to 1}\lim_{\epsilon \to 0} \frac{1}{(q-1)\log\epsilon} \log \sum_{i=0}^{N(\epsilon)} p_i$$

$$D_1 = -\lim_{\epsilon \to 0} \frac{1}{\log\epsilon} \sum_{i=0}^{N(\epsilon)} p_i \log p_i \tag{6}$$

A1.3 Korrelationsdimension D2

Für $q = 2$ erhält man:

$$D_2 = \lim_{\epsilon \to 0} \frac{1}{\log\epsilon} \log \sum_{i=0}^{N(\epsilon)} p_i^2 \tag{7}$$

Man kann zeigen (Schuster, 1989; McCauley, 1993), daß D2 der Grassberger-Procaccia (1983a) Korrelationsdimension entspricht:

$$\nu = \lim_{R \to 0} \frac{\log C(R)}{\log R}$$

$$C(R) = \frac{1}{N^2} \sum_{i \neq j}^{N} \Theta(r - |x_i - x_j|) \tag{8}$$

wobei $\Theta(R) = 1$ für $R > 0$, ansonsten ist $\Theta(R) = 0$. $\Theta(R)$ wird als Heaviside Zähl-Funktion bezeichnet. Wenn man die Anzahl der Referenzpunkte (Index i) auf einen einzigen reduziert, erhält man eine sogenannte punktweise Dimension (PD), deren Spezialfall die sog. PD2-Dimension nach Skinner et al. (1990) darstellt. Sie erlaubt eine schnellere Schätzung der Dimension als die Korrelationsdimension D2. PD ist wie folgt definiert:

$$\alpha_i = \lim_{r \to 0} \frac{\log C_i(r)}{\log r}$$

$$C_i(r) = \lim_{N \to \infty} \sum_{j=1}^{N} \frac{1}{N} \Theta(r - |x_i - x_j|) \tag{9}$$

Aufgrund der Beschränkung der Anzahl der Referenzpunkte auf eins ist die punktweise Dimension ein lokales Maß des Attraktors in der Nachbarschaft des Referenzpunktes. Eine globalere Aussage erhält man, wenn die Schätzung für mehrere Referenzpunkte durchgeführt und dann ein Durchschnittswert errechnet wird.

A2 Lyapunov-Exponenten

Eine wichtige Eigenschaft chaotischer Prozesse ist ihre sogenannte ‚sensible Abhängigkeit von den Anfangsbedingungen": Kleinste Störungen können den weiteren Verlauf einer Trajektorie völlig verändern, obwohl das erzeugende System das gleiche bleibt. Auf der Grundlage dieser Eigenschaft ist es möglich, das Ausmaß der Chaotizität einer Zeitreihe zu messen, indem man die exponentielle Abweichung zweier zunächst unmittelbar benachbarter Trajektorien feststellt. Man vergleicht dabei den Grad der Abweichung nach einer Störung mit dem ungestörten zeitlichen Verlauf einer Trajektorie. Diese Abweichung kann im Phasenraum mit Hilfe der sog. Lyapunov- Exponenten gemessen werden. Lyapunov-Exponenten sind definiert als die durchschnittliche exponentielle Divergenz (wenn positiv) oder Konvergenz (wenn negativ) von benachbarten Trajektorien im Phasenraum eines gegebenen Systems. Wenn der größte Lyapunov-Exponent (LLE) positiv ist, dann werden die Trajektorien in mindestens einer Richtung des Phasenraums (exponentiell) auseinanderlaufen, womit eine notwendige Bedingung für chaotisches Verhalten erfüllt ist. Daher müssen wir zur Beantwortung der Frage, ob eine Zeitreihe „chaotisch" ist, nur nach dem größten Lyapunov-Exponenten fragen. Um die physikalische Bedeutung des Lyapunov-Exponenten zu veranschaulichen, lassen Sie uns aus empirischen Daten ein kleines N-dimensionales Ellipsoid im N-dimensionalen Phasenraum rekonstruieren. Wir folgen nun der logarithmischen Veränderung dieses Volumenelements über die Zeit. Wenn es in eine Richtung des Raumes wächst, dann wird der entsprechende Exponent positiv sein, ansonsten negativ (wenn die Trajektorien z.B. auf einen Fixpunkt zulaufen) oder Null (quasiperiodisch oder intermittierend). Daher sind die Lyapunov-Exponenten gleich der Achsenlänge des Hyperellipsoids (in 1D ist dies ein Intervall, in 2D ist es eine Ellipse, in 3D ein Ellipsoid und so weiter). Dadurch wird klar, daß der größte Lyapunov-Exponent (LLE) diejenige Richtung im Raum angibt, in der mit fortschreitender Zeit die größten Volumenveränderungen auftreten, d.h. die Richtung der maximalen Instabilität.

Aus empirischen Zeitreihen X kann ein Quasi-Attraktor rekonstruiert werden, indem die in der Literatur vielfach beschriebene Zeitverzögernungstechnik angewandt wird (z.B. Schiepek & Strunk, 1994). Der LLE ist dann definiert als:

$$LLE = \lim_{t \to \infty} \left(\frac{1}{t} log \left(\frac{\Delta L(t)}{\Delta L(t_0)} \right) \right) \tag{10}$$

wobei $\Delta L(t)$ die Länge der längsten (Haupt-)Achsen des Ellipsoids zur Zeit t und $\Delta L(t0)$ die anfängliche Störung angibt. Die Einheit der Exponenten ist Bits/Sekunde oder - für eine diskrete Folge von Meßpunkten - Bits/Iteration, abhängig von der Zeiteinheit.

Wolf et al. (1985) veröffentlichten einen bekannten Algorithmus für die Schätzung des LLE, der darauf beruht, daß einer zufällig gewählten Referenztrajektorie in ihrem Verlauf durch einen Attraktor bis zum Ende des Datensatzes gefolgt wird, wobei der Attraktor durch zeitliche und/oder räumliche Einbettung rekonstruiert wurde. Bei dieser Prozedur zieht man immer wieder neue Punkte in der Nähe der Referenztrajektorien heran und mißt die Abweichung der Punkte-Paare über die Zeit. Um Faltprozesse zu vermeiden, die eine künstliche Verringerung der Entfernung verursachen würden, muß jedes Mal, wenn die entstandene Entfernung eine bestimmte Strecke überschreitet, ein neuer benachbarter Punkt gesucht werden. Dies erfordert, daß der neue Punkt ungefähr die gleiche Orientierung im Verhältnis zum Referenzpunkt aufweist wie der alte, so daß Einflüsse von anderen Lyapunov-Exponenten vermieden werden. Die durchschnittliche Abweichungsrate wird dann wie folgt errechnet:

$$\lambda_i = \frac{1}{t_m - t_0} \sum_{k=1}^{m} \log \frac{dist(t_k)}{dist(t_{k-1})} \tag{11}$$

wobei $dist(t_k)$ die Abweichung bezeichnet, die aus der anfänglichen Entfernung $dist(t_{k-1})$ entstand und m die Anzahl der Ersetzungen, die im Zeitraum $t_m - t_0$ gemacht wurden. In hochdimensionalen Systemen ist es allerdings schwierig, die Methode von Wolff et al. zu verwenden, da es nicht leicht ist, bei den erforderlichen Ersetzungen richtig orientierte Punkte bzw. Trajektorien zu finden, die bei dieser Methode verlangt werden. Sato et al. (1987) schlugen daher eine Schätzung des LLE vor, bei der das Niveau des LLE als Zeitmuster aufgetragen wird. Sie definieren den LLE als eine Funktion der Zeit:

$$LLE(\tau, t) = \frac{1}{\tau} \left\langle ln \frac{dis(f^{t+\tau}x, f^{t+\tau}y)}{dis(f^t x, f^t y)} \right\rangle_x \tag{12}$$

wobei Durchschnittswerte in Bezug auf x errechnet werden. Der Ausdruck $dis(x,y)$ definiert die Entfernung zwischen zwei gewählten Punkten eines Attraktors, und f ist die Entwicklung des Systemverlaufs über die Zeit t. Bei dieser Methode wird die Entwicklung des LLE gegen t für einige Werte von t und der eingebetteten Dimensionen m beobachtet, um den korrekten Satz von Parametern (t,m) für eine gegebene Zeitreihe herauszufinden. Der richtige Wert des LLE wird angenähert durch das Niveau des $LLE(\tau, t)$-Plots. Diese Methode wurde zusammen mit ihrer Interpretation ausführlich bei Rosenstein et al. (1993) beschrieben.

A3 K2-Entropie

Die K2-Entropie eines gegebenen deterministischen Prozesses ist definiert als:

$$K2 = -\lim_{\tau \to 0} \lim_{N \to \infty} \frac{1}{\tau N} \log \left(\sum_i p_i^2 \right) \tag{13}$$

und steht für stationäre chaotische Systeme in engem Zusammenhang mit den Lyapunov-Exponenten: die Summe aller positiven LE ist gleich K2 (Pesin, 1977):

$$K2 = \sum_{\{j : \lambda_j > 0\}} \lambda_j \tag{14}$$

A4 Maße der Chaotizität

In nichtstationären Systemen ist die totale Energie des Systems nicht über die Zeit konstant, mit anderen Worten, es kommt in aufeinanderfolgenden Zeitabschnitten zu einer Veränderung der Energie und der Entropie. Tastet man ein gemessenes Signal mit nichtlinearen Algorithmen wie LLE oder K-S-Entropie ab, läßt sich darüber die (Nicht-)Stationärität des gemessenen Signals (bei korrekter Wahl des Zeitabschnittes) charakterisieren. Es gibt nichtstationäre Zeitreihen, in denen die durchschnittliche Veränderung schnell, geradezu sprunghaft und andere, in denen sie graduell verläuft. Schnelle Veränderungen indizieren phasenübergangsähnliches Verhalten (Aizawa, 1986; Badii, 1988; Fuchs & Kelso, 1992).

Wie bereits erwähnt, eignet sich der LLE zur Überprüfung der Chaotizität eines Systems eigentlich nur dann, wenn das untersuchte Verhalten stationär und deterministisch ist. Das Problem der Entdeckung und Quantifizierung der Chaotizität ist damit also nicht generell gelöst. Das im folgenden beschriebene Chaotizitätsmaß beruht zwar auf der Definition des Lyapunov-Exponenten, kann aber auch dann benutzt werden, wenn Beschränkungen hinsichtlich der Stationarität nicht eingehalten werden können, was bei den meisten experimentellen Daten der Fall ist. Zudem sollte es sich auch für Systeme mit einer unbekannten Zahl von Freiheitsgraden eignen. (Die Bestimmung der Freiheitsgrade erfolgt für niedrigdimensionale, stationäre Systeme, indem man die Fraktaldimension bis hin zum Saturierungsniveau schätzt.) Die Methode basiert auf der Definition der größten Lyapunov-Exponenten (Gleichung 9) und der lokalen Lyapunov- Exponenten, wie von Wolff (1992) beschrieben (vgl. auch die Interpretationen von Mayer-Kress & Layne,

1987, und Wolf et al., 1985). Die Gleichung des LLE (Gleichung 9) schreiben wir nun wie folgt:

$$\lambda = \lim_{m \to \infty} \left\{ \frac{1}{m} \log \left| \frac{df^m}{dx} \right| \right\} \tag{15}$$

wobei die Zeitvariable durch die Anzahl der Iterationen ersetzt wurde. Ein großes m weist auf eine lange Zeitreihe hin. Wenn m klein ist, liegt nur lokale Stabilität im Phasenraum vor. Daher kommt nur dem lokalen Exponenten eine empirische Bedeutung zu. Die Entwicklung des anfänglichen Fehlers δ_0 über die Zeit (Iterationen) führt zu folgender Reihe:

$$\delta_1 = \delta_0 2^\lambda, \delta_2 = \delta_0 2^{2\lambda}, \cdots, \delta_n = \delta_0 2^{n\lambda} \tag{16}$$

wenn die aufeinanderfolgenden Punkte nur nah genug beieinander liegen, d.h., wenn die Werte von δ_n klein sind. Es ist klar, daß sich die Exponenten für die aufeinanderfolgenden Punkte der Trajektorie voneinander unterscheiden:

$$\lambda^{(1)} = \log \frac{\delta_1}{\delta_0}, \cdots, \lambda^{(n)} = \frac{1}{n} \log \frac{\delta_n}{\delta_0} \tag{17}$$

Die Durchschnittswerte von aufeinanderfolgenden λ's beschreiben die lokale Stabilität des Attraktors in der Nähe der Punkte v und j. Daher erhält man den lokalen LE im Punkt X_v durch:

$$\lambda_v = \frac{1}{k_v} \sum_j^{k_v} \frac{1}{j} \lambda_v^{(j)} \tag{18}$$

wobei k_v die Anzahl der Punkte ist, die nahe am gewählten Referenzpunkt v liegen.

$$\lambda_v^{(j)}(m) = \log \frac{dist\,(X_{v+m}, X_{j+m})}{dist\,(X_v, X_j)} \tag{19}$$

ist eine Funktion der Verzögerung m, wobei dist das Quadrat der Entfernung zwischen Trajektorien im m-dimensionalen Raum bedeutet.

$$dist(x_i, x_j) = \sum_{k=1}^{m} (x_{i+k*\tau} - x_{j+k*\tau})^2 \tag{20}$$

Die Wiederholung dieser Prozedur für N Paare von Trajektorien mit anschließender Mittelung

$$L(t, N) = \langle \lambda(t) \rangle_N \tag{21}$$

sollte den globalen größten Lyapunov-Exponenten ergeben, wenn N groß ist und wenn die Dynamik des Systems sich nicht verändert. Da die Variable in Gleichung 20 unter diesen Bedingungen zeitabhängig ist, schlagen wir vor, über die Zeit zu mitteln. Wir können somit die Λ–Chaotizität definieren als:

$$\Lambda = <L(\alpha, t)>_{\Delta t} \tag{22}$$

wobei Δt den Zeitabschnitt bezeichnet, über den gemittelt wurde (Scanning-Fenster). Index a steht symbolisch für alle Parameter, die bei der Rekonstruktion des Attraktors benutzt werden. L wird über Gleichung 20 für ein festgelegtes k geschätzt (lediglich eine willkürlich gewählte Referenztrajektorie). Das nächste Problem ist das Rauschniveau. Auch die kleinste Veränderung der digitalen Daten-Repräsentation kann in einer veränderte L-Schätzung resultieren. Um dies zu verhindern schlagen wir vor, die Berechnungen auf einen normalisierten Datensatz zu beziehen oder direkt die Integerdaten zu benutzen, die bei der AD-Konversion produziert wurden. Dahinter steckt die einfache Überlegung, daß die Dicke der Trajektorie maximal gleich 1 Bit und das numerische Rauschen mindestens gleich 2 ($\pm$ 1 Bit) sein wird. Weiter bedeutet dies, daß im empirischen Falle keine Nulldistanz realisierbar sein wird und daher bei numerischen Schätzungen alle Quasi-Nullen durch festgelegte Werte zu ersetzen sind. Dies sollte durchgehend die kleinste definierte Distanz, d.h. 1 Bit sein. Wenn die Ersetzung auf diese Weise durchgeführt und für die anfängliche Distanz in solchen Fällen eine große Zahl eingesetzt wird, z.B. $dist() = NMAX^2$, ($NMAX$ - der größte erreichbare Abstand) dann wird das Ergebnis in periodischen oder nahezu periodischen Fällen umgekehrt proportional zu LE sein. Der Vorteil ist, daß sich solche nahezu periodischen Attraktoren leicht aus chaotischem Verhalten ,herausfilternlassen und somit zusätzliche Informationen über die Komplexität eines gegebenen Signals gewonnen werden kann. Um Aussagen über Periodizität zu machen, ist es hinreichend, sich gleichzeitig das Verhalten der Variabilität der gemessenen L-Werte anzuschauen. In nahezu periodischen Fällen geht s deutlich gegen Null. Für eine vollständige Charakterisierung der Dynamik beobachten wir daher sowohl die lokalen Veränderungen der Λ−Chaotizität als auch die Veränderungen ihrer abschnittsweisen Mittelung (L- Chaotizität) als auch die Variabilität von L, also die σ−Chaotizität.

Die dimensionale Komplexität des EEG in psychotischen und remittierten Zuständen

Gary Bruno Schmid und Martha Koukkou

1 Einführung

Die Anwendung der Chaostheorie bei der Untersuchung psychischer Störungen geht mit einem Paradigmenwechsel in Psychologie und Psychiatrie einher. Die neue Perspektive kommt grundlegenden Erkenntnis-„Bedürfnissen" entgegen, nämlich nach

1.) einem quantitativen Verständnis schöpferischer Aspekte der Natur (hier redet der Chaostheoretiker von „dynamischer Selbstorganisation");

2.) gesicherter Erkenntnis mit gleichzeitigen Freiräumen für die Phantasie (hier spricht der Chaostheoretiker von einer inhärenten Erkennbarkeit ohne langfristige Vorhersagbarkeit der Strukturen des „deterministischen Chaos");

3.) objektiver Erfassung eigentümlicher und einmaliger Entwicklungen (hier wird von „schwacher Kausalität" oder vom „Schmetterlingseffekt" gesprochen);

4.) Einsicht in die dreiheitliche Rekursivität des dynamischen Geschehens (enthalten im „Poincaré-Bendixson Theorem" für kontinuierliche Systeme oder in der „Period Three Implies Chaos"-Erkenntnis für diskrete Systeme, Li & Yorke, 1975);

5.) logischer Erfassung von Unberechenbarkeiten in der Natur (solche Unberechenbarkeiten zeigen sich z.B. in sog. „Bifurkationen");

6.) Wiedererkennen der Ordnungen des Mikrokosmos im Makrokosmos (mathematisch gesprochen handelt es sich hier um „Skaleninvarianz" oder „Selbstähnlichkeit" in Systemen).

Die Chaostheorie bietet eine Alternative zum reduktionistischen Weltbild traditioneller Methoden und ermittelt Informationen über Struktur und Komplexität im Verhalten des „Störungs-Generators" Mensch. Der Nutzen der Chaostheorie liegt unter anderem darin, daß sie Forschungsmethoden zur Untersuchung psychologischer bzw. psychiatrischer Störungen anbietet, die folgendes ermöglichen: 1.) eine quantitative Beschreibung des nichtlinearen Verlaufs einer Störung bzw. ihrer Behandlung; 2.) Einblick in die Komplexität einer Störung, d.h. in die Anzahl von Faktoren, welche ihre Zeitgestalt beeinflussen und 3.) eine Definition von Bedingungen, die ein Modell der Entstehung, des Verlaufs und der Remission bzw. Chronifizierung einer Störung erfüllen muß.

In der klassischen Psychiatrie ist die gesuchte Struktur z.B. ein Persönlichkeitsbild, ein Krankheitsbild oder eine Diagnose. Die Informationsbasis besteht gewöhnlich in Beobachtungen aus verschiedenen Lebensbereichen des betroffenen Menschen, z.B. seiner Arbeitswelt oder seiner persönlichen Beziehungen. Gesundheit wird als regelmäßiges Funktionieren (Homöostase) mit nur geringen Abweichungen von Regelwerten (z.B. Körpertemperatur, Anzahl sozialer Kontakte, usw.) betrachtet. Größere Abweichungen deuten auf Krankheit hin.

In der dynamischen Psychologie/Psychiatrie ist die gesuchte Struktur z.B. ein Porträt des Systemverhaltens im Zustandsraum: ein Attraktor. Die Datenquelle liegt in *genügend langen* Beobachtungen im Leben des betroffenen Menschen, um davon den „Zustandsraum" und damit die Anzahl der „Freiheitsgrade" des Störungs-Generators zu rekonstruieren. Gesundheit wird hauptsächlich in der Variabilität des Funktionierens gesehen; eingeschränkte Variabilität (z.B. ausschließlich neurotisches oder psychotisches Verhalten), oder gar extreme Regelmäßigkeiten (z.B. Zwänge, depressive Starrheit, affektive Verflachung in der Schizophrenie) deuten auf Krankheit hin. Hohe Variabilität tritt vor allem dann auf, wenn das Verhalten aperiodisch strukturiert ist, wie im „deterministischen Chaos". Aber auch das „volkstümliche Chaos", d.h. das völlig ungeordnete Durcheinander im Verhalten, zeigt eine hohe Variabilität.

Wie erkennt man nun, ob eine hohe Variabilität im Verhalten eines Systems ein Zeichen von strukturlosem Rauschen oder von deterministischem, also grundlegend strukturiertem Chaos ist? Im Fall vom Rauschen sind theoretisch unendlich viele, im Fall von Chaos dagegen nur eine beschränkte Anzahl von Zustandsvariablen beteiligt, was z.B. mit Hilfe der sog. Dimensionsanalyse erkennbar wird. Der Grund, warum eine Dimensionsanalyse hierzu besser als die traditionelle Methodik der Spektralanalyse geeignet ist, liegt vor allem darin, daß diese im Fall des deterministischen Chaos ein Breitbandspektrum ähnlich wie beim Rauschen zeigt. Sie kann daher die Anzahl maßgebender Zustandsvariablen aus dem breitbandigen Rauschen des aperiodischen Verhaltens nicht herausfiltern. Die Dimensionsanalyse dagegen ist unter bestimmten Bedingungen (z.B. Stationarität des Systems) grundsätzlich in der Lage, durch eine Rekonstruktion des entsprechenden Zustandsraums die Dynamik eines Systems so zu modellieren, daß die minimale Anzahl der maßgebenden Zustandsvariablen erkennbar wird, sogar bei verrauschten chaotischen Signalen (Pijn et al., 1991). Diese Rekonstruktion gelingt auch dann, wenn nur die Information einer einzelnen Zeitreihe vorliegt, d.h. ohne jegliche Kenntnis der eigentlichen charakteristischen Variablen eines Systems (Packard et al., 1980). Die Anzahl der das Systemverhalten bestimmenden unabhängigen Variablen bezeichnet man als die „Dimension" des Systems und wird häufig mit dem Buchstaben d (oder D) gekennzeichnet. Die durch unseren Algorithmus errechnete Grassberger-Procaccia-Korrelationsdimension hat in der Literatur die Bezeichnung d_2 (oder $D2$).

Ein momentaner Zustand wird definiert, indem zu einem gegebenen Zeitpunkt allen Variablen des Systems ein Wert zugeordnet wird. Weil wir in der Regel aber weder die Anzahl noch die Definition der maßgebenden Variablen kennen, müssen wir den Zustandsraum meist aus einer einzigen Zeitreihe rekonstruieren. Daß so etwas überhaupt möglich ist, folgt aus gewissen topologischen Theoremen (Takens, 1980; Mané, 1980). Dabei ist es wesentlich, eine geeignete Zeitreihe zu finden, aus der sich die Struktur des Systems reproduzieren läßt. Im Fall des EEG ergibt sich diese offensichtlich und unmittelbar (bis auf die Filterung und Digitalisierung des Signals) aus der Registrierung der elektrischen Hirnaktivität.

Die Grundsatzfrage der Dimensionsanalyse läßt sich nun folgendermaßen formulieren: „Wie können wir aus dem Verhalten einer einzigen Variablen eine Darstellung der deterministischen Aspekte des Systems konstruieren, so daß wir quantitativ bedeutsame Aussagen über die Zeitgestalt einer Störung machen können?" Gesucht ist die Anzahl der Faktoren (Freiheitsgrade), die notwendig und hinreichend sind, um den Zustand eines Systems vollständig und eindeutig zu definieren (sog. „Zustandsvariablen"). In bezug auf EEG-Daten sagt uns solch eine Zahl etwas über die generelle Struktur und Komplexität des Verhaltens des „EEG-Generators" und ist identisch mit der oben erwähnten „Dimensionalität" des Systems.

2 Zum gegenwärtigen Stand der Dimensionsanalyse in der Hirnforschung

Die Forschung im Bereich „Chaos und Hirnfunktionen" hat ihren Anfang vor etwa dreizehn Jahren genommen. Grundlegende Fortschritte in bezug ajf die bioelektrische Aktivität des Gehirns haben in der Zeit von 1985 bis 1989 stattgefunden. Ein Überblick über diese Entwicklungen wird von Basar (1990), Rapp et al. (1989) oder Elbert et al. (1994) gegeben. Sie haben Einfluß auf das Verständnis von Gehirnstrukturen und -funktionen, u.a. im Pardigma neuronaler Netze (z.B. Braitenberg & Schüz, 1989; Mechsner, 1990; Skarda & Freeman, 1987). Möglichkeiten zur Untersuchung von neuronalen Zellstrukturen mit Konzepten der fraktalen Geometrie wurden von Hofman (1991) vorgeführt. Einen Erklärungsansatz von Zellfunktionen im Rahmen der Dopamin-Neurodynamik stellten King et al. (1984) vor. Auch auf dem Gebiet der Psychiatrie/Psychologie scheinen die Möglichkeiten der Dimensionsanalyse durchaus vielfältig zu sein. Einen ersten Versuch, Beziehungen zwischen Chaostheorie und Psychopathologie deutlich zu machen, unternahm z.B. Heiman (1989).

In einem Bericht zum Einsatz computerisierter EEG-Techniken hat die „American Psychiatric Association Task Force on Quantitative Electrophysiological Assessment" das quantitative EEG (qEEG) als diagnostisches Werkzeug in der psychiatrischen Praxis empfohlen (Freedman et al., 1991). Diese Empfehlung beschränkt sich aber im wesentlichen auf die Entdeckung von Abnormitäten in langsamen Wellen, die ein Merkmal vieler organischer Hirnsyndrome sind (z.B. Delirium, Demenz, Drogenrausch und andere, das ZNS betreffende Syndrome). Bezüglich psychiatrischer Störungen bemerken die Autoren: „The ability of qEEG to help in the diagnosis of other disorders, such as schizophrenia or depression, is not yet established. Clinical replications and sharing of normative and patient data bases are necessary for the advancement in this field." (S. 961).

Diese Bemerkung berücksichtigt allerdings die Fülle von Publikationen über Beziehungen zwischen psychopathologischen Zustandsbildern und EEG-Spektralparametern nicht (John et al., 1988; Kemali et al., 1981; Koukkou, 1980; 1983; Koukkou-Lehmann, 1987; Shagass et al., 1984; vgl. auch die Übersichtsarbeiten von Itil, 1977 und Shagass, 1987). Diese Arbeiten liefern wichtige Informationen über potentielle Zusammenhänge zwischen skalaren Parametern von Spektraleigenschaften der elektrischen Manifestation von Hirnfunktionen (z.B. Amplitude und Frequenz), doch sind sie weniger geeignet, Aussagen über Merkmale des EEG-Signalgenerators zu machen (vgl. aber z.B. Michel et al., 1993).

Die numerischen Methoden der nichtlinearen Analyse erlauben gewisse Einsichten in die topologischen Eigenschaften des dynamischen Zustandsraums des EEG-Signalgenerators, z.B. bzgl. der Anzahl von Freiheitsgraden. Derartige Algorithmen können die Erkenntnisse aus den oben erwähnten Verfahren erweitern, sofern sie potentielle Zusammenhänge zwischen psychopathologischen Zuständen und topologischen Eigenschaften des EEG-Signals aufdecken.

Beim gegenwärtigen Stand der Forschung lassen sich aufgrund der inhärenten systematischen und statistischen Fehler (siehe unten) die in der Literatur häufig berichteten Werte fraktaler Dimensionalität von EEG-Signalen nicht mit Sicherheit bestätigen (z.B. Rapp et al., 1989). „But chaotic attractors are at least widespread, and their dimensionality may yet be found to correlate in some degree with higher species levels of the CNS, and levels of cognitive performance." (Bullock 1990, S. 39). Von Interesse ist der Zusammenhang zwischen Attraktorformen und Dimensionalitäten mit kognitiven Leistungen, z.B. bei Psychosen oder Depression. Bullock spricht diesbezüglich von der potentiellen Brauchbarkeit chaostheoretischer Konzepte in der Hirnforschung: „As one of a set of new descriptors, quite intuitive and rooted in the dynamic processes ongoing in the system, it will surely stimulate new experiments, provide surprises, lend support to some old prejudices, and undermine others." (Bullock, 1990, S. 39).

Trotz dieser Zuversicht gilt es, eine Palette von Stolpersteinen aus dem Weg zu räumen. Offen bleiben verschiedene Fragen, z.B.:
- Was bedeutet eine höhere bzw. niedrigere Dimensionalität bezüglich Komplexität, „Chaozität" oder „Ordnung" eines Systems?
- Inwiefern hängt der ermittelte Wert der Dimensionalität von Faktoren ab wie z.B. Abtastintervall, Anzahl der Datenpunkte, Daten-Auflösung, Filtrierung, Digitalisierung, Skalierung, Regelmäßigkeit und Zerlegung der Stichprobe, Behandlung von Artefakten, Signal-Rausch-Verhältnis, usw.?
Zudem bleiben technische Probleme offen, wie die Optimierung der Einbettungsdimension, die Anzahl und Auswahl der Einbettungsvektoren, die Wahl der Einbettungsverzögerungszeit, die Behandlung des Rauschens, die Wahl eines geeigneten Maßes zur Dimensionsberechnung (Fraktal-, Informations- oder Korrelationsdimension), oder die Ermittlung eines geeigneten Skalierungsbereichs (Schmid & Dünki, 1993; Molinari & Dumermuth, 1993; Schiepek & Strunk, 1994).

Hinzu kommen Fragen der Spezifizität, Stabilität und Universalität der gewählten Dimensionsmaße, wenn sie als diagnostische Merkmale psychiatrischer Störungen dienen sollen:
- Wie spezifisch sind intraindividuelle Änderungen der Dimensionalität im Verhältnis zu psychopathologischen Zustandsänderungen (z.B. Psychose vs. Remission)?
- Wie stabil sind intraindividuelle Dimensionswerte eines bestimmten funktionellen Zustands (z.B. Psychose oder Remission)?

- Wie groß ist die interindividuelle Variabilität der Dimensionalitäten eines funktionellen Zustands sowie der Dimensionalitätsänderung zwischen verschiedenen funktionellen Zuständen?

Zur Beantwortung der Frage der *Spezifizität* werden zahlreiche intraindividuelle Dimensionsmessungen pro Zustand (z.B. Psychose oder Remission) benötigt, um statistisch signifikante Unterschiede feststellen zu können. Dies ist Ziel der im folgenden beschriebenen Untersuchung. Die Frage zur *Stabilität* erfordert zahlreiche Dimensionsmessungen über mehrere Epochen sowie über mehrere Segmente pro Epoche hinweg, um statistisch signifikante Veränderungen nachweisen zu können. (vgl. Koukkou et al., 1993). Die Frage der *Universalität* erfordert Messungen an verschiedenen Individuen in gleichen funktionellen Zuständen (z.B. Psychose oder Remission), um statistisch signifikante interindividuelle Unterschiede aufdecken zu können. Darüber wird im folgenden berichtet.

In Anbetracht der erwähnten Schwierigkeiten scheint folgendes Zitat von Brandstater und Swinney (1987, S. 2207) durchaus angebracht: „It is not difficult to develop an algorithm that will yield numbers that can be called dimension, but it is far more difficult to be confident that those numbers truly represent the dynamics of the system ..."

3 Empirische Untersuchung

Ziel der dargestellten Studie ist es, intraindividuelle Änderungen des EEG beim Übergang von einem psychotischen in einen remittierten Zustand anhand der Grassberger-Procaccia-Korrelationsdimension d_2 zu identifizeiren.

3.1 Die untersuchten Personen

Untersucht wurden insgesamt 9 Personen (5 Frauen und 4 Männer), sowohl im psychotischen als auch später im remittierten Zustand. Die Vpn. befanden sich in der Erstmanifestation einer schizophrenen Psychose (ICD9 295.4) mit mindestens 2 von 3 „produktiven" schizophrenen Symptomen (Halluzinationen, formale Denkstörungen, verbale Inkohärenz) *vor* Medikationsbeginn (Durchschnittsalter 25.3 Jahre, SD = 6.4). Zum zweiten Mal wurde die Gruppe im Durchschnittsalter von 26.0 Jahren (SD = 5.1) nach vollständiger psychopathologischer und sozialer Remission untersucht. Die Probanden waren seit mindestens 3 Monaten vor der erneuten EEG-Registrierung medikamentenfrei gewesen. (Für Einzelheiten zur Patientenpopulation s. Koukkou-Lehmann, 1987). Alle Probanden zeigten sowohl bei der ersten als auch bei der zweiten EEG-Registrierung weder Alkohol- oder Drogenmißbrauch noch Gehirnpathologien oder EEG-Auffälligkeiten.

3.2 Die EEG-Registrierung

Bipolare EEG-Signale wurden aus der linken (dominanten) temporal-parietalen und parietal-okzipitalen Region (T_3-P_3, P_3-O_1: internationales 10-20 System) abgeleitet.

Methodische Einzelheiten wurden in früheren Publikationen beschrieben (z.B. Koukkou, 1980; 1983; Koukkou-Lehmann, 1987). Aus einer Registrierungsdauer von 5 Minuten im Zustand des ruhigen Wachseins (entspannt mit geschlossenen Augen in einer
EEG-Registrierkabine sitzend) wurden pro Person insgesamt 4 getrennte, artefaktfreie,
kontinuierliche Epochen von 20 Sekunden Dauer für die Analyse benutzt. Dies gibt pro
Einbettungsdimension m (Schmid & Dünki, 1993) und pro EEG-Elektrodenkombina-
tion insgesamt 4 x 4 intraindividuelle Psychose-Remissions-Paare) x 9 Individuen =
144 intraindividuelle Psychose-Remissions-Dimensionsänderungen: $\Delta d_2^m = d_2^m$
(Psychose) - d_2^m (Remission). Von 4 der insgesamt 9 Personen wurde zusätzlich das
EEG aus dem rechten parietal-okzipitalen Bereich (P_4-O_2) abgeleitet. Aufgrund von
Artefakten konnten leider in diesem Fall nur folgende Ableitungen gebraucht werden: 1
Person in Psychose und Remission; 1 Person nur in Psychose; 2 Personen nur in Re-
mission. Dies führt insgesamt nur zu 4 Psychose- x 4 Remissions-Epochen = 16 intra-
individuelle Psychose-Remissions-Dimensionsänderungen, plus 2 x 4 Psychose- x 3 x 4
Remissions-Epochen = 96 interindividuelle Psychose-Remissions-Dimensionsänderungen.

4 Dimensionsanalyse

Das benutzte Verfahren der Dimensionalitätsbestimmung beruht auf der Methode der
Zeitverzögerungskoordinaten (Takens, 1981). Nach dieser Methode ermöglicht die
Messung einer einzigen zeitabhängigen Variable die Rekonstruktion wesentlicher topo-
logischer Eigenschaften des „wahren" Attraktors. Die generalisierte Charakterisierung
der Attraktor-Geometrie wurde mit Hilfe des Grassberger-Procaccia-Algorithmus zur
Berechnung der Korrelationsdimension durchgeführt (Grassberger & Procaccia, 1983;
Albano et al., 1987; Mané, 1980; Packard et al., 1980; Rapp et al., 1988; Schiepek &
Strunk, 1994; Theiler, 1986).

5 Numerische Ergebnisse

Alle Berechnungen wurden mit N = 4096 Einbettungsvektoren aus 5120 Datenpunkten
durchgeführt. Das Programm beinhaltet Algorithmen zur Behandlung von Rauschen
(Albano et al., 1988; Mees et al., 1987) sowie Optimierungsalgorithmen zur Bestimmung der Verzögerungszeit τ für die Einbettung und des Skalierungsbereichs des Korrelationsintegrals (Schmid & Dünki, 1993).
    Eine Tabelle der ermittelten d_2-Werte für beide Zustände, Psychose und Remission,
ist von einem der beiden Autoren (GBS) auf Anfrage erhältlich. Sie enthält die d_2-
Werte für jede der 4 Epochen (S1, S2, S3, S4) jeweils für jede der 8 Einbettungsdimensionen (m = 3, 6, 9, 12, 15, 18, 21, 24) für die EEG-Kanäle T_3-P_3 bzw. für 10 Einbettungsdimensionen (m = 3, 4, 5, 6, 7, 8, 9, 10, 11, 12) für die Kanäle P_3-O_1 und P_4-O_2.

Anhand dieser Resultate wurden die in den Tabellen 1 bis 4 dargestellten Ergebnisse berechnet.

Eine nichtlineare Regression der Form: $d_2 = b_0(1 - e^{-b}1^m)$ wurde mit den d_2-Werten pro Einbettungsdimension und Epoche durchgeführt. Das „Takens-Kriterium" (Takens, 1981) für eine hinreichend große Einbettung $m_{max} \geq 2b_0+1$, mit $m_{max} = 24$ für die EEG-Kanäle T_3-P_3 bzw. $m_{max} = 12$ für die Kanäle P_3-O_1 und P_4-O_2 wurde in allen Fällen mit einem statistischen Fehler $\leq 25\%$ erfüllt.

Für jede Regression gibt es nun drei wichtige Maßstäbe für die Güte des ermittelten asymptotischen d_2-Werts (b_0):

1.) Hinreichend schnelle Konvergenz an den asymptotischen Wert b_0 (ausgedrückt durch den Koeffizienten χ). $d_2 = \chi b_0$ sollte an der Stelle $m = 2b_0+ 1$ gegeben sein. Zum Vergleich finden wir, daß $\chi \geq 0.95$ typisch für mathematische Systeme und $\chi \geq 0.70$ typisch für physikalische Systeme ist.

2.) Hinreichend kleiner statistischer Fehler („precision"): Wir fordern, daß das 95% Konfidenzintervall kleiner oder gleich $0.50b_0$ sein muß. Rapp et al. (1989, S. 102) empfehlen eine Größenordnung der Fehler von 10%.

3.) Hinreichend kleiner systematischer Fehler („accuracy").

Um eine Abschätzung des systematischen Fehlers zu bekommen, haben wir folgende Überlegung angestellt: Es sei ε gleich dem gesamten relativen systematischen Fehler im Korrelationsintegral $C(r)$ an der Stelle $r = r_{opt}$, wo der systematische und der statistische Fehler ungefähr gleich groß sind. Mathematisch ausgedrückt haben wir:

$\varepsilon = \sigma\ \{C(r)\}/C(r)$. Hier ist $\sigma\{C(r)\}$ die Standardabweichung des Korrelationsintegrals. Allgemein gilt (Theiler, 1990): $\varepsilon = r_{opt} = N^{1/(2+b_0)}$. Aus der Berechnung $C(r) = \alpha r^b 0$ und $C(r) \pm\sigma = \alpha r^d 2$ ermitteln wir sodann:

$$b_0+\ln(1+\varepsilon)/\ln(\varepsilon) \leq d_2 \leq b_0+\ln(1-\varepsilon)\ln(\varepsilon) \tag{1}$$

Hier ist $\ln(1\pm\varepsilon)/\ln(\varepsilon)$ der systematische Fehler in d_2 für gegebenes N und b_0 (Theiler, 1990). Die Formeln zeigen, daß N hinreichend groß sein muß, damit der Zustandsraum durch die d_2-dimensionale Trajektorie genügend „ausgefüllt" wird.

Die minimale Anzahl von Datenpunkten N, die für eine 5% oder 10% „accuracy" bei gegebenem d_2 notwendig ist, wird so geschätzt: $N(min5) = 20.0^\theta min$ bzw. $N(min10) = 10.0^\theta min$ mit $\theta min = 1.0+ b_0/2.0$. Das maximale d_2 mit einer 5% oder 10% „accuracy" bei gegebener Anzahl von Datenpunkten N wird geschätzt durch: $d_2(max5) = 2.0\ \ln(N)/\ln(20.0)$ bzw. $d_2(max10) = 2.0\ \ln(N)/\ln(10.0)$ (Theiler, 1990, S. 199-202; Eckmann & Ruelle, 1990). Nur wenn diese Maßstäbe und Fehlerquellen in Betracht gezogen werden, kann es sinnvoll sein, die in der Literatur behauptete Fraktalität von EEG-Signalen zu beurteilen. Die Resultate sind in Tabelle 1 aufgelistet.

Gemittelte intra- und interindividuelle d_2-Unterschiede (Psychose/Remission) ermittelt über alle EEG-Epochen-Paare pro Einbettungsdimension, sowie b_0-Unterschiede (Psychose/Remission) werden in den Tabellen 2 und 3 präsentiert. Zustandsspezifische interindividuelle d_2-Unterschiede, ermittelt über alle EEG-Epochen-Paare pro Einbet-

PBN	STATE	χ	b_0	ACCURACY (MIN, MAX)	PRECISION $(\Delta 95\%)/2b_0$	b_1	PRECISION $(\Delta 95\%)/2b_1$
02	Psychosis	0.73	8.35	(7.89, 9.09)	+-76%*	0.073	+-104%*
	Remission	0.92	4.15	(1.14, 4.37)	+-12%	0.265	+-37%*
11	Psychosis	0.81	5.19	(4.95, 5.52)	+-10%	0.147	+-20%
	Remission	0.81	4.77	(4.56, 5.05)	+-11%	0.158	+-23%
12	Psychosis	0.82	4.70	(4.50, 4.98)	+-11%	0.162	+-23%
	Remission	0.85	4.36	(4.18, 4.60)	+-08%	0.197	+-17%
15	Psychosis	0.86	5.07	(4.84, 5.38)	+-12%	0.175	+-25%
	Remission	----	----	----	----	----	----
16	Psychosis	0.99	3.82	(3.67, 4.01)	+-09%	0.534	+-56%*
	Remission	0.90	4.33	(4.15, 4.57)	+-16%	0.236	+-39%*
17	Psychosis	0.77	20.00	(18.62, 23.05)	+-370%*	0.036	+-407%*
	Remission	0.80	6.52	(6.19, 7.01)	+-37%*	0.113	+-61%*
18	Psychosis	0.86	5.26	(5.02, 5.59)	+-10%	0.171	+-22%
	Remission	0.87	4.94	(4.72, 5.24)	+-08%	0.184	+-18%
21	Psychosis	0.82	5.36	(5.11, 5.71)	+-12%	0.144	+-24%
	Remission	0.77	5.70	(5.43, 6.09)	+-14%	0.118	+-25%
23	Psychosis	0.85	4.84	(4.63, 5.13)	+-11%	0.179	+-23%
	Remission	0.81	4.71	(4.51, 4.99)	+-10%	0.157	+-20%
ALL	**Psychosis**	**0.86**	**4.83**	**(4.62, 5.12)**	**+-06%**	**0.186**	**+-13%**
	Remission	**0.85**	**4.70**	**(4.50, 4.98)**	**+-05%**	**0.180**	**+-11%**

Tabelle 1a   EEG-KANAL T_3-P_3

PBN	STATE	χ	b_0	ACCURACY (MIN, MAX)	PRECISION $(\Delta 95\%)/2b_0$	b_1	PRECISION $(\Delta 95\%)/2b_1$
02	Psychosis	0.80	6.03	(5.74, 6.45)	+-37%*	0.124	+-71%*
	Remission	0.82	5.57	(5.31, 5.94)	+-19%	0.143	+-51%*
11	Psychosis	0.84	5.95	(5.66, 6.36)	+-12%	0.142	+-31%*
	Remission	0.76	6.36	(6.04, 6.83)	+-12%	0.105	+-23%
12	Psychosis	0.74	6.16	(5.86, 6.60)	+-09%	0.102	+-20%
	Remission	0.75	6.00	(5.71, 6.42)	+-10%	0.106	+-24%
15	Psychosis	0.71	7.81	(7.39, 8.47)	+-22%	0.075	+-38%*
	Remission	----	----	----	----	----	----
16	Psychosis	0.92	4.84	(4.63, 5.13)	+-23%	0.235	+-63%*
	Remission	0.76	6.59	(6.26, 7.08)	+-07%	0.101	+-14%
17	Psychosis	0.72	9.96	(9.38, 10.95)	+-94%*	0.060	+-134%*
	Remission	0.80	6.16	(5.86, 6.60)	+-19%	0.120	+-37%*
18	Psychosis	0.78	5.79	(5.51, 6.19)	+-11%	0.119	+-25%
	Remission	0.76	7.11	(6.74, 7.67)	+-21%	0.094	+-40%*
21	Psychosis	0.74	6.72	(6.38, 7.23)	+-14%	0.094	+-27%*
	Remission	0.74	6.28	(5.97, 6.73)	+-12%	0.100	+-24%
23	Psychosis	0.77	6.11	(5.81, 6.54)	+-11%	0.110	+-24%
	Remission	0.72	6.63	(6.30, 7.13)	+-17%	0.090	+-33%*
ALL	**Psychosis**	**0.79**	**6.09**	**(5.79, 6.52)**	**+-06%**	**0.118**	**+-12%**
	Remission	**0.77**	**6.23**	**(5.92, 6.68)**	**+-05%**	**0.108**	**+-11%**

Tabelle 1b   EEG-KANAL P_3-O_1

PBN	STATE	χ	b_0	ACCURACY (MIN, MAX)	PRECISION $(\Delta 95\%)/2b_0$	b_1	PRECISION $(\Delta 95\%)/2b_1$
02	Psychosis	0.78	6.84	(6.49, 7.37)	+-42%*	0.102	+-65%*
	Remission	----	----	----	----	----	----
18	Psychosis	----	----	----	----	----	----
	Remission	0.85	5.82	(5.54, 6.22)	+-16%	0.148	+-32%*
21	Psychosis	----	----	----	----	----	----
	Remission	0.81	4.82	(4.61, 5.11)	+-16%	0.154	+-31%*
23	Psychosis	0.85	4.67	(4.47, 4.94)	+-10%	0.181	+-22%
	Remission	0.82	5.32	(5.08, 5.66)	+-12%	0.145	+-23%
ALL	**Psychosis**	**0.81**	**5.52**	**(5.26, 5.88)**	**+-18%**	**0.138**	**+-32%***
	Remission	**0.82**	**5.43**	**(5.18, 5.78)**	**+-11%**	**0.144**	**+-20%**

Tabelle 1c   EEG-KANAL P_4-O_2

tungsdimension sowie zustandsspezifische, interindividuelle b_0-Unterschiede sind in Tabelle 4 zusammengefaßt.

6 Diskussion

Die Ermittlung eines eindeutigen Null-Plateau-Bereichs für den EEG-Kanal T_3-P_3 war bei den höheren Einbettungsdimensionen ($12 < m \leq 24$) sehr problematisch. Dies mag vor allem in „Dekorrelationseffekten" als Folge zu großer „Data Windows" in den entsprechenden Einbettungsvektoren liegen. (Das sog. „Data Window" ist das Zeitintervall, das von einem Einbettungsvektor überspannt wird, s. Schmid & Dünki, 1993). Aus diesem Grund haben wir die Daten für die Känale P_3-O_1 und P_4-O_2 mit niedrigeren Einbettungsdimensionen ($3 \leq m \leq 12$) analysiert. Dieser Unterschied in der Analyse erklärt wahrscheinlich auch die kleineren asymptotischen d_2-Werte bei P_3-O_1 gegenüber den um ca. eine Dimension größeren asymptotischen d_2-Werten bei T_3-P_3, sowie die schnellere Konvergenz bei P_3-O_1 gegenüber T_3-P_3 (Tabelle 1). Dementsprechend kann man aus unseren Ergebnissen die wichtige Frage nach örtlichen bzw. kanalabhängigen Unterschieden in der EEG-Dimensionalität nicht beantworten (vgl. Koukkou et al., 1993).

6.1 Die Spezifizität von d_2-Werten

In Anbetracht des systematischen („accuracy") sowie des statistischen („precision") Fehlers gibt es aus den ermittelten d_2-Werten in den EEG-Kanälen T_3-P_3, P_3-O_1 und P_4-O_2 keinen statistisch signifikanten Hinweis auf eine fraktale Dimensionalität des EEG bei Psychose oder Remission (Tabelle 1). Dies mag augenscheinlich in Widerspruch zu den vielen publizierten d_2-Werten von EEG-Signalen stehen, die als gebrochene Zahlen dargestellt werden (z.B. Rapp et al., 1989). Es wäre jedoch nicht gerechtfertigt, aus einem gebrochenen Dimensionswert unmittelbar auf eine wahre fraktale Dimension zu schließen, ohne auftretende statistische und systematische Fehler zu berücksichtigen.

Tabelle 1: *Gütemaßstäbe der ermittelten asymptotischen d_2-Werte (b_0) mit Hilfe einer nichtlinearen Regression der Form:* $d_2 = b_0(1 - e^{-b}1^m)$. *Die Regression wurde mit den d_2-Werten pro Einbettungsdimension durchgeführt. Tab. 1a: EEG-Kanal T_3-P_3; Tab. 1b: EEG-Kanal P_3-O_1; Tab. 1c: EEG-Kanal P_4-O_2. Die Tabellen zeigen für jeden Probanden und jedes Zustandsbild: (1) Schnelligkeit der d_2-Konvergenz zum asymptotischen Wert b_0, $\chi = d_2/b_0$, wobei d_2 an der Stelle $m = 2b_0 + 1$ ermittelt wurde; (2) Asymptotischer d_2-Wert (b_0); (3) Systematischer Fehler („accuracy"), $b_0 + \ln(1 \pm \varepsilon)/\ln(\varepsilon)$ mit $\varepsilon = \sigma\{C(r)\}/C(r)$ (s. Text); (4) Statistischer Fehler („precision"), (95% Vertrauensintervall)/$2b_1$.*
*Die mit einem * gekennzeichneten Werte sind zu verwerfen (statistischer Fehler $> 25\%$). Die Bezeichnung „ALL" gibt den exponentiellen Fit über alle 9 Probanden wieder, d.h. eine nichtlineare Regression, durchgeführt mit 9 mal (1-4) d_2-Werten pro Einbettungsdimension. Nur diejenigen d_2-Werte wurden für die Regression benutzt, die eine mäßige Steigung und ein begrenztes Vertrauensintervall zeigen: $0.10 \leq /Steigung/ \leq /95\%$ Vertauensintervall/ ≤ 0.30.*

Intraindividuelle $\Delta d_2 = d_2(\text{Psychose}) - d_2(\text{Remission})$ pro Einbettungsdimension

PBN	$\underline{T_3}\text{-}\underline{P_3}$	$\underline{P_3}\text{-}\underline{O_1}$	$\underline{P_4}\text{-}\underline{O_2}$
	N	N	N
	$\Delta d_2(\text{avg})$	$\Delta d_2(\text{avg})$	$\Delta d_2(\text{avg})$
	σ	σ	σ
	t-Wert	t-Wert	t-Wert
02	53	132	----
	0.04	-0.10	----
	0.94	1.04	----
	0.34 n.s.	-1.09 n.s.	----
11	82	156	----
	0.30	0.16	----
	0.73	0.37	----
	3.79***	5.36***	----
12	99	156	----
	0.06	-0.04	----
	0.36	0.37	----
	1.75 n.s.	-1.42 n.s.	----
16	53	114	----
	0.31	0.39	----
	0.92	0.95	----
	2.44**	4.34***	----
17	53	84	----
	0.12	0.48	----
	0.75	0.89	----
	1.19 n.s.	4.89***	----
18	82	149	----
	-0.24	0.09	----
	0.71	0.25	----
	-3.08***	4.25***	----
21	79	160	----
	0.11	0.17	----
	0.36	0.32	----
	2.61**	6.89***	----
23	65	112	117
	0.08	0.30	-0.07
	0.40	0.36	0.24
	1.63 n.s.	8.83***	-3.00***
ALL	**566**	**1063**	**117**
	0.09	**0.15**	**-0.07**
	0.67	**0.63**	**0.24**
	3.17*	**7.94***	**-3.00***
$\Delta b_0(\text{ALL})$	**6**	**6**	**1**
	-0.57	**0.06**	**-0.65**
	0.84	**0.39**	**----**
	1.66 n.s.	**0.38 n.s.**	**----**

Intra- und Interindividuelle $\Delta d_2 = d_2$(Psychose) - d_2(Remission) pro Einbettungsdimension

	T_3-P_3	P_3-O_1	P_4-O_2
	N	N	N
	Δd_2(avg)	Δd_2(avg)	Δd_2(avg)
	σ	σ	σ
	t-Wert	t-Wert	t-Wert
Δd_2	5124	9600	772
	0.08	0.14	-0.02
	0.68	0.71	0.63
	7.51***	18.14***	-0.27 n.s.
Δb_0	56	49	3
	-0.14	0.18	-0.65
	0.95	0.69	0.50
	1.10 n.s.	1.83 n.s.	2.25 n.s.

Tabelle 3: Gemittelte intra- und interindividuelle Psychose-Remissions-Unterschiede, Δd_2(avg) und Δb_o(avg), ermittelt über alle (maximal) 16 EEG-Epochen-Paare pro Einbettungsdimension (s. Text). Die Bezeichnungen N, σ und t-Wert sowie die Signifikanz-Angaben entsprechen denen in Tabelle 2. Die Berechnungen der Δd_2(avg)-Werte basieren auf denselben d_2-Werten für Psychose und Remission, die auch für Tabelle 1 benutzt wurden. Die Berechnungen der Δb_o(avg)-Werte basieren auf Daten mit einem statistischen Fehler $\leq 25\%$.

Für einen Unterschied von der Größenordnung eins oder mehr in der Dimensionalität des EEG-Generators bei psychotischen gegenüber remittierten Zuständen gibt es also keinen Nachweis (Tabellen 1). Andererseits wurden kleine, aber statistisch signifikante intraindividuelle Unterschiede zwischen den Zuständen gefunden, obwohl keine eindeutige Richtung dieser Unterschiede feststellbar ist (Tabelle 2). Aufgrund der systematischen Fehler, die bei den Zustandsmessungen auftreten, läßt sich auch hier nicht ausschließen, daß die gefundenen Unterschiede nur auf solche inhärenten Fehler zurückzuführen sind.

Die Resultate mit der Bezeichnung „ALL" in Tabelle 2 zeigen, daß die d_2-versus-Einbettungsdimensions-Kurven bei Psychose geringfügig, aber signifikant schneller in den Kanälen T_3-P_3 und P_3-O_1, bzw. signifikant langsamer im Kanal P_4-O_2 gegen den asymptotischen Wert b_0 konvergieren, als bei Remission (unter Vernachlässigung der systematischen Fehler in d_2 sowie der interindividuellen Unterschiede in Tabelle 2). Diese Beobachtung wird insofern erhärtet, als die Steigungsparameter b_1 in der oben erwähnten exponentiellen Regressionsformel sowie die Konvergenz-Schnelligkeit χ bei Psychose etwas größer in den Kanälen T_3-P_3 und P_3-O_1, bzw. etwas kleiner im Kanal P_4-O_2 ist, als bei Remission (Tabelle 1).

*Tabelle 2: Gemittelte intraindividuelle Psychose-Remissions-Unterschiede, Δd_2(avg), über alle (maximal) 16 EEG-Epochen-Paare pro Einbettungsdimension (s. Text). N gibt die Zahl der Vergleiche an. t-Werte für zweiseitigen t-Test. Signifikanzniveaus: * = 5%-Niveau; ** = 2%-Niveau; *** = 1%-Niveau. Die Berechnungen basieren auf denselben d_2-Werten für Psychose und Remission, die auch für Tabelle 1 benutzt wurden. Gezeigt sind auch intraindividuelle Psychose-Remissions-Unterschiede bzgl. b_0 (Basis: Werte mit einem statistischen Fehler $\leq 25\%$).*

Darüber hinaus zeigt die Ermittlung aller Psychose-Remissions-Unterschiede (aus inter- sowie intraindividuellen Differenzen) kleine, wenn auch statistisch signifikante Differenzen Δd_2 pro Einbettungsdimension (Tabelle 3), nochmals aber ohne Rücksicht auf die inhärenten systematischen Fehler, welche die kleinen statistischen Fehler sehr wohl überschatten könnten. Insgesamt erkennen wir aus den Δb_0-Resultaten beider Tabellen (2 und 3), daß die Psychose- Re-missions-Unterschiede zwischen den asymptotischen Werten b_0 mit bzw. ohne.Ausschluß von interindividuellen Unterschieden nicht signifikant sind.

Einerseits stehen unsere Ergebnisse in Übereinstimmung mit Resultaten von Koukkou-Lehmann (1987), wonach es keinen statistisch signifikanten interindividuellen Unterschied zwischen Psychose und Remission im Ruhe-EEG bei geschlossenen Augen gibt. Andererseits und in scheinbarem Gegensatz zu den Ergebnissen des vorliegenden Beitrags hatten Koukkou et al. (1993) bei akut Schizophrenen auf erhöhte Korrelationsdimensionen des EEG verglichen mit Personen in Remission geschlossen.

Der Widerspruch läßt sich vor dem Hintergrund der verschiedenen Prozeduren aufklären, die wir bzw. Wackermann und Dvorak (Koukkou et al., 1993) für die Schätzung der dimensionalen Komplexität benutzt haben. In der Tat könnten wir auch hier in den Kanälen T_3-P_3 und P_3-O_1 mit der von Wackermann und Dvorak vorgeschlagenen „saturation in mean"-Prozedur eine etwas größere dimensionale Komplexität bei Psychose als bei Remission finden. Dies könnte etwa aus geometrischen Betrachtungen folgen (kleine, aber signifikant größere Steigung der d_2-versus-Einbettungsdimensions-Kurve vor dem „Flexionspunkt", zusammen mit der signifikant kleineren Steigung der d_2-versus-Einbettungsdimensions-Kurve nach dem „Flexionspunkt" bei Psychose im Gegensatz zu Remission). Doch müssen wir uns angesichts der systematischen und statistischen Unsicherheiten in den intraindividuellen sowie der Widersprüche in den interindividuellen Resultaten einer solch weitreichenden Interpretation enthalten.

Zum Thema „Spezifizität" bemerken wir noch, daß wegen des Takens-Kriteriums $[(2d_2+1) \leq$ Einbettungsdimension] die etwas größere Konvergenz-Schnelligkeit χ bei Psychose im Vergleich zur Remission ein Hinweis darauf sein könnte, daß die Anzahl $N_{Psychose}$ der unabhängigen Variablen, die zur Modell-Beschreibung des psychotischen Zustands notwendig sind, möglicherweise kleiner als die entsprechende Anzahl $N_{Remission}$ sein könnte, sogar unter der Bedingung $d_{2|Psychose} \approx d_{2|Remission}$.

6.2 Die Stabilität von d_2-Werten

Die Frage der Stabilität von d_2-Werten wurde im vorliegenden Beitrag nicht näher untersucht. Hierzu hätten wir alle artefaktfreien Epochen von 20 Sekunden Dauer noch weiter unterteilen und analysieren müssen (z.B. in verschiedene, evtl. sich überschneidende Epochen von 10 Sekunden Länge (=2560 Datenpunkte)). Nicht zuletzt deswegen, weil wir keine artefaktfreie Epoche länger als 20 Sekunden zur Verfügung hatten, war ein zusätzlicher Test auf Stabilität der Resultate mit mehr Datenpunkten (z.B. 40-Sekunden Epochen) nicht möglich.

Eine alternative und vielversprechende Methode, der wichtigen Frage nach der Stabilität von d_2-Werten nachzugehen, liegt in der Anwendung von $F(\alpha)$-Spektren, die in der Astrophysik zur Charakerisierung von Multifraktalen verwendet werden

(Atmanspacher et al., 1989). Die Frage der Zustandsspezifität der d_2-Werte hängt natürlich eng mit der Frage nach einer möglichen zustandsspezifischen Stabilität (Stationarität) des EEG-Signals selbst zusammen (s. hierzu Kowalik & Schiepek, in diesem Band).

6.3 Die Universalität von d_2-Werten

Die vorliegenden epochalen und individuellen Unterschiede innerhalb der Zustände deuten entweder auf eine natürliche Varianz in der Dimensionalität des EEG-Generators oder auf zeitliche Instabilitäten (Streuung zwischen den Epochen), also auf Nichtstationarität, oder aber auf Rausch-Effekte hin, welche die Suche nach Plateau-Bereichen im [Steigung logC(l) vs. log(l)]-Diagramm erschweren. In der Tat waren die meisten der von uns ermittelten skaleninvarianten Plateau-Bereiche sehr kurz und zum Teil nur schwer erkennbar, obwohl immer ein objektiver, eindeutiger und unsere Konvergenz-Kriterien (Schmid & Dünki, 1993) befriedigender Plateau-Bereich gefunden wurde.

Zustandsspezifische Interindividuelle d_2 pro Einbettungsdimension

	$\underline{T_3\text{-}P_3}$	$\underline{P_3\text{-}O_1}$	$\underline{P_4\text{-}O_2}$
	N Δd_2(avg) σ t-Wert	N Δd_2(avg) σ t-Wert	N Δd_2(avg) σ t-Wert
Psychose d_2	2368 0.07 0.78 4.57***	4428 -0.09 0.80 -7.72***	108 0.17 0.67 2.59***
Remission d_2	2128 0.03 0.61 2.66***	4021 0.03 0.64 3.46***	450 0.24 0.61 8.22***
Psychose b_0	21 0.04 1.32 0.14 n.s.	21 0.04 0.76 0.24 n.s.	---- ---- ---- ----
Remission b_0	28 0.35 0.56 7.12***	21 0.32 0.64 2.29*	3 0.33 0.76 0.75 n.s.

Tabelle 4: *Gemittelte interindividuelle d_2- und b_0-Unterschiede bei Psychose und Remission, ermittelt über alle (maximal) (4•3)/2 = 6 EEG-Epochen-Paare pro Einbettungsdimension (s. Text). Die Bezeichnungen N, σ und t-Wert sowie Signifikanz-Angaben entsprechen Tabelle 2. Die Berechnungen basieren auf denselben Daten, die auch für Tabelle 3 benutzt wurden.*

Genaue statistische Auswertungen der ermittelten Ergebnisse für beide Zustände, Psychose und Remission, weisen auf kleine interindividuelle Differenzen pro Einbettungsdimension hin (Tabelle 4). Mit anderen Worten: Die Gestalt der d_2-versus-Einbettungsdimensions-Kurve, insbesondere ihr Verlauf zum asymptotischen Wert b_0 hin, ist in beiden funktionellen Zuständen interindividuell verschieden. Aber auch hier haben wir keinen festen Beweis, ob diese Unterschiede auf systematische und statistische Fehler in den Messungen zurückzuführen sind oder nicht.

Interindividuelle Unterschiede in den d_2-Werten lassen sich im Zustand der Remission nicht, dagegen im Zustand der Psychose statistisch absichern (Tabelle 4: b_0-Werte). Dies könnte als Hinweis auf die mögliche Existenz eines „transpersonalen Psychose-Attraktors" verstanden werden. Ein „echter" Absolutwert des interindividuellen Psychose- bzw. Remissions-Dimensionsunterschieds konnte aber - nochmals wegen inhärenter systematischer und statistischer Fehlerquellen - nicht mit genügender Genauigkeit eruiert werden.

7 Zusammenfassung und Ausblick

Wenn die ermittelten d_2-Werte mit zunehmender Einbettungsdimension asymptotisch konvergieren, ist die Grassberger-Procaccia-Korrelationsdimension der EEG-Signale von einer beschränkten Anzahl von Zustandsvariablen bestimmt. Sättigen die d_2-Werte mit wachsender Einbettungsdimension nicht zu einem festen Wert d_0, so weist dies auf pures Rauschen hin. Obwohl unsere Ergebnisse solch eine Steigung nicht definitiv ausschließen, ist sie doch - wenn tatsächlich vorhanden - eher schwach. Daraus können wir schließen, daß die EEG-Signale der untersuchten Zustände (Psychose bzw. Remission) im Wesentlichen deterministischer Natur mit relativ geringem Rauschanteil sind.

Wegen der inhärenten systematischen und statistischen Fehler liegt die minimale Anzahl maßgebender Zustandsvariablen für beide Zustände, Psychose und Remission, intraindividuell zwischen ca. 3 und 9 (vgl. die b_0-Werte in Tabelle 1, sowie die entsprechenden systematischen Fehler und 95% Konfidenzbereiche). Gemittelt über Individuen liegt dieser Wert in einer Größenordnung von 6, wobei die Eigenschaften des gemessenen EEG-Kanals hier möglicherweise einen Einfluß auf den wirklichen Absolutwert haben könnten.

Die Frage, ob die Dimension des EEG-Signals in den untersuchten Zuständen tatsächlich fraktal, der Wert von d_2 also ganzzahlig ist oder nicht, kann anhand der gegebenen 95% Konfidenzbereiche nicht definitiv beantwortet werden. Das Vorhandensein solcher Unsicherheiten im Absolutbetrag von d_2 sollte generell in Publikationen scheinbar fraktaler Zahlen in Betracht gezogen werden. Aus einem gedruckten „6.1" o.ä. läßt sich durchaus nicht gleich auf ein Fraktal schließen. So konnte es auch nicht Ziel des vorliegenden Beitrags sein, die immer noch offene Frage zu beantworten, ob der Absolutwert der Korrelationsdimension von EEG-Signalen in psychotischen oder remittierten Zuständen fraktal ist oder nicht.

Unsere Ergebnisse zeigen bis auf eine Unsicherheit von etwa 5%, daß der *intraindividuelle Unterschied zwischen Psychose und Remission* bezüglich der Dimensionalität des wachend/ruhenden EEG-Generators kleiner als eins ist:

$$0 < \Delta d_2 = \mid d_2(\text{Psychose}) - d_2(\text{Remission}) \mid \leq 1.0. \tag{2}$$

Dieser geringe Unterschied im *asymptotischen Grenzwert* bleibt sogar interindividuell relativ stabil, unabhängig vom jeweiligen EEG-Kanal (Tabelle 1) und von der Einbettungsdimension (Tabelle 2). Der „Null-Unterschied" besteht auch dann, wenn interindividuelle Vergleiche zwischen den Zuständen gemacht werden (Tabelle 3). Echte Absolutwerte intraindividueller Psychose-Remissions-Dimensionsunterschiede konnten nicht mit genügender Genauigkeit eruiert werden. Darüber hinaus wurden aber statistisch signifikante (kanal-abhängige) Unterschiede im *globalen Verlauf* der intraindividuellen Psychose- bzw. Remissions-Regressionskurven (d_2-versus-Einbettungsdimension) gefunden. Dies ist möglicherweise ein Hinweis auf Unterschiede in der Anzahl der Variablen, die notwendig wären, um neuronale Systeme im Zustand der Psychose im Vergleich zur Remission zu beschreiben.

Unsere Ergebnisse zeigen weiterhin (bei einer Unsicherheit von circa 5%), daß auch *interindividuelle Unterschiede zwischen Psychose und Remission* bezüglich der Dimensionalität des wachend/ruhenden EEG-Generators kleiner als eins sind:

$$0 < \Delta d_2 = \mid d_2(\text{Psychose bzw. Remission des Probanden i}) \tag{3}$$
$$- d_2(\text{Psychose bzw. Remission des Probanden j} \neq i) \mid \leq 1.0.$$

Dieser „Null-Unterschied" ist relativ unabhängig vom jeweiligen EEG-Kanal (Tabelle 4: b_0-Werte) und von der Einbettungsdimension (Tabelle 4: Δd_2-Werte). In Anbetracht dieser kleinen Dimensionalitätsunterschiede ($\Delta d_2 < 1$) variieren die Zeitgestalten des EEG-Signals bei Psychose und Remission offenbar weniger in bezug auf quantitative Unterschiede in der Anzahl der beteiligten Variablen, als vielmehr in den „Kontrollparametern" des EEG-Generators. Mit anderen Worten: Falls wir ein System von Differenzen- oder Differentialgleichungen zur Beschreibung der EEG-Signale aufstellen wollten, würde das System sowohl im psychotischen als auch im remittierten Zustand dieselbe Anzahl unabhängiger Variablen enthalten, jedoch wären die Kontrollparameter-Werte für die einzelnen Zustände unterschiedlich. Die genaue Wahl der Parameter-Werte könnte maßgebend dafür sein, ob das System im gegebenen Zustand chaotisches Verhalten aufweist oder nicht (vgl. das Konzept der „Dynamischen Krankheiten", angewandt auf schizophrene Verläufe: Schiepek & Schoppek, 1991). In Anbetracht dieser Überlegungen scheint das EEG-Signal in den Zuständen „Psychose" oder „Remission" weniger durch die Anzahl der Freiheitsgrade, als vielmehr durch die Art und Weise charakterisiert zu sein, wie der EEG-Generator mit dieser Freiheit in den entsprechenden Zuständen umgeht. Darin besteht das zentrale Resultat unserer Arbeit (vgl. Koukkou et al., 1991; Schmid, 1991).

Es exisitiert auch zukünftig ein Bedarf nach inter- und intraindividuellen EEG-Messungen, um sich an die tatsächlichen Absolutwerte der Dimension von EEG-Signalen in psychotischen bzw. remittierten Zuständen haranzutasten und um Fragen nach der zustandsspezifischen Stabilität und Universalität von EEG-d_2-Werten zu beantworten.

Danksagung

Die Autoren danken Herrn Dr. Rudolf Dünki vom Institut für Physik der Universität Zürich sowie Herrn Prof. Dietrich Lehmann vom Neurologischen Institut der Universitätsklinik Zürich herzlich für ihre Anregungen und fruchtbaren Diskussionen. Frau Monika Bürkli, Mitarbeiterin der Forschungsdirektion der Psychiatrischen Universitätsklinik Zürich, danken wir für ihre sorgfältigen Korrekturen des Manuskripts.

Literatur

Albano, A. M., Mees, A. I., de Guzman, G. C. & Rapp, P. E. (1987). Data Requirements for Reliable Estimation of Correlation Dimensions. In H. Degn, A. V. Holden & L. F. Olsen (Eds.), *Chaos in Biological Systems* (pp. 207-220). New York: Plenum Publishing Corporation.

Albano, A. M., Müench, J. & Schwartz, C. (1988). Singular-value Decomposition and the Grassberger-Procaccia Algorithm. *Physical Review A, 38/6,* 3017-3026.

Angst, J., Rzewuska, M. & Stassen, H. H. (1983). Methodologische Probleme in der Verlaufsforschung endogener Psychosen. In G. Gross & R. Schüttler (Hrsg.), *Empirische Forschung in der Psychiatrie* (S. 37-53). Stuttgart: Schattauer.

Atmanspacher, H., Scheingraber, H. & Wiedenmann, G. (1989). Determination of f(α) for a Limited Random Point Set. *Physical Review A, 40/7,* 3954-3963.

Babloyantz, A. & Destehexe, A. (1986). Low-dimensional Chaos in an Instance of Epilepsy. *Proceedings of the National Academy of Sciences USA, 83,* 3513-3517.

Babloyantz, A. & Destehexe, A. (1988). The Creutzfeldt-Jakob Disease in the Hierarchy of Chaotic Attractors. In M. Markus, S. Muller & G. Nicolis (Eds.), *From Chemical to Biological Organization* (pp. 307-316). Berlin: Springer.

Basar, E. (Ed.) (1990). *Chaos in Brain Function.* Berlin: Springer.

Birkhoff, G. D. (1932). Sur quelques courbes fermées remarquables. *Bulletin of the Society of Mathematics FR, 60,* 11-26 .

Bleuler, M. (1972). *Die schizophrenen Geistesstörungen im Lichte langjähriger Kranken- und Familiengeschichten.* Stuttgart: Thieme.

Braitenberg, V. & Schüz, A. (1989). Cortex: Hohe Ordnung oder größtmögliches Durcheinander? In Spektrum der Wissenschaft: *Chaos und Fraktale* (S. 164-176). Heidelberg: Spektrum-der-Wissenschaft-Verlagsgesellschaft.

Brandstater, A. & Swinney, H. L. (1987). Strange Attractors in Weakly-turbulent Couette-Taylor Flow. *Physical Review A, 25,* 2207.

Bullock, T. H. (1990). An Agenda for Research on Chaotic Dynamics. In E. Basar (Ed.), *Chaos in Brain Function* (pp. 31-41). Berlin: Springer.

Ciompi, L. (1980). Catamnestic Long-term Study on the Course of Life and Aging of Schizophrenics. *Schizophrenia Bulletin, 6/4*, 606-618.

Ciompi, L. (1988). Das dreiphasige biologisch-psychosoziale Schizophreniemodell und einige seiner praktischen Konsequenzen. In L. Ciompi, *Außenwelt/Innenwelt: Die Entstehung von Zeit, Raum und psychischen Strukturen* (Kapitel 6.5.2). Göttingen: Vandenhoeck & Ruprecht.

Dünki, R. M. (1991). The Estimation of the Kolmogorov Entropy from a Time Series and its Limitations when Performed on EEG. *Bulletin of Mathematical Biology, 53*, 665-678.

Eckmann, J.-P. & Ruelle, D. (1985). Ergodic Theory of Chaos and Strange Attractors. *Review of Modern Physics, 57*, 617-655.

Eckmann, J.-P. & Ruelle, D.(1992). Fundamental Limitations for Estimating Dimensions and Lyapunov Exponents in Dynamical Systems. *Physica D, 56*, 185-187.

Elbert, T., Ray, W. J., Kowalik, Z. J., Skinner, J. E., Graf, K. E. & Birbaumer, N. (1994). Chaos and Physiology: Deterministic Chaos in Excitable Cell Assemblies. *Physiological Reviews, 74*, 1-47.

Freedman, R., Luchins, D. J., McCarley, R. W. & Morihisa, J. M. (1991). Quantitative Electroencephalography: A Report on the Present State of Computerized EEG Techniques. *American Journal of Psychiatry, 148/7*, 961-964.

Froehlich, H., Crutchfield, J. P., Farmer, D., Packard, N. H. & Shaw, R. (1981). On Determining the Dimension of Chaotic Flows. *Physica 3D*, 605-617.

Glass, L. & Mackey, M. C. (1988). *From Clocks to Chaos: The Rhythms of Life*. New Jersey: Princeton University Press.

Grassberger, P. & Procaccia, I. (1983). Measuring the Strangeness of Strange Attractors. *Physica 9D*, 189-208.

Harding, C. M. (1988). Course Types in Schizophrenia: An Analysis of European and American Studies. *Schizophrenia Bulletin, 14*, 633-643.

Heimann, H. (1989). Ordnung und Chaos bei Psychosen. In W. Gerok (Hrsg.), *Ordnung und Chaos in der unbelebten und belebten Natur* (S. 215-227). Stuttgart: Wissenschaftliche Verlagsgesellschaft.

Hinterhuber, H. (1973). Zur Katamnese der Schizophrenien. *Fortschritte der Neurologie und Psychiatrie, 41/10*, 528-558.

Hofman, M. A. (1991). The Fractal Geometry of Convoluted Brains. *J. Hirnforsch., 32/1*, 103-111.

Huber, G., Gross, G. & Schüttler, R. (1979). *Schizophrenie: Eine verlaufs- und sozialpsychiatrische Langzeitstudie*. Berlin: Springer.

Itil, T. M. (1977). Qualitative and Quantitative EEG Findings in Schizophrenia. *Schizophrenia Bulletin, 3*, 61-79.

John, E. R., Karmel, B. Z., Corning, W. C. et al. (1977). Neurometrics: Numerical Taxonomy Identifies Different Profiles of Brain Functions within Groups of Behaviorally Similar People. *Science, 196*, 1393-1410.

John, E. R., Prichep, L. S. & Friedman, J. (1988). Neurometric Classification of Patients with Different Psychiatric Disorders. In D. Samson-Dollfus (Ed.), *Statistics and Topography in Quantitative EEG* (pp. 88-95). Paris: Elsevier.

Kemali, D., Vacca, L., Marciano, F. & Nolfe, G. (1981). EEG Findings in Schizophrenics, Depressives, Obsessives and Normals. *Advances in Biological Psychiatry, 6*, 17-28.

King, R., Barchas, J. D. & Huberman, B. A. (1984). Chaotic Behavior in Dopamine Neurodynamics. *Proceedings of the National Academy of Sciences USA, 81*, 1244-1247.

Koukkou, M. (1980). EEG Correlates of Information Processing in Acute Schizophrenics. *Advances in Biological Psychiatry, 4*, 102-110.

Koukkou, M. (1983). EEG Reactivity and Psychopathology: A Psychophysiological Information Processing Approach. *Advances in Biological Psychiatry, 13,* 43-48.

Koukkou-Lehmann, M. (1987). *Hirnmechanismen normalen und schizophrenen Denkens: Eine Synthese von Theorien und Daten.* Berlin: Springer.

Koukkou, M., Lehmann, D., Wackermann, J., Dvorak, I. & Henggeler, B. (1993). Dimensional Complexity of EEG Brain Mechanisms in Untreated Schizophrenia. *Biological Psychiatry, 33,* 397-407.

Koukkou, M., Tremel, E. & Manske, W. (1991). A Psychobiological Model of the Pathogenesis of Schizophrenic Symptoms. *International Journal of Psychophysiology, 10,* 203-212.

Li, T.-Y. & Yorke, J. A. (1975). Period Three Implies Chaos. *American Mathematical Monthly, 82,* 985-992.

Lorenz, E. N. (1963). Deterministic Nonperiodic Flow. *Journal of Atmosphere Sciences, 20,* 130-141.

Mané, R. (1980). On the Dimension of the Compact Invariant Sets of Certain Nonlinear Maps. In D. A. Rand & L.-S. Young (Eds.), *Dynamical Systems and Turbulence* (Vol. 898). Warwick Proceedings, 1980. Also in A. Dold & B. Eckmann (Eds.) (1981), *Lecture Notes in Mathematics.* Berlin: Springer.

Mechsner, F. (1990). Kann das Hirn das Chaos bändigen? In *Chaos + Kreativität.* GEO-Wissen (Nr. 2, Montag, 7.5.90), 118-122.

Mees, A. I., Rapp, P. E. & Jennings, L. S.(1987). Singular-value Decomposition and the Embedding Dimension. *Physical Review A, 36/1,* 340-346.

Michel, C. M., Koukkou, M. & Lehmann, D. (1993). EEG Reactivity in High and Low Symptomatic Schizophrenics. Using Source Modelling in the Frequency Domain. *Brain Topography.*

Molinari, L. & Dumermuth, G. (1993). Once more: Dimension and Lyapunov Exponents for the Human EEG. Submitted for publication.

Packard, N. H., Crutchfield, J. P., Farmer, J. D. & Shaw, R. S. (1980). Geometry from a Time Series. *Physical Review Letters, 45,* 712.

Pijn, J. P., van Neerven, J., Noest, A. & Lopes da Silva, F. H. (1991). Chaos or Noise in EEG Signals; Dependence on State and Brain Site. *Electroencephalography and Clinical Neurophysiology, 79,* 371-381.

Poincaré, H. (1892). *Les méthodes nouvelles de la mécanique céleste.* Paris: Gauthier-Villars.

Rapp, P. E., Albano, A. M. & Mees, A. I. (1988). Calculation of Correlation Dimensions from Experimental Data: Progress and Problems. In J. A. S Kelso, A. J. Mandell & M. F. Schlesinger (Eds.), *Dynamic Patterns in Complex Systems* (pp. 191-205). Singapore: World Scientific.

Rapp, P. E., Bashore, T. R., Martinerie, J. M., Albano, A. M., Zimmerman, I. D. & Mees, A. I. (1989). Dynamics of Brain Electrical Activity. *Brain Topography, 2,* 99-118.

Sacks, O. (1991). Anhang: Chaos und „Erwachen". In *Awakenings - Zeit des Erwachens* (S. 404-423). Reinbek bei Hamburg: Rowohlt.

Schaffer, W. M. & Kot, M. (1985). Nearly One-Dimensional Dynamics in an Epidemic. *Journal of Theoretical Biology, 112,* 403-427.

Schiepek, G. & Schoppek, W. (1991). Synergetik in der Psychiatrie: Simulation schizophrener Verläufe auf der Grundlage nichtlinearer Differenzengleichungen. In U. Niedersen & L. Pohlmann (Hrsg.), *Selbstorganisation. Jahrbuch für Komplexität in den Natur-, Sozial- und Geisteswissenschaften* (Band 2, S. 69-102). Berlin: Duncker & Humblot.

Schiepek, G. & Strunk, G. (1994). *Dynamische Systeme. Grundlagen und Analysemethoden für Psychologen und Psychiater.* Heidelberg: Asanger.

Schmid, G. B. (1991). Chaos Theory and Schizophrenia: Elementary Aspects. *Psychopathology, 24(4),* 185-198.

Schmid, G. B., Stassen, H. H., Gross, G., Huber, G. & Angst, J. (1991). Longterm Prognosis of Schizophrenia. *Psychopathology, 24(3)*, 130-140.

Schmid, G. B. & Dünki, R. (1993). Computer Algorithm for the Automatic, Self-consistent Assessment of Grassberger-Procaccia D2 and Kolmogorov K2 Values: The Burghölzli Consensus. Manuscript.

Schuster, H. G. (1989). *Deterministic Chaos: An Introduction*. Weinheim: VCH.

Shagass, C. (1987). Deviant Cerebral Functional Topography as Revealed by Electrophysiology. In H. Helmchen & F. A. Henn (Eds.), *Biological Perspectives of Schizophrenia* (pp. 237-253). New York: Wiley.

Shagass, C., Roemer, R. A., Straumanis, J. J. et al. (1984). Psychiatric Diagnostic Discriminations with Combinations of Quantitative EEG Variables. *British Journal of Psychiatry, 144*, 581-592.

Shaw, R. (1984). *The Dripping Faucet as a Model Chaotic System*. The Science Frontier Express Series, Aerial Press, Inc. P.O. Box 1360, Santa Cruz, CA 95061.

Skarda, C. A., & Freeman, W. J. (1987). How Brains make Chaos in Order to Make Sense of the World. *Behavior and Brain Sciences, 10*, 161-195.

Stassen, H. H. (1985). The Similarity Approach to EEG Analysis. *Meth. Inform. Med., 24*, 200-212.

Takens, F. (1980). Detecting Strange Attractors in Turbulence. In D. A. Rand & L.-S. Young (Eds.), *Dynamical Systems and Turbulence* (Vol. 898, pp. 365-381). Warwick 1980: Proceedings.

Theiler, J. (1986). Spurious Dimension from Correlation Algorithms Applied to Limited Time-Series Data. *Physical Review A, 34/3*, 2427-2432.

Theiler, J. (1990). Statistical Error in Dimension Estimators. In N. B. Abraham, A. M. Albano, A. Passamante & P. E. Rapp (Eds.), *Measures of Complexity in Chaos* (pp. 199-202). New York: Plenum Press.

Watt, D. C., Katz, K. & Shepherd, M. (1983). The Natural History of Schizophrenia: A 5-Year Prospective Follow-up of a Representative Sample of Schizophrenics by Means of a Standardized Clinical and Social Assessment. *Psychological Medicine, 13*, 663-670.

Whitney, H. (1936). Differential Manifolds. *Annuals of Mathematics, 37*, 645-680.

Schizophrenie als Korrespondenzproblem plastischer neuronaler Netzwerke

Peter Kruse, Hans-Otto Carmesin und Michael Stadler

Die Erklärungsansätze der Schizophrenie sind so vielfältig wie die individuellen Krankheitsgeschichten der betroffenen Menschen. Psychologisch, neurophysiologisch und genetisch orientierte Sichtweisen konkurrieren miteinander und hinterlassen den Eindruck eines schwer bestimmbaren Geflechtes beteiligter Mechanismen und Interaktionen. Angesichts der Mehrdimensionalität des zu vermutenden Bedingungsgefüges und angesichts der beobachtbaren Komplexität des Krankheitsprozesses ist es sinnvoll, gezielt auch die Möglichkeiten der dynamischen Modellierung neuronaler Prozesse einzusetzen. Die Schizophrenie ist eine Krankheit des Nervensystems, die sich durch eine spezifische und komplexe Dynamik auszeichnet (Kandel et al., 1991). Die Erzeugung dieser Krankheitsdynamik durch ein Modell des Nervensystems kann zu einem tieferen Verständnis der Krankheit und zu verbesserten Therapien beitragen, wenn es wesentliche dynamische und physiologische Aspekte hinreichend differenziert und präzisiert. Diese Differenziertheit und Präzision läßt sich sukzessive erhöhen, indem aus dem Modell Hypothesen ableitet werden, die sich durch Messungen oder Beobachtungen prüfen lassen. Die Ergebnisse der Prüfung führen rückwirkend zur Ausdifferenzierung des Netzwerkmodelles.

1 Netzwerkmodell

Das Netzwerk ist als Idealisierung hirnphysiologischer Gegebenheiten gestaltet. Zweiwertige Neuronen $s_i = +\text{-}1$ bilden Erregungspotentiale (Spikes) von Nervenmembranen nach. Über die Hebb-Regel werden plastische Synapsen W_{ij} realisiert. Multilineare Kopplungen $W_{ij...m}$ modellieren die Funktionsweise von Neuropilen, d.h. von hochgradig vernetztem Nervengewebe. Die Kopplungen können positive oder negative Werte annehmen und instanziieren so ein inhibitorisches System. Die Neuronen führen eigenaktiv zufällige Schwankungen aus, wie sie in jedem Nervensystem vorkommen. In Anlehnung an die Wirkungsweise des limbischen Systems im Gehirn wird ein vorliegender neuronaler Zustand positiv oder negativ bewertet. Diese Bewertung führt zur selektiven Anwendung der Hebb-Regel. Über die Hebb-Regel werden die Kopplungen nur zu den Zeitpunkten verändert, an denen die Bewertung positiv ist. Die Größe der Veränderung der Kopplungen durch die Hebb-Regel wird durch einen skalaren Faktor h bemessen. Im Gehirn wird als Agens dieser Umsetzung der Bewertung in die Änderung von Kopplungen der Hippocampus vermutet. Der Hippocampus generiert lang anhaltende Ströme im Neocortex, die als Ursache für die

Kopplungsänderung in Frage kommen. Entsprechend der Tatsache, daß das Gehirn zu über 90 Prozent aus inneren Neuronen besteht, besitzt auch das Modell Neuronen, die weder sensorisch noch motorisch direkt an die Umgebung gekoppelt sind. Die Aktivität dieser Neuronen wird ausschließlich von der Aktivität anderer Neuronen beeinflußt.

Bereits Netzwerke mit multilinearen Kopplungen, die ausschließlich aus sensorischen und motorischen Neuronen bestehen, können lernen, auf eine eindeutig definierte sensorische Situation stabil mit einer eindeutig definierten motorischen Reaktion zu antworten (Carmesin, 1991; 1994a,b). Die aufeinander zu beziehenden sensorischen und motorischen Zustände können dabei prinzipiell beliebig komplex sein. Innere Neuronen sind erst erforderlich, wenn eine adäquate, viable motorische Antwort nur aus der Abfolge verschiedener sensorischer Zustände erschlossen werden kann. Diese Situation ist immer dann gegeben, wenn ein System über seine sensorischen und motorischen Zustände durch die Dynamik eines anderen Systems angeregt wird, das selbst wiederum über innere Freiheitsgrade verfügt. Eine prototypische Situation ist die Interaktion zwischen zwei oder mehreren neuronalen Systemen mit inneren Neuronen, z.B. die Interaktion zwischen zwei oder mehreren menschlichen Gehirnen. Innere Neuronen ermöglichen nur dann eine reichhaltige, nicht triviale Interaktion, wenn es zu einer viablen Korrespondenz zwischen den Zuständen der inneren Neuronen der interagierenden Systeme kommt. Hier besteht für Netzwerke mit inneren Neuronen das Problem, diese Korrespondenz herbeizuführen und zu gewährleisten. Das menschliche Gehirn braucht also innere Neuronen, um in der Interaktion mit menschlichen Gehirnen zu stabilen und viablen Lösungen zu kommen, da menschliche Gehirne über innere Neuronen verfügen, die Interaktion zur nicht trivialen Aufgabe machen. Zur Lösung des Korrespondenzproblems nutzen Menschen vielfältige Möglichkeiten, interne Zustände z.B. sprachlich zu explizieren. Diese Explizierungsmöglichkeiten werden im folgenden vereinfachend als Hinweisereignisse oder „cues" bezeichnet.

Das geschilderte Korrespondenzproblem wird im folgenden näher untersucht. Abgestimmt auf die theoretischen Vorgaben wird ein Netzwerkmodell anhand von Bewegungsgleichungen exakt formuliert. Diese Formulierung ist die Grundlage für eine detaillierte mathematische Analyse der Bedingungen für die Korrespondenz innerer Neuronen, der Bedingungen der Störung dieser Korrespondenz und der Möglichkeiten einer Kompensation der Störungen. Die aus dem Verhalten des Modells abgeleiteten Befunde werden im Anschluß im qualitativen Vergleich auf die Entstehung und Therapie von Schizophrenie übertragen. Es wird bei diesem Vorgehen von der Hypothese ausgegangen, daß Schizophrenie eine kompensatorische Folge von Defiziten in der Korrespondenzbildung ist.

In der Interaktion zwischen zwei Netzwerken sind die Freiheitsgrade des ersten Interaktionspartners durch zweiwertige Neuronen s_i zu beschreiben. Diese unterteilen sich in sensorische, motorische und innere Neuronen s_i. Analog sind die Freiheitsgrade des zweiten Interaktionspartners durch zweiwertige Neuronen e_i zu beschreiben. Auch diese unterteilen sich in sensorische, motorische und innere Neuronen e_i. Ohne korrespondenzfördernde cues ist die Bewertung $\tau = 0$, wenn das erste Netzwerk nicht korrespondierend motorisch reagiert, d.h. das motorische Neuron $s_i(t)$ ungleich dem sensorischen $e_i(t)$ ist. Die Wechselwirkung zwischen den Neuronen s_i und e_i geschieht ohne zusätzliche korrespondenzfördernde cues wie folgt: Der Zustand eines sensorischen Neurons $s_i(t)$ ist gleich dem Zustand des motorischen Neurons $e_i(t)$ und vice versa. Wenn zwei innere Neuronen e_i und s_i durch korrespondenzfördernde cues gekoppelt sind, ist die Bewertung τ auch dann = 0, wenn $e_i(t)$ ungleich $s_i(t)$ ist. Die Neuronen s_i nehmen die Werte +-1 an. Betrachtet werden diskrete Zeitpunkte t = 1, 2, 3, ... Ein Neuron s_i erfährt eine gesamte Erregung h_i durch andere Neuronen s_j. Dabei trägt ein anderes Neuron s_j entsprechend seiner Kopplung W_{ij} nach s_i bei, d.h.

$$h_i\,(t+1) = \sum_j^N W_{ij}\,(t)s_j\,(t) \tag{1}$$

Das Neuron s_i feuert nun nicht deterministisch entsprechend dieser Erregung, sondern aufgrund von Fluktuationen gemäß einer Wahrscheinlichkeit P, die um so größer wird, je größer die Erregung ist. Dabei werden die Fluktuationen durch einen Parameter T charakterisiert, d.h.

$$P\,(s_i\,(t+1),\bar{s}(t),T) = \frac{\exp\,(h_i\,(t+1)\ s_i(t+1)\,/\,T)}{\cosh\,(h_i\,(t+1)\,/\,T)} \tag{2}$$

Damit ist die stochastische Dynamik der Neuronen formuliert. Nun werden die Veränderungen der Kopplungen gemäß einer Hebb-Regel beschrieben, die verschiedene zusätzliche Effekte enthält. Der zentrale Effekt ist bei der Hebb-Regel, daß sich die Kopplung verstärkt, wenn das präsynaptische Neuron und das postsynaptische Neuron zugleich feuern (Hebb, 1949). Diese Regel wird hier nur unter der Bedingung angewandt, daß die Handlung gerade erfolgreich war (Thorndike, 1913), d.h. daß τ gleich eins ist. Dies modelliert das bewertende limbische System. Die bewertete Handlung setzt der Hippocampus über „long term potentiation" (LTP) in andauernde Hirnströme um, die im Großhirn die Synapsen wiederholt verstärken. Diese mehrfache Verstärkung wird durch einen Faktor h modelliert. Zudem klingen die Kopplungen W_{ij} mit der Zeit ab. Das wird durch einen Subtrahenden proportional einem Parameter b modelliert. Insgesamt ändert sich bei jedem Zeitschritt eine Kopplung wie folgt:

$$\Delta W_{ij} = h\,\tau\,s_i\,(t+1)\,s_j\,(t) - bW_{ij} \tag{3}$$

Das Modell (s. Abb. 1) ist vollständig formuliert, wenn man die obigen drei Gleichungen für Mehrfachkopplungen verallgemeinert.

$$h_i\,(t+1) = \sum_j^N W_{ij}\,(t)\,s_j\,(t) + \sum_{j<k}^N W_{ijk}\,(t)\,s_j(t)\,s_k(t) + \ldots \tag{4}$$

$$\Delta W_{ijk\ldots m} = h\,\tau\,s_i(t+1)\,s_j(t)\,s_k(t)\ldots s_m(t) - bW_{ijk\ldots m} \tag{5}$$

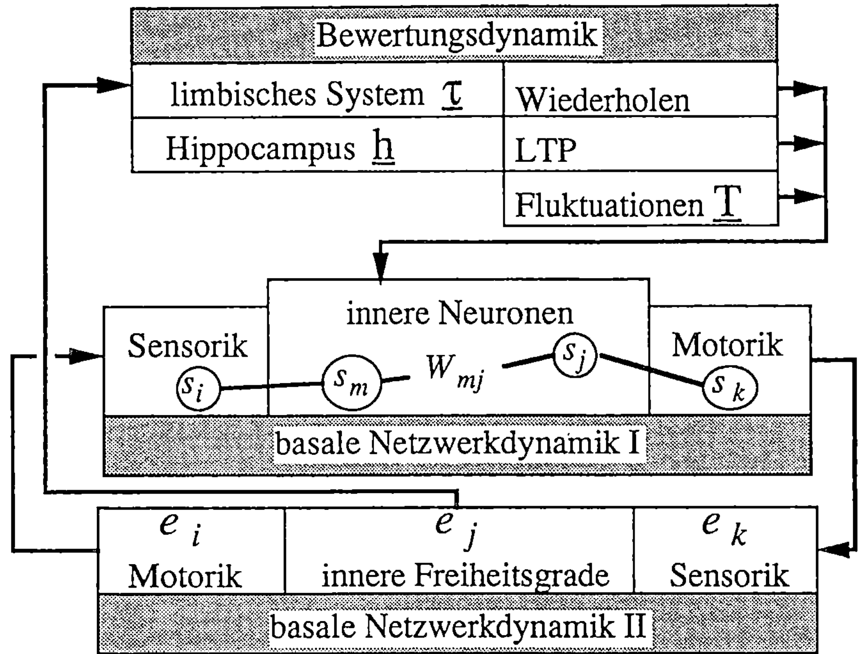

Abb. 1: *Das Netzwerkmodell im Überblick.*

2 Netzwerkverhalten

Um Anpassungsleistungen zu erbringen, müssen Netzwerke generell plastisch sein. Mit der Plastizität werden immer auch bereits vorhandene Strukturen gefährdet. Jedes anpassungsfähige System verhält sich entsprechend im Spannungsfeld von Plastizität und Stabilität. Kopplungen und Neuronen verändern sich gegenseitig. Diese Veränderungen werden vom Anfangszustand, von Fluktuationen, Interaktionen und Bewertungen beeinflußt. Um die Bedeutung der Bewertung richtig einschätzen zu können, ist es hilfreich, sie im Gedankenexperiment herauszulösen. Ohne Bewertung würden *alle* Interaktionen unabhängig von ihrer Bedeutung für die Korrespondenzbildung in Gedächtnisinhalte umgesetzt. Enthielte das Netzwerkmodell keine Bewertung, so würden sich Neuronen und Kopplungen gegenseitig verändern, ohne daß letztlich dabei eine stabile und viable Struktur entstünde (Grossberg, 1976).

Verändert man in dem oben formulierten Netzwerkmodell (Abb. 1) die Stärke der Fluktuationen, so zeigt sich der in Abbildung 2 dargestellte Phasenübergang. Ohne Fluktuationen bilden sich im Netzwerk stabile, starke Kopplungen zwischen den Neuronen. Bei kontinuierlicher Erhöhung der Fluktuationen werden die Kopplungsstärken zunächst unwesentlich kleiner, um dann plötzlich in einem Phasenübergang auf etwa null abzufallen. Verringert man dann die Fluktuationen, tritt Hysterese auf, d.h. die Kopplungen bilden sich erst wieder deutlich unterhalb der vorher kritischen Fluktuationsstärke. Der geschilderte Phasenübergang ist daran gebunden, daß das Netzwerk überhaupt erfolgreiche Kopplungen erzeugen kann und zu Bewertungen $\tau = 1$ kommt. Unterhalb der kritischen Fluktuationsstärke gibt es Kopplungszustände, die häufig als erfolgreich bewertet werden (viabel), und Kopplungszustände, die selten als erfolgreich bewertet werden (nichtviabel). Da oberhalb der kritischen Fluktuationsstärke die Kopplungen null sind, ist das Netzwerk jenseits des Phasenübergangs prinzipiell nicht viabel.

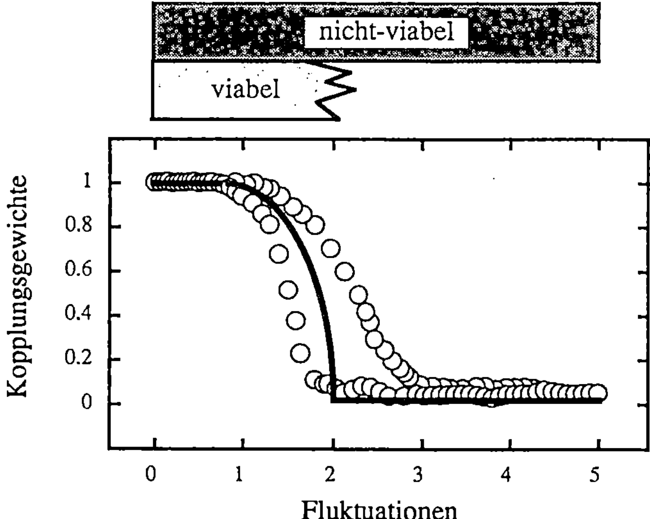

Abb. 2: Spontane Entstehung von Kopplungen. Abszisse: T, Ordinate: $|W_{ij}|$ (normiert), durchgezogen: Lösung einer Fixpunktgleichung, Datenpunkte: Computersimulation. Ergebnisse: Oberhalb T = 2: kleine Kopplungen, nahe T = 2: Hysterese bei der Computersimulation, unterhalb T = 2: große Kopplungen. Oben: Nicht-viabel kann das Netzwerk bei großen und kleinen Fluktuationen sein, viabel kann es nur bei kleinen Fluktuationen sein (Kreyscher et al., 1993).

Viable Kopplungszustände treten bei geringen Fluktuationsstärken im Netzwerk auf, wenn für alle inneren Neuronen bewertende cues vorliegen. Wenn nicht für den Zustand jedes inneren Neurons cues zur Verfügung stehen, kann die Korrespondenz gestört sein. Dies ist abhängig von den Ausgangsbedingungen und der Fluktuationsstärke. Bestehen anfangs viable Kopplungen und ist die Fluktuationsstärke gering, bleibt bei Konstanz des Interaktionspartners die Korrespondenz mit hoher Wahrscheinlichkeit trotz unzu-reichender cues bestehen. Ändert der Interaktionspartner seine Dynamik, ist die Fluktu-ationsstärke relativ hoch oder der Ausgangszustand bereits nicht viabel, so ist mit hoher Wahrscheinlichkeit keine Korrespondenz gewährleistet. Sind weder hinreichende cues noch Ausgangskorrespondenz vorhanden, kann das Netzwerk prinzipiell nur durch Fluktuationen zur Korrespondenz gelangen (Carmesin, 1994c). Hierbei wird deutlich, daß das Erhöhen von Fluktuationen eine sinnvolle kompensatorische Reaktion des Netzwerkes auf unzureichende cues und mangelnde Korrespondenz ist.

Allerdings bringt die Erhöhung der Fluktuationen das Netzwerk zunehmend in den Bereich des Phasenübergangs. Hierdurch entsteht das Risiko, bei Überschreiten der kritischen Fluktuationsstärke bereits bestehende stabile Kopplungen zu zerstören. Mit jedem kompensatorischen Überschreiten der kritischen Fluktuationsstärke verliert das Netzwerk damit einen Anteil seiner ausgebildeten Kopplungen. Gehen dabei vorwiegend viable Kopplungen verloren, gerät das Netzwerk in einen Teufelskreis von verschlechterten Ausgangsbedingungen und erneuter Notwendigkeit kompensatorischer Erhöhung der Fluktuationsstärke. Gehen dagegen vorwiegend nicht viable Kopplungen verloren, so kann sich die Korrespondenz nach der „Überhitzung" sogar verbessern. Aus den skizzierten Zusammenhängen ergibt sich, daß die Korrespondenz zwar durch unterschiedliche Ursachen gestört werden kann, diese Störungen jedoch zu einem einheitlichen Kompensationsverhalten führen. Mögliche Störungen der Korrespondenz sind:
- uneindeutige Hinweisereignisse (double bind)
- Überlastung des Sytems durch zu schnelle Ereignisabfolge (Stress)
- Unterfunktion der internen Bewertungsinstanz (potentiell Amygdala)
- Unterfunktion der anhaltenden Selbststimulation nach Ereignissen (LTP, Hippo-
  campus).

Die Reaktion des Systems auf diese uneinheitlichen Störungen ist immer die Erhöhung der Fluktionsstärke zum Zweck der Exploration. Exploration erhöht die Chance, von einem nicht korrespondierenden in einen korrespondierenden, viablen Attraktor zu wechseln. Zusätzlich wird diese Chance dadurch verbessert, daß bei Erhöhung der Fluktuationsstärke die Attraktorlandschaft des Netzwerks weniger differenziert und damit unter Belastung weniger sensibel in Bezug auf Fehlleistungen ist. Eine Vermeidung von Netzwerkschädigung ist in dieser Modellierung möglich durch:
- Behebung oder Kompensation der ursächlichen Störungen, d.h. eindeutige Hinweis-
  ereignisse anbieten, Ereignisabfolgen verlangsamen, für mehrfache Wiederholung
  der Hinweisereignisse sorgen und Einbetten des Netzwerks in einfache, regelhafte
  Umwelten;
- im Bereich des Phasenübergangs das Netzwerk vor „Überhitzung" schützen, d.h.
  durch Entwicklung von sensiblen Kriterien den Fluktuationsgrad des Netzwerkes
  schätzen und frühzeitig mit Kompensationsmaßnahmen reagieren (s.o.);
- bei „Überhitzung" die Zerstörung bestehender viabler Kopplungsmuster verhindern,
  d.h. die Hebb-Regel global verlangsamen oder verbliebene viable Attraktorzustände
  anregen und stabilisieren.

3 Übertragung

In einer hypothetischen Übertragung der Ergebnisse der Netzwerkmodellierung auf das menschliche Nervensystem ergibt sich folgendes Phasendiagramm (Abb. 3). Der Mensch ist aufgrund der Konstruktion seines Nervensystems auf eine nicht-deterministische Interpretation von Sinnesreizen angewiesen. Hierzu sind Fluktuationen im

Nervensystem notwendig. Um als Mensch lebensfähig zu sein, muß die Interpretation viabel sein, d.h. hinreichend mit der Außenwelt korrespondieren. Im sozialen Kontext besteht für den Menschen das Problem, sich in Korrespondenz mit den inneren Freiheitsgraden anderer Nervensysteme zu bringen. Hierzu werden z.B. im kommunikativen Akt Hinweisereignisse ausgetauscht und verarbeitet.

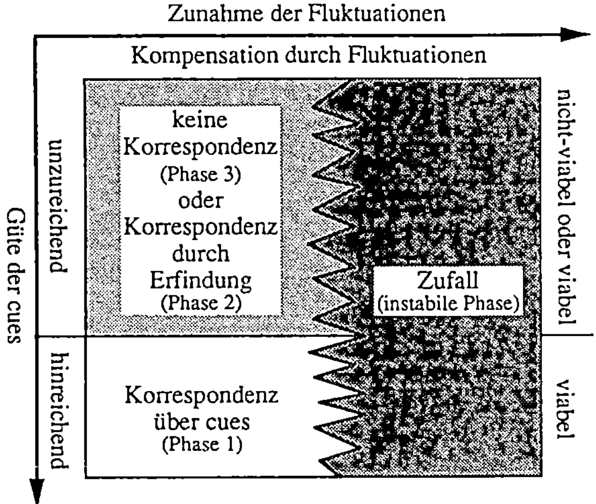

Abb. 3: *Phasendiagramm der Korrespondenz.*

Die Korrespondenz wird in der Interaktion durch Fluktuation und durch die Güte der Hinweisereignisse bedingt. Es ergeben sich vier mögliche Phasen bei der Lösung des Korrespondenzproblems. Bei hohen Fluktuationen liegen stets kleine Kopplungen vor, die ausschließlich per Zufall korrespondieren, extrem instabil und daher nicht verläßlich sind (instabile Phase). Bei geringeren Fluktuationen treten große und stabile Kopplungen auf. Es sind drei stabile Phasen möglich. Ist die Güte der cues hinreichend, kommt es un-mittelbar zur Korrespondenz (Phase 1). Ist die Güte der cues unzureichend, liegt entweder Korrespondenz durch Erfindung (Phase 2) oder keine Korrespondenz (Phase 3) vor. In diesem Konzept ist in der Dimension der Güte der cues die Viabilität). im Individuum kommunikativ angeregter Bewertungen zusammengefaßt. Phase 2 und 3 bilden ein Zwei-Phasen-Gebiet, d.h. bei gleicher Parameterkonstellation kann sich das Nervensystem in einer von zwei verschiedenen makroskopischen Zustandsbildern (Phasen) befinden. Es kann sowohl keine Korrespondenz wie auch Korrespondenz durch Erfindung entstehen.

3.1 Schizophrenie

Nervensysteme können sich in jeder der vier Phasen befinden. Ein „gesundes" Nervensystem operiert zumeist im Bereich der Phase 1. Nur bei Konfrontation mit subjektiv neuen Gegebenheiten (z.B. Exploration) und bei erhöhtem Erregungsniveau (z.B. Flucht) tritt eine Steigerung der Fluktuationen bis in die instabile Phase auf. Reorganisation und konzeptuelles Neulernen sind zumeist an eine derartige kurzfristige Steigerung der Fluktuationen gebunden. Erfundene Korrespondenz (Phase 2) tritt z.B. als Einfühlungsvermögen in die inneren Freiheitsgrade anderer Menschen in Erscheinung. Bei Mißverständnissen und Täuschungserlebnissen befindet sich das Nervensystem kurzfristig in Phase 3. Ein „krankes" Nervensystem mit schizophrener Symptomatik erreicht die Phase 1 der stabilen Korrespondenz dagegen vergleichsweise selten. Ursächlich hierfür ist generell eine unzureichende Verarbeitung der Hinweisereignisse, d.h. ein Mangel an kommunikativen Bewertungen. Um trotzdem viable Korrespondenz herzustellen, bleibt dem Schizophrenen nur der Versuch einer Korrespondenzbildung durch Erfindung. Zur Begünstigung des Entstehens von Erfindungen bewegt sich das Nervensystem häufig kompensatorisch an der Grenze zur instabilen Phase. Dabei kann es zur Überhitzung kommen, d.h. die Fluktuationen überschreiten den kritischen Wert. In der Überhitzung zerfallen bereits gelernte Kopplungen (s.o.). Die Überhitzung imponiert als psychotischer Schub. Im psychotischen Schub werden Assoziationen unspezifisch, d.h. es werden ungewöhnliche Gedankenverbindungen hergestellt, die Assoziationen sind nur von kurzer Dauer und kaum reproduzierbar (Gedankenflucht). In der Überhitzung ist die viable Handlungsfähigkeit dramatisch reduziert und die bestehende Instabilität erreicht subjektiv bedrohliche Ausmaße. Der einzige Ausweg ist die erneute Absenkung der Fluktuationsstärke. In der Absenkung werden korrespondierende oder nicht korrespondierende Erfindungen gemacht. Im Falle korrespondierender Erfindungen ist die Viabilität der Phase 2 erreicht (nicht psychotische Phase). Bei nicht korrespondierenden Erfindungen entsteht die nicht viable Stabilität der Phase 3. Die dann weiterhin unbefriedigende Handlungsfähigkeit erzwingt entweder eine Änderung in der Bewertung (z.B. paranoides Wahnsystem als scheinbare Lösung) oder eine erneute Erhöhung der Fluktuationen (Erhitzung als Anregung potentieller Lösungen). Gehen in der Überhitzung vorwiegend viable Kopplungen verloren, so wird die Handlungsfähigkeit mit jeder Überhitzung weiter geschädigt (Residuen). Es entsteht ein Teufelskreis aus initialer Störung, Überhitzung, Residuen, gesteigerter Störung, Überhitzung etc. Das Eintreten in ein rigides Wahnsystem (nicht viable Erfindung) kann diesen Kreislauf unterbrechen, allerdings geht dies auf Kosten der Korrespondenz, d.h. der sozialen Integration und der Handlungsfähigkeit (s. Abb. 4).

Ursächlich ist in dieser Übertragung des Netzwerkmodells auf die Entstehung schizophrener Symptomatiken immer ein Defizit in der Verarbeitung von Hinweisereignissen. Störungen in der Verarbeitung von korrespondenzstiftenden Hinweisereignisse können bei Schizophrenen auf zwei verschiedene kognitive Unterfunktionen zurückgeführt werden:

- Die Bestimmung von Hinweisereignissen in der Fülle der sensorischen Anregungen ist unzureichend (Unterfuktion der Bewertungsinstanz, evtl. Amygdala-Unterfunktion; Parameter τ im Netzwerkmodell).
- Die Verstetigung der auf das Hinweisereignis bezogenen neuronalen Zustände ist nur vermindert gegeben (Unterfuktion der „long term potentiation," Hippocampus; Parameter h im Netzwerkmodell).

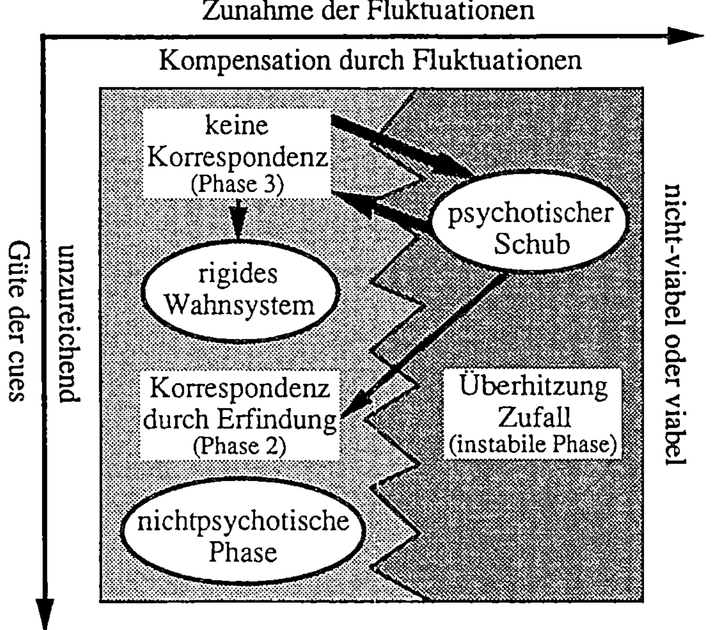

Abb. 4: *Die Phasendynamik der Schizophrenie.*

Zusätzlich begünstigend für das Auftreten eines psychotischen Schubes sind darüber hinaus die folgenden Faktoren:

- die Umwelt bietet mehrdeutige Hinweisereignisse an (Kommunikationsstörungen, z.B. double-bind-Kommunikation; unzureichende cues im Netzwerkmodell);
- unspezifische Erregung und Überlastung (Stress; Parameter T im Netzwerkmodell);
- unangemessene Bewertungen („high expressed emotions"; Parameter τ und h im Netzwerkmodell);
- chemische Verbindungen, die zu einer Erhöhung des Erregungsniveaus (Parameter T im Netzwerkmodell) oder zu einer Beeinflussung der Bewertungsinstanzen (Parameter τ und h im Netzwerkmodell) führen (z.B. halluzinogene Drogen).

Es ergibt sich das Bild eines Zusammenspiels von vermutlich genetisch verursachten und möglicherweise zusätzlich ontogenetisch verfestigten kognitiven Unterfunktionen mit rein situativen Faktoren. Das komplexe Zusammenspiel mündet in einer einheitlichen Kompensationsreaktion, die dann erst den eigentlichen Eintritt in die schizophrene Symptomatik hervorruft. Das Problem der Korrespondenzbildung und das Problem der Stabilisierung der Interaktion von Teilnetzwerken (Großhirn, Hippocampus, Amygdala) im Individuum bedingen sich gegenseitig. Aus der Perspektive des individuellen Nervensystems „ ... erscheint die Schizophrenie als eine konstitutionell präformierte Erkrankung, ... die sich ... als eine Systemschwäche eines neurobiologischen Systems beschreiben läßt, bei der eine Interaktionsstörung eines komplexen Systems von neuronalen Netzwerken vorliegt, das unter besonderen Bedingungen (wie z.B. Streß) zu einer Dekompensation (d.h. einem funktionellen Systemzusammenbruch) neigt. In diesem Sinne kann man die Vulnerabilität im Hinblick auf Schizophrenie als eine Folge einer konstitutionellen Schwäche des Zentralnervensystems auffassen, die in einer Unfähigkeit besteht, unter besonderen Belastungssituationen die Wechselwirkung zwischen verschiedenen Substrukturen des menschlichen Gehirns zu stabilisieren." (Emrich, 1989).

3.2 Therapie

Aus dem Netzwerkmodell und dem skizzierten Übertragungsversuch ergeben sich eine Reihe von therapeutischen Interventionsmöglichkeiten für den Umgang mit Schizophrenie. Generell sind alle Interventionen sinnvoll, die die Herstellung stabiler Korrespondenz auf der Grundlage hinreichender Hinweisereignisse (Phase 1) gestatten. Eine direkte Behebung der ursächlichen Unterfunktionen, d.h. eine substantielle Verbesserung in der Bewertung und Verstetigung von Hinweisereignissen wäre die grundlegendste Therapie. Da dies einen unmittelbaren Eingriff in Hirnfunktionen erfordern würde, erscheint dieser Weg auf dem gegenwärtigen Wissensstand praktisch nicht möglich. Therapeutische Interventionen können sich daher nur auf die begünstigenden Bedingungen zur Herstellung von Korrespondenz oder auf den bei Mangel an Korrespondenz einsetzenden Kompensationsprozeß beziehen. Als durchführbare Interventionen können in diesem Zusammenhang gelten:

- In der Interaktion mit Schizophrenen sind Formen der Kommunikation zu bevorzugen, die die Verstetigung der cues (vergleichbar der „long term potentiation") bereits im kommunikativen Akt unterstützen. Hierfür bietet sich der Einsatz von permanenten Medien (z.B. Schrift, Ton- und Bildaufzeichnung, EDV) an. Handlungsanweisungen und soziale Bewertungen sollten den Schizophrenen primär auf diesem Wege zugänglich gemacht werden. Über deren Verstetigung kann der Schizophrene prinzipiell stabile viable Ordnungsbildungen der Phase 1 erreichen.
- Den Schizophrenen sind einfache situative Rahmengegebenheiten (z.B. klare soziale Regelsysteme, klare Arbeits- und Wohnbedingungen) anzubieten, welche die Chance korrespondierender Erfindungen (Phase 2) erhöhen. Durch die so erreichte Korrespondenz wird ebenso wie bei der eben genannten Interventionsmöglichkeit der Eintritt in die kompensatorische Erhöhung der Fluktuation vermieden.
- Um das Risiko der Überhitzung nicht zusätzlich zu verstärken, ist darauf zu achten, daß die Schizophrenen als vulnerable Personen nicht unter Streß geraten und keine unkontrollierbaren Affekte provoziert werden („high expressed emotions").
- In der Überhitzung, d.h. im psychotischen Schub, kann durch unspezifische Verringerung des Signalflusses im Nervensystem die Zerstörung bestehender viabler Kopplungsmuster vermindert werden (z.B. Gabe von Dopamin-Blockern). Auf diesem Wege wird das Auftreten von Residuen minimiert und die Ausgangsbedingungen für die Situation nach der Überhitzung werden verbessert.
- In der Überhitzung, d.h. im psychotischen Schub, sind alle zusätzlich die Hebb-Regel anregenden Bedingungen zu umgehen. Es sollten daher euphorisierende oder angsterregende Situationen gemieden und eher nüchterne Rahmengegebenheiten

angestrebt werden. Hierdurch wird die Veränderung von Kopplungen generell verlangsamt.

- In der Überhitzung sollte versucht werden, noch verbliebene, viable Kopplungen zu aktivieren und positiv affektiv zu bewerten. Im konkreten Umgang sind alle Tätigkeiten und Kommunikationen zu unterstützen, die noch als unproblematisch erlebt werden. Hierdurch wird die Wahrscheinlichkeit der Erhaltung viabler Kopplungen erhöht.
- Bereits vor dem psychotischen Schub können mit dem Schizophrenen einfache Regeln abgesprochen werden, die es ihm gestatten, selbst im psychotischen Schub noch viable Aktivitäten auszuführen. Hierbei können die oben genannten permanenten Medien unterstützend wirken, wenn der Schizophrene lernt, selbständig auf diese zurückzugreifen.
- Mit dem Schizophrenen kann versucht werden, Kriterien zu erarbeiten, die es erlauben, die sich anbahnende Überhitzung zu erkennen und frühzeitig gegenzusteuern (z.B. durch Vermeidung von Erregung und Ausführen sicher beherrschter Aktivitäten mit stabilen, bekannten Effekten).
- Im rigiden Wahnsystem ist dagegen durchaus eine Umkehrung der Bedingungs- und Interaktionsgestaltung mit dem Ziel einer Erhöhung der Fluktuationen sinnvoll. Im rigiden Wahnsystem geht es darum, die Chance neuer Erfindungen zu erhöhen.

„Was je nach Zustand therapeutisch als heilsam erscheint, sei es im Umgang oder in der Gestaltung der Umgebung, erhellt sich ... mit großer Klarheit - es ist nichts anderes als das, was sich ganz allgemein auf die psychische Entwicklung und Reifung des Menschen günstig auswirkt: Ruhe und Gelassenheit, Einfachheit und Eindeutigkeit, Verläßlichkeit und Kontinuität, Vertrauen, Toleranz, Gradheit, Authentizität ..." (Ciompi, 1982).

3.3 Empirie

Bis hierhin wurden alle Aussagen unmittelbar aus dem skizzierten Netzwerkmodell abgeleitet. Es ergibt sich die Frage, inwieweit existierende Forschungsergebnisse zur Schizophrenie diese Aussagen stützen. Im folgenden werden im Sinne einer exemplarischen Materialsammlung empirische Befunde aus den verschiedensten Kontexten qualitativ mit dem vorgestellten Modell verglichen. Dabei werden die empirischen Befunde der Schizophrenieforschung folgenden Aspekten zugeordnet (1) Defizite in der Kommunikation als Risikofaktor, (2) Defizite im Bewertungssystem als Risikofaktor, (3) kritische Erhöhung der Fluktuationen, (4) Langzeitdynamik der Schizophrenie, (5) Therapiemodelle.

3.3.1 Defizite in der Kommunikation als Risikofaktor

In dem zum Klassiker der Schizophrenieforschung gewordenen Ansatz von Bateson, Jackson, Haley und Weakland (1956) wurde widersprüchliches Kommunikationsverhalten („double bind") im familiären Kontext als wesentliche Komponente der Entstehung schizophrener Symptomatik erkannt. Daß sich diese Ausgangshypothese im

Laufe der weiteren Forschung notwendig relativieren mußte, erklärt sich aus dem oben entwickelten Modell der multifaktoriellen Störbarkeit der Korrespondenzbildung. Die grundsätzliche Idee des „double bind" fügt sich nahtlos in die Problematik der Korrespondenzbildung in adaptiven Netzwerken, da die Double-bind-Situation die Bewertungsfunktion von cues drastisch vermindert. Andere Qualitäten von cues in kommunikativen Akten, wie z.B. der Informationsgehalt im Sinne von Shannon oder die syntaktische Korrektheit brauchen dabei keine zusätzlichen Defizite aufzuweisen (Frommer, 1993; Spitzer, 1993).

Von besonderer Bedeutung für die Korrespondenzbildung ist im Modell die über cues vermittelte emotionale Bewertung. Dem entsprechen die Beobachtungen und Ergebnisse der unter dem Stichwort „high expressed emotions" zusammengefaßten Forschungen zum Kommunikationsverhalten im Umfeld von Schizophrenen. Unsinnige Rollenzuweisungen und ein allgemeines Klima überhöhter und involvierender Emotionen sind als Risikofaktor der Schizophrenie nachgewiesen (z.B. Gottesman, 1993). In einer Untersuchung an 128 Schizophrenen (Vaughn & Leff, 1976) wurde z.B. das Rückfallrisiko in den ersten neun Monaten nach Klinikentlassung bei fehlender Medikation und bei negativem emotionalem Klima im Lebensraum bestimmt (s. Abb. 5).

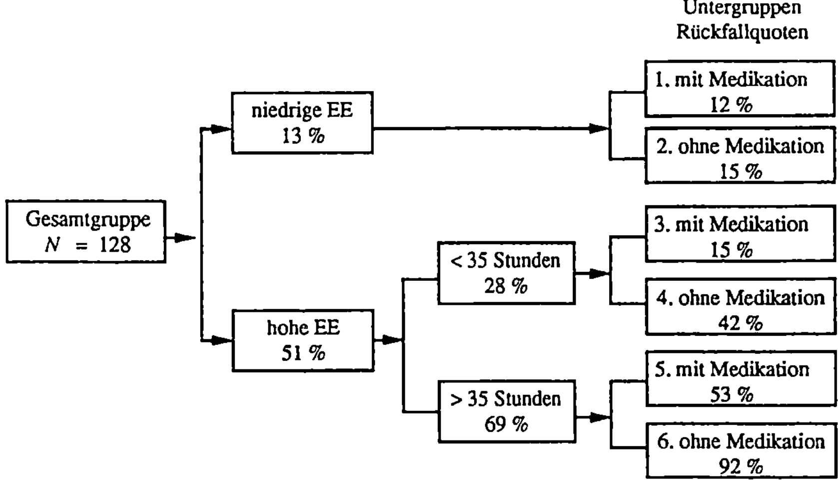

Abb. 5*: Rückfallquoten (Remission in eine schizophrene Episode) in einer Stichprobe von 128 Patienten neun Monate nach der Entlassung in Abhängigkeit von Fortsetzung oder Abbruch der antipsychotischen Medikation, Konfrontation mit hoher EE (negativem emotionalem Klima) und wöchentlicher Expositionsdauer gegenüber hohen EE - Niveaus (aus Vaughn & Leff, 1976).*

Bei einem Klima mit geringer negativer Emotionalisierung (geringe Expressed Emotions) wurde selbst ohne zusätzliche Medikation eine extrem geringe Rückfallquote von 15% beobachtet, bei einem Klima mit sehr negativer Emotionalisierung dagegen (hohe EE) selbst unter Medikation eine beträchtliche Rückfallquote von 53%. Offenkundig hat das emotionale Klima, d.h. die Bewertungen durch Andere, denen die Schizophrenen ausgesetzt sind, einen dominanten Einfluß auf das Rückfallrisiko.

3.3.2 Defizite im Bewertungssystem als Risikofaktor

Neben der Störung der Korrespondenzbildung durch mangelnde Qualität der cues (Eindeutigkeit, Angemessenheit, etc.) kann auch das Bewertungssystem im individuellen Gehirn primär organisch oder funktional gestört sein. In Richtung primär organischer Defizite weisen z.B. Untersuchungen, die bei Schizophrenen eine sich besonders bezogen auf den Hippocampus manifestierende Verkleinerung von Strukturen des limbischen Systems (Limbopathie) nachgewiesen haben (vgl. Gershon & Rieder, 1992). Defizite in der Interaktion von Teilen des Bewertungssystems mit kognitiven Prozessen hat Emrich (z.B. 1989) aufgezeigt. Schizophrene sind in der Lage, ungewöhnliche, in der Erfahrungswelt sonst nicht auftretende Interpretationen von ambiguen Reizgegebenheiten zu realisieren. Schizophrene unterliegen nicht der Inversions-Illusion. Gesunde nehmen dagegen nahezu ausschließlich die erwartungskonforme Alternative in den Reizgegebenheiten wahr.

In Anlehnung an das neurophysiologische Comparatormodell von Gray und Rawlins (1986) schlußfolgert Emrich aus dieser Fähigkeit der Schizophrenen zur unmittelbaren Stabilisierung ungewöhnlicher Wahrnehmungsalternativen eine Störung im Bewertungssystem. Emrich schlägt generell ein Drei-Komponenten-Modell der Hirnfunktion vor. In einer „sensualistischen" Komponente werden eingehende Sinnesdaten verarbeitet und in einer „konstruktivistischen" Komponente interne Konzepte erzeugt. Bei der Konzeptualisierung wirkt eine „Zensor"-Komponente bewertend mit.

Die drei Komponenten entsprechen in obigem Netzwerkmodell den sensorischen und inneren Neuronen mit ihren Kopplungen und dem Bewertungsfaktor. Mögliche therapeutische Kompensationen des bei Schwächung der „Zensor"-Komponente entstehenden Ungleichgewichts bestehen nach Emrich (z.B. Emrich & Dose, 1988) in einer medikamentösen Verringerung der konzeptualisierenden Aktivität oder in einer medikamentösen Stärkung der Bewertungsaktivität. In einer Anmerkung zum Vulnerabilitäts-Streß-Modell der Schizophrenie (Nüchterlein & Dawson, 1984) führt Emrich (1994) in diesem Zusammenhang eine systeminterne Aufschaukelungstendenz an, die sich direkt mit der kompensatorischen Erhöhung von Fluktuationen im obigen Modell vergleichen läßt. Emrich vermutet, daß das Gehirn auf den durch mangelnde Korrespondenz entstehenden Druck, immer neue Deutungen zu entwickeln, mit einer Erhöhung der Aktivität der "konstruktivistischen" Komponente reagiert. Hierbei läuft es Gefahr, bereits erzeugte erfolgreiche Konzeptualisierungen zu destabilisieren, d.h. zu vergessen.

3.3.3 Kritische Erhöhung der Fluktuationen

Die Erhöhung der explorativen Eigenaktivität als Reaktion auf mangelnde Korrespondenz ist ein gemeinsames Merkmal des Emrich'schen Drei-Komponenten-Modells und des vorgeschlagenen konkreten Netzwerkmodells. Im Netzwerkmodell ist die Exploration gebunden an statistische Fluktuationen. Bei kritischer Erhöhung der statistischen Fluktuationen kann der beschriebene Phasenübergang zur instabilen Phase (s. Abb. 3 und 4) eintreten. Die Erhöhung statistischer Fluktuationen stellt somit gleichzeitig eine Gefahr für bereits Gelerntes wie auch eine wesentliche Möglichkeit zur Kreation neuer

Ordnungszustände im Netzwerk dar. Hier erfährt die häufig berichtete Nähe von Schizophrenie und Kreativität eine theoretische Begründung. Im folgenden werden einige empirische Befunde zusammengestellt und im Kontext diskutiert, die sich direkt oder indirekt auf das Phänomen der Erhöhung von Fluktuationen bei Schizophrenen und Gesunden beziehen lassen.

Einer der am besten belegten physiologischen Schizophrenie-Marker ist die Erhöhung der Aktivität des Dopaminsystems (s. z.B. Gottesman, 1993). Der direkteste Nachweis hierfür wurde z.B. von Wong et al. (1989; Tune et al., 1989) geführt. Bei jungen Schizophrenen ohne vorhergehende Medikation wurde eine signifikante Erhöhung von D2-Rezeptoren im Gehirn nachgewiesen. Psychotrope Substanzen wie PCP, Crack und Amphetamine erhöhen den Dopamin-Spiegel und steigern die eigenaktive Ordnungsbildung im Gehirn. Die sich über Halluziantionen manifestierende erhöhte Eigenaktivität entspricht der Erhöhung von Fluktuationen im Netzwerkmodell. Die Erhöhung der Aktivität dopaminerger Neurone im Gehirn entspricht der erhöhten Spontanaktivität der Neurone im Netzwerkmodell. Der Zusammenhang von Dopaminaktivität und Schizophrenie wird nahegelegt durch die Wirkung von Medikamenten, die die Dopamin-Rezeptoren hemmen (Neuroleptika). Es ist anzunehmen, daß die antipsychotischen Dopaminantagonisten die eigenaktive Ordnungsbildung im Gehirn unspezifisch auf neuronaler Ebene herabsetzen (vgl. z.B. Emrich & Dose, 1988). Ein ausschließlich auf die Erhöhung der Eigenaktivität ausgerichtetes Modell der Entstehung psychotischer Zustände wurde von Fischer (1986) vorgeschlagen. Fischer stellt Bewußtseinszustände allgemein als ein Halluzinations-Wahrnehmungs-Meditations-Kontinuum dar. Die Zustände im Kontinuum werden dabei durch den Grad der vom Stammhirn generierten Erregung in der Hirnrinde bestimmt. Schizophrene Zustände fallen in den Bereich großer Übererregung. Kreativität liegt im Fischer-Modell zwischen alltäglichen und psychotischen Zuständen. In Verbindung mit der Dopaminhypothese erklärt diese Annahme, warum schizophrene Patienten eine ausgeprägte Tendenz haben, Neuroleptika nach kurzer Zeit abzusetzen und warum Gesunde Neuroleptika ablehnen. Neuroleptika hemmen - vermittelt über eine Veringerung der neuronalen Spontanaktivität - die eigenaktiven Ordnungsbildungen im Gehirn und damit die Kreativität (vgl. Emrich & Dose, 1988).

In neueren Untersuchungen (Elbert et al., 1992; Koukkou et al., 1993) wurde bei Schizophrenen zusätzlich eine signifikante Erhöhung der dimensionalen Komplexität im EEG nachgewiesen. Freeman (z.B. 1995) hat eine Erhöhung der dimensionalen Komplexität und damit die Existenz von deterministischem Chaos im EEG von Kaninchen beim Übergang zwischen verschiedenen Geruchswahrnehmungen gemessen. Über ein physiologisch plausibles Netzwerkmodell zeigte Freeman, daß die chaotische Aktivität beim Übergang von einem Attraktorzustand in einen anderen auftritt. Der bei Schizophrenen beobachtbare schnelle Wechsel zwischen verschiedenen kognitiven Ordnungszuständen (z.B. Ideenflucht) entspricht der gesteigerten Bereitschaft zum Übergang zwischen Attraktorzuständen aufgrund der Erhöhung von neuronaler Spontanaktivität. Im oben dargestellten Netzwerkmodell wird der Übergang zwischen Attraktorzuständen ebenfalls durch eine Erhöhung der Spontanaktivität initiiert. Bei einer geeigneten Erweiterung des Modells von zweiwertigen auf kontinuierliche

Neurone ist dabei zu erwarten, daß chaotische neuronale Aktivitäten bei den Übergängen beobachtet werden können. Auch bezogen auf das Maß der dimensionalen Komplexität läßt sich eine Verbindung zur Kreativität aufzeigen. Birbaumer et al. (1992) konnten bei Personen in Situationen des Vor-Sich-Hin-Denkens, Phantasierens, Vorstellens und Tag/Nacht-Träumens eine erhöhte dimensionale Komplexität des EEG nachweisen.

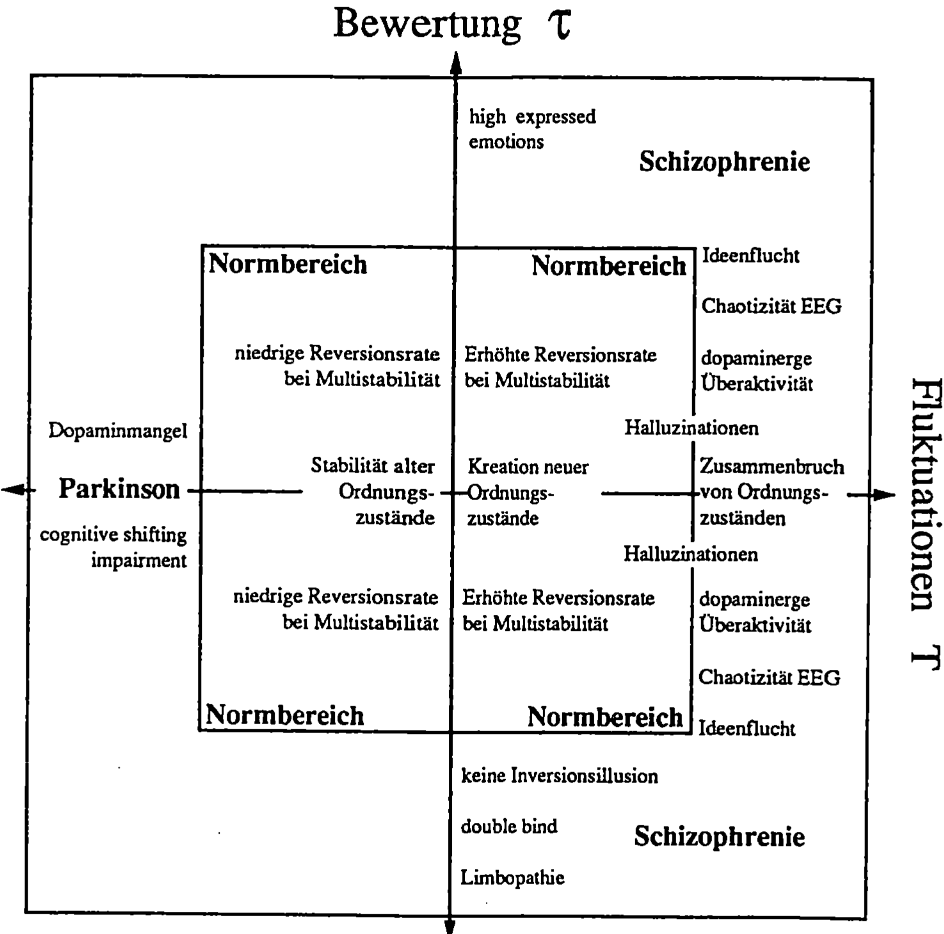

Abb. 6: *Übersichtsdiagramm zum korrelativen Zusammenhang von Bewertung und neuronaler Spontanaktivität mit normalen kognitiven Leistungen und pathologischen Befunden.*

Im Netzwerkmodell führt eine Erhöhung der Fluktuationen zu einer erhöhten Frequenz von Übergängen zwischen Attraktoren. Übertragen auf menschliches Erleben und Verhalten kann sich diese erhöhte Frequenz von Übergängen zwischen Attraktoren z.B. in einer gesteigerten kognitiven Flexibilität beim Problemlösen oder unmittelbarer als Erhöhung der Reversionsrate von multistabilen Wahrnehmungen zeigen. In der Literatur wird für beide Phänomene ein direkter Bezug zur Aktivität des Dopamin-Systems hergestellt. Unter Gabe der Dopamin-Blocker Chlorpromazin und Promazin konnten Phillipson und Harris (1984) bei gesunden Versuchspersonen eine tendenzielle Erniedrigung der Reversionsrate bei der Betrachtung multistabiler Muster registrieren. Unter Gabe des ebenfalls dopaminhemmenden Haloperidols ist die Fähigkeit zur Neuordnung bei kognitiven Sequenzierungsaufgaben („cognitive shifting aptitude") verringert (Berger et al., 1989). Im Zusammenhang mit der Bedeutung des Dopamin-Systems für Schizophrenie und Parkinsonerkrankung läßt sich vermuten, daß Schizophrene eine erhöhte und Parkinsonkranke eine verringerte kognitive Flexibilität zeigen. Für Parkinsonkranke ist dies als „shiftig aptitude impairment" nachgewiesen (Cools et al., 1984; Berger et al., 1989). Für Schizophrene gibt es Hinweise auf eine erhöhte Reversionsrate bei der Betrachtung multistabiler Muster (Calvert et al., 1988). In der Literatur werden wiederum eine ganze Reihe von positiven Korrelationen zwischen der Reversionsrate bei multistabilen Mustern, Kreativität und anderen kognitiven Leistungen, denen neue Ordnungsbildungen zugrundeliegen, berichtet (Kruse & Stadler, 1990; Kruse & Gheorghiu, 1992).

In der Zusammenschau der angerissenen empirischen Ergebnisse und Querverbindung ergibt sich ein übergeordnetes Muster von inhaltlichen Bezügen mit interessanten Parallelen zum Verhalten des entworfenen Netzwerkmodells (Abb. 6).

Ergänzende Forschungsergebnisse zeigen noch andere, besonders robuste Marker für Schizophrenie auf. In empirischen Untersuchungen wurde nachgewiesen, daß Schizophrene unlogische Wortassoziationen leichter herstellen (Spitzer, 1993). Bei sakkadischen Augenbewegungen von Schizophrenen ist außerdem eine geringere Genauigkeit in der Ausführung nachweisbar (Iacono et al., 1988). Im entwickelten Netzwerkmodell bezieht sich das erste Ergebnis vergleichbar der fehlenden Inversionsillusion bei Schizophrenen auf eine Unterfunktion der Bewertung. Die Ungenauigkeit bei den sakkadischen Augenbewegungen ist dagegen auf erhöhte Fluktuationen zurückzuführen.

3.3.4 Langzeitdynamik der Schizophrenie

Beim gegenwärtigen Stand der Forschung erscheint die noch zu Kraepelins Zeiten gängige Annahme eines unstrukturiert progredienten Verlaufs der Schizophrenie nicht mehr angemessen. Es werden sogar so unterschiedliche individuelle Langzeitverläufe bei Schizophrenen berichtet, daß die Schizophrenie als einheitliches Krankheitsbild in Frage gestellt wird (z.B. Strauss, 1989). Alternativ zur kategorialen Aufteilung des Krankheitsbildes läßt sich die Schizophrenie auf der Basis des Datenmaterials auch im Sinne einer dynamischen Krankheit (vgl. Mackey & an der Heiden, 1982) interpretieren (Schiepek et al., 1992). In dieser Sichtweise erzeugt eine einheitliche zugrundeliegende nichtlineare Dynamik des Nervensystems in Interaktion mit Umweltfaktoren über komplexe Feedbackschleifen verschiedene Verlaufsformen. In der zugrundeliegenden Dynamik können kleine Ursachen zu großen Wirkungen führen. Eine Vorhersage individueller Verläufe ist daher praktisch nicht möglich. Aber es können Verlaufstypen als makroskopische Ordnungszustände benannt werden. Ziel einer Modellierung kann es sein, die Simulation der zugrundeliegenden Dynamik des Nervensystems in Übereinstimmung mit den möglichen makroskopischen Ordnungszuständen zu bringen. Eine reine Verlaufmodellierung von Parameterwerten, wie von Schiepek et al. (1992) entworfen, ermöglicht ausschließlich die Bestimmung von kritischen und unkritischen Parameterkonstellationen. Im Gegensatz zu dieser kybernetischen Modellierung der Parameterverläufe erlaubt eine Netzwerkmodellierung durch den Bezug zu individuellen kognitiven Funktionen zudem eine gezielte Gestaltung inhaltlich-therapeutischer Interventionen.

Die beobachteten Befunde zum Verlauf der Schizophrenie sind in Überblicksgrafiken von Ciompi (1989) und Strauss (1989) anschaulich zusammengefaßt (Abb. 7 und 8).

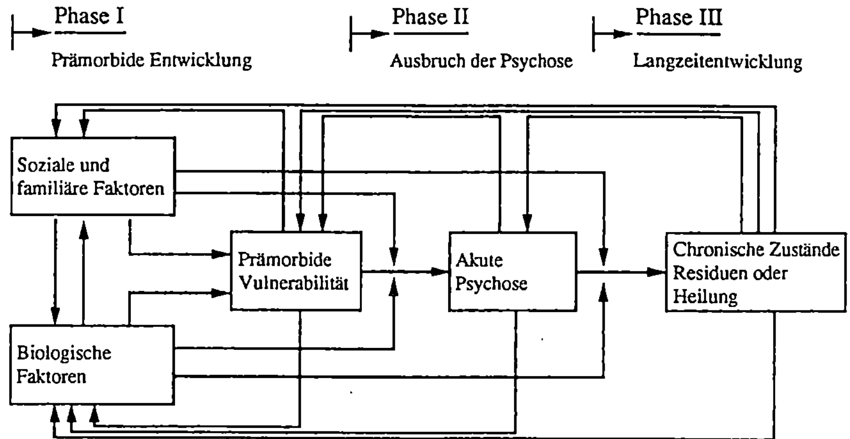

Abb. 7: Dreiphasiges Feedbackmodell zum Langzeitverlauf der Schizophrenie (nach Ciompi, 1989).

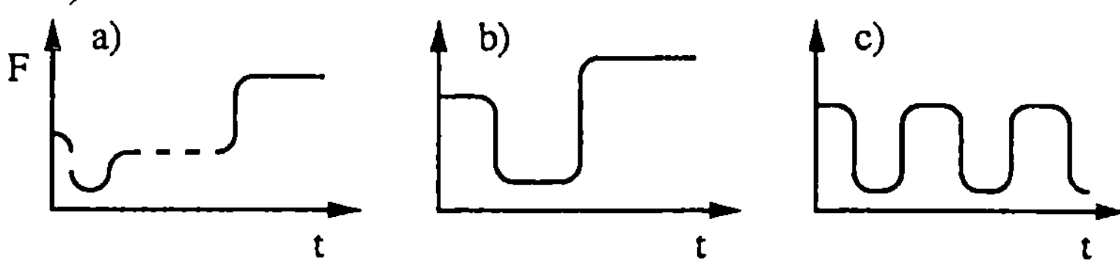

Abb. 8: Verlaufstypen der Schizophrenie (nach Strauss, 1989; in Anlehnung an Schiepek et al., 1992). a) Das Schneckenhaus. b) Der tiefe Wendepunkt. c) Oszillierende Funktionsniveaus.

Die drei Phasen des Feedbackmodells von Ciompi entsprechen im Netzwerkmodell der Phase der kommunikativ oder physiologisch-funktional gefährdeten Korrespondenz (prämorbide Vulnerabilität), der Phase der kritischen kompensatorischen Fluktuationserhöhung (akute Psychose) und dem Austritt aus der kritischen Überhitzung mit Vergessen viabler Ordnungszustände (Residuen) oder mit der Erfindung neuer viabler Ordnungszustände (Heilung). Der tiefe Wendepunkt (b) in der Verlaufsklassifizierung nach Strauss entspricht dem Durchgang durch die Überhitzung mit dem Ergebnis einer Erfindung viabler Ordnungszustände. Das Oszillieren von Funktionsniveaus (c) ist eine

Folge des durch die Zerstörung viabler Ordnungszustände begünstigten Wiedereintritts in die kompensatorische Fluktuationserhöhung (Teufelskreis, s.o.). Die mit dem Begriff des Schneckenhauses (a) belegte Verlaufscharakteristik beschreibt die Beobachtung, daß manche Schizophrene nach einer psychotischen Episode für einen längeren Zeitraum in einer durch Apathie und Rückzug gekennzeichneten Phase verharren. Dieser Rückzug wird als autoprotektiver Mechanismus gedeutet (Böker, 1986; Gross, 1986). Im Netzwerkmodell erscheint der Rückzug als selbsttherapeutische Vermeidung der kompensatorischen Überhitzung durch Verringerung der zu erbringenden Korrespondenzleistung.

3.3.5 Therapiemodelle

Die am meisten praktizierte therapeutische Intervention bei Schizophrenie ist sicherlich die Behandlung mit Neuroleptika. Das ausgearbeitete Netzwerkmodell weist der medikamentösen Therapie mit Neuroleptika allerdings ausschließlich die Aufgabe zu, im akuten psychotischen Schub für eine Verringerung von Schädigungen durch Zerstörung bestehender Gewichtungsmuster im Netzwerk zu sorgen. Ansonsten legt das Modell eher eine Therapie über die Gestaltung von stabilisierenden Rahmenbedingungen und von psychologisch orientierten Interventionen nahe. Die theoretisch abgeleiteten Vorschläge (s.o.) entsprechen weitgehend den therapeutischen Erfahrungen (vgl. Ciompi, 1981). Zur unmittelbaren kompensatorischen Therapie der physiologischen Defizite im Bewertungssystem wird z.B. von Emrich und Dose (1988) eine Applikation von Carbamazepin als Stärkung inhibitorischer neuronaler Systeme vorgeschlagen. Hierdurch sollen die zensurierenden neuronalen Systeme in ihrer Effektivität unterstützt werden.

Das vorgestellte Netzwerkmodell erlaubt eine Integration verschiedener theoretischer Ansätze und empirischer Befunde zur Schizophrenie. Es eröffnet aussichtsreiche Perspektiven für die gezielte Entwicklung wirksamer psychologisch orientierter therapeutischer Interventionen.

Literatur

Bateson, G., Jackson, D. D., Haley, J. & Weakland, J. W. (1956). Towards a Theory of Schizophrenia. *Behavioral Science, 1*, 251-264.

Berger, H. J. C., van Hoof, J. J. M., van Spaendonck, K. P. M., Horstink, M. W. I., van den Bercken, J. H. L., Jaspers, R. & Cools, A. R. (1989). Haloperidol and Cognitive Shifting. *Neuropsychologia, 27*, 629-639.

Birbaumer, N., Lutzenberger, W. & Elbert, T. (1992). Chaos und Ordnung im menschlichen Gehirn. In L. Montada (Hrsg.), Bericht über den 38. Kongreß der Deutschen Gesellschaft für Psychologie in Trier 1992 (pp. 49). Göttingen: Hogrefe.

Böker, W. (1986). Zur Selbsthilfe Schizophrener: Problemanalyse und einige empirische Untersuchungen. In W. Böker & H. D. Brenner (Hrsg.), *Bewältigung der Schizophrenie* (S. 176-188). Bern: Huber.

Calvert, J. E., Harris, J. P., Phillipson, O. T., Babiker, I. E., Ford, M. F. & Antebi, D. L. (1988). The Perception of Visual Ambiguous Figures in Schizophrenia and Parkinsons Disease. *International Clinical Psychopharmacology, 3*, 131-150.

Carmesin, H.-O. (1991). Models of Continuous Neural Networks. *Physics Letters A, 156,* 183-186.

Carmesin, H.-O. (1994a). Multilinear Perceptron Convergence Theorem. *Physical Review E, 50,* 622-624.

Carmesin, H.-O. (1994b). Theorie neuronaler Adaption. Habilitation, Bremen.

Carmesin, H.-O. (1994c). Multilinear Back-propagation Convergence Theorem. *Physics Letters A, 188,* 27-31.

Ciompi, L. (1981). Wie können wir die Schizophrenen besser behandeln? Eine Synthese neuer Krankheits- und Therapiekonzepte. *Nervenarzt, 52,* 506-515.

Ciompi, L. (1982). *Affektlogik.* Stuttgart: Klett-Cotta.

Ciompi, L. (1989). Zur Dynamik komplexer psychosozialer Systeme: Vier fundamentale Mediatoren in der Langzeitentwicklung der Schizophrenie. In W. Böker & H. D. Brenner (Hrsg.), *Schizophrenie als systemische Störung* (S. 27-38). Bern: Huber.

Cools, A. R., van den Bercken, J. H. L., Horstink, M. W. I., van Spaendonck, K. P. M. & Berger, H. J. C. (1984). Cognitive and Motor Shifting Aptitude Disorder in Parkinsons Disease. *Journal of Neurology, Neurosugery, and Psychiatry, 47,* 443-453.

Elbert, T., Lutzenberger, W., Rockstroh, B., Berg, P. & Cohen, R. (1992). Physical Aspects of the EEG in Schizophrenics. *Biological Psychiatry, 32,* 595-606.

Emrich, H. M. (1989). Drei-Komponenten-Modell einer Systemtheorie der Psychose: Störung der Wahrnehmung stereoskopischer Invertbilder als Indikator einer funktionellen Gleichgewichtsstörung. In W. Böker & H. D. Brenner (Hrsg.), *Schizophrenie als systemische Störung* (S. 75-80). Bern: Huber.

Emrich, H. M. (1994). *Die Bedeutung der Kognitions-Emotions-Kopplung für schizophrene und affektive Psychosen.* Manuskript, Medizinische Hochschule Hannover.

Emrich, H. M. & Dose, N. (1988). Systemtheoretische Aspekte bei der Pharmakotherapie schizophrener Erkrankungen. In Kaschka, Joraschki & Lungershausen (Hrsg.), *Die Schizophrenien* (S. 129-135). Berlin: Springer.

Fischer, R. (1986). On the Rememberance of Things Present: The Flashback. In B. B. Wolman & M. Ullman (Eds.), *Handbook of States of Consciousness* (pp. 395-427). New York: Van Nostrand Reinhold.

Freeman, W. J. (1995). The Creation of Perceptual Meanings in Cortex through Chaotic Itinerancy and Sequential State Transitions Induced by Sensory Stimuli. In P. Kruse & M. Stadler (Eds.), *Ambiguity in Mind and Nature. Multistability in Cognition* (pp. 421-437). Berlin: Springer.

Frommer, J. (1993). *Schizophrene Inkohärenz als Verständigungsproblem.* Frankfurt am Main: Verlag für Akademische Schriften.

Gershon, E. S. & Rieder, R. O. (1992). Molekulare Grundlagen von Geistes- und Gemütskrankheiten. *Spektrum der Wissenschaft, 11,* 114-123.

Gottesman, I. I. (1993). *Schizophrenie .* Heidelberg: Spektrum Akademischer Verlag.

Gray, J. A. & Rawlins, J. M. P. (1986). Comparator and Buffer Memory: An Attempt to Integrate two Models of Hippocampal Functions. In R. L. Isaacson & K. H. Pribram (Eds.), *The Hippocampus* (pp. 151-201). New York: Plenum.

Gross, G. (1986). Basissymptome und Copingbehavior bei Schizophrenen. In W. Böker & H. D. Brenner (Hrsg.), *Bewältigung der Schizophrenie* (S. 132-141). Bern: Huber.

Grossberg, S. (1976). Adaptive Pattern Classification and Universal Recoding: I. Parallel Development and Coding of Neural Feature Detectors. *Biological Cybernetics, 23,* 121-134.

Hebb, D. O. (1949). *The Organization of Behaviour .* New York: Wiley.

Iacono, W. G., Bassett, A. S. & Jones, B. D. (1988). Eye Tracking Dysfunction is Associated with Partial Trisomy of Chromosome 5 and schizphrenia. *Archives of General Psychiatry, 45,* 1140-1141.

Kandel, E. R., Schwarz, J. H. & Jessell, T. M. (1991). *Principles of Neural Science.* New York: Elsevier.

Koukkou, M., Lehmann, D., Wackermann, J., Dvorak, I. & Henggeler, B. (1993). Dimensional Complexity of EEG Brain Mechanisms in Untreated Schizophrenia. *Biological Psychiatry, 33,* 1-11.

Kreyscher, M., Carmesin, H.-O. & Schwegler, H. (1993). A Minimization Principle Emerging from the Hebb Rule II: Computersimulation. In M. Heisenberg & N. Elsner (Eds.), *Gene, Brain, Behavior* (pp. 105). Stuttgart: Thieme.

Kruse, P. & Gheorghiu, V. (1992). Self-organization Theory and Radical Constructivism: A New Concept for Understanding Hypnosis, Suggestion, and Suggestibility. In W. Bongartz (Ed.), *Hypnosis: 175 Years after Mesmer* (pp. 161-171). Konstanz: Universitätsverlag.

Kruse, P., & Stadler, M. (1990). Stability and Instability in Cognitive Systems: Multistability, Suggestion, and Psychosomatic Interaction. In H. Haken & M. Stadler (Eds.), *Synergetics of Cognition* (pp. 201-215). Berlin: Springer.

Mackey, M. C. & an der Heiden, U. (1982). Dynamical Diseases and Bifurcations. Understanding Functional Disorders in Physiological Systems. *Funktionale Biologische Medizin, 1,* 156-164.

Nüchterlein, K. H. & Dawson, M. E. (1984). A Heuristic Vulnerability-Stress Model of Schizophrenic Episodes. *Schizophrenia Bulletin, 10,* 300-312.

Phillipson, O. T. & Harris, J. P. (1984). Effects of Chlorpromazine and Promazine on the Perception of some Multistable Visual Figures. *The Quarterly Journal of Experimental Psychology, 36,* 291-308.

Schiepek, G., Schoppek, W. & Tretter, F. (1992). Synergetics in Psychiatry. Simulation of Evolutionary Patterns of Schizophrenia on the Basis of Nonlinear Difference Equations. In W. Tschacher, G. Schiepek & E. J. Brunner (Eds.), *Self-organization and Clinical Psychology* (pp. 163-194). Berlin: Springer.

Spitzer, M. (1993). Assoziative Netzwerke, formale Denkstörungen und Schizophrenie. *Nervenarzt, 64,* 147-159.

Strauss, J. S. (1989). Intermediäre Prozesse in der Schizophrenie. Zu einer neuen dynamisch orientierten Psychiatrie. In W. Böker & H. D. Brenner (Hrsg.), *Schizophrenie als systemische Störung* (S. 39-50). Bern: Huber.

Thorndike, E. L. (1913). *Educational Psychology* . New York: Columbia University Press.

Tune, L. E., Wong, D. F., Perlson, D. D., Young, C., Villemange, V., Dannals, R. F., Young, D., Wilson, A. A., Ravert, H. T., Links, J., Midha, K., Wagner, H. N. & Gjedde, A. (1989). Dopamine Receptors in Drug Naive Schizophrenics: Update on 20 Subjects (Abstract). *Schizoprenia Research, 2,* 114.

Vaughn, C. & Leff, J. P. (1976). The Influence of Family and Social Factors on the Course of Psychiatric Illness. *British Journal of Psychiatry, 129,* 125-137.

Wong, D. F., Perlson, D. D., Tune, L. E., Young, C., Ross, C., Villemange, V., Dannals, R. F., Young, D., Parker, R., Wilson, A. A., Ravert, H. T., Links, J., Midha, K., Wagner, H. N. & Gjedde, A. (1989). Update on PET Methods for D2 Dopamine Receptors in Schizophrenia and Bipolar Disorders (Abstract). *Schizophrenia Research, 2,* 115.

Sind schizophrene Psychosen dissipative Strukturen? Die Hypothese der Affektlogik

Luc Ciompi

Bekanntlich entwickelt sich unter dem Begriff der nichtlinearen Dynamik komplexer Systeme - bzw. der sog. Chaostheorie - seit über 20 Jahren auf vielen Gebieten der Wissenschaft ein grundsätzlich neues Paradigma, das im Begriffe steht, unser Verständnis einer Vielzahl von natürlichen Prozessen tiefgehend zu verändern. In die Psychiatrie hat diese neue Sichtweise allerdings bisher wenig Eingang gefunden, was angesichts der chaotisch anmutenden Natur vieler psychischer und psychopathologischer Erscheinungen verwundern mag. In erster Linie dürfte dieser Rückstand mit den Schwierigkeiten der Objektivierung relevanter Variablen im psychischen Phänomenbereich wie auch mit den spärlichen Verbindungen großer Teile der Psychiatrie zur exakten Naturwissenschaft und Mathematik zusammenhängen, in denen sich die chaostheoretischen Ansätze vor allem entwickelt haben.

Wir selber allerdings haben schon frühzeitig auf die mögliche Bedeutung chaostheoretischer Gesichtspunkte für das Verständnis der Psychosen hingewiesen, indem wir im Zusammenhang mit dem Konzept der „Affektlogik" (Ciompi, 1982) die - seither in verschiedenen Publikationen weiter vertiefte - Hypothese formulierten, daß schizophrene Psychosen vermutlich typische sogenannte dissipative Strukturen im Sinn von Prigogine und Stengers (1980) sind. Insbesondere im Feld der Psychologie haben sich inzwischen mehrere Forschungsgruppen ähnlichen Fragestellungen zugewandt (vgl. Tschacher, Schiepek & Brunner, 1992). Unsere eigene Gruppe hat die empiriche Untersuchung der Psychosendynamik unter chaostheoretischen Gesichtspunkten im Anschluß an einen Studienaufenthalt des Autors bei Prigogine 1986 in Angriff genommen. Im folgenden sollen unsere bisherigen Arbeiten zu diesem Thema zusammenfassend dargestellt und dann aus der Perspektive der Affektlogik weiter diskutiert werden.

1 Theoretische Ausgangsüberlegungen und klinische Beobachtungen

Der Begriff einer dissipativen Struktur stammt aus der Thermodynamik und bezeichnet komplexe neue Verteilungsmuster von Energie, die in dynamischen Systemen verschiedenster Art plötzlich auftreten können, wenn das System durch ständige Energiezufuhr immer weiter vom thermodynamischen Gleichgewichtszustand abgetrieben wird. Ein klassisches Beispiel hierfür ist das unter dem Namen Bénard-Instabilität bekannte regelmäßige Muster von wabenförmigen Konvektionszellen, das sich in einer von unten erwärmten Flüssigkeitsschicht bei einer bestimmten Temperaturdifferenz plötzlich bildet (vgl. Babloyantz, 1986). Ohne Wärmezufuhr befindet sich die Flüssigkeit nahezu im thermodynamischen Gleichgewicht; ihre Oberfläche ist ruhig und glatt. Bei Erwärmung von unten dagegen beginnt wärmere (und damit spezifisch leichter werdende) Flüssigkeit aufzusteigen, während kühlere (und spezifisch schwerere) Flüssigkeit absinkt. Dadurch entstehen zunächst ungeordnete Bewegungen. Bei zusätzlicher Erwärmung wird das System unter zunehmenden Turbulenzen immer weiter vom Gleichgewicht abgetrieben, bis an einem kritischen sog. Bifurkationspunkt schließlich abrupt das besagte geordnete Strömungsmuster, gebildet von rotierenden sog. Bénardzellen, auftritt. Der Umschlag erfolgt dann, wenn die Wärme statt durch einzelne Moleküle nur noch durch großräumige makroskopische Konvektionsströme transportiert (bzw. dissipiert) werden kann. In der Nähe des kritischen Punktes kommt es unter dem Einfluß von Feedbackwirkungen zu heftigen Fluktuationen zwischen verschiedenen Organisationsmöglichkeiten, wobei die endgültige „Wahl" zwischen ihnen - in der Bénard-Instabilität z.B. zwischen der Rotation einer einzelnen Konvektionszelle im Uhrzeigersinn oder dagegen - hochsensibel von oft winzigen zufälligen Umgebungseinwirkungen im Sinn des sog. Rauschens der theoretischen Physik abhängt. Da später solche Bifurkationen oft nicht mehr rückgängig gemacht werden können, erhält durch sie das System gewissermaßen ein Gedächtnis, einen sog. Zeitpfeil. Die in kritischen Labilitätsmomenten zu beobachtende, als sog. Schmetterlingseffekt[1] bekannte Sensibilität solcher Systeme für geringfügigste Umwelteinflüsse ist ein typischer Aspekt ihrer nichtlinearen Dynamik, der die längerfristige Vorhersagbarkeit der Systementwicklung entscheidend einschränkt.

Generell kann die Systemdynamik entweder dauernd instabil bleiben, oder aber sich in verschiedenartigen Mustern bzw. Attraktorzuständen stabilisieren. In einem sog. Punktattraktor z.B. kommt sie gänzlich zum Stillstand, in einem Grenzzyklus oszilliert sie in regelmäßigen Zyklen, im Fall eines sog. seltsamen Attraktors schwankt sie „chaotisch" innerhalb von ganz bestimmten Grenzen - ein Phänomen, das zum paradoxen Begriff des deterministischen Chaos geführt hat und eine besondere Art von Ordnung darstellt, die einer „dissipativen Struktur" im Sinn von Prigogine entspricht.

Nichtlineare Entwicklungsmöglichkeiten dieser Art sind bereits in einer großen Zahl von unterschiedlichen Systemen nachgewiesen worden, vom physikalischen und chemischen (bzw. biochemischen) bis zum sozio-ökonomischen Bereich. In der Medizin hat sich die chaostheoretisch orientierte Forschung namentlich in bezug auf die Herzrhythmen als fruchtbar erwiesen (vgl. z.B. Garfinkel et al., 1992). Für die Psychiatrie von Interesse sind u.a. chaotische Prozesse in Neuronenpopulationen oder bei Epileptikern (Babloyantz & Destexhe, 1986). Vereinzelt sind chaostheoretische Gesichtspunkte auch schon auf die Schizophrenie angewandt worden. So wiesen z.B. King und Barchas (1983) Möglichkeiten für chaotische Dynamismen im Dopaminstoffwechsel nach, Elkaim et al. (1987) versuchten mittels Differentialgleichungen gewisse pathologische, über positive Rückkoppelungsschleifen angeheizte familiendynamische Prozesse modellhaft nachzubilden, Hubermann (1986) konstruierte ein chaosfähiges mathematisches Modell zur Erfassung von pathologischen Augenbewegungen Schizo-

---

[1] Theoretisch vermag ein in einem kritischen Moment in Japan einwirkender Flügelschlag eines Schmetterlings Wochen später auf Hawai zu einem Taifun zu führen (Lorenz, 1963).

phrener, und Simon (1989) analysierte mit chaostheoretischen Methoden schizophrene Sprachstörungen. Auch psychoanalytische Prozesse sind bereits unter chaostheoretischen Gesichtspunkten betrachtet worden (vgl. Faure-Pragier & Pragier, 1990; Moran, 1991). Von besonderem Interesse sind ferner elektroencephalographische Untersuchungen, die Anhaltspunkte für das Vorliegen von chaotischen Attraktoren in verschiedenen Hirnregionen ergaben, wobei die sog. Dimensionalität dieser Attraktoren (ein Maß für die Komplexität der Systemdynamik) in psychotischen Zuständen erheblich höher war als im Normalzustand (Koukkou et al., 1993). Ebenfalls hervorzuheben sind die Arbeiten von Schiepek et al. (1992) zur langfristigen Verlaufsdynamik schizophrener Psychosen, auf die wir noch zurückkommen werden. Nach der Literatur und eigenen Untersuchungen spielen Feedbackschleifen zwischen psychologischen, sozialen und biologischen Einflüssen im Langzeitverlauf der Schizophrenie eine wichtige Rolle (vgl. Abb. 1). Theoretisch sind in einem derartigen System sämtliche Voraussetzungen zum Auftreten von nichtlinearen Entwicklungssprüngen und Attraktorzuständen aller Art gegeben (vgl. Ciompi, 1988; 1989).

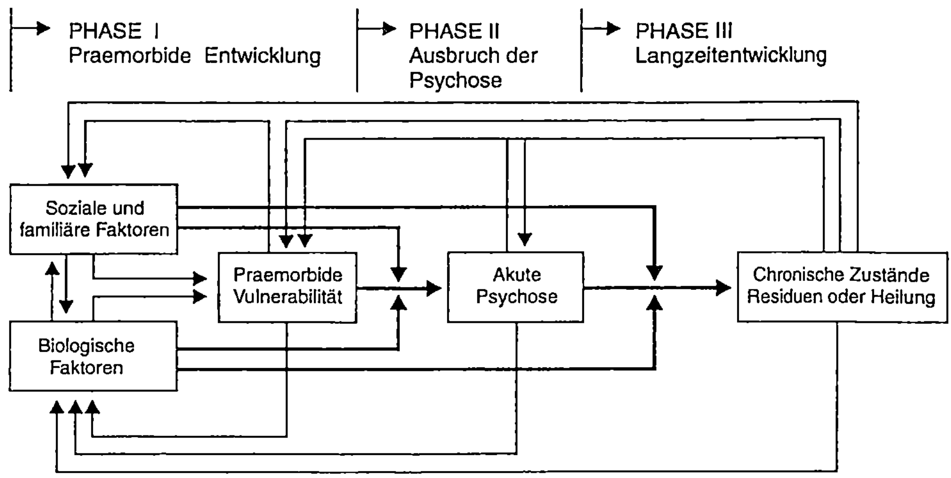

Abb. 1: Dreiphasiges biologisch-psychosoziales Modell zum Langzeitverlauf der Schizophrenie, mit Feedback-Schleifen (Ciompi, 1989).

Auch die *klinische Beobachtung* legt in der Tat nahe, speziell beim Umschlag von normalen psychischen Funktionsweisen ins Psychotische analoge Mechanismen wie bei der Genese von andersartigen dissipativen Strukturen zu vermuten. So spielen im Vorfeld von schizophrenen Psychosen eskalierende vitiöse Feedbackzirkel eine wichtige Rolle - z.B. zwischen Verhaltensstörungen bei einem psychosegefährdeten Individuum einerseits, und inadäquaten Umgebungsreaktionen etwa in Form der sogenannten „high expressed emotions" (Leff et al., 1982; vgl. ferner Conrad, 1958; Searles, 1959; Bowers, 1974; Ciompi, 1982) in der Familie andererseits. Sie führen zu einer progressiven Erhöhung der allseitigen psychischen Spannung mit zunehmender Labilisierung und entsprechenden psycho-physiologischen Veränderungen im Sinn von Streßreaktionen. An einem kritischen, von Bleuler (1984) als „point of no return" bezeichneten Punkt, der mit einer Bifurkation gleichgesetzt werden kann, kommt es bei einem vulnerablen Individuum schließlich zum mehr oder weniger plötzlichen Umschlag des ganzen Denkens, Fühlens und Verhaltens in ein psychotisches „Regime". Zugleich verändert sich häufig auch das Verhalten des gesamten sozialen Umfeldes. Dieses global veränderte Funktionsmuster scheint einer neuen dissipativen Struktur zu entsprechen.

Chaostheoretisch interessant ist dabei ebenfalls das klinische Kardinalsymptom der affektiv-kognitiven Ambivalenz, d.h. der zunehmenden Labilisierung von Gefühlen wie Gedanken bis zur Sprunghaftigkeit und Zerfahrenheit, das die präpsychotische und akut psychotische Phase prägt. Es imponiert als Analogon zu den erwähnten Fluktuationen. Auch eine typische hochsensible Abhängigkeit von winzigen Umgebungseinflüssen im Sinn des erwähnten Schmetterlingseffektes ist in diesem kritischen Stadium vielfach zu beobachten. So können z.B. sonst ganz nebensächliche Sinnesreize wie bestimmte Töne, Farben, Worte etc. in der von Conrad (1958) als „Trema" bezeichneten Vorphase der flackerig-unstabilen Wahnstimmung gewissermaßen zu Kristallisationskernen werden, um die herum sich in der Folge alsbald ein ganzes Wahngebäude formiert. Nicht selten treten in dieser Phase auch psychomotorische Absonderlichkeiten wie Manierismen, Stereotypien oder mutistisch-katatone Haltungen auf, in welchen eine zeitlang jedes Verhalten wie in einem kreis- oder punktförmigen Attraktor erstarrt. Komplexere repetitive Dynamismen, in die sich (z.B. bei Hebephrenen) manchmal über längere Zeit das ganze psychotische Fühlen, Denken und Verhalten richtiggehend verfängt, gleichen chaotischen seltsamen Attraktoren. Bemerkenswert ist ferner, daß mit der Stabilisierung des Verhaltens in einem ausgedehnten Wahnsystem häufig ein deutliches Nachlassen der zuvor übergroßen (Angst-)Spannungen sowohl beim Patienten selbst wie auch in seiner ganzen Umgebung zu beobachten ist. Auch dies spricht für eine Neuorganisation im Sinn einer dissipativen Struktur, wobei hier gleichzeitig ein (affekt-) energetischer Aspekt sichtbar wird, der für ein tieferes Verständnis solcher Prozesse vermutlich bedeutsam ist (s. unten).

Anhaltspunkte dafür, daß Dynamismen im Sinn von typischen Attraktoren am Werk sein könnten, liefern außerdem die kurzfristigen Intensitätsschwankungen schizophrener Psychosen sowie die chronischen Verläufe. Sowohl die täglichen feinen Fluktuationen der psychotischen Symptomatik wie auch die langfristig in unvorhersehbarer Folge auftretenden Rückfälle und Remissionen zeigen Charakteristika, die an typisch „chaotisch determinierte" Zeitreihen erinnern und sog. fraktale, d.h. selbstähnliche Gesetzmäßigkeiten in den Mikro- wie Makrorhythmen mit übergeordneten seltsamen Attraktoren vermuten lassen. Eine generelle oder individuumspezifische solche Fraktalstruktur könnte somit hinter dem ganzen enormen Formenreichtum langfristiger Verlaufsstadien mit ihren vielfältigen Residualzuständen, Stereotypien und Manierismen (vgl. z.B. Bleuler, 1972; Ciompi & Müller, 1976; Huber et al., 1979) stecken.

Insgesamt sind die klinischen Analogien der Schizophreniedynamik zu typisch „chaotischen" Dynamismen in andersartigen komplexen Systemen sicher zahlreich und auffällig genug, um entsprechende Untersuchungen zu rechtfertigen. Solche sind wie erwähnt denn auch in den letzten Jahren an verschiedenen Orten in Gang gekommen.

Am aussichtsreichsten erscheinen z.Z. zwei methodisch eng miteinander verbundene Ansätze, nämlich einerseits die theoretische Modellierung der Psychosedynamik aufgrund von Kenntnissen über die Interaktion von relevanten Variablen gemäß der Literatur oder vertieften Einzelfallbeobachtungen, und andererseits die chaostheoretisch orientierte Analyse der effektiven psychotischen Verlaufsdynamik aufgrund von empirisch beobachteten kurz- oder langfristigen Zeitreihen. Beide Ansätze vermögen sich insofern fruchtbar zu ergänzen, als aufgrund genauerer Verlaufsbeobachtungen bessere Modelle, und aufgrund besserer Modelle präzisere Vorstellungen über die tatsächlich vorliegende Dynamik und deren eventuelle Beeinflussungsmöglichkeiten realisierbar werden sollten. In den eigenen Arbeiten haben wir deshalb beide Wege zugleich beschritten, wobei methodologische Probleme naturgemäß anfänglich im Vordergrund standen.

2 Modelluntersuchungen zur schizophrenen Verlaufsdynamik

Zur theoretischen Modellierung der Psychosedynamik haben wir zunächst die sogenannte *kinetische Logik* (Thomas, 1973; 1979; Thomas & D'Ari, 1991), eine auf Boole'scher Mathematik basierende und ursprünglich zur Untersuchung komplexer Dynamismen in Immunsystemen entwickelte Methode auf ihre Verwendbarkeit im Bereich der Psychiatrie geprüft. Abgesehen vom Vorteil der Anschaulichkeit und relativen Einfachheit bietet dieses Verfahren vor allem die Möglichkeit, grundsätzlich zu erwartende Dynamismen in komplexen Systemen ohne präzise meßbare Variablen, wie sie im psychologisch-psychiatrischen Bereich häufig vorliegen, zu explorieren. Methodische Einzelheiten hierüber haben wir an anderer Stelle mitgeteilt (Ambühl et al., 1992, Ciompi et al., 1992); im übrigen verweisen wir auf die Originalliteratur (s. oben). Im Prinzip geht es darum, aufgrund einer Boole-mathematischen Formalisierung der vermuteten Dynamismen eine sogenannte Zustandstabelle zu erstellen, die es erlaubt, sämtliche grundsätzlich möglichen Entwicklungstendenzen zwischen einer Reihe von Variablen zu überblicken. Jedem relevanten Aspekt wird dabei einerseits eine logische Variable im Sinn einer aktuellen Zustandsgröße, und andererseits eine gemäß der erwähnten Formalisierung zu erwartende Entwicklungstendenz im Sinn einer sogenannten logischen Funktion zugeordnet. Auf dieser Grundlage gelingt es, labile von stabilen Zuständen zu unterscheiden, indem bei ersteren logische Variable und logische Funktion naturgemäß den gleichen Wert haben müssen, während sich beide bei letzteren unterscheiden. So läßt sich beispielsweise der für die Schizophreniedynamik aufgrund der Vulnerabilitätshypothese (vgl. Zubin & Spring, 1977; Ciompi, 1981; 1982 Nuechterlein & Dawson, 1984) als zentral vermutete Sachverhalt, daß ein in bestimmter Weise vulnerables Individuum (v) vor allem dann zu psychotischen Dekompensationen (p) neigt, wenn kritische äußere Belastungen (b) oder auch familieninterne Spannungen (s) und Konflikte auftreten, welch letztere indessen durch die Psychose selber wieder angeheizt werden, wie folgt schematisieren und formalisieren (Abb. 2).

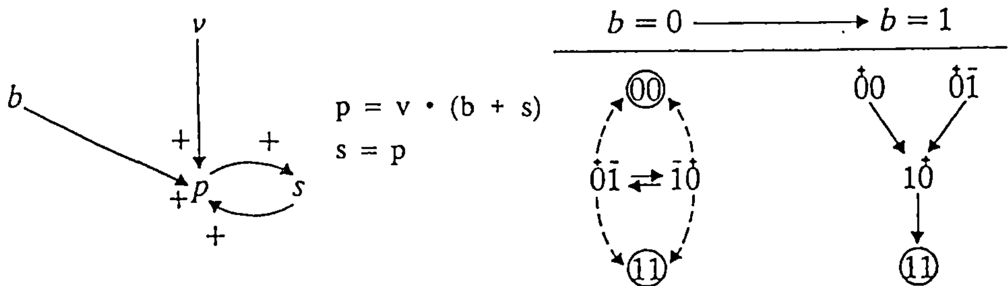

Abb. 2: Schematische Darstellung und Bool'sche Formalisierung der Systemdynamik bei akuter Schizophrenie (Abkürzungen s. Text). Das Zeichen • bedeutet das logische Produkt [und], das Zeichen + dagegen die logische Summe [inklusives oder]. Die jeweils erste Zahl bezieht sich auf das Fehlen (p = 0) oder Vorliegen (p = 1) einer Psychose, die zweite auf das Fehlen (s = 0) oder Vorliegen (s = 1) von (hinreichenden) familiären Spannungen. 0 bzw. 1 bedeutet, daß der betreffende Zustand instabil ist, d.h. von 0 zu 1 bzw. von 1 zu 0 überzugehen tendiert. Stabile Zustände sind mit einem Kreis bezeichnet.

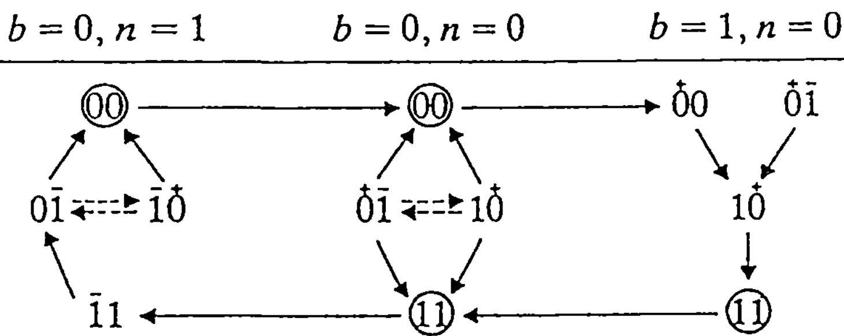

Abb. 3: An zweiter und dritter Stelle ist die gleiche Systemdynamik wie in Abbildung 2 dargestellt. Im ersten Funktionsschema dagegen erfolgt unter Neuroleptikawirkung (n = 1) eine Änderung der Dynamik zugunsten des günstigen Attraktorzustandes (00). (Symbolisierung gleich wie bei Abb. 2).

Mit der erwähnten Methode kann nun gezeigt werden, daß bereits in einem so einfachen System prinzipiell zwei verschiedenartige Dynamismen möglich sind, je nachdem, ob eine externe Belastung vorliegt (b = 1) oder nicht (b = 0). In letzterem Fall wird sich das System entweder im günstigen Attraktorzustand (00) (keine Psychose und keine familiäre Spannungen) oder aber im ungünstigen Attraktorzustand (11) (sowohl Psychose wie auch familiäre Spannungen) stabilisieren. Dazwischen gibt es bei fehlender externer Belastung (b = 0) zwei unstabile (und unter Umständen grenzzyklusartig oszillierende) Zustände mit (noch) fehlender Psychose aber kritischen familiären Spannungen, oder vorliegender Psychose aber (noch) fehlenden kritischen familiären Spannungen.

Beide drohen früher oder später in den besagten Circulus vitiosus einzumünden, der somit ebenfalls als ein typischer Attraktor imponiert. Wenn dagegen eine zusätzliche psychosoziale Belastung genügenden Ausmaßes vorliegt (b = 1), so treibt das System-verhalten über einen unstabilen Zwischenzustand (p = 1 und s = 0) obligat auf den einzi-gen - und ungünstigen - stabilen Attraktorzustand (11) (permanente Psychose und per-manente familiäre Spannungen) zu. Diese denkbar ungünstigste Situation droht vor allem immer dann einzutreten, wenn der Circulus vitiosus p ↔ s durch externe oder familiäre Konflikte einmal in Gang gesetzt worden ist.

Mit demselben Verfahren läßt sich ferner darstellen, wie sich die Systemdynamik verändert, wenn ein neuroleptisches Medikament (n) eingeführt wird, das die Intensität der Psychose (p) unter einen kritischen Wert absenkt. In diesem Fall wird der Circulus vitiosus p ↔ s unterbrochen und es bleibt nur noch der günstige Attraktorzustand (00) (weder Psychose noch kritische Familienspannungen) wirksam (vgl. Abb. 3).

Entsprechend den hier absichtlich so einfach wie möglich gewählten Prämissen erscheint die mit dieser Methode erschließbare Dynamik freilich als simpel, holzschnittartig. Es fehlt darin auch jede differenzierte Berücksichtigung des Zeitfaktors, abgesehen davon, daß eben „Abläufe" erfaßt werden. Indessen läßt sich das Verfahren durch Einführung von weiteren Variablen, zusätzlichen Feedbackschleifen sowie Schwellenwerten mit verschiedenen Intensitätsgraden der Wirkung ganz erheblich verfeinern. Auch Zeitfaktoren können eine präzisere Berücksichtigung finden (vgl. Thomas & D'Ari, 1991; Ambühl et al., 1992).

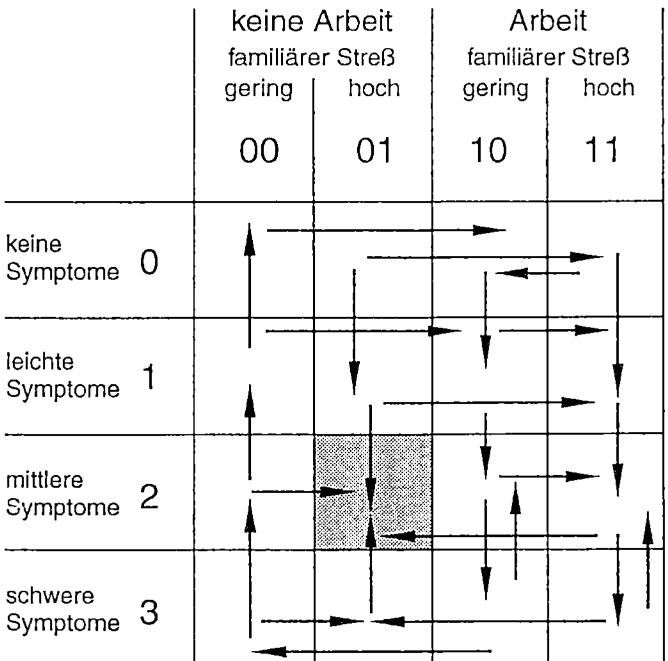

Abb. 4: Resultat der kinetisch-logischen Analyse - Chronizität als „Stabiler Zustand", graue Zone = mittlere Symptome, keine Arbeit und hoher familiärer Stress (nach Kupper et al., 1992).

Ein Beispiel für eine bereits erheblich komplexere Verwendung der Thomas'schen kinetischen Logik mit Schwellenwerten und abgestuften Wirkungsintensitäten liefert die ebenfalls aus unserer Forschungsgruppe stammende Modellierung der Rehabilitationsdynamik schizophrener Patienten durch Kupper et al. (1992). Ausgehend von der Annahme, daß psychopathologische Störungen beim Rehabilitanden durch familiären

Streß über eine positive Feedbackschleife angeheizt, aber von der Arbeit her zufolge Reduktion oder Sistierung der Arbeitsanforderungen bei Erhöhung der Symptomatik wieder gedämpft werden (negative Feedbackschleife), ergibt sich die in Abbildung 4 dargestellte Dynamik: Es entwickelt sich zunächst ein unstabiler grenzzyklusartiger Kreislauf von einer mittleren zu einer leichtern oder überhaupt keiner Symptomatik, die eine Arbeitsaufnahme ermöglicht, was aber - speziell unter dem Einfluß von zusätzlichen familiären Spannungen - wiederum zur Intensivierung der psychischen Störungen, von dort zum Arbeitsabbruch und wieder zurück zur Ausgangssituation mit geringfügigen oder keinen Störungen führt. Ganz gleich aber, von welchem anfänglichen Zustand man ausgeht (Symptomintensität in 4 Abstufungen, geringer oder hoher familiärer Streß, fehlende oder vorhandene Arbeit), immer wieder droht die Systemdynamik früher oder später in einen (in Abb. 4 durch Grautönung hervorgehobenen) attraktorartigen ungünstigen stabilen Zustand einzumünden, der durch mittelstarke psychopathologische Störungen und hohen familiären Streß bei fehlender Arbeit charakterisiert ist. All diese Abläufe bezeichnen verschiedene Verlaufsmöglichkeiten einer als Prozeß (und nicht bloß als statischen Zustand) zu verstehenden sog. „Chronizität".

Auch diese Darstellung zeigt, daß die Thomas'sche Methode imstande ist, interessante Einblicke in die Dynamik klinischer Prozesse zu liefern. Mit der Einführung von mehreren Intensitätsgraden, Schwellenwerten und evtl. auch Zeitabschnitten wird sie allerdings aufwendiger und auch unübersichtlicher. Eine mögliche Alternative ist in komplexeren Situationen deshalb die *Modellierung mit Differentialgleichungen*, die neben einer präzisen Berücksichtigung von Zeitfaktoren insbesondere auch eine kontinuierliche statt nur diskrete Behandlung der implizierten Variablen erlaubt. Ausgedrückt in Differentialgleichungen stellt sich dieselbe Dynamik wie oben (Abb. 2 und 3) wie folgt dar:

$$\frac{dp}{dt} = k_1 \left[\left(b > \delta_b \right) + \left(s > \delta_s \right) \right] \left(n < \delta_n \right) - k_{-1} \bullet p$$

$$\frac{ds}{dt} = k_2 \left[\left(b > \delta_p \right) \right] - k_{-2} \bullet s$$

Die Ausdrücke $\frac{dp}{dt}$ und $\frac{ds}{dt}$ bedeuten die Veränderung (Differenz d) von p bzw. s in der Zeit; k_1 und k_2 sind kinetische Konstanten, die die Entwicklung des betreffenden Prozesses charakterisieren und vom Grad der Vulnerabilität abhängen; die Ausdrücke $-k_{-1} \bullet p$ bzw. $-k_{-2} \bullet s$ beschreiben (analog wie bei chemischen Reaktionen) den spontanen Zerfall, d.h. die Abnahme von p und s proportional zu ihrer Grösse, da beide sonst unendlich anwachsen könnten. Die Ausdrücke d_p, d_v, d_s, d_n sind Schwellenwerte der Wirkung mit den Werten 0 (keine Wirkung) oder 1 (Wirkung) für die relevanten Variablen p, v, s, n. Diese Schwellenwerte führen in das Gleichungssystem adäquate Nicht-Linearitäten ein.

Die Lösung dieses Gleichungssystems ergibt die vier in Abbildung 5a-f dargestellten Möglichkeiten (Einzelheiten vgl. Ciompi et al., 1992): Wenn keine äußere Belastung vorliegt und auch keine Medikamente gegeben werden, so bestehen keine psychotischen Störungen und keine familiären Spannungen (5a). Solche treten aber sofort intensiv in Erscheinung, wenn ohne medikamentösen Schutz stressante äußere Belastungen dazukommen (5b). Tritt nun aber (in 5c) durch Wegfall dieser Belastungen wiederum die gleiche äußere Situation wie in 5a ein, so sinkt zwar die Psychoseintensität ab, aber geringergradige psychotische Störungen sowie familiäre Spannungen dauern trotzdem weiter an. Bei genau gleicher äußerer Situation können also je nach Vorgeschichte zwei ganz verschiedenartige stabile Zustände auftreten; diese sogenannte Bi-Stationarität stellt ein für nichtlineare Systeme typisches sogenanntes Hysteresis-Phänomen dar. Zur Rückkehr zum Zustand von 5a, d.h. zum Verschwinden sowohl der Psychose wie der familiären Spannungen, kommt es erst unter Medikation, und zwar sowohl bei vorliegenden wie auch bei fehlenden äußeren Belastungen (5d-e). In der Folge bleibt dieser günstige Zustand bei Ausbleiben zusätzlicher Belastungen selbst dann bestehen, wenn die Medikation wieder abgesetzt wird (5f).

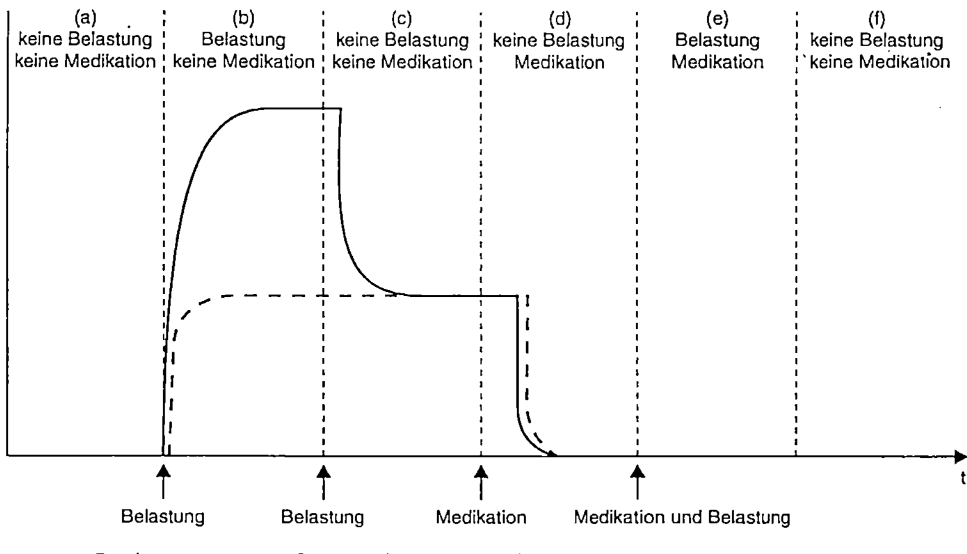

Abb. 5: Psychosedynamik in Abhängigkeit von psychosozialer Belastung und neuroleptischer Medikation (Erklärung im Text).

Natürlich sind auch hier die Grundannahmen sehr einfach (und in Bezug auf die Medikamentenwirkung auch optimistisch) gehalten. Methodologisch von Belang ist indessen vor allem, daß bereits so einfache Differentialgleichungen wie die hier dargestellten imstande sind, nichtlineare Sprünge und Hysteresis zu modellieren. Bei grundsätzlich gleicher Dynamik wie der mit der Boole'schen kinetischen Logik gefundenen vermag also die Modellierung mit Differentialgleichungen gewisse differenziertere Entwicklungstendenzen aufzudecken.

Eine vielversprechende Weiterentwicklung dieser noch elementaren methodischen Ansätze bringt die bereits erwähnte Arbeit von Kupper et al. (1992). Diese Autoren verfeinerten nämlich die Modellierung der in Abbildung 4 anhand der kinetischen Logik beschriebenen dynamischen Zusammenhänge in der Folge durch deren Überführung in Differentialgleichungen und Computersimulation mittels des sog. STELLA-Computerprogramms (vgl. Levine & Fitzgerald, 1992). Das auf dieser Basis generierte, in Abbildung 6 gezeigte Modell ist eine erweiterte Form des vorherigen kinetisch-logischen Modells mit denselben prinzipiellen Wechselwirkungen zwischen psychotischer Symptomatik, Arbeitsanforderungen und familiärem Streß.

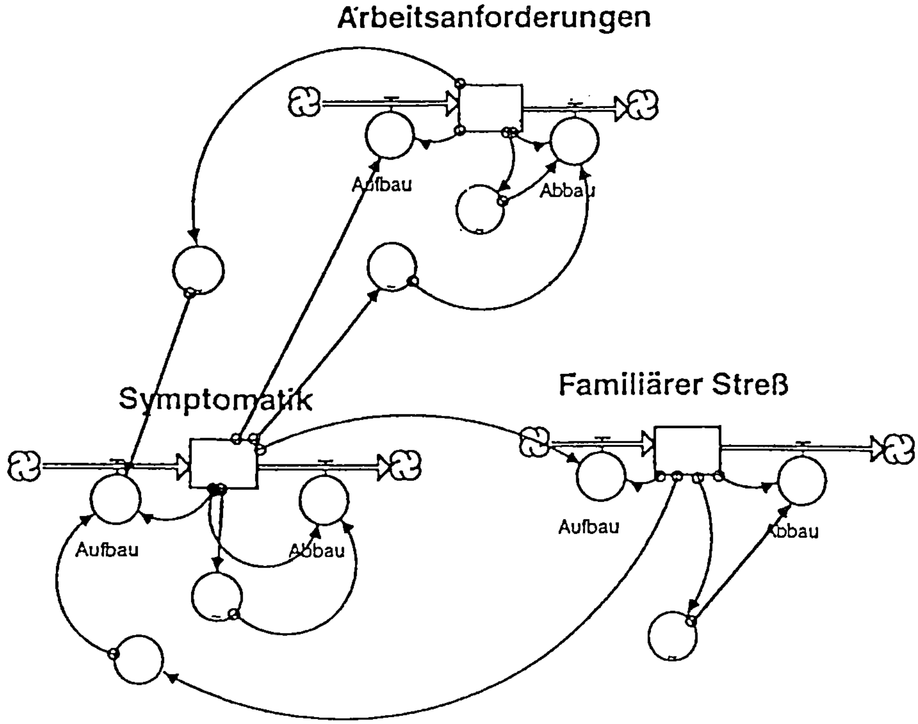

Abb. 6: Modelldarstellungen im Simulationssystem STELLA^{TM} (nach Kupper et al., 1992). (Erklärungen im Text).

Aufgrund des dynamischen Schemas der Abbildung 6 läßt sich u.a. zeigen, daß bei Rückgang der Symptomatik jeweils von einem bestimmten Schwellenwert an die Arbeitsanforderungen steigen, worauf die psychopathologischen Störungen in eskalierender Wechselwirkung mit familiären Spannungen wieder zunehmen. Darauf geht die Arbeitsstelle verloren, die Symptomatik und familiären Spannungen nehmen wieder ab, und das System kehrt zum Ausgangszustand zurück. Diese Methode erlaubt es also, bereits recht komplexe vitiöse Zirkel im Rehabilitationsprozeß schizophrener Patienten mit Ergebnissen zu modellieren, die in mancher Hinsicht der klinischen Beobachtung entsprechen. Ein zusätzlicher Vorteil ist die Möglichkeit, die entstehende Dynamik als Zeitreihe darzustellen (Abb. 7).

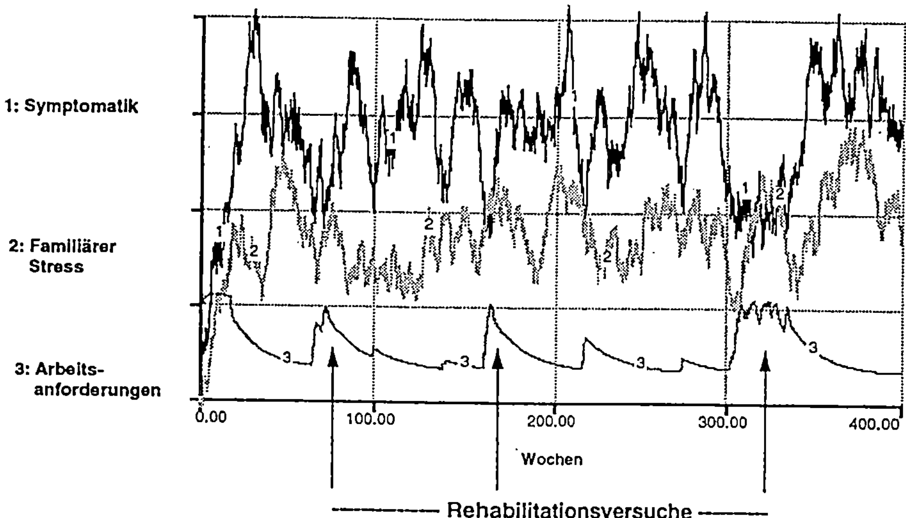

Abb. 7: Simulation von Chronizität mittels Differentialgleichungen (nach Kupper et al., 1992). Erklärungen vgl. Text.

Weitere Möglichkeiten, Verlaufsdynamiken zu modellieren, werden in dem von Tschacher, Schiepek und Brunner herausgegebenen Band über Selbstorganisation in der Klinischen Psychologie insbesondere von Schaub und Schiepek, Kriz, Emrich und Ackermann et al. diskutiert. Für das Schizophrenieproblem von besonderem Interesse sind darunter die bereits erwähnten Arbeiten von Schiepek et al. (1992). Dieser Gruppe ist es gelungen, mittels eines komplexen, in Differenzengleichungen ausgedrückten Modells die gemäß der Literatur zu vermutenden Interaktionen zwischen fünf relevanten Variablen (kognitive Störungen, Streß, Rückzug, expressed emotions und Wahn) als Zeitreihe auf dem Computer zu simulieren und auf diese Weise mehrere der acht seinerzeit von uns selber empirisch gefundenen Langzeitverlaufstypen der Schizophrenie (vgl. Ciompi & Müller, 1976) erstaunlich wirklichkeitsgetreu nachzubilden (vgl. Abb. 8). Jede der fünf genannten Variablen steht dabei zusätzlich unter dem Einfluß von insgesamt neun sogenannten Parametern, darunter die Prägnanz bzw. Diffusität wichtiger affektiv-kognitiver Schemata, das genetische Risiko, die soziale Kompetenz bzw. Inkompetenz und der Dopamin- und Serotonin-Mechanismus.

Die Konvergenzen zwischen den simulierten Kurven und unseren eigenen seinerzeitigen klinischen Befunden sind auf den ersten Blick verblüffend. Allerdings wurden höchstens dreijährige Zeitreihen simuliert, während unsere Beobachtungen sich im

Durchschnitt über 36,7 Jahre erstreckten. Des weitern stellt sich die Frage, ob eine prinzipiell gleichartige Dynamik bei adäquater Manipulation von Variablen, Parametern und Feedbackschleifen nicht auch mit inhaltlich völlig andersartigen Variablen und bedeutend einfacheren Modellen erzeugt werden könnte. Fruchtbar dürfte deshalb auch der umgekehrte Weg sein, zuerst nach einem möglichst einfachen abstrakten Modell bzw. Gleichungssystem zu suchen, das eine derartige Dynamik zu erzeugen imstande ist, und dieses erst dann (ähnlich wie in der Faktorenanalyse) klinisch-inhaltlich zu deuten. Trotz der erzielten Übereinstimmung mit der klinischen Beobachtung scheint uns der Wert der Schiepek'schen Modelluntersuchungen deswegen vorläufig weniger in den inhaltlichen Einzelheiten als im fruchtbaren methodischen Ansatz an sich zu liegen.

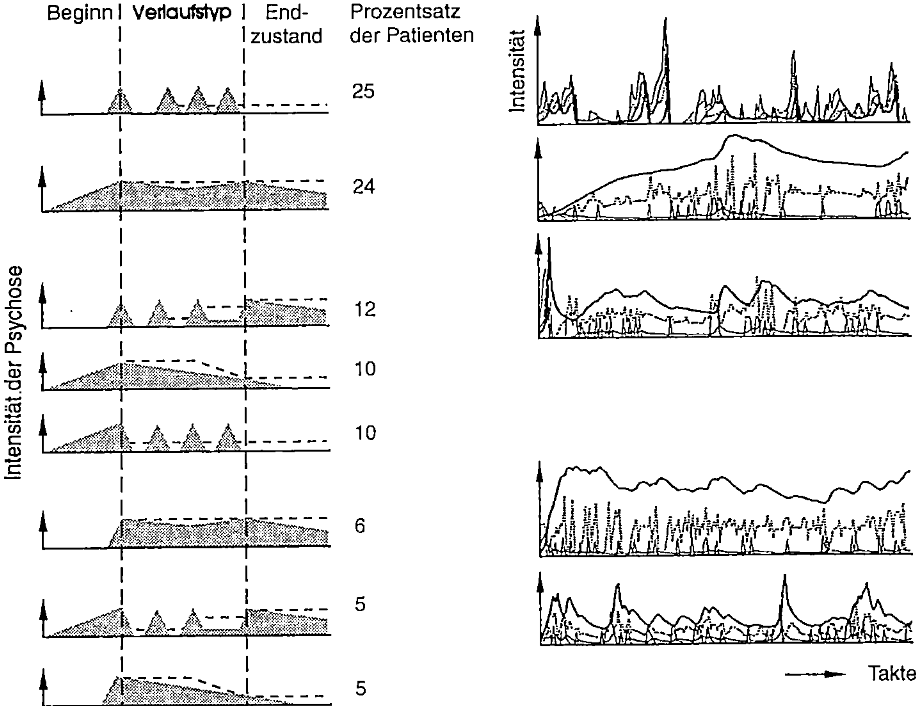

Abb. 8: *Klinisch beobachtete Langzeitverläufe (links) nach Ciompi & Müller (1976), und computersimulierte Verläufe (rechts) nach Schiepek et al. (1992).*

Als *Fazit* aus den u.W. bisher vorliegenden Modellierungsversuchen der schizophrenen Verlaufsdynamik ergibt sich somit, daß einerseits zwar mehrere methodisch gangbare Wege gefunden wurden, daß diese andererseits aber - u.a. infolge einer z.T. noch ungenügenden direkten Konfrontation mit der klinischen Wirklichkeit - doch erst mancherlei Hinweise, aber noch keine schlüssigen Beweise für mögliche Attraktoren, dissipative Strukturen, Fraktale und andere typische Erscheinungen einer nicht-linearen Schizophreniedynamik im chaostheoretischen Sinn liefern.

Einige Schritte weiter auf dem Weg zu solchen Beweisen scheint indessen die chaostheoretisch orientierte Analyse effektiv empirisch beobachteter Zeitreihen zu führen.

3 Zeitreihenanalysen der schizophrenen Verlaufsdynamik

Die Untersuchungen unserer Forschungsgruppe in dieser Richtung basieren einerseits auf täglichen Befunderhebungen von Tagesfluktuationen der psychotischen Symptomatik bei akut schizophrenen Patienten, die in der offenen milieutherapeutischen Wohngemeinschaft „Soteria Bern" vorwiegend medikamentenfrei oder -arm behandelt wurden (vgl. Ciompi et al., 1991; 1993), und andererseits auf der Erfassung der Hospitalisationsperioden bei schizophrenen Langzeitverläufen über mehrere Jahrzehnte. Erstere Zeitreihen spiegeln somit sozusagen eine (zeitliche) Mikrodynamik, letztere dagegen eine Makrodynamik.

Die *Mikrofluktuationen der Psychoseintensität* wurden mittels täglicher Registrierung des maximalen Ausprägungsgrades von psychotischen Störungen durch zwei unabhängige Beobachter auf einer von uns selber entwickelten Sieben-Punkte-Skala erhoben, die von einem normalen ausgeglichenen Funktionszustand über zunehmende Gespanntheit, Erregtheit, Depersonalisations- und Derealisationserscheinungen bis zu Wahn und Halluzinationen, d.h. bis zu einem maximalen psychotischen Realitätsverlust reicht (vgl. Aebi et al., 1989; 1993). Die klinische Validität dieser Skala erwies sich als sehr gut, die Interrater-Reliabilität als gut ($r = 0,69$). Die längste fortlaufend beobachtete Zeitreihe erstreckt sich über 751 Tage (Abb. 9).

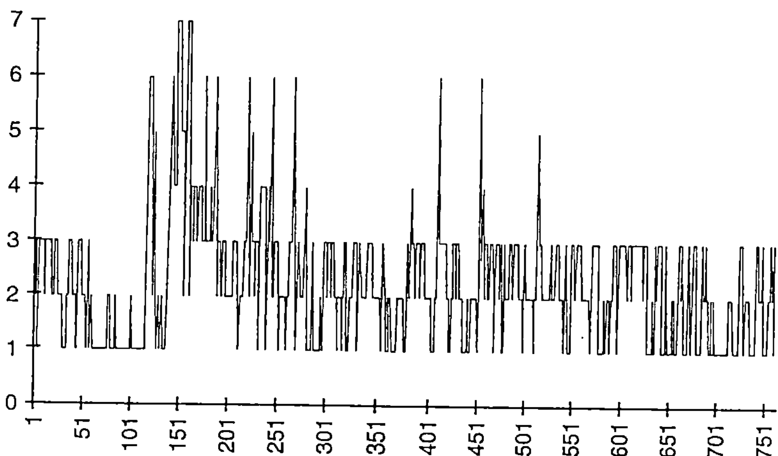

(1 = normal entspannt, 2 = gespannt, nervös, ängstlich, 3 = erregt, aggressiv oder depressiv, 4 = Depersonalisations- oder Derealisationsphänomene, 5 = Wahn, 6 = Halluzinationen)

Abb. 9: Tägliche Fluktuationen der psychotischen Symptomatik bei einem über 751 Tage beobachteten Patienten.

Anhand derartiger Zeitreihen suchten Aebi und Ciompi (1989) zunächst mittels der ARIMA-Methode (vgl. Revenstorf; 1979, Schmitz, 1989) nach Zusammenhängen zwischen den Veränderungen der Psychoseintensität und Umwelteinflüssen. Sie fanden dabei signifikant psychoseverstärkende Effekte von Ereignissen, die Wechsel und Anpassung verlangten (z.B. Ortswechsel, Antritt einer neuen Stelle), dagegen psychosereduzierende Einflüsse von Kontakten mit Angehörigen und Freunden. (Dieser letztere, nicht literaturkonforme Befund könnte mit der Tatsache zusammenhängen, daß in der therapeutischen Wohngemeinschaft „Soteria" Kontakte mit Angehörigen und weiteren Kontaktpersonen systematisch gefördert statt unterbunden werden.)

In einem nächsten Schritt konnten Aebi et al. (1993) nachweisen, daß die in „Soteria" klinisch und therapeutisch unterschiedenen drei Behandlungsphasen (1. Beruhigung, 2. Aktivierung, 3. Wiedereingliederung) sich aufgrund solcher Zeitreihen auch hinsichtlich der Psychoseintensität signifikant differenzieren ließen, stabil sind und dem Behandlungskonzept entsprechen (Maximum in Phase 1, Minimum in Phase 3).

Schließlich analysierten wir die Verlaufskurven der Abbildung 9 noch über mehrere, in Ambühl et al. (1992) im einzelnen beschriebene Schritte mittels der Methode von Grassberger und Procaccia (1983) auf das eventuelle Vorliegen eines fraktalen Attraktors hin und stießen dabei - wie Abbildung 10 zeigt - auf deutliche Anhaltspunkte für einen seltsamen Attraktor von der Dimensionalität von ungefähr 2,2 (vgl. Ciompi et al., 1992).

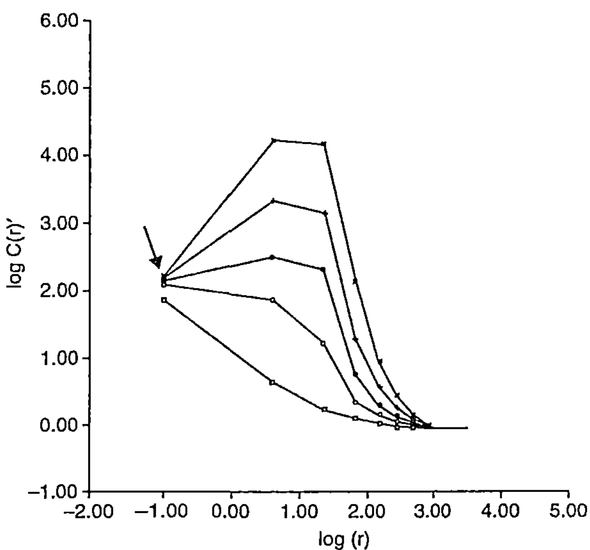

Abb. 10: Erste Ableitungen des Korrelationsintegrals der normalisierten Summe aller Punkte im Phasenraum, deren Abstand voneinander kleiner als r ist. Einbettungsdimensionen 2, 4, 6, 8, 10. Die Tatsache, daß für kleine Werte von r die ersten Ableitungen in allen 5 gewählten Einbettungsdimensionen auf einen umschriebenen Punkt hin konvergieren (siehe Pfeil) spricht für das Vorliegen eines seltsamen Attraktors der Dimension von ~ 2,2.

In der Folge konnten mit derselben Methode Hinweise auf seltsame Attraktoren niedriger Dimensionalität auch bei weiteren (aber nicht allen) Soteria-Patienten gewonnen werden, bei denen wir über eine größere Zahl von Daten verfügten. Indessen ist die Anwendung der Grassberger-Procaccia-Methode auf die verfügbaren Daten problematisch, da diese nur Ordinalcharakter haben und im Vergleich zu den eigentlich nötigen mehreren tausend Meßpunkten nicht zahlreich genug sind. Einen klaren Fortschritt brachte deshalb hier die von Scheier und Tschacher (1994) eingeführte Anwendung des ingeniösen Verfahrens von Sugihara und May (1990) zur Bestimmung der Linearität bzw. Nicht-Linearität von beliebigen Zeitreihen anhand von vergleichsweise viel weniger Meßpunkten. Das Prinzip dieses Verfahrens besteht darin, daß geprüft wird, inwiefern die Charakteristika der ersten Hälfte der vorliegenden Zeitreihen diejenigen der zweiten Hälfte vorauszusagen vermögen. Besteht volle Voraussagbarkeit, so liegt eine lineare, besteht überhaupt keine Voraussagbarkeit dagegen eine Zufallsdynamik vor, während eine deterministisch-chaotische Dynamik sich durch eine anfänglich zwar noch gute, dann aber schnell abfallende Voraussagbarkeit auszeichnet. Diese drei Situationen lassen sich signifikant voneinander unterscheiden (vgl Abb. 11).

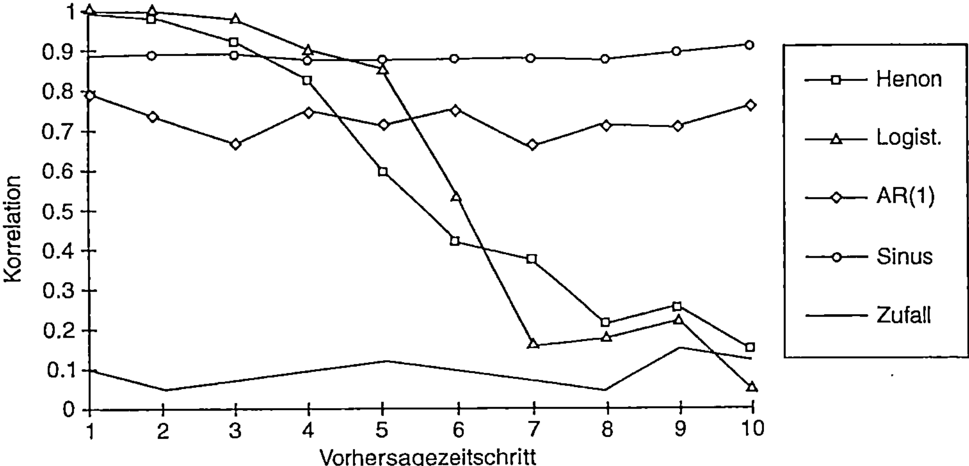

Abb. 11: *Resultate der nicht-linearen Vorhersage für fünf simulierte Prozesse. Auf der y-Achse ist die Vorhersagequalität in Form der Korrelation zwischen vorhergesagten und tatsächlichen Werten angegeben. Die zugrundeliegenden Prozesse sind: „Logist" = die logistische Gleichung in der chaotischen Region (x_{t+1} = 4 $x_t(1-x_t)$); „Henon" = Henon-Abbildung in der chaotischen Region (x_{t+1} = y_t+1-1.4x_t^2, y_{t+1} = 0.3x_t); „Sinus" = eine zu 50% verrauschte Sinusfunktion (x_t = sin(0.5t)+ε_t, ε_t ∈ [-0.5, 0.5]); AR(1) = ein linearer autoregressiver Prozeß erster Ordnung (AR(1), x_{t+1} = 0.4x_t+ε_t, ε_t ∈ [-1,1]); „Zufall" = ein Zufallsprozeß generiert mit einem Standardzufallsgenerator (aus Scheier & Tschacher, 1994).*

Tschacher et al. (1994) untersuchten mit dieser Methode bisher 14 Zeitreihen von schizophren-psychotischen Soteria-Patienten, wobei sich 8 Kurven als chaotisch, 4 als linenear, und 2 als rein zufällig erwiesen. Damit sind zumindest für einen Teil der untersuchten Fälle weitere bedeutsame Anhaltspunkte für die Stimmigkeit der Annahme gefunden, daß schizophrene Verläufe eine fraktal-chaotische Struktur aufweisen.

Ein letzter, von unserer Forschungsgruppe zur Zeit explorierter Zugang besteht in der Untersuchung der langfristigen Schizophreniedynamik anhand der Hospitalisations- bzw. Entlassungsperioden über mehrere Jahrzehnte. Da solche Zeitreihen zwar genaue, aber wiederum zu wenig zahlreiche Meßdaten liefern, bildeten Dünki und Ambühl (1994) versuchsweise einen Pool aus über 30 in ihrem Verlauf durchschnittlich während rund 3 Jahrzehnten überblickten Fällen (vgl. Abb. 12). Dabei ergab die Prüfung der gepoolten Verteilung der Entlassungsperioden deutliche Anhaltspunkte für eine gemeinsame Fraktaldimension bzw. -struktur (Skaleninvarianz) der untersuchten Zeitreihen. Wegen des gewählten Poolverfahrens ist allerdings bei der Interpretation der Resultate auch hier noch erhebliche Vorsicht am Platz.

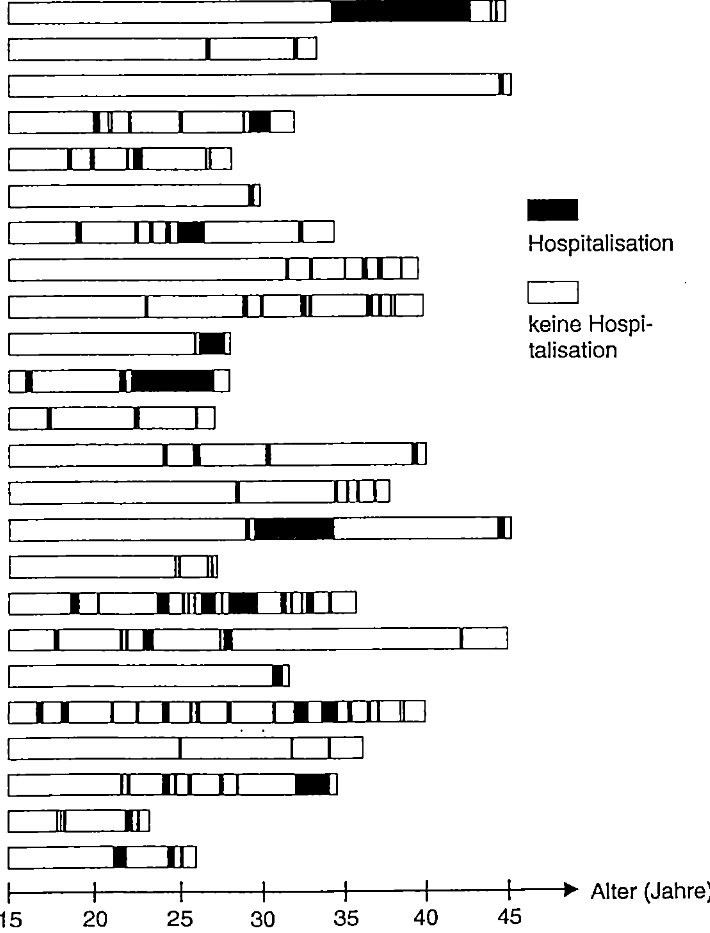

Abb. 12: Langjährige Schizophrenieverläufe mit Hospitalisations- und Entlassungsphasen.

Zusammenfassend liegen somit sowohl aufgrund von klinischen Beobachtungen, von Modellsimulationen wie insbesondere auch von Zeitreihenanalysen bereits eine ganze Reihe von konvergierenden Hinweisen für die Richtigkeit der Hypothese vor, daß nicht-lineare Dynamik bei Entstehung und Verlauf der Schizophrenie eine wichtige Rolle spielt. Die Annahme, daß gewisse psychotische Funktionsmuster von fraktal-chaotischen Attraktoren bestimmt sind, d.h. typischen dissipativen Strukturen entsprechen, wird damit immer wahrscheinlicher. Allerdings wurden bisher erst wenige Fälle chaostheoretisch untersucht und die verwendeten Meßdaten und Methoden sind z.T. noch problematisch. Selbst wenn man annimmt, daß auch schon in den bislang verfügbaren relativ „weichen" Daten hinreichend relevante Information zur Aufdeckung von chaotischen Mechanismen und Fraktalstrukturen enthalten sein könnte, so ist doch eine weitere Überprüfung der explorierten Hypothese auf breiterer Basis (speziell anhand von psycho-physiologischen Befunden mit Einschluß des EEGs) eminent wünschenswert.

4 Die Hypothese der Affektlogik

Zum Abschluß sollen die vorangehend berichteten Befunde und Modellannahmen noch aus der Perspektive der Affektlogik, von der sie ja ursprünglich ausgegangen sind, näher betrachtet werden, wobei auch einige zukunftsgerichtete spekulative Überlegungen mit einfließen werden. Wie eingangs erwähnt, ist das Konzept der Affektlogik vom Autor im Zusammenhang mit dem Schizophrenieproblem 1982 erstmals vorgestellt und seither schrittweise weiterentwickelt worden (Ciompi, 1982; 1986; 1988; 1989; 1991). Eine zusammenfassende Darstellung mit Einschluß seiner biologischen Grundlagen ist im „Spektrum der Wissenschaft" erschienen (Ciompi, 1993). Hier sollen zunächst nur seine wichtigsten Elemente kurz skizziert und dann auf ihren Stellenwert für die vorstehend diskutierten Fragen geprüft werden.

Das Konzept der Affektlogik verwertet Befunde aus der Piaget'schen genetischen Epistemologie, der Psychoanalyse, der Emotions- und Kognitionspychologie und der Neurobiologie unter übergeordneten systemtheoretischen Gesichtspunkten. Der Terminus „Affektlogik" verweist auf die obligate Mitbeteiligung von affektiven Komponenten an allem Denken, nicht nur im Bereich der Alltagslogik bzw. der Welt der sog. Selbstverständlichkeiten, sondern auch der (nur scheinbar affektneutralen) Wissenschaften. Unter dem Oberbegriff der Affekte werden dabei umfassende qualitative psycho-physische Gestimmtheiten mit sowohl zerebralen, subjektiv-psychischen wie peripher-körperlichen Komponenten verstanden. Er umfaßt bewußte oder unbewußte Emotionen, Gefühle und Stimmungen, deren Dauer von wenigen Sekunden (Emotionen im Sinn der Neurophysiologie) bis zu Stunden, ja Tagen und Wochen (Stimmungen im Sinn der Psychologie und Psychopathologie) variieren kann. Da man immer in irgendeiner Weise gestimmt ist, impliziert diese Definition, daß man nie völlig affektfrei ist. Selbst Gleichgültigkeit oder Apathie entsprechen in diesem Sinn noch einer spezifischen affektiven Stimmung.

Unter Kognition dagegen versteht die Affektlogik in einem ebenfalls sehr umfassenden Sinn das (letztlich immer quantifizierende) Erfassen und Verarbeiten von Unterschieden bzw. von Relationen (Größenverhältnisse, Distanzen, Winkel, Intensitätsunterschiede usw.) zwischen einzelnen Sinnesreizen. Aus einem komplex hierarchisierten Gefüge von lauter solchen Unterschieden ist, wie der britische Mathematiker Spencer-Brown (1979) überzeugend gezeigt hat, in der Tat unsere gesamte kognitive Welt aufgebaut.

Denken bzw. Logik schließlich ist in der Affektlogik definiert als die Art und Weise, wie Kognitionen miteinander verknüpft werden. Da ganz unterschiedliche Weisen der Verknüpfung von kognitiven Elementen möglich sind, gibt es auch verschiedene Arten von Logik. Beispiele aus der Naturwissenschaft sind die euklidsche und nicht-euklidsche Geometrie, oder die relativistische und nicht-relativistische Physik. Für die Affektlogik sind, wie wir sehen werden, vor allem die affektbedingten Veränderungen der Kognition von Belang.

Zentral ist auf diesen Grundlagen des weitern die - an sich keineswegs neue, aber bisher in ihrer funktionellen Bedeutung u. E. nicht hinreichend verstandene - Erkenntnis, daß Fühlen und Denken, Emotion und Kognition, Affekt und Logik nicht nur untrennbar zusammengehören, sondern auch in sämtlichen psychischen Leistungen in gesetzmäßiger Weise zusammenwirken. Nach Piaget (1976a) entstehen bekanntlich alle mentalen Strukturen aus der Aktion, d.h. aus konkreten senso-motorischen Prozessen, indem angeborene Reflexe sich aufgrund des handelnden Erlebens vom ersten Lebenstag an selbstorganisatorisch zu zunehmend komplexeren kontextspezifischen Abläufen - sog. kognitiven Schemata - weiterdifferenzieren, äquilibrieren, automatisieren und in der Folge mehr und mehr verinnerlichen bzw. „mentalisieren". Ausgehend von der Tatsache, daß in jede Aktion obligat auch affektive Komponenten einfließen und sich - wie Piaget (1981) selbst zwar mit dem wichtigen Begriff der sog. Affektkonstanz klar aufgezeigt, aber konzeptuell nicht weiter beachtet hat - operational mit den zugehörigen kognitiven Elementen eng und relativ konstant verbinden, postuliert die Affektlogik nun, daß in Wirklichkeit nicht nur kognitive, sondern *affektiv*-kognitive Schemata, d.h. funktionell integrierte eigentliche Fühl-, Denk- und Handlungsprogramme entstehen (vgl. Ciompi, 1986). Diese speichern in ihrer Struktur das relevante vergangene Erleben als affektiv-kognitives Gedächtnis und stehen in der Folge für künftige Aktionen in ähnlichem Kontext immer wieder zur Verfügung. Zugleich bilden sie die Matrix für sämtliche weitere Wahrnehmung und Kommunikation. Fühl-, Denk- und Handlungsprogramme verschiedenster hierarchischer Ordnung, von einfachsten angeborenen oder erworbenen Reflexen über differenziertere Verhaltensmuster bis zu hochkomplexen Übertragungsreaktionen im Sinn der Psychoanalyse bilden nach dem Konzept der Affektlogik auf immer wieder neuer Stufe die eigentlichen „Bausteine der Psyche", und die ganze Psyche kann (bzw. muß) als ein komplex hierarchisiertes Gefüge von derartigen affektiv-kognitiven „Programmen" oder Bezugssystemen verstanden werden.

Die biologische Grundlage von solchen „Programmen" bilden entsprechend konfigurierte operationale neuronale Netzwerke mit integrierten limbischen, präfrontalen, senso-motorischen und hypothalmischen Anteilen. Diese entstehen selbstorganisatorisch über das Phänomen der sog. neuronalen Plastizität, d.h. der durch die Aktion selbst gebahnten privilegierten neuronalen Assoziationen aufgrund von Interaktionen zwischen affekt- und gedächtnisregulierenden Strukturen des limbischen Systems und deren Verbindungen zum Stirnhirn, zum senso-motorischen Apparat, zu den hypothalamisch-hypophysären Hormonregulationszentren, und von dort zur „Stimmung" des gesamten peripheren Körpers (vgl. Springer, 1988; Derryberry & Tucker, 1992). Im Phänomen des sog. zustandsabhängigen Lernens und Erinnerns zeigt sich außerdem, daß sowohl die Verarbeitung und Speicherung wie auch die Reaktivierung kognitiver Elemente vom globalen Hirnfunktionszustand abhängt. So hat Koukkou (1987) mit spektralelektroenzephalographischen Methoden ganz unterschiedliche Modi der Informationsverarbeitung im Wach- oder Schlafzustand, im Traum, in psychotischen, hypnose- oder drogeninduzierten Zuständen nachgewiesen. Die Affektlogik geht davon aus, daß auch die verschiedenartigen Affektstimmungen unterschiedlichen globalen Hirnfunktionszuständen entsprechen. Dafür sprechen weitere spektralelektroencephalographische Untersuchungen von Machleidt et al. (1989), in denen auf zerebralem Niveau erstmals fünf sog. Grundgefühle (sog. Erwartungsgefühle, ferner Angst, Wut, Trauer, Freude) signifikant identifiziert und differenziert werden konnten. Dies macht es in Übereinstimmung mit entwicklungsgeschichtlichen und emotionspsychologischen Beobachtungen wahrscheinlich, daß die ganze unendliche Vielfalt von Affektnuancen aus der Kombination von nur wenigen, bereits bei niedrigeren Tieren bis hinab mindestens zu den Reptilien nachweisbaren sog. Grundgestimmtheiten besteht (vgl. Leventhal, 1984; Ploog, 1989; Wimmer, 1995).

Solche Grundstimmungen nun - bzw. alle möglichen Kombinationen davon - spielen nach der Hypothese der Affektlogik sowohl bei der Speicherung und Mobilisation wie auch bei der Organisation und Integration von kognitiven Funktionen eine zentrale Rolle (vgl. Ciompi, 1991). Affekte sind demnach nicht nur, wie ebenfalls Piaget (1981) annimmt, die entscheidenden „Motoren" bzw. Energieträger von Kognitionen. Darüber hinaus wirken sie wie ein „Leim" oder „Bindegewebe", indem sie durch ähnliche Affektkonnotationen charakterisierte kognitive Elemente kontextadäquat zu operationalen Ganzen verbinden. Zudem funktionieren sie, wie gerade am Phänomen des zustandsabhängigen Lernens und Erinnerns deutlich wird, auch wie Pforten oder Schleusen, die den Zugang zu bestimmten kognitiven Gedächtnisspeichern kontext- und stimmungsabhängig öffnen oder schließen. Letzteres scheint biologisch sehr sinnvoll und hat zugleich Bezug zum Phänomen der Verdrängung oder Abspaltung im psychoanalytischen Sinn. Da die Logik als die Weise definiert werden kann, wie Kognitionen miteinander verbunden sind, gibt es aus der Sicht der Affektlogik deshalb neben der formalen Logik und der (relativ) entspannten Durchschnitts- oder Alltagslogik je nach vorherrschender Affektstimmung auch eine typische „Wutlogik", „Angstlogik", „Trauerlogik", „Freudelogik" usw. Die spezifischen Affekte wirken dabei wie Leitplanken, innerhalb derer sich die Gedanken wie auf „affektiven Schienen" bewegen. Deshalb zeigen solche affektiv-kognitiven „Eigenwelten" meist eine ausgeprägte operationale Geschlossenheit.

Im Zusammenhang mit dem Begriff der Information ist im Hinblick auf die Frage der dissipativen Strukturen ferner eine *energetische Betrachtungsweise* von Interesse, wie sie bekanntlich früh auch schon von Freud (1895) anvisiert wurde. Informiert im operationalen Sinn, d.h. in die bereits bestehenden affektiv-kognitiven Assoziationssysteme eingebaut, werden einzig Kognitionen, die mit Affekt besetzt sind - wie neben der Psychoanalyse namentlich auch die Alltagspsychologie sowie die Reklametechnik sehr gut weiß. Aus der Perspektive der Affektlogik ist deshalb auch der Begriff der Information *affektiv*-kognitiv (und nicht nur kognitiv) zu fassen. Da aber die Affekte zugleich als die eigentlichen Energieträger angesehen werden müssen - was jedenfalls nicht nur psychologisch, sondern (über die energetischen Aspekte der implizierten Neurotransmitter) auch neurophysiologisch gilt -, erscheint „Information" im psychosozialen Bereich als ein funktionelles Analogon von Energie im physikalischen Sinn, das auch entsprechend formalisiert werden könnte bzw. sollte. Affektiv-kognitive Bezugssysteme verschiedenster Konfiguration und Größenordnung stellen somit nichts anderes als spezifische Verarbeitungs- bzw. Verteilungsmuster von (Affekt-)Energie dar - mit andern Worten, typische dissipative Strukturen.

Von dieser Erkenntnis aus eröffnen sich eine Fülle von Querverbindungen zu allgemeinen Zusammenhängen, die für ein vertieftes Verständnis normaler wie pathologischer psychischer Phänomene von erheblichem Interesse scheinen. U.a. ergibt sich die Vermutung, daß spezifische Affektstimmungen mit ihren zugehörigen kognitiven Schemata (bzw. Systemen von Schemata) im Sinn z.B. der obenerwähnten Angstlogik, Wutlogik, Trauerlogik, Freudelogik etc. als typische seltsame Attraktoren (bzw. Attraktorbecken) von wahrscheinlich fraktaler Struktur funktionieren. Dieser Schluß drängt sich sowohl wegen den erwähnten strukturbildenden organisatorisch-integratorischen Wirkungen der Affekte wie auch wegen ihrer Funktion als Energieträger auf. Seltsame Attraktoren aber stellen infolge ihrer hohen Umweltsensibilität zugleich Informationsverarbeitungssysteme erster Güte dar (vgl. hierzu Shaw, 1981), deren Verarbeitungskapazität indessen begrenzt ist. Bei kritischer Überforderung kann die anfallende Information (bzw. Affektenergie) nicht mehr mit den gewohnten Fühl-Denk-Verhaltensmustern bewältigt werden, so daß es an einem bestimmten Punkt (einer Bifurkation) unter Fluktuationen zum schließlichen Umschlag des ganzen Funktionssystems in ein von Grund auf neues affektiv-kognitives Muster kommen kann bzw. muß. Etwas formal ganz Ähnliches hat Piaget (1976a) - allerdings ohne Berücksichtigung einer affektenergetischen Komponente und ohne Bezug zur Chaostheorie - bereits mit seinen Phasen a, b, g beim Phänomen der sog. majorisierenden Abstraktion, d.h. der sprunghaften Weiterentwicklung vorbestehender kognitiver Schemata auf eine höhere Abstraktionsebene beschrieben. Aber auch z.B. der Jähzorn oder der „Übersprung" zu offener Gewalttätigkeit bei einem Konflikt scheint denselben Gesetzmäßigkeiten zu gehorchen.

Prinzipiell gleichartige selbstorganisatorische Vorgänge sind nun, so lautet das Postulat der Affektlogik, mit großer Wahrscheinlichkeit ebenfalls beim Umschlag von einer normalen Funktionsweise ins Psychotische am Werk. Vieles deutet dabei darauf hin, daß es bei der Entstehung schizophrener Störungen in erster Linie ein Übermaß an Angstaffekten ist, das mit den gewohnten Fühl-, Denk- und Verhaltensmustern nicht mehr bewältigt werden kann. Hierfür sprechen neben der klinischen Beobachtung u.a. auch die schon erwähnten EEG-Befunde von Machleidt et al. (1989). In einer typischen Wahnstimmung z.B. werden ganz banale kognitive Inhalte mehr und mehr mit intensiver Angst beladen. Schließlich nehmen Angst und Spannung mit allen Zeichen zunehmender Überforderung und Labilisierung (affektive und kognitive Verunsicherung, Erregung, Ambivalenz, Verwirrtheit, Depersonalisations- und Derealisationserscheinungen) derart überhand, daß das beschriebene plötzliche Einschießen von Wahngewißheiten und deren Verfestigung zu einem systematisierten Wahn letztlich als die einzig mögliche (Spannungs-)Lösung nicht nur im psychologischen, sondern auch im kybernetisch-energetischen und chaostheoretischen Sinn imponiert. Gleichzeitig frappiert bei all diesen Phänomenen der strenge, genau den Grundpostulaten der Affektlogik entsprechende Parallelismus zwischen affektiven und kognitiven Aspekten. Dasselbe gilt für die sowohl affektive wie kognitive Einengung und Verflachung in chronischen Residualzuständen.

Betrachtet man die Entstehung von psychotischen dissipativen Strukturen bzw. Ordnungszuständen zudem aus der Perspektive der Haken'schen Synergetik (vgl. z.B. Haken, 1982; 1990), so erscheint die Angst als ein typischer Kontrollparameter, dessen Wirkung erst die Voraussetzungen dafür schafft, daß neue kognitive Elemente - z.B. eine anfänglich noch periphere, aber plötzlich überwertig werdende Idee, eine Wahngewißheit - das gesamte affektiv-kognitive Geschehen mehr und mehr in seinen Bann zieht bzw., wie Haken formuliert, als schließlich alles beherrschender sog. Ordnungsparameter „versklavt". Auslöser für die psychotische Angst können dabei prinzipiell sowohl biologisch-endogene wie auch situativ-exogene Faktoren sein, darunter z.B. hormonelle oder drogeninduzierte Veränderungen, traumatische Lebensereignisse, unerträgliche Widersprüche etc.

Im Prinzip ganz analoge Vorgänge, aber mit anderer Affektqualität und entsprechend unterschiedlichen dominanten Ideen, sind übrigens ebenfalls bei der Emergenz von manischen oder melancholischen psychotischen Funktionsweisen zu postulieren. Für das Verständnis der gleichzeitig evidenten Unterschiede zwischen diesen spezifisch „affektiven Psychosen" einerseits und der Schizophrenie andererseits dürfte der erwähnte Piaget'sche Begriff der Affektkonstanz von entscheidender Bedeutung sein. Von einem bestimmten (frühen) Entwicklungsstadium an zeigen nämlich nach Piaget (1981) die Affekt-Kognitions-Bindungen trotz einer gewissen Flexibilität und Umweltplastizität normalerweise eine bemerkenswerte Stabilität. In manischen und melancholischen Zuständen erscheinen diese Bindungen eindeutig (wenn auch in polar entgegengesetzter Richtung) als zu rigide, während sie sich in der Schizophrenie zunächst bis zu ihrer fast gänzlichen Auflösung - d.h. zum affektiv-kognitiven „Chaos" - lockern. Schon E. Bleuler (1911) verstand bekanntlich diese „Lockerung der Assoziationen" als ein Kardinalsymptom der schizophrenen Psychose. In der Folge - insbesondere beim Auftreten von rigiden Wahnsystemen, aber auch in typischen Residualzuständen - werden sie dagegen (kompensatorisch?) wieder überstabil. Manches deutet darauf hin, daß die schizophrenogene Vulnerabilität gerade in dieser von vornherein zu geringen Konstanz der affektiv-kognitiven Bindungen bestehen könnte (was prinzipiell sowohl genetisch-biologisch wie erlebnisbedingt verstehbar wäre). Jedenfalls spricht auch diese Betrachtungsweise stark für die Interpretation der Psychose als globale Umverteilung der Affektenergie auf die verfügbaren Kognitionen, d.h. eine neue dissipative Struktur bzw. „Logik" im Sinne unserer Definition. Als weitere Konsequenz ergibt sich, daß auch die Schizophrenie (und nicht nur die Manie und Depression) als eine typisch affektive Psychose aufgefaßt werden müßte - freilich als eine affektive Psychose besonderer Art, indem die psychotische kognitive Dis- und Umorganisation als Folge eines vorübergehenden Zusammenbruchs der organisatorisch-integrativen Funktionen der Affekte mit Lockerung bzw. Auflösung der habituellen affektiv-kognitiven Bindungen aufzufassen wäre. Eine „affektive Schizophrenietheorie" vertritt auf der Basis seiner EEG-Untersuchungsergebnisse (s. oben) seit einiger Zeit auch Machleidt (1992).

Insgesamt werden jedenfalls sowohl normale wie psychotische Funktionsweisen mit Hilfe der Grundhypothesen der Affektlogik einer synergetischen Betrachtungsweise zugänglich: Mit bestimmten Affekten verbundene Kognitionen bilden zustandsspezifische, von bestimmten Kontroll- wie Ordnungsparametern abhängige dynamisch äquilibrierte interaktive Systeme bzw. Energieverteilungsmuster, wobei grundlegende Affektstimmungen in erster Linie als Kontrollparameter im Haken'schen Sinn zu wirken scheinen. Hakens Ordnungszustände und Prigogines dissipative Strukturen sind offensichtlich ein und dasselbe. Hervorzuheben ist ferner, daß mit dem Konzept der affektiv-kognitiven Bezugssysteme (oder Emotions-Kognitions-Einheiten) als entscheidende „Bausteine der Psyche" auf immer neuen hierarchischen Stufen wohl auch das „psycho-sozio-biologische Mikroelement größtmöglicher Auflösung" gefunden sein dürfte, nach welchem u.a. Schiepek und Tschacher (1992, S. 19) in verwandtem Zusammenhang suchen. Zahllose derartige Mikroquanten von Information bzw. an bestimmte Kognitionen gebundene Affektenergiequanten werden durch die beschriebenen Ordnungsvorgänge in zunehmend komplexen Mustern von wiederum typisch affektiv-kognitiver Strukur organisiert. Zugleich scheint sich damit ein Ausblick auf eine in verschiedensten Größenordnungen immer wieder selbstähnlich konstellierte, d.h. wahrscheinlich *fraktale* Grundstruktur der gesamten Psyche, bzw. auf eine „fraktale Affektlogik" zu eröffnen.

6 Zusammenfassung und Schlußbemerkungen

Abschließend können die wichtigsten Hypothesen der Affektlogik im Zusammenhang mit den hier diskutierten Fragen wie folgt zusammengefaßt werden:

1. Die sog. Psyche ist als ein aus der Aktion entstandenes komplex hierarchisiertes Gefüge von affektiv-kognitiven Bezugssystemen oder Fühl-, Denk- und Verhaltensprogrammen zu betrachten, die zu funktionellen Mustern unterschiedlichster Komplexität geordnet sind. Solche dynamischen Ordnungszustände entsprechen kontext- und affektregulierten Attraktorbecken, die der Informationsverarbeitung dienen und zugleich selber nichts anderes als funktional strukturierte bzw. „kondensierte" Information sind. Es handelt sich dabei zugleich um typische dissipative Strukturen im Sinn von Prigogine et al.

2. Information im funktionalen Sinn beinhaltet neben kognitiven immer auch affektive Elemente. Da Affekte sowohl psychologisch wie auch - wie wir annehmen müssen - neurophysiologisch als Energieträger funktionieren, stellt Information im psychosozialen Bereich ein funktionelles Analogon zu Energie im physiko-chemischen Be-

reich dar. Prinzipiell könnte bzw. sollte Information denn auch in analoger Weise wie Energie formalisiert werden.

3. Neben ihren (mobilisierenden, motivierenden, richtungsgebenden) energetischen Wirkungen kommen den Affekten in Bezug auf die Kognitionen auch wichtige organisatorisch-integratorische Funktionen zu. Spezifische Affekte wie Angst, Wut, Trauer, Freude oder Mischungen scheinen bei der Entstehung sowohl von normalen wie psychotischen dissipativen Strukturen (bzw. Attraktorbecken) vorwiegend als Kontrollparameter zu wirken. Bei der Schizophrenie ist der wichtigste Kontrollparameter offenbar die Angst.

4. Auch psychotische Funktionsmuster entsprechen typisch selbstorganisatorischen dissipativen Strukturen. Sie entstehen bei disponierten (d.h. genetisch oder auch psycho- bzw. soziogen vulnerablen) Individuen aufgrund der kritischen Veränderung bestimmter Kontrollparameter dann, wenn die anfallende Information (bzw. Affektenergie) mit den verfügbaren Fühl-, Denk- und Verhaltensmustern nicht mehr adäquat bewältigt werden kann.

5. Die schizophrene Vulnerabilität könnte in einer zu großen Labilität der affektiv-kognitiven Bindungen bestehen. Bei der Entstehung der Psychose kommt es auf dieser Grundlage zunächst zu einem Zusammenbruch der organisatorisch-integratorischen Funktionen der Affekte und anschließend zu einer affektiv-kognitiven Umorganisation auf neuer Grundlage. Auch die Schizophrenie kann deshalb als eine „affektive Psychose" sui generis verstanden werden.

Für die Stimmigkeit dieser Annahmen gibt es sowohl empirisch wie theoretisch bereits eine ganze Reihe von Anhaltpunkten. Mehrere falsifizierbare Arbeitshypothesen zur Affektlogik wurden an anderer Stelle formuliert (Ciompi, 1991). Als aussichtsreichste Methode auf dem Weg zur weitern Überprüfung der spezifisch chaostheoretischen Ansätze erscheint zur Zeit die Konstruktion von entsprechenden heuristischen Modellen in Kombination mit der Analyse von kurz- wie langfristigen empirischen Verlaufsbeobachtungen (Zeitreihen) der Psychosedynamik. Der nächste Schritt müßte die konsequente Weiterentwicklung der mathematischen Formalisierung und Modellierung der obigen Annahmen sein.

Hervorzuheben ist zum Schluß noch, daß die Hypothesen der Affektlogik praktisch mit sämtlichen heute gängigen Psychosetheorien wie auch mit allen nicht einseitig kognitiven Emotionstheorien (z.B. Zajonc, 1982; Izard, 1993) kompatibel scheinen. Insgesamt stellen sie einen Versuch dar, statt Fühlen und Denken (bzw. Emotion und Kognition, Affekt und Logik) künstlich voneinander zu isolieren, beide zu einem sinnvollen, den aktuellen klinischen, biologischen, psycho- und soziodynamischen Kenntnissen entsprechenden Integrationsmodell zu verbinden und dabei (über die Definition der Affekte als umfassende psychophysische Gestimmtheiten) auch entwicklungsgeschichtlichen und psychosomatischen Gesichtspunkten gebührend Rechnung zu tragen. Zugleich erlauben sie es, moderne Theorien zur nichtlinearen Dynamik komplexer Systeme in logisch konsistenter Weise in die Psychosenlehre einzuführen und auf dieser Basis potentiell eine Vielfalt von neuen theoretischen wie (hoffentlich) längerfristig auch praktisch-therapeutischen Ansätzen auf einem Gebiet zu erschließen, das von einer befriedigenden wissenschaftlichen Durchdringung nach wie vor weiter entfernt zu sein scheint als jedes andere Gebiet der Medizin und Psychologie.

Literatur

Ackermann, K., Streit, U., Ebell, H., Steitz, A., Zalaman, M. & Revenstorf, D. (1992). Using Multivariate Time Series Models in Systemic Analysis. In W. Tschacher, G. Schiepek & E. J. Brunner (Eds.), *Self-organization and Clinical Psychology* (pp. 213-228). Berlin: Springer.

Aebi, E., Revenstorf, D. & Ackermann, K. (1989). *A Concept of Optimal Social Stimulation in Acute Schizophrenia. Time Series Analysis of Psychotic Behavior*. The Third European Conference on Psychotherapy Research, Berne.

Aebi, E. & Ciompi, L. (1989). Everyday Events and the Temporal Course of Daily Fluctuations of Psychotic Symptoms. *Schizophrenia Research, 2*, 217.

Aebi, E., Ackermann, K. & Revenstorf, D. (1993). Ein Konzept der sozialen Unterstützung für akut Schizophrene. Zeitreihenanalysen täglicher Fluktuationen psychotischer Merkmale. *Zeitschrift für Klinische Psychologie, Psychopathologie & Psychotherapie, 41*, 18-30.

Ambühl, B., Dünki, R. M. & Ciompi, L. (1992). Dynamical Systems and the Development of Schizophrenic Symptoms. In W. Tschacher, G. Schiepek & E. J. Brunner (Eds.), *Self-organization and Clinical Psychology* (pp. 195-203). Berlin: Springer.

Babloyantz, A. (1986). *Molecules, Dynamics, and Life. Introduction to Self-organization of Matter*. New York: Wiley.

Babloyantz, A. & Destexhe, A. (1986). Low-dimensional Chaos in an Instance of Epilepsy. *Proc. Natl. Acad. Sci., 83*, 3513-3517.

Bleuler, E. (1911). Dementia praecox oder die Gruppe der Schizophrenien. In G. Aschaffenburg (Hrsg.), *Handbuch der Psychiatrie, specieller Teil, 4. Abt., 1. Hälfte*. Leipzig: Deuticke.

Bleuler, M. (1972). *Die schizophrenen Geistesstörungen im Lichte langjähriger Kranken- und Familiengeschichten*. Stuttgart: Thieme.

Bleuler, M. (1984). Das alte und das neue Bild des Schizophrenen. *Schweizer Archiv für Neurologie, Neurochirurgie und Psychiatrie, 135*, 143-149.

Bowers, M. B. (1974). *Retrait from Sanity. The Structure of Emerging Psychosis*. New York: Human Sciences Press.

Ciompi, L. (1981). Wie können wir die Schizophrenen besser behandeln? Eine Synthese neuer Krankheits- und Therapiekonzepte. *Nervenarzt, 52*, 506-515.

Ciompi, L. (1982). *Affektlogik. Über die Struktur der Psyche und ihre Entwicklung. Ein Beitrag zur Schizophrenieforschung*. Stuttgart: Klett-Cotta.

Ciompi, L. (1986). Zur Integration von Fühlen und Denken im Licht der „Affektlogik". Die Psyche als Teil eines autopoietischen Systems. In *Psychiatrie der Gegenwart, Bd 1* (S. 373-410). Berlin: Springer.

Ciompi, L. (1988). Learning from Outcome Studies. Toward a Comprehensive Biological-psychological Understanding of Schizophrenia. *Schizophrenia Research, 1*, 373-384.

Ciompi, L. (1989). The Dynamics of Complex Biological-psychosocial Systems. Four Fundamental Psycho-biological Mediators in the Long-term Evolution of Schizophrenia. *British Journal of Psychiatry, 155*, 15-21.

Ciompi, L. (1991). Affects as Central Organising and Integrating Factors. A New Psychosocial/Biological Model of The Psyche. *British Journal of Psychiatry, 159*, 97-105.

Ciompi, L. (1993). Die Hypothese der Affektlogik. *Spektrum der Wissenschaft, Nr. 2 (Febr.)*, 76-82.

Ciompi, L. & Müller, C. (1976). *Lebensweg und Alter der Schizophrenen. Eine katamnestische Langzeitstudie*. Heidelberg: Springer.

Ciompi, L., Dauwalder, H. P., Maier, C. & Aebi, E. (1991). Das Pilotprojekt „Soteria Bern" zur Behandlung akut Schizophrener. I. Konzeptuelle Grundlagen, praktische Realisierung, klinische Erfahrungen. *Nervenarzt, 62*, 428-435.

Ciompi, L., Ambühl, B. & Dünki, R. (1992). Schizophrenie und Chaostheorie. Methoden zur Untersuchung der nicht-linearen Dynamik komplexer psycho-sozio-biologischer Systeme. *System Familie, 5*, 133-147.

Ciompi, L., Kupper, Z., Aebi, E., Dauwalder, H. P., Hubschmid, T., Trütsch, K. & Rutishauser, C. (1993). Das Pilot-Projekt „Soteria Bern" zur Behandlung akut Schizophrener. II. Ergebnisse einer vergleichenden prospektiven Verlaufsstudie über 2 Jahre. *Nervenarzt, 64*, 440-450.

Conrad, K. (1958). *Die beginnende Schizophrenie*. Stuttgart: Thieme.

Derryberry, D. & Tucker, D. M. (1992). Neural Mechanisms of Emotion. *Journal of Consulting and Clinical Psychology, 60*, 329-338.

Dünki, R. M. & Ambühl, B. (1994). *Estimation of the Correlation Integral from Rated Data: An Experimentalists Viewpoint*. Manuskript, Universität Zürich.

Elkaim, M., Goldbeter, A., & Goldbeter E. (1987). Analysis of the Dynamics of a Family System in Terms of Bifurcations. *J. Social Biol. Struct., 10*, 21-36.

Emrich, H. & Hohenschutz, C. (1992). Psychiatry Disorders: Are They „Dynamical Disorders"? In W. Tschacher, G. Schiepek & E. J. Brunner (Eds.), *Self-organization and Clinical Psychology* (pp. 204-212). Berlin: Springer.

Faure-Pragier, S. & Pragier, G. (1990). *Un Siècle après l'Esquisse: Nouvelles Métaphores? Cinquantième Congrès des Psychanalystes de Langue Française des Pays Romans* (pré-publication). Madrid: Société Psychanalytique de Paris.

Freud, S. (1895/1975). Entwurf einer Psychologie. In S. Freud, *Aus den Anfängen der Psychoanalyse (1887-1902)*. Frankfurt am Main: Fischer.

Garfinkel, A., Spano, M. L., Ditto, W. L. & Weiss, J. N. (1992). Controlling Cardiac Chaos. *Science, 257*, 1230.

Grassberger, P. & Procaccia, J. (1983). Characterization of Strange Attractors. *Physical Review Letters, 50*, 346-349.

Haken, H. (1982). *Evolution of Order and Chaos*. Berlin: Springer.

Haken, H. (1990). *Synergetics. An Introduction*. Berlin: Springer.

Huber, G., Gross, G. & Schüttler, G. (1979). *Schizophrenie. Eine Verlaufs- und sozialpsychiatrische Studie*. Berlin: Springer.

Huberman, B. A. (1986). *A Model for Disfunctions in Smooth Persuite and Eye Movement* (Reprint). Palo Alto/CA: Xerox Palo Alto Research Center.

Izard, C. E. (1993). Four Systems for Emotion Activation: Cognitive and Non-cognitive Processes. *Psychological Review, 100*, 68-90.

King, R. & Barchas, J. D. (1983). An Application of Dynamic Systems Theory to Human Behavior. In E. Basar, H. Flohr, H. Haken & A. I. Handell (Eds.), *Synergetics of the Brain*. Berlin: Springer.

Koukkou, M. (1987). *Hirnmechanismen des normalen und schizophrenen Denkens. Eine Synthese von Theorie und Daten*. Berlin: Springer.

Koukkou, M., Lehmann, D., Wackermann, J., Dvorak, I. & Henggeler, B. (1993). Dimensional Complexity of EEG Brain Mechanisms in Untreated Schizophrenia. *Biological Psychiatry, 33*, 397-407.

Kriz, J. (1992). Simulating Clinical Processes by Population Dynamics. In W. Tschacher, G. Schiepek & E. J. Brunner (Eds.), *Self-organization and Clinical Psychology* (pp. 150-162). Berlin: Springer.

Kupper, Z., Hoffmann, H. & Dauwalder, J. P. (1992). Das PASS-Programm zur Modellierung dynamischer Zusammenhänge in der beruflichen Rehabilitation. *Fortschritte in Neurologie und Psychiatrie, 60 (Sonderheft 2)*, 138 (Abstract).

Leff, J. P., Kuipers, L., Berkowitz, R., Eberlein-Vries, R. & Sturgeon, D. (1982). A Controlled Trial of Social Intervention in the Families of Schizophrenic Patients. *British Journal of Psychiatry, 141*, 121-134.

Leventhal, H. (1984). A Perceptual Motor Theory of Emotion. In K. Scherer & P. Ekman (Eds.), *Approaches to Emotion* (pp. 271-291). Hillsdale, NJ: Erlbaum.

Levine, R. L. & Fitzgerald, H. E. (1992) (Eds.). *Analysis of Dynamical Psychological Systems Vol I, II*. New York: Plenum Press.

Lorenz, E. N. (1963). Deterministic Nonperiodic Flow. *Journal of Atmosphere Sciences, 20*, 130-141.

Machleidt, W. (1992). Typology of Functional Psychosis - A New Model on Basic Emotions. In F. P. Ferrero, A. E. Haynal, & N. Sartorius (Eds.), *Schizophrenia and Affective Psychoses. Nosology in Contemporary Psychiatry* (pp.97-104). John Libbey CIC.

Machleidt, W., Gutjahr, L. & Mügge, A. (1989). *Grundgefühle. Phänomenologie, Psychodynamik, EEG-Spektralanalytik*. Berlin: Springer.

Moran, M. G. (1991). Chaos Theory and Psychoanalysis. *International Review of Psychoanalysis, 18*, 211-221.

Nuechterlein, K. H. & Dawson, M. E. (1984). A Heuristic Vulnerability/Stress Model of Schizophrenic Episodes. *Schizophrenia Bulletin, 10*, 300-312.

Piaget, J. (1976a). *Die Äquilibration der kognitiven Strukturen*. Stuttgart: Klett-Cotta.

Piaget, J. (1976b). The Affective Unconscious and Cognitive Unconscious. In B. Inhelder & H. H. Chipman (Eds.), *Piaget and His School* (pp. 63-71). New York: Springer.

Piaget, J. (1981). Intelligence and Affectivity. Their Relationship during Child Development. In T. A. Brown & C. E. Kaegi (Eds.), *Annual Review Monograph* (pp. 1-77). Palo Alto: University of California Press.

Ploog, D. (1989). Human Neuroethology of Emotion. *Progress in Neuro-Psychopharmacology and Biologogical Psychiatry, 13*, 15-22.

Prigogine, I. & Stengers, I. (1980). *Dialog mit der Natur. Neue Wege wissenschaftlichen Denkens*. München: Piper.

Revenstorf, D. (1979). *Zeitreihenanalyse für klinische Daten*. Weinheim: Beltz.

Schaub, H. & Schiepek, G. (1992). Simulation of Psychological Processes: Basic Issues and an Illustration Within the Etiology of a Depressive Disorder. In W. Tschacher, G. Schiepek & E. J. Brunner (Eds.), *Self-organization and Clinical Psychology* (pp. 121-149). Berlin: Springer.

Scheier, C. & Tschacher, W. (1994). Nichtlineare Analyse dynamischer psychologischer Systeme I: Konzepte und Methoden. *System Familie, 7*, 133-144.

Schiepek, G., Schoppek, W. & Tretter, F. (1992). Synergetics in Psychiatry. Simulation of Evolutionary Patterns of Schizophrenia on the Basis of Nonlinear Difference Equations. In W. Tschacher, G. Schiepek & E. J. Brunner (Eds.), *Self-organization and Clinical Psychology* (pp. 163-194). Berlin: Springer.

Schiepek, G. & Tschacher. W. (1992). Applications of Synergetics to Clinical Psychology. In W. Tschacher, G. Schiepek & E. J. Brunner (Eds.), *Self-organization and Clinical Psychology* (pp. 3-31). Berlin: Springer.

Schmitz, B. (1989). *Zeitreihenanalyse in der Psychologie*. Bern: Huber.

Searles, H. F. (1959). The Effort to Drive the Other Person Crazy. *British Journal of Medical Psychology, 33*, 1ff.

Simon, F. B. (1989). Das deterministische Chaos schizophrenen Denkens. Ansätze zu einer Theorie der schizophrenen Denkstörung. *Familiendynamik, 14*, 237-258.

Spencer-Brown, G. (1979). *Laws of Form*. New York: Dutton.

Springer, A. (1988). The Affective Memory and its Implications for Psychodynamics. *Psychopathology, 21*, 116-121.

Shaw, R. S. (1981). Strange Attractors, Chaotic Behaviour, and Information Flow. *7. Naturforsch., 36a*, 80-112.

Sugihara, G. & May, R. (1990). Nonlinear Forecasting as a Way of Distinguishing Chaos from Measurement Error in Time Series. *Nature, 344*, 734-741.

Thomas, R. (1973). Boolean Formalization of Genetic Control Circuits. *Journal of Theoretical Biolology, 42,* 563-585.

Thomas, R. (1979). *Lecture Notes in Biomathematics.* Berlin: Springer.

Thomas, R. & D'Ari, R. (1991). *Biological Feedback.* Boca Raton, Florida: CRC Press.

Tschacher, W., Schiepek, G. & Brunner, E. J. (1992) (Eds.), *Self-Organization and Clinical Psychology.* Berlin: Springer.

Tschacher, W., Scheier, C. & Aebi, E. (1996). Nichtlinearität und Chaos in Psychoseverläufen - eine Klassifikation der Dynamik auf empirischer Basis. In: W. Böker & H. D. Brenner (Hrsg.), *Integrative Therapie der Schizophrenie* (S.48-65). Bern: Huber.

Weiner, B. (1985). An Attributional Theory of Achievement Motivation and Emotion. *Psychological Review, 92,* 548-573.

Wimmer, M. (1995). Evolutionary Roots of Emotion. *Evolution and Cognition, 1,* 38-50.

Zajonc, B. B. (1984). On the Primacy Affect. *American Psychologist, 39,* 117-124.

Zubin, J. & Spring, B. (1977). Vulnerability - a New View on Schizophrenia. *Journal of Abnormal Psychology, 86,* 103-126.

Soziale Interaktion,
Psychotherapie
und Management

Veränderungsprozesse in Paarbeziehungen. Eine empirische Studie aus der Sicht der Selbstorganisationstheorie

Ewald Johannes Brunner, Wolfgang Tschacher, Charlotte Quast und Andrea Ruff

Das neu erwachte Interesse an Entwicklungsprozessen in Paarbeziehungen wird zunächst aus einer allgemein beschreibenden (soziologischen) Perspektive betrachtet. Daran schließen sich Überlegungen zur Modellbildung von Paarentwicklungsprozessen aus (klinisch-) psychologischer Sicht an. Diese Überlegungen münden in eine Beschreibung von Paarentwicklungsprozessen aus der Sicht der Selbstorganisationstheorie. Berichtet wird schließlich über eine empirische Studie von Quast und Ruff (1994), die sich mit der Veränderung der Paarbeziehung in einer Paartherapie befaßt[1]. Die Aussagen über die Veränderungsprozesse in der Paarbeziehung beziehen sich auf Ratings der videographierten Paartherapie. Diese Daten werden einer Zeitreihenanalyse unterzogen. Die Datenanalyse geht der Frage nach, ob die im therapeutischen Prozeß beobachteten Veränderungsprozesse als Selbstorganisations-Prozesse interpretiert werden können. Im therapeutischen Prozeß waren qualitative Veränderungen, die das Paar bei sich selbst beobachtet hatte, als selbstorganisierte Phänomene interpretiert worden (Brunner & Lenz, 1993; Tschacher & Scheier, 1995).

1 Paarbeziehung im Wandel

Das erneut erwachte Interesse am Studium der Paarbeziehung konzentriert sich vor allem auf den Verlaufs-Charakter einer Paarbeziehung. Während die Paarbeziehungstheoretiker sich in der Vergangenheit vor allem für mögliche Konstellationen bei der Partnerwahl interessierten und sich dabei sehr stark auf die Herausarbeitung von Typologien spezialisierten (vgl. stellvertretend für andere: Willi, 1975; Reiter, 1983), ist in den neueren Ansätzen vor allem der Prozeßcharakter einer Paarentwicklung in den Mittelpunkt des Interesses gerückt. Wir möchten dazu eingangs einige Überlegungen von Rosmarie Welter-Enderlin (1992) erwähnen.

Die Autorin greift auf den Begriff des „ganz normalen Chaos der Liebe" (Beck & Beck-Gernsheim, 1990) zurück. Dieser Begriff kennzeichne treffend die Situation, in der

---

[1] Die AutorInnen danken Gisela Osterhold, Gerhard Lenz und Heiner Ellebracht von der „Gemeinschaftspraxis für systemische Therapie, Fortbildung und Forschung" in Heidelberg für die Bereitstellung der Videoaufzeichnungen.

sich Paarbildung und Paarentwicklung heute vollziehen würden. Die Partnerschaft in der Paarbeziehung der Moderne und der Post-Moderne stehe vor einer doppelten Belastungsprobe: Gefordert würden heute von den Partnern Flexibilität und Kreativität im Entwikkeln eines eigenen Lebensentwurfs, einer beruflichen Laufbahn sowie in der Herstellung laufender „offener Kommunikation" zwischen den Partnern. Die Diskrepanz zwischen den hohen Individualisierungszielen und unserer geringen Erfahrung damit, wie sie erreicht werden könnten, habe Konsequenzen für eine Paarbeziehung. Nichts dürfe für immer festgelegt sein, Wirklichkeit solle täglich neu erfunden und verhandelt werden. Im Widerspruch zu dieser Vorstellung von ewigem Wandel stehe seltsamerweise die Idee, daß der anfängliche Zustand romantischer Verliebtheit von Dauer sein müsse. Weil aber niemand so richtig wisse, wie das bewerkstelligt werden könne und wie der entsprechende Leistungsdruck durchzuhalten sei, stehe die Beziehung ständig zur Diskussion (Welter-Enderlin, 1992, S. 33 f.).

In den gegenwärtigen Analysen von Paarbeziehungen spielt also - wie das Beispiel deutlich macht - die *Zeitdimension* eine zentrale Rolle.

Die *Zeitdimension in der Paarbeziehung* ist explizit auch Thema der Familienentwicklungspsychologie (Petzold, 1991; 1992). So wird beispielsweise danach gefragt: „Wie verändern sich junge Familien nach der Geburt des ersten Kindes?" Dies ist einer der Einschnitte im Leben eines Paares, Teil des „ganz normalen Chaos" der Paarbeziehung. Aber auch der Prozeß der Ablösung von den eigenen Kindern, z.B. wenn diese erwachsen werden, kann zu neuen Turbulenzen führen. Die Paare sind wieder auf sich selbst gestellt, sie erleben den Konflikt zwischen Abhängigkeit voneinander einerseits und gleichzeitiger Suche nach Autonomie andererseits zum Teil sehr schmerzhaft, wobei die traditionellen Rollenmuster und der Strukturwandel geschlechtsbedingter Gestaltungsmöglichkeiten von Partnerschaft stark interferieren. Frauen entdecken in dieser Phase des „leeren Nestes" ihre Autonomiebedürfnisse und konfrontieren ihre Partner damit. Männer lernen dadurch, wenn sie wollen, mehr Bezogenheit zu entwickeln (Welter-Enderlin, 1992).

Der Balanceakt „zwischen fragloser Verbindlichkeit und täglich neu zu veranstaltender Beglückung" (Welter-Enderlin, 1992, S. 321) kann scheitern. Auch solche Brüche sind inzwischen „ganz normales Chaos"; die Scheidungsziffern von Ehepaaren liegen inzwischen bei 30%, in Berlin und München bei 50%. Auch dies wird zu einem Fall von Prozeßforschung. Die diesbezügliche Scheidungsforschung unterscheidet „Phasen" von Trennungsprozessen, die den (emotionalen und sozialen) Ablauf der Scheidung verstehen helfen sollen (Bohannan, 1970; Kaslow, 1990).

2 Einige Überlegungen zur Modellierung einer Theorie der Paarentwicklung

Die Paarentwicklung läuft - das lehrt uns die Familienentwicklungstheorie - in Phasen ab. *Paar*entwicklung war in der Vergangenheit implizit Thema der *Familien*entwicklung.

Paarentwicklung ist so gesehen ein Teil des „Family Life Cycle". Für das Paar werden entsprechend Entwicklungsaufgaben beschrieben.

Einen anderen Weg beschreitet die Forschung zu „Family Enrichment-" und „Marriage Enrichment-Programmen". Diese seit 1962 vor allem in kirchlichen Kreisen verbreiteten Kursprogramme haben zum Ziel, die eheliche bzw. die Paar-Kommunikation so zu stärken und zu verbessern, daß kritische Lebensereignisse bzw. Streßsituationen im Leben eines Paares besser, d.h. flexibler und konstruktiver bewältigt werden können. Es geht - global gesehen - um Ehezufriedenheit; erreicht werden soll sie über das „Training" von Kommunikationsfähigkeit (Chartier, 1986; zur gegenwärtigen Diskussion vgl. Riehl-Emde & Willi, 1993; Hahlweg et al. 1993).

Was die Theorie der Paarentwicklung betrifft, so wechseln wir mit dem Modell des ehelichen Kommunikationstrainings vom familienentwicklungspsychologischen Bereich in den klinisch-psychologischen Bereich. Das Leben eines Paares wird an der Elle gemessen, wie gut die beiden Partner miteinander auskommen, operationalisiert beispielsweise anhand des „verbal-positiven Kommunikationsverhaltens" (Selbstöffnung; Akzeptanz des Partners; konstruktive Lösungsvorschläge; Zustimmung) (Hahlweg et al., 1993, S. 96).

Paarentwicklung stellt sich auf diesem Hintergrund dar als Entwicklung kommunikativer Fähigkeiten. Die „Prägung" durch kritische Lebensereignisse tritt in diesem Paradigma in den Hintergrund. Paarbeziehung wird - auf dieser Folie der mehr oder weniger gut gelingenden Kommunikation in der Partnerschaft - als eine kontinuierliche Interaktionsgemeinschaft verstanden, bei der es vor allem auf die Herausbildung kommunikativer Kompetenz ankommt. Ein besonderes Gewicht liegt dabei auf der Analyse der Genese spezifischer *Kommunikationsmuster*, die sich im Laufe der Paarbeziehung herauskristallisieren (Brunner, 1986). Kennzeichen einer x-beliebigen Partnerschaft ist die Typik ihrer Kommunikationsmatrix, und die wissenschaftliche Arbeit konzentriert sich dann auf die Herausarbeitung von Modellen, die die Genese von dyadischen Kommunikationsmustern beschreiben und erklären.

Wir erwähnen im folgenden zwei - inzwischen klassisch gewordene - Zugänge zum Verständnis von Paarbeziehungen, die die Perspektive der wechselseitigen kommunikativen Bezogenheit in ihre Analysen einbeziehen. Zum einen das verhaltenstherapeutisch geprägte Modell und zum andern das systemisch-therapeutisch geprägte Modell.

Das verhaltenstherapeutisch orientierte Modell ist bekannt, wir brauchen es nur kurz zu skizzieren. Lazarus faßt die entsprechende „Technik" wie folgt zusammen: Es „haben zum Beispiel die Therapeuten mit Skinner'scher Orientierung ziemlich starre Verträge ausgearbeitet und verschiedene Belohnungssysteme entwickelt, bei denen die Ehepartner einander Spielmarken geben, um als Antwort auf spezifische Verhaltensweisen ihre Zufriedenheit oder Unzufriedenheit auszudrücken. Ist der eine Partner über das Verhalten des anderen besonders erfreut, kann er diesem als Zeichen seiner Anerkennung eine ... Spielmarke geben" (Lazarus, 1977, S. 841). Diese Form der gegenseitigen Abrechnung, bei der kontingent verabreichte „Streicheleinheiten" ausgetauscht werden, ist nicht jedermanns Sache, wie Lazarus einräumt; es befänden sich unter seinen Klientinnen und Klienten „viele gebildete und intelligente Menschen, die schon die Vorstellung eines solchen Markenhandels als abstoßend empfinden" (ebd.).

Worauf es in unserem Kontext ankommt: Eine verhaltensanalytische Behandlung einer dysfunktionalen ehelichen Kommunikation orientiert sich an einem wichtigen Prinzip, nämlich dem der wechselseitigen Kontingenz. Das Verhalten der Partner ist *mutuell simultan kontingent*: Die Verhaltensweisen der einzelnen sind wechselseitig (mutuell) aufeinander bezogen, dies geschieht gleichzeitig (simultan) und unter der Voraussetzung, daß es sich um eine Abhängigkeit (Kontingenz) handelt, die wechselseitig gegeben ist (Brunner, 1986).

Das systemische Modell präzisiert diesen Gedanken der mutuell simultan kontingenten Verhaltensweisen: Das Verhalten des Partners A und das Verhalten des Partners B laufen nicht nur synchron als parallel verschränkte Verhaltensstränge nebeneinander her, beider Verhalten bildet ein System, wie es beispielsweise in der komplementären Interpunktion von Ereignisfolgen zum Ausdruck kommt. Das Standardbeispiel hierzu bei Watzlawick et al. (1969) lautet: Der Ehemann zieht sich zurück - die Frau nörgelt - der Mann zieht sich zurück - die Frau nörgelt - etc.

Die systemische Notation bringt die wechselseitige Abhängigkeit der Partner voneinander als ein - Komplementarität widerspiegelndes - Kommunikations*muster* in den Blick. Und dies nicht nur auf der Verhaltensebene, sondern auch auf der der wechselseitigen Kognitionen (Wahrnehmungen, Einstellungen, Werthaltungen, etc.). Die Partner-„Realität" besteht ja aus einem komplexen Netzwerk aus Wahrnehmungs-, Erlebens- und Handlungsprozessen. Gefragt ist ein theoretisches Modell, das die „Ordnung in dem ganz normalen Chaos" strukturierend sichtbar und Entwicklungsverläufe empirisch zugänglich macht. Wir erblicken ein solches Modell in einer chaostheoretischen Analyse, die wir auf der Grundlage der Selbstorganisationstheorie (sensu Haken) durchführen.

3 Das „ganz normale Chaos der Paarbeziehung" aus der Perspektive der Selbstorganisationstheorie

Paare (auch Familien, Gruppen, Organisationen, etc.) werden in der Perspektive der Selbstorganisationstheorie als offene Systeme verstanden, die als solche die Eigenschaft der „Eigenkomplexität" (Willke, 1988) besitzen. Diese Eigenkomplexität hat einen Außen- und einen Binnenaspekt. Das Paarsystem ist in seinem Verhältnis zur Systemumwelt so charakterisiert, daß stets Flüsse von Materie/Energie und/oder Information mit der Umwelt vorhanden sind, die auf Binnenstrukturen des Systems treffen und dort zur Ordnungsbildung beitragen (Tschacher, 1990, S. 40 f.).

Unabhängig von ihrer Systemumgebung organisieren sich Paarsysteme jedoch insofern selbst, als die eigentliche Herausbildung der Ordnungsmuster ohne Zutun der Systemumwelt - eben in *Selbst*-Organisation - geschieht. Oder in den Worten von Willke: „Eigenkomplexität bezeichnet die Eigenschaft eines Systems, das Chaos unbegrenzter Umweltkomplexität nicht nur zu reduzieren, sondern in eine spezifische Ordnung zu transformieren, und zwar nach Regeln, welche zumindest auch von den Anschluß- und

Koordinationsbedingungen der jeweils im System bereits aufgebauten Eigenkomplexität abhängen" (Willke, 1988, S. 44).

Die Theorie der Selbstorganisation[2] befaßt sich vor allem mit der Frage der Entstehung und dem Wandel solcher Ordnungsmuster. Eine zentrale Rolle spielt hierbei der Begriff des „Ordnungsparameters". Wählen wir zur Veranschaulichung dieses Begriffs zunächst ein einfaches Beispiel aus der Physik, das des Laserlichts: Das laseraktive Material (z.B. ein bestimmter Rubin oder ein bestimmtes Gas) besteht aus sehr vielen Atomen. Werden die Atome energetisch angeregt, arbeitet der Laser zunächst wie eine gewöhnliche Lampe, d.h. jedes Atom emittiert Licht irgendeiner Wellenlänge. Zur vollständigen Beschreibung des Lasers im „Lampenzustand" wäre es also nötig, die Oszillationen der von jedem einzelnen Atom emittierten Lichtwellenzüge anzugeben. Anders die Situation, wenn bei höherer energetischer Anregung der Laser plötzlich beginnt, hochkohärentes Licht zu erzeugen: ein *Ordnungsparameter* (nämlich die Wellenlänge des kohärenten Laserlichts) beschreibt die Dynamik aller Atome, die nun koordiniert schwingen.

Gehen wir in den sozialwissenschaftlichen Bereich: Auch hier finden sich, Paar- und Familientherapeuten durchaus vertraut, Phänomene der Ordnungsbildung. Soziale Systeme sind - in analoger Weise wie die physikalischen, chemischen und biologischen Systeme - ebenso dazu in der Lage, Ordnungsmuster herauszubilden. Ein Kommunikationsmuster, das ein Ehepaar zu Beginn einer Paartherapie zeigt, ist solch ein durch wenige Ordnungsparameter beschreibbares Muster auf der Makroebene. Die „Atome" auf der Mikroebene kennen wir in diesem Fall nicht genau, vermuten aber, daß es sich um die unzähligen Kognitionen, Emotionen und Kommunikationselemente handelt, also das hochkomplexe Netzwerk aus Wahrnehmungs-, Erlebens- und Handlungsprozessen, von dem weiter oben schon die Rede war (Tschacher, 1990; Brunner & Tschacher, 1991; Tschacher et al., 1992). Diese Myriaden von Kognitions-, Emotions- und Verhaltenselementen machen das Insgesamt des Paarsystems aus, sich manifestierend auf der makroskopischen Ebene der Ordnungsmuster.

Wenn auch die Systeme selbst, quasi von innen heraus dazu in der Lage sind, Ordnungsmuster auszubilden, so sind sie - wie eben schon erwähnt - gleichwohl dabei nicht von den Bedingungen der Außenwelt unabhängig. Die selbstorganisierte Strukturbildung bzw. -veränderung hängt auch von der Veränderung der Systemumgebung ab. Die von außerhalb auf das System wirkenden Variablen werden in der Selbstorganisationstheorie *Kontrollparameter* genannt. Wichtig ist nun, daß eine kontinuierliche Veränderung der Kontrollparameter zu diskontinuierlichen Zustandsänderungen der makroskopischen Strukturen führen kann. „Man spricht dabei von Phasenübergängen, die als Instabilität zwischen zwei unterschiedlich relativ stabilen Systemdynamiken (die daher fast als 'Zustände' erscheinen) zu sehen sind." (Kriz, 1992, S. 145).

---

[2] Die Theorie der Selbstorganisation (auch Synergetik, Lehre vom Zusammenwirken, genannt) wurde von dem Physiker Hermann Haken (1984) entwickelt. Inzwischen hat sich die Theorie nicht nur in naturwissenschaftlichen Disziplinen, sondern auch in sozial- und geisteswissenschaftlichen Bereichen bewährt (vgl. dazu ausführlich Tschacher, 1990; Tschacher et al., 1992).

Muster im Sinne der Selbstorganisationstheorie sind nicht statische Gebilde. Systeme tendieren - so die Aussage der Selbstorganisationstheorie - dazu, einen Gleichgewichtszustand anzustreben. Dieser Gleichgewichtszustand kann aber durch Veränderungen innerhalb des Systems oder in der Systemumwelt wieder aus dem Gleichgewicht gebracht werden. Dieser *dynamische* Aspekt hat eine herausragende Bedeutung für das Verständnis von Paarentwicklungsprozessen.

Ein System, das einem Gleichgewicht zustrebt, erreicht eine gewisse Stabilität; wird es aus dem Gleichgewicht gebracht („verstört"), so wird es instabil. Während der Phase der Instabilität sind besonders auffällige Fluktuationen beobachtbar. In einer solchen Phase der Instabilität kann sich sprunghaft ein neuer Ordnungszustand einstellen. In der Theorie der nonlinearen Dynamik spricht man hier vom Erreichen eines *Bifurkationspunktes*, bei dem sich das System entweder in die eine oder in die andere Richtung weiterentwickelt.

Lernen neuer Muster kann, wie Tschacher (1990, S. 156) ausführt, „nicht gegen die Muster, die die Dynamik bereitstellt, erfolgen, sondern nur mit der Dynamik erfolgreich sein." Tschacher weist darauf hin, daß das Angebot, neue Muster aufzusuchen, bereits in der therapeutischen Situation selbst liege; der gegenwärtige Zustand beim Klient-Innen-System habe zu Problemen oder zur Unzufriedenheit geführt. Bei diesem Stand der Dinge ist es dann notwendig, „den Übergang in ein neues dynamisches Regime, einen neuen Attraktor anzuregen. Dieser Attraktor muß in der 'dynamischen Welt' des Systems liegen, wenn auch hinter dem Horizont des jetzigen." (Tschacher, 1990, S. 156 f.).

4 Eine Untersuchung des Prozesses der Paarentwicklung im Verlauf einer Paartherapie (Quast & Ruff, 1994)

Paartherapien haben zum Ziel, eingefahrene dysfunktionale Ordnungsmuster verändern zu helfen. Quast und Ruff (1994) haben einen Fall empirisch analysiert, der bei Brunner und Lenz (1993) in Art einer Kasuistik beschrieben worden ist: Ein jüngeres Ehepaar kommt mit einem stabilen dysfunktionalen Interaktionsmuster zur Therapie. Das Transaktionsmuster zeigt sich darin, daß die Ehefrau das Problem so definiert, daß ihr Mann Alkoholiker sei; der Mann seinerseits sieht das Problem darin, daß die Frau, die seit mehreren Jahren keinen Tropfen Alkohol zu sich nimmt, ein gestörtes Verhältnis zum Alkoholkonsum habe; außerdem nehme seine Frau in ihrem Bedürfnis, das Familienleben „zu dominieren und zu kontrollieren", seine Art des Alkoholkonsums zum Anlaß, ihm den Schwarzen Peter zuzuschieben.

Sowohl das Paar als auch das Therapeutenteam berichtet nun von einer sprunghaften Veränderung zwischen der vierten und fünften Sitzung. Es erfolgte - in der Sprache der Chaostheorie und Theorie dynamischer Systeme - ein Phasenübergang zwischen verschiedenen dynamischen Regimes. Wir lassen hier die interessante Frage beiseite, welche Rolle die von den TherapeutInnen gesetzten Kontrollparameter für diesen Phasenübergang spielten. Wir wenden uns der Untersuchung von Quast und Ruff (1994) zu, die versuchten, die (sprunghafte) Entwicklung, die sich offenbar in der Paarbeziehung vollzogen hat, empirisch nachzuweisen.

Methode: Die 7 Paartherapiesitzungen wurden von Quast und Ruff (1994) wie folgt ausgewertet. Die Videobänder der Paartherapiesitzungen wurden von den Autorinnen u.a. in Bezug auf folgende Variablen einem Rating unterzogen:
- Spannung des Mannes
- Aktivität des Mannes
- Stimmung des Mannes
- Spannung der Frau
- Aktivität der Frau
- Stimmung der Frau
- Empathie des Therapeuten
- Direktivität des Therapeuten.

Nach einem gemeinsamen Rater-Training schätzten Quast und Ruff diese Variablen jeweils auf einer 7-stufigen Ratingskala ein. Nach 3 Minuten wurde das Videoband jeweils gestoppt und die Ratings unabhängig voneinander durchgeführt. Die Interrater-übereinstimmung betrug 0.91 über alle Dimensionen hinweg. Als weitere Variable wurde die 'gerichtete' Sprecherhäufigkeit (wer spricht zu wem) der anwesenden Gesprächsteilnehmer pro Meßpunkt erhoben.

Insgesamt ergaben sich auf diese Weise 204 Meßpunkte. Die 204 Meßwerte - über alle Therapiesitzungen hinweg - aneinandergereiht ergeben eine fortlaufende (Quasi-) Zeitreihe. Da die Zeitspannen *zwischen* den Therapiesitzungen naturgemäß nicht in die Analyse einbezogen werden konnten, kann - im statistischen Sinne - nur dann von einer Zeitreihe ausgegangen werden, wenn sich statistisch nachweisen ließe, daß die Zufallsverteilung in den Zwischenzeiten nicht signifikant von der Zufallsverteilung der Therapiesitzungszeiten abweicht.

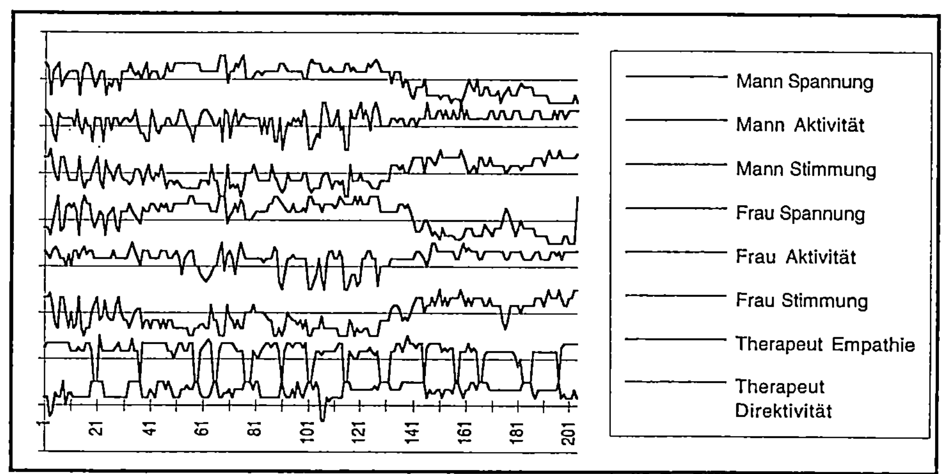

Abb. 1: Zeitreihen des Therapieverlaufs. Die Einzelzeitreihen sind versetzt dargestellt.

Ergebnisse: Die Ausprägung der Variablen ist in den Graphiken (Abb. 1) wiedergegeben. Die Abbildungen zeigen für die Variablen 1 bis 6 - eine bereits rein optisch sichtbare - sprunghafte Veränderung etwa bei Meßpunkt 536[3].

Dieser optische Eindruck wird durch die Berechnung der Mittelwertsunterschiede bestätigt. Diese Berechnungen beziehen sich (1) auf den Vergleich zwischen der Vorher- und der Nachhermessung („vorher" und „nachher" bezogen auf die Unterlassens/Nischen-Intervention), (2) auf den Vergleich der Mittelwerte von Sitzung zu Sitzung und (3) auf den Vergleich der Mittelwerte der 'gerichteten' Sprecherhäufigkeiten.

4.1 Ergebnisse und Interpretation des Mittelwertvergleiches „vorher/nachher", bezogen auf die Intervention

Es zeigen sich hochsignifikante Unterschiede in der Stimmung, bei beiden Klienten ist eine deutliche Verbesserung sichtbar. Möglicherweise wird durch die Unterlassens-Nischen-Intervention das alte Beziehungsmuster aufgebrochen. In der Eskalation der Krise setzt die Intervention eine Zäsur, indem dem Paar das alte Streitthema, „Mr. Drug", genommen wird, die Partner nach neuen Themen suchen und erfolgreich erproben. Dies scheint sich auch in der Spannung niederzuschlagen, die bei beiden sehr signifikant abnimmt. Die Aktivität wird beim Mann hochsignifikant größer, dies könnte Ausdruck seiner zunehmenden Übernahme von Aufgaben und Verantwortung innerhalb der Familie sein. Bei der Frau ist kein signifikanter Unterschied bezüglich der Aktivität zu beobachten. Dieses Ergebnis ist insofern unerwartet, als die Unterlassens-Nischen-Intervention eine Abnahme ihrer Aktivität nahelegt. Vermutlich wurde in der Therapie eine andere Form der Aktivität als die interventionsspezifische (Nichtbeachtung des Alkoholkonsums) geratet.

	t-Wert	df	p-Wert[1]	Sign.
Spannung (Mann)	9.91	164.54+	.000	s.**
Aktivität (Mann)	-5.78	194.52+	.000	s.**
Stimmung (Mann)	-7.29	202	.000	s.**
Spannung (Frau)	6.93	162.95+	.000	s.**
Aktivität (Frau)	-1.38	202	.169	n.s.
Stimmung (Frau)	-5.96	183.31+	.000	s.**
Empathie[2]	1.77	202	.077	n.s.
Direktivität[2]	-2.32	202	.021	s.*

([1] : Zweiseitige Fragestellung; [2] : Therapeutenvariable; + : separate Varianzschätzung;
**: p < .05, **: p < .005)*

Tabelle 1: Ergebnisse des Mittelwertvergleichs vorher/nachher.

---

[3] Die Meßpunkte wurden 3-stellig angegeben: Die 1. Position betrifft die Nr. der Sitzung; die beiden letzten Positionen stehen für die Nr. des Ratings innerhalb dieser Sitzung. Das bedeutet im genannten Fall (Meßpunkt 536): Es sind die 5. Sitzung und das 36. Rating gemeint. Bei durchgehender Zählung entspricht dies Punkt 140 (s. Abb. 1).

Wie erwartet läßt sich bei der Therapeutenvariable 'Empathie' trotz Therapeutenwechsel kein signifikanter Unterschied feststellen, was für die Zufälligkeit des personellen Wechsels und die gemeinsame Therapieausrichtung spricht. Hingegen nimmt die Direktivität der Therapeuten signifikant zu. Dies läßt sich durch lange Therapeutenbesprechungen erklären, die als hoch direktiv eingeschätzt wurden und auf vermehrten Druck oder 'Verwirrung' des Klientensystems nach der Unterlassens-Nischen-Intervention (Erklärung siehe unten) beruhen mögen (vgl. Brunner & Lenz, 1993). Die Zunahme der Direktivität könnte auch im Sinne der Anheizung der Fluktuationen im Klientensystem interpretiert werden.

4.2 Ergebnisse und Interpretation des Mittelwertvergleichs zwischen den Sitzungen

Die Ergebnisse der Mittelwertsvergleiche zwischen den Sitzungen sind in Tabelle 2 wiedergegeben. Zwischen den Sitzungen 1 und 2, in denen die Familie vollständig (zu viert) in die Therapie kommt, gibt es bezüglich der gerateten Variablen wie erwartet keinen signifikanten Unterschied. Es geht inhaltlich vielmehr um die Vorstellung des thera-peutischen Settings, der Familie und deren Gefüge, die mit Hilfe einer Skulptur dargestellt wurde.

	1./2.	2./3.	3./4.	4./5.	5./6.	6./7.
Spannung (Mann)	n.s.	s.**	n.s.	s.*	s.**	n.s.
Aktivität (Mann)	n.s.	n.s.	s.*	s.**	s.*	n.s.
Stimmung (Mann)	n.s.	s.**	n.s.	s.*	s.**	n.s.
Spannung (Frau)	n.s.	s.*	n.s.	n.s.	s.**	n.s.
Aktivität (Frau)	n.s.	s.*	n.s.	n.s.	s.**	n.s.
Stimmung (Frau)	n.s.	s.*	n.s.	n.s.	s.**	n.s.
Empathie[+]	n.s.	s.*	n.s.	n.s.	n.s.	n.s.
Direktivität[+]	n.s.	n.s.	n.s.	n.s.	n.s.	n.s.

[+]*: Therapeutenvariable; *: $p < .05$, **: $p < .005$*

Tabelle 2: *Ergebnisse des Mittelwertvergleichs von Sitzung zu Sitzung*

Ab der 3. Sitzung erscheint das Paar ohne Kinder. Es ist eine Zuspitzung der Krise zu beobachten. Im Vergleich zur 2. Sitzung nimmt die Stimmung von beiden Ehepartnern signifikant ab, die Spannung jeweils zu. Die Aktivität der Frau läßt signifikant nach, was sich inhaltlich damit erklären lassen könnte, daß sie sich in den ersten beiden Sitzungen auffallend aktiv um die Kinder kümmerte, diese nun nicht mehr anwesend sind, zum anderen von großer Erschöpfung bedingt durch einen Umzug berichtet. Die Aktivität des Mannes ändert sich nicht.

Der Vergleich zwischen 3. und 4. Sitzung spricht für die anhaltende Krise des Paares. Es zeigen sich bis auf eine signifikante Abnahme der Aktivität des Mannes keine Unterschiede. Die Stimmung beider ist weiterhin schlecht, die Spannung hoch. Inhaltlich könnte seine abnehmende Aktivität damit zusammenhängen, daß sie vermehrt Vorwürfe gegen ihn in der Therapie äußert, er sich zunehmend zurückzieht, was symptomatisch für ihr Ordnungsmuster bzw. ihre Feedbackschleife zu sein scheint: Die Frau macht ihrem Mann Vorhaltungen, daß er zu wenig Aktivität und Verantwortung für die Familie zeigt. Er fühlt sich abgewiesen, zieht sich zurück und trinkt, was seinerseits zu noch geringerer Erfüllung von familiären Pflichten, Streit, erneuter Abweisung und Übernahme von familiären Aufgaben ihrerseits führt.

Die Hausaufgabe am Ende der 3. Sitzung, an geraden Tagen nach dem Motto zu handeln 'ich bin auf der Welt, um dich glücklich zu machen' und an ungeraden auf die eigenen Bedürfnisse zu achten, wird nur 14 Tage befolgt, das Paar hält am alten Muster fest.

Zwischen der 4. und 5. Sitzung lassen sich bei der Frau bezüglich aller Variablen keine Veränderungen feststellen, hingegen steigen beim Mann Stimmung und Aktivität, die Spannung verringert sich. Am Ende der 4. Sitzung wird die als wesentlich angenommene Intervention in Form einer Hausaufgabe gestellt: Er soll sich eine Nische zum Trinken suchen, ohne daß die Familie tangiert wird, sie soll es unterlassen, auf das Thema Alkohol im weitesten Sinne zu reagieren, sprich 'Leben ohne Thema Mr. Drug'.

Trotz Intervention ist bei der Frau keine Veränderung zu beobachten, vielmehr schürt sie die Eskalation der Krise, indem sie sich nach erneuter Trunkenheit ihres Mannes nicht an die Hausaufgabe hält, sondern mittels Rechtsanwältin den Auszug ihres Mannes fordert. Der Mann schildert in der 5. Sitzung inhaltlich eine Phase der Verwirrung (Fluktuation), zeigt sich nach einem erneuten 'Absturz' der Familie gegenüber verantwortungsvoller, aktiver, organisationsfreudiger. Die Therapeuten kommentieren in ihrer Besprechung in der 5. Sitzung die Veränderungen als 'eine Zeit des Chaos, in der der Klient aktiver wird, so seiner Frau ins Gehege kommt; diese wiederum ist mißtrauisch, glaubt nicht an den neuen Mann, fühlt sich unter Druck, entzieht sich, droht mit der Anwältin'.

Der Vergleich zwischen 5. und 6. Sitzung legt die Interpretation einer Zustandsänderung (eines Phasenübergangs) nahe, da sich alle Variablen bei Frau und Mann ändern, Stimmung und Aktivität steigen, die Spannung abnimmt. In der 5. Sitzung findet die Suche nach Wegen der Neuorganisation der Partner statt, die eine Bestandsaufnahme der Beziehung mit offenem Ausgang, auch einer möglicher Trennung beinhaltet. Neue Themen ohne „Mr. Drug" werden gesucht und in der Zwischenzeit erprobt. Die Hausaufgabe der 4. Sitzung wird kontinuierlich befolgt. Das dominante Verhalten der Frau läßt, wie in der 6. Sitzung berichtet, nach, sie zeigt Schwächen und gibt zunehmend Verantwortung ab. Die Nähe-Distanz-Übung am Ende der 5. Sitzung scheint ihre Schuldzuweisung dem Mann gegenüber zu durchbrechen. Die 6. Sitzung hat nicht mehr die ursprüngliche Krise zum Inhalt, sondern vielmehr ein 'normales' Paarproblem (Sexualität).

Ab der 6. Sitzung scheint sich eine Stabilisierung beim Paar einzustellen. Es gibt im Vergleich der 6. mit der 7. Sitzung keine signifikanten Veränderungen, Stimmung und Aktivität bleiben erhöht, die Spannung gesenkt. Die Erprobung neuer Themen und Verhaltensweisen fand wie berichtet unter entspannter Atmosphäre (Urlaub), aber in einer insgesamt schwierigen Situation (Krankenhausaufenthalt) statt.

4.3 Ergebnisse und Interpretation des Mittelwertvergleichs der 'gerichteten' Sprecherhäufigkeiten

Hier sei vor allem auf die Sprecherhäufigkeiten vom Mann zur Frau und umgekehrt im Vergleich von Sitzung zu Sitzung verwiesen. Auch diese Mittelwertvergleiche zeigen, daß zwischen der 5. und der 6. Sitzung eine wesentliche Änderung stattfindet. Im einzelnen: In der 4. Sitzung nimmt im Vergleich zur 3. die Sprecherhäufigkeit des Mannes gegenüber der Frau (t =2.09, p =.04) und gegenüber dem Therapeuten (t =2.47, p =.02) ab, auch die des Therapeuten gegenüber dem Mann (t =3.39, p <.00). Dies könnte im sich verstärkenden Konflikt und in der Feedbackschleife (s.u.) begründet sein. Die Frau macht dem Mann vermehrt Vorwürfe, er zieht sich aus der Therapie verbal zurück.

Im Vergleich der Mittelwerte der 4. und der 5. Sitzung sind keine signifikanten Unterschiede vorhanden. Die „Zeit des Chaos" und seiner Verwirrung im Sinne von Fluktuationen kann nicht an den Sprecherhäufigkeiten festgemacht werden.

Der Vergleich der 5. mit der 6. Sitzung zeigt, daß die beidseitigen Sprecherhäufigkeiten zwischen Mann und Frau signifikant größer werden ($t_{(Mann)}$ =-2.58, p =.02; $t_{(Frau)}$ =-2.35, p =.03). Das Paar redet in der 6. Sitzung vermehrt miteinander, es wendet sich einander zu. Dieses Ergebnis stützt die Annahme einer Zustandsänderung des Paarsubsystems. Die Sprecherhäufigkeit der Frau gegenüber dem Therapeuten wird ebenfalls überzufällig größer (t =-2.90, p <.00). Sie wendet sich mit einem 'gewöhnlichen' Paarproblem an den Therapeuten.

Im Vergleich der 6. mit der 7. Sitzung ist auffällig, daß der Mann vermehrt mit den Therapeuten redet (t =- 2.56, p =.01) und umgekehrt (t =-2.53, p =.02). Er erzählt von der Erprobung des neuen Umgangs unter erschwerten Bedingungen, die Therapeuten gehen darauf ein.

Zusammenfassend läßt sich sagen: Die (in den Graphiken von Abb. 1) beobachtete sprunghafte Veränderung beim Ehepaar läßt sich mit Hilfe der Mittelwertsvergleiche statistisch absichern. Der Phasenübergang von einem Systemzustand in den anderen deutet sich bereits an den Ergebnissen der Vergleiche zwischen 4. und 5. Sitzung an: Beim Mann steigt die Stimmung, nimmt die Aktivität zu und läßt die Spannung nach. Der Vergleich der Werte zwischen 5. und 6. Sitzung zeigt, daß nun auch bei der Frau, also bei beiden Partnern, Veränderungen sichtbar sind: die Stimmung beider Partner steigt, die Spannung fällt, der Mann zeigt mehr Aktivität, die Frau weniger Aktivität. In der Folge stabilisiert sich dieser Systemzustand. Auch in der Analyse der Sprecherhäufigkeiten zeigt sich im Vergleich der 5. mit der 6. Sitzung eine signifikante Zunahme: der Mann redet mehr mit der Frau und umgekehrt.

5 Multivariate Zeitreihenanalyse

Was die Dynamik in dieser Paarbeziehung anbetrifft, so läßt sie sich besonders schön anhand einer multivariaten Zeitreihenanalyse demonstrieren (hierzu ausführlicher: Tschacher & Scheier, 1995). Diese multivariaten ARIMA-Modelle gestatten - wie Schmitz

(1989) hervorhebt - „eine *dynamische* Analyse des Beziehungsgeflechts zwischen Variablen. Während bei der Bestimmung des Zusammenhangs zweier Variablen durch einfache Korrelationen keine Möglichkeit besteht, die *Richtung der Beeinflussung* festzustellen, können bei der dynamischen Analyse zweier oder mehrerer Variablen aufgrund der zeitlichen Ordnung Hypothesen über die Wirkungsrichtung getestet werden" (Schmitz, 1989, S. 164). Bei der Interpretation muß jedoch berücksichtigt werden, daß eine zeitliche Versetzung der Variablen „eine notwendige, keinesfalls aber hinreichende Bedingung für eine Kausalaussage darstellt. Kausalaussagen müssen damit solange im Sinne einer zeitlichen Sequenz interpretiert werden, bis eine wiederholte experimentelle Überprüfung auf Ursache-Wirkungs-Relationen erfolgt ist" (Bullinger & Keeser, 1985, S. 81).

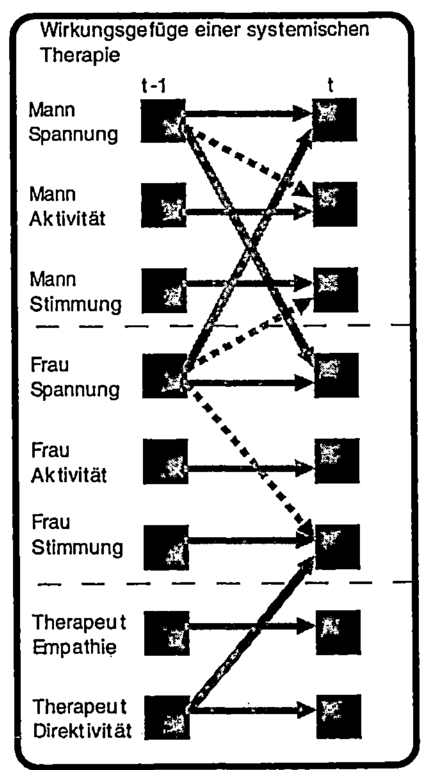

Abb.2: Schematische Darstellung des Zeitreihenmodells des gesamten Therapieverlaufs. Signifikante Einflüsse zwischen den Variablen sind als Pfeile dargestellt; negative Zusammenhänge ergeben strichlierte Pfeile.

Wir verwendeten hier die im Statistikpaket SAS implemetierte Zustandsraum-Methode zur Modellierung. Das sich ergebende Zustandsraummodell erster Ordnung (entsprechend einem multivariaten AR1) wurde durch Nullsetzung nichtsignifikanter Parameter (Befehl RESTRICT) in einem weiteren Modellierungsdurchgang noch prägnanter gemacht. In Abbildung 2 ist dieses Modell mit den im zweiten Durchgang signifikanten zeitverschobenen „Kausal"-Zusammenhängen dargestellt. So zeigt beispielsweise die beobachtete *Spannung* der Frau zum Zeitpunkt t–1 einen signifikanten Einfluß auf die beobachtete *Spannung* beim Mann zum Zeitpunkt t (r =30; als r ist jeweils der sich zwischen −1 und +1 bewegende Regressionsparameter bezeichnet). Umgekehrt beeinflußt die Spannung beim Mann zum Zeitpunkt t–1 signifikant die Spannung bei der Frau zum Zeitpunkt t (r =15). Die Feststellung der gegenseitigen Einflußnahme im Bezug auf die Variable „Spannung" erlaubt eine dynamische Analyse der Beziehungsstruktur („Feedback" im Sinne der multivariaten Zeitreihenanalyse): Erhöht sich die Spannung bei der Frau, so steigt sie auch bei beim Mann und umgekehrt. Die Feedbackschleife kann man als „symmetrische Kommunikation" im Sinne Batesons interpretieren; durch die positiven Rückkopplungen ergibt sich u. U. die fatale Steigerung von der symmetrischen Kommunikation zur symmetrischen Eskalation.

Unsere Daten ergeben noch eine zweite Feedbackschleife: Sinkt die beobachtbare Spannung beim Mann, so erhöht sich dessen Aktivität ($r = -.16$); steigt die Aktivität, so nimmt tendenziell die Spannung ab ($r = -.05$; dieser Wert ist nach Anwendung von RESTRICT nicht länger signifikant). Diese „Eigendynamik" beim Mann ist natürlich wiederum relevant für die Paardynamik.

Mit Hilfe der multivariaten Zeitreihenanalyse konnten somit Transaktionsmuster der Paardynamik auf der makroskopischen Ebene (im Sinne der Synergetik) erfaßt werden. Bei der hier betrachteten Paartherapie scheint also das Problem dadurch gegeben zu sein, daß die Spannung im Paar symmetrisch eskaliert, und dadurch die Stimmung beider Partner sinkt. Die Therapie funktioniert durch Direktivität, welche die Stimmung der Frau hebt (r =.35) und die Spannung des Mannes dämpft ($r = -.07$; trend). Man kann das so interpretieren, daß die direktiven therapeutischen Interventionen das Paarsystem, das durch wechselseitige Eskalation die Spannung ins Unerträglich zu steigern droht, im Gleichgewicht halten. Zu einer entscheidenden Frage wird daher, wie diese therapeutische Funktion dem Paar übertragen werden kann, um der drohenden Trennung nach Therapieende vorzubeugen. Diese Frage stellt sich auch (Tschacher & Scheier, 1995) bei genauerer Analyse der hier vorliegenden Problem- und Lösungssysteme mittels detaillierterer Zeitreihenmodellierungen.

Literatur

Beck, U. & Beck-Gernsheim, E. (1990). *Das ganz normale Chaos der Liebe.* Frankfurt am Main: Suhrkamp.
Bohannan, P. (1970). *Divorce and after.* Garden City NY: Dubbleday.
Brunner, E. J. (1986). *Grundfragen der Familientherapie. Systemische Theorie und Methodologie.* Berlin: Springer.
Brunner, E. J. & Lenz, G. (1993). Was veranlaßt ein Klientensystem zu sprunghaften Veränderungen? Ein Erklärungsversuch aus der Perspektive der Selbstorganisationstheorie. *System Familie, 6,* 1-9.

Brunner, E. J. & Tschacher, W. (1991). Distanzregulierung und Gruppenstruktur beim Prozeß der Gruppenentwicklung. Theoretische Grundlagen und methodische Überlegungen. *Zeitschrift für Sozialpsychologie, 22,* 87-101.

Bullinger, M. & Keeser, W. (1985). Befindlichkeitsverläufe unter Luftschadstoffeinfluß in unterschiedlich umweltbelasteten Gebieten. Ein zeitreihenanalytischer Ansatz. In H. Appelt & B. Strauß (Hrsg.), *Ergebnisse einzelfallstatistischer Untersuchungen* (S. 62-83). Berlin: Springer.

Chartier, M. R. (1986). Marriage Enrichment. In R. F. Levant (Ed.), *Psycho-educational Approaches to Family Therapy and Counseling* (pp. 233-265). New York: Springer.

Hahlweg, K., Thurmaier, F., Engl, J., Eckert, V. & Markman, H. (1993). Prävention in Paarbeziehungen. *System Familie, 6,* 89-100.

Haken, H. (1984). *Erfolgsgeheimnisse der Natur.* Frankfurt am Main: Ullstein.

Kaslow, F. W. (1990). Der Scheidungsprozeß. Entwicklungsstufen, Dynamik, Behandlung und differentielle Auswirkungen. In M. Textor (Hrsg.), *Hilfen für Familien. Ein Handbuch für psychosoziale Berufe* (S. 312-343). Frankfurt am Main: Fischer.vb

Kriz, J. (1992). *Chaos und Struktur. Grundkonzepte der Systemtheorie.* Bd. 1. München: Quintessenz.

Lazarus, A. A. (1977). Verhaltenstherapie und multimodale Therapie unter besonderer Bezugnahme auf die Ehetherapie. In H. Zeier (Hrsg.), *Pawlow und die Folgen* (Bd. IV, Psychologie des 20. Jahrhunderts, S. 828-852). Zürich: Kindler.

Petzold, M. (1991). *Paare werden Eltern. Eine familienentwicklungspsychologische Längsschnittstudie.* München: Quintessenz.

Petzold, M. (1992). *Familienentwicklungspsychologie. Einführung und Überblick.* München: Quintessenz.

Quast, C. & Ruff, A. (1994). *Therapieverläufe aus der Sicht der Selbstorganisation (Synergetik).* Unveröffentl. Diplomarbeit, Tübingen.

Reiter, L. (1983). *Gestörte Paarbeziehungen. Theoretische und empirische Untersuchungen zur Ehepaardiagnostik.* Göttingen: Vandenhoeck & Ruprecht.

Riehl-Emde, A. & Willi, J. (1993). Ambivalenz von Paartherapeuten gegenüber der Prävention von Paarkonflikten. *System Familie, 6,* 79-88.

Schmitz, B. (1989). *Einführung in die Zeitreihenanalyse.* Bern: Huber.

Tschacher, W. (1990). *Interaktion in selbstorganisierten Systemen. Grundlegung eines dynamisch-synergetischen Forschungsprogramms in der Psychologie.* Heidelberg: Asanger.

Tschacher, W., Schiepek, G. & Brunner, E. J. (Eds.) (1992). *Self-organization and Clinical Psychology. Empirical Approaches to Synergetics in Psychology.* Berlin: Springer.

Tschacher, W. & Scheier, C. (1995). Analyse komplexer psychologischer Systeme. II. Verlaufsmodelle und Komplexität einer Paartherapie. *System Familie, 8,* 160-171.

Watzlawick, P., Beavin, J. & Jackson, D. D. (1969). *Menschliche Kommunikation.* Bern: Huber.

Welter-Enderlin, R. (1992). *Paare - Leidenschaft und lange Weile. Frauen und Männer in Zeiten des Übergangs.* München: Piper.

Willi, J. (1975). *Die Zweierbeziehung.* Reinbek bei Hamburg: Rowohlt.

Willke, H. (1988). Systemtheoretische Grundlagen des therapeutischen Eingriffs in autonome Systeme. In L. Reiter, E. J. Brunner & S. Reiter-Theil (Hrsg.), *Von der Familientherapie zur systemischen Perspektive* (S. 41-50). Berlin: Springer.

„Denkwerkzeuge"
für das Nachzeichnen langfristiger Prozesse
der Veränderung in Psychoanalysen

Henri Schneider, Markus Fäh-Barwinski
und Rosemarie Barwinski Fäh

Im Rahmen der Zielsetzung, langfristige Veränderungsprozesse in Psychoanalysen verständlich zu machen, werden auf der Grundlage von „Denkwerkzeugen" aus dem Bereich der Theorien selbstorganisierender Prozesse vorläufige theoretische Modelle formuliert[1]. Diese Modelle werden als *Prozeßmuster* bezeichnet und stellen Suchheuristiken für entsprechende Aspekte des Veränderungsprozesses dar, die es im Material zu identifizieren gilt. Ein Prozeßmuster wird als Frame aufbereitet; die Slots bezeichnen die einzelnen Aspekte des Modells, denen die Beschreibungen des untersuchten Ausschnittes aus einer Psychotherapie jeweils zugeordnet werden. Dieser Beitrag erläutert und kommentiert die Entwicklung eines solchen Prozeßmusters. Anhand des Bénard-Phänomens werden grundlegende Konzepte wie Symmetriebrechung und Sensibilität für Randbedingungen veranschaulicht, die in der Folge als Denkwerkzeuge benützt werden, um einen zweimonatigen Ausschnitt aus einer Psychoanalyse zu konzeptualisieren, der als Bericht der behandelnden Analytikerin vorliegt.

1 Einleitung

Wie können langfristige Prozesse der Veränderung in Psychotherapien untersucht und verständlich gemacht werden? Um zu Modellvorstellungen zu gelangen, die der Untersuchung solcher Prozesse zugrundegelegt werden können, haben wir uns Theorien selbstorganisierender Prozesse (Haken, 1977; Prigogine & Stengers, 1979; 1988; Gleick, 1987; Waldrop, 1992) zugewandt. Unsere Überlegung ist, daß diese Theorien - obwohl sie hauptsächlich im Bereich der Physik und der Chemie entwickelt wurden - vielleicht so allgemeine „Prozeßmuster" beschreiben, daß diese auch auf den psychotherapeutischen Prozeß angewendet werden können und uns die Augen öffnen würden für wichtige Aspekte von Prozessen der Veränderung (Schneider, 1983; 1989a; Ciompi, 1982; 1993; Hoffman, 1992; Mahoney, 1991; Schiepek et al., 1992; Spence, 1987; Spruiell, 1993; Stiles, 1993; Tschacher, 1990; Tschacher et al., 1992; Wurmser, 1989).

---

[1] Wir danken Isabelle Stengers für ihre hilfreichen Kommentare zu einer früheren Version dieses Textes.

Indem wir in Theorien selbstorganisierender Prozesse Anregungen für die Konzeptualisierung von Veränderung suchen, gehen wir ein Problem an, das auch in der Psychotherapieforschung immer intensiver diskutiert wird: Wie kann ein „deeper understanding of the process of psychological change" (Stiles et al., 1993) erreicht werden? Auf diese Diskussion bezogen, besteht unser Lösungsvorschlag darin, den Fokus des „Significant Event Paradigm" (Rice & Greenberg, 1984; vgl. Greenberg, 1991) im Hinblick auf die Untersuchung bedeutsamer *Prozesse* zu erweitern. In Bezug auf die Psychoanalyse verstehen wir unseren Forschungsansatz als Beitrag zur Entwicklung einer „clinical process theory", die Peterfreund (1990) von „clinical content theories" unterscheidet.

Obwohl wir gerade theoretische Modelle aus dem Bereich der Theorien selbstorganisierender Prozesse für geeignet halten, um Prozesse der Veränderung in Psychotherapien schulenunabhängig zu beschreiben (s. Schneider & Wüthrich, 1992; vgl. z.B. Brunner & Lenz, 1993), beschränken wir uns in diesem Beitrag auf die Psychoanalyse. Ein Grund dafür ist, daß wir mit der Psychoanalyse am engsten vertraut sind, aber darüber hinaus scheint es uns in der gegenwärtigen Situation der Psychotherapieforschung wichtig, für die einzelnen Therapieformen spezifische Vorgehensweisen explizit zu machen und in die Diskussion einzubringen (vgl. Mahoney, 1993).

Um unseren Forschungsansatz verständlich machen zu können, ist es notwendig, zu erläutern, wie wir Modelle aus dem Bereich der Theorien selbstorganisierender Prozesse auf die Untersuchung langfristiger Prozesse der Veränderung in Psychoanalysen zu übertragen versuchen. Zwei Punkte sind uns dabei wichtig. Als erstes möchten wir betonen, daß wir uns nicht deshalb an Theorien selbstorganisierender Prozesse orientieren, weil die Physik für uns das Modell dafür darstellen würde, was Wissenschaft ist. Wie Prigogine und Stengers (1988, S. 64 f.) ausführen, war diese Konzeption einer „Modellwissenschaft" an die Entdeckung invarianter Gesetze in der klassischen Physik gebunden; jede Wissenschaft wurde danach beurteilt, wie nahe sie diesem Ideal kam. Durch die Entwicklung der Physik wird dieser Begriff der Modellwissenschaft jedoch in Frage gestellt: indem neue Konzepte wie Instabilität, Bifurkation, Korrelationen großer Reichweite oder Sensibilität wichtig werden, „entdeckt der Physiker in seinem eigenen Bereich eine mannigfaltige Realität, der er nicht Bedeutung verleihen kann, ohne gleichzeitig die unreduzierbare Vielfalt der Probleme anzuerkennen, die sich den anderen Wissenschaften stellen" (Prigogine & Stengers, 1988, S. 65; Übers. SF&B). Ein ähnlicher Gedanke wird von Haken (1992, S. 32) wie folgt ausgedrückt: „Though synergetics originated from physics, it is by no means a physical theory that tries to reduce complex systems or phenomena in the animate or inanimate world to the laws of physics. Rather the physical systems, which were studied first, allowed us to unearth a number of general principles that are common to a great variety of complex systems."

Daß es möglich wurde, *innerhalb* der Wissenschaft (s. dazu Prigogine & Stengers, 1979, S. 17) über Prozesse der Veränderung und des Entstehens von Neuem nachzudenken, die aus dem Weltbild der klassischen Wissenschaft ausgeschlossen bleiben mußten, trug unserer Erfahrung nach wesentlich zur Faszination bei, die Theorien selbstorganisierender Prozesse (und Chaostheorie) zu Beginn der achtziger Jahre auszuüben begannen. In dieser Begeisterung für die neuen Möglichkeiten des Verstehens scheint jedoch der Tatsache zuwenig Rechnung getragen worden zu sein, daß sich die Physik immer in sehr enger Verbindung mit der Mathematik entwickelt und sich ihre Problemstellungen auswählt, wie Ziman (1978, S. 28) festhält: „It is not simply good fortune that physics proves amenable to mathematical interpretation; it follows from careful choice of subject matter, phenomena, and circumstances. Physics defines itself as the *science devoted to discovering, developing, and refining those aspects of reality that are amenable to mathematical analysis*" (Hervorhebung im Original). In dieser Begeisterung für die neuen Modelle selbstorganisierender und chaotischer Prozesse wurde also kaum gefragt, ob die „alltäglichen" komplexen Prozesse - wie der psychotherapeutische Prozeß - nicht vielleicht doch *noch* komplexer sein könnten als diejenigen Prozesse, mit denen sich die Physik im Sinne der mathematischen Formalisierung beschäftigt.

Diese Überlegung führt uns zum zweiten Punkt, auf den wir aufmerksam machen möchten: Wie mit dieser „zusätzlichen" (d.h. in den mathematischen Beschreibungen nicht schon „berücksichtigten") Komplexität umgehen? Um unsere Vorgehensweise deutlich machen zu können, unterscheiden wir zwei grundsätzliche Wege. Der eine Weg besteht darin, sich an verfügbaren mathematischen Verfahren der Formalisierung zu orientieren und diese auf Problemstellungen anzuwenden, die mit diesen Modellen bearbeitet werden können. Wo es möglich ist, die Realität sinnvoll zu „vereinfachen", um sie anhand mathematischer Modelle analysieren zu können (s. Prigogine & Stengers, 1986, S. 310; Ziman, 1978, S. 172 f.), kann dieser Weg - auch im Bereich der Humanwissenschaften - zu neuen und tiefen Einsichten führen (s. z.B. an der Heiden, 1992; Schiepek et al., 1992; Ciompi, 1993, S. 85).

Der andere Weg, den wir für unsere Vorgehensweise gewählt haben, geht davon aus, daß die Aktivität der Systeme, die wir untersuchen möchten, komplexer ist, als daß wir sie unmittelbar anhand formaler Modelle analysieren könnten. Dieser Weg besteht darin, Konzepte aus dem Bereich der Theorien selbstorganisierender Prozesse als *Denkwerkzeuge* (Prigogine & Stengers, 1988, S. 12; vgl. Waddington, 1977) zu benützen, um im Bereich, der uns interessiert, Erahntes explizit fassen, neue Fragen stellen und neue Zusammenhänge entdecken zu können. Die Unterscheidung dieser zwei Wege, sich komplexen Phänomenen anzunähern, wird unterstützt durch die Unterscheidung der zwei „Politiken der Tatsache", die Chertok und Stengers (1989, S. 26 f.) in ihrer immer wieder überraschenden epistemologischen Analyse der Beziehung zwischen „Herz" und (wissenschaftlicher) „Vernunft" vornehmen (mit dem im folgenden Zitat als Beispiel verwendeten Konzept des Fluidums beziehen sich Chertok und Stengers auf die Untersuchung von Mesmers Verfahren im Jahre 1784 durch zwei durch den französischen König beauftragte Kommissionen, vgl. Cohen, 1993): „Zwei Politiken der Tatsache stehen einander also gegenüber, zwei Arten, die Vernunft anzuwenden. Für die einen ist die Tatsache das, was der experimentellen Reinigung, Isolation, Präparation standhält. Für die anderen ist die Tatsache das, was eine - zwar kritische - Erhellung erfordert, aber die Kritik entspricht hier nicht allgemeinen a priori-Kriterien (wenn das Fluidum existiert, *muß* es in ähnlicher Weise auf jeden lebenden Körper wirken), sie ist untrennbar verknüpft mit einem Lernen, das erlaubt zu unterscheiden, zu präzisieren, explizit zu machen, kurz die Sprache zu erarbeiten, die der Tatsache entspricht." (Chertok & Stengers, 1989, S. 26 f.; Übers. SF&B).

Eine explizite Unterscheidung dieser zwei grundsätzlichen Wege, die wir hier nur andeuten können, scheint uns deshalb notwendig zu sein, weil wir die Gefahr für groß halten, daß die Verwendung von Konzepten aus dem Bereich der Theorien selbstorganisierender Prozesse als Denkwerkzeuge als „metaphorisch" disqualifiziert wird und sich dieser Weg deshalb nicht zu einem eigenständigen methodologischen Ansatz entwickeln kann. In diesem Sinn versuchen wir, einen praktischen Beitrag zur Ausarbeitung eines solchen Forschungsansatzes zu leisten, der es ermöglicht, langfristige Prozesse der Veränderung in Psychotherapien als komplexe Phänomene zu untersuchen.

Im folgenden beschreiben wir, wie wir Denkwerkzeuge aus dem Bereich der Theorien selbstorganisierender Prozesse aufgreifen, um einzelne Aspekte des psychoanalytischen Prozesses differenzierter zu artikulieren, die uns im Hinblick auf das Verständnis langfristiger Prozesse der Veränderung erheblich scheinen. Nach einer Erläuterung unserer Vorgehensweise illustrieren wir das Aufgreifen von Denkwerkzeugen aus dem Bereich der Theorien selbstorganisierender Prozesse gewissermassen 1:1. Als Beispiel, das grundlegende Aspekte selbstorganisierender Prozesse veranschaulicht, benützen wir das Bénard-Phänomen. Das Raster, das wir aus diesem Beispiel gewinnen, übertragen wir auf einen zweimonatigen Ausschnitt aus einer Psychoanalyse.

2 Eine Vorgehensweise für die Untersuchung langfristiger Veränderungsprozesse in Psychoanalysen

Grundsätzlich können Veränderungsprozesse in Psychotherapien auf ganz unterschiedlichen Auflösungsniveaus und auf der Grundlage von verschiedenen Formen der Aufzeichnung (z.B. Tonband, Video, Notizen) untersucht werden. Unsere Vorgehensweise (s. Schneider et al., 1993; s. auch Schneider, 1989b; 1990) für die Untersuchung von Prozessen langfristiger Veränderung in Psychoanalysen - wir denken in Begriffen von Monaten und Jahren - läßt sich durch folgende Stichworte kennzeichnen:
- die Veränderungsprozesse werden anhand von Berichten der behandelnden Analytikerin untersucht. Dabei handelt es sich um eine Dokumentation mit „variabler Tiefe" (vgl. Lawler, 1985), d.h. es besteht die Möglichkeit, die Analytikerin nach weiteren Einzelheiten zu fragen;
- die Wahrnehmungen der behandelnden Analytikerin werden einbezogen (z.B. Gegenübertragungsgefühle);
- wir bauen auf dem klinischen Wissen von Psychoanalytikern auf (vgl. Polkinghorne, 1992).
Als Grundlage für die Untersuchung langfristiger Prozesse der Veränderung greifen wir auf Theorien selbstorganisierender Prozesse zurück, um - in Ergänzung des psychoanalytischen Wissens - Anhaltspunkte dafür zu gewinnen, worauf wir für das Beschreiben von Veränderungsprozessen in einer Psychoanalyse achten sollen. Was wir also gerne hätten, wäre ein Raster, das wir über das Material legen können, und das uns - im Sinne einer Suchheuristik - zeigt, welche Aspekte des psychotherapeutischen Prozesses besonders wichtig sind. Ein solches Raster bezeichnen wir als *Prozeßmuster*; es entspricht

einem (vorläufigen) theoretischen Modell, das jeweils bestimmte Aspekte von Veränderung in Psychotherapien im zeitlichen Verlauf beschreibt. Für die Untersuchung eines Ausschnitts aus einer Psychotherapie wird ein Prozeßmuster als *Frame* aufbereitet (s. unten; s. auch Schneider, 1989b; Schneider & Wüthrich, 1992; Lüthy & Widmer, 1992). Da bisher psychologische Theorien der Veränderung psychischer Strukturen weitgehend fehlen (Ausnahmen sind z.B. die Gestaltpsychologie und die Theorie Piagets), müssen wir solche Prozeßmuster selbst entwickeln (vgl. Kruse et al., 1992). Dabei kann auch auf neuere theoretische Ansätze aus dem Bereich der Cognitive Science zurückgegriffen werden (z.B. Hofstadter, 1984; 1995; Caspar et al., 1992).

3 Irreversibilität, Ereignis und neue Kohärenzen als Kennzeichen von Entwicklungsprozessen

Die Bénard-Instabilität (z.B. Haken, 1986, S. 47 ff.; 1992) ist eines der bekanntesten Beispiele für einen selbstorganisierenden Prozeß. Da Prigogine und Stengers (1988) dieses Phänomen in ihrem neuen Buch *Entre le Temps et l'Éternité* unter dem Aspekt der Konzeptualisierung von Entwicklungsprozessen kommentieren, folgen wir weitgehend dieser Darstellung (für einzelne Aspekte greifen wir auch auf die theoretische Analyse in Nicolis & Prigogine, 1987, S. 20 ff. zurück).

Daß wir die Interpretation des Bénard-Phänomens durch Prigogine und Stengers (1988) als Ausgangspunkt wählen, hat seinen Grund u.a. darin, daß sie „minimale Anforderungen" spezifizieren, die es ermöglichen, Entwicklungsprozesse in den unterschiedlichsten Bereichen zu kennzeichnen: *Irreversibilität, Ereignis* und *neue Kohärenzen* (S. 46 f.; s. auch Prigogine, 1988b). Mit *Irreversibilität* ist die Brechung der zeitlichen Symmetrie in ein Vorher und ein Nachher gemeint. Ein *Ereignis* ist etwas, das sich auch hätte nicht ereignen können - d.h., es ist nicht aus einem deterministischen Gesetz ableitbar -, und es verändert die Bedeutung der Entwicklung, von der es ein Teil ist. *Neue Kohärenzen* gehen aus einem Ereignis hervor, das eine Bedeutung angenommen hat. Ein Zitat mag einen Eindruck von dieser Herangehensweise vermitteln: „... die Frage nach dem Ereignis, nach den Umständen, die es ihm ermöglichen sich zu verbreiten, Bedeutung anzunehmen und Anlaß zu qualitativer Veränderung zu sein, ist allen Wissenschaften gemeinsam, bei denen es um Populationen geht, um Weisen, 'zusammen' zu sein. Es ist verblüffend festzustellen, daß nicht nur die sozialen und politischen Theorien, sondern auch die Revolutionäre, die Modeschöpfer, die Werbefachleute usw. mit derselben Frage konfrontiert sind: was ist eine Instabilität? Wie sie unterstützen, oder, im Gegenteil, sich davor schützen?" (Prigogine & Stengers, 1988, S. 65 f.)

Ganz grundsätzlich geht es bei der Untersuchung von langfristigen Veränderungsprozessen in Psychoanalysen also darum, *Ereignisse* zu identifizieren und zu fragen, welche *neuen Kohärenzen* jeweils entstehen. Im Hinblick auf das Ausarbeiten eines Prozeßmusters auf der Grundlage des Modells eines selbstorganisierenden Prozesses, das durch das Bénard-Phänomen illustriert wird, lautet unsere Frage: Welche zusätzlichen Anhaltspunkte kann uns das Bénard-Beispiel dafür geben, auf welche Aspekte des Prozesses wir

achten sollen, wenn wir verstehen möchten, wie „Ereignisse" in der Psychotherapie entstehen? Als besonders interessant haben sich die Aspekte der *Symmetriebrechung* und
der *Sensibilität für Randbedingungen* erwiesen, indem sich bei diesen Konzepten unmittelbar eine „Resonanz" mit unserem klinischen Verständnis dieser Sequenz ergeben hat.
Es ist vielleicht wichtig anzumerken, daß das Bénard-Phänomen nicht das einzige Beispiel aus dem Bereich selbstorganisierender Prozesse ist, durch das wir uns inspirieren
lassen (s. z.B. Schneider, 1992; Schneider & Wüthrich, 1992). In diesem Beitrag geht es
uns jedoch darum, das Prozeßmuster, das wir aus einem einzelnen Beispiel gewinnen,
möglichst transparent zu machen.

4 Das Bénard-Phänomen

Das Bénard-Phänomen kann ganz kurz wie folgt beschrieben werden. In einer dünnen
Flüssigkeitsschicht wird eine Temperaturdifferenz erzeugt, indem sie von unten erwärmt
wird. Bei einem bestimmten Wert des erzeugten Temperaturgradienten tritt zum Wärmetransport durch Wärmeleitung, bei dem die Wärme durch Kollisionen zwischen einzelnen Molekülen übertragen wird, ein Wärmetransport durch Konvektion hinzu, bei dem
die Moleküle an einer kollektiven Bewegung teilnehmen. Es entstehen makroskopische
Strömungen, d.h. ausgehend von einzelnen Fluktuationen strukturiert sich die Flüssigkeit
in einer regelmäßigen Anordnung von Konvektionszellen (s. z.B. Nicolis & Prigogine,
1987, S. 24). Bei einem bestimmten Wert des Temperaturgradienten geben die unzähligen Moleküle also ihre inkohärenten Bewegungen auf und gehen in ein *kohärentes* Verhalten über, das von Bereich zu Bereich verschieden ist. Dieser neue Zustand der Materie
fern vom Gleichgewicht ist durch *Korrelationen grosser Reichweite* gekennzeichnet[2].

4.1 Symmetriebrechung

Das Auftreten von Flüssigkeitsströmungen entspricht einer Brechung der räumlichen
Symmetrie. Vor der Schwelle zur Instabilität (d.h., bevor die Temperaturdifferenz einen
kritischen Wert erreicht) befindet sich jeder Bereich des Systems im selben ungeordneten
Zustand. Nach der Instabilitätsschwelle steigen die Moleküle an der einen Stelle auf,
während sie an der anderen absinken. Nicolis und Prigogine (1987, S. 21) veranschaulichen diese Brechung der räumlichen Symmetrie, indem sie einen winzigen Beobachter
einführen. Im Gleichgewichtszustand wären für einen solchen Beobachter alle Volumina,
die man irgendwo innerhalb der Flüssigkeit abgrenzen würde, ununterscheidbar, d.h. er
könnte durch die Beobachtung seiner Umgebung nicht feststellen, in welchem dieser
Volumina er sich befindet. Anders sieht es für diesen kleinen Beobachter aus, wenn einmal Flüssigkeitsströmungen entstanden sind. Jetzt kann er feststellen, wo er sich aufhält,
indem er sich z.B. am Rotationssinn der Konvektionszelle orientiert, in der er sich befin-

---

[2] „Die charakteristische Länge einer Bénard-Zelle befindet sich unter üblichen Laborbedingungen
im Millimeterbereich (10^{-1} cm), während die mittlere Reichweite der intermolekularen Kräfte im
Ångström-Bereich gelegen ist (10^{-8} cm)." (Nicolis & Prigogine, 1987, S. 26).

det. Diese Entwicklung eines Raumbegriffs in einem System, in dem das bisher nicht möglich war, ist eine Form der Symmetriebrechung.

Um Verständnisschwierigkeiten vorzubeugen, möchten wir an dieser Stelle darauf hinweisen, daß der Begriff der Symmetriebrechung in den Terminologien von Prigogine und Haken unterschiedlich verwendet wird (H. Haken, Intervention in der Diskussion zu Schneider, Fäh & Barwinski, 5. Oktober 1993). Auf das Bénard-Phänomen bezogen, ist in der Synergetik mit Symmetriebrechung gemeint, daß bei der Entstehung der Flüssigkeitsrollen (Konvektionszellen) eine bevorzugte Richtung eingeführt wird (d.h. die Auswahl, die das System trifft, ob eine Rolle links- oder rechtsherum rotiert), während Prigogine mit diesem Begriff das Entstehen der Flüssigkeitsrollen selbst (d.h. das Entstehen einer neuen Struktur) bezeichnet. Hinter dieser „Nuance" könnte sich ein grundlegender Unterschied zwischen den Ansätzen Hakens und Prigogines verbergen, auf den wir erst durch die hier wiedergegebene Intervention Hakens aufmerksam geworden sind. Wir sind daran, dieser Frage nachzugehen (Stichwort: Irreversibilität; s. Prigogine & Stengers, 1988, S. 175, 179; s. auch Straub, 1990).

4.2 Sensibilität für Randbedingungen

Im oder nahe beim Gleichgewichtszustand ist die Wirkung der Schwerkraft auf die Flüssigkeitsschicht unbedeutend, da die Wärmebewegung der Moleküle ausreicht, um die Wirkung des Gravitationsfeldes aufzuheben. In der Phase der Instabilität beginnt diese Randbedingung jedoch eine grundlegende Rolle zu spielen, indem die Wirkung des Gravitationsfeldes durch die auf Grund der Wärmezufuhr entstehende Eigenaktivität des Systems verstärkt wird (s. Prigogine, 1988a, S. 154; Prigogine & Stengers, 1986, S. 308). Es ist also die Aktivität des Systems jenseits der Instabilitätsschwelle, die der Gravitation „eine Bedeutung verleiht", während gleichzeitig diese „neue" Randbedingung das System fern vom Gleichgewicht zu einer neuen Strukturierung befähigt. Fern vom Gleichgewicht wird das System sensibel für Faktoren, die in der Nähe des Gleichgewichts vernachlässigt werden können.

Auf diese beiden Aspekte der Symmetriebrechung und der Sensibilität für Randbedingungen werden wir zurückkommen, wenn wir das Frame kommentieren, in dem diese Begriffe auf den ausgewählten Ausschnitt aus einer Psychoanalyse bezogen werden. Als nächstes führen wir dieses Fallbeispiel ein. Es stammt aus der Psychoanalyse einer jungen Frau, die sich seit 5 1/2 Jahren in Analyse befindet (bei vier Sitzungen pro Woche). Der Verlauf, der im folgenden beschrieben wird, umfaßt einen Zeitraum von ca. zwei Monaten.

5 Der Bericht der behandelnden Analytikerin über einen zweimonatigen Ausschnitt aus einer Psychoanalyse

Die Psychoanalytikerin berichtet: Auf die Mitteilung meiner Schwangerschaft reagierte die Patientin mit massivem Rückzug. Nach anfänglichem Schweigen bemerkte sie: „Ich habe mir heute noch überlegt, ob ich die Analyse nicht beenden soll." Damit drehte sie den Spieß um und verleugnete die drohende Trennung: Wenn sie - nicht ich - die Analyse begrenzt, hat *sie* die Situation in der Hand, nicht sie wird verlassen, sondern ich bleibe zurück.

In den folgenden Stunden klagte sie, sie fühle sich vollkommen verunsichert. Sie wisse manchmal nicht, wie sie sich auf der Straße bewegen solle. [...] Als wir ausführlicher über ihre Selbstunsicherheit sprachen, zeigte sich, daß sie davon ausging, ich sei schwanger geworden, weil sie mir nicht mehr genügen würde. Wie sie es ausdrückte: „Da muß dann ein neues 'Geschwisterchen' her." Sie fühlte sich wie ein unzufriedenes kleines häßliches Entlein, das allen nur durch ihre bloße Gegenwart auf die Nerven geht. In den nächsten Wochen erinnerte sie sich, woher sie diese Gefühle kannte. Als ihr knapp vier Jahre jüngerer Bruder zur Welt gekommen war, sei sie von einem Tag zum anderen regelrecht vergessen worden. Sie habe nur noch gestört. Wie sie sich in dieser Zeit gefühlt habe, habe sie niemandem ausdrücken können. Alle fanden sie „nervend". Ihre riesige Enttäuschung, ihre rasende Wut auf die Mutter und die Eifersucht auf den Neuankömmling habe sie unterdrücken müssen, denn sonst hätte man sie ja gar nicht mehr gewollt, „mich vielleicht weggeschickt", drückte sie ihre damalige Angst aus.

Und genauso verhielt sie sich mir gegenüber in den folgenden Stunden. Ich konnte ihren Ärger hinter ihrer extremen Empfindlichkeit vermuten, aber für sie schien es einfacher zu sein, sich innerlich bereits „abgesetzt" zu haben als ihre Enttäuschung und ihre Wut mir gegenüber auszudrücken. Ich fühlte mich in den Stunden immer weniger wohl. Sie kam zwar regelmäßig zur abgemachten Zeit, und es fiel kein offener Vorwurf gegen mich, aber hinter dieser vordergründigen Angepaßtheit schienen andere Gefühle verborgen zu sein, die ich nur sehr indirekt zu spüren bekam. Wenn ich z.B. versuchte, auf sie einzugehen, kam ich mir lästig vor. *Alle Interventionen schienen mir banal, trafen nie das „ Wesentliche".* Sie konnte nichts von mir annehmen und zeigte mir so, daß sie mich sicher nicht brauchte und auch nicht vermissen würde. Ich bekam zu spüren, wie sie sich wohl fühlte: überflüssig, entwertet und weggestoßen. Als ich ihr beschrieb, wie wir miteinander umgingen, brach ihre riesige Wut und Enttäuschung über mich aus ihr heraus. Allerdings über einen Umweg: Sie begann mit mir über ihre Finanzen (die Stunden seien zu teuer) und die Stundenzahl zu streiten. Sie wollte die wöchentliche Stundenzahl reduzieren. Am liebsten wolle sie nicht mehr kommen, es lohne sich sowieso nicht mehr, weil ich ja weggehen würde. Ich ärgerte mich über ihre Provokationen, hätte sie am liebsten zurechtgewiesen, aber es gelang mir, meine Gefühle zu reflektieren und folgende Intervention zu machen: „Könnte es sein, daß Sie unsere Abmachungen in Frage stellen, mit mir Streit suchen, weil Sie sich fragen, ob ich Sie noch verstehen kann, wenn Sie sich so verhalten? Fragen Sie sich nicht, ob ich Sie überhaupt noch akzeptiere, wenn Sie so böse mit mir sind, und erwarten Sie nicht, daß ich mit völligem Unverständnis auf Sie reagiere?" Sie war erleichtert und konnte mir jetzt mitteilen, daß sie meine Schwangerschaft als gegen sich gerichtet erlebte: Ich hätte sie nicht mehr ausgehalten, es wäre mir zuviel mit ihr geworden. Sie erlebte meine Schwangerschaft als direkten Angriff gegen sich. [...] Einige Stunden später beschrieb sie mir, daß es für sie etwas vollkommen Neues war, mir ihren Ärger auszudrücken, und daß dies ihr im nachhinein sehr Angst gemacht habe. Gegenüber ihrer Mutter war das nie möglich gewesen, auch nicht nach der Geburt ihres Bruders. „Bei meiner Mutter war das so, daß ich z.B. gekränkt war, aber dann schnell wieder zu ihr ging, weil ich mir Schmollen nicht leisten konnte. Auch als mein Bruder zur Welt kam, merkte mir niemand an, wie mir zumute war. [...]"

Dieser Bericht der behandelnden Analytikerin zu einem Analyseabschnitt von ca. zwei Monaten Dauer wurde von uns mit dem Modell eines selbstorganisierenden Prozesses, das durch das Bénard-Phänomen illustriert wird, in Beziehung gesetzt. Das Prozeßmuster, das wir auf dieser Grundlage entwickelt haben, ist im Frame (Abb. 1) festgehalten.

6 Das auf der Grundlage des Bénard-Beispiels erarbeitete Prozeßmuster

Die Slots des Frame (Abb. 1), d.h. die einzelnen „Überschriften", stellen eine Kurzform der Beschreibung des selbstorganisierenden Prozesses dar, wie wir ihn für den Verlauf in diesem Ausschnitt aus einer Psychoanalyse formuliert haben. In dieses Raster „eingefüllt" wurden in der *linken Spalte* Hinweise auf die entsprechenden Phasen beim Bénard-Phänomen, in der *mittleren Spalte* der zusammengefaßte Bericht der behandelnden Analytikerin, und in der *rechten Spalte* psychoanalytische Konzeptualisierungen, die die einzelnen Vorgänge allgemein kennzeichnen. Das Ziel der folgenden Erläuterungen besteht darin, deutlich zu machen, welche zusätzliche Strukturierung der berichtete Verlauf erhält, wenn man ihn mit dem Raster eines selbstorganisierenden Prozesses betrachtet.

Wir unterscheiden drei Phasen des Verlaufs. Die dritte, die wir als Ereignis (im erläuterten technischen Sinn; s. auch Chertok & Stengers, 1989, S. 162 f., 169 f.) bezeichnen, ist in drei Aspekte aufgeteilt. In einer *ersten* Phase wird die bestehende Konstellation inszeniert. „Bestehende Konstellation" beschreibt die Art und Weise, wie die Patientin mit den Gefühlen umgeht, die durch die Schwangerschaftsmitteilung in ihr entstanden sind, und wie sie auf Grund dieser (inneren) Situation die Beziehung zur Analytikerin erlebt. Mit „Inszenierung"[3] meinen wir, daß die psychoanalytische Situation auf einer bestimmten Realitätsebene (vgl. Modell, 1990) die Bedeutung anzunehmen beginnt, die die Situation für die Patientin hatte, als ihr jüngerer Bruder zur Welt kam. Indem sie sich unmittelbar zurückzieht, handhabt die Patientin die Situation in ihrer gewohnten Weise. Ihre Enttäuschung bleibt dabei unbewußt.

In einer *zweiten* Phase, die wir als Entwicklung zur Instabilitätsschwelle kennzeichnen, wird das Erleben negativer Gefühle intensiver - sowohl für die Patientin als auch für die Analytikerin. Hier stellt sich die Frage, welches die Prozesse sind, durch die „die Temperatur erhöht wird", aber darauf können wir an dieser Stelle nicht eingehen[4] (s. unten: Diskussion; s. auch Schneider et al.,1995).

---

[3] Eine Struktur, die Schiepek (1989) als „zeitliche Kondensation eines irreversiblen Prozeßmusters" kennzeichnet, wird wieder entfaltet.
[4] Ein Stichwort wäre „Kontrollparameter" (s. dazu Chertok & Stengers, 1989, z.B. S. 164 f.; Modell, 1990, S. 33, 39; Schiepek et al., 1992, S. 249); s. auch Hofstadter (1984; 1993) zur Bedeu-

Bénard-Phänomen	Ausschnitt aus Psychoanalyse	psychoanalytische Konzeptualisierung

Inszenierung einer bestehenden Beziehungskonstellation

Gleichgewichts-Zustand	Auf die Schwangerschafts-Mitteilung reagiert die Patientin mit massivem Rückzug (sie will die Analyse abbrechen).	latente Übertragung

Entwicklung zur Instabilitätsschwelle hin (die "Temperatur" des Systems wird erhöht)

Das System wird langsam geheizt, die Moleküle bewegen sich inkohärent; Fluktuationen explorieren neue Zustände.	Kurz darauf teilt die Patientin mit, daß sie glaubt, die Analytikerin sei schwanger geworden, weil sie ihr nicht mehr genüge. Sie stellt einen Zusammenhang mit der Geburt ihres knapp 4 Jahre jüngeren Bruders her. Sie sei von einem Tag auf den anderen regelrecht vergessen worden. Ihre Enttäuschung und Wut auf die Mutter habe sie nicht ausdrücken können, sonst hätte man sie gar nicht mehr gewollt.	manifeste negative Übertragung
	In den folgenden Stunden fühlt sich die Analytikerin entwertet und weggestoßen, ihre Interventionen scheinen ihr banal. Sie beschreibt der Patientin, wie sie miteinander umgehen. Daraufhin drückt sich die Wut und Enttäuschung über die Analytikerin darin aus, daß die Patientin mit ihr über die Finanzen und die Stundenzahl zu streiten beginnt.	Die Analytikerin erkennt, daß ihre eigenen Gefühle (Gegenübertragung) den noch abgewehrten Gefühlen der Patientin (bzw. dem "Kind" in ihr) entsprechen. Sie wird sich der konkordanten Identifizierung mit der Patientin bewußt und verwendet dieses Wissen implizit für ihre Interventionen.

Ereignis (3 Aspekte:)

- Symmetriebrechung in der Wahrnehmung der Analytikerin

Die inkohärenten Bewegungen der Moleküle gehen in Flüssigkeitsströmungen über.	Die Analytikerin ärgert sich über die Provokationen der Patientin und würde sie am liebsten zurechtweisen. Aber es gelingt ihr, ihre Gefühle zu reflektieren, und ihre ärgerliche Reaktion zu beherrschen.	1. Wahrnehmung einer Tendenz zur Identifizierung mit dem "bösen" inneren Objekt (= komplementäre Identifizierung)

tung von „Temperatur" im kognitiven Bereich und zur Metapher des „Drucks" (im Zusammenhang mit dem [Verstärken des] „Drucks des Verdrängten").

2. Das Gewahrsein sowohl der konkordanten wie auch der komplementären Identifizierung ermöglicht der Analytikerin eine Deutung der in der Übertragung dargestellten internalisierten Objektbeziehung.

- Randbedingungen erhalten eine Bedeutung; Deutung als Hinweis auf die Bedeutung des „neuen" affektiven Feldes

Auf Grund der Aktivität des Systems entfaltet das Gravitationsfeld eine verstärkte Wirkung.	Die Analytikerin macht folgende Intervention: „Könnte es sein, daß Sie unsere Abmachungen in Frage stellen, mit mir Streit suchen, weil Sie sich fragen, ob ich Sie noch verstehen kann, wenn Sie sich so verhalten? Fragen Sie sich nicht, ob ich Sie überhaupt noch akzeptiere, wenn Sie so böse mit mir sind, und erwarten Sie nicht, daß ich mit völligem Unverständnis auf Sie reagiere?"

- Entstehung neuer Kohärenzen im Erleben der Patientin

Fluktuationen werden zu Flüssigkeitsströmungen verstärkt.	Auf diese Intervention hin ist die Patientin erleichtert und teilt der Analytikerin mit, daß sie ihre Schwangerschaft als gegen sich gerichtet erlebt habe. Einige Stunden später sagt die Patientin, daß es für sie etwas vollkommen Neues war, der Analytikerin gegenüber ihren Ärger auszudrükken.	Aufgeben (eines Teils) der alten Übertragungs-Einstellung, Einnehmen von möglichen neuen Einstellungen

Abb. 1: Darstellung des auf der Grundlage des Bénard-Phänomens erarbeiteten Prozeßmusters als Frame. Erläuterungen s. Text.

Die *dritte* Phase ist dadurch gekennzeichnet, daß über einen instabilen Zustand ein (neuer) Zustand fern vom Gleichgewicht erreicht wird. Wir haben diese Phase, von der wir annehmen, daß sie einem *Ereignis* entspricht, in drei Aspekte gegliedert:

1. Ein wichtiger Aspekt solcher Verläufe scheint uns darin zu bestehen, daß in der Wahrnehmung der Analytikerin ein Punkt erreicht wird, an dem ein Gefühl entsteht wie „es kann nicht mehr so weitergehen", oder „jetzt wäre der Punkt, wo man etwas machen müßte". In der beschriebenen Sequenz gelingt es der Analytikerin, ihre Gefühle bewußt und mit Distanz zu reflektieren und sich dadurch vom Mutterbild zu lösen, das die Patientin auf sie überträgt (d.h. die Böse zu sein, die einen Rivalen zur Welt bringt und die Patientin zurücksetzt); dadurch, daß die Analytikerin in ihren Gegenübertra-

gungsgefühlen auch das zurückgewiesene Kind spüren und erkennen kann, wird ihr die *ganze* internalisierte Objektbeziehung zugänglich. Diesen Aspekt des Ereignisses bezeichnen wir als *Symmetriebrechung in der Wahrnehmung der Analytikerin* (s. Schneider et al.,1995).

2. Auf dieser Grundlage thematisiert die Analytikerin die inszenierte Konstellation in ihrer Intervention. Von der Patientin her gedacht, fassen wir diese Intervention als Hinweis auf die Bedeutung von etwas auf, was die Patientin schon bis zu einem gewissen Grad zu erleben beginnt, nämlich daß die aktuelle Situation nicht identisch ist mit der Situation „damals" (dies ist z.T. darauf zurückzuführen, daß in der impliziten Haltung der Analytikerin etwas anderes zum Ausdruck kommt als das, was die Patientin auf sie übertragen hat). Auf Grund des bisherigen Verlaufs ist die Patientin also *sensibel geworden für „neue" Randbedingungen der Situation,* und die Bedeutung dieser neuen Randbedingungen wird durch die Intervention der Analytikerin unterstützt. Der Zusammenhang, den wir hier annehmen, wird durch folgende Formulierung von Prigogine und Stengers nahegelegt (Fortsetzung des Zitats in Abschnitt 3): „Aber die Situation ist hier wesentlich komplexer als in der Physik: im Gegensatz zu den Molekülen erinnern sich die Menschen an Korrelationen, stellen sich diese vor, etablieren oder erfinden sie, kurz, können in Frage stellen, was sie erleben. Die 'Umstände' nehmen also viel feinere Bedeutungen an und integrieren sogar die Berichte oder die Analysen, durch die wir sie zu interpretieren versuchen." (Prigogine & Stengers, 1988, S. 66).

3. Durch den beschriebenen Verlauf entstehen *neue Kohärenzen,* d.h. im Erleben der Patientin entsteht eine neue „Strukturierung". Einen Hinweis auf diese „neuen Kohärenzen" sehen wir in ihrer Aussage, daß es für sie etwas vollkommen Neues war, der Analytikerin gegenüber ihren Ärger auszudrücken.

7 Diskussion

Wir haben zu zeigen versucht, wie eine Entwicklung in einem Ausschnitt aus einer Psychoanalyse anhand von Konzepten wie Instabilität, Symmetriebrechung und Sensibilität für Randbedingungen aufgeschlüsselt werden kann. Ausgehend von einem Denkwerkzeug aus dem Bereich der Theorien selbstorganisierender Prozesse haben wir ein Prozeßmuster erarbeitet; die einzelnen Aspekte dieses Musters sind durch die Slots des Frame (s. Abb. 1) gekennzeichnet. Auf diese Weise wird es u.a. möglich, Verläufe, die diesem Muster entsprechen, systematisch zu untersuchen, d.h. aus dem Material herauszuarbeiten und miteinander zu vergleichen (z.B. im Hinblick auf Merkmale „produktiver" und „unproduktiver" Verläufe; s. Schneider, 1991).

Geht unsere Verwendung eines Modells aus dem Bereich der Theorien selbstorganisierender Prozesse tatsächlich über das Metaphorische hinaus, wie wir es in der Einleitung für uns in Anspruch nehmen? Diese Frage, die in der kritischen Diskussion unseres Vorgehens nicht ausgeklammert werden darf, möchten wir ausgehend von Schiepeks (1991, S. 376 ff.) „Vorsichtsmaßnahmen beim Import naturwissenschaftlicher Konzepte" wie folgt stellen: Ist die von uns anhand des vorliegenden Beispiels dargestellte Verbindung zwischen dem durch das Bénard-Phänomen illustrierten Modell eines selbstorganisierenden Prozesses und einem Ausschnitt aus einer Psychoanalyse lediglich der „naive" Import einer naturwissenschaftlichen Metapher auf dem Niveau einer Gedankenspielerei, ein quasi unverbindlicher, nur heuristischen Zwecken dienender Transfer eines disziplinfremden Modells in die Erforschung des psychoanalytischen Prozesses? Wäre dem so, genössen wir eine gewisse Narrenfreiheit, da wir unser Vorgehen lediglich nach dem Ausmaß der „ideenproduzierenden Fruchtbarkeit" (Schiepek, 1991, S. 378) bewerten müßten; allerdings müßten wir uns dann auch den nicht- oder allenfalls vorwissenschaftlichen Charakter unseres Vorhabens eingestehen. Oder geht es darum, das hier verwendete physikalische Modell für die weitere Forschung nutzbar zu machen? Trifft dieser Fall zu, so müssen gemäß Schiepek mindestens folgende Vorsichtsmaßnahmen getroffen werden:

- Die aus dem disziplinfremden Modell importierten *Termini* müssen (a) in Bezug auf Sachverhalte in der eigenen Disziplin und (b) exakt *definiert* werden;
- da die Begriffe sich dadurch von ihrem ursprünglichen Bedeutungsgehalt lösen und in einer anderen Disziplin andere Phänomene bezeichnen, müssen die *Unterschiede zwischen den Phänomenbereichen* beider Disziplinen *expliziert* werden;
- sind die Begriffe und Modelle präzise definiert, darf nicht auf *Empirisierungsversuche* verzichtet werden.

Indem wir Modelle aus dem Bereich selbstorganisierender Prozesse als Denkwerkzeuge für die Untersuchung des psychoanalytischen Prozesses verwenden, geht unser Anspruch über eine metaphorische Verwendungsweise der entsprechenden Begriffe hinaus. Deshalb möchten wir den von uns vorgenommenen Transfer des anhand des Bénard-Phänomens illustrierten Modells eines selbstorganisierenden Prozesses auf den psychoanalytischen Prozeß anhand dieser drei Forderungen überprüfen.

7.1 Definition der importierten Begriffe in Bezug auf das Geschehen im psychoanalytischen Prozeß

Die anhand des Bénard-Beispiels eingeführten relevanten Termini sind (u.a.) Gleichgewichtszustand, Symmetriebrechung, Randbedingung sowie Ereignis und Entstehung neuer Kohärenzen. Was bedeuten diese Begriffe bei der Betrachtung des psychoanalytischen Prozesses? Von *Gleichgewichtszustand* sprechen wir, wenn der Patient bzw. die Patientin ihre aktuelle Situation und die Beziehung zur Analytikerin bzw. zum Analytiker gemäß ihrer üblichen Konfliktlösungsmuster einschätzt und entsprechend reagiert. Sie oder er sind wie immer, handeln und fühlen, wie sie es gewohnt sind[5]. Den Begriff der

---

[5] Aufgrund der Komplexität dieser Konfliktlösungsmuster wäre es theoretisch adäquater, auch für den Ausgangszustand für eine Veränderung die allgemeine Bezeichnung *Attraktor* zu benutzen, wie dies Tschacher (1990, S. 137) vorschlägt: „Hypothetisch wird angenommen, daß kohärente, stabile Interaktionsmuster als Attraktoren, therapeutisch wirksame Interventionen als Wechsel in den Einzugsbereich eines anderen Attraktors oder als Umformung des aktuellen Attraktors beobachtet werden können. Von besonderem Interesse sind dabei Prozesse des Übergangs zwischen Attraktoren, also der qualitativen Änderung von Interaktionsmustern." In dieser Diskussion behalten wir jedoch den Begriff des Gleichgewichtszustandes - als Spezialfall eines Attraktors - wegen seiner Anschaulichkeit bei.

Symmetriebrechung beziehen wir in unserem Beispiel auf die Analytikerin. Wir sprechen von Symmetriebrechung als dem Augenblick, in dem es der Analytikerin gelingt, die auf sie gerichtete Übertragung zu durchschauen und ihre Gegenübertragungsgefühle zu verstehen. D.h. die Analytikerin merkt, in welche Rolle die Patientin sie bringen will, kann innehalten und muß nicht wiederholen, was die Patientin von ihr erwartet. Die beim Bénard-Phänomen für den selbstorganisierenden Prozeß notwendigen *Randbedingungen* setzen wir der Aktivität der Analytikerin gleich. Doch spätestens hier wird deutlich, wo der Transfer des naturwissenschaftlichen Modells auf den psychoanalytischen Prozeß seine Grenzen hat - aber gleichzeitig auch, wie dieser Transfer helfen kann, Dinge zu sehen, die mit herkömmlichen psychoanalytischen Konzepten nicht erfaßt werden: Wenn wir die Analytikerin als Randbedingung betrachten, wird offensichtlich, daß im psychoanalytischen Prozeß diese „Randbedingung", im Gegensatz zur Schwerkraft beim Bénard-Phänomen, nicht konstant bleibt.

Dies läßt sich anhand der Begriffe der Entstehung neuer Kohärenzen und des Ereignisses verdeutlichen. Wenn wir in unserem Beispiel von der *Entstehung neuer Kohärenzen* sprechen, beziehen wir uns auf die Patientin. Für sie wurde es möglich, die aktuelle Situation in der Analyse anders zu beurteilen, zu erleben und entsprechend zu handeln. Wenn wir jetzt die Entstehung neuer Kohärenzen bei der Analytikerin untersuchen, beziehen wir uns auf den inneren Prozeß der Analytikerin, der in der Regel kurz vor einer Deutung abläuft und sich dadurch auszeichnet, daß die Analytikerin auf Grund ihrer Erfahrungen und theoretischen Konzepte, die mit den unmittelbaren Gegenübertragungs-Übertragungsphänomenen interagieren, neue Verknüpfungen bildet. Dabei entsteht in der Analytikerin ein neues „anderes" Bild der Patientin und ihrer Schwierigkeiten (ähnlich wie sich durch stetig neue Verknüpfungen das Muster eines Teppichs verändert; R. Klüwer, persönliche Mitteilung, 16. Januar 1993).

Ein *Ereignis* besteht bei unserer Übertragung des Bénard-Beispiels auf den psychoanalytischen Prozeß aus den drei zuletzt erwähnten Aspekten der Symmetriebrechung, des Erheblich-Werdens neuer Randbedingungen und des Entstehens neuer Kohärenzen. Während nun im Bénard-Beispiel das Ereignis sich nur im System „Flüssigkeit" abspielt und die Randbedingungen unberührt läßt - die Schwerkraft ist immer da, unabhängig davon, ob sie für die Flüssigkeit erheblich ist -, besteht das Ereignis im psychoanalytischen Prozeß sowohl aus einer Veränderung im System „innere Welt der Patientin" als auch im System „inneres Bild der Patientin in der Analytikerin". *Das Zusammentreffen beider Ereignisse und das beiderseitige einverständige Gewahrsein dieses Zusammentreffens macht den qualitativen Sprung, d.h. die Veränderung im psychoanalytischen Prozeß aus.*

7.2 Explizierung der Unterschiede in den Phänomenbereichen „Flüssigkeitsdynamik" und „psychoanalytischer Prozeß"

Wenn wir als Vergleichskriterium der beiden Phänomenbereiche „Flüssigkeitsdynamik" und „psychoanalytischer Prozeß" die unterschiedliche Bedeutung der zuvor aufgeführten Begriffe nehmen, wird ein bereits genannter Unterschied zentral. Während beim Bénard-Phänomen die Randbedingung der Gravitation konstant bleibt (d.h. diese ist immer vorhanden, obwohl sie erst in der Phase der Instabilität erheblich wird), sind im psychoanalytischen Prozeß die Randbedingungen (d.h. die Art und Weise, wie die Patientin die Analytikerin erlebt) ihrerseits „im Werden": erst auf Grund von Veränderungen in der Analytikerin werden Veränderungen bei der Patientin möglich. Es stehen sich also zwei in Entwicklung begriffene Systeme gegenüber, während beim Bénard-Phänomen ein System von gleichbleibenden Randbedingungen beeinflußt wird. Hier wird deutlich, daß ein grundlegender Unterschied zwischen den beiden Phänomenbereichen darin besteht, daß der im Bénard-Beispiel beschriebene Prozeß im Bereich der experimentellen Wissenschaften bleibt, während die im psychoanalytischen Prozeß beobachtete Entwicklung diesen Rahmen sprengt. Da dieser Aspekt nicht nur in Bezug auf die Beschreibung des psychoanalytischen Prozesses, sondern auch im Hinblick auf die Begründung unserer Vorgehensweise außerordentlich wichtig ist, möchten wir Stengers (persönliche Mitteilung, 28. November 1992) hier wörtlich zitieren: „Die Art und Weise, in der sich das 'System' Patient-Analytiker in Bezug auf die psychischen Prozesse des Patienten situiert, ist also ihrerseits im Werden, während in der Physik die Situation viel einfacher ist: die Randbedingungen sind nicht darauf angewiesen, daß das System ihre Erheblichkeit integriert, diese ist definitionsgemäß vorhanden, sie muß nicht durch das Werden des Systems produziert werden: deshalb bleiben wir im Rahmen einer Wissenschaft des experimentellen Typs."

In der frühen Psychoanalyse (Freud, 1912) wäre dieser Unterschied vermutlich verneint worden. Der Analytiker galt als neutraler „Spiegel", der lediglich die Äußerungen der Patienten aufnimmt und zurückgibt, ohne jedoch selbst den analytischen Prozeß durch seine Person zu beeinflussen. Streng genommen wurde die Wirksamkeit der Analyse durch die „experimentelle Anordnung", das Setting, und die klare Einhaltung der technischen Regeln (Grundregel der freien Assoziation auf der Seite des Patienten, freischwebende Aufmerksamkeit und Abstinenz auf Seiten des Analytikers) begründet (s. auch Chertok & Stengers, 1989, S. 61 ff.). Der ursprüngliche psychoanalytische Begriff der Übertragung fußt auf diesem Konzept: Übertragungen sind frühkindliche Haltungen gegenüber den primären Bezugspersonen, die in der Behandlung auf den Analytiker *übertragen* werden. Innerhalb der psychoanalytischen Literatur wurde erst später aufgearbeitet (z.B. Racker, 1968), wie das Übertragungsangebot des Patienten vom Analytiker beeinflußt wird, z.B. warum bestimmte Übertragungsformen zu einem bestimmten Zeitpunkt in der Behandlung auftauchen. In diesem Sinn könnte ein Heranziehen von Begriffen aus dem Bereich der Theorien selbstorganisierender Prozesse, wie wir sie hier anhand des Vergleichs des psychoanalytischen Prozesses mit dem Bénard-Phänomen diskutieren, der psychoanalytischen Forschung Impulse geben, wie untersucht werden könnte, in welcher Weise der Analytiker am Zustandekommen bestimmter Übertragungsphänomene beteiligt ist (im Hinblick auf ein differenzierteres Verständnis projektiver Übertragungsformen wäre dies z.B. sehr lohnend; vgl. Jiménez de la Jara, 1992).

Der Unterschied zwischen den beiden Phänomenbereichen zeigt sich noch in einer anderen Nuance, die Stengers (persönliche Mitteilung, 28. November 1992) so ausdrückt: Zwischen der Schwangerschaftsmitteilung „und dem 'Ereignis', das die Produktion der 'dritten Phase' mit ihrer 'Symmetriebrechung' darstellt, besteht eine Distanz, die in der Physik kein Äquivalent hat." Als würde Stengers sagen: In der Physik wird geheizt, und irgendwann einmal geschieht ohne andere vermittelnde (äußere) Prozesse der „Sprung" ins qualitativ andere. Dies ist im psychoanalytischen Prozeß komplexer: Zwischen den durch die Schwangerschaftsmitteilung in Gang gesetzten psychischen Prozessen und dem späteren Ereignis der „Einsicht" der Analytikerin in die brisante Dynamik geschieht einiges, was keine direkte Entsprechung zu einem bloß quantitativen Mehr an Temperatur hat. Ist das das bisher noch zuwenig untersuchte Phänomen der Eigengesetzlichkeit des psychoanalytischen Prozesses, z.B. des Auftauchens verdrängter Repräsentanzen von Wünschen und internalisierten Objektbeziehungen? Sind hier nicht die Gründe anzusiedeln, aber eben auch wirklich zu erforschen, warum Analysen und überhaupt menschliche Entwicklungen in der Regel lange dauern, aber auch interindividuell variieren?

7.3 Empirisierung

Aus dem, was wir über das Zusammentreffen der Ereignisse bei Therapeutin und Patientin gesagt haben, ergibt sich eine Schlußfolgerung, die für die Wahl der Vorgehensweise bei der „Empirisierung" wichtig ist. Welche Bedeutung eine Situation im Augenblick des Ereignisses annimmt, scheint uns nur den Beteiligten zugänglich zu sein - diese Bedeutung „entsteht" ja durch das Ereignis. Die Schlußfolgerung, die wir ziehen, besteht darin, daß die Bedeutung solcher Ereignisse Dritten nur durch die Beteiligten vermittelt werden kann. Deshalb suchen wir den Zugang zu diesen Ereignissen über die Berichte der behandelnden Analytikerin. (Eine Begründung dafür, daß wir nicht auch mit Berichten der Patientin oder des Patienten arbeiten, besteht darin, daß durch eine solche Vorgehensweise eine Art zusätzlicher therapeutischer Prozeß in Gang käme.) Diese Vorgehensweise umfaßt z.B. auch das Benützen von Notizen durch die Analytikerin sowie das nachträgliche Befragen der Analytikerin zu einzelnen Aspekten, die z.B. im Rahmen von Forschungsdiskussionen aktuell werden, und es schließt nicht grundsätzlich aus, daß - je nach Fragestellung - einzelne Aspekte in späteren Projekten z.B. anhand von Videoaufnahmen (s. Bänninger-Huber, 1992) zusätzlich detaillierter untersucht werden können.

Ein wesentlicher Aspekt der Empirisierung unserer theoretischen Modellvorstellungen ist das „Frame", durch das die Verknüpfungen zwischen Modell und empirischem Material explizit dargestellt werden. Für jeden einzelnen Ausschnitt aus einer Psychotherapie, der anhand eines Frame aufgearbeitet wird, kann diskutiert werden, inwiefern die Beschreibungen bestimmter Aspekte des beobachteten Prozesses mit den jeweiligen Aspekten des theoretischen Modells übereinstimmen. Werden mehrere Sequenzen untersucht, können zusätzliche hierarchische Ebenen ins Frame eingefügt werden, um einen Vergleich zu erleichtern (s. Schneider et al., 1992).

Abschließend möchten wir nochmals versuchen, unsere Verwendung von theoretischen Modellen aus dem Bereich der Theorien selbstorganisierender Prozesse als Denkwerkzeuge für die Untersuchung des psychoanalytischen Prozesses zu kennzeichnen. Vielleicht ist dies am ehesten möglich, indem wir auf unsere Erfahrung Bezug nehmen, wie im Verlauf unseres Projekts eine Resonanz zwischen den theoretischen Konzepten und dem Ausschnitt aus einer Psychoanalyse entstand; dies war für uns - wie erwähnt - bei den Begriffen der Symmetriebrechung und der Sensibilität für Randbedingungen besonders deutlich. Es war uns zusehends leichter möglich, zwischen den beiden Phänomenbereichen hin- und herzuwechseln und dadurch Aspekte des psychoanalytischen Prozesses auf differenziertere Weise zu artikulieren. Die „Prozeßsprache", die sich auf diese Weise entwickelt, öffnet die Möglichkeit, neue Aspekte des psychoanalytischen Prozesses zu konzeptualisieren und zu untersuchen. Deshalb scheint es uns besonders wichtig, weitere Denkwerkzeuge heranzuziehen: Indem Konzepte aus dem Bereich der Theorien selbstorganisierender Prozesse mit Aspekten des psychoanalytischen Prozesses in Resonanz treten, können sie unsere Aufmerksamkeit auf Zusammenhänge lenken, die wir ohne diese Denkwerkzeuge nicht „sehen" könnten.

Literatur

Bänninger-Huber, E. (1992). Prototypical Affective Microsequences in Psychotherapeutic Interaction. *Psychotherapy Research, 2,* 291-306.

Brunner, E. J. & Lenz, G. (1993). Was veranlaßt ein Klientensystem zu sprunghaften Veränderungen? Ein Erklärungsversuch aus der Perspektive der Selbstorganisationstheorie. *System Familie, 6,* 1-9.

Caspar, F., Rothenfluh, T. & Segal, Z. (1992). The Appeal of Connectionism for Clinical Psychology. *Clinical Psychology Review, 12,* 719-762.

Chertok, L. & Stengers, I. (1989). *Le Coeur et la Raison. L'Hypnose en Question, de Lavoisier à Lacan.* Paris: Payot. / (1992). *A Critique of Psychoanalytic Reason. Hypnosis as a Scientific Problem from Lavoisier to Lacan.* Stanford, CA: Stanford University Press.

Ciompi, L. (1982). *Affektlogik. Über die Struktur der Psyche und ihre Entwicklung. Ein Beitrag zur Schizophrenieforschung.* Stuttgart: Klett-Cotta.

Ciompi, L. (1993, Februar). Die Hypothese der Affektlogik. *Spektrum der Wissenschaft,* S. 76-87.

Cohen, D. (1993, February 6). Psychotherapy's Elusive Mother [Review of *A History of Hypnotism,* by Alan Gauld, Cambridge University Press]. *New Scientist,* p. 40.

Freud, S. (1912). Ratschläge für den Arzt bei der psychoanalytischen Behandlung. *Gesammelte Werke* (Band 8, S. 375-387). Frankfurt am Main: S. Fischer, 1990.

Gleick, J. (1987). *Chaos. Making a New Science.* New York: Viking.

Greenberg, L. S. (1991). Research on the Process of Change. *Psychotherapy Research, 1,* 3-16.

Haken, H. (1977). *Synergetics. An Introduction.* Berlin: Springer.

Haken, H. (1986). *Erfolgsgeheimnisse der Natur. Synergetik: Die Lehre vom Zusammenwirken.* Stuttgart: Deutsche Verlags-Anstalt.

Haken, H. (1992). Synergetics in Psychology. In W. Tschacher, G. Schiepek & E. J. Brunner (Eds.), *Self-organization and Clinical Psychology* (pp. 32-54). Berlin: Springer.

an der Heiden, U. (1992). Chaos in Health and Disease - Phenomenology and Theory. In W. Tschacher, G. Schiepek & E. J. Brunner (Eds.), *Self-organization and Clinical Psychology* (pp. 55-87). Berlin: Springer.

Hoffman, L. (1992). [Review of *Chaos: Making a New Science,* by James Gleick. New York: Viking, 1987]. *Journal of the American Psychoanalytic Association, 40,* 880-885.

Hofstadter, D. R. (1984). *The COPYCAT Project: An Experiment in Nondeterminism and Creative Analogies.* MIT A.I. Memo 755.

Hofstadter, D. R., Mitchell, M., French, R., Chalmers, D. & Moser, D. (1995). *Fluid Concepts and Creative Analogies.* New York: Basic Books.

Jiménez de la Jara, J. P. (1992). Der Beitrag des Analytikers zu den Prozessen der projektiven Identifizierung. *Forum der Psychoanalyse, 8,* 295-310.

Kruse, P., Stadler, M., Pavlekovic, B. & Gheorghiu, V. (1992). Instability and Cognitive Order Formation: Self-organization Principles, Psychological Experiments, and Psychotherapeutic Interventions. In W. Tschacher, G. Schiepek, & E. J. Brunner (Eds.), *Self-organization and Clinical Psychology* (pp. 102-117). Berlin: Springer.

Lawler, R. W. (1985). *CASE: A Case Analysis Support Environment.* Poster presented at the 7ème Cours Avancé de la Fondation Archives Jean Piaget, Geneva, September 22-27, 1985.

Lüthy, A.-M. & Widmer, C. (1992). A Model-oriented Representation of Superego Rules. In M. Leuzinger-Bohleber, H. Schneider & R. Pfeifer (Eds.), „ *Two Butterflies on My Head": Psychoanalysis in the Interdisciplinary Scientific Dialogue* (pp. 197-214).Berlin: Springer.

Mahoney, M. J. (1991). *Human Change Processes. The Scientific Foundations of Psychotherapy.* New York: Basic Books.

Mahoney, M. J. (1993). Diversity and the Dynamics of Development in Psychotherapy Integration. *Journal of Psychotherpy Integration, 3,* 1-13.

Modell, A. H. (1990). *Other Times, Other Realities. Toward a Theory of Psychoanalytic Treatment.* Cambridge, MA: Harvard University Press.

Nicolis, G. & Prigogine, I. (1987). *Die Erforschung des Komplexen. Auf dem Weg zu einem neuen Verständnis der Naturwissenschaften.* München: Piper.

Peterfreund, E. (1990). On the Distinction between Clinical Process and Clinical Content Theories. *Psychoanalytic Psychology, 7,* 1-12.

Polkinghorne, D.E. (1992). Postmodern Epistemology of Practice. In S. Kvale (Ed.), *Psychology and Postmodernism* (pp. 146-165). London: Sage.

Prigogine, I. (1988a). Un Siècle d'Éspoir. In J.-P. Brans, I. Stengers & P. Vincke (Eds.), *Temps et Devenir. A Partir de l'Oeuvre d'Ilya Prigogine* (p. 145-170.). Genève: Editions Patiño.

Prigogine, I. (1988b). Die physikalisch-chemischen Wurzeln des Lebens. In H. Meier (Hrsg.), *Die Herausforderung der Evolutionsbiologie* (S. 19-52). München: Piper.

Prigogine, I. & Stengers, I. (1979). *La Nouvelle Alliance. Métamorphose de la Science.* Paris: Gallimard. / (1986). *Dialog mit der Natur. Neue Wege naturwissenschaftlichen Denkens.* München: Piper.

Prigogine, I. & Stengers, I. (1986). Anhang I. Neue Wege des Dialogs mit der Natur. In *Dialog mit der Natur. Neue Wege naturwissenschaftlichen Denkens* (S. 295-311). München: Piper.

Prigogine, I. & Stengers, I. (1988). *Entre le Temps et l'Eternité.* Paris: Fayard.

Prigogine, I. & Stengers, I. (1993). *Das Paradox der Zeit. Zeit, Chaos und Quanten.* München: Piper.

Racker, H. (1968). *Transference and Countertransference.* New York: International Universities Press. / (1978). *Übertragung und Gegenübertragung.* München: Reinhardt.

Rice, L. N., & Greenberg, L. S. (Eds.). (1984). *Patterns of Change. Intensive Analysis of Psychotherapy Process.* New York: Guilford.

Schiepek, G. (1989). Selbstreferenz und Vernetzung als Grundprinzipien zweier verschiedener Systembegriffe. Vorüberlegungen für eine sozialwissenschaftliche Synergetik. *System Familie, 2,* 229-241.

Schiepek, G. (1991). *Systemtheorie der Klinischen Psychologie.* Braunschweig: Vieweg.

Schiepek, G., Fricke, B. & Kaimer, P. (1992). Synergetics of Psychotherapy. In W. Tschacher, G. Schiepek & E. J. Brunner (Eds.), *Self-organization and clinical psychology* (pp. 239-267). Berlin: Springer.

Schiepek, G., Schoppek, W. & Tretter, F. (1992). Synergetics in Psychiatry - Simulation of Evolutionary Patterns of Schizophrenia on the Basis of Nonlinear Difference Equations. In W. Tschacher, G. Schiepek & E. J. Brunner (Eds.), *Self-organization and Clinical Psychology* (pp. 163-194). Berlin: Springer.

Schneider, H. (1983). *Auf dem Weg zu einem neuen Verständnis des psychotherapeutischen Prozesses.* Bern: Huber.

Schneider, H. (1989a). Toward a More Detailed Understanding of Self-organizing Processes in Psychotherapy. In A. L. Goudsmit (Ed.), *Self-organization in Psychotherapy* (pp. 72-99). Berlin: Springer.

Schneider, H. (1989b). *Models, Tools, Procedures...: What They May Mean to the Practicing Psychotherapist.* Paper presented at the 3rd European Conference of the Society for Psychotherapy Research. Berne, Switzerland, September 5-9, 1989.

Schneider, H. (1990). *A Tool for the Tracing of Change Sequences in Psychotherapy (TSP): Guidelines for Investigation into Sequences Relevant to Change in Psychotherapy.* Unpublished Manuscript.

Schneider, H. (1991). 'Order through Fluctuations' as a Heuristic for Identifying „Threads" of Change in Psychotherapy. Paper presented at the 22nd Annual Meeting of the Society for Psychotherapy Research, Lyon, France, July 2-6, 1991.

Schneider, H. (1992). Theories of Self-organizing Processes and the Contribution of Immediate Interaction to Change in Psychotherapy. In W. Tschacher, G. Schiepek & E.J. Brunner (Eds.), *Self-organization and Clinical Psychology* (pp. 268-282). Berlin: Springer.

Schneider, H., Barwinski, R. & Fäh, M. (1992). Formulating Models about Change Processes by Rendering Explicit the Psychoanalyst's Implicit Knowledge: A Dialogue between Science and Clinical Practice. In M. Leuzinger-Bohleber, H. Schneider & R. Pfeifer (Eds.), *„ Two Butterflies on My Head... ": Psychoanalysis in the Interdisciplinary Scientific Dialogue* (pp. 309-320). Berlin: Springer.

Schneider, H. & Wüthrich, U. (1992). A Model Based on Theories of Self-organizing Processes as a Tool for the Investigation of Change in Psychotherapy. In M. Leuzinger-Bohleber, H. Schneider & R. Pfeifer (Eds.), *„ Two Butterflies on My Head...": Psychoanalysis in the Interdisciplinary Scientific Dialogue* (pp. 245-256).Berlin: Springer.

Schneider, H., Fäh, M. & Barwinski, R. (1993). *Überlegungen zu einer Vorgehensweise für das Untersuchen langfristiger Prozesse der Veränderung in Psychotherapien.* Referat an der 3. Herbstakademie „Selbstorganisation in Psychologie und Psychiatrie. Empirische Zugänge zu einer psychologischen Synergetik". Sozialpsychiatrische Universitätsklinik Bern, 4.-8. Oktober 1993.

Schneider, H., Barwinski, R. & Fäh, M. (1995). How Does a Psychoanalyst Arrive at a Judgment on What is Going on between Herself and Her Patient? A Study Based on Theories of Self-organizing Processes. In B. Boothe, R. Hirsig, A. Helmiger, B. Meier & R. Volkart (Hrsg.), Perception-Evaluation-Interpretation. *Swiss Monographs in Psychology, Vol. 3* (pp. 66-74). Bern: Huber.

Spence, D. P. (1987). *The Freudian Metaphor. Toward Paradigm Change in Psychoanalysis.* New York: Norton.

Spruiell, V. (1993). Deterministic Chaos and the Sciences of Complexity: Psychoanalysis in the Midst of a General Scientific Revolution. *Journal of the American Psychoanalytic Association, 41,* 3-44.

Stiles, W. B. (1993). Quality Control in Qualitative Research. *Clinical Psychology Review, 13,* 593-618.

Stiles, W. B., Shapiro, D. A. & Barkham, M. (1993). Research Directions for Psychotherapy Integration. In J. C. Nocross (Ed.), Research Directions for Psychotherapy Integration: A Roundtable. *Journal of Psychotherpy Integration, 3,* 91-131.

Straub, D. (1990). *Eine Geschichte des Glasperlenspiels. Irreversibilität in der Physik: Irritationen und Folgen.* Basel: Birkhäuser.

Tschacher, W. (1990). *Interaktion in selbstorganisierten Systemen. Grundlegung eines dynamisch-synergetischen Forschungsprogramms in der Psychologie.* Heidelberg: Asanger.

Tschacher, W., Schiepek, G. & Brunner, E. J. (Eds.). (1992). *Self-organization and Clinical Psychology. Empirical Approaches to Synergetics in Psychology.* Springer Series in Synergetics, Vol. 58. Berlin: Springer.

Waddington, C. H. (1977). *Tools for Thought.* London: Jonathan Cape.

Waldrop, M. M. (1992). *Complexity. The Emerging Science at the Edge of Order and Chaos.* New York: Simon & Schuster.

Wurmser, L. (1989). „Either-or“: Some Comments on Professor Grünbaum's Critique of Psychoanalysis. *Psychoanalytic Inquiry, 9,* 220-248.

Ziman, J. (1978). *Reliable Knowledge. An Exploration of the Grounds for Belief in Science.* Cambridge: Cambridge University Press.

Modelle der Chaossteuerung am Beispiel nicht-linearer Systemdynamik in Kräftepotentialen

Siegfried W. Droste und Günter Schiepek

Der vorliegende Beitrag zeigt einige Möglichkeiten auf, das Verhalten zeitdiskreter, multivariater, nichtlinearer Schwinger in Potentialen zu modifizieren. Da das Verhalten derartiger Schwinger chaotisch werden kann, sind damit gleichzeitig Möglichkeiten der Chaossteuerung impliziert. Thematisiert werden Ansätze der Steuerung von Trajektorien (mit und ohne Kenntnis von Systemparametern), zur Modifikation von Potentialen als Funktion des konkreten Systemverhaltens und der Steuerung von Systemparametern. Zudem werden Analogien zwischen Chaossteuerung und psychotherapeutischen Prozessen diskutiert.

1 Einleitung

In den letzten Jahren hat sich die Psychologie in zunehmendem Maße mit der Analyse dynamischer Prozesse befaßt. Dabei wurde deutlich, daß Nichtlinearität und Chaos in zahlreichen empirischen Systemen gefunden oder zumindest vermutet werden können (vgl. Levine & Fitzgerald, 1992; Tschacher et al., 1992; Schiepek & Strunk, 1994). Unter anderem gibt es für den Bereich der Psychotherapie empirisch begründete Annahmen, daß sowohl physiologische Prozesse (Redington & Reidbord, 1992) als auch die Beziehungsgestaltung von Klienten und Therapeuten (Schiepek & Kowalik, 1994) Merkmale von deterministischem Chaos aufweisen.

Die Beobachtung, daß sich komplexe, psychologische Systeme „chaotisch" verhalten können, eröffnet neuartige theoretische wie praktische Perspektiven. Eine davon betrifft die Möglichkeit, chaotische Prozesse durch eine Folge minimaler Eingriffe zu steuern. Die auf der permanenten sensiblen Abhängigkeit des Systemverhaltens von seinen aktuellen Zuständen beruhende Nichtvorhersehbarkeit des Geschehens ist hierfür kein Hinderungsgrund, sondern eine spezifische Chance. Im Gegensatz zu stabilen, periodischen Systemen, die sich „ignorant" gegenüber Anregungen aus der Umwelt verhalten, indem sie nach Störungen wieder auf ihre stabile Trajektorie zurücklaufen, reagieren chaotische Systeme umweltsensibel und erweisen sich damit als lernfähig. Einer der Gründe für diese Sensibilität besteht darin, daß sich chaotisches Verhalten aus vielen, an sich regelmäßigen Verhaltensmustern (instable periodic orbits) zusammensetzt, von denen normalerweise keines dominiert (vgl. Ott et al., 1990). „Durch kleine, geschickt angebrachte Störungen kann man jedoch eines dieser Muster beherrschend werden lassen. Da chaotische Systeme sehr schnell zwischen verschiedenen dynamischen Verhaltensweisen wechseln können, sind sie ungewöhnlich flexibel" (Ditto & Pecora, 1993,

S. 46; vgl. auch Schiepek & Kowalik, 1994).

Die Steuerung komplexer, dynamischer Systeme ist in der Psychologie zweifellos ein relevantes, aber auch umstrittenes Thema (vgl. Funke, 1990; Strohschneider, 1991). Speziell für psychotherapeutische Interventionen ist davon auszugehen, daß ein unmittelbarer Zugriff auf die Kontrollparameter eines psychosozialen Systems nicht möglich ist. Zudem ist inhaltlich noch unklar, worin diese Kontrollparameter bestehen sollten (eventuell in motivationalen Prozessen des Klienten). Psychotherapie wird daher in systemtheoretischer Hinsicht sehr vorsichtig als „Schaffen von Bedingungen für die Möglichkeit von Selbstorganisation" bezeichnet und im Rahmen des Konzeptes der „Kontextsteuerung" diskutiert (Schiepek, 1991; Schiepek et al., 1992).

Die folgenden Ausführungen sind weit davon entfernt, konkrete Handlungsanweisungen nahezulegen. Auch sollten sie nicht zu dem Mißverständnis Anlaß geben, Psychotherapie oder andere Formen psychologischer Intervention seien auf mathematische Steuerungstechnologien reduzierbar. Der Zweck unserer Modellierungsbemühungen besteht vielmehr darin, die in den letzten Jahren entwickelten Ansätze, Psychotherapie als nichtlineares, dynamisches System zu konzeptualisieren, um einige Überlegungen und Formalisierungsmöglichkeiten zu bereichern. Wir benutzen hierzu die Plausibilität einer Analogiebildung: man kann sich vorstellen, daß in psychischen Systemen vielfältige Kräfte oder Motivationen wirken, die das Verhalten und Erleben einer Person (oder einer Gruppe von Personen) in bestimmte Zustände ziehen. Es entstehen motivationale „Attraktoren", innerhalb derer sich psychische Prozesse in präferierter Weise bewegen (vgl. z.B. Kuhl, 1986). Bereits die Feldtheorie von Kurt Lewin beschreibt dynamische Kraftfelder als Verhaltensdeterminanten, zwischen denen Übergänge bzw. „Lokomotionen" stattfinden. In ähnlicher Weise können Annäherungs-Vermeidungs-Konflikte (bzw. Annäherungs-Annäherungs- oder Vermeidungs-Vermeidungs-Konflikte) als Bewegungen zwischen motivationalen Attraktoren aufgefaßt werden. Die Wirkung von Psychotherapien wäre in diesem Sinn als eine Veränderung psycho-sozialer Attraktor- oder Potentiallandschaften vorstellbar (Schiepek et al., 1992; Schneider et al., 1996).

Zur Formalisierung des Systemverhaltens in einem Kraftfeld dienen im folgenden die mathematisch-physikalischen Grundlagen von zeitvarianten, zeitdiskreten, nichtlinearen Schwingungsmodellen. Sie beschreiben z.B. die Bewegungen einer Kugel in einer Potentiallandschaft. Es kann gezeigt werden, daß nach diesem Modell alle Veränderungen dieser Bewegungen durch Kräfte bewirkt werden, welche die Geschwindigkeit der Kugel in einem multidimensionalen Potential modulieren, d.h. Katalysatorfunktion haben. Wir beschränken unsere Betrachtungen aus Gründen der Anschaulichkeit zunächst auf eindimensionale Systeme.

2 Ein zeitdiskretes Modell nichtlinearer Schwinger

Jedes stetige, eindimensionale Kraftfeld kann beliebig genau durch ein Potential $\varsigma(x)$ mit ausreichender Ordnung approximiert werden. Bei den folgenden Abhandlungen beschränken wir uns auf die Betrachtung von Potentialen vierter Ordnung, die durch Verschiebung auf der x-Achse und Division durch den Koeffizienten des gradhöchsten Gliedes auf folgende reduzierte Form gebracht werden können:

$$\varsigma\,(x,\alpha,\beta) \quad = x^4 - \alpha\,x^2 - \beta\,x \tag{1}$$

Die Trajektorie x(t) einer Kugel der Masse m, die sich angeregt durch Kräfte F(t) auf einem Potential bewegt, stellt eine Folge dynamischer Systemzustände dar. Abbildung 1 zeigt eine Kugel auf einem Beispielpotential vierter Ordnung an einer willkürlichen Position x.

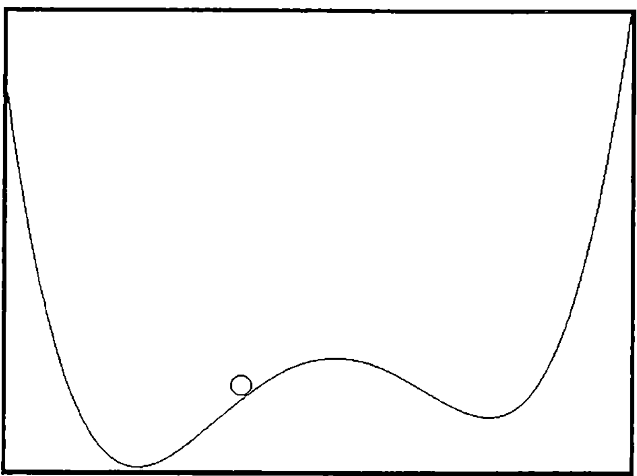

***Abb. 1:** Kugel auf einem normierten Potential vierter Ordnung.*

Die Bewegung der Kugel gehorcht den Axiomen der klassischen Mechanik. Das zweite Newton'sche Gesetz besagt, daß das Produkt aus der Beschleunigung eines Körpers, der sich mit der Geschwindigkeit v(t) bewegt, und seiner Masse m gleich der Kraft F(t) ist, die auf ihn einwirkt.

$$F(t) \quad = m\,\frac{\partial\,v(t)}{\partial\,t} \tag{2}$$

Die Kraft F(t) kann auch aus k additiven Komponenten bestehen.

$$F(t) \quad = \sum_{i=1}^{k} F_i(t) \tag{3}$$

Bisher sind wir davon ausgegangen, daß die auf die Kugel einwirkende Kraft auch erhalten bleibt. Es ist jedoch bekannt, daß durch Reibung ϕ bei der Bewegung Energie verbraucht wird. Wir ergänzen unsere Gleichung um einen entsprechenden Summanden:

$$F(t) \quad = \quad m\,\frac{\partial\,v(t)}{\partial\,t} + m\,\phi\,v(t) \tag{4}$$

(vgl. Haken, 1990, S. 115 ff.). Wir erhalten ein rekursives, zeitdiskretes Modell, wenn wir die Beschleunigung durch Differenzenquotienten schätzen:

$$F(t) \quad \approx \quad m\,\frac{v(t+\Delta t) - v(t)}{\Delta t} + m\,\phi\,v(t) \tag{5}$$

Gleichung (5) kann nun nach v(t+Δt) aufgelöst werden. Die Geschwindigkeit der Kugel zum Zeitpunkt t+Δt erweist sich als Funktion ihrer Geschwindigkeit zum Zeitpunkt t, der auf sie einwirkenden Kraft F(t) und der Masse der Kugel m

$$v(t+\Delta t) \quad \approx \quad v(t) - \Delta t\,\phi\,v(t)^2 + \Delta t\,\frac{F(t)}{m} \tag{6}$$

Die Position x(t+Δt) der Kugel läßt sich ebenfalls rekursiv aus x(t) und v(t) bestimmen

$$x(t+\Delta t) \quad \approx \quad x(t) + \Delta t\,v(t), \text{ bzw.} \tag{7}$$

$$x(t+\Delta t) \quad \approx \quad x(t) + \Delta t\,v(t{-}\Delta t) + (\Delta t)^2\,\phi\,v(t{-}\Delta t) + (\Delta t)^2\,\frac{F(t{-}\Delta t)}{m}$$

Computersimulationen mit dem System (7) zeigen, daß man die Dynamik von x mit Δt = 0.01 und | ϕ | > 0.1 sehr genau schätzen kann (s. hierzu Abb. 2).

3 Die Kraftkomponenten

Wir betrachten nun Typen von Kraftkomponenten F, die auf das System einwirken. Eine Kraft geht von der Steigung des Potentials ς aus, das die Kugel bei ihrer Bewegung überwinden muß.

$$F_\varsigma(t) \quad = -\frac{\partial\,\varsigma\,(x(t),\alpha,\beta)}{\partial\,x(t)}. \tag{8}$$

Nach einigen Umformungen und der Einführung der Erdbeschleunigungskonstante g erhalten wir für die Potentialkraft F_ς

$$F_\varsigma(t) = -F_G \sin\left(\arctan\left(\frac{\partial \varsigma\,(x(t),\alpha,\beta)}{\partial x(t)}\right)\right) = -F_G \frac{\dfrac{\partial \varsigma\,(x(t),\alpha,\beta)}{\partial x(t)}}{\sqrt{1 + \left(\dfrac{\partial \varsigma\,(x(t),\alpha,\beta)}{\partial x(t)}\right)^2}} \qquad (9)$$

mit

$$F_G = m\,g$$
$$g = 9.80665\ \text{m/(Sek.)}^2 \text{ als Erdbeschleunigungsskonstante.}$$

Ersetzen wir in Gleichung (7) F(t–Δt) durch F_ς (t–Δt) und wählen als

Parameter		Anfangswerte		Konstante		
α	= –2.9	x(0)	= 1.95	Δt	= 0.01	(10)
β	= –0.8	v(0)	= 0.0	n	= 500 (Anzahl der Iterationen)	
ϕ	= 1.0					
m	= 1.0					

so können wir die zeitliche Entwicklung des Systemzustandes x(t) schätzen. Abbildung 2 zeigt die ersten n rekursiv bestimmten Positionen x(t) des Systems (7) mit den Festlegungen (10).

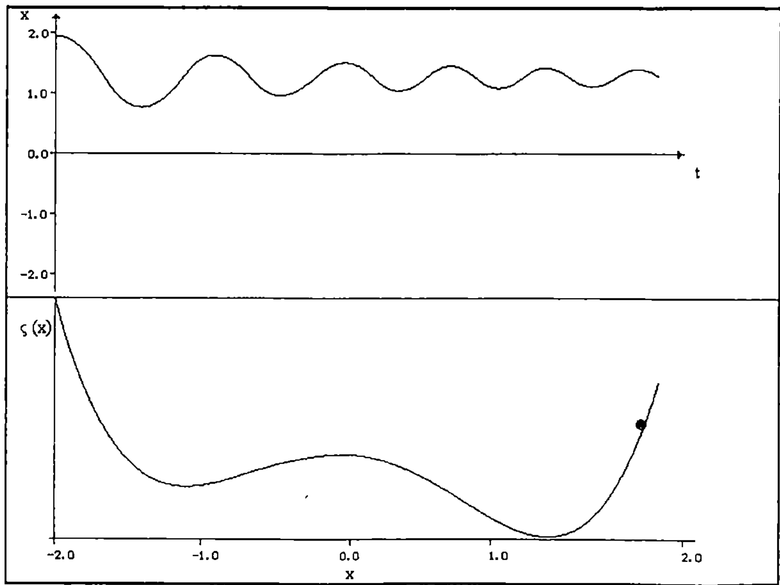

Abb. 2: Entwicklung des Systemzustandes x(t) unter Einwirkung der Potentialkraft $F_\varsigma(t)$, mit den in (10) getroffenen Festlegungen.

Im unteren Teil der Graphik sieht man das Potential ς (x) mit der Anfangsposition x(0) der Kugel, im oberen Teil sind die ersten 500 Positionen x(t) (entspricht einer Zeit von 5 Sekunden) dargestellt.

Wollte man eine Analogie zu psychotherapeutischen Prozessen riskieren, so könnte die Position der Kugel auf dem Kontinuum z.B. der Ausprägung des Systemzustandes „Annäherung/Vermeidung" eines Klienten entsprechen. Die beiden Potentialminima würden dann Gleichgewichtspunkte (Attraktoren) der Vermeidung bzw. Annäherung gegenüber unbekannten oder angstauslösenden Erlebnis- bzw. Verhaltensbereichen repräsentieren. Der Vermeidungsattraktor ist jedoch weitaus stabiler als der Annäherungsattraktor. Als Therapieziel bietet sich hier möglicherweise die Veränderung des Potentials in Richtung auf höhere Annäherungsstabilität an.

Im weiteren wollen wir davon ausgehen, daß nicht nur die Potentialkraft $F_\varsigma(t)$ auf die Kugel einwirkt, sondern auch zufällige Störkräfte $F_R(t)$, die sie immer wieder aus den Gleichgewichtspositionen bringen.

$$F_R(t) \quad = \quad u(t), \qquad \text{Zufallssignal} \tag{11}$$

$$F(t) \quad = \quad F_\varsigma(t) + F_R(t)$$

Der Reibungskoeffizient ϕ und die Masse m repräsentieren dabei die Trägheit des Systems. Je größer die Reibung und je größer die Masse, desto eher kann das System zu den Gleichgewichtspunkten zurückkehren. Abbildung 3 zeigt hierzu das System (7) mit den Festlegungen (10) und der Reibung $\phi = 3.0$.

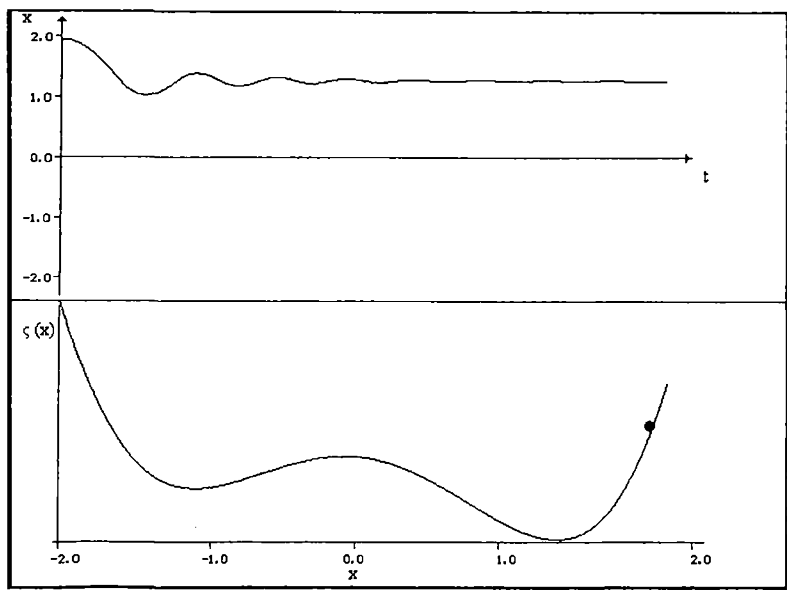

Abb. 3: Entwicklung des Systemzustandes x(t) mit Reibung $\phi = 3.0$.

Unsere Überlegungen können leicht auf multivariate Systeme erweitert werden. Wir betrachten das bivariate System (12) mit den Parametern und Startwerten (13).

$$v_X(t+\Delta t) \;\approx\; v_X(t) - \Delta t\, \phi_X\, v_X(t)^2 + \Delta t\, \frac{F_X(t)}{m_X} \tag{12}$$

$$v_Z(t+\Delta t) \;\approx\; v_Z(t) - \Delta t\, \phi_Z\, v_Z(t)^2 + \Delta t\, \frac{F_Z(t)}{m_Z}$$

$$x(t+\Delta t) \;\approx\; x(t) + \Delta t\, v_X(t-\Delta t) + (\Delta t)^2\, \phi_X\, v_X(t-\Delta t) + (\Delta t)^2\, \frac{F_X(t-\Delta t)}{m_X}$$

$$z(t+\Delta t) \;\approx\; z(t) + \Delta t\, v_Z(t-\Delta t) + (\Delta t)^2\, \phi_Z\, v_Z(t-\Delta t) + (\Delta t)^2\, \frac{F_Z(t-\Delta t)}{m_Z}$$

$$
\begin{array}{llll}
\alpha_X & = & -1.5 & \qquad \alpha_Z & = & -0.9 \\
\beta_X & = & -0.9 & \qquad \beta_Z & = & 1.5 \\
\phi_X & = & 0.5 & \qquad \phi_Z & = & 0.3 \\
x(0) & = & -1.5 & \qquad z(0) & = & 1.5 \\
v_X(0) & = & 0 & \qquad v_Z(0) & = & 0 \\
m_X & = & 1 & \qquad m_Z & = & 1
\end{array}
\tag{13}
$$

Abbildung 4 zeigt die ersten 1000 Iterationen des zweidimensionalen Systems (12). Die schwarze Kugel repräsentiert die Startposition x(0), z(0) und die weiße die Endposition x(1000), z(1000).

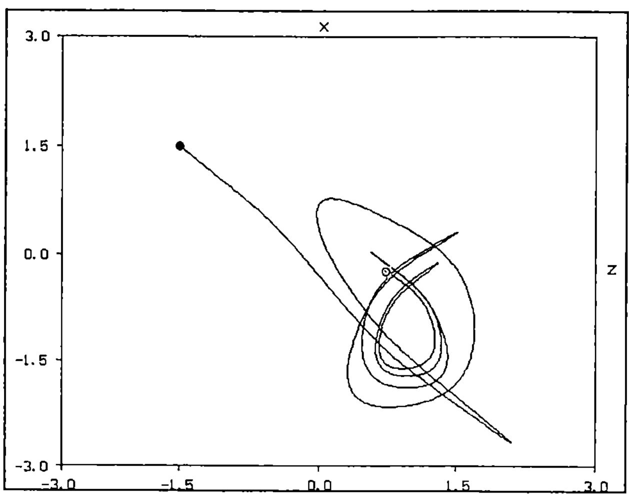

Abb. 4: Zweidimensionaler Trajektorienverlauf.

4 Steuerung

4.1 Trajektoriensteuerung

In neuester Zeit sind in der Physik Modelle der Chaoskontrolle entwickelt worden. Da unser nichtlinearer Schwinger prinzipiell auch chaotisches Verhalten zeigen kann (vgl. Schuster, 1994), lassen sich an seinem Beispiel verschiedene Möglichkeiten der Chaossteuerung demonstrieren.

Zunächst diskutieren wir den Fall, daß die Systemparameter bekannt sind und wir mit Hilfe einer Interventions-Kraftkomponente $F_I(t)$ die Kugel in eine andere, beliebige Trajektorie führen wollen. Dies wird durch die Modulation der Geschwindigkeit der Kugel möglich. Sind $x(t)$, $x(t+\Delta t)$, $x(t+2\Delta t)$, $v(t)$ und $v(t+\Delta t)$ bekannt und soll $x(t+2\Delta t)$ in die Trajektorie $y(t+2\Delta t)$ überführt werden, d.h. soll $x(t+2\Delta t)=y(t+2\Delta t)$ werden, so steuern wir $v(t+\Delta t)$ mit Hilfe von $F_I(t)$ in die Zielgeschwindigkeit $v_I(t+\Delta t)$.

$$v_I(t+\Delta t) \quad = \quad \frac{y(t+2\Delta t) - x(t+\Delta t)}{\Delta t} \tag{14}$$

Wir können die dazu notwendige Kraftkomponente $F_I(t)$ berechnen. Sie ergibt sich aus

$$v_I(t+\Delta t) \quad = \quad v(t+\Delta t) + \frac{F_I(t)\,\Delta t}{m} \tag{15}$$

$$F_I(t) \quad = \quad m\,\frac{v_I(t+\Delta t)-v(t+\Delta t)}{\Delta t} \quad = \quad m\,\frac{y(t+2\Delta t)-x(t+2\Delta t)}{(\Delta t)^2}$$

$F_I(t)$ ist also bestimmbar, wenn $x(t)$ und $v(t-\Delta t)$ bekannt sind und wir mit den Formeln (6) und (7) $x(t+\Delta t)$, $x(t+2\Delta t)$, $v(t)$ und $v(t+\Delta t)$ prognostizieren können.

4.2 Die Veränderung von Potentialen

Bisher sind wir stillschweigend davon ausgegangen, daß das Verhaltenspotential ς bekannt und zeitinvariant ist. Diese Annahme ist sicherlich äußerst restriktiv und problematisch. Insbesondere wenn man sich vergegenwärtigt, daß psychische Systeme lernfähig sind, stellt sich die Frage nach der Veränderbarkeit bzw. zeitlichen Entwicklung der Systembedinungungen (Nichtstationarität).

Die Annahme eines Systemgedächtnisses, das die Positionen der Kugel eine gewisse Zeit speichern kann, ist in diesem Zusammenhang wohl am plausibelsten. Das Potential an der Position x ist danach um so geringer (d.h. die Potentialmulde ist um so tiefer), je bekannter dem System die Position x ist, d.h. je öfter x in der Vergangenheit erreicht wurde. Die Verteilung $p(x,t)$ der Position einer Kugel, die im Potential $\varsigma\,(x,\alpha(t),\beta(t))$ von Zufallsfluktuationen F_R angeregt wird, ergibt sich aus:

$$p(x,\alpha(t),\beta(t)) \quad = \quad \frac{\exp(-\varsigma\,(x,\alpha(t),\beta(t)))}{\displaystyle\int_{-\infty}^{\infty} \exp(-\varsigma\,(x,\alpha(t),\beta(t)))\ dx} \tag{16}$$

(Siehe hierzu die Ableitung in Haken, 1990).
Das Potential $\varsigma\,(x,\alpha(t),\beta(t))$ kann auch aus $p(x,\alpha(t),\beta(t))$ geschätzt werden

$$\varsigma\,(x,\alpha(t),\beta(t)) = \quad -\ln(p(x,\alpha(t),\beta(t))) \tag{17}$$

Wir können so erklären, wie bis zur Gegenwart Verhaltenspotentiale entstanden sind, da diese als eine Funktion des realisierten Verhaltens interpretiert werden. Darüber hinaus verändern sich die Potentiale permanent. Möchte man das Potential $\varsigma_{Ist}\,(x,\alpha_1,\beta_1)$ in eine bestimmte Sollform $\varsigma_{Soll}\,(x,\alpha_2,\beta_2)$ bringen, so kann dies mit Hilfe der systematischen Sollpotentialkraft $F_\Pi(t)$ erfolgen. Unabhängig davon, ob gleichzeitig unsystematische Kräfte $F_R(t)$ auf die Kugel einwirken, erhalten wir asymptotisch die Verteilung $p(x,\alpha_2,\beta_2)$ nach Gleichung (16), wenn

$$F_\Pi(t) \quad = \quad F_{\varsigma,Soll}\,(t)- F_{\varsigma,Ist}\,(t) \qquad \text{und} \tag{18}$$

$$F(t) \quad = \quad F_{\varsigma,Ist}(t) + F_\Pi(t) + F_R(t)$$

Abbildung 5 zeigt die Verteilung der Positionen x(t) der ersten 500 Iterationen des Systems (9) mit den Festlegungen (10), das zusätzlich von normalverteilten Zufallskräften $F_R(t) = N(0,2500)$ angeregt wurde. Die glatte Kurve entspricht der theoretischen Verteilung nach Gleichung (16).

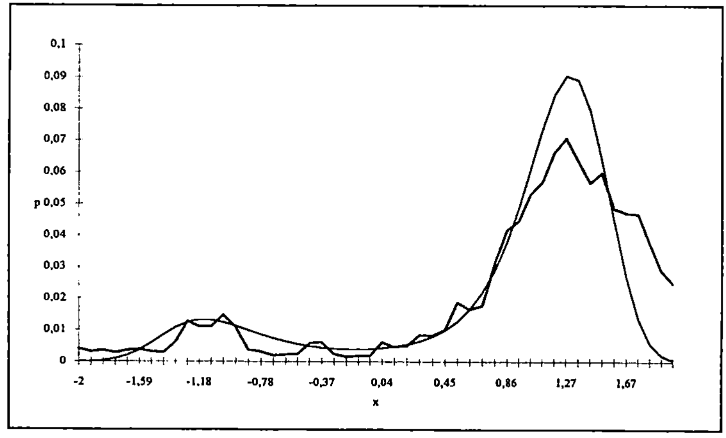

Abb. 5: Verteilung der Positionen x(t) eines Beispielsystems.

4.3 Die Steuerung der Systemparameter ϕ und m

Möglicherweise ist man nicht an der Steuerung der Potentiallandschaft, sondern an der Steuerung der Systemparameter m und ϕ interessiert. Dies soll exemplarisch an der Steuerung des Parameters ϕ demonstriert werden.

Wir betrachten dazu das Istsystem mit der Position $x_1(t)$ und das Sollsystem mit der Position $x_2(t)$. Unterscheiden sich die beiden Systeme nur bezüglich der Reibungskoeffizienten ϕ, d.h.

$$
\begin{aligned}
\alpha_1 &= \alpha_2 \\
\beta_1 &= \beta_2 \\
\Delta t_1 &= \Delta t_2 \\
x_1(0) &= x_2(0) \\
v_1(0) &= v_2(0) \\
m_1 &= m_2 \\
\phi_1 &\neq \phi_2
\end{aligned}
\tag{19}
$$

und treiben wir das System mit der Kraft

$$
\begin{aligned}
F(t-\Delta t_2) &= x_2(t) + v_2(t-\Delta t_2)\,(1 + \Delta t_2\,\phi_2\,v_2(t-\Delta t_2))\,(\Delta t_2) + \frac{F_{\varsigma,2}(t-\Delta t_2)}{m}\,(\Delta t_2)^2 \\
&\quad -x_1(t) - v_1(t-\Delta t_1)\,(1 - \Delta t_1\,\phi_1\,v_1(t-\Delta t_1))\,(\Delta t_1) - \frac{F_{\varsigma,1}(t-\Delta t_1)}{m}\,(\Delta t_1)^2 \\
&= (\Delta t_2)^2\,(\phi_2 - \phi_1)\,v_2(t-\Delta t_2)
\end{aligned}
\tag{20}
$$

an, so folgt unmittelbar die zeitdiskrete Formulierung der von Hübler (1987) entwickelten Chaossteuerung:

$$
\begin{aligned}
-\frac{\partial^2 y}{\partial t^2} - \phi_1\,\frac{\partial y}{\partial t} - F_{\varsigma,2}(t) &= 0 \\[4pt]
-\frac{\partial^2 x}{\partial t^2} - \phi_2\,\frac{\partial x}{\partial t} - F_{\varsigma,1}(t) &= 0 \\[4pt]
F_I(t) &= (\phi_1 - \phi_2)\frac{\partial x_t}{\partial t} \\[4pt]
-\frac{\partial^2 y}{\partial t^2} - \phi_1\,\frac{\partial y}{\partial t} - F_{\varsigma,2}(t) + F_I(t) &= 0
\end{aligned}
\tag{21}
$$

Mit Hilfe von $F_I(t)$ verhält sich die Kugel nun wie eine Kugel eines Systems mit der Reibung ϕ_2. Ähnliche Beziehungen erhält man für die Steuerung des Systemparameters m.

4.4 Steuerung trotz Unkenntnis von Systemparametern

Sind die Systemparameter m und ϕ, die Parameter des Potentials α und β, die Anfangswerte x_0, v_0 und/oder einzelne Kraftkomponenten $F_j(t)$ nicht oder nicht genau bekannt, so ist dennoch eine Steuerung mit Hilfe einer Feedback-Kraftkomponente $F_F(t)$ möglich.

Wir schätzen dazu die Ist-Position $x_1(t)$ aus $x_1(t-\Delta t)$, indem wir davon ausgehen, daß die Geschwindigkeit $v_1(t) = v_1(t-\Delta t)$ zeitkonstant bleibt, bilden den mit η exponentiell gewichteten Mittelwert aller Differenzen zwischen Ist- und Sollposition und verwenden diesen als F_F.

$$F_F(t) = \eta\, F_F(t-1) + x_2(t) - x_1(t) \qquad (22)$$
$$F_F(0) = 0$$

Durch die rekursive Funktion (22) geht die Differenz zwischen Soll- und Istposition zum Zeitpunkt t_1, d.h. $x_2(t_1) - x_1(t_1)$ mit dem Gewicht η^{t-t_1} in die Berechnung der Kraft $F_F(t)$ zum Zeitpunkt t ein. Der absolute Betrag des gewichteten Summanden ist also um so kleiner, je weiter t_1 von der Gegenwart t entfernt ist, wenn $0 \leq \eta \leq 1$.

Wir demonstrieren die entwickelte Steuerung am Beispielsystem (24), auf das die Kraft F(t) einwirkt

$$F(t) = F_C(t) + F_\Pi(t) + F_F(t) \qquad (23)$$

Die Potentialsteuerung $F_\Pi(t)$ wurde mit Hilfe von (18) bestimmt. Als dritte Kraftkomponente $F_F(t)$ wurde (22) mit $\eta = 0.9$ gewählt.

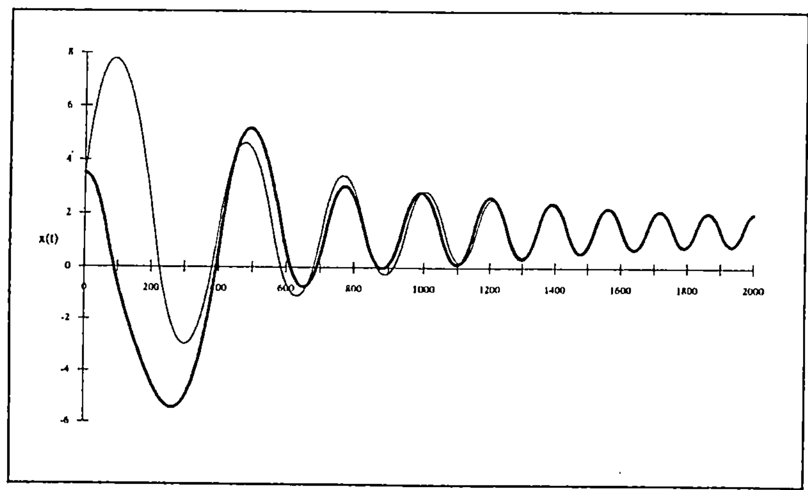

Abb. 6: Steuerung des Ist-Systems bei unbekannter Anfangsgeschwindigkeit.

$$\begin{aligned}
\alpha_1 &= 0.9 & \alpha_2 &= -0.9 \\
\beta_1 &= 8.9 & \beta_2 &= -8.9 \\
\phi_1 &= 0.4 & \phi_2 &= 0.3 \\
\Delta t_1 &= 0.01 & \Delta t_2 &= 0.01 \\
x_1(0) &= 1.95 & x_2(0) &= 1.95 \\
v_1(0) &= 0 & v_2(0) &= 10 \\
m_1 &= 1 & m_2 &= 1
\end{aligned} \tag{24}$$

Abbildung 6 zeigt die ersten 2000 Iterationen der Systeme (24). Die dicke Kurve repräsentiert das Soll-System, die dünne das Ist-System. Deutlich erkennbar ist die verschwindende Abweichung zwischen Ist- und Sollsystem nach etwa 1,2 Sekunden, die durch die unbekannte Startgeschwindigkeit $v_1(0)$ entstanden war.

5 Diskussion

Auf der Ebene von Analogiebildungen ermöglicht das Konzept der Potentiallandschaften eine Veranschaulichungshilfe für psychologische Stabilisierungs- und Veränderungsprozesse. Ein Potential repräsentiert innere Kräfte, die das Systemverhalten auf einen oder einige präferierte Zustände hin orientieren. Inhaltlich kann es sich dabei um bestimmte Zustände der Emotions- und Informationsverarbeitung handeln („states of mind", vgl. Horowitz, 1987; Beirle et al., 1996), oder aber um Lebensstile (vgl. bereits Adler, 1912) oder Kommunikationsmuster. Die Entwicklung derartiger Attraktoren kann man sich als Selbstorganisationsprozeß im Sinne der Synergetik vorstellen, d.h. als Vorgang oder Emergenz von Ordnungsstrukturen, der zu einer erheblichen Reduktion der Freiheitsgrade der beteiligten Systemelemente führt (Versklavungsprinzip). Neben den durch die Potentiale repräsentierten inneren Kräften $F_c(t)$ wirken noch äußere Kräfte $F_R(t)$, $F_\Pi(t)$ und $F_I(t)$ auf das Systemverhalten, das sich seinerseits auf die Form des Potentials in modifizierender Weise auswirken kann. Auf diesem Weg schließt sich ein kreiskausaler Prozeß zwischen Potential und Verhalten (vgl. Schiepek et al., 1992). Die Möglichkeiten der Chaossteuerung erweisen sich in vielfacher Weise kompatibel mit Befunden aus der Psychotherapieforschung, z.B. was die Bedeutung der Aufnahmebereitschaft von Klienten (Ambühl, 1991), das Auftreten nicht-stationärer chaotischer Prozesse in der therapeutischen Interaktion (Kowalik et al., im Druck), die Wirksamkeit kreiskausaler Prozesse (vgl. das „generic model of psychotherapy" nach Orlinski & Howard, 1986), das Prinzip minimaler Interventionen (z.B. Kanfer et al., 1991) oder die Rolle von Eigendynamik und Eigenzeitlichkeit in Veränderungsprozessen (Schiepek, 1993) betrifft. Dennoch soll auch abschließend nochmals auf den rein analogisierenden Charakter dieser Überlegungen hingewiesen werden. Praktisch gesehen bestätigen sich damit vielleicht nur ohnehin schon bewährte therapeutische „Heuristiken", z.B. mit der Motivation des Klienten zu gehen (Jiu-Jitsu-Prinzip), „hinter" der Entwicklung des Klienten zu bleiben, minimale Interventionen zu setzen, die eigenen Ressourcen des Klienten zu aktivieren und sich für die Eigendynamik von Veränderungsprozessen zu sensibilisieren.

Literatur

Adler, A. (1912). *Über den nervösen Charakter*. Frankfurt am Main: Fischer.

Ambühl, H. R. (1991). Die Aufnahmebereitschaft des Klienten als zentrales Bindeglied zwischen therapeutischer Tätigkeit und Therapieerfolg. In D. Schulte (Hrsg.), *Therapeutische Entscheidungen* (S. 71-88). Göttingen: Hogrefe.

Beirle, G., Schiepek, G. & Schröder, I. (1996). Psychotherapie als Veränderung von Übergangsmustern zwischen „States of Mind". Einzelfallanalyse einer Lösungsorientierten Kurzzeittherapie. Eingereicht in: *Der Psychotherapeut*.

Ditto, W. L. & Pecora, L. M. (1993). Das Chaos meistern. *Spektrum der Wissenschaft, (November 1993)*, 46-53.

Funke, J. (1990). Systemmerkmale als Determinanten des Umgangs mit dynamischen Systemen. *Sprache & Kognition, 9(3)*, 143-154.

Haken, H. (1990). *Synergetik. Eine Einführung*. Berlin: Springer.

Horowitz, M. J. (1987). *States of Mind*. New York: Plenum Medical Books.

Hübler, W. H. (1987). *Beschreibung und Steuerung nichtlinearer Systeme*. Dissertation, TU München.

Kanfer, F. H., Reinecker, H. & Schmelzer, D. (1991). *Selbstmanagement-Therapie*. Berlin: Springer.

Kowalik, Z. J., Schiepek, G., Kumpf, K., Roberts, L. E. & Elbert, T. (in press). Psychotherapy as a Chaotic Process. Part II: The Dynamical Structure of the Client-Therapist-Interaction: A Nonstationary Approach. *Psychotherapy Research, 7(3)*.

Kuhl, J. (1986). Motivational Chaos: A Simple Model. In D. R. Brown & J. Veroff (Eds.), *Frontiers of Motivational Psychology* (pp. 54-71). Berlin: Springer.

Levine, R. L. & Fitzgerald, H. E. (Eds.) (1992). *Analysis of Dynamic Psychological Systems* (Vol. 1 & 2). New York: Plenum Press.

Orlinsky, D. E. & Howard, K. J. (1986). Process and Outcome in Psychotherapy. In S. L. Garfield & A. E. Bergin (Eds.), *Handbook of Psychotherapy and Behavior Change* (3rd Edition, pp. 311-381). New York: Wiley.

Ott, E., Grebogi, C. & Yorke, J. A. (1990). Controlling Chaos. *Physical Review Letters, 64(11)*, 1196-1199.

Redington, D. J. & Reidbord, S. P. (1992). Chaotic Dynamics in Autonomic Nervous System Acticity of a Patient during a Psychotherapy Session. *Biological Psychiatry, 31*, 993-1007.

Schiepek, G. (1991). *Systemtheorie der Klinischen Psychologie*. Braunschweig: Vieweg.

Schiepek, G. (1993). Systemorientierte Psychotherapie. *Psychotherapie Forum, 1*, 8-16.

Schiepek, G., Fricke, B. & Kaimer, P. (1992). Synergetics of Psychotherapy. In W. Tschacher, G. Schiepek & E. J. Brunner (Eds.), *Self-Organization and Clinical Psychology* (pp. 239-267). Berlin: Springer.

Schiepek, G. & Kowalik, Z. J. (1994). Dynamik und Chaos in der psychotherapeutischen Interaktion. *Verhaltenstherapie und psychosoziale Praxis, 26*, 503-527.

Schiepek, G. & Strunk, G. (1994). *Dynamische Systeme. Grundlagen und Analysemethoden für Psychologen und Psychiater*. Heidelberg: Asanger.

Schneider, H., Fäh-Barwinski, M. & Barwinski-Fäh, R. (1996). *Tracing Long-Term Change in Psychoanalysis by Means of Process Patterns*. Paper presented at the 5th European Meeting of the Society for Psychotherapy Research. Cernobbio (Italy), September 4-7, 1996.

Schuster, H. G. (1994). *Deterministisches Chaos*. Weinheim: VCH.

Strohschneider, S. (1991). Kein System von Systemen! Kommentar zu dem Aufsatz „Systemmerkmale als Determinanten des Umgangs mit dynamischen Systemen" von Joachim Funke. *Sprache & Kognition, 10*, 109-113.

Tschacher, W., Schiepek, G. & Brunner, E. J. (Eds.) (1992). *Self-Organization and Clinical Psychology*. Berlin: Springer.

Zwischen Ich und Wir. Kleingruppenbildung als selbstorganisierter Prozeß. (Und warum ihn gerade Gruppen untersuchen sollten.)

Theo Gehm

Der vorliegende Beitrag versteht sich als Schritt zur Entwicklung einer neuen Sichtweise auf die Leistungsfähigkeit und den spezifischen Modus der Leistungen in Kleingruppen und damit auch als Anregung, diese Leistungsfähigkeit und die spezifischen Erfahrungsmöglichkeiten, die aus ihr resultieren können, zu nutzen. Er ist in weiten Teilen zugleich Ergebnis dieser Leistungsfähigkeit einer Kleingruppe, nämlich der Untersuchungsgruppe meiner Studentinnen und Studenten am Psychologischen Institut der Freien Universität in Berlin, die sich in außergewöhnlicher Weise bei dem hier vorgestellten Forschungsprojekt eingesetzt haben. Dieses Engagement war unter anderem deshalb möglich, weil eine großzügige Studienordnung und das daraus resultierende freie Lernklima hier am Institut ein solchen Einsatz für einzelne Lehrveranstaltungen ermöglichen. Dieser Artikel ist denen gewidmet, die immer wieder für diese Lern- und Arbeitsbedingungen eingetreten sind.

Pro Jahr erscheinen etwa 2000 Veröffentlichungen zu den Themenbereichen Gruppenaufgaben und Gruppentypen, Gruppenprozeß und Gruppenstruktur, Personvariablen und Methoden der Kleingruppenforschung und dies mit steigender Tendenz (Fisch et al., 1991, S. 250 ff) Dennoch gibt es bis heute kein klares Konzept zum Verständnis der Leistungsfähigkeit von Gruppen. Vielfach wird der Standpunkt vertreten, daß die Leistungsfähigkeit von Gruppen überschätzt wird: Witte und Ardelt beispielsweise argumentieren, daß die Gruppe häufig „nur eine subjektive Sicherheit durch die gegenseitige Bestätigung" der individuellen Leistungen bedeutet (Witte & Ardelt, 1989, S. 460). Demgegenüber steht die fast triviale, aber gerade innerhalb der Kleingruppenforschung häufig ausgeblendete Erkenntnis, daß wir als isolierte Individuen allesamt kaum überlebensfähig wären, unser Überleben also der Kooperation von Individuen verdanken. Zur Beschreibung der Wirkung dieser Interaktionseffekte fehlen uns jedoch die theoretischen Konzepte.

Hier bieten sich systemtheoretische Überlegungen an, weil sie betonen, daß neue Qualitäten aus der Interaktion individueller Leistungen resultieren. Als ein solches Modell zur Beschreibung und Systematisierung der Leistungsfähigkeit von Kleingruppen habe ich vorgeschlagen, das Zusammenwirken von individuellen Informationsverarbeitungsprozessen innerhalb sozialer Gruppen in Beziehung zu den parallelen Informationsverarbeitungsschritten Neuronaler Netzwerke zu setzen (siehe dazu Gehm, 1993). Ein kleiner Überblick über die Funktionsweise Neuronaler Netzwerke kann hierfür eine Reihe von Argumenten liefern.

Wie in der Überblicksliteratur ausführlich erläutert (siehe beispielsweise schon die richtungweisenden Arbeiten von Rumelhart & McClelland, 1986), besteht ein Neuronales Netzwerk aus vielen „Einheiten" oder „Units", die zeitlich parallel und unabhängig voneinander die bei ihnen jeweils eintreffende Information verarbeiten. Dies geschieht nach ausgesprochen simplen und relativ beliebigen (!) Funktionen der Informationsverarbeitung (Anderson, 1992). Das jeweilige Ergebnis dieser Informationsverarbeitungsprozesse innerhalb der Units wird an eine mehr oder weniger große Menge weiterer Units übermittelt und ist dort Ausgangsinformation für deren Operationen. Die Effektivität Neuronaler Netzwerke resultiert *aus Veränderungen des Informationsflusses zwischen den Units*: In adaptiven Prozessen werden (auf der Grundlage vergleichsweise einfacher mathematischer Algorithmen) Verbindungen zwischen den einzelnen Units verstärkt (Erhöhung von sogenannten „interconnection weights"), wenn deren Informationstransfer zu positiver Rückmeldung beigetragen hat, oder abgewertet, wenn das Gegenteil der Fall war.

Nach einer Phase der Skepsis gibt es mittlerweile eine Fülle von äußerst beeindrukkenden Beispielen für die Effizienz dieser Informationsverarbeitungsstrategie (z.B. Pfeifer et al., 1989). Neuronale Netzwerke eignen sich hervorragend zur Klassifikation von unscharfem Reizmaterial, zur Entscheidungsfindung selbst bei verrauschten Eingangsdaten und - was zu Beginn besonders skeptisch beurteilt wurde - sogar zu logischen Analysen. Entsprechende Befunde belegen also deutlich, daß aus der Interaktion relativ einfacher Informationsverarbeitungskomponenten besondere Leistungen resultieren können.

Schon diese Kurzcharakteristik läßt Parallelen zwischen der Informationsverarbeitung innerhalb Neuronaler Netzwerke und sozialen Gruppen deutlich werden. Die wesentlichen Analogien sind in Tabelle 1 aufgelistet und werden im folgenden erläutert.

Zunächst ist evident, daß auch in sozialen Gruppen Individuen gemeinsam und parallel, aber - wie die kognitive Sozialpsychologie betont - immer auch mit begrenzten Informationsverarbeitungskapazitäten und -möglichkeiten die Information einer komplexen Umwelt verarbeiten. Weiterhin finden die wesentlichen Merkmale zur Charakterisierung von sozialen Gruppen eine direkte formale Entsprechung auf der Darstellungsebene Neuronaler Netzwerke: Formale Kommunikationskanäle, die interindividuelle Kommunikationsmöglichkeiten innerhalb einer Organisation determinieren, können als Entsprechung der Hardware-Struktur oder neuronalen Verdrahtung eines Netzwerks angesehen werden, informelle Kommunikationskanäle oder Kommunikationsvorlieben entsprechen der aufgrund von Kommunikationserfahrungen etablierten „soften" Struktur (Spezifikation von interconnection weights) eines Netzwerks. Soziale Hierarchien oder Dienstwege finden ihr Pendant in der Anzahl und Strukturierung der Schichten eines Neuronalen Netzwerks ebenso wie in der Spezifikation von Untereinheiten[1].

---

[1] Selbst die Befundlage zur differentiellen Effektivität von Neuronalen Netzwerken und von Organisationen weist deutliche Parallelen auf: Insgesamt gibt es Belege, daß strukturierte und dabei vor allem vergleichsweise simple Netzwerke (mit reduzierter Anzahl von Units, Schichten und vor allem vergleichsweise geringer Anzahl von Verbindungen zwischen den Units, also eingeschränkten intrasystemischen Kommunikationsmöglichkeiten) bei vielen Aufgaben effektiv sind. Aber es gibt keine allgemeine Theorie, die das Verhältnis von Struktureigenschaften und Leistung bei Netzwerken beschreiben könnte (LeCun, 1989). Fast im selben Tenor gilt entsprechend für soziale Gruppen: „Wenn man (...) von relativ einfach strukturierten sozialen Verbänden absieht, ist es bei Kenntnis der Kommunikationsstruktur einer Organisation oder Gruppe kaum möglich, deren

	Neuronale Netzwerke	**Soziale Gruppen**
Kommunikationswege	Struktur der Hardware „neuronale Verdrahtung"	formale Kommunikationskanäle innerhalb von strukturierten Gruppen
	„softe" Struktur eines Netzwerks rückmeldungsorientierte Spezifikation von interconnection weights	informelle Kommunikationskanäle, Kommunikationsvorlieben
Binnenstrukturierung	Partielle Strukturierung in layers beliebige Subsysteme	Hierarchieebenen, organisatorische oder informelle Untereinheiten
Informationsverarbeitungsstrategien	Simple Algorithmen innerhalb der Units	simple und teilweise alogische Informationsverarbeitungsstrategien bei menschlicher Informationsverarbeitung
„Informationsmenge"	Aufdecken, Weiterverarbeitung und Verstärkung minimaler Informationsanteile in Feed-forward- und Feed-backward-Schleifen	Soziale Effekte selbst kleinster Veränderungen in der Vokalisation, „subliminale" Kommunikation von physiologischen Parametern, minimale Veränderungen in Körperhaltung und Gestik als Prädiktoren für Gruppenentwicklungen

Tabelle 1: Strukturelle Analogie im Informationsverarbeitungsmodus von Neuronalen Netzwerken und sozialen Gruppen.

Auch eine Betrachtung der Kommunikationsprozesse zwischen den Einheiten beider Systeme läßt formale Analogien erkennen. Hilfreich ist dabei ein Begriffspaar zur Darstellung der besonderen Qualität intraorganismischer Kommunikationsprozesse: In diesem Bereich und dabei besonders in einigen Modellen, die die Dynamik der Entstehung emotionaler Reaktionen analysieren, wird zwischen propositionaler und non-propositionaler intraorganismischer Kommunikation unterschieden. Oatley gibt eine griffige Darstellung der Spezifik non-propositionalen Informationstranfers. Er formuliert: „Non-propositional messages spread non-specificially from any processor in the system so that they may potentially affect all the others. (...) They simply affect certain modules in a pre-programmed way, by turning them on or turning them off, or invoking some pre-specified action in them." (Oatley, 1988, S. 355).

Die Parallele zwischen diesen Prozessen und Vorgängen innerhalb eines Neuronalen Netzwerks ist evident: Auch hier senden einzelne Units Informationen an irgendwelche weiteren, unabhängig davon, wie diese weiterverarbeitet werden und auch ohne jede explizite Definition ihres Inhalts. Diese Information setzt daraufhin relativ einfache Verrechnungsalgorithmen in Gang. Sehr grundsätzlich betrachtet, scheint diese Charakteri-

---

Funktionalität oder Leistung vorherzusagen, zumal diese zusätzlich auch von der Gruppengröße, der Aufgabenstellung, der Entscheidungsstruktur und der personellen Zusammensetzung abhängig ist (...)." (Maderthaner, 1989, S. 504).

sierung auch für soziale Interaktionsvorgänge zuzutreffen: Wie durchgängig alle Kommunikationsmodelle annehmen, ist eine eindeutige Bedeutungszuschreibung für Kommunikationsinhalte zumindest schwierig, die Adressaten von Interaktionsprozessen sind ebenfalls häufig nicht klar festgelegt, und es kann auch nicht davon ausgegangen werden, daß von diesen eine spezifische kommunikationsbezogene Weiterverarbeitung erfolgt. In vielen Fällen werden - wie vor allem die Emotionsforschung betont - eben auch hier eher *„präprogrammierte Verhaltensmuster"* aktiviert, als daß eine Umsetzung der gesagten Inhalte stattfindet.

Auch wenn eine solche Analogie selbstverständlich nur den Charakter eines vereinfachenden Modells für sich beanspruchen kann - bei aller Beschränkung sind menschliche Individuen mehr als die Units in einem Rechnerprogramm - bietet eine solche Sichtweise auf soziale Kommunikation als non-propositionale Kommunikation innerhalb einer übergreifenden zusammenhängenden Struktur eine Reihe von Anhaltspunkten zum Verständnis sonst schwer faßbarer und in der theoretischen Debatte häufig unterrepräsentierter Phänomene. Hier seien als Beispiele für solche Epiphänomene non-propositionaler Kommunikation nur kurz die Bedeutung minimaler Auslösebedingungen für soziale Prozesse, dabei insbesondere der Einfluß emotionaler Signale anskizziert (siehe ausführlicher Gehm, 1993):

Im Bereich der Sozial- und Kommunikationspsychologie betont eine Reihe von Befunden, daß minimale Auslösebedingungen in vielen Fällen deutliche Auswirkungen auf Gruppenprozesse zeitigen. Nisbett und Wilsons (1977) berühmte Formulierung, daß „...subjects are sometimes (a) unaware of the existence of a stimulus that importantly influenced a response, (b) unaware of the existence of the response, and (c) unaware that the stimulus has affected the response", kann hier als paradigmatisch angesehen werden. Detailuntersuchungen haben beispielsweise gezeigt, daß selbst kleinste Veränderungen in der Vokalisation enorme persuasive Effekte haben können (siehe Gehm et al., 1989), daß selbst minimale Veränderungen in Körperhaltung und Gestik, die von den Gruppenteilnehmern nicht einmal bewußt wahrgenommen werden, Prädiktoren für die weitere Gruppenentwicklung (König & Lindner, 1991, S.49) darstellen, ja es konnte sogar gezeigt werden, daß sich in sehr dichten sozialen Situationen selbst physiologische Parameter angleichen, mit anderen Worten, daß sie irgendwie kommuniziert werden (siehe Scharpf & Fisch, 1991, S. 289 ff). Betrachtet man Gruppenkommunikation als non-propositionale Kommunikation innerhalb eines systemischen Zusammenhangs, so erscheinen diese Befunde schlüssig, mehr noch: zwingend. Ein solches Modell berücksichtigt eben gerade, daß *„ irgendwelche"* Informationen, die sich einmal als relevant gezeigt haben, unabhängig von einer logischen Ableitung des transferierten Bedeutungsgehalts in weiteren Regulierungsschritten bevorzugt wahrgenommen werden und weitere Verhaltensmuster auslösen.

Möglicherweise ist es sinnvoll, das gesamte emotionale Geschehen im Gruppenprozeß als Ergebnis des Zusammenspiels einer Vielzahl zusammenhängender, teils intra-, teils extraorganismischer non-propositionaler Informationstransfervorgänge zu betrachten: Emotionale Reaktionen werden - wie auch im Detail sonst sehr heterogene Systematisierungsansätze betonen (zum Überblick siehe Gehm, 1991, insb. S. 53 ff) - dadurch ausgelöst, daß *irgendwelche* Cues, die sich einmal als relevant erwiesen haben, diverse intraorganismische Subsysteme aktivieren. Diese wiederum kommunizieren untereinander durch non-propositionalen intraorganismischen Informationstransfer, wodurch (auf der individuellen Ebene) als „gemeinsames Produkt" eine emotionale Reaktion resultiert, die dann (jetzt wieder auf der interindividuellen Ebene) als emotionales Signal bei einem weiteren Rezipienten Subsysteme aktiviert etc.. Wie bedeutsam diese vollkommen non-propositional organisierten interindividuellen Informationstransferprozesse sind, zeigt die Notwendigkeit der Wahrnehmung emotionaler Reaktionen. Sie scheint eine entscheidende Determinante von Gruppenprozessen zu sein. Wellens (1992) konnte beispielsweise zeigen, daß schon die Möglichkeit, den Gesichtsausdruck der Kommunikationspartner zu sehen, bei Computerkommunikation die Leistung der Gruppe deutlich erhöht. Offensichtlich sind diese Signale trotz ihrer häufig diskutierten Uneindeutigkeit, der nur intrinsischen Kodierung und der geringen zeitlichen Abgrenzbarkeit entscheidende Parameter für Einzelentscheidungen und damit für den Leistungsverlauf der gesamten Gruppe.

Natürlich müßten die genannten Modellannahmen zur Beschreibung konkreter Geschehnisse in Gruppen verfeinert und erweitert werden. Hierbei wäre insbesondere zu berücksichtigen, daß Kommunikation eben nicht nur aus non-propositionalem, sondern auch aus propositionalem Informationstransfer besteht. Interessanterweise eröffnen auch hier Konzepte intraorganismischer Kommunikation neue Perspektiven: Varela (1991) betont in einer grundlegenden Analyse, daß jeder Organismus mit dem neuronalen und dem limbischen System über eine duale Steuerung aus einem eher propositionalem und einem non-propositionalen Informationstransfersystem verfügt: Auf der Basis des neuronalen Systems wird Information direkt an bestimmte Adressaten weitergeleitet (auch wenn hier nicht von expliziter Information gesprochen werden kann), während das zweite, das limbische System, Information „vollkommen non-propositional" an eine Vielzahl potentieller Adressaten vermittelt. Dies läßt es naheliegend erscheinen, davon auszugehen, daß eine solche *Mischung aus direktem propositionalem und non-propositionalem Informationstransfer*, deren Effizienz sich in der organismischen Entwicklung erwiesen hat, auch als Wirkprinzip interorganismischer Kommunikation effektiv ist.

1 Individuelle und kooperative Informationsverarbeitung

Ein Modell, das die Eingebundenheit individueller Informationsverarbeitung in ein übergreifendes System betont, hat zu problematisieren, daß menschliche Individuen keinesfalls immer innerhalb von sozialen Gruppen oder innerhalb derselben sozialen Gruppe agieren. Dies führt zur Frage nach strukturellen Unterschieden zwischen individueller und kooperativer Informationsverarbeitung. In der Tat legen viele Befunde nahe, daß von einer Art Umschaltprozeß zwischen zwei unterschiedlichen Mechanismen auszugehen ist.

Argumente für die Annahme eines solchen Umschaltvorgangs finden sich in einer Vielzahl von Teilgebieten der Sozialpsychologie: Auffallend ist zunächst, daß beim Entstehen sozialer Verbände deutliche - wenn auch zum großen Teil unbewußte - Verhaltensbeeinflussungen stattfinden. Dies betrifft besonders die individuelle Verhaltensrhythmik. Wie vor allem die Arbeiten von McGrath zeigen, scheint eine gewisse interindividuelle Synchronisation oder - wie McGrath (1991, S. 164) den Vorgang bezeichnet - ein soziales „entrainment" stattzufinden. Eine Reihe von empirischen Belegen weist darauf hin, daß der Gruppenprozeß selbständig eine Art von Interaktionssynchronizität induziert (vgl. Schiepek et al., 1995b), die dazu führt, daß Individuen, auch wenn sie nicht exakt die gleichen Bewegungen durchführen, zumindest häufig ihre Bewegungen zum gleichen Zeitpunkt beginnen oder enden lassen (zum Überblick siehe z. B. Kendon, 1984; Kruck, 1991; Schiepek et al., 1995c für synchronisierte chaoto-chaotische Übergänge in der therapeutischen Interaktion).

Noch deutlicher scheinen Veränderungen auf der *Erlebensebene*: So berichten diverse Autoren über gravierende Veränderungen in der Beurteilung von Gerechtigkeitsstandards und einen Wechsel vom Prinzip der Investitionsgerechtigkeit zu dem der Bedürfnisgerechtigkeit (siehe Maderthander, 1989, S. 496). Insgesamt gehen diese Umstellungen so weit, daß vor allem psychoanalytisch orientierte Autoren von der Bildung eines gemeinsamen Unbewußten („*shared sub-consciousness*") ausgehen (zum Überblick s. Willi, 1991, insb. S. 47 ff). Es gibt etliche empirische Anhaltspunkte dafür, daß dieser Aggregatszustandswechsel schon bei spontanen Gruppenbildungen stattfindet und außerordentlich einfach induzierbar ist[2]. In diese Richtung lassen sich auch Alltagserfahrungen deuten, die betonen, daß im Gruppenprozeß relativ schnell ein eindeutiges „*Wir-Gefühl*" entstehen kann, das die einzelnen Individuen sich als Teil einer größeren Einheit erleben läßt.

2 Gruppeneigenschaften als Emergenz kooperativer Informationsverarbeitung

Die Bedeutung einer solchen Eingebundenheit individueller Informationsverarbeitungsvorgänge in soziale Systeme wird noch deutlicher bei einer makroskopischen Betrachtung von Gruppenprozessen, weil sich eine Reihe langfristiger Gruppenprozesse als „emergent properties" von Mikroprozessen kooperativer Verhaltensregulierung ansehen lassen.

Dies betrifft zunächst die Notwendigkeit und Effizienz einer Differenzierung und Delegation von Rollen: Innerhalb eines Neuronalen Netzwerks ist die Spezialisierung von Units auf bestimmte Informationsausschnitte oder -aspekte eine notwendige Bedingung für die Effizienz des Gesamtsystems. Wenn alle Units des Neuronalen Netzwerks die gleiche Informationsgrundlage hätten oder diese auf die gleiche Art und Weise verarbeiten würden, wären Neuronale Netze, deren Wirkungsweise ja gerade auf einer innersystemischen Gewichtung und Unterscheidung von mehr oder weniger brauchbarer Information beruht, nicht arbeitsfähig. Der Lern- und Adaptationsprozeß besteht gerade darin, daß einzelne Units nach und nach bestimmte „Informationsaspekte" übernehmen

---

[2] So konnten beispielsweise Rabbie und Horowitz (1969) zeigen, daß sich Individuen schon dann als zueinander gehörig fühlen und verhalten, wenn sie nach Münzentscheid auf dem gleichfarbigen Briefpapier schrieben.

und auswerten. Für bestimmte Aufgaben kann es sogar sinnvoll sein, wenn einzelne Units die eintreffende Information auf ganz unterschiedliche Art und Weise verarbeiten. So konnte gezeigt werden, daß bei motorischen Steuerungsprozessen Units mit unterschiedlicher Verarbeitungsgeschwindigkeit selbstorganisiert unterschiedliche Aufgaben (Bestimmung der Lage eines Zielobjekts mithilfe sehr schneller Units, Bestimmung seiner Identität mithilfe vergleichsweise langsamer Units) übernehmen (Anderson, 1992) und in ihrem Zusammenspiel die Effektivität des Netzwerks immens steigern.

Eine solche Rollendifferenzierung und -spezialisierung, die nach der obigen Netzwerkanalogie für soziale Gruppen zwingend zu erwarten ist, ist auch als wesentliches Merkmal der Konfliktdynamik von Kleingruppen immer wieder beschrieben worden. Diese Prozesse können so weit gehen, daß innerhalb des Kleinsystems Familie bestimmte Mitglieder alleiniger Träger emotionaler Steuerungsprozesse werden, die - grundsätzlich betrachtet - in allen beteiligten Individuen stattfinden sollten (McGoldrick, 1992). Willi (1991) geht sogar vom Konzept einer *„Interaktionspersönlichkeit"* aus, das beschreibt, wie in längerfristigen Beziehungen Bewertungsaspekte weitgehend auf die Interaktionspartner verteilt werden, wodurch er einen sehr schlüssig erscheinenden Zugang zur Dynamik von Krisen und Konflikten in Interaktionsbeziehungen eröffnet. Ähnlich weitgehende Beispiele haben König und Lindner (1991, S. 112) in ihren Arbeiten über Gruppentherapie für intrasystemische kognitive Differenzierungsprozesse beschrieben. Sie fanden es immer wieder auffällig, daß sich bei Fallbesprechungen in Supervisionsgruppen eine Verteilung von Rollen ergab, die sich in direkte Beziehung zu der Konstellation in dem supervidierten Kleinsystem Familie setzen ließ. Bei diesem *„Spiegel"* oder *„Resonanz-Phänomen"* übernehmen und verstärken die Mitglieder der Supervisionsgruppe im Laufe der Zeit offensichtlich bestimmte Informationsaspekte des komplexen sozialen Problems, die auch von unterschiedlichen Mitgliedern der supervidierten Gruppe selbst in unterschiedlicher Weise als relevant angesehen werden[3].

Bei diesen und anderen Beispielen dürfte schwer zu entscheiden sein, ob die Spezialisierung auf einzelne Informationsaspekte nun durch soziale Einflüsse (wie Gruppendruck) innerhalb der Gruppensituation erst induziert wird, oder ob hier bestimmte Verhaltens- oder Urteilstendenzen, die ein Individuum ohnehin in den Gruppenprozeß einbringt, nur verstärkt werden. Auffallend ist jedoch, daß die genannten Makroprozesse zumindest zunächst für beide Seiten hilfreich sind: Informationsaspekte, die einzelne Individuen für problemrelevant erachten, werden durch den Prozeß kooperativer Informationsverarbeitung verstärkt, wodurch das System als Ganzes eine enorme Kapazität gewinnt, Informationsaspekte in ihrer Totalität abzubilden. Das nutzt und verstärkt einerseits individuelle Besonderheiten und effektiviert zugleich die Anpassung des Gesamtsystems.

In ähnlicher Weise läßt sich zeigen, daß das Auftreten von Unorganisiertheit und chaotischen Prozessen und damit von rhythmischen Schwankungen in der Effizienz des

---

[3] Vielleicht kann die Herausbildung von Gruppengrenzen und die entsprechende Delegation spezifischer Handlungsanforderungen (wie besonders deutliche Abgrenzung oder Abwertung jeweils anderer Gruppen oder erhöhte Verhaltensrigidität randständiger Gruppenmitglieder) als ein besonders deutliches Beispiel für diese Rollendifferenzierung angesehen werden.

Gruppenprozesses (siehe beispielsweise bei Witte & Ardelt, 1989, S. 470 oder Ziller, 1977, S. 306), die beide in Gruppentheorien oft als bloße Störgröße der Gruppenentwicklung betrachtet werden, ebenso wie in Neuronalen Netzen notwendige Eigenschaften eines effizienten Differenzierungsprozesses darstellen. Ebenso wie ein „shaking" (zufallsgenerierte Parameterüberlagerung bei Neuronalen Netzwerken) zu besserer Adaptation führt, können solche Phasen innerhalb sozialer Gruppen als Voraussetzung für immer neue Adaptationsleistungen - sei es an neue Aufgabentypen, sei es an die unterschiedlichen Anforderungen der Gruppensituation (Informationsaustausch, Statusregulation, emotionale und motivationale Unterstützung von Gruppenmitgliedern) - betrachtet werden (siehe ausführlicher dazu Gehm, 1993, oder entsprechend Probst, 1987 über die Notwendigkeit von „second order changes" in Organisationen).

Eine solche Sichtweise auf Individuen als Teil übergreifender informationsverarbeitender Strukturen erweitert schließlich unser Verständnis von individuellen Informationsprozessen. Weil von diesem Standpunkt aus die Gruppe als Ganzes das _„problemlösende Subjekt"_ und individuelles Verhalten immer nur ein Bestandteil des übergreifenden gemeinsamen Prozesses darstellt, können auch (und möglicherweise gerade!) beschränkte und suboptimale individuelle Informationsverarbeitungsvorgänge als adäquater Beitrag für komplexe Problembewältigungsschritte angesehen werden, weil ihre Ergebnisse gegebenenfalls innerhalb des Gesamtsystems verstärkt und differenziert werden (vgl. Schiepek, 1996). Ein solcher Ansatz kann hohe Gruppenleistungen selbst bei beschränktem individuellen Zugang zu Informationen, einzelnen kognitiven Beschränkungen, ja sogar bei Kommunikationsdefiziten erklären. Die Effizienz, die auch beschränkten individuellen Informationsverarbeitungsprozessen innerhalb dieses größeren Rahmens zukommen kann, ist möglicherweise die Ursache dafür, daß die entsprechenden individuellen Adaptationsprozesse, die „Aggregate" von Individuen zu Gruppen werden lassen, oft erstaunlich schnell vor sich gehen und in vielen Fällen schon nach kurzer Zeit zu bemerkenswert stabiler Strukturierung führen.

Die Unterscheidung zwischen einer individuellen und einer kooperativen Form der Informationsverarbeitung läßt die individuellen Prozesse, die zu Gruppenzugehörigkeit beziehungsweise zum Entstehen von Gruppen und andererseits zum Aufgeben oder Wechsel der Gruppenzugehörigkeit führen, als Verhaltensentscheidungen von großer Tragweite erscheinen: Einerseits werden die Möglichkeiten individueller Informationsverarbeitung in substantieller Weise erweitert, andererseits wird die individuelle Informationsverarbeitung in ein größeres Gesamt eingepaßt, wodurch sich selbstverständlich Beschränkungen für individuelle Verhaltensentscheidungen ergeben[4]. Es ist zudem davon auszugehen, daß je nach Gruppe, die sich etabliert, unterschiedliche Wissens- und Verhaltensfacetten verstärkt und innerhalb des sich bildenden informationsverarbeitenden Systems funktionell werden. Grundsätzlich argumentiert, müssen hier sehr differenzierte Einordnungsprozesse stattfinden, die einerseits eine _„schnelle Passung"_ beim Anbahnen auch von kurzfristigen Interaktionsverhältnissen erlauben, andererseits dem In-

---

[4] Oder, mit Niklas Luhmanns bekannten Worten formuliert, ist die mit dem Eingehen jeder Interaktionsbeziehung verbundene kurzfristige _„Reduktion von Komplexität"_ auch die Grundlage einer langfristigen _Zunahme_ (siehe besonders plastisch Luhmann, 1992).

dividuum aber auch Rückzugsmöglichkeiten lassen, wenn es - lax formuliert - das „Gefühl hat", die „falschen Signale" würden verstärkt[5]. Leider sind diese individuellen Veränderungen bei der Entstehung oder dem Wechsel von Gruppen „in der experimentellen Forschung im Rahmen einer psychologischen Tradition stark vernachlässigt worden" (Witte & Ardelt, 1989, S. 470). Im wesentlichen beschränken sich die Untersuchungen in der Tradition von Kelley (siehe z.B. Kelley & Thibaut, 1978) auf die Bestimmung von individuellen Kosten-Nutzen-Erwägungen, während die ungleich komplexeren Prozesse der wechselseitigen Passung, die zur Entstehung neuer sozialer Strukturen führen, bisher Desiderat sind. In einer Untersuchung am Psychologischen Institut (PI) der Freien Universität Berlin haben wir versucht, eine Annäherung an diese Dynamik des Übergangs bei der Entwicklung einer sozialen Struktur zu gewinnen. Hierbei wurde zugleich versucht, Eigenschaften kooperativer Informationsverarbeitung für die Untersuchung selbst zu nutzen.

3 Die PI-Studie oder „The Making of a Group"

Unsere Untersuchung hatte im wesentlichen explorativen Charakter. Wir wollten beobachten, welche Vorgänge ablaufen, wenn Menschen, die sich zuvor nie begegnet waren, eine (zumindest kurzfristig existierende) Einheit bilden. Wir haben hierbei mit Bezug auf die oben dargestellten Überlegungen die Arbeitshypothese vertreten, daß irgendwann zu Beginn des Gruppenbildungsprozesses ein „Umschlag" zwischen einer individuellen und einer kooperativen Form der Informationsverarbeitung stattfindet. Griffiger, mit den Worten eines Untersuchungsteilnehmers formuliert, haben wir versucht zu verstehen und zu beobachten, wann und wie es im Gruppenprozeß „*klack*" macht und bisher isolierte Individuen sich als Einheit erleben.

Dabei wurde versucht, die Stärken einer kooperativen Form der Informationsverarbeitung für den Untersuchungsvorgang selbst zu nutzen. „Informationsverarbeitende Einheit", also Untersuchungssubjekt, sollte deshalb das gesamte Untersuchungsteam[6] sein. Wir sind dabei von der Annahme ausgegangen, daß Gruppen als Ganzes im Vergleich zu Individuen nicht nur ungleich höhere Aufnahme- und Verarbeitungskapazität, also quantitative Vorteile haben, sondern daß sie aus den oben beschriebenen Gründen auch qualitativ überlegen sind, und dies - wie Netzwerke überhaupt - besonders in unstrukturierten Aufgabenbereichen. Mit anderen Worten: „Wenn informationsverarbeitende Strukturen von der Art Neuronaler Netzwerke besonders geeignet sind, die Gesetzmäßigkeiten von komplexen und diffusen Gegenstandsbereichen zu erfassen, dann sollte eine Gruppe als Ganzes (also ein heterarchisches und teilweise strukturiertes Netzwerk)

---

[5] In ähnlicher Weise läßt die Eingepaßtheit individueller Informationsverarbeitungsprozesse in übergeordnete soziale Strukturen verständlich werden, warum bei der Auflösung längerfristiger und etablierter Interaktionsstrukturen in vielen Fällen so enorme psychische Probleme auftreten und sogar schon bei kurzfristigen Trennungen Irritationen entstehen können.

[6] Dabei handelte es sich um insgesamt etwa 70 Studenten verschiedener Fachrichtungen, die ein zweisemestriges Seminar über systemtheoretische Modelle in der Kleingruppenforschung besuchten.

als Untersuchungssubjekt auch geeignet sein, Regelhaftigkeiten eines komplexen und diffusen Untersuchungsobjekts wie die Dynamik einer Gruppe aufzudecken." (Gehm, 1993, S. 554).

Die Untersuchung war daher so angelegt, daß die Selbstorganisation der Untersuchungsgruppe zu einer Einheit angeregt und verstärkt werden sollte. Um dies zu erreichen, wurden mit Rückgriff auf eine Reihe von systemtheoretischen Überlegungen ganz gezielt spezifische Rahmenbedingungen für den Untersuchungsprozeß spezifiziert:

Auf eine Vorstrukturierung unseres Experiments durch einen einzelnen Versuchsleiter wurde verzichtet. Ganz im Gegenteil waren der Versuchsplan und alle Auswertungsschritte gemeinsames Ergebnis der Aktivität des sich allmählich etablierenden „Neuronalen Netzwerks Untersuchungsgruppe". Wie bei Neuronalen Netzwerken gab es nur ein externes Rückmeldungskriterium, das das Gruppengeschehen steuern, beziehungsweise das Netz zum Schwingen bringen sollte, nämlich das Bemühen, die einzelnen Untersuchungsschritte so auszurichten, daß wir möglichst nahe an Dynamik und Determinanten des oben genannten Umschlags herankamen. In allen konkreten Einzelentscheidungen für Prozesse innerhalb der Untersuchungsgruppe habe ich zumindest versucht, der Dynamik der Selbstorganisation unserer Untersuchungsgruppe zu vertrauen.

Um hierbei Kommunikationsverluste zwischen den „Units" zu vermeiden, wurde allerdings vor Beginn der Untersuchung versucht, eine Art gemeinsamer Gruppensprache zu induzieren. Dies geschah in einer vorgeschalteten Theoriephase, in der eine Reihe von systemtheoretischen Überlegungen zur Entstehung von Gruppen gemeinsam diskutiert wurden[7]. Nach dieser Einführung bildeten sich nach freier Entscheidung der Teilnehmer eine Reihe von unabhängigen Untersuchungsgruppen, die unterschiedliche Aspekte des Verhaltens der entstehenden Gruppe (wie unterschiedliche Aspekte des verbalen oder nonverbalen Verhaltens, siehe ausführlicher unten) für relevant für den Fortschritt des Gruppenprozesses hielten und dementsprechend auch beobachten und auswerten wollten. Unter Berücksichtigung dieser unterschiedlichen Untersuchungsinteressen der Teilgruppen wurde danach ein gemeinsames Untersuchungs-Design entwickelt. Dies geschah - um der Vielfalt der Einzelinteressen möglichst weitgehend gerecht zu werden - in einem mehrstufigen „Bottom-up-Top-down-Prozeß":

Hierbei wurden in den Teilgruppen unabhängige Untersuchungsideen entwickelt und gesammelt, wobei sich eine große Vielfalt möglicher Untersuchungsdesigns ergab. Sie reichte von der Idee, die wechselnden Kommunikationsströme während einer Vernissage zu untersuchen, über die Beobachtung von Kinderspielplätzen, einer Analyse der Verdichtung von Kommunikation während eines Therapieprozesses, diversen Ansätzen, unseren eigenen Gruppenprozeß zu rekonstruieren bis zu dem schließlich von uns gewählten (unten dargestellten) Untersuchungsszenario. Aus den (insgesamt 10) Vorschlägen kristallisierte sich dann in mehrstufigen Bewertungsdurchgängen (nach einem Aus-

---

[7] Diese Induktion einer Untersuchungssprache läßt sich systemtheoretisch, etwa im Sinne von Clark und Brennans (1991) linguistischen Analysen des *„grounding"* von Kommunikationsinhalten, betrachten. Dieser Prozeß dient dazu, daß *„referential identity"*, das heißt „the mutual belief that the addressees have correctly identified a referent" (Clark & Brennan, 1991, S. 136) erreicht wird. Zugleich beinhaltete dies zumindest implizit natürlich auch eine gewisse Einengung und damit Bahnung zu heterogener Untersuchungsinteressen.

schlußkriterium: Untersuchungsvorschläge, deren Realisierung einzelne Untersuchungsinteressen ausschloß, wurden verworfen oder falls möglich modifiziert) schließlich folgendes Szenario heraus:

Fünf Versuchsteilnehmer, die einander vor dem Versuch noch nie gesehen hatten, sollten bei ihrer ersten Begegnung beobachtet werden. Als „Katalysator zur Intensivierung des Gruppenprozesses" und gleichzeitig als „Kommunikationsmedium" (siehe dazu unten ausführlicher) wurden sie aufgefordert, gemeinsam (mit Orff-Instrumenten) zu musizieren. Wir hielten die Induktion und Unterscheidung von fünf Beobachtungsphasen für sinnvoll: (1) einer Wartesituation (von 10 Minuten Dauer), in der die Versuchsteilnehmer nacheinander zusammenkommen sollten; diese Phase sollte eine Art erste Statusbeschreibung der Individuen zu Beginn des Gruppenprozesses erlauben, (2) eine erste Phase gemeinsamen Musizierens (5 Minuten) angeleitet und moderiert von unserem „Versuchsleiter für den musikalischen Verlauf", (3) eine zweite Wartesituation (ebenfalls 10 Minuten Dauer), innerhalb derer die Gruppen an einer gemeinsamen Aufgabe (Festlegung des Themas der nächsten Improvisation) arbeiten sollten, (4) eine weitere Phase des Musizierens, um Veränderungen auch in der Sprache der Musik deutlich werden zu lassen (5 Minuten), und (5) schließlich eine abschließende Wartesituation (weitere 10 Minuten), in der wir stabilere Interaktionen erwarteten.

Wir beschlossen (nach längerer kontroverser Diskussion), unsere Versuchspersonen zunächst nur darüber zu informieren, daß sie an einer Untersuchung über die Wirkung von Musik als Medium der Kommunikation teilnehmen und während des Musizierens (durch eine im Untersuchungsraum befindliche Kamera) gefilmt würden. In einer anschließenden postexperimentellen Befragung wurden die Eindrücke und Gedanken unserer Versuchsteilnehmer zum Experiment erhoben. Hierbei wurden die Beteiligten auch darüber aufgeklärt, daß auch die übrigen Phasen des Untersuchungsprozesses durch drei Außenkameras durch Einwegspiegel festgehalten wurden. Mehrere Monate nach der Hauptuntersuchung wurde ein Abschlußinterview durchgeführt. Hiermit wollten wir längerfristige Auswirkungen unseres experimentellen Vorgehens abklären und - im Sinne einer „ökologischen Behandlung unserer Versuchsteilnehmer"[8] unseren (wie sich zeigen sollte: sehr interessierten) Versuchspersonen einen ersten Überblick über unsere Ergebnisse geben.

Die einzelnen Untersuchungsgruppen arbeiteten im weiteren vollkommen unabhängig voneinander[9]. Dabei werteten sie aus dem angefallenen Datenmaterial die folgenden Untersuchungsaspekte aus: Veränderungen (a) in der Gruppenkommunikation nach der Interaktionsmatrix von Bales (siehe Bales, 1959; Bales & Cohen, 1979; Bales et al., 1982), (b) Veränderungen der Mimik im Gruppenprozeß, Veränderungen in Körperhaltung und -orientierung, (d) Merkmale der Verteilung von Sprechen und Schweigen, (e)

---

[8] Die Formulierung soll andeuten, daß wir es für wichtig hielten, unser Experiment so anzulegen, daß die Versuchsteilnehmer „voll recyclebar" sind, also auch nach dem Experiment noch Lust und Interesse für weitere Untersuchungen haben können.

[9] Auch dieses Vorgehen stützte sich auf systemtheoretischen Überlegungen, insbesondere den Analysen von Weick (1976; 1979; 1982) über *„loose coupling"*, wonach lose gekoppelte Teilsysteme die Stabilität und Erfolgswahrscheinlichkeit des Gesamtsystems, hier also unserer Untersuchungsgruppe, erhöhen.

Prozeßmerkmale verbaler Kommunikation innerhalb der Untersuchungsgruppe, hier insbesondere Merkmale des Sprachverhaltens und sich entwickelnde Dominanz in der Gruppensituation, (f) Charakteristika der Kommunikation durch die Musik anhand einer Analyse individueller Spezifika der musikalischen Improvisation und deren Veränderung im Gruppenprozeß, sowie eher globale Veränderungen, wie (g) den Stimmungsverlauf im Gruppenprozeß, (h) die Dynamik und Rhythmik des Interaktionsgeschehens (siehe dazu ausführlicher unten) sowie (i) geschlechtsspezifische Merkmale der Rollenfindung und -definition. Zudem gab es (j) eine Untersuchungsgruppe „Postexperimentelle Befragung" und (k) eine Untersuchungsgruppe „Abschlußinterview", die diese Teile der Untersuchung organisierten und auswerteten.

Die Ergebnisse der einzelnen Untersuchungsgruppen wurden in wöchentlichen Sitzungen vorgestellt und diskutiert, wobei in vielen Fällen einzelne Ergebnisse bei der Konzeption der folgenden Untersuchungsschritte berücksichtigt wurden. Eine Standardisierung der Gruppenuntersuchungen etwa durch die Auswertung zeitgleicher Untersuchungsausschnitte oder Verhaltensaspekte hielten wir jedoch nicht für sinnvoll, weil jede Untersuchungsgruppe sehr schnell jeweils spezifische aussagekräftige Verhaltensaspekte für sich entdeckte, und diese zwischen den Gruppen nur selten deckungsgleich waren. Als erfolgversprechendere Alternative sahen wir es an, in einer abschließenden Integrationsphase die Fülle der Einzelergebnisse zu verdichten, Querverweise und Zusammenhänge zu beschreiben und zu einem abschließenden Statement über die Ausgangsfrage nach dem *„Klack im Gruppenprozeß"* zu kommen. In dieser Phase haben wir weiterhin versucht zu klären, inwieweit in unserem Untersuchungsteam selbst *Resonanzeffekte* (der oben beschriebenen Art) auf das beobachtete Gruppengeschehen auftraten, und inwiefern andererseits unser Untersuchungsszenario und -design Ergebnis unseres spezifischen Gruppenprozesses war.

Insgesamt sind wir bei dieser Untersuchungsform davon ausgegangen, daß innerhalb der Untersuchungsgruppe eine Reihe von *Prozessen der Selbstorganisation* abläuft, die dazu führen, daß innerhalb des Teams eine Spezialisierung von Units (Untersuchern) auf unterschiedliche Aspekte des Untersuchungsgegenstands stattfindet. Wir haben weiterhin erwartet, daß diese Spezialisierung dadurch forciert wird, daß die Ergebnisse der jeweils anderen Untersuchungsgruppen als eine Art zusätzlicher orientierender innersystemischer Rückmeldung fungieren, die einerseits den Blick für bestimmte Auffälligkeiten im Untersuchungsmaterial schärfen und andererseits in einer Art innersystemischen Konkurrenzdrucks (wie er ja auch zwischen den Units neuronaler Netzwerke herrscht) neue Beobachtungsfelder erschließen sollte.

Die Auswertungsarbeiten für die insgesamt knapp 40-minütige Interaktionssequenz nahmen etwa ein halbes Jahr (!), und der gesamte Untersuchungsprozeß innerhalb unserer Seminargruppe zwei Semester in Anspruch, was nicht nur wieder einmal bestätigt, wie aufwendig Mehrkanalkodierungen von Interaktionsprozessen sind (Scharpf & Fisch, 1991, S. 291 nennen 40 Stunden Kodierzeit für eine Stunde Interaktionszeit), sondern vor allem zeigt, wie reichhaltig die Information auch in kleinsten Interaktionseinheiten sein kann.

4 Macht es nun „Klack"? Und wenn ja, wie? Einige Ergebnisse der PI-Studie

Zur Einordnung der im folgenden referierten Befunde halte ich es für sinnvoll, zunächst eine kurze Beschreibung des ausgewerteten experimentellen Geschehens zu geben: Die Versuchspersonen betraten in etwa zweiminütigem Abstand den Untersuchungsraum, suchten sich einen Platz, einige stellten sich den schon Anwesenden mit Namen vor, manche beschäftigten sich mit den Instrumenten, die vor den halbkreisförmig angeordneten Stühlen standen. Insgesamt herrschte zunächst eine gespannte Atmosphäre, die sich nach und nach lockerte. Dann betrat der „Versuchsleiter für den musikalischen Ablauf" den Raum, und nach einer kurzen Einführung fand die erste gemeinsame Improvisation (bestehend aus zwei improvisierten musikalischen Einheiten) statt. Der Versuchsleiter verließ danach, wie von uns geplant, für zehn Minuten den Raum, und in der dadurch entstehenden Pause besprachen die fünf Versuchspersonen gemeinsam das Thema der darauf folgenden zweiten Improvisation. Nach dieser zweiten musikalischen Phase verließ der Versuchsleiter ein weiteres Mal den Raum für knapp 10 Minuten. Wieder überbrückten die Versuchspersonen diese abschließende Wartesituation durch kurze Gespräche in unterschiedlicher Konstellation. Kurz vor Ende dieser Wartesituation und damit des Beobachtungszeitraums erhoben sich einige und schauten sich genauer im Untersuchungsraum um.

Es ist offensichtlich, daß innerhalb dieser knapp 40-minütigen Experimentalsituation kein sehr weitgehender Gruppenbildungsprozeß stattfinden konnte. In der Nachbefragung wurde die Art des entstandenen sozialen Verbundes vielmehr als „Notgemeinschaft ohne größere Vertrautheit, aber mit angenehmem Klima" geschildert. Trotz dieses auf den ersten Blick recht unspektakulär erscheinenden Verlaufs erbrachte eine Detailuntersuchung eine Fülle von Einzelergebnissen, die die Komplexität der ablaufenden Mikroprozesse bei der Etablierung einer Gruppenstruktur und eines Gruppengefühls genauer charakterisieren. Von diesen möchte ich im folgenden nur einige zentrale Trends beschreiben[10]. Von besonderem Interesse erscheint dabei zunächst eine Reihe von Befunden, die den Prozeß der Entwicklung einer Gruppenstruktur näher charakterisieren.

4.1 Unverbindliche Verbindung. Einige Merkmale der Strukturbildung innerhalb des Gruppenprozesses.

Schon sehr globale Kategorisierungen konnten zeigen, daß sich der Interaktionsmodus der Gruppe im Laufe des Untersuchungszeitraums deutlich veränderte.

Argumente hierfür lieferte zunächst die *Analyse der Interaktionsmatrix* nach Bales. Schon eine grobe Klassifikation der Sprechakte nach diesem Schema ergab deutliche Unterschiede für die Kommunikation in den drei Wartephasen, die die Versuchsgruppe durchliefen: Demnach diente die erste Phase vor allem der Spannungsbewältigung. Von

---

[10] Eine ausführliche Zusammenfassung der meisten Einzelergebnisse sowie des experimentellen Vorgehens und der erhobenen Variablen befindet sich in der Semesterarbeit von Julia Briner (Briner, 1993).

84 unterschiedenen Interaktionseinheiten waren 34 dem Bereich „*Spannungsbewälti-gung*" der Bales-Skala zuzuordnen. Erst in der zweiten Wartesituation traten vermehrt (und auch längere) Sequenzen im sozioemotionalen Bereich der Skala auf. Zudem spra-chen sich die einzelnen Personen in dieser Phase deutlich häufiger direkt an. In dieser Phase war weiterhin ein signifikanter Anstieg der Bewertungshandlungen zu beobachten. Beide Charakteristika fanden sich nicht nur in den Gesprächsphasen, in denen die Grup-pe sich über das Thema für die folgende musikalische Einheit verständigte, sondern ge-nerell, so daß insgesamt der Eindruck entstand, daß die Gruppe hier zum ersten Mal „als Ganzes" agierte. Erst in der letzten Wartesituation trat jedoch die Kategorie „Integration" („zeigt Solidarität, bestärkt den anderen, hilft, belohnt") überhaupt und dann überzufällig häufig auf. Diese und eine Reihe weiterer Indikatoren (Briner, 1993, S. 14 ff) veranlaß-ten die Untersuchungsgruppe zu dem relativ konsistenten Urteil, daß in dieser Phase „eine Gruppe entstanden ist und eine positive Einstellung gegenüber der Gruppe vor-herrscht."[11]

Ein ganz ähnliches Bild ergaben die Befunde der Untersuchungsgruppe „*Mimik*". Hier wurde, getrennt für die einzelnen Versuchspersonen, ein Screening der emotionalen Befindlichkeit anhand einer Grobklassifikation erstellt (nach den Einordnungskategorien (1) neutral/unbeteiligt/desinteressiert, (2) freundlich/lächelnd, (3) freudig/lachend, (4) ängstlich/skeptisch, (5) allgemeines Unbehagen, (6) interessiert/aufmerksam, (7) konzen-triert)[12]. Trotz im einzelnen unterschiedlicher Verläufe, bei denen beispielsweise Ver-suchsteilnehmer A sehr lange Ratings wie „ängstlich, skeptisch" erhielt oder C auch gegen Ende des Versuchs noch als eher „unemotional" („konzentriert", „interessiert /aufmerksam" und „neutral") eingeschätzt wurde, wirkte „die Gruppe am Ende des Ver-suchs insgesamt weitaus entspannter und stärker aufeinander bezogen als in den beiden Anfangssequenzen". Vor allem eine Reihe von in dieser Phase auftretenden paraverbalen Rückmeldungen (wie die von Gordon beschriebenen Türöffner, wie „stimmt", „hm" etc.; Gordon, 1972) indizierten, daß die Versuchsteilnehmer aufeinander eingingen und ein-ander zustimmende Rückmeldungen gaben. Diese Entspannung war keinesfalls nur durch die Beschäftigung mit den formalen Anforderungen ausgelöst: Auch als der Versuchslei-ter während einer Wartephase kurz den Raum betrat, erschienen die Reaktionen auf ihn „eher beiläufig", weil die Gruppe mit sich selbst beschäftigt war.

Auch in der *Form von Formulierungen* wurde dieser Prozeß der stärkeren Referenz auf die übrigen Gruppenmitglieder deutlich. Tschacher vertritt die Auffassung, daß die Auftretenshäufigkeit des Pronomens „*wir*" (im Gegensatz zu „*ich*") einen deutlichen In-dikator für eine entstehende Gruppenidentität darstellt (Tschacher, 1990, S. 121). Diese Annahme hat sich in unserer Untersuchung bestätigt, wie die folgende Tabelle zeigt. Hier wurde die Häufigkeit des Gebrauchs von „*ich*"/„*wir*" innerhalb der ersten Wartesituati-on (Zeitabschnitte 1 bis 4), in der die fünf Gruppenmitglieder A, B, C, D und E nachein-ander den Raum betraten, und in der letzten Wartesituation aufgelistet.

---

[11] siehe dort auch eine detaillierte Zusammenfassung dieser Einzelbefunde.
[12] Hierzu wurden alle 5 Minuten „Emotionsstichproben" mit einer Bestimmung der in einem Zeitraum von 30 Sekunden Dauer auftretenden Emotionen (Eindrucksurteil mit Validierung durch Ratervergleich) erhoben.

Vp. (Geschlecht)	anwesend:	A (w)	B (m)	C (m)	D (m)	E (w)
Zeit-abschnitt						
1	C, D			1/-	-/-	
2	C, D, E			1/-	1/-	3/-
3	C, D, E, B		4/-	-/-	-/-	-/-
4	C, D, E, B, A	8/-	3/2	-/1	-/-	1/2
5	A, B, C, D, E	4/1	2/-	-/-	1/4	2/4

Tabelle 2: *Unterschiedliche Häufigkeit des Gebrauchs der Pronomen „ich" (1. Teil des Zahlenpaars) und „wir" (2. Teil des Zahlenpaars). (Weitere Erläuterungen im Text.).*

Der Tabelle 2 ist zu entnehmen, daß erst im 4. Zeitabschnitt, also ganz zu Ende der ersten Wartesituation, das Pronomen *„wir"* überhaupt zum ersten Mal benutzt wurde, und das vor allem von Vp. B und E (was weiter unten im Zusammenhang mit individualtypischen Prozessen noch einmal aufgegriffen werden soll). Demgegenüber ist in der Abschlußphase (Zeitraum 5) die Häufigkeit der Wir-Nennungen fast verdoppelt.

Als besonders aussagekräftig erwies sich die Auswertung *der Körperhaltung und ihrer Veränderung.* Hier wurden (nach einem Vorschlag von Scheflen, 1984) die beobachteten Änderungen zunächst hierarchisch nach „points" (wahrnehmbare Körperveränderung), „positions" (umfassender Haltungswechsel) und „presentations" (umfassenden Einheiten des Handlungsverlaufs, die auf neue spezifische Ziele, wie beispielsweise: Beginn des Probierens mit Instrumenten, orientiert sind) klassifiziert. Diese Anordnung von points, positions und presentations, also die Aufteilung des Handlungsstroms in Untereinheiten, variierte deutlich zwischen den einzelnen Versuchspersonen, weil die individuellen Handlungsstrategien offensichtlich unterschiedlich waren: Auch bei ähnlichen Zielen waren Handlungsschritte einer Versuchsperson häufig schon wieder „abgeflaut", bevor vergleichbare Folgen bei einem der Interaktionspartner begannen. Andererseits waren Änderungen in der Körperhaltung bzw. Orientierung von einer Person häufig Auslöser für Veränderungen der Körperhaltung und Orientierung anderer Personen (Briner, 1993, S. 19). In einer Reihe von Fällen gab es ganze *„Bewegungswellen",* die sich über die einzelnen Mitglieder fortsetzten und bei denen - was bei einem Schnelldurchlauf der Videoaufnahmen auch ganz augenscheinlich wurde - die Aktivität von Versuchsteilnehmer zu Versuchsteilnehmer „weitergereicht" wurde[13]. Auffallend war, daß diese Wel-

---

[13] Entsprechende Befunde sind schon lange bekannt: Schon Carpenter (1875) hat beschrieben, daß „... Wahrnehmungs- oder Vorstellungsinhalte den Antrieb zur Ausführung der gleichen Bewegung erregen" (was auch durch neuere Untersuchungen mit elektrophysiologischen Methoden bestätigt werden konnte, Hacker, 1978, S. 300 ff). Solche Rhythmusangleichungen sind bisher meist in ethologischen Studien (und dabei vor allem im Zusammenhang mit dem Werbeverhalten bei der Paarbildung) als „Ritual im Dienste der Bindung" (Eibl-Eibesfeldt, 1976), „Mechanismus zur Erzeugung und Erhaltung des Gruppenzusammenhalts" oder als „Signal zum Testen und Demonstrieren von Kompatibilität" (Kruck, 1991) untersucht worden. Bisher weisen allerdings fast nur literarische Beispiele (besonders schön sicher Thomas Bernhard, 1992, S. 177 f) darauf hin, daß

lenbewegungen eine Art Entsprechung im verbalen Verhalten hatten: Besonders in den unsicheren Gesprächsphasen zu Beginn der Interaktion gab es „Themenwellen", wo einzelne Themenvorschläge von bestimmten Interaktionspartnern initiiert, dann über zwei bis drei „Stationen" weitergereicht wurden und dann wieder verschwanden (siehe ausführlicher unten).

Diese Verhaltensanpassungen erschienen uns noch deutlicher nach den Auswertungen der Untersuchungsgruppe „*Sprechen und Schweigen*", die eine Detailbetrachtung des Gesprächschronogramms (also der zeitlichen Abfolge der einzelnen Gesprächsakte, zum Verfahren siehe beispielsweise Feldstein & Welkowitz, 1982) durchführte. Hierbei wurden die Übergangshäufigkeiten der Wortführungen innerhalb der drei Wartephasen ermittelt und verglichen. Einige Ergebnisse dieser Auswertungen sind in den folgenden Tabellen aufgelistet. Hier ist zeilenweise aufgelistet, wie oft ein Kommunikationspartner Nachfolger nach der Aussage eines der fünf Versuchsteilnehmer (A bis E) war, beziehungsweise ob danach eine Pause (P) folgte, mehrere zeitgleich redeten (M) oder der Versuchsleiter (Vl) sprach.

Wie in Tabelle 3 zu erkennen, ergaben sich schon nach kurzer Zeit recht plastische *Muster von Kommunikationsvorlieben*: Obwohl die einzelnen Äußerungen besonders in der Anfangsphase in aller Regel ohne besonderen Adressaten an alle Gruppenmitglieder gerichtet waren, waren die Häufigkeiten des Übergangs zwischen den Gesprächsteilnehmern schon in dieser Phase sehr unbalanciert. Am deutlichsten war die Herausbildung einer „*Achse*" zwischen den Versuchsteilnehmern B und D. Bei 60 Wortführungen folgten auf B achtmal Aussagen von D und umgekehrt auf Aussagen von D fünfmal Aussagen von B. Diese überzufällig hohen Übergangshäufigkeiten waren jedoch nicht Ausdruck einer Art von Einzelgespräch innerhalb der Gruppensituation: Dies kann durch die Auswertung von Folgen der Form XYX (wo ein Gesprächsteilnehmer das Wort ergreift, ein anderer nachfolgt und der erste wiederum das Wort ergreift) gezeigt werden. Solche „*Doppelpässe*" sind zwischen B und D vergleichsweise selten. Doppelpässe traten verstärkt erst in der zweiten Auswertungsphase auf: Hier verdichtete sich die ohnehin erhöhte Übergangshäufigkeit zwischen B und D zu insgesamt fünf BDB- oder DBD-Sequenzen. Daneben etablierte sich in dieser Phase eine weitere Achse signifikant erhöhter Übergangshäufigkeiten zwischen A und E. Diese hatte sich mit leicht erhöhten Übergangshäufigkeiten schon in der ersten Phase angedeutet, hat aber jetzt mit 20 von insgesamt 110 Übergängen das größte Gewicht. Sie kann zudem als „selbsttragend" charakterisiert werden: Die Auswertung von Doppelpässen und Vierfachkombinationen (XYXY) zeigt, daß sich hier stabile Kommunikationsstrukturen entwickeln. Beide Achsen waren trotz vollkommen anderer Thematik auch im 3. Auswertungszeitraum vorhanden. Hinzu kam eine deutliche Häufung in der Nachfolge zwischen A und B (9 und 4). Wiederum sind diese Interaktionsmuster nicht selbsttragend (geringe Auftretenshäufigkeit von Doppelpässen). Sie ähneln eher dem Interaktionsmuster von B und D im ersten Auswertungszeitraum. Noch weiter hat sich das Gesprächsmuster von A und E etabliert. Jetzt sind so-

---

sich Gruppen durch den Synchronisationsgrad ihrer Bewegungsfolgen definieren und unterscheiden lassen. Daß Bewegungen generell eine äußerst geeignete Information zur Koordinierung sozialer Prozesse darstellen, läßt sich sicher damit in Verbindung bringen, daß Bewegungen besonders starke Wahrnehmungsreize darstellen (siehe z. B. Hubel, 1971).

1. Auswertungszeitraum (60 Wortführungen)

Nachfolger:	A (w)	B (m)	C (m)	D (m)	E (w)	P	M	Vl (m)
A		3		3	3			
B	3		2	8	2			1
C				1	1			1
D	2	5	2		2		2	1
E	2	4		2				1
M		2		1			1	
P	1	2						

Doppelpässe und Vierfachkombinationen:
ABA(2), AEA(1), BDB(1), BEB(1), DBD(2), EAE(1), EBE(2), AEAE(1), BDBD(1), EBEB(1)

2. Auswertungszeitraum (110 Wortführungen)

Nachfolger:	A (w)	B (m)	C (m)	D (m)	E (w)	P	M	Vl (m)
A		3	1	5	10	1		
B	2		2	9	6	1		
C	2			5	2	1		
D	3	9	5		5	3		
E	10	7	1	4		2		1
M	1							
P	2		2	2	2			

Doppelpässe und Vierfachkombinationen:
ACA(1), AEA(5), BAB(1), BDB(1), BEB(2), CAC(1), DBD(4), DCD(3), DED(1), EAE(4), EBE(1), AEAE(2), CACA(1)

3. Auswertungszeitraum (80 Wortführungen)

Nachfolger:	A (w)	B (m)	C (m)	D (m)	E (w)	P	M	Vl (m)
A		4	2	6	4	2	1	
B	9		3	3		3		
C	4	3		3	1			
D		8	4		2	1		
E	3	2	1					1
M		1						
P	2	1	1	2				

Doppelpässe und Vierfachkombinationen:
ACA(1), AEA(2), BAB(3), BDB(1), CAC(1), CDC(1), DBD(1), DCD(1), EAE(2), PAP(1), AEAE(2), EAEA(1)

Tabelle 3: Nachfolger in der verbalen Interaktion (Erläuterungen im Text).

gar Vierfachkombinationen zu beobachten.

Auch diese Ergebnisse deuten darauf hin, daß die Strukturbildung innerhalb der Gruppen ein Prozeß ist, der allmählich über eine Reihe von vorläufigen und für sich betrachtet nicht immer auffälligen Stadien abläuft: In diesem Zusammenhang sind die erhöhten Übergangshäufigkeiten als Signale zu werten, die einerseits Kommunikationsinteresse indizieren und damit spätere und festere Bindungen andeuten, andererseits aber die weitere Entwicklung auch offen lassen. (Zu diesen interpretativen Schlußfolgerungen siehe ausführlicher unten.) Ähnliche Prozesse der sukzessiven Strukturbildung ließen sich auch innerhalb der musikalischen „Äußerungen" unserer Versuchspersonen zeigen: Einige dieser Zusammenhänge sind in Tabelle 4 dargestellt. Sie geben den *„Musiktypus"* innerhalb der einzelnen Improvisationsphasen wieder. Im einzelnen wurde (nach Raterurteil) unterschieden, ob unsere Versuchsteilnehmer eher eine (a) betont rhythmische Spielweise (Rhythmen oder rhythmische Akzentuierung), (b) eine figurative Spielweise (mit der Bildung von musikalischen Motiven) bevorzugten oder eher (c) einen Klangteppich („Klang- oder Geräuschstrom") mit ihren Orff-Instrumenten erzeugten.

Die Auswertungen zeigten, daß innerhalb der ersten Improvisation eindeutig das figurative Spiel, bei dem jeder der Versuchsteilnehmer relativ autonom einzelne Melodien anstimmt, überwog. Dies änderte sich in der zweiten Improvisation. Hier dominierte eine Spielweise, bei der (wenn auch nicht durchgängig) einzelne Rhythmen gemeinsam akzentuiert werden. Trotz dieser Annäherung gegenüber der ersten Improvisation war Musik hier jedoch immer noch eine weitgehend individuell bestimmte und gestaltete Tätigkeit: Der sich bildende Rhythmus wurde als eine Art Vorgabe betrachtet, die individuell ausgestaltet wurde. Erst in der dritten Phase gewann die gemeinsame Improvisation eine neue Qualität: Die Versuchsteilnehmer griffen einzelne Motive oder Veränderungen in der Dynamik bei ihren Mitspielern auf und gestalteten diese weiter. Dadurch bildete sich im Zusammenspiel ein gemeinsam gestalteter Klangteppich mit rhythmischen Akzenten.

	1. Improvisation			2. Improvisation			3. Improvisation		
	(a)	(b)	(c)	(a)	(b)	(c)	(a)	(b)	(c)
A		x		x			x	(x)	x
B	(nicht hörbar)			x			x		x
C	x			x			x		x
D		(x)				x	x		x
E		x		x			x		x
VL		x	x		x	x	x		x

Tabelle 4: Musiktypus innerhalb der unterschiedlichen Improvisationsphasen. (Erläuterungen im Text).

Neben diesem Höreindruck zeigte auch die *Auswahl der Instrumente*, die vollkommen den Versuchsteilnehmern überlassen war, daß die Gestaltung der gemeinsamen musikalischen Aktivität zunehmend komplexer wurde: Während in der ersten Improvisation Melodieinstrumente (wie Xylophon) überwogen, wurden innerhalb der zweiten Improvisation nicht nur insgesamt mehr Instrumente, sondern vor allem mehr „Rasselinstrumente" gewählt. Dies bedeutet einen substantiellen Unterschied in der Spielweise, denn die zuletzt genannten eröffnen innerhalb des Orff'schen Instrumentariums die Möglichkeit zur Gestaltung eines „gemeinsamen Geräuschraums anstelle der Akzentuierung von Einzeltönen" (Orff, 1986). Innerhalb der dritten Improvisation schließlich kamen noch einmal mehr Instrumente zum Einsatz, was die Integration in das gemeinsame erstellte Klangbild (Musiktypus (c)) natürlich unterstützt und weiter trägt, zudem wurden die Instrumente auch während der Improvisationsphase desöfteren melodiedienlich ausgewechselt.

Als aufschlußreich für Veränderung des Gruppengeschehens erwies sich weiterhin eine Analyse der *musikalischen Interaktionen zwischen den einzelnen Gruppenteilnehmern.* Dazu wurden (nach Eindrucksurteil der Auswertungsgruppe „Musikalische Aktivität") die Angleichung in der Dynamik der Spielweise (Geschwindigkeitsangleichungen, wechselseitiges Forcieren der Intensität) und die Übernahme von Motiven erhoben. Schon sehr früh fand allgemein eine Angleichung in der Dynamik der Spielweise statt (der sich nur ein Versuchsteilnehmer, D, in der ersten Improvisation nicht anschloß). In der Motivik übernahm der Versuchsleiter noch sehr lange die Rolle eines Anleiters, dessen Motive bevorzugt aufgegriffen wurden. Eindeutig erst in der dritten Improvisation (zweite Phase der musikalischen Aktivität) bildeten sich außerhalb dieser Interaktion weitere, dann aber deutlich hörbare eigenständige Interaktionsmuster[14]. Auffallend war hier vor allem, daß D in der dritten Improvisation die Motive und die Spielweise von A (Reiben der Trommel, als leises, den Gesamtklang unterstützendes Geräusch) aufgriff und B und C ein gemeinsames Motiv abwechselnd ausgestalteten[15].

Ergebnisse wie diese zeigen, wie sich langsam interpersonale Strukturen innerhalb der Kleingruppe herausbildeten, sich aus einem „Aggregat von Individuen" also ein komplexer werdendes soziales System etablierte. Entscheidend erschien uns, daß diese Strukturbildungen einerseits durchgängig an einer Vielzahl von Verhaltensäußerungen erkennbar waren[16], andererseits für die Beteiligten aber auch keinesfalls zwingend soziale Strukturen festlegten. Wir haben diese Prozesse darum als *„unverbindliche Bindungen"* zwischen den Gesprächsteilnehmern charakterisiert. Auf die Bedeutung dieser „Zwischenform zwischen ich und wir" werde ich unten noch einmal ausführlicher eingehen.

---

[14] Es ist allerdings anzumerken, daß dem Versuchsleiter auch in dieser letzten Improvisation noch eine besondere Rolle zukam: Seine Ausgestaltungen des sich bildenden Themas wurden auch da noch bevorzugt aufgenommen, und seinem subjektiven Empfinden nach sah er sich auch während dieser Phase noch eine Weile gedrängt, durch neue Motive oder Tempowechsel die Dynamik des Spielgeschehens zu unterstützen, bevor er das Gefühl entwickeln konnte, daß „sich die Gruppe selbst trägt".

[15] Diese Kommunikationsrichtung entspricht auffallend dem Pattern des Gesprächschronogramms in der direkt folgenden Wartephase. Auch hier ist D (in 6 Fällen) der Nachfolger der „Äußerungen" von A. Auch das musikalische Zusammenspiel von B und C setzte sich in der letzten Wartesituation fort. In dieser Phase waren beide von der sich bildenden Trias A-D-E ausgeschlossen und bildeten dann ihrerseits eine Subgruppe mit auffallend spiegelbildlicher Körperhaltung (siehe unten).

[16] weshalb wir auch das Risiko von Überinterpretationen für relativ gering halten.

Vom Standpunkt einer systemischen Betrachtungsweise ist nun besonders interessant, wie sich dieser Prozeß für die beteiligten Personen gestaltet, oder anders ausgedrückt, wie die beteiligten Personen diesen Prozeß auf ihre jeweils personentypische Art gestalten, wie sie also trotz der Verhaltensanpassung, die mit der Strukturbildung verbunden ist, Merkmale ihrer Verhaltensorganisation bewahren, ja ihre subjektive Verhaltensmuster möglicherweise sogar innerhalb der Gruppe erst etablieren, oder - wieder anders formuliert - wie sich Selbstorganisation der Gruppe und subjekttypische Passung in das sich konstituierende Rollensystem als zwei Seiten desselben Vorgangs darstellen.

4.2 Die Entwicklung eines sozialen Systems „Gruppe" als Integration individueller Verhaltenseigentümlichkeiten

Zur Untersuchung der Wege, auf denen individuelle Verhaltenseigentümlichkeiten in den Prozeß der Gruppenbildung integriert werden, ist ein Untersuchungsdesign wie das hier vorgeschlagene, das keine Rollenvorgaben für die einzelnen Teilnehmer macht, sicher besonders aussagekräftig. Unsere Versuchsteilnehmer kamen in einen vollkommen unstrukturierten Handlungsraum und hatten dabei keine konkreten Anhaltspunkte, die ihre Erwartungen an die sich bildende Rollenstruktur hätten beeinflussen können[17]. Diese offenen Rahmenbedingungen führten zu einer Vielzahl auffälliger Einzelhandlungen, die den Prozeß der Integration individueller Verhaltensdynamik in eine sich dadurch bildende Gruppe verständlicher werden lassen. Naturgemäß sind solche Einzelhandlungen andererseits kaum vergleichbar und zum großen Teil zudem nur aus ihrem situativen Kontext und im Zusammenhang mit den dabei jeweils entstehenden oder sich andeutenden Gruppenkonstellationen verständlich. Das macht natürlich eine systematische Darstellung, vor allem wenn diese allgemeine Trends aufzeigen möchte, schwierig, wenn nicht grundsätzlich problematisch. Im folgenden werden darum nur einige Beispiele aus der Fülle der Einzelbeobachtungen zitiert. Hierbei beschränke ich mich zudem auf zwei Versuchsteilnehmer (C und A), die besonders griffige „Interaktionsgeschichten" durchlebten.

Auffallend und - wie ich zeigen möchte - bahnend für die weitere Interaktion war schon die erste Präsentation und damit die Art und Weise, wie jede Versuchsperson den Raum, in den sie eintrat, für sich definierte[18]. Hierbei unterschieden sich die einzelnen Versuchspersonen deutlich voneinander: C, der als erster den Beobachtungsraum betrat, nahm sofort eine zentrale Position innerhalb der Sitzgruppe ein und begann, sich mit den Instrumenten zu beschäftigen. D und B ordneten sich C zu, indem sie links und rechts

---

[17] Leider verschenkt die empirische Kleingruppenforschung diese Information in vielen Fällen, weil zur Untersuchung von Gruppenprozessen einzelne Spielrollen vorgeordnet werden. Es wäre interessant zu diskutieren, inwiefern diese unterschiedlichen Vorgehensweisen die Sicht auf die Bedeutung von Gruppenparametern (Kohäsion, Einfluß von Gruppenführern etc.) beeinflussen.

[18] Gerade an diesem prinzipiell unwiederholbaren Vorgang wird sicher auch die Problematik einer standardisierten Untersuchung der Mikroprozesse der Gruppenbildung deutlich: Obwohl diese ersten Schritte sicher große Bedeutung für die weitere Interaktion aufweisen, können sie kaum systematisiert untersucht werden: Dieselben Versuchsteilnehmer können sich kein zweites Mal „neu kennenlernen", und somit kann nicht einmal die Reihenfolge des Auftretens permutiert w r-den.

von ihm Platz nahmen. E, die danach als erste Frau den Raum betrat, nahm eine Randposition ein. Die letzte Versuchsteilnehmerin, A, wollte sich sofort zu E setzen, was aber wegen der Anordnung von Instrumenten und Kamera nicht möglich war, und wählte daraufhin die andere Randposition der Reihe. Durch diese Anordnung ergab sich für den größten Teil des Auswertungszeitraums ein äußerst symmetrisches Bild (siehe Abbildung) mit C als Mittelpunkt und den beiden Frauen fast im Sinne eines klassischen Buchstützeneffekts[19] an den Außenpositionen.

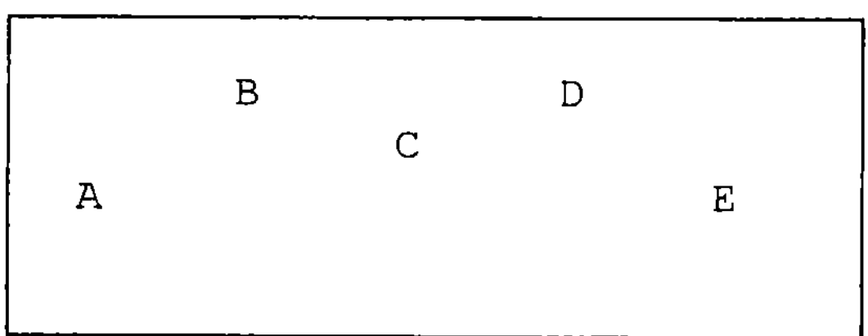

C im Zentrum, somit mit dem geringsten durchschnittlichen Abstand zu allen übrigen Teilnehmern wirkte sofort sehr dominant, was noch dadurch verstärkt wurde, daß er sich selbst etwas vor (!) der durch B und D gebildeten Linie plazierte. Zugleich deutet sich hier schon eine Schwäche der Position von C an: B und D saßen ihm fast im Rücken. Möglicherweise initiierte schon das ein für C charakteristisches Interaktionmuster:

C wirkt unter fast allen Beobachtungskriterien isoliert. Die Untersuchungsgruppe *„Sprache und Dominanz"* faßt zusammen, daß C im ersten Beobachtungszeitraum (a) insgesamt sehr ungerichtet kommunizierte, also eher die Gesamtgruppe als einen einzelnen Interaktionspartner ansprach, wobei es teilweise den Anschein hatte, er richte die Äußerungen eher an sich als an die Gruppe (siehe auch Tabelle 5), (b) daß er sich vor allem an D wandte, der auch von den anderen oft angesprochen wurde, was sich damit in Verbindung bringen läßt, daß Gruppenaußenseiter sich generell häufig an zentrale Gruppenmitglieder wenden, (c) auf seine Äußerungen häufig keine Rückantwort bekommt, und (d) selbst sehr viel kommentierend antwortet. Dadurch erschien er - was ebenfalls durch die Abbildung der räumlichen Anordnung gestützt wird - in dieser Eröffnungsphase wie eine *„Kommunikationsbrücke"* zwischen den Versuchsteilnehmern, konnte aber keine eigenständige Rolle definieren. Dieser Rolle entspricht auch, daß er die Formulierungen „ich" oder „wir", die (siehe z.B. Cohn, 1990) die eigene Rollendefinition fördern, extrem selten benutzte (siehe Tabelle 2).

Sicher sind solche Einschätzungen generell vorurteilsgefährdet. Unsere Beurteilung erfuhr jedoch zusätzliche Evidenz durch die Auswertung seines musikalischen Verhaltens, das eine Reihe formaler Analogien zu der obigen Einschätzung erbrachte. So war auffallend, daß C in der ersten Improvisation als einziger Spieler ein Nicht-Melodie-Instrument wählt (die große Trommel). Damit setzte er (wie auch durch die Sitzordnung)

---

[19] Hier wird davon ausgegangen, daß sich Gruppenmitglieder mit einem hohen Status an den Endpositionen einer Reihe plazieren (siehe z. B. Scheflen, 1984, S. 167). Entsprechend nehmen auch in systemischen Gruppen- oder Familientherapien die Therapeuten häufig ganz gezielt diese Position ein.

deutliche Akzente in der gemeinsamen Improvisation. Diese wurden allerdings (jetzt sehr ähnlich den verbalen Kommunikationsangeboten) von den Mitspielern nicht beantwortet und dann auch von C selbst nicht weiter verfolgt. Dadurch stand er nach Eindruck der Auswertungsgruppe am Ende dieser Improvisation auch „außerhalb des musikalischen Prozesses".

Dieses Bild ist allerdings nicht durchgängig, sondern es gab auch Verhaltensanpassungen. Diese erschienen allerdings ebenfalls als recht aussagekräftig für einen spezifischen Interaktionsmodus: Auf eine Passage, in der C mit der Zimbel sehr laut spielte, erfolgte keine Reaktion der Mitspieler. Als C das Motiv dann mit Filzklöppel auf der Zimbel (und damit deutlich leiser) wiederholte, wurde das von ihm eingebrachte Thema aufgegriffen. Auch hier schien gerade die Dominanz isolierend zu wirken. Zudem schien die Interaktion für C generell kein vordringliches Handlungsziel zu sein: In der dritten Improvisation wechselten sich B und C mit Rasseln ab und gestalten dadurch gemeinsam ein musikalisches Motiv aus. Auffallend war hier, daß C selbst diesen Kontakt aufgab und dadurch in seiner Außenseiterrolle verblieb. Sicher nicht untypisch war weiterhin, daß C auch im weiteren vordringlich die Motivik des Versuchsleiters nachahmte, obwohl er auch von diesem keine Rückmeldung erhielt. Vielleicht könnte insgesamt formuliert werden, daß C eine isolierte Rolle einnahm und seine Versuche, diese Isolation aufzulösen zwar deutlich erkennbar, aber nicht entschieden genug waren.

Dem entspricht auch das verbale und nonverbale Kommunikationsverhalten: Eine Unterteilung der Gesten in Bewegungen der Zuwendung und Abwendung erbrachte bei C ein vergleichsweise seltenes Auftreten von Gesten der Zuwendung im ersten Auswertungszeitraum und einen deutlichen Anstieg in der Endphase der Untersuchung, sowie den umgekehrten Trend bei den Gesten der Abwendung, was recht eindeutig als Wunsch nach Öffnung interpretiert wurde. Auch in der Körperhaltung ergaben sich deutliche Spiegelsymmetrien, vor allem zwischen B und C, was zusammen mit der unverfänglichen musikalischen Kontaktaufnahme der beiden als Indiz für eine Art Untergruppenbildung der Außenseiter oder als Ausdruck einer „Notgemeinschaft" (wie C selbst den Gruppenstatus im Interview nach dem Experiment schilderte) angesehen werden könnte. Die niedrigen Übergangshäufigkeiten bei der verbalen Interaktion zeigen jedoch, daß kein sehr intensiver Wunsch nach Vertiefung der Beziehung bestand.

Sicher können solche Beobachtungen keine Gewißheit für sich beanspruchen. Bemerkenswert erscheint jedoch, daß C selbst (im Abschlußinterview etwa ein halbes Jahr nach dem Experiment) auf die Frage nach Parallelen zwischen seinem Verhalten im Experiment und seinem Alltagsverhalten eine sehr ähnliche Einschätzung gab. Er formulierte: „Unter einigen Parallelen, die ich sehe, scheint mir folgende am wichtigsten: Schließen und Pflege von Kontakten aus reinem Selbstzweck (Small talk) sind mir ein Greuel. Kontakte, die sich beim gemeinsamen Bearbeiten einer Aufgabe ergeben, sind immerhin eine Grundlage für ein weiteres Kennenlernen". Er beschreibt weiter, daß er „die konkrete Musikaufgabe als 'tröstlich'" und das gemeinsame Musizieren überhaupt als „Katalysator zum gegenseitigen Kennenlernen" ansah, was sicher auch der Einordnung seiner musikalischen Aktivität eine gewisse Rechtfertigung verleiht.

Daß diese Prozesse der Rollendefinition auch einen ganz anderen Verlauf nehmen können, zeigt das zweite Beispiel, das Verhalten der Versuchsteilnehmerin A: A wurde nach übereinstimmendem Urteil der einzelnen Untersuchungsgruppen sofort zu einer Art „Motor der Entwicklung der Gruppenidentität". Die Arbeitsgruppe „Emotionen", die (durch Ratereinschätzungen in fixen Zeittakten) eine Art Bild des Stimmungsverlaufs der einzelnen Gruppen darstellte, formulierte in ihrem Abschlußbericht: „Unser Eindruck: Die Stimmung im Raum verändert sich sofort durch A's Eintreten." Hierzu trugen eine Reihe von für sich allein genommen wenig auffälligen, aber insgesamt wohl sehr effektiven Verhaltensakten bei: So stellt A sich mit Namen vor („ich bin die A.") und definiert

```
(a)  Eingangsphase            .

  spricht zu: A(w)    B(m)    C(m)    D(m)    E(w)    ungerichtet    Summe

     A(w)        -       8       0       3       3         4           18
     B(m)       10       -       2       2       1         7           22
     C(m)        3       1       -       9       5        10           28
     D(m)        5       5      10       -      13         5           38
     E(w)        3       2       4       5       -         8           22

     Summe      21      16      16      19      22        34          128


(b)  Abschlußphase

  spricht zu: A(w)    B(m)    C(m)    D(m)    E(w)    ungerichtet    Summe

     A(w)        -       3       0       6       5         7           21
     B(m)        1       -       0       3       2         8           14
     C(m)                1       -       2       0         2            5
     D(m)        5       6       0       -       0         9           20
     E(w)        3       3       0       0       -         5           11

     Summe       8      14       0      11       7        31           71
```

Tabelle 5: Ansprechpartner der Versuchsteilnehmer.

damit in der insgesamt unklaren Wartesituation zumindest ansatzweise ihre Rolle und Vorstellungen über die Ausgestaltung der Interaktion (wie Anrede mit Vornamen)[20]. Dies wird unterstützt durch die Häufigkeit mit der sie „per ich" formuliert (8 von insgesamt 12 Aussagen in dem Zeitraum, nachdem sie den Untersuchungsraum betreten hat; siehe

---

[20] Dies ist umso bemerkenswerter, als die Stimmungsschwankungen in der Gruppe mit dem Grad der Definiertheit der Situation zusammenhängen: Wenn die Versuchsteilnehmer wußten, was sie als nächstes „zu tun hatten", gingen die Einzelbewertungen tendenziell in Richtung auf angenehme Stimmungen (Bericht der Untersuchungsgruppe „Emotion").

Tabelle 2). Dies hat offensichtlich Auswirkungen auch auf das gesamte Gruppenklima: Mit ihrem Auftreten steigt die Anzahl der „wir"-Formulierungen deutlich an.

Zu dieser Definition der Situation trug sicher auch die Gerichtetheit ihrer Äußerungen bei, die erst nach Auswertung des Datenmaterials offensichtlich, dann aber sehr deutlich auffallend war (siehe Tabelle 5). A ging sehr selektiv vor: Sowohl in der Eingangs- wie in der Abschlußphase hatte sie einen sehr geringen Anteil ungerichteter Äußerungen. Bei insgesamt 18 Äußerungen in der Eingangsphase sprach sie beispielsweise 8 mal zu B, ihrem direkten Nachbarn, aber nie zu C.

Selbst in der letzten Wartephase, als die Gruppenmitglieder in einem insgesamt relativ entspannten Klima gemeinsam redeten, war ihr Anteil ungerichteter Äußerungen vergleichsweise gering. In dieser Phase sprach sie vor allem E und danach D mehrmals hintereinander direkt an und vertiefte damit die Achsen AE-EA und AD-DA, die (siehe oben) zuvor schon relativ konstant hohe Übergangshäufigkeiten aufgewiesen hatten. Auffallend - wenn auch ebenfalls erst nach der Analyse des Datenmaterials ins Auge fallend - war weiterhin, daß ihre Wortbeiträge öfter als die aller übrigen Versuchsteilnehmer nach einer Pause fielen (siehe Tabelle 3). Es ist natürlich nicht zu klären, ob sie also Phasen des Schweigens aushalten konnte, bevor sie relativ gezielt das Wort ergriff, oder ob sie diejenige war, die nach Pausen „das Eis brach". Beide Deutungen sprechen jedoch für eine gewisse Selbstsicherheit in der Wortführung.

A's verbale Äußerungen gingen zudem weit häufiger als die der anderen Untersuchungsteilnehmer mit nonverbalen Verhaltensakten einher (ohne Tabelle): Gesten der Zuwendung und Abwendung kamen im Vergleich zu allen übrigen Versuchtsteilnehmern sehr häufig vor, und ihre Äußerungen wurden ziemlich durchgängig von Adaptoren und Illustratoren begleitet. Hierbei diente ein Großteil der selbstbezogenen Adaptoren dazu, Phasen der nicht-verbalen Kommunikation zu überbrücken.

Von der Untersuchungsgruppe „Sprache und Dominanz" wurden Ratings für eine Reihe von Indikatoren für dominantes Gesprächsverhalten abgegeben. A wurde dabei als „positiv dominant" eingestuft. Merkmale „negativer Dominanz" (wie befehlende Sätze, Unterbrechungen, Korrektur der anderen, übertönende Stimme, überzogen lange Satzstrukturen oder Festhalten an einem Thema entgegen der Themenwahl der übrigen Sprecher; so die Definitionsvorschläge der Untersuchungsgruppe) fehlten vollständig.

Auch bei A gab es deutliche Analogien zwischen dem Verhalten in den Wartesituationen und dem musikalischen Ausdruck: Sie wählte insgesamt häufig eine sehr „gruppendienliche" Instrumentierung (Reiben der Trommel, was einen sehr warmen und untermalenden Klang erzeugt) und überprüfte beim Einsatz von Rhythmusinstrumenten immer wieder die Angemessenheit der Lautstärke. Die Arbeitsgruppe „Musikalische Improvisation" formulierte entsprechend als Resümee: „A hat die Tendenz eine Basis zu schaffen, aber sich nicht in den Vordergrund zu drängen". Auffallend war auch hier die Selbstbestimmtheit, die in diesem Verhalten zum Ausdruck kam. A stand als einzige auf und holte sich Musikinstrumente, die sie ausprobieren wollte. Ebenso reichte sie Instrumente weiter und zweimal spielte sie auch auf dem Instrument, das vor ihrem Sitznachbarn stand.

So erscheint es nur konsequent, daß A Teil der Ingroup A-D-E war, die am Ende der Untersuchung schon an der räumlichen Anordnung deutlich erkennbar wurde: Nach dem

Abräumen der Instrumente nahmen die Versuchsteilnehmer folgende räumliche Formation ein:

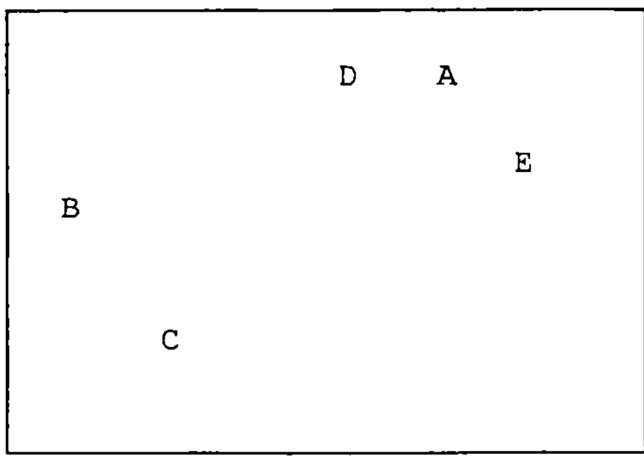

Dabei war die Zentrierung von D und E um A nicht nur räumlich sichtbar: A übernahm in dieser Phase auch eine Art „Meinungsführerschaft": Diese war vor allem an den Übergangshäufigkeiten deutlich zu erkennen. Zwischen den beiden Frauen A und E bestand ein recht enger Kontakt mit Doppelpässen und Vierfachfolgen (siehe Tabelle 3). Das Verhältnis zu D war im Verhältnis dazu eher einseitig. Er wandte sich ausgesprochen häufig an A, obwohl er seinerseits von A nie direkt angesprochen wurde. Zwischen D und E waren die Übergangshäufigkeiten sogar ausgesprochen gering (was in der Anfangsphase noch anders gewesen war). Gegenüber dieser Teilgruppe waren B und C nicht nur räumlich deutlich isoliert: C wurde niemals direkt angesprochen, und B distanzierte sich selbst von der Gruppe, indem er auf Anrede einige Male nicht reagierte. In Übereinstimmung damit benutzten D und E (und mit Einschränkungen A) die Formulierung „wir", während B und C in dieser Abschlußphase 5 niemals „wir" sagten (siehe Tabelle 2).

Die Bildung dieser Konstellation scheint durch eine Reihe von Signalen schon in den vorherigen Phasen des Experiments vorbereitet: Zwischen A und E waren Veränderungen der Körperhaltung während des gesamten Versuchsverlaufs überraschend ähnlich. Vor allem in der letzten Diskussionsphase liefen Gesten der Zuwendung und der Abwendung meist synchron ab. Insbesondere Veränderungen der Kopforientierung (gemessen als time-sampling mit 5 Sekunden als Erhebungsintervall) erfolgten in dieser Phase zwischen dem Ende der letzten Improvisation und dem Abräumen der Instrumente (Beobachtungszeitraum 2½ Minuten) vollkommen gleichlaufend (Untersuchungsgruppe „Bewegung und Dynamik"). Sicher können auch die vorangegangenen Phasen musikalischer Improvisation, in denen - wie oben erläutert - D Motive und die Spielweise von A aufgriff und B und C ein gemeinsames Motiv abwechselnd ausgestalteten, als Vorstufen dieses Prozesses angesehen werden.

Die positive Dominanz von A zeigt sich auch in der Nachbefragung direkt nach dem Experiment. Die für die Gruppenbildung zentralen Items des hier benutzten (teilweise offenen) Fragebogens sind in der folgenden Tabelle aufgelistet: Wie in der Tabelle zu erkennen, gab es zwischen A, D und E eine Reihe positiver wechselseitiger Einschätzungen und damit verbundene Sympathiebekundungen. B ist davon ausgeschlossen, und C

294   *T. Gehm*

„vergaß" nach eigener Auskunft die Beantwortung dieses Fragenkomplexes. Interessant ist weiterhin, daß sich A auch hier sehr differenziert verhielt: Während sie selbst von E ausgesprochen positiv beurteilt wurde, äußerte sie, daß ihr Interesse an E im Laufe des Gesprächs abnahm.

	Antworten von																													
	A						**B**						**C**						**D**						**E**					
	11	12	21	40	13	20	11	12	21	40	13	20	11	12	21	40	13	20	11	12	21	40	13	20	11	12	21	40	13	20
A								x								x									x	x		x		
B	x	x		x																										
C	x		x																										x	
D							x	x		x																				x
E						x													x	x										

Tabelle 6: Wechselseitige Sympathie-Einschätzungen der Versuchsteilnehmer nach dem Experiment. (Erläuterungen im Text.)

Frage 11: Mit wem hättest Du Dich gerne weiter oder mehr unterhalten?

Frage 12: Hast Du Dich jemandem konkret zugewandt?

Frage 40: Wer, denkst Du, findet Dich am angenehmsten?

Frage 13: Hast Du Dich konkret von jemandem abgewandt?

Frage 20: Wen fandest Du zunächst sympathisch, im Laufe des Gesprächs nicht mehr?

Frage 21: Wen fandest Du zunächst unsympathisch, im Laufe des Gesprächs dann sympathisch?

Selbst im Abschlußinterview[21] mehrere Monate nach dem Experiment schienen die entstandenen Gruppenkonstellationen noch lebendig gewesen zu sein: Hier gab es eine Reihe von Aussagen, die bestätigten, daß unsere Einschätzung der sich anbahnenden Beziehungskonstellation zutreffend, ja teilweise prognostisch war. E äußerte, daß sie „A ziemlich sympathisch fand", und berichtete, daß sie sich nach dem Experiment noch mit D unterhalten hatte und ihn „viel sympathischer als während der Untersuchung" erlebte (was sich für uns schon angedeutet hatte). Sie erwähnte außerdem, daß C und B innerlich *„am meisten von ihr entfernt waren"* (was ja auch die räumliche Konstellation charakterisierte). B äußerte (sicher nicht in Widerspruch zu seiner teilweise selbst gewählten Außenseiterrolle), daß er Sympathieeinschätzungen „obskur" empfinde. C betonte, daß „90 Minuten auf alle Fälle zu kurz sind, um irgendwelche Aussagen zu machen". D gab an, zwar keine besondere gefühlsmäßige Nähe zu einem der Versuchsteilnehmer empfunden zu haben, da er „das auch als eine wechselseitige Angelegenheit ansehe", ein „unvermindertes Interesse" hätte er allerdings an seiner „Nachbarin" (also E). A war wegen eines Studienaufenthalts im Ausland nicht anwesend, was uns allerdings auch

---

[21] Wir wählten hier folgendes Vorgehen: Die Versuchsteilnehmer wurden gebeten, zunächst einen von der Untersuchungsgruppe „Nachbefragung" entwickelten Fragebogen auszufüllen, und dann ihre Antworten (um Fehlinterpretationen der schriftlichen Auskünfte einzugrenzen) zu erläutern. Ein Teil der Untersuchungsgruppe beobachtete das nicht-verbale und verbale Verhalten von Interviewern und Interviewten während der Befragung.

schon fast als Bestätigung der Einschätzung eines sehr selbstbestimmten Verhaltensstils erschien[22].

Abschließend sei noch von einem Trend berichtet, der zumindest die männlichen Mitglieder der Untersuchungsgruppe überrascht hat: Obwohl unsere Versuchsteilnehmer allesamt der „emanzipierten studentischen Population" angehörten, waren bei detaillierter Durchsicht für die weiblichen Versuchsteilnehmer in der Tat deutlich mehr Beispiele „spezifisch weiblichen" Verhaltens (wie geringer Anspruch auf persönlichen Raum, Zulassen von Überschreitungen des persönlichen Raumes, Sich-unterbrechen-lassen, einseitige Preisgabe persönlicher Information, geringere Entspannung, siehe ausführlich Henley, 1988, S. 61 ff) zu beobachten. Auffallend war auch, daß in der ersten gemeinsamen Improvisation die Frauen ausschließlich die „warm" und „weich" klingenden Holz-Instrumente wählten, alle männlichen Versuchsteilnehmer dagegen Blech-Instrumente. Selbst in dieser kurzen und sehr spezifischen Versuchssituation, vielleicht aber auch gerade unter dem Druck der Experimentalbedingungen, der möglicherweise eine Regression auf etablierte Verhaltensmuster fördert, trat also ein altes Rollenstereotyp auf[23]. Insgesamt legt die Vielzahl unserer Teilbeobachtungen ein kurzes Resümee nahe.

5 Strukturbildung im Gruppenprozeß. Ein Resümee

Wir wollten beobachten, wie sich aus einer Reihe von Individuen eine Gruppe entwickelte. Natürlich war dieser Gruppenbildungsprozeß am Ende des Experiments noch in einem sehr frühen Stadium. Dennoch waren Interaktionsmuster zu erkennen, die zunehmend prägnanter wurden. Besonders augenscheinlich war, daß schon die erste Präsentation als Markstein und Indikator für das weitere Rollenverhalten anzusehen ist. Offensichtlich werden Rollenangebote, die die Individuen mitbringen und über Verhaltenssignale aussenden, in dem gemeinsamen Passungsprozeß aufgegriffen und nach und nach verstärkt, bis schließlich bestimmte Rollenbilder emergieren.

Diese Verhaltensangebote sind teilweise sehr subtil: Tendenzen in den Übergangshäufigkeiten, exemplarische Angebote der Rollendefinition (wie die beobachteten Ich-Nennungen), Vorlieben bei der Instrumentenauswahl oder das Aufgreifen von Rhythmik und Melodik bestimmter Interaktionspartner in der musikalischen Kommunikation erscheinen zunächst eher zufällig, gewinnen aber in den späteren Phasen größere Prägnanz. Diese Prozesse lassen sich durchaus mit der gemeinsamen Rollendefinition und -zuweisung, wie sie in langfristigen Beziehungen stattfinden, vergleichen: Möglicherweise versucht auch hier (wie Jürg Willi in psychoanalytischer Diktion über das unbewußte Zusammenspiel der Partner in Dyaden formuliert) „jede Person ... andere in eine Rolle zu

---

[22] Die Eigendynamik solcher sozialer Beziehungen ist vielleicht am augenfälligsten daran zu erkennen, daß (wie Kleingruppen überhaupt recht häufig) auch unsere Versuchsteilnehmer in der Nachbefragung dieselbe Sitzordnung einnahmen wie in der Untersuchung selbst und dies obwohl die Nachbefragung in einem anderen und auch anders möblierten Raum stattfand.

[23] Diese wurden in der Interaktion auch aufgegriffen und dadurch möglicherweise verstärkt. So war auffällig, daß C zu Beginn der Auswertung nie, und auch später nur selten direkt nach Frauen sprach (siehe Tabelle 3).

drängen, die den eigenen dominanten unbewußten Phantasien entspricht. Die dem anderen zugewiesene Rolle wird von diesem dann akzeptiert, wenn sie mit seiner gerade dominanten eigenen unbewußten Phantasie übereinstimmt. Es bildet sich dann eine Art Hauptnenner für diese Rollen und eine gemeinsame Gruppenkultur." (Willi, 1991, S. 192). In eher systemtheoretischer Sprache ließe sich formulieren, daß *Gruppenparameter* als *kollektiv erzeugte Makrostrukturen* angesehen werden können. Sie entstehen aus einem Eingehen auf minimale Signale, haben dann aber verhaltensbestimmende Wirkung.

Sicher dürfen diese Prozesse dennoch nicht als deterministisch angesehen werden. Wie auch König und Linder in ihrer Studie über die Funktionsweise von längerfristigen Gruppen betonen, läßt die soziale Konstellation und lassen die sozialen Signale stets eine Vielzahl von Rollen und Beziehungen zu. Sie formulieren: „Die Beziehungen zu den inneren Objekten lassen ... oft mehrere erwachsene Beziehungsmöglichkeiten und Problemlösungen in Beziehungen zu, und es hängt manchmal von Zufälligkeiten ab, welche Lösung einer wählt." (König & Lindner, 1991, S. 144). Gleichzeitig hat ein einmal ausgewähltes und aufgegriffenes Beziehungsangebot aber eine gewisse *Eigendynamik*. Auch bei uns mag die Wahl des Sitzplatzes durch jeden einzelnen Versuchsteilnehmer ebenso mehr oder weniger zufällig gewesen sein, wie die Form der ersten Präsentation durch Zufälle beeinflußt war. Beides hatte dennoch deutliche Auswirkungen auf die weitere Interaktion. Insofern lassen sich diese Prozesse auf der Mikroebene der Gruppenbildung auch in dieser Hinsicht durchaus mit Langzeitveränderungen in Gruppen vergleichen. König und Lindner schreiben dazu weiter: „Hat er [ein Mitglied einer Gruppe, T.G.] sie aber gewählt und sein weiteres Leben darauf aufgebaut, kann es ihm Schwierigkeiten machen, andere Lösungsmöglichkeiten bei anderen zu akzeptieren und ihre Perspektiven, das heißt ihre Chancen und Gefahren, realitätsgerecht einzuschätzen." (König & Lindner, 1991, S. 144). Insgesamt lassen solche Einschätzungen den *Gruppenbildungsprozeß* als einen *Vorgang mit instabilen oder kritischen Phasen,* die aber relativ rasch in eher *strukturierte Perioden* mit weniger reversiblen Rollenfestlegungen münden können, erscheinen.

Willi (1991) macht in seinem Buch über die Dynamik von Rollenzuweisungen in Paarbeziehungen eine Reihe von Vorschlägen zur Beschreibung der *Reversibilität,* die solche gemeinsamen Rollenvereinbarungen aufweisen. Demnach wird „interindividuell ... das Verhalten des einzelnen von der Paardynamik um so ausgeprägter bestimmt, je stärker: (a) das Paar ein in sich geschlossenes System bildet und (b) das Paar unter inneren und äußeren Streß gerät und dabei sozial funktionsfähig und selbsttragend bleiben will." (Willi, 1991, S. 165). In unserem Experiment ist der äußere Streß, wie meist unter den Bedingungen sozialpsychologischer Laboruntersuchungen mit ad-hoc-Beziehungen und eingeschränkten Handlungsmöglichkeiten, sicher nicht als gering einzuschätzen, zudem sahen sich unsere Versuchsteilnehmer als Teilnehmer einer gemeinsamen Musiksession, die keine größeren Folgen für ihre weitere Lebensgestaltung haben würde. Möglicherweise hat dies dazu beigetragen, daß sich die beobachteten Rollenbilder relativ schnell etabliert haben. Dies entspricht auch immer wieder geäußerten Annahmen, daß soziale Mikrosysteme und die damit verbundenen „Überakzentuierungen im affektiven, kognitiven und konativen Bereich relativ schnell" induziert werden können, wenn die beteiligten Personen „ein gemeinsames Schicksal" erleben (Witte & Ardelt, 1989, S. 463).

Die Dynamik, mit der diese Prozesse insgesamt abliefen, ließ dennoch *unterschiedliche Stadien der Annäherung* erkennen, innerhalb derer die gemeinsam gestaltete Rollendifferenzierung jeweils unterschiedlich deutlich und damit abgestuft revidierbar war. Nach gemeinsamer Einschätzung der unterschiedlichen Teilbefunde gab es (1) eine *„Phase musikalisch-unverfänglicher Kommunikation"*, in der Gesprächsthemen auftauchten und häufig unbeantwortet wieder verschwanden, in der aber die Regel der Wechselseitigkeit in der Gesprächschronographie aufrechterhalten wurde, indem nach einer unbeantworteten Sequenz beiläufig Töne gespielt wurden. In dieser Phase erschien der Grad der wechselseitigen Verpflichtung eher durch gesellschaftliche Konventionen als durch Kontakte zwischen den Beteiligten bestimmt zu sein. Danach folgte (2) eine *„Phase expliziter verbaler Kommunikation"*, wo die Themen beständiger waren und parallel dazu eine Stabilisierung im Gesprächschronogramm (mit zufallsabweichenden Übergangshäufigkeiten, siehe oben) stattfand und auch in der musikalischen Improvisation Themen etabliert und „durchgearbeitet" wurden. Diese Strukturen waren recht eindeutig durch die bisherigen konkreten Kommunikationsprozesse der Untersuchungsteilnehmer bestimmt. Die letzte von uns beobachtete Phase läßt sich als (3) *„Phase der Störungsresistenz"* bezeichnen. Hier bestanden unabhängig vom Kontext deutliche Vorlieben in der Wahl der Ansprechpartner, zugleich gab es hier desöfteren Überschneidungen im Gesprächschronogramm (zwei Personen sprachen gleichzeitig), was indiziert, daß die nun etablierten Strukturen so beständig sind, daß sie nicht durch „Verstöße gegen Kommunikationsregeln", wie Abweichungen von der Norm der Reziprozität oder Einbezug weiterer Kommunikationspartner gefährdet werden.

Diese Phasen sind selbstverständlich nur nach Eindrucksurteil charakterisiert, gehen ineinander über und lassen sich - auch wegen der Kürze der ausgewerteten Zeiträume und der Gleichzeitigkeit unterschiedlicher Prozesse in ihnen - nur schwer eindeutig abgrenzen. Sie dürften daher eher als hintereinander auftretende Merkmale eines kontinuierlichen Prozesses, vielleicht sogar: eines Sogs in Richtung Gruppenprozeß, denn als abgrenzbare Stadien der Annäherung betrachtet werden. Ebenso ist nicht davon auszugehen, daß diese Annäherung an das Ziel Gruppenbildung stets gleichartig abläuft. Möglicherweise ist es im Gegenteil eher Merkmal der genannten selbstorganisierten Prozesse, daß jeweils andere Stadien der Annäherung auftreten können, daß also sogar die Art der Dynamik der Annäherung von den Beteiligten jeweils neu „ausgehandelt" wird. Dafür spricht, daß ein wesentliches Merkmal der genannten intersubjektiven Prozesse ihre Vermittlung über nonverbale, und damit uneindeutige, mehr noch: in ihrer Bedeutsamkeit revidierbare Signale ist.

Möglicherweise ist diese Revidierbarkeit der interindividuellen Annäherung gerade eine Stärke der Selbstorganisation von Gruppenstrukturen: Gerade weil innerhalb des funktionellen Zusammenhangs, der durch die Neuronale-Netzwerk-Analogie beschrieben ist, je nach singulärem Verlauf der Gruppenbildung unterschiedliche Wissens- oder Verhaltensaspekte verstärkt und für die weiteren Regulierungsprozesse relevant werden können, ist die *Möglichkeit zum Wechsel von Interaktionsbeziehungen* und damit die Chance zur Verstärkung jeweils anderer Wissensfacetten ja ein - vielleicht sogar: ein ganz zentrales - Instrument zur Bewältigung komplexer Umweltsituationen. Von diesem Standpunkt aus ist die Möglichkeit zum Gruppenwechsel, also ein sozialer Prozeß, eine zentrale Komponente der Effektivität menschlicher Informationsverarbeitung, also eines herkömmlicherweise auf das Individuum reduzierten Vorgangs. Damit ist nicht nur verständlich, warum - wie beobachtet - trotz eines generellen Trends zur Gruppenbildung die entsprechenden Regulierungsprozesse schrittweise, vielleicht sogar „zögernd" ablaufen, mehr noch: hier eröffnet sich möglicherweise generell ein rationales Modell für scheinbar irrationale Prozesse, wie die Angst vor oder den schnellen Wechsel von Bindungen.

Leider wissen wir nur wenig darüber, was Menschen bewegt, häufiger oder seltener neue soziale Konstellationen anzustreben, wie ja insgesamt der Wechsel von Gruppenzugehörigkeiten innerhalb empirischer Untersuchungen als Forschungsthema vernachlässigt ist (Witte & Ardelt, 1989, S. 470). Kontrollierte Studien über die Interaktionsgeschichte, die unterschiedliche Individuen beim immer wieder selbstgewählten oder erzwungenen Wechsel von Bezugsgruppen erleben, liegen nicht vor. Nach den Erfahrungen in unserem Experiment könnte ich mir vorstellen, daß wir hierfür generell neue methodische Konzepte, vielleicht auch ein neues Denken, wenn nicht sogar ein mehr *künstlerisches Empfinden* gegenüber einem so dynamischen Geschehen wie sozialen Prozessen brauchen. Hierzu einige abschließende Überlegungen.

6 „Gruppenbildung als Improvisation". Einige Überlegungen zur Methodik der Untersuchung der Dynamik von Kleingruppen

Ich habe mit dem vorliegenden Bericht versucht, einen neuen Ansatz zur Untersuchung von Gruppen und ihrer Funktionalität vorzustellen. Dabei ging es mir eher um die Entwicklung und Umsetzung eines theoretischen Konzepts als um „harte" empirische Daten (wenn es die in einem laufend in Selbstorganisation begriffenen Phänomenbereich überhaupt geben kann). Folglich haben wir eher Trends dargestellt und Auffälligkeiten beschrieben als eindeutige Befunde vorgestellt. Dies liegt nicht nur an der Anlage unserer Untersuchung, in der unterschiedliche Untersuchungsgruppen unterschiedliche Verhaltensaspekte in unterschiedlichen Zeiträumen nach teilweise vollkommen disparaten Methoden kategorisiert haben und „schöne" Zeitreihen, die den Veränderungsverlauf bestimmter Parameter über den gesamten Untersuchungszeitraum beschreiben, vollständig fehlen[24]. Vielmehr scheinen sich die beobachteten Zusammenhänge generell einer normierten Datenerhebung zu entziehen.

Naturgemäß kann bei der Untersuchung von Gruppenbildungsprozessen generell nur von kurzen Zeiträumen und damit von statistisch nur schwer verwertbaren Zeitreihen ausgegangen werden. Diese Daten sind zudem sehr vielgestaltig, weil stets auf sehr vie-

---

[24] Vgl. neuerdings jedoch die im Rahmen eines aufgabenorientierten Gruppenbildungsprozesses erhobenen Zeitreihendaten und deren lineare wie nichtlineare Analysen (Schiepek et al., 1995a,b).

len und sehr unterschiedlichen Kanälen gesendet wird. Dies trägt jedoch keinesfalls notwendigerweise zu einer breiteren Datenbasis bei. In unterschiedlichen Episoden des untersuchten Prozesses und bei unterschiedlichen Versuchsteilnehmern dürften unterschiedliche Signale und damit unterschiedliche Kanäle relevant sein. Vom Alltagsverständnis her ist sofort einsichtig, daß gerade die entscheidenden Signale häufig auch singulär und damit einer vergleichenden Datenanalyse kaum zugänglich sein dürften. Ein Augenaufschlag kann ganze Interaktionsgeschichten schreiben und umschreiben. Die interaktionsdeterminierenden Phänomene sind zudem in vielen Fällen nur schwer zu messen: das Gefühl, eine Pause überbrücken zu müssen, hat mit der objektiven Pausenlänge unter Umständen kaum etwas zu tun, ebenso ist der Eindruck, Zustimmung zu bekommen - wie ja gerade die sozialpsychologisch orientierte Attributionstradition betont - unter Umständen eher durch subjektive Konstruktionen als durch objektiv meßbare Reize ausgelöst und zeitigt dennoch objektive Auswirkungen. Für viele Merkmale von Interaktionsprozessen fehlen uns sogar die Worte: So ist unser Repertoire an Begriffen für Gesichtsausdrücke erstaunlich begrenzt, und es ist ausgesprochen schwierig, Bewegungen sprachlich zu charakterisieren oder gar zu klassifizieren[25].

Noch grundsätzlicher formuliert kann gesagt werden, daß gerade eine systemische Sichtweise auf die Dynamik sozialer Prozesse die ganze Problematik normierter Datenermittlung verdeutlicht: Wenn davon auszugehen ist, daß minimale Reizkonstellationen Auslöser komplexer Veränderungen sein können, wenn postuliert wird, daß soziale Phänomene Emergenz spezifischer und möglicherweise ganz einzigartiger Bedingungskonstellationen sind, dann sind einer Normierung der Forschungssituation grundsätzlich Grenzen gesetzt. Wie Berger in der Methodendebatte der deutschen Soziologie und Sozialpsychologie schon Anfang der Siebziger formuliert hat, kann gerade für die Untersuchung solcher Mikroprozesse sozialer Organisation gesagt werden, „... daß die normierte Datenermittlung gerade eine Einschränkung und teilweise Destruktion des Objektivitätsanspruchs zur Folge hat. Statt die Abhängigkeit der Untersuchung von Beobachterpositionen und Beobachtungssituationen zu eliminieren, trägt sie eher zu deren Verstärkung bei. Statt die Menge der erfaßbaren Gegenstandsbereiche und ihrer erfaßbaren Komplexität zu erweitern, schränkt sie Tiefe und Breite der Beobachtung ein." (Berger, 1974, S. 26 f).[26]

Was also tun? Ich denke, die Qualität verfügbarer Daten läßt ein „soziales Neuronales Netzwerk" gerade als das adäquate Instrument zur Auswertung sozialer Prozesse erscheinen: Wir haben - und das ist ja das zentrale Prinzip der Informationsverarbeitung eines Neuronalen Netzwerks - vor allem *Auffälligkeiten* entdeckt. Damit ist aber genau

---

[25] Dies schließt freilich nicht aus, daß diese eindeutige soziale Signale darstellen können: Möglicherweise erfolgt die Verarbeitung dieser Reize auf einer nicht-sprachlich organisierten Ebene und bedarf daher gar keiner sprachlichen Klassifikation.

[26] Das hat noch radikaler übrigens schon Hegel in seinen Anmerkungen über die Beschreibung lebendiger Prozesse durch den „*tabellarischen Verstand*" formuliert: „Wenn die Bestimmtheit auch (...) eine an sich konkrete oder wirklich ist, so ist sie doch zu etwas Totem herabgesunken, da sie von einem anderen Dasein nur prädiziert und nicht als immanentes Leben dieses Daseins, oder wie sie in diesem ihre einheimische und eigentümliche Selbsterzeugung und Darstellung hat, erkannt ist." (Hegel, 1807/1977, S. 52).

der Informationsverarbeitungsmechanismus eingesetzt, der auch basal für die Steuerung individuellen Sozialverhaltens zu sein scheint. Auch hier findet vor jeder Verhaltensentscheidung zunächst eine Selektion von (möglicherweise regulierungsrelevanten) Auffälligkeiten aus der Fülle des eintreffenden Reizmaterials statt (zum Überblick über unterschiedliche Modelle für diese Vorgänge, siehe Gehm, 1991, S. 53 ff). Dieser Modus der Datenreduktion ist bei unserer *„kooperativen"* Form der Informationsverarbeitung verschärft worden durch die Vielzahl sozialer Vergleichs- und Rückmeldungsprozesse, die innerhalb unserer Versuchsgruppe stattfanden. Er dürfte damit tendenziell weniger anfällig für sehr spezifische Wahrnehmungsgewohnheiten als die soziale Wahrnehmung eines einzelnen Individuums und insgesamt breiter geworden sein. Wir haben damit also ein *„Untersuchungsinstrument"*, das - zumindest im Idealfall - zugleich sensibel und umfassend ist. Ich denke, es ist kein Zufall, daß Teams darum zunehmend (etwa in Konzepten des Lean-Management, siehe z. B. Bösenberg & Metzen, 1992) zu Entscheidungsträgern, in vielen Kulturen sogar zu normgebenden sozialen Instanzen (wie das Verständnis von „amae" in der japanischen Kultur zeigt, siehe Doi, 1982) werden. Vielleicht sollte gerade die sozialpsychologische Forschung diese Anregung aufgreifen.

Gleichwohl ist auch diese *„kooperative Wahrnehmung"* stets eine subjektive, und davon kann nicht abstrahiert werden: Wir haben Auffälligkeiten beschrieben, die eben *uns* ins Auge gefallen sind (oder: in *die* Augen, was sicher zu einer gewissen Tiefenschärfe und Perspektivität beigetragen haben dürfte). Mehr noch: Wir als Untersucher waren Teil des gesamten Untersuchungsvorgangs. Indem wir das gesamte Untersuchungssetting so gestaltet haben, wie *wir* es für aussageträchtig hielten, haben wir bewußt oder unbewußt Rituale initiiert, die das Verhalten der Versuchsteilnehmer gebahnt haben. Im Rahmen unserer Reflexionssitzung nach Abschluß des Experiments sind uns einige Merkmale unseres Versuchsdesigns als bahnend in dem hier angesprochenen Sinne aufgefallen: So entsprach schon die halbkreisförmig die Innenkamera zentrierende Sitzordnung unserer Versuchspersonen weitgehend dem Halbkreis in unserem Seminar, die zeitliche Fragmentierung des Versuchsablaufs der Struktur unserer Nachmittagssitzungen, die Offenheit des Interaktionsangebots an unsere Versuchsteilnehmer der Offenheit unserer Auswertungsgruppen für zu erwartende Ergebnisse und möglicherweise auch die offene Teilgruppenstruktur unserer Untersuchungsgruppen unserem Interesse an kurzfristig stabilen Subgruppen von Versuchsteilnehmern mit ihren sowohl zeitlich wie interpersonal „zerfasernden Rändern" und beides vielleicht sogar der häufig erkennbaren Zerfaserung von Theorien, mit denen wir uns beschäftigt haben.

Ebenso ist davon auszugehen, daß wir von unseren Versuchspersonen beeinflußt worden sind: So gab es bei unseren Auswertungsarbeiten immer wieder eine starke Tendenz, Persönlichkeitsmerkmale der Versuchspersonen „aufzudecken", die möglicherweise mit der Unsicherheit über die und dem Interesse an der Person der jeweils anderen Versuchsteilnehmer zusammenhängt. Fraglos hat vor allem der musikalische Prozeß der Versuchsteilnehmer auch uns als Beobachtungsgruppe zum „Schwingen gebracht" und unser Denken beeinflußt, vor allem weil das gemeinsame Musizieren den Prozeß der Selbstorganisation in ganz außergewöhnlicher Weise forcierte.

Zum einen erleichterte und unterstützte die Beschäftigung mit den Instrumenten die Kommunikation. Wie erläutert, wurden die Musikinstrumente des öfteren benutzt, um soziale Rückmeldung zu geben: statt einer Antwort auf eine Aussage oder in einer (vermutlich unangenehmen) Pause zwischen den Ausführungen wurde in einer Art „gemeinsamer Klimperei" ein Thema oder Motiv gespielt, was jedesmal deutlich erkennbar die Atmosphäre auflockerte. Darüber hinaus war die Musik selbst Ausdruck und Träger des Gruppenprozesses: Anzahl, Dauer und Komplexität der wechselseitigen Nachahmungen nahmen mit der sozialen Strukturiertheit von Improvisation zu Improvisation und teilweise auch innerhalb der Improvisationen zu. Zudem entstanden auch innerhalb der Musik bestimmte Rollentypen: A beispielsweise hatte (wie oben erläutert) insgesamt eine „Tendenz zur autonomen Gestaltung der Musik" und C spielte Auffälliges, das aber nicht beantwortet und dann nicht weiter verfolgt wurde, und stand damit lange Zeit außerhalb des musikalischen Prozesses. Auch spezifische Interaktionen waren in der musikalischen Improvisation möglich: Wie Getrude Orff über die Anwendungsmöglichkeiten der Instrumente formuliert, schuf auch in unserer Untersuchung das Aufgreifen und Elaborieren der Melodik der Mitspieler „Verbindungen, aber auch Distanzen" und konnte somit als „Zwischenglied zwischen den Gruppenmitgliedern" angesehen werden: „Mit den Instrumenten kann man sich mitteilen und damit auch annähern oder auch distanzieren." (Orff, 1985). Insgesamt ist der musikalische Prozeß somit - wie die Untersuchungsgruppe „Musikalische Improvisation" formulierte - ein komplexes Phänomen, das „im Spannungsfeld zwischen Experimentalbedingungen, der musikalischen Idee, sowie den subjektiven Voraussetzungen der beteiligen Personen entsteht und diese gleichzeitig weiterentwickelt". Er hat somit einen ähnlichen Status wie die verbale Kommunikation als ein komplexes emergentes Phänomen der Rahmenbedingungen, das diese definiert und weiterentwickelt.

Das gemeinsame musikalische Improvisieren erschien uns aber nicht nur als ein mögliches, sondern ein besonders geeignetes Medium zur Entwicklung der Gruppenidentität, weil der Prozeß der gemeinsamen musikalischen Improvisation eine Reihe von formalen Ähnlichkeiten zur nicht-musikalischen Kommunikation aufweist, ja teilweise weiter geht als diese. Ein zentraler Begriff zum Verständnis dieser Parallelität und zur Systematisierung dieser Vorgänge erscheint mir das in musikwissenschaftlichem Rahmen beschriebene Phänomen des *„Interlocking"* zu sein: Hiermit wird der „musikalische Vorgang" bezeichnet, „bei dem eine Person eine Tonfolge spielt und eine zweite Gruppe (vergleichbar den Fingern verschränkter Hände) dazwischen spielt. Wenn dabei an der 'richtigen' Stelle eingesetzt wird, entstehen *'inherent patterns'*, also Umgruppierungen eines auditiven Gesamtbildes, die durch die Interaktion der beiden Spieler ausgelöst sind. Dieses entstehende pattern wiederum kann von einem dritten Musiker gehört und gespielt werden" (Kubik, 1989, S. 276). In eher systemtheoretischer Diktion ließe sich reformulieren, daß minimale Signale, die aus der musikalischen Interaktion von zwei Spielern entstehen, von einem der beiden oder einem dritten aufgegriffen werden und dann als *„emergent property"* verstärkt und für den weiteren Fortgang der Interaktion bestimmend werden können.

Diese musikalische Figur war zentrales Element der beobachteten Improvisationen. Aber auch viele unserer Beobachtungen im nicht-musikalischen Bereich lassen sich unter dieses Prinzip unterordnen. Dazu gehören einzelne Gesten oder Aussagen, die in der insgesamt undefinierten Situation implizite Rollenvereinbarungen nahelegen, einzelne zustimmende oder abwertende Signale, die Interaktionsverhältnisse bestätigen oder in Frage stellen, verbale Aussagen, die die Gesprächsthematik ändern oder bestätigen ebenso wie einzelne Klangelemente, die ähnlich wie Embleme in der nonverbalen Kommunikation Aussagen ersetzen. In diesem Sinne ist (wie unsere Untersuchungsgruppe paradigmatisch formulierte) Musik Sprache, und umgekehrt kann die *gesamte Interaktion wie ein gemeinsam gestaltetes Musikstück* angesehen werden.

Möglicherweise kann deshalb auch die Begriffswelt der Musik - vielleicht wie keine andere - als ein Hilfsmittel zur Systematisierung der sozialen Vorgänge beim *„Zusammenspiel"* von Individuen bei der Gruppenbildung angesehen werden: In einer solchen Sichtweise erscheint gerade die Uneindeutigkeit verbaler, nonverbaler oder eben musikalischer Signale ein Vorteil: Sie erlaubt es, Signale aufzugreifen, zu überhören oder umzudeuten und damit nach eigener Vorstellung, die sich natürlich selbst ebenfalls weiter bildet, den Interaktionsprozeß zu gestalten[27]. So gesehen können *Interaktionen als Zusammenspiel, ja als gemeinsam gestaltetes, je besonderes Kunstwerk* betrachten werden.

Eine solche Sichtweise hätte eine Reihe von Implikationen auch für die Untersuchungsmethodologie: Sie legt nahe, ebenso wie bei der Betrachtung von Kunstwerken zunächst darauf zu verzichten, vorgeordnete Beschreibungskategorien für die jeweils spezifischen Interaktionen anzuwenden, vielmehr scheint es (wie ähnlich übrigens schon Dörner, 1983, in einem Aufsatz zur Alltagsrelevanz psychologischer Forschung betont hat) wichtig, uns eine Phase des Schauens und Staunens bei der Betrachtung sozialer Interaktionen zu gönnen, eine Phase, in der wir Interaktionen als Kunstwerke von Meistern sehen, die ihre Fähigkeiten in vielen Alltagshandlungen perfektioniert haben und ihre Kunst auf eine je besondere Art ausüben. In dieser Phase des Staunens gewinnen wir vielleicht auch einen Blick für die spezifischen *Nuancen,* die für unterschiedliche Menschen bei der Gestaltung dieser Kunstwerke wichtig sind. Vielleicht lernen wir dadurch auch, wie Briggs und Peat (1990, S. 314) mit Bezug auf ähnlich provozierende Thesen der Genetikerin und Nobelpreisträgerin Barbara McClintock formuliert haben, daß ein solches „Universum von Nuancen" zwar „ ... weiter, komplexer, fließender, weniger sicher und in gewissem Sinne furchteinflößender ist als das von der reduktionistischen Wissenschaft gemalte", aber „ein freundlicher Ort", in dem Vielfalt möglich ist.

Ich denke, es war ein Gewinn aus dem Neuronalen-Netzwerk-Konzept, wo viele Köpfe zu Wort kommen konnten, daß wir Musik bei der Gestaltung des experimentellen Geschehens berücksichtigt haben und damit unvermutet auf einen Katalysator gestoßen sind. Diese Beschäftigung mit der musikalischen Interaktion hat dann unsere Konzepte und unser Denken über die Regelhaftigkeit des beobachteten Interaktionsprozesses beeinflußt: Unsere Vorstellungen wurden dadurch sicher weniger festgelegt, offener, um nicht zu sagen spielerischer: Wir sahen in der konkreten Interaktion oft den Vorschlag eines Themas, das aufgegriffen, variiert und ausgestaltet oder übergangen wurde. Viel-

---

[27] Vielleicht ist wegen dieser deutlichen Analogie für viele Menschen gemeinsames Musikerleben oder -gestalten, also die Beschäftigung gerade mit der *„ immateriellsten Kunst"*, einer, die keine Spuren hinterläßt und damit am wenigsten verpflichtet, auch *das* Medium der Annäherung: Ohne alle Worte (und damit ohne Festlegungen) können Konsonanzen hergestellt und Dissonanzen auf ihre Belastbarkeit erprobt werden.

leicht liegt in dieser Metapher und der Erfahrung, daß diese die Beobachtung sinnvoll, aber auch lustvoll lenken kann, der Hauptgewinn unserer Untersuchung.

Literatur

Anderson, J. A. (1992). Learning Algorithms and Network Computation. Contribution to the XXV International Congress of Psychology. Brussels, July 19-24, 1992. Abstract in *International Journal of Psychology, 27,* 34.

Bales, R. F. (1950). *Interaction Process Analysis. A Method for the Study of Small Groups.* Cambridge: Addison-Wesley.

Bales, R. F. & Cohen, S. P. (1979*). SYMLOG. A System for the Multi-Level Observation of Groups.* New York: Free Press.

Bales, R. F., Cohen, S. P. & Williamson, S. A. (1982). *SYMLOG. Ein System für die mehrstufige Beobachtung von Gruppen.* Stuttgart: Klett-Cotta.

Berger, P. L. (1974). *Untersuchungsmethode und soziale Wirklichkeit.* Frankfurt am Main: Suhrkamp.

Bernhard, T. (1992). *Holzfällen. Eine Erregung.* Frankfurt am Main: Suhrkamp.

Bösenberg, D. & Metzen, H. (1992*). Lean Management: Vorsprung durch schlanke Konzepte.* Landsberg am Lech: mi verlag moderne industrie.

Briggs, J. & Peat, D. (1990). *Die Entdeckung des Chaos. Eine Reise durch die Chaos-Theorie.* München: Carl Hanser Verlag. (Original: Briggs, J. & Peat, D. (1989). *Turbulent Mirror. An Illustrated Guide to Chaos Theory and the Science of Wholeness.* New York: Harper & Row).

Briner, J. (1993). *Wie eine Gruppe entsteht. Darstellung eines Untersuchungsprojekts. Semesterarbeit.* Psychologisches Institut der Freien Universität Berlin.

Carpenter W. B. (1875). *Principles of Mental Physiology.* London: King.

Clark, H. H. & Brennan, S. E. (1991). Grounding in Communication. In L. B. Resnick, J. M. Levine & S. D. Teasley (Eds.), *Perspectives on Socially Shared Cognition* (pp. 127-149). Washington: American Psychological Association.

Cohn, R. C. (1990). *Von der Psychoanalyse zur Themenzentrierten Interaktion.* Stuttgart: Klett-Cotta.

Doi, T. (1982). *Amae. Freiheit in Geborgenheit. Zur Struktur japanischer Psyche.* Frankfurt am Main: Suhrkamp.

Dörner, D. (1983). Empirische Psychologie und Alltagsrelevanz. In G. Jüttemann (Hrsg.), *Psychologie in der Veränderung. Perspektiven für eine gegenstandsangemessenere Forschungspraxis* (S. 13-29). Weinheim: Beltz.

Eibl-Eibesfeldt, I. (1976). *Menschenforschung auf neuen Wegen.* Wien: Goldmann.

Feldstein, S. & Welkowitz, J. (1982). Gesprächschronographie - Die objektive Bestimmung zeitlicher Parameter in verbalen Interaktionen. In K. R. Scherer (Hrsg.), *Vokale Kommunikation* (S. 105-121). Weinheim: Beltz.

Fisch, R., Daniel, H. D. & Beck, D. (1991). Kleingruppenforschung - Forschungsschwerpunkte und Forschungstrends. *Gruppendynamik, 22,* 237-262.

Gehm, T. (1991). *Emotionale Verhaltensregulierung. Ein Versuch über eine einfache Form der Informationsverarbeitung in einer komplexen Umwelt.* München: Psychologie Verlags Union.

Gehm, T. (1993). Gruppen als informationsverarbeitende Organismen. In L. Montada (Hrsg.), *Bericht über den 38 Kongreß der Deutschen Gesellschaft für Psychologie an der Universität Trier* (S. 540-557). Göttingen: Hogrefe.

Gehm, T., Appel, J., Apsel, D. (1989). Slight Manipulations with Great Effects. On the Suggestive Impact of Vocal Parameter Change. In V. A. Gheorghiu, P. Netter, H. J. Eysenck & R. Rosenthal (Eds.), *Suggestion and Suggestibility. Theory and Research* (pp 351-360). Berlin: Springer.

Gordon, T. (1972). *Familienkonferenz.* Hamburg: Hoffmann & Campe.

Hacker, W. (1978). *Allgemeine Arbeits- und Ingenieurpsychologie.* Bern: Huber.

Hegel, G. W. F. (1807/1977). *Phänomenologie des Geistes.* Frankfurt am Main: Suhrkamp.

Henley, N. (1988). *Körperstrategien. Geschlecht, Macht und nonverbale Kommunikation.* Frankfurt am Main: Fischer.

Hubel, D. H. (1971). The Visual Cortex of The Brain. In N. Chalmers, R. Crawley & S. P. R. Rose (Eds.), *The Biological Basis of Behavior.* London: Harper.

Kelley, H. H. & Thibaut, J. W. (1978). *Interpersonal Relations. A Theory of Interdependence.* New York: Wiley.

Kendon, A. (1984). Die Rolle sichtbaren Verhaltens in der Organisation sozialer Interaktion. In K. R. Scherer & H. Wallbott (Hrsg.), *Nonverbale Kommunikation. Forschungsberichte zum Interaktionsverhalten* (S. 202-235). Weinheim: Beltz.

König, K. & Lindner, W. V. (1991). *Psychoanalytische Gruppentherapie.* Göttingen: Vandenhoek & Ruprecht.

Kruck, K. B. (1991). Imitation und Synchronisation nichtsprachlichen Verhaltens in menschlichen Interaktionen. In U. L. Figge & W. A. Koch (Hrsg.), *Mosaik. Zur Rekonstruktion der Evolution der Kultur. Ansätze der Humanethologie und der Evolution der Kultur.* Acta Colloquii Bochum: Brockmeyer.

Kubik, G. (1989). Subjektive Muster. Die Entdeckung des Phänomens der 'inherent patterns' in den Kompositionstechniken einiger ostafrikanischer Musikformen. Künstlergespräch mit György Ligeti. *Österreichische Musikzeitschrift, 44,* 274-276.

LeCun, Y. (1989). Generalization and Network Design Strategies. In R. Pfeifer, Z. Schreter, F. Fogelman-Soulié & L. Steels (Eds.), *Connectionism in Perspective* (pp. 143-156). Amsterdam: Elsevier Publishers.

Luhmann, N. (1992). *Einführung in die Systemtheorie. Vorlesung an der Universität Bielefeld.* Heidelberg: Carl-Auer.

Maderthaner, R. (1989). Kommunikationsprozesse. In E. Roth (Hrsg.), *Organisationspsychologie. Enzyklopädie der Psychologie, Themenbereich D, Serie III, Band 3* (S. 487-504). Göttingen: Hogrefe.

McGoldrick, M. (1992). Verluste im Kontext verstehen. In J. Schweitzer, A. Retzer & H. R. Fischer (Hrsg.), *Systemische Praxis und Postmoderne* (S. 118-135). Frankfurt am Main: Suhrkamp.

McGrath, J. E. (1991). Timer, Interaction, and Performance (TIP). A Theory of Groups. *Small Group Research, 22,* 147-174.

Nisbett, R. E. & Wilson, T. C. (1977). Telling More Than You Can Know. Verbal Reports on Mental Processes. *Psychological Review, 84,* 231-259.

Oatley, K. (1988). Plans and the Communicative Function of Emotions. A Cognitive Theory. In V. Hamilton, G. H. Bower & N. H. Frijda (Eds.), *Cognitive Perspectives on Emotion and Motivation* (pp. 345-366). Dordrecht: Kluwer Academic Publishers.

Orff, G. (1985). *Die Orff-Musiktherapie.* Stuttgart: Fischer.

Pfeifer, R., Schreter, Z., Fogelman-Soulié, F. & Steels, L. (1989). *Connectionism in Perspective.* Amsterdam: Elsevier Publishers.

Probst, G. J. B. (1987). *Selbst-Organisation. Ordnungsprozesse in sozialen Systemen aus ganzheitlicher Sicht.* Berlin: Paul Parey.

Rabbie, J. M. & Horowitz, M. (1969). Arousal of Ingroup-Outgroup Bias by a Chance of Win or Loss. *Journal of Personality and Social Psychology, 13,* 269-277.

Rumelhart, D. E. & McClelland, J. L. (Eds.) (1986). *Parallel Distributed Processing. Explorations in the Microstructure of Cognition, Vol. 1: Foundations*. Cambridge, Massachusetts: MIT Press.

Scharpf, U. & Fisch, R. (1991). Neuere Verfahren zur Analyse sozialer Interaktion in Kleingruppen. *Gruppendynamik, 22*, 279-294.

Scheflen, A. E. (1964). The Significance of Posture in Communication Systems. *Psychiatry, 27*, 316-321.

Scheflen, A. E. (1984). Die Bedeutung der Körperhaltung in Kommunikationssystemen. In K. R. Scherer & H. Wallbott (Hrsg.), *Nonverbale Kommunikation. Forschungsberichte zum Interaktionsverhalten* (S. 151-175). Weinheim: Beltz.

Schiepek, G. (1996). Ausbildungsziel: Systemkompetenz. Klinische Professionalität auf der Grundlage moderner Systemwissenschaften unter besonderer Berücksichtigung des Konzepts der Allgemeinen Psychotherapie. In L. Reiter, E. J. Brunner & S. Reiter-Theil (Hrsg.), *Von der Familientherapie zur systemischen Perspektive (2. Aufl.)*. Berlin: Springer (im Druck).

Schiepek, G., Kowalik, Z. J., Gees, C., Welter, T. & Strunk, G. (1995a). Chaos in Gruppen? In W. Langthaler & G. Schiepek (Hrsg.), *Selbstorganisation und Dynamik in Gruppen* (S. 38-66). Münster: LIT-Verlag.

Schiepek, G., Küppers, G., Mittelmann, K. & Strunk, G. (1995b). Kreative Problemlöseprozesse in Kleingruppen. In W. Langthaler & G. Schiepek (Hrsg.), *Selbstorganisation und Dynamik in Gruppen* (S. 236-255). Münster: LIT-Verlag.

Schiepek, G., Strunk, G. & Kowalik, Z. J. (1995c). Die Mikroanalyse der Therapeut-Klient-Interaktion mittels Sequentieller Plananalyse. Teil II: Die Ordnung des Chaos. *Psychotherapie Forum, 3*, 87-109.

Tschacher, W. (1990). *Interaktion in selbstorganisierten Systemen. Grundlegung eines dynamisch-synergetischen Forschungsprogramms in der Psychologie*. Heidelberg: Asanger.

Varela, F. (1991). *The Embodied Mind. Cognitive Science and Human Experience*. Cambridge, Massachusetts: MIT-Press.

Weick, K. E. (1976). Educational Organizations as Loosely Coupled Systems. *Administrative Sciences Quarterly, 21*, 1-19.

Weick, K. E. (1979). Cognitive Processes in Organizations. In L. Cummings & B. Staw (Eds.), Research in Organizational Behavior. Greenwich, CT: JAI-Press.

Weick, K. E. (1982). Managing Organizational Change among Loosely Coupled Elements. In P. S. Goodman & Associates (Eds.), *Change in Organization. New Perspectives on Theory, Research, and Practice* (pp. 375-408). San Francisco: Jossey-Bass.

Wellens, R. (1992). Group Situation, Awareness, and Time Stress within Distributed Decision Making. Contribution to the XXV International Congress of Psychology. Brussels. Abstract in *International Journal of Psychology, 27*, 293.

Willi, J. (1991). *Die Zweierbeziehung. Spannungsursachen, Störungsmuster, Klärungsprozesse, Lösungsmodelle*. Reinbek: Rowohlt.

Witte, E. H. & Ardelt, E. (1989). Gruppenarten, Strukturen und Prozesse. In E. Roth (Hrsg.), *Organisationspsychologie. Enzyklopädie der Psychologie, Themenbereich D, Serie III, Band 3* (S. 459-486). Göttingen: Hogrefe.

Ziller, R. C. (1977). Group Dialectics. The Dynamics of Groups over Time. *Human Development, 20*, 293-308.

Selbstorganisationskonzepte in der Unternehmensführung

Peter Kruse

Ziel dieses Artikels ist es, eine kurze Einführung in einige Denkfiguren und Grundaussagen der modernen Theorie dynamischer Systeme zu geben und skizzenhaft auf die Praxis der Unternehmensführung zu übertragen. Es geht darum, die Faszination, die von den Konzepten der Chaos- und Selbstorganisationstheorie ausgeht, anhand von Prinzipien zu konkretisieren, die sich unmittelbar und sinnvoll auf betriebliche Gegebenheiten übertragen lassen und die ein erweitertes Verständnis von Marktentwicklungen und Managementerfordernissen gestatten.

1 Eine wissenschaftliche Revolution?

Die Theorie dynamischer Systeme ist in den letzten Jahren mit den Begriffen Chaos, Selbstorganisation und Synergetik zu einem intensiv diskutierten interdisziplinären Forschungsbereich geworden und hat gleichzeitig wie wenige theoretische Ent-wicklungen vorher Popularität und öffentliche Aufmerksamkeit gewonnen. Eine anspruchsvolle wissenschaftliche Theorie zeigt Unterhaltungswert und findet mit verblüffender Geschwindigkeit Eingang in die Alltagssprache. Wortgewaltig wird in den Massenmedien ein grundsätzlicher Wandel im westlichen Weltbild proklamiert. Die Auswirkungen dieses Wandels werden mit einer Revolution verglichen (s. Krohn & Küppers, 1990). Offenkundig treffen die Thesen und Ergebnisse von Chaos- und Selbstorganisationstheorie einen aktuellen gesellschaftlichen Nerv. Der wissenschaftliche Auftrag, natürliche und kulturelle Ereignisse zu erklären und vorherzusagen scheint angesichts der Komplexität anstehender Problemlagen an unüberwindbare Grenzen zu geraten. Die Suche nach neuen, integrativen Konzepten wird zur unmittelbar spürbaren Herausforderung. Die Berechtigung, bei Chaos- und Selbstorganisationstheorie von einem revolutionären Perspektivenwechsel zu reden, erwächst allerdings weit eher aus der Konfrontation mit dem Alltagsdenken als aus dem wissenschaftlichen Innovationspotential dieser Konzepte.

Die zentralen Aussagen von Chaos- und Selbstorganisationstheorie widerlegen keineswegs die Gültigkeit bestehender Erkenntnisse und Forschungsstrategien, sondern ergänzen das Verständnis des Verhaltens komplexer Systeme um Aspekte von Instabilität und autonomer Ordnungsbildung. Der Gültigkeitsbereich bestehender Erkenntnisse und Forschungsstrategien wird neu definiert. Revolutionär sind die Aussagen von Chaos- und Selbstorganisationstheorie allerdings bezogen auf unser Alltagswissen. Es werden Grundannahmen in Frage gestellt, die zur selbstverständlichen Basis unseres Denkens und Handelns gehören. In diesem Sinne entsteht eine tiefgreifende, persönlich nachvollziehbare Verunsicherung, die durchaus die Bezeichnung „revolutionär" rechtfertigt. Im folgenden wird zuerst anhand einer einfachen Systemklassifizierung der Gültigkeitsbereich der Selbstorganisationskonzepte anschaulich gemacht. Anschließend werden einige stillschweigende Grundannahmen unseres Alltagswissens benannt und mit widersprechenden Erkenntnissen aus dem Bereich von Chaos- und Selbstorganisationstheorie konfrontiert.

1.1 Ergänzende Systemperspektive

Natürliche und künstliche Systeme lassen sich auf zwei Dimensionen einordnen. Systeme sind bezogen auf ihre Struktur mehr oder weniger einfach bzw. komplex und bezogen auf ihre Zustände mehr oder weniger stabil bzw. instabil. Als einfach soll ein System gelten, wenn es aus einer leicht überschaubaren Zahl von klar geordneten Komponenten besteht; als stabil soll es gelten, wenn die Zustände, die die Komponenten und das Gesamtsystem einnehmen, sich regelhaft und vorhersagbar verhalten. Im Extremfall ergeben sich vier Typen (s. Abb. 1).

Lösungsstrategien

	Steuerung	Regelung	Reagieren	Selbst-organisation
System-zustand	stabil	stabil	instabil	instabil
System-organisation	einfach	komplex	einfach	komplex
Handlungs-charakteristik	reflexhaft-automatisch	rational-logisch	Versuch und Irrtum-Verhalten	intuitive und suggestive Handlungs-entscheidung

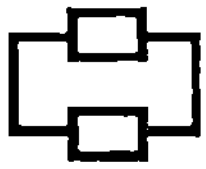

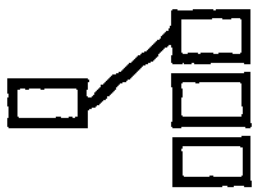

Abb. 1: Systemklassifizierung.

Ein *stabiles* und *einfaches* System wäre in dieser Kategorisierung z.B. eine fest getaktete, vollautomatisierte industrielle Fertigungsstraße auf geringer technologischer Entwicklungsstufe. Alle Prozesse in dieser Fertigungstraße sind als Kette linearer Kausalabfolgen beschreibbar. Der Umgang mit dem System kann dem Prinzip der reinen Steuerung folgen und ist programmtechnisch unkompliziert auf dem Computer realisierbar. Bezogen auf Marktsituationen entspricht die Kategorie „stabil und einfach" der monopolistischen Marktbeherrschung, in der die Nachfrage immer größer ist als die Produktion. Ein *stabiles, komplexes* System wäre z.B. eine Fertigungsstraße mit teilautonomen Arbeitsgruppen oder flexibel auf Abweichungen reagierenden, sensiblen Robotern auf hoher technologischer Entwicklungsstufe. Die Prozesse in diesem System werden durch eine verschachtelte Hierarchie von Regelvorgängen über negative Rückkoppelung, d.h. über die Minimierung von Soll-Ist-Abweichungen geordnet. Bezogen auf Marktsituationen entspricht die Kategorie „stabil und komplex" der Marktführerschaft bei ständiger Anpassung der Produktion an eine sich ändernde Nachfrage. Ein *instabiles, einfaches* System wäre z.B. bei einer spontanen Reperatursituation gegeben, die auch ohne weitere Vorkenntnisse bewältigt werden kann. Wenn der Wagen morgens unvermittelt nicht anspringt, ist die Situation ohne Analyse zwar nicht vorhersagbar, aber einfach. In dieser Situation kann auch relativ planloses reaktives Herumprobieren zum Ziel führen. Bezogen auf Marktsituationen entspricht die Kategorie „instabil und einfach" dem freien Wettbewerb mit kurzfristiger Erfolgsaussicht, wie etwa beim direkten Straßenverkauf.

In Situationen, die stabil und einfach sind, ist die Lösungsstrategie des reflexhaft-automatischen Verhaltens im Sinne der einfachen Steuerung effektiv. In Situationen, die stabil und komplex sind, greift rational-logisches Handeln im Sinne von Regelungsprozessen. Im Bereich der Stabilität können Systeme planvoll optimiert werden. Im Bereich der Instabilität dagegen gibt es keine Vorhersagbarkeit und damit keine planvolle Optimierung. In der Instabilität tritt an die Stelle der Optimierung die Erhöhung der Eigendynamik und damit der Anpassungsfähigkeit des Systems. In der instabilen und einfachen Situation wird die Anpassungsfähigkeit über Zufallsverhalten (Fluktuationen) in Reaktion auf wenige punktuelle Informationen gewährleistet. Diese Strategie des Findens von Lösungen im Umgang mit instabilen und einfachen Situationen wird häufig unterschätzt. Das planlose, reaktive Herumprobieren ist in vielen Zusammenhängen nachweislich recht erfolgreich.

Eine besondere Stellung besitzen Situationen, die *instabil* und *komplex* sind. Wie in der instabilen und einfachen Situation kann auch hier nicht gesteuert oder geregelt werden, da keine gültigen Pläne für den Umgang mit der Situation bestehen. Einfaches Herumprobieren erweist sich ebenfalls als ungeeignete Strategie, da angesichts der Systemkomplexität das punktuelle Reagieren zu risikoreich ist. Diese Situationen definieren den Gültigkeitsbereich von Selbstorganisationskonzepten. Eine einfache Metapher kann diese Zuordnung der Gültigkeit verschiedener Handlungsstrategien noch einmal zusammenfassend illustrieren. Betrachtet werden verschiedene Situationen beim Segeln.

1.) *Steuerung (stabil-einfach):* Befindet sich das Segelschiff weit draußen, fernab von Untiefen, bei ruhiger See und konstantem Wind in bekannten Gewässern, so kann die Situation als stabil und einfach bezeichnet werden. Das Schiff wird leicht auf Kurs gehalten. Bis auf die Korrektur kleiner Abweichungen wird das Schiff durch einfache Zielvorgabe gesteuert.

2.) *Regelung (stabil-komplex):* Nähert sich das Schiff einer bekannten Küste, so ist die Situation zwar weiterhin stabil, aber um ein Vielfaches komplexer. Der Kurs muß sich an den in den Seekarten eingezeichneten Untiefen und Fahrrinnen orientieren.

Anhand von Seezeichen, Landmarken, Tiefenmessungen oder anhand astronomischer Peilung kann der Kurs im Abgleich von Ziel und bestimmter Position im Sinne eines Regelungsvorganges bestimmt werden.

3.) *Reagieren (instabil-einfach):* Wird mit dem Schiff im sicheren Hafen manövriert, so ist die Situation zwar angesichts der unvorhersehbaren Bewegungen und der nicht immer einzusehenden Positionen der anderen Schiffe instabil, aber durch die im Hafenbecken überall ausreichende Wassertiefe im Prinzip unproblematisch und einfach. Der einzuschlagende Weg ist nicht planbar, kann aber gefahrlos durch unmittelbares Ausprobieren nach Versuch und Irrtum bestimmt werden.

4.) *Selbstorganisation (instabil-komplex):* Besondere Herausforderungen entstehen, wenn sich das Schiff in unbekannten Gewässern auf der Suche nach unbekannten Küsten befindet. Steuern und Regeln sind nicht möglich. Es gibt keine Seekarten und kein ortsbezogenes Vorwissen, an dem sich das Handeln orientieren kann. Die Situation ist instabil und komplex. Ein dauerhaftes Vorgehen nach Versuch und Irrtum erweist sich als unverantwortlich, da es den Schiffbruch einkalkuliert. Es bleibt nur die Entwicklung von Visionen, das Vertrauen auf Intuition, das möglichst sensible Wahrnehmen aktueller Gegebenheiten und das bewegliche Sich-Einlassen auf jede noch so kleine Veränderung. Der Kurs entsteht aus dem schrittweisen, wechselseitigen aufeinander Abstimmen von Zielvorstellungen und vorgefundenen Bedingungen. Das Handeln ist Ergebnis einer spontanen, eigendynamischen Ordnungsbildung. Dies ist die Situation von Christopher Columbus bei der Entdeckung Amerikas.

Als aktuelles Beispiel für eine instabile und komplexe Situation kann die Öffnung der DDR und das Entstehen der neuen Bundesländer angeführt werden. Wohl niemand hat diese gesellschaftliche Änderung für möglich gehalten oder gar vorhersagen können. Die eingetretene Veränderung ist grundsätzlich und geht mit weitreichenden Instabilitäten einher. Konzeptgeleitetes Handeln auf der Basis bestehenden Vorwissens muß sich gesellschaftlich bei diesen Gegebenheiten fast zwangsläufig als inadäquat erweisen. Flexibilität, Anpassungsfähigkeit und Bereitschaft zur Reorganisation (nicht nur in den neuen Bundesländern) ist gefordert. Benötigt wird in übertragenem Sinn eine „Columbus-Strategie". Selbstorganisation ist ein Beschreibungs- und Handlungsmodell in instabilen und komplexen Situationen und Systemlagen (vgl. Kruse & Stadler, 1990; Kruse et al., 1992). Die Bedeutung dieses Beschreibungs- und Handlungsmodells ist abhängig von dem Umfang, in dem sich die zu beschreibenden Systemlagen oder zu bewältigenden Aufgaben als instabil und komplex erweisen. Die Antwort auf die Frage nach der Vorhersagbarkeit und Überschaubarkeit von systemischen Elementarzuständen bestimmt in Forschung und Praxis den Gültigkeitsbereich und die Bedeutung von Selbstorgani-sationskonzepten. In diesem Sinne stellen Chaos- und Selbstorganisationstheorie eine ergänzende Systemperspektive dar.

1.2 Alltagserwartungen als Problem

Hinter jeder wahrgenommenen Ordnung wird im Alltagsdenken für gewöhnlich unreflektiert eine ordnende Instanz vermutet. Scheinbar kann nur Unordnung spontan entstehen.

Werden z.B. eine rote und eine blaue Flüssigkeit miteinander vermengt, so wird niemand erwarten, daß sich selbsttätig (d.h. z.B. ohne die ordnende Einwirkung von Zentrifugal- oder Schwerkraft) die violette Mischung wieder in zwei eindeutig gefärbte Flüssigkeiten unterteilt. Daß ein System plötzlich und übergangslos aus einem ungeordneten Zustand in einen geordneten oder von einem Ordnungszustand in einen anderen übergeht, ohne daß eine ordnende Kraft auf das System einwirkt, erscheint kontraintuitiv. Eine bestehende Ordnung wird zumeist als stabil angenommen und es wird vermutet, daß die auftretenden Änderungen dem Grad einwirkender Kräfte entsprechen. Kleine Ursachen haben erwartungsgemäß nur kleine Wirkungen. Diese Grundannahmen des Alltagsdenkens werden durch die Erkenntnisse der Chaos- und Selbstorganisationstheorie prinzipiell in Frage gestellt. Anhand einer Vielzahl von Beispielen aus dem Bereichen der Physik, Chemie und Biologie läßt sich zeigen, daß in dynamischen Systemen spontan Ordnungsübergänge entstehen können, ohne daß eine ordnende Kraft einwirkt (s. z.B. Haken, 1991). Ein derartiges Beispiel autonomer Ordnungsbildung ist die sogenannte Bénard-Instabilität (s. Abb. 2).

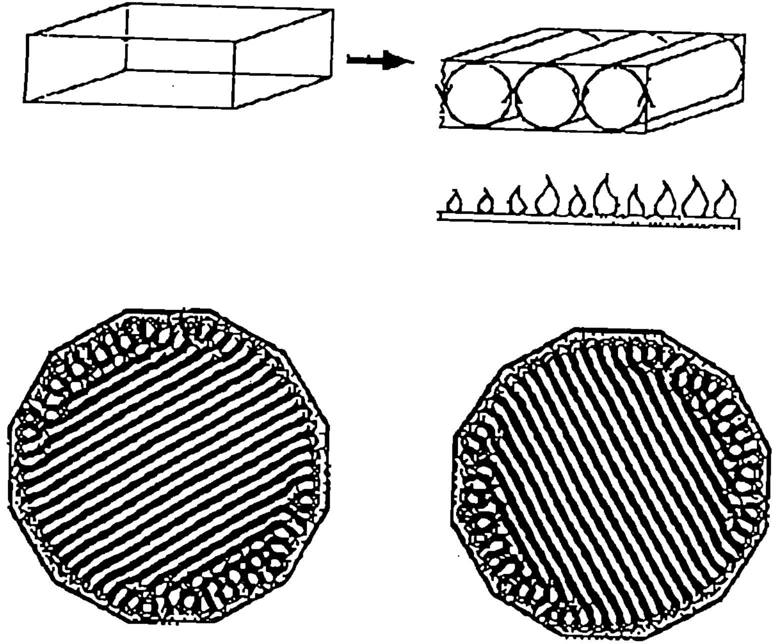

***Abb. 2:** Bénard-Instabilität.*

Wird eine Flüssigkeit von unten erhitzt, so entsteht in der Flüssigkeit ein Temperaturgradient zwischen der heißen Unter- und der kühleren Oberseite. Ist der Temperaturunterschied groß genug, gerät die Flüssigkeit in Bewegung. Es treten Konvektionsströme auf. Die einzelnen Flüssigkeitsmoleküle bewegen sich dabei zunächst in turbulenter Strömung ungeordnet durcheinander. Wird nun der Temperaturunterschied weiter erhöht, entsteht plötzlich makroskopisch ein einheitliches Ordnungsmuster. Wie auf Kommando bewegen sich die Flüssigkeitsmoleküle in zusammenhängenden Walzen. Ändert man die Form des Gefäßes, können z.B. auch regelmäßige Wabenmuster auftreten. Die Ordnung entsteht unmittelbar aus der Flüssigkeitsdynamik selbst.

Der Physiker Hermann Haken hat derartige Selbstorganisationsphänomene untersucht und die Theorie der Synergetik (Haken, 1983a,b) entwickelt, die hinter der Vielfalt der Selbstorganisationsphänomene übergeordnete Verhaltensähnlichkeiten aufdeckt (s. Abb. 3). Haken konnte zeigen, daß die bei kontinuierlicher Änderung eines Kontrollparameters (bei der Bénard-Instabilität des Temperaturunterschieds) auftretenden plötzlichen Ordnungsbildungen (Phasenübergänge) stets von einer kritischen, selbstverstärkenden Destabilisierung des Systems vorbereitet werden.

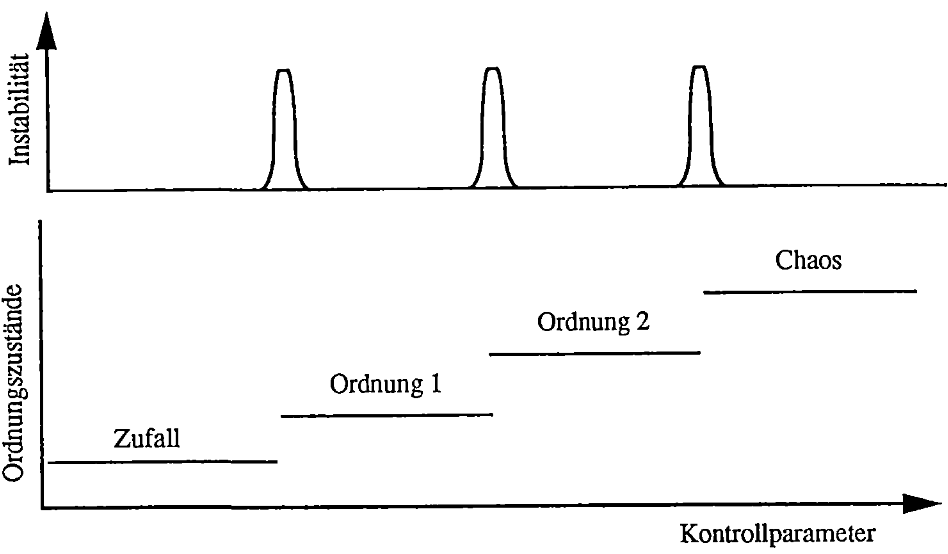

Abb. 3: *Kaskade spontaner Ordnungsbildungen.*

Kurz bevor in einem System ein neues Ordnungsmuster entsteht, wird die bisherige Ordnung instabil. Das System braucht in dieser Phase bei einer Störung länger, um sich wieder zu stabilisieren. Dieses Verhalten nennt Haken „kritisches Langsamerwerden". Zur Beschreibung von Phasenübergängen in dynamischen Systemen benutzt Haken die mathematische Metapher einer Kugel, die sich in einer Landschaft mit mehr oder weniger ausgeprägten Tälern und Höhen bewegt (s. Abb. 4). Befindet sich die Kugel in einem Tal, so beschreibt dies einen stabilen Ordnungszustand des Systems. In der Stabilität sind die Wirkungen einer Störung, d.h. einer Ablenkung der Kugel aus der Gleichgewichtslage, kleiner als die verursachenden Kräfte. Der spontane Übergang von einem stabilen Ordnungszustand, von einem Tal, zu einem anderen ist gebunden an eine Verflachung des bisherigen Tales und an Bewegung im System. Verflacht sich das bisherige

Tal, braucht die Kugel bei einer Ablenkung länger, um sich wieder auf dem tiefsten Punkt zu stabilisieren.

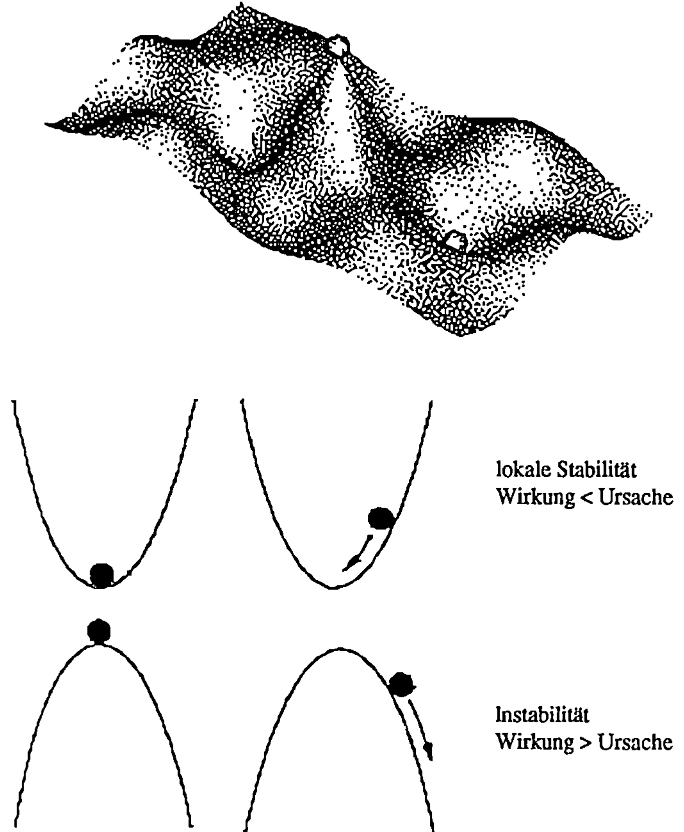

Abb. 4: Metapher einer Attraktorlandschaft.

In einem flachen Tal führen Bewegungen eher dazu, daß der Bergrücken überwunden und ein neues Tal erreicht wird. In selbstorganisierenden Systemen ist jede Neuorganisation gebunden an Instabilität. Auf dem Punkt maximaler Instabilität, d. h. auf der Höhe zwischen zwei Tälern, können winzige Einflüsse eine entscheidende Veränderung bewirken. *In der Instabilität haben kleine Ursachen große Wirkung.* In der Instabilität wird das Systemverhalten daher prinzipiell unvorhersagbar. Welcher stabile Zustand (Attraktor) letzlich erreicht wird, hängt von einem prinzipiell nicht bestimmbaren Kräftespiel ab. Selbstorganisierende Systeme zeigen darüber hinaus die Eigenschaft der Hysterese. Selbstorganisierende Systeme verharren bei kontinuierlicher Veränderung möglichst lange im bestehenden stabilen Zustand (s. Abb. 5).

Entscheidend für den Umgang mit komplexen dynamischen Systemen ist die Bestimmung der Phase, in der sich das System befindet. In stabilen Phasen verhält sich das System geordnet und vorhersagbar. Hier gelten die auf Optimierung gerichteten Strategien des Steuerns und Regelns. In der Instabilität dagegen verhält sich das System unvorhersagbar und die auf Stabilität gerichteten Alltagserwartungen werden beim Umgang mit dem System zum Problem.

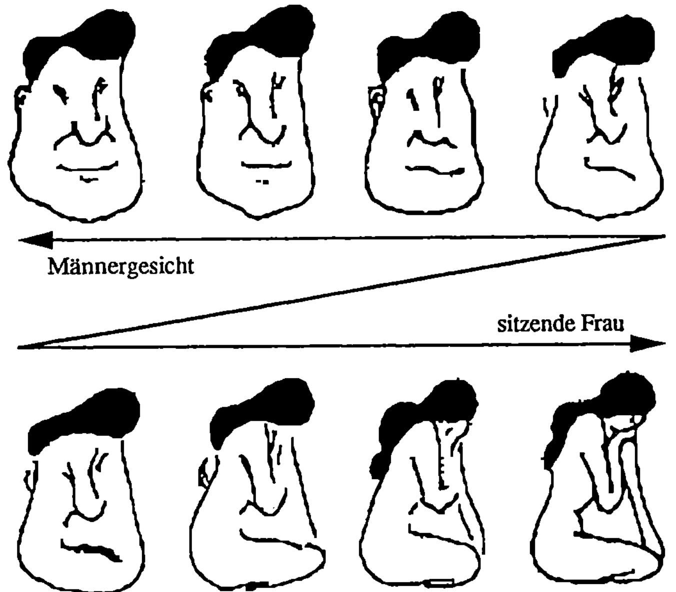

Abb. 5: *Phasenübergang mit Hysterese.*

Für die Unternehmensführung lassen sich hier bereits einige wesentliche Konsequenzen ableiten. Unternehmen sind komplexe eigendynamische Systeme. Bei konstanten Rahmenbedingungen sind Unternehmen stabil und die Interventionen des Managements können auf eine Optimierung der Arbeitsprozesse und organisatorischen Abläufe ausgerichtet werden. In dieser Situation sind die klassischen konzeptorientierten Managementstrategien angemessen und effektiv. Eine dramatisch andere Lage entsteht, wenn sich das Unternehmen in einer betrieblichen Übergangssituation befindet, in der die Flexibilität und Anpassungsfähigkeit des Unternehmens wichtiger sind als seine unmittelbare Handlungsfähigkeit. In der Lebensgeschichte von Unternehmen lassen sich mehrere solche prototypische Übergangssituationen benennen:

- Die Einführung neuer Technologien und Organisationsformen, z.B. Einführung von EDV, Firmenwachstum;
- weitreichende Änderungen der Marktlage, z.B. Öffnung des osteuropäischen Marktes, Hinzukommen der neuen Bundesländer;
- Firmenzusammenlegungen, z.B. Fusion wie bei Siemens/Nixdorf;
- Produktinnovation, z.B. Power-PC (Apple/IBM), Swatch-Auto (Mercedes);
- Führungswechsel, z.B. Generationswechsel in Familienbetrieben, Änderungen im Top-Management.

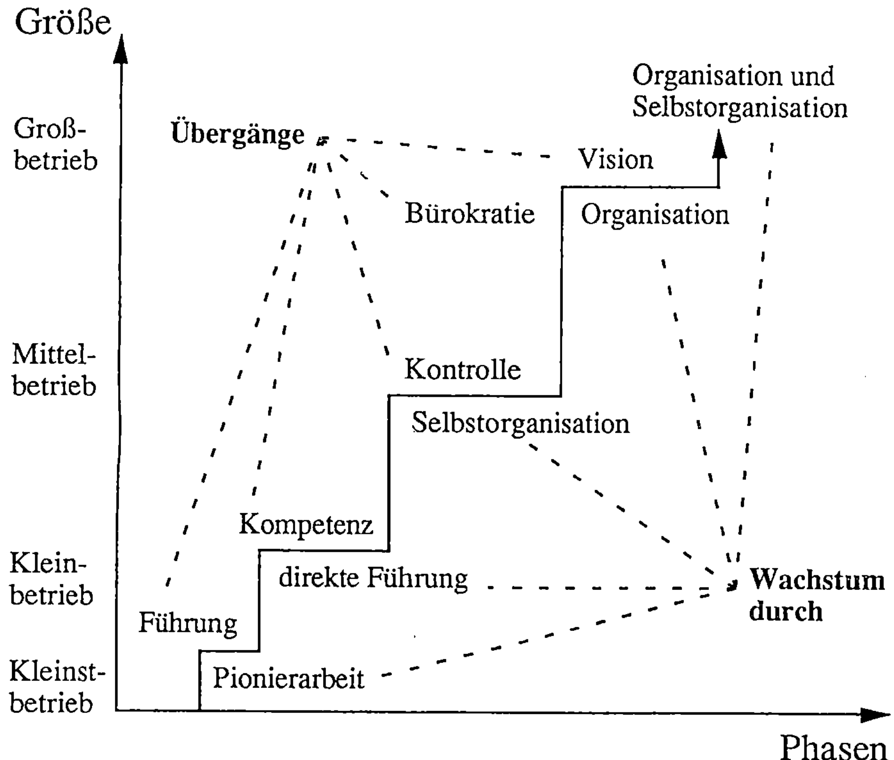

Abb. 6: *Übergänge in verschiedenen Wachstumsphasen eines Unternehmens.*

Allen diesen Übergangssituationen ist gemeinsam, daß sie phasenspezifisch zu einer Verringerung der Handlungsfähigkeit der Unternehmen führen und daher als Belastung empfunden werden. In diesen Situationen müssen alte Ordnungsmuster destabilisiert werden, um die Anpassungsfähigkeit des Unternehmens an die neue Situation zu erhöhen (s. Abb. 6). Nicht selten kommt es in diesen Situationen zu einem unfruchtbaren, manchmal sogar zerstörerischen innerbetrieblichen Kampf zwischen der Beharrungstendenz der bestehenden Ordnung und den sich bildenden Ansätzen zur Reorganisation. In Übergangssituationen ist das Management auf besondere Art gefordert (vgl. z.B. Pinkwart, 1991). Alte Konzepte greifen nicht. In Übergangssituationen gelten die Prinzipien der Selbstorganisation. Im folgenden werden zwei Prinzipien detaillierter ausgeführt und auf die Gestaltung von Übergängen in Unternehmen übertragen.

2 Selbstorganisationsprinzipien im Mangement

Die direkte Übertragung von Prinzipien aus Mathematik und Naturwissenschaft auf Verhaltensstrategien in der Unternehmensführung (vgl. Rehm et al., 1993; Kruse, 1994) erscheint auf den ersten Blick vielleicht konstruiert und weit hergeholt. Die Theorie dynamischer Systeme ist jedoch eine Meta-Theorie und ihrem Anspruch nach nicht auf bestimmte Anwendungsbereiche festgelegt. Chaos- und Selbstorganisationstheorie benennen Prinzipien, die sich über verschiedenste Konkretisierungen hinweg aufzeigen und anwenden lassen.

2.1 Regeln und Attraktoren

Ein wesentlicher Weg der Ordnungsbildung in dynamischen Systemen ist das *Prinzip der Iteration* (s. z.B. Peitgen & Richter, 1986). Die Anwendung einer Regel führt in Verbindung mit zufälligen Ausgangsbedingungen selbständig zu einem oder mehreren stabilen Ordnungszuständen (Attraktoren), wenn die Regel kreisförmig immer wieder auf das Ergebnis der vorherigen Regelanwendung angewandt wird. Das Kinderspiel „stille Post" folgt dem gleichen Muster. Eine Geschichte wird von einer Person erzählt, die Nacherzählung von einer zweiten an eine dritte Person weitergegeben, diese Nacherzählung von der dritten an eine vierte Person weitergegeben usw. Bei solchen kreisenden Geschichten verändert sich der Inhalt ständig. Die Veränderungen sind jedoch selten völlig zufällig. Vielmehr konvergieren die Geschichten nach mehreren Erzählschritten häufig auf kulturelle Klischees. Das kreisende Wiedereinspeisen des Ergebnisses in den Prozeß legt Ordnungen offen, die im Prozeß verborgen sind. Die Iteration einer einfachen Regel kann sehr komplexe Ordnungsbildungen hervorbringen.

Bestimmt man z.B. auf einer Ebene drei Punkte (A, B und C) und einen Ausgangspunkt und folgt der Regel „gehe per Zufall vom Ausgangspunkt nach A, B oder C und mache auf der Hälfte der Strecke einen Punkt, der zum neuen Ausgangspunkt wird", so entsteht bei unendlicher Wiederholung ein äußerst filigranes Muster (Abb. 7). Es entsteht ein Dreieck im Dreieck im Dreieck. Egal wie sehr das Muster vergrößert wird, es zeigen sich immer wieder neue ineinander geschachtelte Dreiecke. Das Muster ist ein Fraktal. Kein Grafiker ist in der Lage, das Bild zu zeichnen, das die einfache Regel in der Iteration offenbart. In der Iteration erzeugt die Regel in Verbindung mit Zufall selbständig Ordnung. Inzwischen haben diese Fraktale großes Interesse gefunden und unterschiedlichste, auch aus der Natur bekannte Muster sind über die Iteration einfacher Regeln nachempfunden worden (Abb. 8). Die vielgestaltigste und vielleicht auch bekannteste Musterbildung auf der Basis der Iteration einer mathematischen Regel ist das sogenannte „Apfelmännchen", das fraktale Gebilde der Mandelbrotmenge (s. Peitgen & Richter, 1986).

Die Idee, das Prinzip der Ordnungsbildung durch Iteration auf soziale Systeme zu übertragen, ist naheliegend. Gruppen folgen häufig impliziten und expliziten Regelwerken, die immer wieder in verschiedenen Situationen zum Tragen kommen (s. z.B. Berger & Luckmann, 1969). Solche sozialen Regelwerke sind häufig zu rituellen Handlungsabläufen verdichtet. Eine bestimmte Reihenfolge der Begrüßung oder der Rederlaubnis wird befolgt, unabhängig davon, wer zuerst kommt oder wessen Rede mehr zum Thema beiträgt. Bei Klärungsbedarf kommt der Mitarbeiter ins Büro des Vorgesetzten, unabhängig davon, wer den Klärungsbedarf angemeldet hat usw. Hierarchie z.B. kann der implizite Ordnungszustand, der Attraktor einfacher sozialer Regeln sein und muß nicht immer der Absicht einer der beteiligten Personen entsprechen.

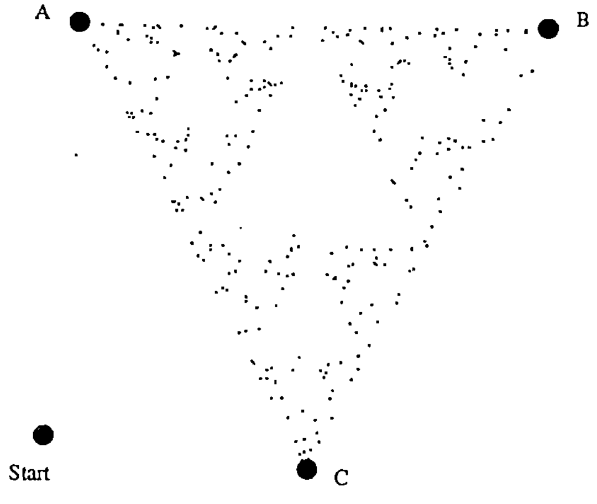

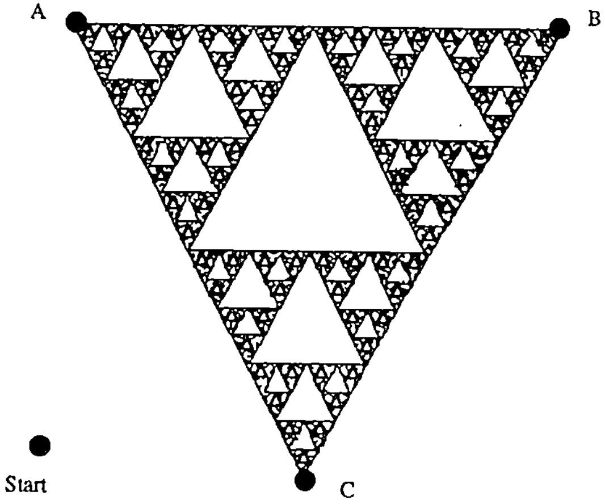

Abb. 7: Muster durch Iteration (Sierpinski-Dreieck).

Um das Klima und die Ordnungsbildungen in einem Betrieb zu verstehen, mag es mitunter interessanter sein, sich die Regelwerke des Unternehmens zu betrachten, als psychologisierend auf die Suche nach individuellen Motiven und Handlungszielen zu gehen. Regelwerke können eigendynamisch Ordnung erzeugen. Die Unternehmensphilosophie sowie die formellen und informellen Strukturen im Betrieb sind in diesem Sinne keine Spielwiese für intellektualisierende Berater, sondern wesentliche Determinanten der innerbetrieblichen Wirklichkeit. Das aktive Gestalten und Ausprobieren von Regelwerken ist eine äußerst effiziente und angemessene, indirekte Strategie der Unternehmensführung. Das Gestalten von Regelwerken macht es überflüssig, dem einzelnen Mitarbeiter bestimmte Verhaltensweisen vorzuschreiben oder eine erwünschte Ordnungsbildung per Diktat durchzusetzen. Wichtig ist allerdings, die Regelwerke experimentell zu überprüfen. Es ist kaum möglich, aus der Kenntnis einer Regel direkt die in ihr enthaltene Ordnung abzuleiten.

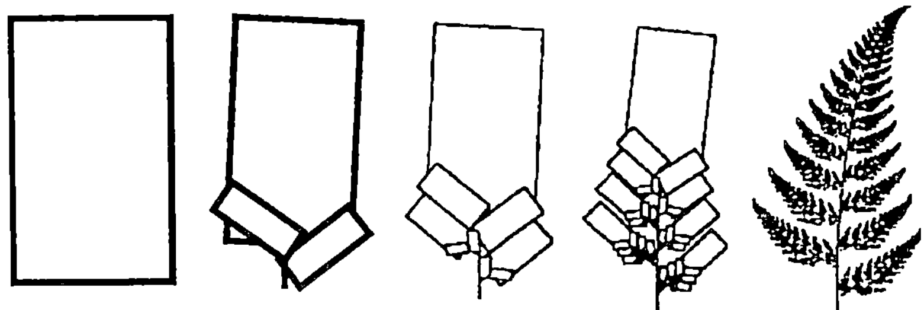

Abb. 8: Natürliche Ordnung durch Iteration.

2.2 Stabilität und Instabilität

Das Verhalten von komplexen dynamischen Systemen kann - wie bereits ausgeführt - als Bewegung einer Kugel in einer vielgestaltigen Landschaft aufgefaßt werden. Die Kugel erreicht von alleine eine stabile Lage, wenn sie in ein Tal rollt. Solche Täler beschreiben Ordnungszustände, auf die sich das System von verschiedenen Ausgangsbedingungen aus selbständig zubewegt. Die Muster, die bei der Iteration von Regeln entstehen, sind solche Attraktorzustände. Auch im menschlichen Erleben gibt es eigendynamisch entstehende Ordnungszustände. Abbildung 9 zeigt z.B. den Necker-Würfel als eine der bekanntesten Demonstrationen eigendynamischer Reorganisation in der Wahrnehmung. Bei derartigen multistabilen Reizmustern wechselt das Gehirn unter konstanten Rahmenbedingungen selbsttätig zwischen zwei oder mehreren stabilen Ordnungszuständen.

Diese spontane Reorganisation finden sich auch in anderen Leistungen des Gehirns, wie dem Denken oder dem Gedächtnis (s. Kruse & Stadler, 1990). Das Gehirn ist ein selbstorganisierendes System. So ist auch die Eindeutigkeit und Stabilität beim Sprachverstehen nicht ein triviales Ergebnis zu dekodierender Informationen, sondern ein aktiver Ordnungsbildungsprozeß im Gehirn. Die zuerst eindeutige Aussage: „Ich habe endlich für meinen Sohn ein Fahrrad bekommen" gewinnt nachträglich eine völlige neue Bedeutung, wenn die Antwort lautet: „Da haben Sie aber einen guten Tausch gemacht". Ein deutscher Kabarettist kritisierte im Dritten Reich ungestraft die mangelhafte Versorgungslage der Bevölkerung mit der Aussage: „Was ist denn schon los? Das deutsche Volk stellt sich halt wieder mal an". Scheinbar harmlose Worte wie „Mädchenhandelsschule" gewinnen plötzlich sehr suspekte Alternativbedeutungen. Computer versagen regelmäßig bei der Aufgabe, der Sprache eindeutige Interpretationen zuzuordnen. Das aktiv ordnungsbildende Gehirn stabilisiert sich scheinbar mühelos. Mehrdeutigkeiten werden nur als Ausnahmen empfunden oder erst erlebt, wenn man sich für alternative Ordnungszustände sensibilisiert.

Überträgt man die systemtheoretische Aussage, daß in der Instabilität kleine Ursachen große Wirkung haben, auf den Menschen, so läßt sich die Hypothese ableiten, daß Menschen in instabilen Situationen beeinflußbarer und kreativer werden (s. Gheorghiu & Kruse, 1991; Kruse & Gheorghiu, 1992). Die Beeinflußbarkeit ergibt sich aus der Sensibilität der instabilen Gleichgewichtslage an sich und die Kreativität aus der resultierenden Systembewegung. Über die Instabilität exploriert das System seine Attraktorlandschaft und kann neue stabile Zustände aufsuchen. In entsprechenden Experimenten konnte der Zusammenhang zwischen Instabilität, Suggestibilität und kognitiver Flexibilität vielfältig empirisch belegt werden.

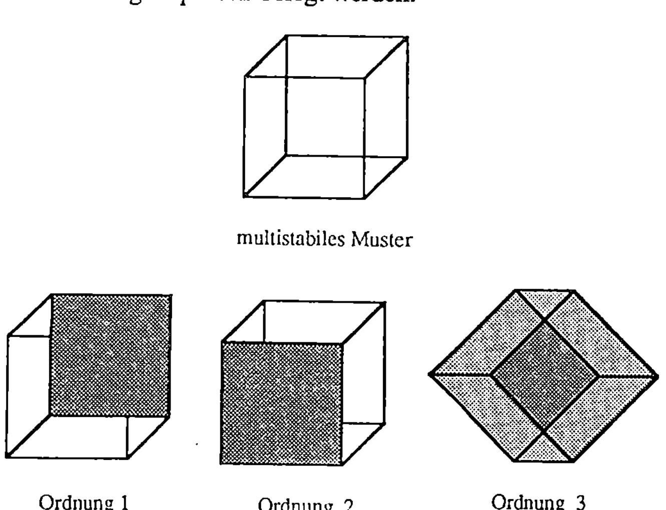

Abb. 9: Multistabile Wahrnehmung.

In der Werbung wird der Zusammenhang von Instabilität und Beeinflußbarkeit bereits umfangreich genutzt. Manche Werbefilme arbeiten gezielt mit psychischer Irritation und Verunsicherung, um den Käufer für die Produktbotschaft empfänglich zu machen. Bildliche oder sprachliche Multistabilität ist z.B. konsequenterweise ein oft genutzes Element in der Werbung. „Lösungen, gut bedacht" (Dachdeckerfirma); „Wir machen Ihnen schöne Augen" (Optiker); „Was anderes kommt nicht in die Tüte" (Einkaufszentrum); „Herrn Meyer ist die Frau weggelaufen" (Fitnesswerbung einer Krankenkasse) etc. Auch für die Gestaltung von Veränderungsprozessen in Unternehmen ergeben sich eine Reihe von praxisnahen Konsequenzen und Anregungen.

Grundsätzlich ist noch einmal festzuhalten, daß die Anpassungsfähigkeit eines Unternehmens an seine Fähigkeit gebunden ist, auf sich ändernde Rahmenbedingungen mit innersystemischer Instabilität zu reagieren (vgl. Morris & Brandon, 1993; Hammer & Champy, 1994). Werden externe oder interne Veränderungsprozesse von Mitarbeitern oder vom Management als Bedrohung aufgefaßt und mit Stabilisierungsversuchen beantwortet, ist die Kreativität und Flexibilität des Unternehmens begrenzt. Der alte Stabilitätszustand ist bei entsprechend großer Änderung der Rahmenbedingungen dann so inadäquat und gefährlich wie der Versuch, beim Wechsel auf einen Automatikwagen weiterhin die Kupplung zu treten. Selbst unangreifbar erscheinende Großbetriebe sind bereits ins Schlingern geraten, weil ihre Management- und Organisationsstrukturen Instabilität nicht ausreichend zuließen. Das psychologisch nachvollziehbare Verteidigen von persönlichen Ressourcen und Machtbereichen kann die Lösungskapazität eines Unternehmens auf Dauer kritisch lähmen und sogar sein Überleben am Markt in Frage stellen. Betriebliche Übergangssituationen sind immer gleichzeitig eine Chance und ein Risiko. Führt ein Unternehmen zum Beispiel in der Verwaltung EDV ein, werden die damit einhergehenden organisatorischen Veränderungen häufig als besondere Belastung empfunden. Bei der Einführung von EDV ist eine kurze Destabilisierung der innerbetrieblichen Organisationsabläufe notwendig. Diese Instabilität geht mit einer deutlichen Verringerung der Handlungsfähigkeit des Unternehmens einher. Es kann durchaus zu einem nicht ungefährlichen Boykott der EDV durch einzelne Mitarbeiter kommen. Ähnliches gilt bei der Fusion von zwei Unternehmen. Beide aufeinandertreffenden Firmenkulturen müssen Veränderungsbereitschaft zeigen, um eine Übernahme der einen Firma durch die andere oder eine unfruchtbare Dauerkonfrontation zu vermeiden. Ein besonderes Thema ist in diesem Zusammenhang die Gestaltung von Änderungen in der Besetzung des Managements eines Unternehmens (vgl. Fischer, 1993). Führungswechsel zählen, anders als z.B. tiefgreifende Marktänderungen, Umstrukturierungen in der Unternehmensorganisation oder spektakuläre Produktinnovationen, eher zum Alltagsgeschäft in Betrieben. In Deutschland finden im Jahr schätzungsweise 150.000 Führungswechsel im oberen Management statt. In der Karriere von Managern sind Wechsel in der Position in einem Zeitabstand von drei bis fünf Jahren keine Seltenheit mehr. Auch der Führungswechsel braucht zumeist eine Phase der Instabilität, um für das Unternehmen zum positiven Impuls zu werden. Dies wird in extremer Weise deutlich bei Generationswechseln in Familienunternehmen. Hier führen widerstreitende Ordnungen und Stabilisierungstendenzen mitunter dramatisch schnell an Belastungsgrenzen.

In Phasen der Instabilität verhalten sich Systeme weder plan- noch vorhersagbar. Entsprechend ergibt sich die Frage wie eine „Columbus-Strategie" im Umgang mit betrieblichen Übergängen aussehen kann, die die Risiken des Überganges minimiert und die Kreativität und Anpassungspotenz der instabilen Situation möglichst weitreichend zum Tragen bringt. Bereits hingewiesen wurde auf die große Bedeutung einer klar und überzeugend kommunizierbaren Vision. Die Bereitschaft der Mitarbeiter, sich überhaupt auf den Veränderungsprozeß einzulassen, steht und fällt mit dieser Vorgabe. Das Erarbeiten und Vermitteln von motivierenden Visionen ist eine Aufgabe des Managements, die nur „top down" sinnvoll gelöst werden kann. Darüber hinaus können Interventionsformen skizziert werden, die einen balancierten Umgang mit Stabilität und Instabilität im Unternehmen unterstützen (s. Abb. 10). Im Verlauf einer betrieblichen Übergangssituation geht es zu Beginn darum, eine kurzfristige Instabilität im System zu begünstigen. Die Gestaltung des Veränderungsprozesses ist im konkreten Fall sicherlich sehr verschieden. Aber einige einfache Fragen und Hinweise können als nützliche Anregungen dienen.

Welche Handlungsabläufe sind im Unternehmen so eingeführt, daß sie im normalen Geschäftsbetrieb völlig unhinterfragt eingehalten werden? *Ändern Sie bestehende Rituale.* Woran erkennen die Mitarbeiter im Arbeitsalltag gegenseitig ihre Position, auch

ohne sich das Organigramm des Unternehmens zu vergegenwärtigen? *Ändern Sie etablierte Symbole.* Woran merken die Mitarbeiter im Unternehmen, wenn die innerbetrieblichen Strukturen unvorhergesehen in Bewegung geraten? *Erfüllen Sie die Instabilitätskriterien der Mitarbeiter.* Welche Mitarbeiter reagieren (negativ wie positiv) besonders
stark auf sich abzeichnende Änderungen? *Vermitteln Sie die handlungsleitende Vision
gezielt an Multiplikatoren.* Auf welchen Kanälen verbreiten sich Informationen, Vermu-
tungen und Gerüchte im Unternehmen? *Verändern Sie die Kommunikation im Unternehmen.* Zuwenig, zuviel oder widersprechende Informationen wirken destabilisierend.
Uneindeutige Handlungsanweisungen, unklare Handlungsperspektiven, widersprüchliches Führungsverhalten und Job-Angst erhöhen zwar auch die innersystemische Instabilität, verringern aber gleichzeitig die Bereitschaft der Mitarbeiter, sich kreativ und beweglich auf den Veränderungsprozeß einzulassen.

Destabilisierende Interventionen

- Durchbrechen von Ritualen
- Verändern von Symbolen
- Erfüllen von Instabilitätskriterien
- widersprechendes Informieren
- Informationszurückhaltung
- Informationsüberflutung
- hohes Erregungsniveau etc.

Stabilisierende Interventionen

- Aufbau von Regelsystemen
- Etablierung von Symbolen
- Erfüllen von Stabilitätskriterien
- kohärente Informationen
- handlungsorientierende Information
- konstantes Verhalten
- Entwicklung von Vision und Identität etc.

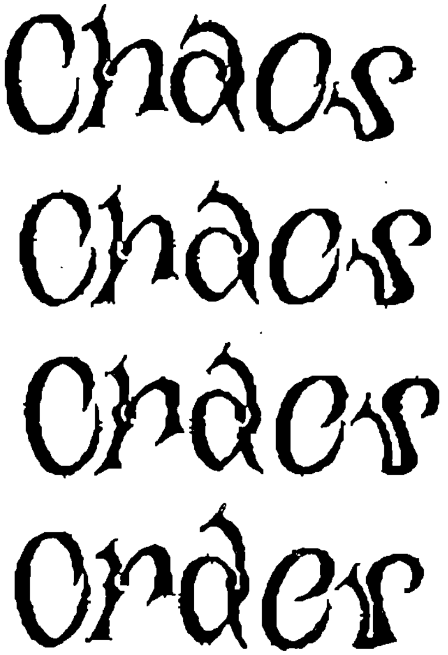

Abb. 10: Stabilisierende und destabilisierende Interventionen.

Wie sehr ist die Unternehmensführung abhängig von der direkten gefühlsmäßigen
Zuwendung und Unterstützung durch Mitarbeiter? *Suchen Sie keine Harmonie, sondern
seien Sie anregend.* Was würde die Mitarbeiter davon überzeugen, daß der Veränderungsprozeß unwiderruflich begonnen hat? *Setzen Sie eindeutige Startsignale.* Woran
merken die Mitarbeiter, daß der stattfindende Veränderungsprozeß schon nach kurzer
Zeit zu persönlich nachvollziehbaren positiven Konsequenzen führt? *Definieren Sie möglichst kleine Zwischenschritte und wählen Sie die Ausgangspunkte der Veränderung
parallel in Bereichen, in denen erste Erfolgstendenzen schnell sichtbar werden können.*
Generell ist Instabilität im Unternehmen nur kurzfristig sinnvoll. In der Instabilität ist die

Handlungsfähigkeit des Unternehmens zu gunsten einer erhöhten Sensibilität und Flexibilität herabgesetzt. Dauerhafte Instabilität birgt das Risiko einer Systemschädigung. Woran werden die Mitarbeiter merken, daß der Veränderungsprozeß zufriedenstellend abgeschlossen ist? *Würdigen Sie das Erreichte deutlich und in ritualisierter Form.* Instabilität im Unternehmen ist kein Selbstzweck. Eine zentrale Kompetenz des Managements muß es sein, das persönliche Bedürfnis der Mitarbeiter nach Stabilität und Sicherheit mit der Notwendigkeit anpassungsrelevanter Instabilität zu balancieren.

3 Entwicklungstendenzen und Führungsverhalten

Abschließend werden thesenartig einige Entwicklungstendenzen aufgeführt, die in der gesellschaftlichen Dynamik aufscheinen und in inhaltlichem Bezug zu den dargestellten Aspekten von Chaos- und Selbstorganisationstheorie stehen. Die Trends werden in einigen Strategemen verdichtet, die als mögliche Reaktionen auf die sich abzeichnenden Veränderungen in Frage kommen. Es werden zusammenfassend Anforderungen an ein zukunftsorientiertes Management abgeleitet.

3.1 Gesellschaftliche Trends

Wie eingangs umrissen, besitzen Chaos- und Selbstorganisationstheorie besondere Relevanz für komplexe und instabile Systemlagen. Die große Attraktivität, die diese Theorien gegenwärtig in der Öffentlichkeit besitzen, ist u.a. auf zwei globale Trends zurückzuführen. Die Komplexität anstehender Problemlagen erhöht sich in den letzten Jahren dramatisch und die Änderungsrate von gesellschaftlichen Rahmenbedingungen unterliegt einer kontinuierlichen Beschleunigung. *Die Komplexität der anstehenden Problemlagen erhöht sich* z.B in der Interaktion von (1) wachsender Vernetzung der gesellschaftlichen Subsysteme, (2) Steigerung der Reichweite und Wirksamkeit technologischer Lösungen und (3) dem Erreichen sozialer und ökologischer Belastungsgrenzen. *Die Änderungsrate von gesellschaftlichen Rahmenbedingungen beschleunigt sich* z.B. über (1) den verbesserten Informationszugriff und die erhöhte Mobilität der Menschen in der modernen Industriegesellschaft, (2) die drastische Verkürzung der technologischen Innovationszyklen und (3) die Ankoppelung an immer umfassendere kulturelle und natürliche Systemdynamiken. Für den Umgang mit diesen globalen Trends lassen sich fünf Entwicklungs-Strategeme (vgl. von Senger, 1990) für die Gestaltung von Unternehmensstrukturen benennen.

Entwicklungs-Strategem I: Von individueller zu sozialer Intelligenz. Die zunehmende Komplexität der Problemlagen ist nicht mehr über die Kreativität einzelner Unternehmerpersönlichkeiten zu bewältigen. Lösungen sind nur noch von dezentralen Teams zu erwarten, die eine hohe Autonomie ihrer Entscheidungen mit einer möglichst umfangreichen informationalen Vernetzung im Unternehmen verbinden.

Entwicklungs-Strategem II: Vom Expertensystem zum intuitiven Experten. Das menschliche Gehirn ist selbst ein komplexes, ordnungsbildendes System. Es funktioniert nicht wie ein symbolverarbeitender Computer und seine Leistungen sind auch nur unzureichend über programmierbare Lösungsalgorithmen (Expertensysteme) modellierbar. Die intuitive, d.h. nicht in symbolische Algorithmen übertragbare Ordnungsbildungskompetenz des Gehirns kann bis auf weiteres nur unzureichend über künstliche neuronale Netze simuliert werden. Das prozedurale Wissen des intuitiven menschlichen Experten ist immer noch die hoffnungsvollste Antwort auf komplexe Aufgabenstellungen. Eine konzeptuelle Wiederaufwertung des Erfahrungswissen im Arbeitsprozeß liegt nahe. Der Computer ist kein sinnvoller Ersatz, sondern ein nützliches Zulieferorgan für das ordnungsbildende Gehirn.

Entwicklungs-Strategem III: Von Stabilitätserwartung zu Instabilitätsgestaltung. Die erhöhte Änderungsrate gesellschaftlicher Rahmenbedingungen zwingt Unternehmen zu einer gesteigerten Akzeptanz gegenüber der Notwendigkeit immer wiederkehrender Reorganisationen (Phasenübergänge). Die Entwicklung und der adäquate Einsatz von spezifisch auf Stabilität und Instabilität ausgerichteten, situationsangepaßten Managementstrategien ist unerläßlich.

Entwicklungs-Strategem IV: Von der funktionierenden zur lernenden Organisation. Die ständige Bereitschaft zur Reorganisation im Unternehmen setzt voraus, daß Phasen einer verringerten Leistungs- und erhöhten Anpassungsfähigkeit in der Unternehmenskonzeption mitgedacht und bewußt gestaltet werden. Die lernende Organisation kann Perfektionsansprüche nur in Phasen der Stabilität einlösen und muß selbst dann notwendig fehlertolerant bleiben, da der Fehler ein konstitutioneller Faktor in Anpassungsprozessen ist.

Entwicklungs-Strategem V: Von der Hierarchie zum eigendynamischen Regelsystem. Vertikale Hierarchien sind stabilitätorientierte Organisationsformen. Um die Anpassungsfähigkeit des Unternehmens zu gewährleisten, sind die vertikalen, verstetigten Hierarchien durch funktionale, projektbezogene Organisationsformen zu ersetzen, deren interne Beziehungsdefinitionen ausschließlich aufgabenbezogen sind und mit der Bildung neuer Projektkontexte leicht geändert werden können.

3.2 Moderne Managementanforderungen

Die aufgelisteten Entwicklungs-Strategeme erfordern für ihre Umsetzung ein spezifisches Führungsverhalten. In den skizzierten eigendynamischen, instabilitätsbereiten und dezentralen Organisationsstrukturen moderner, anpassungsfähiger Unternehmen wird ein Führungskonzept erforderlich, das *Management als Dienstleistung am Unternehmen* versteht. In der sensiblen Situation des innerbetrieblichen Übergangs und der marktbezogenen Anpassung muß *der Mensch im Mittelpunkt der Unternehmensführung* stehen. Für dieses zukunftsorientierte Führungsverhalten lassen sich wiederum fünf konkretisierende Strategeme benennen.

Führungs-Strategem I: Von Festlegung/Vorhersage zur Rahmenvorgabe/Vision. In der

Reaktion auf die komplexe Dynamik der gesellschaftlichen Rahmenbedingungen sind in Unternehmen langfristige Festlegungen ebenso unsinnig, wie langfristige Vorhersagen unmöglich sind. In Abhängigkeit von den auftretenden Instabilitätslagen ist nur ein begrenzter Planungshorizont sinnvoll. Um die Anpassungsfähigkeit des Unternehmens zu erhalten, kann das Management nur allgemeine, strategische Rahmenvorgaben machen. Die Aktivitäten der Mitarbeiter organisieren sich in definierten Grenzen selbst. Um die Instabilität der ständig erforderlichen Anpassungsphasen für die Mitarbeiter tragbar zu machen, muß das Management klare Visionen für die Firmenentwicklung vorgeben. Die Columbus-Strategie der Selbstorganisation braucht die Vision zur Bewältigung von Unsicherheit.

Führungs-Strategem II: Führen als Balance von Stabilität und Instabilität. Die geforderte Flexibilität und Anpassungsfähigkeit des Unternehmens bringt Instabilität in den Strukturen mit sich, die mehr oder weniger zwangsläufig mit persönlichen Verunsicherungen der Mitarbeiter einhergehen. Bei zu großer oder zu langanhaltender Instabilität kann die kreative Verunsicherung in Angst und Überforderung umschlagen. In diesem Fall reagiert das System zwanghaft stabilisierend und verliert sowohl seine Handlungsfähigkeit als auch seine Anpassungsbereitschaft. Das Management hat die Aufgabe, das Auftreten von Stabilität und Instabilität im System zu balancieren. Es gilt, in Phasen der Instabilität über Visionen und persönliche Verläßlichkeit die Akzeptanz von Verunsicherung bei den Mitarbeitern zu fördern, und in Phasen der Stabilität die Anpassungsfähigkeit des Systems über Anregungen und Innovationen zu erhalten. Benötigt wird eine Ethik des Managements.

Führungs-Strategem III: Von der Prozeßbeherrschung zur Prozeßmoderation. In selbstorganisierenden Systemen können Prozesse nicht beherrscht oder bestimmte Ergebnisse erzwungen werden. In selbstorganisierenden Systemen können Prozesse nur angeregt und über die Gestaltung von Rahmenbedingungen moderiert werden. Die Kompetenz zur Lösung anstehender Aufgaben liegt immer in den Ressourcen des Unternehmens selbst. Das Management schafft unspezifische, lösungsorientierte Motivationsstrukturen und sorgt für ausreichende Rückmeldeschleifen im Unternehmen. Veränderungs- und Anpassungsprozesse erfolgen als schrittweise Annäherung an ein neues, stabiles Systemverhalten.

Führungs-Strategem IV: Vom Anweisen zum Überzeugen beim Mitarbeiter. Die Anregung von Lösungsprozessen in lernenden Organisationen ist gebunden an die Eigenmotivation der Mitarbeiter. Die im Anpassungsprozeß des Unternehmens stattfindenden Neuorganisationen können sich nur stabilisieren, wenn sie auf eine motivationale Resonanz bei allen Beteiligten treffen. In lernenden Organisationen folgt das Mangement notwendig dem Prinzip des aufsuchenden Führens, um eine möglichst große Nähe zum Mitarbeiter zu gewährleisten.

Führungs-Strategem V: Der Kunde ist der Arbeitgeber im Unternehmen. Die Anpassungsprozesse im Unternehmen sind Reaktionen auf Änderungen in den gesellschaftlichen Rahmenbedingungen. Der Kunde ist daher in besonderer Weise ein wichtiges Wahrnehmungsorgan für das Unternehmen. Eine extreme Marktorientierung ist die logische Voraussetzung für kontinuierliche Anpassung. Der Dienstleistungsgedanke wird nach Innen wie nach Außen zur Leitphilosophie moderner Unternehmensführung.

Literatur

Berger, P. L. & Luckmann, T. (1969). *Die gesellschaftliche Konstruktion der Wirklichkeit. Eine Theorie der Wissenssoziologie.* Frankfurt am Main: Suhrkamp.

Gheorghiu, V. A. & Kruse, P. (1991). The Psychology of Suggestion: An Integrative Perspective. In J. F. Schumaker (Ed.), *Human Suggestibility. Advances in Theory, Research, and Application* (pp. 59-75). New York: Routledge.

Fischer, P. (1993). *Neu auf dem Chefsessel. Erfolgreich durch die ersten 100 Tage.* Landsberg am Lech: Verlag Moderne Industrie.

Haken, H. (1983a). *Synergetics. An Introduction.* Berlin: Springer.

Haken, H. (1983b). *Advanced Synergetics.* Berlin: Springer.

Haken, H. (1991) *Erfolgsgeheimnisse der Natur. Synergetik: Die Lehre vom Zusammenwirken.* Frankfurt am Main: Ullstein.

Haken, H. & Stadler, M. (Eds.) (1990). *Synergetics of Cognition.* Berlin: Springer.

Hammer, M., & Champy, J. (1994). *Business Reengineering. Die Radikalkur für das Unternehmen.* Frankfurt am Main: Campus.

Krohn, W. & Küppers, G. (Hrsg.) (1990). *Selbstorganisation. Aspekte einer wissenschaftlichen Revolution.* Braunschweig: Vieweg.

Kruse, P. (1994). Interventionen am Rande des Normalzustands. *gdi-impuls, 12,* 29-41.

Kruse, P. & Gheorghiu, V. A. (1992). Self-Organization Theory and Radical Constructivism: A New Concept for Understanding Hypnosis, Suggestion, and Suggestibility. In W. Bongartz (Ed.), *Hypnosis: 175 Years after Mesmer. Recent Developments in Theory and Application* (pp. 161-171). Konstanz: Universitätsverlag.

Kruse, P. & Stadler, M. (1990). Stability and Instability in Cognitive Systems: Multistability, Suggestion, and Psychosomatic Interaction. In H. Haken & M. Stadler (Eds.), *Synergetics of Cognition* (pp. 201-215). Berlin: Springer.

Kruse, P., Stadler, M., Pavlekovic, B. & Gheorghiu, V. A. (1992). Instability and Cognitive Order Formation: Self-Organization Principles, Psychological Experiments, and Psychotherapeutic Interventions. In W. Tschacher, G. Schiepek & E. J. Brunner (Eds.), *Self-Organization and Clinical Psychology* (pp. 102-117). Berlin: Springer.

Kruse, P., & Stadler, M. (Eds.) (1995). *Ambiguity in Mind and Nature. Multistable Cognitive Phenomena.* Berlin: Springer.

Morris, D. & Brandon, J. (1994). *Revolution im Unternehmen.* Landsberg am Lech: Verlag Moderne Industrie.

Peitgen, H. O. & Richter, H. P. (1986). *The Beauty of Fractals.* Berlin: Springer.

Pinkwart, A. (1991). *Chaos und Unternehmenskrise.* Wiesbaden: Gabler.

Rehm, W., Welsch, H. & Faix, W. (Hrsg.) (1993). *Synergetik. Selbstorganisation als Erfolgsrezept für Unternehmen.* Ein Symposium der IBM. Ehningen: expert verlag.

Senger, H. v. (1990). *Strategeme.* Bern: Scherz.

Ordnungsstrukturen im Wissenschaftsbetrieb

Untersuchungen und Überlegungen zum Lotka'schen Gesetz der Publikationshäufigkeiten am Beispiel der Psychotherapie

Ludwig Reiter, Egbert Steiner und Ulrich Werner

Das Wissenschaftssystem hat wie andere Teilsysteme der Gesellschaft die Möglichkeit der Selbstbeobachtung und Selbstbeschreibung (Luhmann, 1990). Die Selbstreflexion der Wissenschaft mit ihren eigenen Mitteln[1] wird heute mit Begriffen wie „Wissenschaftsforschung" „Wissenschafts-Wissenschaft", „Science of Science", „Metascience" etc. bezeichnet. Zu diesem wissenschaftlichen Unternehmen leisten verschiedene Disziplinen Beiträge (z.B. Soziologie, Psychologie, Historiographie, Psychoanalyse). In den letzten Jahren sind wichtige Beiträge aus den Systemwissenschaften geleistet worden, wobei vor allem die Theorien selbstorganisierender (selbstreferentieller, autopoietischer) Systeme und der Synergetik neue Perspektiven eröffnet haben (Haken, 1983; Klüwer, 1988; 1990; Krohn & Küppers, 1989; Luhmann, 1990; Stichweh, 1987; 1990).

1 Das Lotka'sche Gesetz

Die extrem ungleiche Verteilung von Publikationshäufigkeiten von Wissenschaftlern[2] wurde erstmals von James A. Lotka (1880-1949) als gesetzesförmiger Zusammenhang dargestellt (Lotka, 1926). Das Gesetz definiert die wissenschaftliche Produktivität nicht als Normalverteilung (Gauß-Verteilung), sondern als Gesetz, bei „dem ein Quadrat im Nenner steht" und damit als *Pareto-Verteilung* (Price, 1974, S. 52). Die Lotka'sche Formel besagt, daß der relative Anteil von Wissenschaftlern mit n Publikationen dem Quotienten $1/n^2$ proportional ist. Daraus folgt die Aussage, „ ... daß die große Zahl der kleinen Produzenten etwa ebensoviel zusammenbringt, wie die kleine Zahl der Groß-

---

[1] Der vorliegende Beitrag geht auf das anläßlich der Gründung einer wissenschaftlichen Zeitschrift entstandene Interesse des Erstautors an Publikationshäufigkeiten zurück. Auf Initiative von E. J. Brunner wurde im Jahre 1988 gemeinsam die Zeitschrift „System Familie" gegründet. Während der Tätigkeit als Ko-Schriftleiter entstanden einige kleine empirischen Studien (Reiter, 1988; 1989; Reiter & Brunner, 1989). In einem weiteren Beitrag wurden erstmals auch theoretische Aspekte mit den Daten verknüpft (Reiter, 1991). Einige Methodenfragen bei der weiteren Auseinandersetzung mit dem Thema führten zur Zusammenarbeit mit Egbert Steiner und Ulrich Werner. Der vorliegende Beitrag ist die überarbeitete und erweiterte Fassung einen Vortrags, der bei der 2. Bamberger Herbstakademie zum Thema „Selbstorganisation und Klinische Psychologie" unter dem Titel „Warum verhalten sich Wissenschaftler nach dem Lotka'schen Gesetz?" am 2. 10. 1991 gehalten wurde.

[2] Aus Gründen der besseren Lesbarkeit verwenden wir nur die männliche Form, meinen aber immer auch Forscherinnen, Autorinnen etc.

produzenten" (op. cit., S. 55). Lotka bemühte sich um keine Erklärung, bezeichnete den Zusammenhang aber als bemerkenswert ("somewhat remarkable"). Er begrenzte seine Spekulationen auf die Aussage, daß „Häufigkeitsverteilungen dieser Art einen weiten Anwendungsbereich auf eine Vielzahl von Phänomene haben und daß das Verteilungsgesetz allein wenig oder kein Licht auf die zugrunde liegenden physischen Beziehungen wirft" (Lotka, 1926; Übersetzung L.R.) Er schlug vor, die Untersuchung auf andere Datensätze auszuweiten. Beispielsweise konnten auch in der Auftretenshäufigkeit synchroner Interaktionsmuster zwischen Therapeut und Klient einem Potenzgesetz folgende Verteilungen gefunden werden (Schiepek et al., 1995).

Die im Lotka'schen Gesetz dargestellte ungleiche Verteilung stimulierte in der Folge zahlreiche Wissenschaftler zu weitergehenden Untersuchungen (z.B. Allison, 1980a,b; Allison et al., 1976; Coile, 1977; Cole, 1972; Cole & Cole, 1967; 1973; Merton, 1968; Price, 1974; Stephan & Levin, 1991; Vlachy, 1978; Weingart & Winterhagen, 1984). Sowohl Lotka als auch Price - der das Lotka'sche Gesetz wiederentdeckte - waren von der Annahme ausgegangen, ein universell gültiges *empirisches Gesetz der Lebenszeitproduktion von Wissenschaftlern* gefunden zu haben.

In einer kritischen Studie wurden die Originaldaten der beiden Forscher von MacRoberts und MacRoberts (1982) nach-untersucht. Motiviert wurden die beiden Forscher hierzu, weil unter den ihnen bekannten Wissenschaftlern kaum solche waren, die weniger als zehn Arbeiten verfaßt hatten. Bei einer Nachprüfung der von Lotka und Price verwendeten Daten stellte sich heraus, daß diese zur Prüfung des Gesetzes untauglich waren. MacRoberts und MacRoberts (1982, S. 446) schlugen nun vor, im Lotka'schen Gesetz vielmehr die Produktionsverteilung in einem *wissenschaftlichen Feld* („*particular field*", „*area*") zu sehen. Auch der *Netzwerkbegriff* kann unseres Erachtens in diesem Zusammenhang verwendet werden. Zur Erfassung der Lebenszeitproduktion von Wissenschaftlern würden andere Daten erforderlich sein. Die Autoren vermuten aber, daß die gesamte Produktion von Wissenschaftlern weit weniger verschieden ist, als das Lotka'sche Gesetz angibt.

2 Aufbau der Untersuchung

Unsere Untersuchung geht von der Annahme von MacRoberts und MacRoberts (1982) aus, daß das Lotka'sche Gesetz für *umschriebene Bereiche* des Wissenschaftsbetriebs Gültigkeit besitzt. Wir befassen uns bei der Prüfung dieser Hypothese zunächst mit Publikationshäufigkeiten in verschiedenen Zeitschriften, vorwiegend aus dem Bereich der Psychotherapie. Wir postulieren, daß das Netzwerk der Herausgeber und Leser einer wissenschaftlichen Zeitschrift dem Begriff des „wissenschaftlichen Feldes" nahekommt. In einem zweiten Schritt werden Zitierhäufigkeiten und andere Merkmale wissenschaftlicher Reputation untersucht. Damit soll eine Brücke in Richtung einer theoretischen Erklärung der Phänomene geschlagen werden, wobei wir vor allem systemtheoretische Ansätze und Überlegungen aus dem Bereich der Synergetik berücksichtigen wollen.

3 Publikationshäufigkeiten in wissenschaftlichen Zeitschriften

Bei unseren Untersuchungen der Publikationshäufigkeiten fanden wir eine erstaunliche Ähnlichkeit zwischen den empirischen Resultaten aus psychotherapeutischen Zeitschriften und der von Lotka gefundenen schiefen Verteilung von Hyperbelgestalt. Auch eine wissenschaftssoziologische Zeitschrift („Social Studies of Science") fiel nicht aus dem Rahmen. Abbildung 1 zeigt die Verteilungen in der doppelt-logarithmischen Darstellung, wobei diese Transformation die Nähe zum Gesetz von Pareto deutlich macht. Wir glauben, hiermit ein starkes Argument für die Annahme von MacRoberts und MacRoberts (1982) gefunden zu haben, daß die Lotka'sche Verteilung für ein wissenschaftliches Feld gilt.

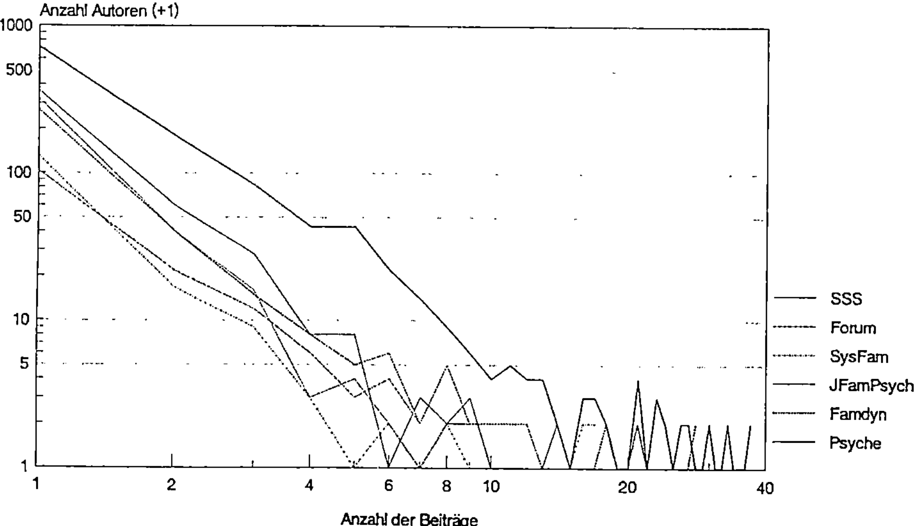

Abb. 1: Beziehung zwischen der Zahl der Autoren und der Zahl ihrer Beiträge in 6 Zeitschriften („Social Studies of Science", „Forum der Psychoanalyse", „System Familie", „Journal of Family Psychiatry", „Familiendynamik" und „Psyche") in doppelt-logarithmischer Darstellung. Diese Form wählten auch Lotka (1926) und Price (1974), vermutlich um den Charakter der Gesetzesförmigkeit besser zum Ausdruck zu bringen.

4 Die zeitliche Dimension wissenschaftlicher Konzentrationsphänomene

Weiterführende Überlegungen werden möglich, wenn man die Ungleichheit der Verteilung von Publikationshäufigkeiten als Konzentrationsphänomen auffaßt und sich die Frage vorlegt, wie sich die dargestellten Verteilungen im zeitlichen Verlauf entwickeln. Wir verwenden für die diachrone Darstellung ein von Lorenz und Münzner vorgeschlagenes Konzentrationsmaß.

Dieses Maß dient dazu, die Aufteilung der gesamten Merkmalssumme (hier die Zahl der Publikationen einer Zeitschrift) auf die einzelnen Elemente (hier die Autoren) so zu beschreiben, daß Zeitschriften mit unterschiedlicher Anzahl an Publikationen verglichen werden können. Aus den daraus bestimmten „Lorenz-Kurven der Konzentration" wird ein normiertes Maß k, das „Konzentrationsmaß nach Lorenz-Münzner" errechnet (vgl. Hafner, 1992, S. 51 ff.). Diese Maßzahl nimmt bei maximaler Konzentration (fiktiver Fall: alle Beiträge einer Zeitschrift werden von nur einem Autor verfaßt) den Wert 1, bei minimaler Konzentration (fiktiver Fall: alle Autoren schreiben in der Geschichte einer Zeitschrift dieselbe Anzahl von Beiträgen, z.B. jeder einen Artikel) den Wert 0 an (zur Methodik siehe Ferschl, 1985, S. 122 ff.; Pfanzagl, 1983, S. 32).

Mit Hilfe des beschriebenen Konzentrationsmaßes ist es möglich, die Entwicklung wissenschaftlicher Zeitschriften in Hinblick auf die im allgemeinen verschiedenen Häufigkeitsanteile darzustellen, mit denen sich die einzelnen Autoren an der Gesamtzahl der Publikationen beteiligen. Abbildung 2 zeigt die kumulative Entwicklung von fünf Zeitschriften aus dem Bereich der Psychoanalyse und der Familientherapie/systemischen Therapie.

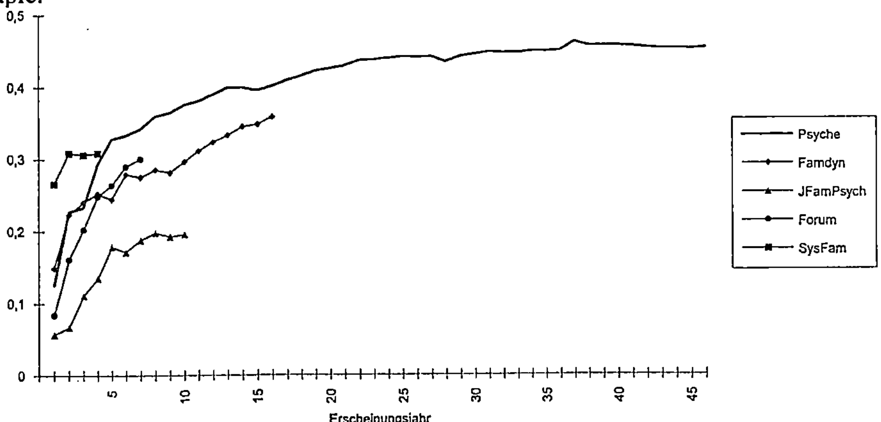

Abb. 2: Darstellung der kumulierten Werte des Konzentrationsmaßes nach Lorenz-Münzner von 5 wissenschaftlichen Zeitschriften („Psyche", „Familiendynamik" „Journal of Family Psychiatry", „Forum der Psychoanalyse", „System Familie"). Die hohe initiale Konzentration von „System Familie" ist darauf zurückzuführen, daß das Feld der Forscher im Bereich der Familientherapie/systemischen Therapie, von dem die Initiative zur Gründung der Zeitschrift ausging, zahlenmäßig besonders klein war.

Charakteristisch für die dargestellten Zeitschriften ist der - vergleichsweise zum späteren Verlauf - steile Anstieg der kumulierten Konzentrationen. Dies kann darauf zurückgeführt werden, daß bei der Gründung einer Zeitschrift in der Regel nur ein kleines Netzwerk von Autoren aktiv ist, von denen einige mehrere Beiträge liefern. Allmählich kommen weitere Autoren hinzu und die Aktivität der Gründergruppe geht zurück. Dadurch streben die kumulierten Konzentrationsmaße asymptotisch einem Plateau zu, das bei der Zeitschrift mit der längsten von uns untersuchten Geschichte („Psyche") zwischen 0.4 und 0.5 liegt. Interessant ist ferner, daß die einzige Zeitschrift der Stichprobe, welche eingestellt wurde, die geringste Konzentration erreichte (das „International Journal of

Family Psychiatry").

Obwohl wir in diese Untersuchung nur eine kleine Zahl von Zeitschriften aus dem Bereich der Psychotherapie einbeziehen konnten, wollen wir aufgrund der bisherigen Daten zwei Hypothesen formulieren, die in weiteren Studien noch besser abgesichert werden könnten.

Die Konzentrationshypothese. Erfolgreiche wissenschaftliche Zeitschriften weisen einen steileren Anstieg der Konzentration (definiert durch das kumulierte Lorenz-Münzner-Maß) auf. Dies ist Ausdruck für eine mit zunehmender Anzahl der Erscheinungsjahre sich aufbauende Reputationshierarchie, in der zunächst einige Autoren - als intellektuelle Führer des Feldes - besonders aktiv bei der Veröffentlichung von Beiträgen sind und auf diese Weise die Richtung des Feldes angeben. Das Fehlen einer führenden Gruppierung in den ersten Erscheinungsjahren (ausgedrückt durch einen flachen Anstieg der kumulierten Lorenz-Münzner-Konzentration) könnte ein wesentlicher Grund für das Scheitern einer Zeitschrift sein.

Die Gleichgewichtshypothese. Nach einem zunächst starken, dann aber schwächer werdenden initialen Anstieg streben wissenschaftliche Zeitschriften einem Zustand gleichbleibender kumulativer Konzentration zu, der in der Folge beibehalten wird. Dies bedeutet, daß sich in der Geschichte einer Zeitschrift zwischen dem Hinzukommen neuer Autoren und den Aktivitäten der „alten" Autoren ein Gleichgewichtszustand einpendelt (ausgedrückt in einer über die Zeit gleichbleibenden Lorenz-Münzner-Konzentration) Dies kann als empirischer Beleg dafür gewertet werden, daß die Grenzen eines Feldes für neu hinzukommende Autoren und damit für neue Idee durchlässig bleibt. Es bedeutet aber auch, daß ein bestimmter Beitrag von solchen Autoren geleistet wird, die bereits einmal oder mehrmals veröffentlicht haben.

Da die Zahl der von uns untersuchten wissenschaftlichen Zeitschriften klein ist und da diese zusätzlich aus einem relativ eng umschriebenen Feld stammen (mit einer Ausnahme handelt es sich um deutschsprachige Psychotherapie-Zeitschriften), bedürfen unsere beiden Hypothesen weiterer Prüfungen anhand von Zeitschriften aus verschiedenen wissenschaftlichen Bereichen. Es könnte sich nämlich herausstellen, daß dabei sehr unterschiedliche Verteilungen gefunden werden.

5 Synergetik und Selbstorganisation in der Klinischen Psychologie: Ein wissenschaftliches Feld formiert sich.

Die beiden Bamberger Herbstakademien (1990; 1991) sowie die folgenden in Bern, Münster, Jena und Gstaad können als erster Kristallisationskern der Institutionalisierung eines neuen wissenschaftlichen Feldes im deutschsprachigen Raum angesehen werden. Das Stadium der „entstehenden akademischen Wissenschaft" wird nach Clark (1974) erreicht, wenn das „Pionierstadium" und das „Stadium der Amateurwissenschaft" durchschritten sind und das Feld auch über Mitglieder verfügt, die universitäre Lehrstühle innehaben. Der Schritt zur etablierten Wissenschaft wird getan, wenn Ausbildungsprogramme hinzukommen. Im Feld der „Synergetik in der Klinischen Psychologie" überschneiden sich diese von Clark (1974) vorgeschlagenen Merkmale der einzelnen Stadien etwas, doch dürfte eine Zuordnung zum Stadium drei von Clark („entstehende akademische Wissenschaft") in etwa zutreffen.

Wir sind der Frage nachgegangen, ob sich die von uns dargestellten Gesetzmäßigkeiten auch in diesem vergleichsweise frühen Stadium vorfinden lassen. Da es noch keine für den deutschsprachigen Raum repräsentative Zeitschrift des Synergetik-Feldes gibt, verwendeten wir als Datenquelle den „Author Index" des 1992 von Wolfgang Tschacher, Günter Schiepek und Ewald Johannes Brunner herausgegebenen Sammelbandes „Self-Organization and Clinical Psychology. Empirical Approaches to Synergetics in Psychology". Dieser Band besteht zum überwiegenden Teil aus den in Bamberg gehaltenen Vorträgen und ist daher für die „scientific community" der an der klinisch-psychologischen Anwendung von Synergetik und Selbstorganisation interessierten deutschsprachigen Wissenschaftler einigermaßen repräsentativ. Der Datensatz enthält neben Fremdzitierungen auch einen Anteil an Selbstzitierungen. Er weist daher im Hinblick auf die Reputation der Autoren gewisse Verzerrungen auf. Dennoch erschien es uns interessant, die Verteilung darzustellen (Abb. 3).

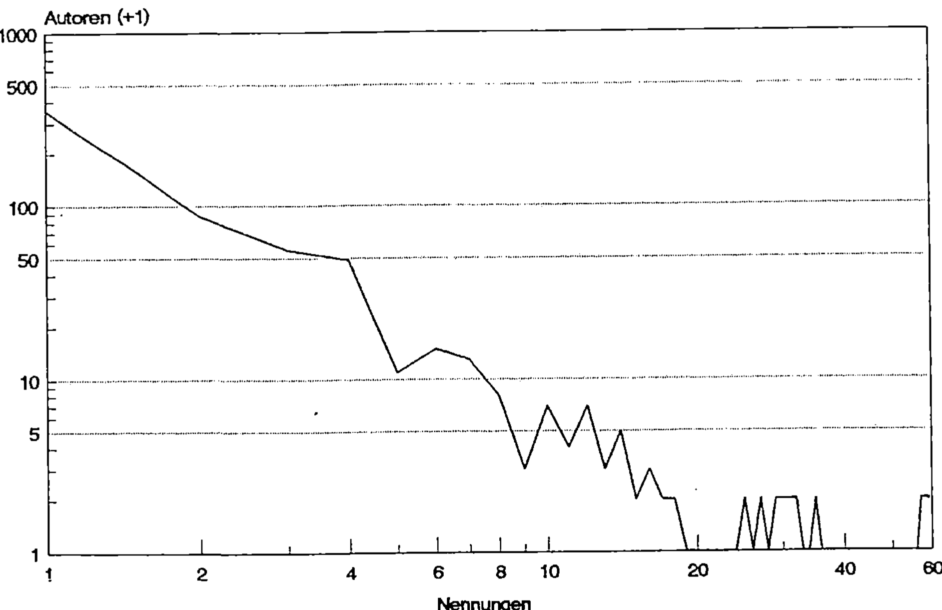

Abb. 3: Zusammenhang zwischen der Zahl der im „Author Index" des von W. Tschacher, G. Schiepek und E. J. Brunner (1992) herausgegebenen Sammelbandes „Self-Organization and Clinical Psychology" erwähnten Autoren und der Zahl ihrer Nennungen im „Author Index" (doppelt-logarithmische Darstellung; zur jeweiligen Zahl der Autoren wurde der Wert 1 hinzugezählt).

Der (hier nicht dargestellte) Vergleich mit Daten aus der Familientherapie zeigt, daß es sich personell tatsächlich um ein neues Arbeitsgebiet handelt. Nur vier Autoren der Synergetik-Gruppe waren in einer zahlenmäßig vergleichbaren Spitzengruppe der „Familien-dynamik" präsent (Schiepek, Luhmann, Reiter, Brunner)[3].

6 Reputationshierarchien wissenschaftlicher Zeitschriften: Der Impact-Factor

Wissenschaftliche Zeitschriften stehen im System der Wissenschaft an zentraler Stelle Dazu schreibt Haken (1983): „Das Prinzip des Wettbewerbs ... gilt nicht nur für Wissen-schaftler, sondern auch für die wissenschaftlichen Zeitschriften. Neue werden gegründet, um neu auftretenden Gebieten Rechnung zu tragen, andere sterben. Hierbei spielen auch Fragen des wissenschaftlichen Ansehens sowie wirtschaftliche Probleme eine wichtige Rolle. Durch Veröffentlichungen bedeutender Wissenschaftler gewinnen einige Zeit-schriften ein höheres Ansehen als andere. An sie werden dann wiederum viele Arbeiten gesandt und von den Referenten ausgewählt. Auf diese Weise steigt die Auflage und damit die Verbreitung von Zeitschriften mit hohem Prestige" (S. 237).

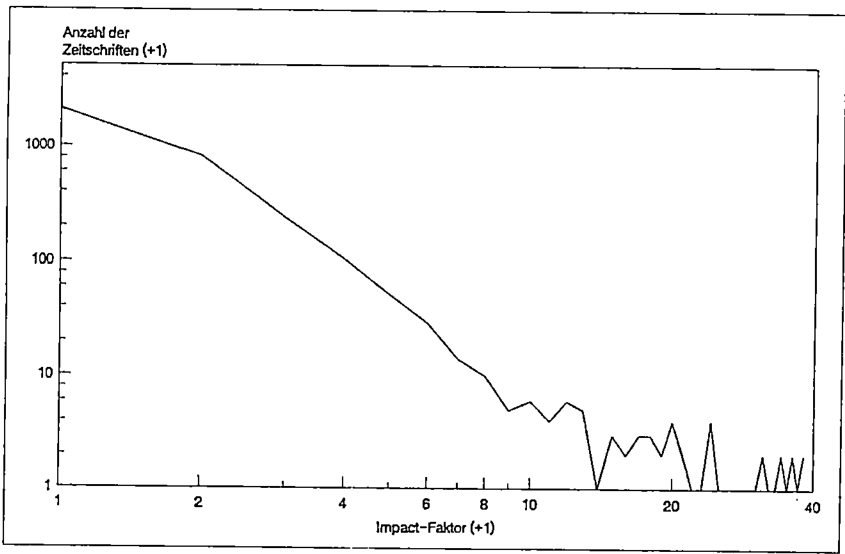

Abb. 4: Zusammenhang zwischen der Zahl der Zeitschriften und deren Impact-Faktor in doppelt-logarithmischer Darstellung. Aus Darstellungsgründen wurde der jeweiligen Zahl der Zeit-schriften der Wert 1 hinzugefügt, desgleichen dem Impact-Faktor. Alle Impact-Faktoren zwischen 0 und 1 sind bei 1 aufgetragen. Alle zwischen 1 und 2 beim Wert 2 etc. Der Knick in der Gerade beim Wert 2 ist teilweise auf die unvollständige Aufzählung der Journals mit Werten zwischen 0 und 1 zurückzuführen.

---

[3] Eine Darstellung der Ordnungsstrukturen des Synergetik-Feldes in der deutschsprachigen Klinischen Psychologie und Psychiatrie findet sich in Reiter und Steiner (1994).

Haken befaßt sich in diesem Zusammenhang auch mit dem Problem der Dominanz der englischen Sprache, welche auf dem wissenschaftlichen Weltmarkt die Rolle eines Ordners spielt. Die dargestellten Prozesse machen es verständlich, daß Wissenschaftler in der Regel einige Mühe und Aufmerksamkeit darauf verwenden, ihre Arbeiten gut zu plazieren (Gordon, 1984).

Eine wesentliche Rolle bei der Bestimmung der Hierarchien wissenschaftlicher Zeitschriften spielt der Impact-Faktor. Es handelt sich um eine Kennzahl, welche die durchschnittliche Wahrscheinlichkeit der Zitierung einer Publikation in einer bestimmten Zeitschrift im darauffolgenden Jahr angibt Der Impact-Faktor ist ein Maß für den wissenschaftlichen Rang der Zeitschrift. Arbeiten in führenden Journals haben eine hohe Zitierwahrscheinlichkeit, Veröffentlichungen in wenig bekannten Zeitschriften eine extrem niedrige. Es liegt nahe, nach der Verteilung der Impact-Faktoren in einem bestimmten Wissenschaftsgebiet zu fragen, um zu sehen, ob sich die in diesem Beitrag dargestellten extrem ungleichen Verteilungen auch hier finden.

Eine Mittelbauorganisation an der Wiener Medizinischen Fakultät veröffentlicht jährlich eine Aufstellung aller für die Habilitationsbeurteilung herangezogenen Zeitschriften aus dem Bereich der gesamten Medizin. Habilitationsbewerber müssen einen bestimmten Wert erreichen, um Chancen auf die Erlangung der venia legendi zu haben.

Abbildung 4 zeigt die Verteilung der Impact-Faktoren in doppelt-logarithmischer Darstellung für das Jahr 1991. Das Bild entspricht im wesentlichen den früher beschriebenen Verteilungen. Es gibt einige wenige Journals mit hohen Impact-Faktoren und eine große Zahl wenig reputierter Zeitschriften. An der Spitze der Hierarchie (Journal Ranking) liegen folgende Zeitschriften:

Rang	Journal	Impact-Faktor[4]
(1)	Clinical Research	37.2
(2)	Annual Review of Biochemistry	35.6
(3)	Annual Review of Immunology	33.9
(4)	Cell	30.2
(5)	Annual Review of Cell Biology	23.6
(6)	Microbiological Review	23.3
(7)	New England Journal of Medicine	23.2
(8)	Pharmacological Review	20.0
(9)	Science	19.6
(10)	Nature	19.3

Mehr als viele Worte demonstriert diese Aufstellung, wer in der medizinischen Hierarchie das Sagen hat. Vor diesem Hintergrund versteht man die Feststellung Aron Antonovskis (1989), daß das *biopsychosoziale* Paradigma der Medizin gegenüber dem *biome-*

---

[4] Der Impact-Faktor wird üblicherweise auf drei Dezimalstellen genau angegeben, da die Zeitschriften vor allem im Bereich zwischen den Werten 0 und 1 so eng beisammen liegen, daß ein Reihung („Ranking") nur durch diese Angabe möglich ist.

dizinischen chancenlos ist. So hat das bestgereihte Psychosomatik-Journal (Psychosomatic Medicine) nur einen Faktor von 2.8. Deutschsprachige Zeitschriften rangieren unter „ferner liefen" (z.B. der „Nervenarzt" mit einem Faktor von 0.4).

7 Faktoren der wissenschaftlichen Produktivität

Für die unterschiedlichen Publikationshäufigkeiten, die noch deutlicher ausgeprägten Unterschiede in der Häufigkeit der Zitierungen und die noch extremere Verteilung wissenschaftlicher Reputation werden in der Literatur verschiedene Erklärungen angeboten. Ohne Anspruch auf Vollständigkeit wollen wir einige Faktoren wiedergeben. Die Zusammenstellung bezieht sich vor allem auf die Arbeiten von Fox (1983), Whitley (1972) und den Sammelband von Mayer (1993). Die umfangreiche Diskussion um das Für und Wider der einzelnen Hypothesen und Erklärungsansätze kann hier aus Raumgründen nicht wiedergegeben werden.

7.1 Individuumzentrierte Faktoren

Biographischer Hintergrund. Eine beachtliche Zahl von Studien befaßte sich mit der Kindheit bedeutender Wissenschaftler. Als hervorstechende Merkmale werden frühe Autonomie und Selbstgenügsamkeit beschrieben. In ihren Herkunftsfamilien waren diese Menschen oft zurückgezogen („detached") und mit leblosen Dingen oder mit Ideen befaßt. Psychoanalytiker betonen die Bedeutung von „Übergangsobjekten".

Persönlichkeit. In verschiedenen psychologischen Untersuchungen unterschieden sich produktive Wissenschaftler von ihren weniger produktiven Kollegen in einer Anzahl von Persönlichkeitsfaktoren: große Ich-Stärke, Dominanzstreben, Interesse an Exaktheit und Präzision, ausgeprägte Impulskontrolle, Bevorzugung von Ideen gegenüber sozialen Kontakten (einige der genannten Persönlichkeitszüge unterstreichen die vor allem von psychoanalytischen Autoren geäußerte Hypothese, daß wissenschaftliches Arbeiten eine zwanghafte Komponente enthalten müsse).

Kreativität. Aufgrund zahlreicher Studien zur Frage der Kreativität in der Wissenschaft steht heute fest, daß dieser Faktor nur einer unter vielen anderen ist. Weder die Unterschiede in der Produktivität noch die im wissenschaftlichen Prestige lassen sich auf dieses Merkmal reduzieren (ein aktueller Überblick über den Stand der Forschung findet sich bei Weinert, 1993).

Motivation. Hier geht es um die Behauptung, daß das entscheidende Kriterium das Motiv zu schreiben ist. Produktive Wissenschaftler stehen bei ihrer Arbeit gleichsam unter innerem Zwang. Sie arbeiten auch dann, wenn sie nicht belohnt werden. Damit in Zusammenhang steht die Beobachtung, daß erfolgreiche Wissenschaftler hart und ausdauernd arbeitende Menschen sind, die kurzfristig erreichbare Gratifikationen zugunsten fernliegender Ziele zurückstellen.

Identifikation. Produktive Autoren weisen ein hohes Ausmaß an Identifikation mit ihrer Arbeit auf. Dadurch ist es ihnen möglich, Durststrecken zu überwinden, ohne aufzugeben.

Organisatorische Fähigkeiten. Entscheidend für den output eines Wissenschaftlers ist auch sein Umgang mit Zeit, Raum und Ressourcen. Fox (1983, S. 298) spricht in diesem Zusammenhang von „habits", welche Produktivität fördern oder verhindern. Hierher gehört auch die *Routinehypothese*: In Anlehnung an die von Price (1974) gegebene Deutung kann man behaupten, daß Routine im Abfassen von Publikationen ein wesentliches Element der Produktivität darstellt. Ein weiterer, vor allem in der „Big Science" wichtiger Faktor ist das Organisationstalent eines Forschers, seine Fähigkeiten, Geld und andere Ressourcen zu mobilisieren.

Alter. Unter den demographischen Einflußgrößen interessierten sich Wissenschaftsforscher vor allem für das Alter der Autoren. Das am häufigsten berichtete Ergebnis ist, daß zunächst die Produktivität ansteigt, dann nach einem Gipfel abfällt, um im Alter (vor der Pensionierung) oft nochmals anzusteigen. Unterschiede finden sich allerdings in Hinblick auf Qualität und Quantität der Beiträge (Weinert, 1993).

Geschlecht. An die Stelle des Vorurteils, Frauen seien weniger kreativ, tritt heute das Studium der für die wissenschaftliche Karriere von Frauen hinderlichen Bedingungen (Brothun, 1988; Treibel, 1990; Welter-Enderlin, 1989; zur Verteilung in der Familientherapie und systemischen Therapie siehe Reiter, 1993).

7.2 Strukturelle Aspekte wissenschaftlicher Produktivität

Sozialisation. Diese Hypothese sieht den entscheidenden Faktor in der Qualität der Ausbildung. Wissenschaftler, die an Universitäten mit hohem Prestige ausgebildet wurden, produzieren später mehr als solche aus weniger qualifizierten Ausbildungsstätten.

Selektion. An Abteilungen mit hohem Prestige arbeiten in der Regel hochproduktive Wissenschaftler. Der entscheidende Einfluß besteht hier in der Selektion. Gute Wissenschaftler haben besondere Chancen, in hervorragende Teams aufgenommen zu werden, was sie wieder motiviert, Spitzenleistungen zu vollbringen.

Schichtung. Wissenschaftssoziologen gehen von einem Schichtungssystem innerhalb der Wissenschaft aus. Die Mitglieder der verschiedenen Schichten haben unterschiedliche Möglichkeiten, ihre Beiträge zu veröffentlichen und dementsprechend unterschiedliche Chancen, zitiert zu werden.

Teamwork (Kommunikation). Hier wird vor allem der Austausch von Ideen und die kritische Diskussion von Forschungsergebnissen als wesentlicher Faktor hervorgehoben.

Freiheitsgrade bei der Auswahl von Themen und Problemen. Forscher, denen von ihren Organisationen große Freiheit in der Auswahl ihrer Forschungsthemen zugestanden wird, sind offensichtlich höher motiviert als solche, die unter eher restriktiven Bedingungen arbeiten. Aber auch hier ist ein Selektionsfaktor wirksam, da erfolgreiche Forscher für sich in der Regel günstige Bedingungen schaffen können bzw. solche eher zugestanden bekommen.

„Publish or perish". Zur Erklärung der Publikationsflut werden häufig institutionelle Zwänge des Wissenschaftssystems herangezogen. Für die Bedeutung dieses Faktors spricht, daß viele Wissenschaftler, vor allem in praktischen Bereichen, nach ihrem Ausscheiden aus der Universität deutlich weniger bzw. gar nicht mehr veröffentlichen.

Seilschaften. Hier geht es ebenfalls um institutionelle Faktoren. Der Ausstoß kann beträchtlich erhöht werden, wenn sich größere Gruppen von Autoren zusammenschließen. Eine verbreitete Gewohnheit ist das Veröffentlichen von Teilergebnissen in einer großen Zahl von Zeitschriften.

Andere organisatorische Faktoren. Gut untersucht wurden z.B. gruppendynamische Einflüsse, die Größe der Organisation, Formen der Leitung und Mentorenschaft etc. (s. dazu Beiträge im Sammelband von Mayer, 1993).

7.3 Feedback-Prozesse

Der „Matthäus-Effekt". Bei diesem vielzitierten und von Robert Merton (1968) beschriebenen Phänomen geht es um den im neuen Testament geschrieben Satz: „Denn wer hat, dem wird gegeben, und er wird im Überfluß haben; wer aber nicht hat, dem wird auch noch weggenommen, was er hat" (Matthäus, 25, 29). Auf die Wissenschaft übertragen bedeutet dies, daß Wissenschaftler mit hoher Reputation eher beachtet werden als solche mit geringem Prestige. Dies ermöglicht ersteren wiederum, u.a. mehr Ressourcen zu mobilisieren, was erneut ihren Status steigert. Der Matthäus-Effekt wird von Wissenschaftsforschern bevorzugt herangezogen, um die extreme Ungleichheit in der Wissenschaft (wenigstens teilweise) zu erklären. Goldstone (1979) wies jedoch darauf hin, daß der Matthäus-Effekt nur als Sonderfall eines allgemeinen sozialen Gesetzes gesehen werden sollte.

Der „Bandwaggon-Effekt". Diesen Effekt charakterisiert Whitley (1972) folgendermaßen: „Sobald erst einmal ein Aufsatz eines Autors zitiert worden ist, wird dies dazu anregen, auch andere Aufsätze von ihm zu zitieren" (S. 119).

Belohnungssysteme. Eine von vielen Autoren vertretene Annahme wird von Whitley (1972) folgendermaßen formuliert: „Wenn ein Wissenschafter erst einmal - so hat es den Anschein - für seine ersten paar Veröffentlichungen mit Anerkennung belohnt worden ist, dann publiziert er für den Rest seiner Karriere zu einer ziemlich hohen Rate" (S. 199).

Die nächste Gruppe von Hypothesen bezieht sich vorwiegend auf die Unterschiede in den Häufigkeiten, mit denen Arbeiten von Wissenschaftlern *zitiert* werden.

Prestige. Wenn ein Autor hohes Prestige (Reputation) besitzt, werden wahrscheinlich mehr Leute von ihm gehört haben und seine Arbeiten lesen und zitieren. Auch das *institutionelle Prestige* des Autors muß als Einflußgröße auf die Anzahl der Zitierungen eines Autors angesehen werden.

Qualität der wissenschaftlichen Arbeit. Weitverbreitet ist die Ansicht, daß die Häufigkeit, mit der eine Arbeit zitiert wird, im wesentlichen ein Gradmesser für ihre Qualität ist.

Transfer-Prozesse. Unter der Transferierungs-Hypothese versteht Whitley (1972) die Möglichkeit der Übertragung von Prestige: „Manche mögen glauben, die Arbeit eines wohlbekannten Wissenschaftlers zu zitieren würde zeigen, daß sie die Literatur kennen und an der Forschungsfront arbeiten".

Qualität der wissenschaftlichen Zeitschrift. Die Wahrscheinlichkeit, zu einer hohen Rate von Zitierungen zu kommen, ist abhängig vom Rang der wissenschaftlichen Zeitschrift, in der die Arbeit plaziert wird. Dies drückt sich im jeweiligen „Impact-Faktor" aus, der jährlich ermittelt wird.

Zitierkartelle. Darunter versteht man Gruppen von Autoren, die sich bevorzugt gegenseitig zitieren. Es bilden sich sog. „geschlossene Zitiersysteme" mit hohen Raten von Intragruppen-Zitierungen. Wissenschaftliche Gegner werden nicht zitiert, um deren Reputation zu schwächen. Männliche Zitierkartelle sind unter anderem für die Benachteiligung von Frauen verantwortlich gemacht worden (Brothun, 1988).

Die Aufstellung verschiedener Faktoren der Produktivität[5] und der Zitierhäufigkeiten sind unvollständig und nur stichwortartig angegeben. Trotz der zahlreichen Hypothesen und Erkärungen bezüglich der Ungleichheit der wissenschaftlichen Produktivität und des wissenschaftlichen Prestiges bleibt die Herausforderung an die Wissenschaftsforschung, dies als eines ihrer verblüffendsten Probleme zu lösen (Fox, 1983, S. 85). Der unserer Meinung nach am häufigsten herangezogene Erklärungsansatz ist der in der heutigen Wissenschaftssoziologie als *„Prozeß der Akkumulation von Chancen"* (Zuckerman, 1993) bezeichnete soziale Vorgang. In derartigen Prozessen „ergeben sich für den einzelnen fortschreitend bessere Gelegenheiten, seine Arbeit voranzutreiben und zu fördern und die damit verbundenen Belohnungen zu erhalten" (Merton, 1979; zitiert nach Zuckerman, 1993, S. 61). Die Bedeutung individueller Faktoren wird jedoch in der Regel auch von den Vertretern soziologischer Erklärungsansätze eingeräumt. Der Vorgang der Akkumulation von Chancen hat aber noch eine erwähnenswerte Eigenheit, und zwar die der *Selbstbestätigung:* Es gibt post hoc keine Möglichkeit mehr, ein Urteil darüber zu fällen, ob die durch den Vorgang der Akkumulation begünstigten Wissenschaftler ursprünglich wirklich die besonders begabten waren. „Anders gesagt, es gibt keinen Weg festzustellen, ob diejenigen Wissenschaftler, die in ihren Anfängen für vielversprechend gehalten wurden und entsprechende Chancen erhielten, Besseres geleistet haben, als es andere getan hätten, wenn sie in der gleichen Weise wie die Erfolgreichen herausgehoben und bevorzugt worden wären" (op. cit., S. 77).

Bei den bisherigen Erklärungsansätzen bleibt unklar, wie die respektable Zahl der oben genannten Faktoren zusammenwirkt, um (unabhängig von der Art des wissenschaftlichen Themas) in einem Feld die dargestellten Verteilungen entstehen zu lassen. Es erscheint unwahrscheinlich, daß diese Vielzahl individueller und organisatorischer Variabler niedriger Komplexität ohne den Einfluß übergeordneter Strukturen so zusammenwirkt, daß ein gesetzesförmiger Zusammenhang entsteht. Die von uns in Anlehnung an Lotka und andere Wissenschaftsforscher diskutierten empirischen Generalisierungen legen es hingegen nahe, nach *Ordnungsstrukturen* bzw. *„Ordnern"* im Sinne der Synergetik zu suchen.

Wir wollen zunächst anhand der Literatur überindividuelle Aspekte der Wissenschaft diskutieren und dann abschließend eigene Überlegungen hinzufügen.

---

[5] In der bisherigen Diskussion um die Ursachen wissenschaftlicher Kreativität und Produktivität ist die Frage, welche Fähigkeiten in welchem Stadium der Entwicklung eines wissenschaftlichen Feldes wichtig sind, noch nicht genügend berücksichtigt worden. Price (1974) glaubte noch unter Bezugnahme auf damalige Forschungsergebnisse, daß das gemeinsame Kennzeichen von Wissenschaftlern eine schizoide Charakterstruktur und sonderlingshaftes Einzelgängertum („maverricity") seien. Wir halten die Frage für interessanter, ob ein Wissenschaftler im Stadium der „Amateurwissenschaft" nicht andere Fähigkeiten braucht als im Stadium der „Big Science". Zukünftige Forschungen könnten hier differenzierte Typologien entwickeln, die auch Praxisbezug hätten.

8 Ungleichheiten in der Wissenschaft aus der Sicht systemtheoretischer und synergetischer Ansätze

Ein Beitrag zur Erklärung von Ordnungs- und Steuerungsprozessen im System Wissenschaft wurde von Luhmann (1970) vorgelegt. Nach seiner Auffassung steht die Wissenschaft aufgrund der anhaltenden Steigerung ihrer Komplexität vor dem Problem der Selbstüberforderung. Ihre Selbstorganisation erfordert zudem weitgehende Selbststeuerung. Luhmann (1970) sieht in der „kollegialen Reputation" ein Steuerungssystem, das zudem den Vorteil hat, die Wissenschaft mit ihrem gesellschaftlichen Umfeld zu verbinden. Ein Ersatz für dieses multifunktionale Medium, welches ganz wesentlich mit Kommunikation verknüpft ist, ist kaum in Sicht, obwohl zunehmend ausgereiftere Theorien in Konkurrenz mit „tribalen Verhaltensmustern" treten.

In dem Buch „Die Wissenschaft der Gesellschaft" geht Luhmann (1990) erneut auf das Phänomen ein. Das Moment der *Konzentration* wird hier direkt angesprochen: „Reputation erfordert ein Konzentrieren von Aufmerksamkeit und eine Auswahl dessen, was mit hoher Wahrscheinlichkeit mehr Beachtung verdient als anderes. Das Wissenschaftssystem steht unter Zwang, einschränkende Vorgaben zur Verfügung zu stellen. Dies geschieht durch das Etablieren von Reputation" (op. cit., 46). Die Verteilung von Reputation erfolgt durch eine „unsichtbare Hand", da sonst alles auf Politik hinausliefe. Luhmann bezeichnet Reputation als *Nebencode* des Wahrheitsmediums. Obwohl Wahrheitscode und Reputationscode strukturell gekoppelt sind, muß sichergestellt werden, daß sie nicht verwechselt werden. In den entwickelten Wissenschaften tritt die Bedeutung der Reputation zurück.

Die Zuweisung von Reputation erfolgt durch Leistungen. Die bevorzugten Einrichtungen zum „Prozessieren" von wissenschaftlicher Reputation sind Publikationen. Dies wird auch von Krohn und Küppers (1989) hervorgehoben. Entscheidend für den hier diskutierten Zusammenhang ist, daß Reputation aus funktionalen Gründen knapp gehalten werden muß (Luhmann, 1990). Dies führt trotz einer Reihe von entsprechenden Einrichtungen bei den publizierenden Personen zu einer hohen Rate von Enttäuschungen und Erlebnissen des Benachteiligtwerdens mit allen dazugehörigen seelischen, sozialen und gesundheitlichen Kosten.

In seinem Buch „Erfolgsgeheimnisse der Natur" hat Hermann Haken (1983) dem System „Wissenschaft" ein eigenes Kapitel unter dem Titel „Die Dynamik der wissenschaftlichen Erkenntnis oder der Kampf der Wissenschaftler" gewidmet. Im Zentrum seiner Überlegungen steht die Erklärung der Ordnungsstrukturen und -prozesse in der Wissenschaft und die Dynamik ihrer Veränderung. Thomas Kuhns bahnbrechendes Werk „Die Struktur wissenschaftlicher Revolutionen" (1976) und das Konzept des „wissenschaftlichen Paradigmas" wird von Haken als Bestätigung synergetischer Prinzipien interpretiert: Ein wissenschaftliches Paradigma stellt einen Ordner par excellence dar, welcher die einzelnen Wissenschaftler versklavt. Die Kuhn'schen Anomalien verunsichern die Wissenschaftler in der Phase der „Normal Science" und führen zu Fluktuationen und schließlich zu Phasenübergängen. Ein neues Paradigma entsteht. Haken nimmt auch Stellung zu Faktoren, die Wissenschaftler zu ihrer Produktivität motivieren, wobei der Matthäus-Effekt ausführlich kommentiert wird. Ein wesentlicher Vorteil der Synergetik besteht nach Haken darin, daß ihre Prinzipien auch rückbezüglich auf diese Theorie angewandt werden können.

9 Zusammenfassung und Schluß

Die im Zusammenhang dieser Arbeit zu diskutierende Frage lautet: Welcher Verteilung („Gesetz") muß wissenschaftliche Reputation folgen, um ihre Ordnungsfunktion erfüllen zu können? Unsere Daten legen die Antwort nahe, daß es sich um eine Pareto-Verteilung handeln muß. Eine solche wäre durch das Lotka'sche Gesetz repräsentiert. Ein Gedankenexperiment soll dies verdeutlichen: Man stelle sich vor, Reputation wäre normalverteilt, würde also der Gauß'schen Verteilung entsprechen. In diesem Falle gäbe es eine kleine Gruppe von Autoren mit sehr hoher Reputation und eine ebenso kleine mit sehr geringem Prestige. Das Gros der Autoren eines Feldes hätte dann eine mittlere Reputation. Es ist leicht einzusehen, daß in diesem Falle die Konzentration drastisch reduziert würde und die von Luhmann (1970; 1990) beschriebene Ordnungsleistung kaum mehr erbracht werden könnte. Abweichend von der von Lotka beschriebenen Verteilung würden dann nicht einige wenige Wissenschaftler hohe Beachtung auf sich ziehen, sondern eine große Zahl von Forschern eines Feldes müßte beachtet werden. Damit fiele die Leistung der Komplexitätsreduktion deutlich gegenüber dem Status quo ab.

Die extrem „schiefe" Verteilung von Produktivität und Prestige in der Wissenschaft kann nach der hier vertretenen Auffassung nicht nur aus dem Zusammenwirken zahlreicher individueller Handlungen erklärt werden, sondern wird vor allem als Ergebnis von Ordnungsprozessen und -strukturen angesehen. In der Sprache der Synergetik ausgedrückt bedeutet dies, daß die bio-psychologischen Ereignisse auf der Mikroebene mit den Prozessen auf der makroskopischen Ebene in einer Wechselwirkung von *Selbstorganisation* und *Versklavung* stehen (Schiepek & Tschacher, 1992). Eine weitergehende Analyse der hier behandelten Fragen müßte neben den *Ordnungsparametern* auch die *Kontrollparameter* identifizieren und deren synergetische Effekte auf die Vorgänge auf der Makroebene beschreiben[6]. Dies liegt außerhalb der Reichweite unseres Beitrages. Wir glauben allerdings, daß Luhmanns Ansatz, der *Reputation als knappes Gut* definiert, in solche Modellbildungen einbezogen werden müßte.

Wir wollen einige Überlegungen an das Ende unserer Ausführungen stellen, die sich auf den unterschiedlichen Grad der Ungleichverteilung von Reputation, Zitierhäufigkeiten und Publikationshäufigkeiten beziehen. Folgt man den Ausführungen einiger Wissenschaftsforscher, so ist die Verteilung von Reputation weit ungleicher als jene von Zitierhäufigkeiten, und diese wieder ungleicher als die Rate der Produktivität (Stephan & Levin, 1991). Wir glauben, daß die beiden von uns in Abschnitt 4 formulierten Hypo-

---

[6] Ein bekannter Ordnungsfaktor ist der verfügbare "Zeitschriftenraum" (Whitley, 1972). Dies läßt sich daran ermessen, daß wissenschaftliche Zeitschriften mit hohem Impact-Factor 80% und mehr der eingereichten Arbeiten zurückweisen. Zurecht schreibt Whitley (op. cit.), daß die Zuteilung von Zeitschriftenraum von zentraler Bedeutung für das soziale System der Wissenschaft ist.

thesen zu einer Erklärung beitragen können. Wäre nämlich die Verteilung der Veröffentlichungen in einer wissenschaftlichen Zeitschrift ebenso ungleich wie die der Zitierhäufigkeiten und der wissenschaftlichen Reputation, käme es zu einer Unterdrückung der Publikationen der weniger bekannten Autoren. Unsere *Gleichgewichtshypothese*, die durch das empirische Material gestützt wird, postuliert eine Durchlässigkeit des Publikationssystems für Innovationen. Dies wird erreicht, indem für neu hinzukommende Autoren mit fehlender oder geringer Reputation „Publikationsraum" freigehalten wird. Würde die Konzentration (ausgedrückt durch das kumulierte Lorenz-Münzner-Maß) sich stetig erhöhen, würde dies bedeuten, daß vorwiegend jene Autoren veröffentlichen, die schon früher präsent waren.

Das wichtigste Ziel unseres Beitrages bestand darin, einige Daten zu der Diskussion um das Lotka'sche Gesetz beizusteuern und damit einen Beitrag zur Aufdeckung der „zugrundeliegenden physischen Beziehungen" des von ihm erstmals beschriebenen Verteilungsgesetzes zu leisten. Unsere Studie beinhaltet in erster Linie eine Beschreibung von Mustern. Wir haben in dem fünfstufigen Schema von Schiepek und Tschacher (1992, S. 6) im wesentlichen die ersten beiden Stufen zurückgelegt, und darüber hinaus einige Hypothesen aus der gegenwärtigen wissenschaftssoziologischen Literatur dargestellt, denen wir einige eigene Überlegungen hinzugefügt haben. Aufgabe der Modellbildung ist es nun, die entsprechenden Variablen auf der makroskopischen Ebene auszuwählen und Hypothesen über die Interaktion dieser Variablen zu formulieren. Dies ist die Voraussetzung für Simulationsexperimente und die Überprüfung des Modells an den empirischen Daten (op. cit., S. 26). Wir glauben mit Lotka, daß das von ihm entdeckte Gesetz darüber hinaus dazu einlädt, die Ordnungsstrukturen des Wissenschaftsbetriebes in Beziehung zu Vorgängen in anderen Phänomenbereichen zu bringen und nach grundlegenden Erklärungen der Dynamik sozialer Systeme zu suchen[7].

Literatur

Allison, P. D. (1980a). Inequality and Scientific Productivity. *Social Studies of Science, 10*, 163-179.

Allison, P. D. (1980b). *Processes of Stratification in Science*. New York: Arno Press.

Allison, P. D, Price, D. de S., Griffith, B. C., Moravcsik, M. J. & Stewart, J. A. (1976). Lotka's Law: A Problem in its Interpretation and Application. *Social Studies of Science, 6,* 269-276.

Antonovsky, A. (1989). The Problematic Status of the Biopsychosocial Model. In P. Saladin, H. J. Schaufelberger & P. Schläppi (Hrsg.), *Medizin für die Medizin* (S. 51-63). Basel: Lichtenhahn.

Bak, P. & Chen, K. (1991). Selbstorganisierte Kritizität. *Spektrum der Wissenschaft, Heft 3*, 62-71.

Brothun, M. (1988). Ursachen der Unterrepräsentanz von Frauen in universitären Spitzen-

---

[7] Potenzgesetze wurden in zahlreichen Studien zu verschiedenen Objektbereichen nachgewiesen. Verschiedene Autoren haben auf die Beziehung dieser Regelhaftigkeiten zu Prozessen der Selbstorganisation hingewiesen (Bak & Chen, 1991; Stewart, 1990). Die Beziehung zwischen Potenzgesetzen und der fraktalen Geometrie beschreibt Mandelbrot (1987), wobei biographisch sein Interesse für das Zipf'sche Gesetz erwähnenswert ist.

positionen. *Kölner Zeitschrift für Soziologie und Sozialpsychologie, 40,* 316-336.

Clark, R. N. (1974). Die Stadien wissenschaftlicher Institutionalisierung. In P. Weingart (Hrsg.), *Wissenschaftssoziologie 2: Determinanten wissenschaftlicher Entwicklung* (S. 105-121). Frankfurt am Main: Fischer Athenäum.

Coile, R. C. (1977). Lotka's Frequency Distribution of Science Productivity. *Journal of the American Society for Information Science, 28,* 366-370.

Cole, S. (1972). Wissenschaftliches Ansehen und die Anerkennung wissenschaftlicher Leistungen. In P. Weingart (Hrsg.), *Wissenschaftssoziologie 1: Wissenschaftliche Entwicklung als sozialer Prozeß* (S. 165-187). Frankfurt am Main: Fischer Athenäum.

Cole, S. & Cole, J. R. (1967). Scientific Output and Recognition: A Study in the Operation of the Reward System in Science. *American Sociological Review, 30,* 377-391.

Cole, J. R. & Cole, S. (1973). *Social Stratification in Science.* Chicago: The University of Chicago Press.

Ferschl, F. (1985). *Deskriptive Statistik.* Würzburg: Physika.

Fox, M. F. (1983). Publication Productivity among Scientists: A Critical Review. *Social Studies of Science, 13,* 285-305.

Garfield, E. & Welljams-Dorof, A. (1992). Of Nobel Class: A Citation Perspective on High Impact Research Authors. *Theoretical Medicine, 13,* 117-135.

Goldstone, J. A. (1979). A Deductive Explanation of the Matthew Effect in Science. *Social Studies of Science, 9,* 385-389.

Gordon, M. D. (1984). How Authors Select Journals: A Test of the Reward Maximization Model of Submission Behaviour. *Social Studies of Science, 14,* 27-43.

Hafner, R. (1992). *Statistik für Sozialwissenschaftler.* Wien: Springer.

Haken, H. (1983). *Erfolgsgeheimnisse der Natur.* Stuttgart: Deutsche Verlags Anstalt.

Klüwer, J. (1988). *Die Konstruktion der sozialen Realität Wissenschaft. Alltag und System.* Braunschweig: Vieweg.

Klüwer, J. (1990). Auf der Suche nach den Kaninchen von Fibonacci, oder: Wie geschlossen ist das Wissenschaftssystem? In Krohn, W. & Küppers, G. (Hrsg.), *Selbstorganisation. Aspekte einer wissenschftlichen Revolution* (S. 201-229). Braunschweig: Vieweg.

Krohn, W. & Küppers, G. (1989). *Die Selbstorganisation der Wissenschaft.* Frankfurt am Main: Suhrkamp.

Kuhn, T. (1976). *Die Struktur wissenschaftlicher Revolutionen.* Frankfurt am Main: Suhrkamp.

Lotka, A. J. (1926). The Frequency Distribution of Scientific Productivity. *Journal of the Washington Academy of Sciences, 16,* 317-323.

Luhmann, N. (1970). Selbststeuerung der Wissenschaft. In N. Luhmann, *Soziologische Aufklärung, Band 1* (S. 232-252). Opladen: Westdeutscher Verlag.

Luhmann, N. (1990). *Die Wissenschaft der Gesellschaft.* Frankfurt am Main: Suhrkamp.

MacRoberts, M. H. & MacRoberts, B. R. (1982). A Re-evaluation of Lotka's Law of Scientific Productivity. *Social Studies of Science, 12,* 449-450.

Mandelbrot, B. B. (1987). *Die fraktale Geometrie der Natur.* Basel: Birkhäuser.

Mayer, K. U. (Hrsg.) (1993). *Generationsdynamik in der Forschung.* Frankfurt am Main: Campus.

Merton, R. K. (1968). The Matthew Effect in Science. *Science, 159,* 56-63.

Pfanzagl, J. (1983). *Allgemeine Mehodenlehre der Statistik.* Berlin: DeGruyter.

Price, D. J., de Solla (1974). *Little Science, Big Science: Von der Studierstube zur Großforschung.* Frankfurt am Main: Suhrkamp.

Reiter, L. (1988). Publikationshäufigkeiten in deutschsprachigen familientherapeutischen Zeitschriften. *System Familie, 1,* 194-196.

Reiter, L. (1989). Publikationshäufigkeiten in der Familientherapie: Ein Nachtrag. *System Familie, 2,* 250-251.

Reiter, L. (1991). Wissenschaft als System: Über Reputation in der deutschsprachigen Familientherapie und systemischen Therapie. *Systeme, 5*, 117-131.

Reiter, L. (1993). Männer, Frauen, Wissenschaft. *Systeme, 7*, 29-33.

Reiter, L. & Brunner, E. J. (1989). Metatheorie, Forschung, Praxis: Wie häufig werden diese Themen in deutschsprachigen familientherapeutischen/systemischen Zeitschriften behandelt? *System Familie, 2*, 136-139.

Reiter, L. & Steiner, E. (1994). Klinische Synergetik und Selbstorganisation. Ein wissenschaftliches Feld formiert sich. *Systeme, 8(1)*, 52-66.

Schiepek, G. & Tschacher, W. (1992). Application of Synergetics to Clinical Psychology. In W. Tschacher, G. Schiepek & E. J. Brunner (Eds.), *Self-Organization and Clinical Psychology* (pp. 3-31). Berlin: Springer.

Schiepek, G., Strunk, G. & Kowalik, Z. J. (1995). Die Mikroanalyse der Therapeut-Klient-Interaktion mittels Sequentieller Plananlyse. Teil II: Die Ordnung des Chaos. *Psychotherapie Forum, 3*, 87-109.

Stephan, P. E. & Levin, S. G. (1991). Inequality in Scientific Performance: Adjustment for Attribution and Journal Impact. *Social Studies of Science, 21*, 351-368.

Stewart, I. (1990). *Spielt Gott Roulette?* Basel: Birkhäuser.

Stichweh, R. (1987). Die Autopoiesis der Wissenschaft. In D. Baecker, J Markowitz, R. Stichweh, H. Tyrell & H. Willke (Hrsg.), *Theorie als Passion* (S. 447-481). Frankfurt am Main: Suhrkamp.

Stichweh, R. (1990). Selbstorganisation in der Entstehung des modernen Wissenschaftssystems. In W. Krohn & G. Küppers (Hrsg.), *Selbstorganisation: Aspekte einer wissenschaftlichen Revolution* (S. 265-277). Braunschweig: Vieweg.

Treibel, A. (1990). Engagierte Frauen, distanzierte Männer? Anmerkungen zum Wissenschaftsbetrieb. In H. Korte (Hrsg.), *Gesellschaftliche Prozesse und individuelle Praxis* (S. 179-196). Frankfurt am Main: Suhrkamp.

Tschacher, W., Schiepek, G. & Brunner, E. J. (Eds.) (1992). *Self-Organization and Clincal Psychology.* Berlin: Springer.

Vlachy, J. (1978). Frequency Distribution of Scientific Performances: A Bibliography of Lotka's Law and Related Phenomena. *Scientometrics, 1*, 109-130.

Weinert, F. E. (1993). Der aktuelle Stand der psychologischen Kreativitätsforschung und einige daraus ableitbare Schlußforgerungen. In K. U. Mayer (Hrsg.), *Generationsdynamik in der Forschung* (S. 35-58). Frankfurt am Main: Campus.

Weingart, P. M. & Winterhagen, M. (1984). *Die Vermessung der Forschung.* Frankfurt am Main: Campus.

Welter-Enderlin, R. (1989). Wer hat Angst vor Virginia Woolf, und vor wem hat sie Angst? Gedankensplitter zu Frauen, Männern und zum Schreiben. *Zeitschrift für systemische Therapie, 7*, 101-107.

Whitley, R. D. (1972). Kommunikationsnetze in der Wissenschaft: Status und Zitierunsmuster in der Tierphysiologie. In P. Weingart (Hrsg.), *Wissenschaftssoziologie 1: Wissenschaftliche Entwicklung als sozialer Prozeß* (S. 188-202). Frankfurt am Main: Athenäum Fischer.

Zuckerman, H. (1993). Die Werdegänge von Nobelpreisträgern. In K. U. Mayer (Hrsg.), *Generationsdynamik in der Forschung* (S. 59-79). Frankfurt am Main: Campus.

Sachwortverzeichnis

—L—

—O—

—P—

Reputationshierarchie 331; 333
Residuale Inhibition (RI) 128; 129
Resonanz 275; 280
Ressourcen 324
Risikofaktor 183
Rituale 320
Robotik 24
Rolle 274
Rollendifferenzierung 275
Rollenfestlegung 296
Rollensystem 288
Rückfallquote 184
Rückfallrisiko 183
Ruhe-EEG 162
RUNINT 114; 115; 116

—S—

Sättigung 14
Saturation-in-mean-Prozedur 162
Satz 52
Schema 108
  affektiv-kognitives 208
  kognitives 208
Schizophrenie 22; 192; 211; 213; 132;
    135; 155; 171; 178; 180; 181; 182; 185;
    188; 189; 191; 193; 210
    Langzeitverlauf der 193; 201
    -dynamik 194; 195
Schizophrenieforschung 183
Schizophrenieverlauf 21; 206
Schmetterlingseffekt 192
Schwellendetektion 107
Schwingungsmodell 256
Scientific community 332
Selbstorganisation 5; 6; 7; 24; 25; 72; 76;
    103; 117; 225; 243; 256; 278; 281; 310;
    324; 339; 340
    kognitive 35; 53
    in der Gruppe 280; 288
Selbstorganisationskonzepte 308; 309
Selbstorganisationstheorie 4; 224; 226;
    236; 237; 249
Selbstorganisierter Matched-Filter 73
Selbstreflexion 116

Selbstüberforderung 339
SELECTINT 114; 115; 117
Semantik von Wahrnehmungsmustern,
    implizite 46
Semantische Beeinflussung 48
Semantische Information 40; 44
Semantische Suggestionen 49
Sensorische Hierarchie 113
Sensorisches Netzwerk 113
Sequentielle Plananalyse 137
Serielle Abhängigkeit 8
Serielle Reproduktion 36; 38
Shared Sub-consciousness 275
Sierpinski-Dreieck 317
Signal 74; 299
Signalentdeckung 71; 74; 81
Signalintensität 74
Signalübertragung 73
Simulation
    durch Gleichungssysteme 23
    konnektionistische 24
    mit logischen und propositionalen
    Systemen 23
Sinn 34
Sinusgitter 79
Situated Cognition 24
Skalierungsbereich 157
Soteria 204
Soziale Systeme 225
Sozialer Kontext 177
Spannung 11; 12; 227; 228; 229; 231; 233
Spektralanalyse 9; 10; 152
Spektralzerlegung 10
Spezialisierung 275
Spezifizität 155; 163
Spontanaktivität 186
    neuronale 186; 187
Spontane neuromagnetische Aktivität 130
Spontanes EEG 132
Sprecherhäufigkeit 231
Springender Ball 133
Sprunghafte Veränderung der
    Systemdynamik 128
Stabilisierung 184; 319
Stabilität 12; 155; 163; 174; 226; 308; 309;
    312; 314; 320; 322; 323; 324
Stabilitätsüberhang 38; 51
    (vgl. auch Hysterese)
STATESPACE 10
Stationarität 163

—T—

—U—

—Ü—

—V—

—W—

—Z—

Anschriften der Autoren

Dr. Rosmarie Barwinski Fäh
Im Raindorfli 19
CH-8038 Zürich

Prof. Dr. Ewald J. Brunner
Friedrich-Schiller-Universität Jena
Institut für Erziehungswissenschaften
Leutragraben 1
D-07743 Jena
e-mail: s5brew@rz.uni-jena.de

PD Dr. Hans-Otto Carmesin
Universität Bremen
Institut für Theoretische Physik
Zentrum für Kognitionswissenschaften
D-28334 Bremen
e-mail: carmesin@physik.uni-bremen.de

Prof. Dr. Luc Ciompi
Cita 6, La Cour
CH-1022 Belmont sur Lausanne

Dipl. Psych. Siegfried Droste
Düppelstr. 21
D-44789 Bochum

Dr. Markus Fäh-Barwinski
Im Raindorfli 19
CH-8038 Zürich
e-mail: mfaeh@swissonline.ch

PD Dr. Theo Gehm
Berghof
D-35713 Eschenburg-Roth

Prof. Dr. Dr. h.c. mult. Hermann Haken
Universität Stuttgart
Institut für Theoretische Physik und
Synergetik
Pfaffenwaldring 57
D-70569 Stuttgart
e-mail: haken@iftpus.physik.
uni-stuttgart.de

Dr. Robert Hönlinger
Forschungsstelle für Psychotherapie
Christian-Belser-Str. 79a
D-70597 Stuttgart
e-mail: hoenlinger@psyres-stuttgart.de

Prof. Dr. Martha Koukkou
Psychiatrische Universitätsklinik Bern
EEG-Brain-Mapping Labor
Bolligenstr. 111
CH-3072 Bern-Ostermundigen

Dr. Zbigniew J. Kowalik
Forschungsinstitut für System-
wissenschaften (FIS)
Sandstr. 41
D-80335 München
und:
Heinrich-Heine-Universität
Neurologische Klinik - MEG-Labor
Postfach 10 10 81
D-40001 Düsseldorf
e-mail: zjk@bifurc.uni-muenster.de

Prof. Dr. Jürgen Kriz
Universität Osnabrück
Fachbereich Psychologie
D-49069 Osnabrück
e-mail: kriz@mail.rz.uni-osnabrueck.de

Dr. Peter Kruse
Neuhimmel Unternehmensberat. GmbH
Ausser der Schleifmühle 67
D-28203 Bremen
e-mail: p.kruse@neuhimmel.nsp.de

Prof. Dr. Uwe Mortensen
    Westfälische Wilhelms-Universität
    Psychologisches Institut II
    Fliednerstr. 21
    D-48189 Münster

Dr. Christof Nachtigall
    Westfälische Wilhelms-Universität
    Psychologisches Institut II
    Fliednerstr. 21
    D-48189 Münster

Dipl. Psych. Charlotte Quast
    Hans-Geiger-Weg 26
    D-72076 Tübingen

Ass. Prof. Dr. Ludwig Reiter
    Universitätsklinik für Tiefen-
    psychologie und Psychotherapie
    Währinger Gürtel 18-20
    A-1090 Wien

Dipl. Psych. Andrea Ruff
    Flandernstr. 2
    D-73230 Kirchheim

Dr. Harald Schaub
    Universität Bamberg
    Lehrstuhl Psychologie II
    Markusplatz 3
    D-96045 Bamberg
    e-mail: harald.schaub@ppp.
    uni-bamberg.de

PD Dr. Günter Schiepek
    Forschunginstitut für System-
    wissenschaften (FIS)
    Sandstr. 41
    D-80335 München
    e-mail: schiepek@bifurc.
    uni-muenster.de

Dr. Gary Bruno Schmid
    Allgemeinpsychiatrie
    Kantonale Psychiatr. Klinik Rheinau

CH-8462 Rheinau
    e-mail: gbs@caprice.physik.unizh.ch

Dr. Henri Schneider
    Goldauerstr. 42
    CH-8006 Zürich

Prof. Dr. Michael Stadler
    Universität Bremen
    Institut für Psychologie
    und Kognitionsforschung
    Grazer Str. 4
    D-28359 Bremen
    e-mail: stadler@psycho2.psychologie.
    uni-bremen.de

Egbert Steiner
    Bergstr. 25/26
    A-1090 Wien

Dr. Daniel Strüber
    Universität Bremen
    Institut für Psychologie
    und Kognitionsforschung
    Grazer Str. 4
    D-28359 Bremen
    e-mail: strüber@psycho2.psychologie.
    uni-bremen.de

Dr. Wolfgang Tschacher
    Universität Bern
    Universitäre Psychiatrische Dienste
    Laupenstr.49
    CH-3010 Bern
    e-mail: tschacher@spk.unibe.ch

Dr. Philippos Vanger
    Forschungsstelle für Psychotherapie
    Christian-Belser-Str. 79a
    D-70597 Stuttgart
    e-mail: vanger@psyres-stuttgart.de

Dr. Ulrich Werner
    Haizingergasse 17
    A-1180 Wien

Bücher aus dem Umfeld

Systemtheorie der Klinischen Psychologie
Beiträge zu ausgewählten
Problemstellungen

von Günter Schiepek

1991. XVI, 429 Seiten.
(Wissenschaftstheorie, Wissenschaft
und Philosophie; hrsg. von Finke,
Peter und Schmidt, Siegfried J.)
Gebunden.
ISBN 3-528-06424-2

Der vorliegende Band macht anhand
ausgewählter Problembereiche der
Klinischen Psychologie deutlich, welche produktiven Konsequenzen eine
systemtheoretische Zugangsweise
haben kann, aber auch, mit welchen
Schwierigkeiten dabei zu rechnen ist.
Behandelt werden unter anderem Methoden systemischer Modellbildungen, eine Theorie selbstreferentieller
psychischer Systeme und ihre Bedeutung für ein Verständnis der Psychtherapie, Probleme zielorientierter Planung, Burn-Out-Forschung, das Planspiel als Lern- und Forschungsszenario sowie eine Computersimulation
der Depressionsentstehung.

Urgeschichte der Selbstorganisation
Zur Archäologie eines
wissenschaftlichen Paradigmas

von Rainer Paslack

1991. VI, 211 Seiten.
(Wissenschaftstheorie, Wissenschaft
und Philosophie; hrsg. von Finke,
Peter und Schmidt, Siegfried J.)
Gebunden.
ISBN 3-528-06423-4

Unter dem Begriff der „Selbstorganisation" versammeln sich seit den 60er
Jahren eine Reihe von Forschungskonzepten, die sich anschicken, die herkömmliche Wissenschaft zu revolutionieren. In dem vorliegenden Buch werden die historischen Ursprünge dieses „Paradigmawechsels" untersucht.
Die zahlreichen Wegbereiter und Voraussetzungen der modernen Selbstorganisationsforschung werden eingehend diskutiert und zugleich die Gründe dafür herausgearbeitet, warum die
alte Idee einer spontanen Entstehung
von Ordnung in Natur und Gesellschaft
sich erst in der zweiten Hälfte unseres
Jahrhunderts zu einem soliden Forschungsprogramm zu entwickeln vermochte.

Verlag Vieweg · Postfach 1547 · 65005 Wiesbaden · Fax (0611) 78 78-420